OEUVRES

DE

M^r. MARIOTTE,

de l' Académie Royale des Sciences;

DIVISÉES EN DEUX TOMES,

Comprenant tous les Traitez de cet Auteur,
tant ceux qui avoient déja paru séparément,
que ceux qui n'avoient pas encore été publiez;

Imprimées sur les Exemplaires les plus exacts & les plus complets;
Revuës & corrigées de nouveau.

TOME PREMIER.

BIBLIOTHÈQUE REGIÆ

A LEIDE,

Chez **PIERRE VANDER** Aa,
Marchand Libraire, Imprimeur de l'Université & de la Ville.

M D C C XVII.

R 1135.
2.

R. 1135.

A

SON EXCELLENCE,

MONSEIGNEUR,

JEAN PAUL

BIGNON,

ABBÉ

DE St. QUENTIN DE L'ISLE;

DOYEN

DE St. GERMAIN L'AUXERROIS;

CONSEILLER

D' ETAT ORDINAIRE;

PRESIDENT

DE L' ACADEMIE DES SCIENCES

ET DE CELLE

DES INSCRIPTIONS;

L'UN DES QUARANTE

DE L' ACADEMIE FRANCOISE;

* 2   IL

ILLUSTRE
PAR
SA NAISSANCE ET PAR SON EXTRACTION;
CELEBRE
DANS TOUT L'UNIVERS
PAR SON EXCELLENT GENIE,
PAR SON SAVOIR,
PAR SA SAGESSE
ET SA PRUDENCE
DANS LE MANIEMENT
DES PLUS IMPORTANTES AFFAIRES
DE L'EGLISE ET DE L'ETAT;
PUISSANT PROTECTEUR
DES BEAUX ARTS, DES SCIENCES
ET DES BELLES LETTRES.

Par Son très-humble &
très-obéïffant Serviteur
PIERRE VANDER Aa.

AVIS AU LECTEUR.

 On deſſein n'eſt pas de vous entretenir ici au long de l'eſtime que les perſonnes de bon goût en matiére de Philoſophie ont toujours faite des Ouvrages de M^r. *Mariotte* ; puiſque c'eſt ce qui paroît aſſez par l'avidité avec laquelle on a reçu de tems en tems toutes les Piéces qu'il a publiées , & par la rareté des Exemplaires, nonobſtant les diverſes éditions qu'on en a faites. Encore moins m'arréterai-je à faire voir qu'en ceci on n'a fait, après tout, que lui rendre juſtice, comme il ne ſeroit pas difficile de le montrer ; ſoit que l'on conſidére la nature, la variété , & l'utilité des choſes qui ſont traitées dans ces Piéces ; ſoit que l'on faſſe attention à la méthode & à la nature des preuves dont il ſe ſert pour les établir, je veux dire les Démonſtrations de Mathématique & les raiſonnemens fondez ſur les Expériences, les ſeuls fondemens ſur leſquels on puiſſe bâtir quelque choſe de ſolide & de vrai en matiére de Phyſique , comme il le dit très-bien dans ſon *Eſſai de Logique* , & comme l'ont reconnu après lui pluſieurs

** ha-

habiles Philosophes modernes. Passant toutes ces choses sous silence, & les laissant au jugement du public, pour rendre uniquement raison de cette Edition ; je dirai que toutes ces considérations, jointes aux sollicitations de diverses personnes, qui aiment la bonne Philosophie, & au désir que j'ai de satisfaire aux empressemens des curieux, n'ont pas eu de peine à me déterminer à donner un Recueuil des différens Traitez ou Ecrits de notre Auteur, lesquels ne s'étoient trouvez jusqu'ici que séparément.

Pour le rendre le plus complet qu'il a été possible, nous avons pris garde à deux choses. La premiére, d'y faire entrer toutes les piéces de notre Auteur : celles qui avoient paru déja sous son nom, comme sont les dix premiéres piéces, marquées de suite à la fin de cette Préface : celles qui avoient été publiées Anonymes, comme l'*Essai de Logique*, piéce dont bien des gens ignoroient le véritable Auteur, mais qui assurément doit être attribuée à M^r. *Mariotte*, comme il le dit lui-même dans son Traité du *Mouvement des Eaux* à la page 384 & 386 de cette Edition, & comme il est d'ailleurs aisé de le reconnoître par la parfaite conformité du style, des Principes, des Hypothéses, & de la maniére de raisonner de cet Ecrit avec ceux de ses autres ouvrages : enfin, celles qui n'avoient pas encore été publiées, comme

le

le *Traité du Mouvement des Pendules.* La feconde chofe à lequelle nous avons pris garde, ç'a été de collationer entr'elles les diverfes Editions, & de faire imprimer les piéces qui avoient déja paru, fur les Editions les plus complettes & les plus exactes : Comme le *Traité de la Percuffion ou Choc des corps,* fur la troifiéme Edition de Paris de 1679, qui pour l'exactitude & l'augmentation a un avantage très-confidérable fur la feconde : Les *Difcours fur les Plantes, la Nature de l'Air, & le Froid & le Chaud,* fur l'Edition de Paris de 1676 & 1679 : Le *Traité des Couleurs,* fur celle de Paris de 1686 : Le *Traité du Mouvement des Eaux,* fur l'Edition de Paris de 1690 publiée par M^r. de la Hire : Les *Régles des Jets d'eau,* fur l'Edition qui s'en trouve dans le *Recueil des Ouvrages de Phyfique & de Mathématique de M^r. de l'Académie des Sciences* in Folio à Paris 1693 : La *Nouvelle Découverte touchant la Vuë,* fur celle qui s'en trouve dans le Recueil de plufieurs traitez de Mathématique de l'Academie Royale des Sciences, en grand Folio, à Paris de l'Imprimerie Royale 1679 : Le *Traité du Nivellement,* fur l'édition qui s'en trouve dans le même Recueil, laquelle pour l'augmentation & l'exactitude furpaffe de beaucoup l'Edition précédente : Les *Expériences fur les Couleurs & la Congélation de l'Eau,* fur ce qui en a paru en l'an 1672 & 1681 : L'Ef-

****** 2   *fai*

Jai de Logique, fur l'édition de Paris de 1678: Et pour ce qui eft du *Traité du Mouvement des Pendules*, qui n'avoit point encore paru ; nous l'avons fait imprimer fur le Manufcrit Original de l'Auteur, qui, comme on le voit par la lettre mife à la tête de ce Traité, l'envoya au célébre M.ᵉ *Huigens*, qui, à fa mort le légua, avec bon nombre d'autres Manufcrits rares, à la Bibliothéque de l'Univerfité de *Leide*, d'où on me l'a communiqué à la priére que j'en avois faite à Meffieurs les Curateurs de l'Univerfité, & en particulier les Bourguemaitres de la Ville de Leide.

A l'égard de l'ordre dans lequel nous avons difpofé ces différens Traitez, & qu'on peut voir dans la Table mife à la Tête de ce premier Volume ; nous avons jugé à propos de faire précéder les plus gros & les plus confidérables, & de réferver pour la fin ceux qui l'étoient moins, fans avoir aucun égard au tems auquel ces différens Traitez ont paru. Il eft vrai que l'ordre fembloit exiger qu'on mit l'*Effai de Logique* à la tête, comme étant un livre qui contient les premiers principes des fciences, & fur tout de celle à laquelle M.ᵉ *Mariotte* s'étoit appliqué. Mais c'eft ce qui s'eft trouvé impoffible, parce que nous n'avons apris que cette piéce, qui étoit fans nom d'Auteur, étoit de lui, qu'après l'impreffion de plufieurs autres piéces de fa façon. Et en tout cas ; s'il y a en ceci du défaut, on peut dire qu'il eſt très petit; & que tout autre qui en auroit été informé à tems, en auroit uſé comme nous avons fait : Car , quoique ce Traité ne reſſemble point du tout , ou très peu, aux autres Traitez de ce genre , qui, ſi vous en exceptez cette partie qu'on nomme la Méthode, reſſemblent plutôt à des Métaphyſiques qu'à des Traitez qui contiennent les principes des Sciences; néanmoins , comme le Titre d'*Eſſai de Logique* eſt un préjugé peu favorable pour un Livre, ou du moins que bien des gens le regardent comme tel, il eſt certain que c'eſt une raiſon ſuffiſante pour le mettre dans l'endroit où nous l'avons placé , c'eſt à dire après toutes les piéces de Méchanique & d'Expériences.

Pour la correction : Nous oſons dire que nous n'avons rien négligé pour rendre à cet égard cette Edition la plus exacte qu'il a été poſſible. Nous avons eu ſoin d'employer pour cet effet des Perſonnes qui entendent non ſeulement la bonne Orthographe, mais même les matiéres contenuës dans ces différens Traitez: ce qui étoit d'autant plus néceſſaire, que d'un côté, c'eſt de l'intelligence des choſes que dépend la bonne ponctuation, comme c'eſt de la bonne ponctuation que dépend en partie la clarté d'un Ecrit; & de l'autre, que les Editions qui avoient paru juſ-

ques

AVIS AU LECTEUR.

ques ici, étoient mal orthographiées, mal ponctuées, & qu'il y avoit encore plusieurs fautes de Calculs Numériques & Algébriques qui avoient bésoin d'être redressées, comme on pourra s'en convaincre; pourvu qu'on veuille se donner la peine de comparer entr'autres les calculs de la page 648 & suivante avec ceux de la vieille Edition. Ce que nous venons de dire se doit aussi entendre des Figures, qu'on a de même fait graver le plus exactement qu'il a été possible, en les faisant corriger & redresser par des Personnes très habiles & qui s'y entendent.

Pour plus grande commodité, aussi bien que pour rendre cette Edition plus belle : On a mis les propositions & les autres choses les plus dignes de remarque, en caractéres Italiques, au lieu que dans les Editions précédentes elles étoient la plupart en caractéres Romains: Dans les Traitez des *Plantes*, de la *Nature de l'Air*, & du *Chaud & du Froid*, on a mis des sommaires à la marge, afin que d'un coup d'œil on puisse voir le contenu des différens Paragraphes ; & si l'on n'a pas fait la même chose dans les autres Traitez, c'est qu'on n'a pas jugé que cela fut nécessaire, les choses y étant assez distinguées par les propositions ou autrement : L'on a mis à la fin de cet Ouvrage un Indice de toutes les Matiéres qui y sont contenuës selon l'ordre & la suite de l'impression,

AVIS AU LECTEUR.

preſſion, afin que non ſeulement on puiſſe tout d'un coup ſe former une idée générale du contenu de ce Livre, mais auſſi qu'on puiſſe en tems & lieu trouver chaque matiére dont on a beſoin: Et enfin on a choiſi un papier conforme à la beauté du caractére, & l'on a diviſé tout l'Ouvrage en deux tomes, pour prevenir la peſanteur du volume.

Au reſte : je ne croi pas qu'il ſoit néceſſaire de rendre ici raiſon pourquoi l'on à mis dans la *Nouvelle Découverte touchant la Vuë*, les Lettres de M^{rs}. *Pecquet* & *Perrault*, qui ſont des piéces étrangéres. On voit aſſez que, les Lettres de M^r. *Mariotte* étant des réponſes qu'il leur a faites, la raiſon vouloit qu'on les y joignit, afin de faciliter d'autant plus l'Intelligence de ces derniéres.

TA-

TABLE
DU CONTENU ET DE L'ORDRE DES
OUVRAGES
DE Mʀ. MARIOTTE.

TOME PREMIER.

TOME SECOND.

TRAI-

TRAITTÉ
DE LA
PERCUSSION
OU CHOC
DES CORPS.

DANS LEQUEL LES PRINCIPALES Regles du mouvement, font expliquées & demonftrées par leurs veritables caufes.

NOUVELLE EDITION.

Revuë & Augmentée de plufieurs propofitions touchant l'acceleration du mouvement des corps qui tombent.

DIVISÉ EN DEUX PARTIES.

Par Mʳ. **MARIOTTE,**
de l'Academie Royale des Sciences.

DE LA
PERCUSSION
OU CHOC
DES CORPS.

PREMIERE PARTIE.

DEFINITIONS.

I.

ORPS flexible à reſſort eſt celui qui ayant changé de figure, par le choc ou par le preſſement d'un autre corps, reprend de ſoi-même ſa premiere figure; comme un ballon plein d'air bien preſſé, un anneau d'acier trempé, une corde de boyau tenduë fermement.

II.

Corps flexible ſans reſſort eſt celui qui ayant pris une nouvelle figure par le choc ou par le preſſement d'un autre corps, conſerve cette figure; comme la cire, la terre-glaiſe mediocrement imbibée d'eau.

III.

Vîteſſe reſpective de deux corps, eſt celle avec laquelle ils s'approchent, ou s'éloignent l'un de l'autre, quelles que ſoient leurs vîteſſes TAB. I. propres; comme ſi le corps A eſt éloigné de quatre piés du corps B, Fig. I. & que dans le tems d'une ſeconde le corps A, parcoure l'eſpace A C, d'un pié, & le corps B, l'eſpace B C, de trois piés, chacun avec une vîteſſe uniforme, la vîteſſe propre du corps A, ſera A C, ou 1. & celle du corps B, B C ou 3; mais leur vîteſſe reſpective ſelon laquelle ils ſe rencontrent au point C, ſera AB ou 4: Et en quelque autre lieu qu'ils ſe rencontrent, ſoit que tous deux ſoient en mouvement, ſoit que l'un d'eux ſoit en repos, leur vîteſſe reſpective ſera toûjours dite la même, ſi étant à une diſtance de quatre piés l'un de l'autre lors qu'ils commencent à ſe mouvoir, ils ſe rencontrent dans le même tems d'une ſeconde.

A 2

SUP-

SUPPOSITIONS.

I.

UN corps étant mis en mouvement, continuëra toûjours son mouvement *de même part avec la même vitesse, s'il n'est empêché par la rencontre d'un autre corps, ou par quelque autre cause.*

Cette Supposition est receüe par plusieurs savants Géometres ; & l'experience qui la peut confirmer, est de donner un mouvement en rond à un pendule de seize ou dix-sept piés, apres avoir éloigné son plomb de son point de repos de huit ou dix piés : car ce plomb tournera assez lentement, & quoi, que l'air lui resiste, & que la pesanteur le pousse vers son point de repos, il ne laissera pas s'il pése environ une livre, de parcourir l'espace de plus de 700 toises en 400 tours, & de continuer encore son mouvement assez long-tems, ce qui peut faire juger que sans ces empêchemens, il continueroit toûjours à se mouvoir de même. Il ne faut point croire que le ressort de l'air soit la cause de la continuation du mouvement, en s'étendant en rond depuis la partie anterieure du Corps poussé, jusques à sa partie posterieure : car l'air qui est poussé en avant & à côté par un Corps qui se meut, fait agir son ressort vers les mêmes parties; & celui qui suit le corps immediatement est l'air qui lui étoit contigu avant le mouvement, comme on le peut juger, lors qu'on laisse tomber de deux ou trois pieds de hauteur une petite balle de plomb dans un seau d'eau ; car cette balle ayant percé l'eau, entraîne aprés soi le même air qui la suivoit, & on le voit s'élever en petites bulles rondes vers le haut de l'eau, aussi-tôt que la balle a touché le fond : ce qui fait connoître que la partie du corps fluide qui est poussée en avant par un corps qui se meut, ne vient point ensuite le choquer par derriere.

II.

Les corps qui sont poussez de bas en haut par des forces differentes s'élevent à des hauteurs differentes; & ces hauteurs sont entre-elles comme les quarrez des vitesses avec lesquelles ces corps ont commencé à s'élever : Et reciproquement les corps qui tombent de differentes hauteurs par leur propre poids sur une même surface horisontale, rencontrent cette surface avec des vitesses differentes, dont les quarrez sont l'un à l'autre, comme ces hauteurs. Par exemple, si un corps poussé de bas en haut commençant à se mouvoir avec une certaine vitesse, s'éleve a un pié de hauteur ; il s'elevera à quatre piés, si étant poussé plus fort il commence son mouvement avec une vitesse double de la premiere : & commençant son mouvement avec une vitesse triple de la premiere, il s'élevera à neuf piés.

III.

TAB. I. *Si un corps comme B, suspendu à un fil AB, est poussé perpendiculaire-*
fig. 2. *ment de bas en haut, & qu'il s'éleve à une hauteur comme BD; lors qu'il*
sera

fera pouſſé horiſontalement, en ſorte qu'il commence ſon mouvement avec la même viteſſe, il s'elevera à la même hauteur en C, par l'arc BC, la ligne CD étant ſuppoſée horiſontale : Et s'il retombe, ſoit par la perpendiculaire DB, ſoit par l'arc CB, il reprendra au point B, une viteſſe égale à celle qui l'avoit fait élever en C ou en D.

Cette Suppoſition & la precedente ſont aſſez bien établies par *Galilée* & par pluſieurs autres Géometres, ſi l'on fait abſtraction de la reſiſtance de l'air & des autres empêchemens ; & elles ſont conformes aux experiences à fort peu prés, nonobſtant la reſiſtance de l'air ; mais on les prend ici dans la preciſion exacte pour rendre les Demonſtrations plus intelligibles.

I V.

Les petits battemens d'un pendule ſe font en des tems ſenſiblement égaux, quoi que ſon plomb décrive des arcs inégaux ; mais pour la facilité des demonſtrations, on ſuppoſe ici que ces tems ſont preciſément égaux.

PROBLEME.

PROPOSITION I.

Faire que deux corps ſe rencontrent directement avec des viteſſes qui ſoient l'une à l'autre en telle raiſon que l'on voudra.

POUR executer facilement ce Probleme, il faut avoir une machine ſemblable à celle qui eſt repreſentée dans la 3. Figure.

ABC, eſt une piece de bois triangulaire poſée de maniere que la TAB. I. ligne BC, ſoit parallele à l'horiſon. La ſurface ABC, eſt plane & Fig. 3. polie, de cinq ou ſix piés de hauteur, & perpendiculaire à l'horiſon. DE, eſt une ligne en cette ſurface, parallele à BC, d'environ deux ou trois pouces de longueur, diviſée également au point F. DI, FK, EL, ſont des lignes tracées ſur la ſurface ABC, perpendiculaires à DE, égales entre elles, & de quatre ou cinq piés de longueur. On plante deux clouds aux points D, & E, & l'on y attache deux filets où ſont ſuſpenduës deux boules de terre-glaiſe mediocrement molle, le tout en ſorte, que ſi l'on imagine les trois lignes IH, K*d*, LG, de quatre pouces chacune, être élevées perpendiculairement ſur la ſurface ABC, les points H & G ſoient les centres des boules ſuſpenduës, & le point *d*, celui où elles ſe touchent étant en repos, lorſqu'elles ſont égales : LM, IN, ſont deux arcs de cercle de 30. degrez chacun, dont les lignes DI, EL, ſont les demi diametres. Ces arcs ſeront diviſez par degrez depuis les points I & L, & les diviſions ſeront marquées par de petites lignes inclinées aux centres D & E, comme la ligne XY. On peut prendre cette ſurface ABC, dans un mur de pierre de taille ou de plâtre, &c. ſelon la commodité qu'on au-

A 3

au-

aura. La maniere dont les boules que nous appellerons G & H, font attachées aux filets, eſt repreſentée par la Figure marquée 4. en laquelle le point O, repreſente le centre de la boule. R S eſt un petit morceau de bois attaché au filet de ſuſpenſion, à l'entour duquel on accommode la terre-glaiſe en boule ſelon les dimenſions neceſſaires, afin qu'elle puiſſe être ſoûtenuë par le filet & conſerver ſa figure ronde. S P T eſt un petit filet attaché au morceau de bois, & paſſant à travers la partie S P de la boule; afin que le petit bout P T, qui paſſe au delà, puiſſe ſervir pour éloigner aiſément les boules l'une de l'autre, & pour les pouvoir laiſſer aller l'une contre l'autre en même tems.

Ces choſes étant ainſi diſpoſées; on tirera par le moïen du petit filet P T, l'une des boules comme G, juſques à ce que ſon centre ſoit vis à vis du point qui marquera le degré qu'on aura choiſi comptant les degrez depuis le point L. Par exemple, ſi l'on veut prendre douze degrez, & que le point X marque le douziéme degré, on élevera le centre de la boule G, juſques à ce qu'il ſoit à la hauteur de ce point; ce que l'on connoîtra, ſi l'on a un carton taillé en quarré long, qui ait été plié en ſorte qu'on ait fait toucher deux de ſes points extremes, comme α & θ, & qu'en ſuitte on lui ait fait prendre une figure com-

me $\alpha\,\beta\,\theta\,\delta$ car la partie $\alpha\,\beta\,\theta$ étant poſée ſur une ſurface plane, la ligne droite $\beta\,\gamma\,\delta$, faite par le ply, ſera perpendiculaire à cette ſurface. Si donc on poſe le point β ſur le point X, la ligne $\beta\,\gamma$ étant égale & paralléle à la ligne L G, qui eſt la diſtance des filets de ſuſpenſion juſques à la ſurface A B C, & qu'on éleve la boule G, juſques à ce que ſon filet de ſuſpenſion touche le point γ; on connoîtra deux choſes: La premiere, que le centre de la boule ſera vis-à-vis du point X, & par conſequent autant éloigné de ſon point de repos, que le point X l'eſt du point L: La ſeconde, que ce même centre, qui eſt auſſi ſuppoſé le centre de peſanteur de la boule, conſervera toûjours en tombant la même diſtance L G, juſques à la ſurface A B C.

Or ſi X Z eſt perpendiculaire à E L, la ligne L Z ſera le ſinus verſe de l'arc L X; & ſi l'on veut que l'autre boule H, chocque la boule G, au point d, avec une vîteſſe double, il faut prendre la ligne I a, quadruple de L Z, & trouver par les tables des ſinus, l'arc qui correſpond au ſinus verſe de cette grandeur, qui ſera I e, ſi la ligne ae, eſt perpendiculaire à D I. Il faut en ſuitte tirer la boule H, juſques à ce que ſon centre ſoit vis-à-vis du point e, par le moien du carton $\alpha\,\beta\,\theta\,\delta$. Alors ſi l'on tient les deux boules en ces ſituations par le moien des petits filets repreſentez par la ligne P T, & qu'on les laiſſe aller en même tems, elles ſe rencontreront au point d, en ſorte que la boule H, aura immediatement avant le choc une vîteſſe double de celle de la boule G; ce qui ſe prouve en cette ſorte.

D'autant que le ſinus verſe I a, eſt quadruple du ſinus verſe Z L, la vîteſſe acquiſe par la cheute de la boule H, de la hauteur a I, ſeroit

dou-

double de la vîteſſe acquiſe par la boule G, de la hauteur L Z, par la
ſeconde ſuppoſition: Mais par la troiſiéme ſuppoſition les vîteſſes acquiſes par les mêmes boules dans leurs cheutes par les arcs e I, X L,
depuis les points e & X, ſont égales aux vîteſſes acquiſes par les mêmes boules dans leurs cheutes perpendiculaires a I, Z L.   Donc la vîteſſe de la boule H, lors que ſon centre ſera arrivé à ſon point de repos, ſera double de celle de la boule G, lorſque ſon centre ſera auſſi
arrivé à ſon point de repos : Et parce que ces centres arrivent en même tems à leurs points de repos par la quatriéme ſuppoſition, & qu'en
ce même inſtant les boules ſe chocquent au point d; il s'enſuit qu'à
l'inſtant qui précéde immediatement l'inſtant de leur choc, la vîteſſe
de la boule H, ſera double de la vîteſſe de la boule G.   Que ſi l'on
veut que la boule H, chocque l'autre avec une vîteſſe triple; on prendra au lieu des arcs I e, L X, deux autres arcs tels que le ſinus verſe
de l'un ſoit neuf fois plus grand que celui de l'autre : Et par les mêmes raiſons ſi on éleve les boules juſques aux extremitez de ces arcs, &
qu'on les laiſſe aller en même tems ; la vîteſſe de l'une ſera triple de
la vîteſſe de l'autre immediatement avant le choc.   On fera de même
dans les autres proportions.

Pour éviter la peine de chercher les ſinus verſes dans les tables, il ne
faut que prendre les arcs en la proportion qu'on veut avoir les vîteſſes ;
car par ce moien on approchera ſi près de la juſte proportion que la
difference en ſera inſenſible, quand les arcs n'excedent pas 15. degrez :
comme ſi l'arc L X étoit de 6. degrez, I e, ſeroit de 12. degrez
une minute ; c'eſt à dire $\frac{1}{720}$ de plus que ſi l'on avoit pris preciſément
un arc de 12. degrez; ce qui ne feroit qu'environ ⅓ de ligne, ſi la longueur du pendule n'étoit que de quatre piés, qui eſt une difference
qu'on peut facilement ſuppléer en mettant le point β du petit carton
un peu plus haut que la petite ligne qui marque le degré, ſelon l'eſti-
me qu'on en pourra faire à peu prés.

De même quoi que la cheute par un arc de 12. degrez, ſe faſſe en
un tems un peu plus grand que par un arc de 6. degrez, & que cela
doive faire rencontrer les boules ailleurs qu'en leur vrai point de repos;
la difference n'en eſt pas conſiderable, parce qu'elle ne ſera au plus que
de l'eſpaiſſeur d'une feüille de papier ; ce qui n'empeſche pas une exactitude ſuffiſante dans les experiences qu'on fera avec ces boules : &
même ce defaut pourra être recompenſé ſuffiſamment ſi on éleve la boule qui décrit le plus petit arc, à un quinziéme de ligne à peu prés,
plus haut que la ligne qui le marque.

On ſuppoſe donc pour rendre les demonſtrations exactes dans les propoſitions ſuivantes, que les arcs ſont preciſément dans les mêmes proportions que les vîteſſes acquiſes par les boules en deſcendant par ces
arcs juſques à leurs points de repos : Mais en faiſant les experiences, il
faudra conſiderer que l'arc doit être un peu plus que double, pour

don-

donner une viteſſe double; & ainſi dans les autres proportions.

Il faudra encore conſiderer que les plombs des pendules ne remontent jamais ſi haut que le point d'où ils ſont deſcendus , à cauſe de la reſiſtance de l'air & des autres empéchemens; mais que quand les arcs n'excedent pas 12. ou 15. degrez, la difference n'eſt pas beaucoup conſiderable.

Il ne faut pas auſſi ſe mettre en peine ſi les diſtances des centres des boules juſques à leurs points de ſuſpenſion , ne ſont pas preciſément de la longueur des demi-diametres DI, EL; car cela n'empêchera pas que les arcs décrits par les boules ne ſoient toûjours d'autant de degrez, & dans les mêmes proportions. Mais il faut obſerver le plus exactement qu'on pourra que ces centres ſoient à même hauteur, comme auſſi les points de ſuſpenſion des boules.

Il eſt encore manifeſte par l'experience, que les boules de terre-glaiſe ſe chocquant s'attachent l'une à l'autre , quand elles ſont mediocrement molles , & on le ſuppoſe dans les experiences qui doivent être faites avec ces boules.

Si les boules ſont inégales , elles ne ſe touchent pas au point d, lorſqu'elles ſont en repos; mais en changeant un peu leur figure ronde , on pourra les y faire toucher. Que ſi l'on veut conſerver leur figure ronde , il y faudra ajoûter un peu de terre , & faire en ſorte que lorſquelles ſeront en repos , elles ſe touchent preciſément.

Que ſi on veut faire chocquer deux boules avec des vîteſſes égales ou differentes , qui faſſent la même vîteſſe reſpective ; il faut prendre un arc comme L X, pour la vîteſſe reſpective , qu'on apellera de 12. degrez ſi l'on veut.

Or ſi l'on éloigne les deux boules de ſix degrez chacune, de leur point de repos, & qu'on les laiſſe aller en même-tems ; elles ſe chocqueront avec la même vîteſſe reſpective de 12. degrez. La même choſe arrivera ſi l'on prend 4. degrez d'un côté, & 8. de l'autre. ou 16. degrez, & 4. degrez d'un même côté : & de même en toutes les autres proportions, pourvûque la ſomme des degrez des deux arcs ſoit toûjours la même quand ces mouvemens ſont oppoſez , ou que leur difference ſoit la même, quand ils ſont d'un même côté : Car par la 4. ſuppoſition, les boules ſe rencontreront toûjours dans un même intervalle de tems, à compter depuis le commencement de leurs cheutes, juſques au moment que leurs centres arrivent à leurs points de repos, auquel moment elles doivent ſe rencontrer, & leurs vîteſſes propres ſeront toûjours entre-elles de même que ſi elles étoient repreſentées par les parties d'une ligne droite, ſuppoſant que la vîteſſe de chaque boule ſoit uniforme, ſoit que les boules ſoient égales ou inégales.

Mais parce que les mouvemens des boules en pendule s'accelerent juſques à leur point de repos ; on ne conſidere ici que la vîteſſe qu'elles ont acquiſe en ce point : Et lors qu'on parle de leurs vîteſſes avant

ou

ou apres leur choc, on entend celles qu'elles ont immédiatement a-
vant ou après leur choc, qu'on apellera auſſi leurs viteſſes premiéres
ou ſecondes.

PREMIER PRINCIPE
D'EXPÉRIENCE.
PROPOSITION II.

*SI un corps étant en mouvement eſt pouſſé par un autre corps ſelon la mê-
me ligne de direction, ou ſelon une autre; le corps pouſſé prendra un mouvement qui dépendra des deux cauſes, & ſera compoſé du premier mouvement & du ſecond, tant à l'égard de ſa direction, qu'à l'égard de ſa viteſſe.*

On en peut voir l'expérience en frapant de travers une boule qui
roule. Car elle ne ſuivra pas ſa premiére direction, & n'ira pas auſſi
du côté qu'on l'aura pouſſée ; mais elle prendra une direction oblique
entre les deux autres, & ſa viteſſe ſera auſſi augmentée. Et ſi lors qu'on
tire une Arbaléte, on pouſſe la main en avant, le trait ira plus loin,
que ſi l'on n'avance point la main ; & il ira moins loin, ſi l'on retire la
main au lieu de l'avancer. De même, ſi on lance un dard à courſe de
cheval, il percera bien mieux ce qu'il rencontrera, que s'il étoit pouſſé par le ſeul mouvement du bras.

SECOND PRINCIPE
D'EXPÉRIENCE.
PROPOSITION III.

*LOrſque deux corps ſe choquent directement, la puiſſance ou force de leur
choc pour faire impreſſion l'un ſur l'autre eſt la même, ſoit qu'ils aillent
l'un contre l'autre avec des viteſſes égales ou inégales, ou qu'un ſeul des
deux ſoit en mouvement, ou que tous deux aillent de même part ; pourvû que
la viteſſe propre de chacun d'eux ſoit uniforme ſelon la premiére ſuppoſition,
& qu'étant en même diſtance lors qu'ils commencent à ſe mouvoir, ils em-
ploient des tems égaux à ſe rencontrer, c'eſt à dire, pourvû que leur viteſſe
reſpective ſoit toujours la même.*

A & B ſont deux corps, dont la diſtance eſt la ligne A B : Or ſoit qu'ils
ſe rencontrent en C, A ſe mouvant avec la viteſſe A C d'un degré, & TAB. I.
B avec la viteſſe B C de 3 degrez ; ou qu'ils ſe rencontrent en D, tous Fig. 1.
deux avec des viteſſes égales de 2 degrez, ou en B, A ſe mouvant ſeul
avec la viteſſe A B de 4 degrez ; la force du choc ſera toujours égale ;

B

&

& il eſt évident par la Définition 3ᵉ. que la viteſſe reſpective avec laquelle ils ſe rencontrent en ces points différents , eſt toujours la même :
puis qu'étant toujours en la même diſtance AB, avant que de ſe mouvoir, ils ſe rencontrent dans un même intervalle de tems, le corps A
arrivant auſſi-tôt en B, avec une viteſſe de quatre degrez, qu'en D,
avec une viteſſe de deux degrez, ou en C, avec une viteſſe d'un degré, & le corps B arrivant auſſi dans le même tems en C ou en D, a-
vec la viteſſe BC, 3. ou BD, 2.   Que ſi le corps A ſe meut avec la
viteſſe AE de cinq degrez, & B avec la viteſſe BE d'un degré de même part ; ils ſe choqueront en E, & la force de ce choc ſera encore
égale aux précédentes ; car leur viteſſe reſpective ſera toujours la même , parce qu'ils ſe rencontrent dans le même intervalle de tems , le
corps A arrivant auſſi-tôt au point E, avec la viteſſe AE, qu'au point
B, avec la viteſſe AB, & le corps B arrivant auſſi-tôt en E avec la
viteſſe BE, qu'en C avec la viteſſe BC ; & ces deux corps arrivent
auſſi dans le même tems à chacun de ces points, par les régles du mouvement local uniforme.

Cette Propoſition ſe prouve facilement par l'expérience : ſi ces corps
ſont des boules de terre glaiſe médiocrement molle, en les faiſant choquer avec de telles viteſſes propres qu'on voudra, la viteſſe reſpective
demeurant toujours la même, comme il a été enſeigné en la premiére
Propoſition : Car ces boules s'applatiront toujours de la même façon.
Elle ſe prouve auſſi par les expériences que l'on peut faire dans un bateau qui va très vite ſur l'eau : car ſi l'on pouſſe quelque corps avec la
même force , ſoit du côté où le bateau va , ſoit vers le côté oppoſé,
ou de travers ; il choquera toujours de même force les corps qui ſont
dans le même bateau à diſtances égales ; ce qui procéde de ce que la
viteſſe reſpective eſt toujours la même, quoi que la viteſſe propre du
corps qui choque & de celui qui eſt choqué, ne ſoit pas toujours la
même , à cauſe du mouvement du bateau.

TROISIÉME PRINCIPE
D'EXPÉRIENCE.
PROPOSITION IV.

*SI deux corps ſemblables & inégaux de même matiére ſont mûs avec des
viteſſes égales , l'effort du plus grand corps ſera plus grand que celui du
moindre ſur les corps qu'ils rencontreront ; & ſi deux corps ſemblables & é-
gaux de même matiére ſont mûs avec des viteſſes inégales , celui qui eſt mû
avec la plus grande viteſſe , fera auſſi le plus d'effort ſur les corps qu'il rencontrera , ſoit que le choc ſoit horizontal, ou de bas en haut, ou d'autre ſorte.*

Cet-

Cette Proposition se prouve facilement par l'expérience: car si l'on jette une balle de plomb avec une grande force, elle entrera bien plus avant dans de la terre molle, que si on la jette avec une force médiocre; & si l'on jette avec une égale vitesse deux boules de fer, dont l'une pése deux ou trois fois autant que l'autre, contre quelque corps pour le renverser, ou pour le rompre, on verra toujours que la plus pesante fera un plus grand effet: On sait aussi qu'un bâton qui est emporté par une eau courante est bien plus facilement arrêté qu'une poutre qui est emportée par la même eau, avec la même vitesse; & qu'une boule de bois roulant est plus facilement arrêtée, qu'une de fer aussi grosse roulant avec la même vitesse.

On dira d'un corps qui va plus vite qu'un autre qui lui est égal en pesanteur, ou qui est plus pesant & va d'une égale vitesse; qu'il a une plus grande puissance de mouvement, ou une plus grande quantité de mouvement. On considére donc ici la quantité de mouvement comme un composé du poids & de la vitesse d'un corps, & pour en déterminer l'idée, on apellera le produit du poids d'un corps par sa vitesse, sa quantité de mouvement: comme si un corps pése trois livres, & un autre deux livres, & que la vitesse du premier soit quadruple de celle du second; on dira que la quantité de mouvement du premier sera douze, savoir le produit de trois de poids par quatre de vitesse, & celle du second deux, qui est le produit de deux de poids par un de vitesse. De même, si le poids du premier est au poids du second comme trois à deux, & la vitesse du second à celle du premier, comme sept à quatre, leurs quantitez de mouvement à l'égard l'une de l'autre seront dites, douze & quatorze, dont l'une est le produit du nombre qui exprime le poids du premier corps, savoir trois, par quatre, qui exprime sa vitesse; & l'autre est le produit de deux, qui exprime le poids du second, par sept, qui exprime sa vitesse: d'où il s'ensuit que si l'on divise la quantité de mouvement d'un corps par le nombre qui marque son poids, le quotient sera le nombre qui marquera sa vitesse.

Que si l'on veut représenter les poids & les vitesses par des lignes; le rectangle de deux lignes, dont l'une marquera le poids, & l'autre la vitesse d'un corps, à l'égard d'un autre corps, sera dit la quantité de mouvement de ce corps.

Or par le poids d'un corps, on n'entend pas ici la vertu qui le fait mouvoir vers le centre de la terre; mais son volume avec une certaine solidité ou condensation des parties de sa matiére, qui est vrai-semblablement la cause de sa pesanteur, laquelle est plus ou moins grande à l'égard des autres corps, quand il a plus ou moins de volume, ou qu'il est plus ou moins condensé; & l'on apellera toujours la quantité de mouvement d'un corps, le produit de son poids par sa vitesse, soit qu'il aille de haut en bas, ou de bas en haut, ou horisontalement, &c.

B 2

QUATRIÉME PRINCIPE
D'EXPÉRIENCE.
PROPOSITION V.

SI un corps en repos suspendu est choqué horisontalement par un autre corps plus pesant, il résistera moins au mouvement, & le corps choquant recevra moins d'impression par le choc, que si le corps en repos étoit également pesant; & plus le corps en repos sera pesant, plus il résistera au mouvement; pourvû que le corps choquant demeure toujours le même, & qu'il rencontre toujours l'autre avec la même vitesse.

On connoitra la vérité de cette Proposition par l'expérience, en frapant d'une même vitesse avec la main deux corps suspendus inégaux en pesanteur, car on sentira moins de douleur par la rencontre du corps moins pesant : & si l'on suspend une boule de terre molle, & qu'on la laisse aller avec une certaine vitesse contre une boule de bois en repos suspenduë de même, & qui soit deux fois plus pesante; on verra qu'elle la fera mouvoir plus lentement, & qu'elle s'applatira davantage par le choc, que lorsqu'elle en rencontrera une autre qui lui sera égale en poids; & si on la fait choquer contre une autre boule deux fois moins pesante qu'elle, elle s'applatira encore moins, mais elle la fera aller plus vîte, pourvû qu'elle la rencontre toujours directement avec une même vitesse. Donc si un corps suspendu est choqué par un autre, &c. ce qu'il falloit prouver par expérience.

Il est bon de remarquer que la résistance de l'air contribuë fort peu à ces effets, quand la vitesse est médiocre, puisqu'une boule de plomb de deux livres résistera plus au mouvement d'une boule de terre molle, qu'une boule de bois d'une livre; quoique le volume de cette derniére étant plus grand, elle pousse plus d'air devant soi, & en entraine plus après soi que l'autre. Ce n'est pas aussi à cause du principe du mouvement vers le centre de la terre, qu'un corps plus pesant résiste plus au mouvement d'un autre corps, qu'un moins pesant, lorsqu'il est choqué horisontalement; car son mouvement vers le centre n'est point empêché. Mais la véritable cause de cét effet, est la même qui rend ce corps plus pesant, savoir la plus grande quantité de sa matiére. Ainsi, s'il y a deux ou trois pintes d'eau dans un vaisseau, & une pinte seulement dans un autre, & qu'on jette en chacun de ces vaisseaux une égale quantité de fer embrasé; l'eau du dernier deviendra plus chaude que celle de l'autre, à cause qu'il y aura moins de matiére à échaufer; & le fer sera plutôt refroidi par la plus grande quantité d'eau, que par la moindre.

On

On peut remarquer qu'un corps quoique peu pesant, résiste beaucoup à prendre une grande vitesse tout à coup. On en voit l'expérience en suspendant horisontalement un couteau pointu ; car si quelqu'un tenant à la main une assiette d'étain, la pousse sans la lâcher, contre la pointe du couteau avec une grande force, ce couteau entrera dedans & la percera ; ce qui n'arriveroit pas, si le couteau cedoit facilement au choc : & si on tire un mousquet contre une girouëtte, en sorte que la balle la rencontre vers son milieu, elle la percera ; parce qu'il est moins difficile d'en rompre & détacher quelques parties les unes des autres, que de la faire mouvoir toute entiére avec une très-grande vitesse tout à coup.

AVERTISSEMENT.

CE principe peut servir pour expliquer le deuxiéme, lorsque les poids sont inégaux : car si c'est le plus grand corps qui choque le moindre en repos, ce dernier cedant moins difficilement que s'il etoit égal, diminuë la force du coup ; & si c'est le moindre qui choque, la grande résistance du plus pesant fait que la force du coup est augmentée.

Or si on suppose que ces résistances soient suivant la proportion des poids, on pourra juger que l'impression mutuelle du coup produit par un corps de quatre livres, rencontrant une résistance d'une livre, doit être égale à celle d'une livre rencontrant une résistance de quatre livres, & de même à l'égard des poids qui sont en d'autres proportions.

CINQUIÉME PRINCIPE
D'EXPÉRIENCE.

PROPOSITION VI.

SI les quantités de mouvement de deux corps sont égales lorsqu'ils se choquent directement, ils s'arrêteront l'un l'autre, & demeureront sans mouvement, s'ils s'attachent ensemble ; mais si les deux quantitez de mouvement sont inégales, ils ne demeureront pas en repos immédiatement après le choc.

Faites que la boule H de la machine décrite en la premiére Proposition soit double de la boule G ; & qu'elles se touchent lors qu'elles seront en repos, sans s'appuyer l'une contre l'autre : Eloignez la plus grosse H de son point de repos par un arc de dix degrez, & la moindre G par un arc de vingt degrez selon la maniére qui y est enseignée : Laissez les aller en même tems, afin qu'elles se rencontrent lors que leurs centres seront arrivez en leurs points de repos, auquel moment elles se choqueront directement avec des quantitez de mouvement égales, par

TAB. I.
Fig. 3.

B 3

ce

ce qui a été dit en la 4ᵉ. Proposition, ou ce qui est la même chose, leurs vitesses & leurs poids seront en raison réciproque immédiatement avant leur choc ; alors vous les verrez toutes deux demeurer sans mouvement. On observera toujours la même chose, si leurs poids & leurs éloignemens de leur point de repos sont en d'autres raisons réciproques ; comme de trois à un, ou de trois à deux. Mais si l'on augmente un peu le poids ou la vitesse d'une des boules, on verra qu'elle emportera l'autre un peu au delà de son point de repos. Donc si les quantitez de mouvement de deux corps, &c. ce qu'on s'étoit proposé de prouver par expérience.

CONSÉQUENCE.

Il s'ensuit que si deux corps mols sans ressort se choquant directement, perdent leur mouvement, leurs poids & leurs vitesses étoient réciproques immédiatement avant le choc, c'est à dire, qu'elles avoient une égale quantité de mouvement.

AVERTISSEMENT.

*C*E *principe d'expérience ou régle de la nature, & cette conséquence, sont presque la même chose que ces principes de Méchanique ; les corps dont les poids & les distances sont réciproques en une balance, font équilibre ; & s'ils font équilibre, leurs poids & leurs distances sont réciproques. Même ces derniers principes suivent en ordre de nature les deux autres, & en dépendent : car la cause naturelle de l'équilibre de deux corps qui ont leurs poids & leurs distances réciproques, procéde de ce qu'ils sont disposez à se mouvoir avec des vitesses réciproques à leurs poids ; celui dont la distance est sous-double, ne pouvant descendre, que l'autre qui est supposé peser la moitié moins, ne s'éléve avec une vitesse deux fois plus grande. Et de même qu'on appelle quantité de pesanteur la force d'un poids dans une disposition à se mouvoir selon une certaine vitesse à proportion du bras de la balance où il est attaché ; on appelle ici quantité de mouvement, la force de ce poids se mouvant effectivement selon cette vitesse. Et comme un poids de six livres à une distance de deux piés du centre de mouvement d'une balance, est dit avoir une même force de pesanteur qu'un poids de quatre livres à une distance de trois piés ; ainsi un poids de six livres avec deux degrez de vitesse sera dit avoir une même puissance de mouvement, ou une même quantité de mouvement, qu'un poids de quatre livres avec trois degrez de vitesse. Mais pour faire connoître que la différence de distance du centre de mouvement d'une balance n'augmente pas de soi & immédiatement la force de pesanteur des poids ; attachez un poids d'une livre à une distance de deux piés de ce centre, & le soustenez en mettant la main sous la balance à l'endroit où est le poids, & en suite au lieu de la livre, mettez y un poids de trois livres, à la distance d'un*

de-

demi pié ; car en ce dernier cas , vous aurez la main chargée comme de trois livres ; & au premier cas feulement comme d'une livre : quoi que ces deux poids étant mis de part & d'autre du centre de la balance felon ces diftances, la livre emporte les trois livres. D'où il s'enfuit que ce principe de Méchanique, les poids égaux en des diftances inégales péfent inégalement, fe doit entendre lors que ces poids font mis enfemble d'un côté & d'autre du centre de la balance ; puis que les forces de pefanteur qu'ils ont en ces diftances différentes, procédent de ce qu'ils font difpofez a fe mouvoir avec des viteffes différentes. On peut comparer la viteffe d'un corps a celle d'un autre , en les exprimant par des nombres qui dénotent leurs raifons ; comme fi la viteffe d'un corps eft a celle d'un autre en la raifon de fix a onze, on dira que la viteffe de l'un eft de fix degrez , & celle de l'autre d'onze degrez : même on peut les exprimer par le nombre des degrez des arcs de cercle qu'ils décriront dans les expériences qu'on fera avec les pendules de la machine décrite en la première Propofition.

PROPOSITION VII.

SI *deux Corps inégaux en pefanteur font mûs avec des viteffes égales , leurs quantitez de mouvement feront l'une à l'autre en la raifon de leurs poids.*

Cela eft évident : car fi un Corps A péfe deux fois autant qu'un autre Corps B, & que leurs viteffes foient égales, A étant imaginé divifé en deux poids égaux C & D, la quantité de mouvement de la moitié C fera égale à celle du corps B, puifqu'ils ont même poids & même viteffe ; & la quantité de mouvement de l'autre moitié D étant auffi égale à celle du poids B, la quantité de mouvement de C & D enfemble, c'eft à dire, celle du corps entier A, fera double de celle du corps B. Cette Propofition fe prouve auffi par ce qui a été dit en la Propofition quatriéme ; Car le produit du poids du corps A par fa viteffe, fera double du produit du poids du corps B par la même viteffe, & ces produits qui font entre eux comme les poids, font leurs quantitez de mouvement. On dira de même, fi les poids de ces corps font en d'autres raifons.

PROPOSITION VIII.

SI *deux corps égaux en pefanteur, font mûs avec des viteffes inégales, leurs quantitez de mouvement feront entre elles comme leurs viteffes.*

Cette Propofition fe prouve de même que la précédente : Car les produits des poids de ces corps, par leurs viteffes, feront l'un à l'autre comme les viteffes, & ces produits font leurs quantitez de mouvement par la Propofition quatriéme.

PRO-

PROPOSITION IX.

SI deux corps ont leurs poids & leurs viteſſes inégales , leurs quantitez de mouvement ſeront l'une à l'autre en la raiſon compoſée des poids & des viteſſes.

TAB. I.
Fig. 6.
    Soit le poids du corps A plus grand que celui du corps B ; & que le corps A ſoit mû avec la viteſſe C, & le corps B avec la viteſſe D. Suppoſons auſſi que le poids du premier ſoit au poids du ſecond, comme la ligne E à la ligne F. Or le rectangle des lignes C & E ſera la quantité de mouvement du corps A , & le rectangle des lignes D & F ſera la quantité de mouvement du corps B, à l'egard l'un de l'autre, par la Propoſition quatriéme. Mais ces rectangles ſont l'un à l'autre en la raiſon compoſée de la ligne E à la ligne F, & de la ligne C à la ligne D. Donc les quantitez de mouvement de ces corps ſeront auſſi l'une à l'autre, en la raiſon compoſée de leurs poids & de leurs viteſſes ; ce qu'on s'étoit propoſé de prouver.

SIXIÉME PRINCIPE D'EXPÉRIENCE.

PROPOSITION X.

SI un corps mol ſans reſſort choque directement un autre corps mol & ſans reſſort , les deux enſemble étant joints après le choc , iront de même part que le corps choquant , & la quantité de mouvement des deux enſemble ſera égale à la quantité de mouvement de ce corps avant le choc.

    Pour prouver cette Propoſition par l'expérience: Servez vous des

TAB. I.
Fig. 3.
deux boules en pendule de la machine décrite en la premiére Propoſition. Tirez la boule G, juſques à ce que ſon centre ſoit vis-à-vis du point X, & ſi les boules ſont d'un poids égal, prenez de l'autre côté un arc qui ſoit égal à la moitié de l'arc LX, obſervant ce qui

TAB. I.
Fig. 5.
a été dit en la premiére Propoſition, faites mettre le point β du carton qui ſert d'équerre ſur la petite ligne qui marque ce dernier arc, alors ſi vous laiſſez aller la boule G, elle choquera directement la boule H qui eſt ſuppoſée en repos, & vous verrez aller les deux enſemble après le choc, & remonter du côté du point N, juſques à ce que le fil de ſuſpenſion de la boule H, ſoit très près de la ligne β γ δ du carton; car la réſiſtance de l'air empêche qu'il n'y aille préciſément, & s'il y alloit ce ſeroit une marque que les deux boules enſemble immédiatement après le choc auroient eu une viteſſe plus grande que la moitié de celle de la boule G avant le choc, par les raiſons qui ont étées en la pre-

miére

miére Propofition. Donc les deux boules enfemble auront commencé à remonter vers N avec une viteffe moindre de moitié, que celle qu'avoit la boule G avant le choc : D'où il s'enfuit qu'après le choc la viteffe des deux boules enfemble fera à celle de la boule G avant le choc, réciproquement comme fon poids, au poids des deux boules enfemble; donc la quantité de mouvement des deux boules enfemble après le choc, fera égale à celle de la boule G avant le choc. Que fi la boule G a fon poids double de celui de la boule H, & qu'on éléve la boule G jufqu'au quinziéme degré, on verra remonter après le choc la boule H jufqu'au dixiéme degré; & par conféquent la quantité de mouvement des deux boules enfemble après le choc fera 30 produit de 3 de poids par 10 de viteffe, qui eft la même qu'avoit la feule boule G avant le choc. On verra les mêmes proportions, à quelque degré qu'on éléve la boule G, & quelques proportions qu'ayent les poids des deux boules entre eux. Donc fi un corps mol fans reffort &c. ce qu'il falloit prouver par expérience.

PREMIÉRE CONSÉQUENCE.

Il fuit de cette Propofition que le mouvement d'un corps qui n'en rencontre point de contraire, ne fe perd point, puis que la quantité de mouvement qui eft dans les deux boules jointes enfemble eft égale à celle qui étoit dans la feule boule G : il s'enfuit auffi que pour trouver quelle doit être la viteffe de deux corps mols joints après le choc, quelque viteffe & quelque pefanteur qu'ait le corps qui donne le mouvement à l'autre, il faut divifer fa premiére quantité de mouvement par la fomme des poids des deux corps; car le quotient fera la viteffe requife, puifque cette derniére quantité de mouvement doit être égale à la premiére.

SECONDE CONSÉQUENCE.

Il s'enfuit auffi que fi la viteffe du corps qui fe mouvoit feul eft exprimée par un nombre égal à la fomme des poids des deux corps, leur viteffe commune après le choc fera exprimée par un nombre égal au poids de ce premier; parce que la multiplication & la divifion fe font par un même nombre.

EXEMPLE EN NOMBRES.

Soient les poids 5 onces & 2 onces; donc la viteffe de celui qui étoit feul en mouvement fera 7, & fa quantité de mouvement 35 fi fon poids eft 5 : or 35 étant divifé par 7 donnera pour quotient le même nombre 5. Que fi c'eft le corps dont le poids eft 2 qui fe foit mû contre l'au-

C

tre, sa quantité de mouvement sera 14, lequel nombre étant divisé par 7 donnera le même nombre 2, & ainsi dans toutes les autres proportions.

AVERTISSEMENT.

POur bien entendre comme se fait le mouvement commun des deux boules G & H; il faut concevoir que la partie la plus avancée de la boule H, perd un peu de sa vitesse au moment qu'elle rencontre l'autre, qui en reçoit aussi un peu en sa partie la plus avancée. Mais les parties de la boule H proches de celle qui a un peu perdu de sa vitesse, s'avancent alors plus vite qu'elle, jusques à ce qu'elles touchent les parties de l'autre boule qui leur correspondent, & les fassent avancer avec elles, en perdant aussi une partie de leur vitesse; ce qui est cause de l'applatissement de ces premiéres parties de châque boule: Mais la partie opposée de la boule G, ne prend point de mouvement au commencement du choc, ou très-peu, & elle le reçoit & l'augmente successivement a mesure qu'il y a davantage de parties de la boule H, qui touchent la boule G: Comme aussi les parties de la boule H opposées à celles qui touchent l'autre boule, ne perdent point, ou perdent très-peu de leur vitesse à l'instant du choc, mais peu à peu à mesure que les deux boules s'aplatissent; car elles ne s'aplatiroient pas, si à l'instant du choc la boule H perdoit la moitié de sa vitesse en toutes ses parties, & que l'autre la reçeût; puis qu'allant aussi vite l'une que l'autre, la boule H ne feroit plus aucune impression sur celle qui la précéderoit. Et enfin lorsque l'applatissement entier s'achéve, la boule H toute entiére n'a plus que la moitié de sa premiére vitesse, & l'autre en a receu une égale à cette moitié en toutes ses parties, & elles vont toutes deux ensemble avec cette vitesse égale à la moitié de la premiére vitesse de la boule H.

SEPTIÉME PRINCIPE D'EXPÉRIENCE.

PROPOSITION XI.

SI deux corps mols sans ressort vont de même part avec des vitesses inégales, & que le plus vite rencontre l'autre directement; ils auront ensemble après qu'ils seront joints, une quantité de mouvement égale à la somme des quantitez de mouvement des deux corps avant le choc.

TAB. I.
Fig. 3.

Cette Proposition se prouve par l'expérience comme la précédente par le moyen de la machine décrite en la premiére Proposition: car si

on éléve par exemple la boule G, jufques au vingtquatriéme degré, &
la boule H, jufques au huitiéme degré de même part, vers le point
M, contant les degrez de la premiére depuis le point L, & prenant a-
vec l'ouverture d'un compas un arc de 8 degrez depuis le point I, jufques à quelque point de la circonférence L M; & qu'en fuite on laiffe
aller les deux boules en même tems; elles fe rencontreront lorfque leurs
centres feront arrivez à leurs points de repos par la quatriéme fuppofition. Or fi la boule G péfe 8 onces, & l'autre 12, la proportion de
leurs poids fera comme de 2 à 3, & celle de leurs viteffes comme de 3 à
1 : & fi l'on calcule leurs quantitez de mouvement par ces termes, celle
de la boule G fera 6, & celle de la boule H 3, & leur fomme 9, laquelle divifée par 5, fomme des poids, donnera pour quotient $\frac{9}{5}$ dont la valeur réduite en degrez du cercle fera 14 degrez 24 minutes, puifque $\frac{9}{5}$ eft
à 14 degrez 24 minutes, comme 3 à 24, ou 1 à 8. Que fi l'on veut
conter les degrez des viteffes par ces degrez de cercle 24 & 8, la quantité de mouvement de la boule G fera 48, & celle de l'autre boule
vingt-quatre, & leur fomme 72, laquelle étant divifée par 5, fomme
des poids, donnera le même quotient 14 degrez 24 minutes; ce qui fera
connoître que le fil de fufpenfion de la boule H doit remonter jufques
à cette hauteur, & on le verra par l'expérience, en y appliquant le petit carton $a\theta\delta$ contant les degrez depuis le point I vers la lettre N :
car on verra ce fil de la boule H aller tout contre le petit carton; &
par conféquent les 2 boules enfemble feront remontées par un arc de
14 degrez 24 minutes, lequel nombre étant multiplié par 5, nombre
des poids, le produit fera le même nombre 72 ci-deffus, fomme des
quantitez de mouvement des deux boules avant le choc. On trouvera la même chofe, fi l'on change en quelque forte qu'on voudra les poids
& les viteffes des boules qui fe rencontrent directement allant de même
part; favoir qu'après qu'elles feront jointes enfemble elles auront une
quantité de mouvement égale à la fomme de celles qu'elles avoient a-
vant le choc. Donc fi deux corps mols fans reffort vont de même part,
&c. ce qu'on s'étoit propofé de prouver par expérience.

HUITIÉME PRINCIPE
D'EXPÉRIENCE.

PROPOSITION XII.

*S*I *deux corps mols fans reffort égaux ou inégaux fe rencontrent directe-*
ment, allant l'un contre l'autre avec des viteffes égales ou inégales, &
que leurs quantitez de mouvement foient inégales avant le choc, la moindre

quan-

quantité de mouvement se perdra entiérement, & il s'en perdra autant de l'autre, & les deux corps joints ensemble n'auront plus que la quantité de mouvement restante, c'est à dire la différence des deux quantitez de mouvement avant le choc ; & cette différence divisée par la somme des poids, donnera la vitesse commune des deux corps joints après le choc.

TAB. I.
Fig. 3.

Faites que les deux boules de terre glaise G & H soient d'un poids égal, & les faites rencontrer avec des vitesses inégales, comme il a été enseigné en la premiére Proposition, élevant la boule H jusques au 20e. degré vers N, & la boule G jusques au 10e. degré vers M, afin que la vitesse de la boule H soit double de celle de l'autre boule avant le choc : alors vous les verrez aller ensemble après leur rencontre, jusques à ce que le fil de suspension de la boule G, soit remonté au cinquiéme degré : ce qui doit arriver, si la quantité de mouvement de la boule G se perd, & que la boule H en perde autant par le choc ; Car si le poids de chaque boule est exprimé par l'unité, la quantité de mouvement de la boule H avant le choc, sera 20, & celle de la boule G 10, & par conséquent il ne leur restera que 10 de quantité de mouvement après le choc : mais ce nombre est le produit de 5 de vitesse commune, par 2, somme des poids, & est aussi la différence des deux quantitez de mouvement avant le choc : donc il ne leur restera que cette vitesse de 5. Que si l'on éléve la boule G jusques au seiziéme degré, afin que la vitesse avant le choc soit à celle de l'autre boule, comme 4 à 5 ; on verra que les deux boules après le choc, ne remonteront que jusques au dixiéme degré vers M, ce qui doit arriver, si la moindre quantité de mouvement se perd, & qu'il s'en perde autant de la plus grande : Car si l'on exprime les vitesses des boules par les nombres des degrez des arcs, la quantité de mouvement de la boule H, sera 20, & celle de l'autre boule 16 ; & leur différence 4 étant divisée par 2, somme des poids, donnera 2, pour leur vitesse commune, lorsquelles seront jointes ensemble, par ce qui est dit à la fin de la Proposition quatriéme. D'où il s'ensuit que la quantité de mouvement des deux boules jointes, ne sera que 4, savoir la différence de leurs quantitez de mouvement avant le choc, de même que si la boule G étant en repos la boule H l'avoit choquée avec une vitesse de 4 degrez.

Que si l'on augmente toujours la proportion de la vitesse de la boule G, à celle de la boule H, on verra que la vitesse des deux ensemble après le choc diminuëra toujours, & qu'enfin lors qu'on élévera la boule G à 20 degrez, le mouvement des deux boules se perdra entiérement, conformément à la Proposition sixiéme ; & dans toutes ces expériences, on verra toujours que la quantité de mouvement des deux boules après le choc, sera égale à la différence de leurs quantitez de mouvement avant le choc.

Soient maintenant les poids inégaux, & que le poids de la boule H, par exemple, soit quadruple du poids de la boule G ; faites les rencon-

trer

trer avec des viteſſes égales de dix degrez chacune, & vous verrez qu'elles iront enſemble avec avec une viteſſe de ſix degrez, c'eſt à dire que
le centre de la boule G ne s'élévera que juſques au ſixiéme degré: Ce
qui doit arriver, ſi la quantité de mouvement de la boule G ſe perd,
& qu'il s'en perde autant de l'autre; car il ne lui reſtera qu'une quantité de mouvement de 30, qui étant diviſée par 5, ſomme des poids,
donnera ſix degrez pour leur viteſſe commune.

Que ſi la boule G eſt de ſix onces de poids & H de 8 onces, & qu'on
laiſſe aller en même tems la boule H d'une hauteur de dix degrez, &
la boule G d'une hauteur de 16 degrez, la quantité de mouvement de
la boule G avant le choc ſera 96, produit de 16 de viteſſe par 6 de poids,
& celle de la boule H 80, produit de 8 par 10. Or ſi la boule H perd
ſa quantité de mouvement, & qu'il s'en perde autant de l'autre, il ne
reſtera à la boule G que 16 de quantité de mouvement; & ſi l'on diviſe 16 par 14, ſomme des poids, le quotient donnera $\frac{8}{7}$ pour la viteſſe
commune des deux boules; & par conſéquent elles ne devront remonter que par un arc d'un degré $\frac{1}{7}$, ce qu'on trouvera conforme à l'expérience; & par conſéquent la quantité de mouvement des deux boules enſemble après le choc, ſera la différence de celles qu'elles avoient avant
le choc. On trouvera la même choſe, quelque poids qu'ait chacune des
boules, & quelques viteſſes propres qu'elles ayent avant que de ſe rencontrer. Donc ſi deux corps mols ſans reſſort égaux ou inégaux, &c.
ce qu'on s'étoit propoſé de prouver par expérience.

AVERTISSEMENT.

*POur bien juger à quel degré remonteront les boules dans ces derniéres ex-
périences, il faut après l'avoir trouvé par le calcul, ſelon les régles ci
deſſus, planter perpendiculairement ſur la ligne qui marquera le degré, un
petit ſtyle de fil de fer un peu moins long que la ligne γ δ du carton, afin qu'il
ne ſoit pas rencontré par le fil de ſuſpenſion de la boule en mouvement; & on
pourra voir aſſez exactement ſi après le choc le premier fil remontera vis-a-vis
de l'extrémité de ce petit fil de fer.*

PROPOSITION XIII.

SI une ligne comme A B eſt diviſée au point C en raiſon réciproque
des poids des corps A & B, & qu'étant prolongée directement de
part & d'autre, on y prenne un point D, en ſorte que A D repréſente
la viteſſe & la direction du corps A avant le choc, & B D celle du
corps B, l'une & l'autre viteſſe ſuppoſée uniforme ſelon la premiére ſuppoſition, & que D E ſoit priſe égale à C D; les deux corps s'étant
joints enſemble iront avec la viteſſe & la direction D E, s'ils ſont ſans
reſſort. Car d'autant que ſe rencontrant au point C, avec les viteſſes

TAB. I.
Fig. 7.

C 3

A C,

A C, B C, ils demeureroient sans mouvement par la Proposition sixiéme; le mouvement du corps A vers D, sera augmenté de la vitesse C D,
& le corps B diminuëra sa vitesse contraire & opposée de la même vitesse C D; ce qui est la même chose, que si l'on ajoutoit aux deux ensemble cette vitesse C D, après qu'ils seroient demeurez sans mouvement s'étant rencontrez en C, & par conséquent la vitesse C D ou D E
son égale, restera entiére dans les deux corps joints après s'être rencontrez avec les vitesses contraires A D, B D.

Que si le point D est le même que le point B, c'est à dire, si le corps
A choque avec la vitesse A B le corps B en repos, & qu'on prenne B G
égale à B C, B G sera la vitesse commune des deux corps après le
choc: car le corps A ajoûte à sa vitesse A B, la vitesse C B, & augmente encore sa quantité de mouvement du produit du poids de B par la vitesse C B, puisque cette quantité de mouvement lui étoit contraire le
rencontrant au point C; & par conséquent les deux ensemble auront
pour quantité de mouvement le produit de la somme de leurs poids par
la vitesse C B ou B G. Donc ils iront ensemble après le choc en B,
avec la vitesse B G.

Que si le point H dans la ligne A B prolongée est le même que le
point D; c'est à dire, si ces corps se rencontrent au point H, A se mouvant avec la vitesse A H, & B avec la vitesse B H; & qu'on prenne
H I égale à H C; H I sera leur vitesse commune après le choc: car
la vitesse du corps A sera augmentée de la vitesse C H, & celle du corps
B sera diminuée de la vitesse contraire B C, & augmentée de la vitesse
B H de même part; ce qui est la même chose, que si les deux boules
étant en repos, on leur avoit donné la vitesse C H, ou H I son égale.
On trouvera par la même méthode la vitesse commune de deux autres
corps sans ressort tels qu'on voudra, après s'être choquez, si leurs
poids & leurs vitesses propres avant le choc sont connuës.

Pour expliquer cette régle par les nombres. Supposons que le corps
A dans le dernier exemple pése quatre livres, & le corps B deux livres;
la vitesse A C, c'est à dire la ligne A C, sera 2, & B C 4. Or si B H
est égale à 3, moitié de la ligne A B, A H vitesse du corps A rencontrant B en H, sera 9, & sa quantité de mouvement 36; & la vitesse
B H étant 3, la quantité de mouvement du corps B sera 6; & la somme de ces deux quantitez de mouvement sera 42, qu'il faut ajouter ensemble par la Proposition onziéme; & cette somme étant divisée par 6,
somme des poids, donnera 7 pour quotient, savoir la ligne droite C H
ou H I, qui sera la vitesse commune des deux corps après leur choc en
H, conformément à la Proposition onziéme. Donc si une ligne comme A B est divisée réciproquement, &c. ce qu'il falloit prouver.

NEU-

NEUVIÉME PRINCIPE D'EXPÉRIENCE.

PROPOSITION XIV.

S'Il y a un corps inébranlable à reſſort qui ait changé ſa figure, & ſe ſoit mis en reſſort par le choc d'un corps dur & inflexible en ſe reſtituant & reprenant ſa premiére figure, il redonnera à ce corps la même viteſſe qu'il avoit immédiatement avant le choc.

Ayez une corde à boyau, comme A B, tenduë & attachée ferme-ment aux deux points A & B de quelque petite machine; (on peut pren-dre pour cette machine une Trompette marine, ou quelque autre in-ſtrument à cordes) tirez cette corde A B par ſon milieu E, juſques à ce que ce milieu ſoit en D. Alors ſi vous la laiſſez aller, elle ne s'ar-rêtera pas en la ligne A'E B, où elle étoit en repos; mais elle paſſera outre, & ce même point du milieu ira à fort peu près juſques en C, ſi E C eſt égale à E D; environ de la même ſorte que les poids des pen-dules remontent à peu près auſſi haut que le point d'où ils ſont deſcen-dus. Mais on ſuppoſe ici de même qu'on l'a ſuppoſé dans le mouve-ment des pendules & pour les mêmes raiſons, que le point E de la corde de boyau va préciſément juſques au point C. D'où il s'enſuit que lors que le milieu de cette corde retourne du point C au point E, cette partie reprend la même viteſſe qu'elle y avoit acquiſe venant du point D, qui s'étoit diminuée peu à peu depuis le point E juſques au point C; & que par cette raiſon elle reprend à chaque point de la li-gne E C, lorſqu'elle retourne en E, les mêmes viteſſes qu'elle avoit al-lant du point E en C. Or ſi on entend qu'un corps dur & leger ayant frappé cette corde en E, faſſe aller cette partie juſques en C, ſans la quitter; il eſt aiſé de concevoir que cette corde ſe reſtituant par ſon reſſort, ſa partie du milieu reprendra au point E, la même viteſſe que lui avoit donné ce corps au commencement de ſon choc, qui étoit la même qu'il avoit. Donc ce corps accompagnant la corde à ſon retour depuis le point C juſques au point E; il reprendra en ce point ſa pre-miére viteſſe, avec laquelle il continuëra à ſe mouvoir vers D, comme il eût fait vers C, s'il n'eût pas rencontré la corde.

Pour connoître la vérité de cette Propoſition par l'expérience; ſuſ-pendez à un fil de trois ou quatre piés de longueur une petite boule de jaſpe, ou de verre bien polie, ou même de plomb, l'y attachant avec de la cire d'Eſpagne ou autrement. Attachez l'autre bout du fil à quel-que corps un peu peſant & plat, qu'on poſera ſur une table, laiſſant

pen-

pendre la petite balle à côté de la table. Mettez en suite vers les piés
de cette table, l'instrument où sera la corde à boyau, & l'affermissez
en sorte qu'il ne puisse être sensiblement ébranlé par le choc de la petite balle, mais seulement la corde qu'on tiendra dans une situation horisontale. Avancez ou reculez sur la table le corps où est attaché le fil de
suspension, & mettez enfin la balle de maniére qu'étant en repos à côté de la corde, & à la même hauteur, elle la touche précisément vers
le point E ou à fort peu près. Alors si vous éloignez cette petite balle
du côté du point D, jusques à un pié ou environ de distance de la corde A E B, & que vous la laissiez aller contre, en sorte qu'elle la choque directement; vous verrez qu'elle la fera plier du côté du point C,
& la mettra en ressort; & que cette corde retournant du côté du point
D, repoussera cette petite balle suspenduë jusques tout auprès du point,
d'où vous l'aurez laissé aller. D'où il est aisé de conclure, qu'elle y retourneroit précisément, & qu'elle reprendroit au point E, la même vitesse avec laquelle elle avoit frappé la corde, si l'air ne résistoit point à
son mouvement, si la corde ne frottoit point par ses extrémitez au bois
de l'instrument, s'il étoit parfaitement affermi & inébranlable, & si la
boule frappoit la corde de maniére que son centre de pesanteur fût en
la même ligne de direction que son point d'attouchement au moment
du choc, ce qui arrive très-rarement; car si on laissoit tomber la même boule de haut en bas sur la même corde, on la verroit presque toujours remonter de travers.

On peut faire encore une expérience fort aisée en posant une raquette sur un plancher uni, & l'y affermissant par quelques poids qu'on mettra sur ses bords; car si on laisse tomber d'une hauteur médiocre, comme de sept ou huit pouces, une petite boule d'yvoire d'environ deux pouces de diamétre vers le milieu de cette raquette, elle remontera par la
force du ressort des cordes tenduës, à la même hauteur, à deux ou
trois lignes près.

Il est à propos de remarquer ici qu'un célébre Philosophe moderne a
revoqué en doute cette force du ressort: Il a fondé sa difficulté sur une
expérience assez facile, savoir, que si on presse fortement avec la main
contre le dessus d'une table, ou contre un plancher, un ballon plein
d'air pour le mettre en ressort, il ne s'éléve point en haut, tant vite
qu'on puisse retirer la main.

Pour résoudre ce doute; on soutient que cette expérience est trom-
peuse, parce que le haut du ballon s'élevant, suit la main, & même
s'appuye contre elle sur la fin de son ressort, ce qui en arrête l'effet &
amortit la vitesse qu'il pourroit prendre de bas en haut. On connoîtra
cette vérité par les expériences suivantes.

Ayez un cerceau fait avec de la baleine, de trois ou quatre lignes de
largeur, d'environ deux lignes d'épaisseur, & de 15 ou 16 pouces de
diamétre: pressez le fortement avec la main sur un pavé bien uni, pour

lui

TAB. I.
Fig 8.

lui faire prendre une figure ovale ; levez en suite votre main le plus vite que vous pourrez, ils ne s'élévera qu'à environ trois ou quatre pouces : mais si vous le pressez de même, tenant vos deux pouces joints d'un même côté sur l'endroit le plus élevé, & que vous le laissiez en suite échaper en glissant, de maniére qu'il puisse s'élever perpendiculairement sans rien rencontrer ; vous verrez qu'il s'élévera à 12 ou 15 piés, d'où il est aisé de juger que la main le retient quand on la pose dessus.

A l'égard du ballon, il faut le placer sur un banc de quatre ou cinq pouces de largeur & avoir une bande de toile d'environ deux pouces de largeur, dont on joindra les deux bouts : On la posera sur le ballon, de maniére qu'elle pende deçà & delà, & qu'elle enferme comme une ceinture le ballon & le siége du banc sur lequel il est posé.

Cette ceinture de toile doit descendre plus de vingt pouces au dessous du ballon, & on se servira d'un petit bâton arrondi par les deux bouts en demi sphére qu'on posera sur le bas de la toile, on le fera passer un peu au delà de part & d'autre pour y pouvoir poser les deux pouces ; alors, si on le pousse peu à peu uniformément vers en bas, pour faire descendre la bande & mettre le ballon en ressort, en le pressant avec beaucoup de force contre le banc, & qu'on le laisse échaper tout à coup, on verra que le ballon s'élévera à huit ou neuf pouces de hauteur emportant la bande de toile avec soi ; ce qui suffira pour faire voir que c'est le ressort qui le fait élever.

Que si on veut lui donner une plus grande force de ressort, pour le faire aller à la hauteur d'un pié ou plus ; il faut qu'un autre appuie les deux mains avec le plus de force qu'il pourra sur les pouces de celui qui fait descendre le petit bâton.

On pourra mettre un appui ferme vers l'endroit le plus bas où l'on fait descendre le petit bâton, afin que le tenant appuyé dessus, on soit assuré qu'on ne lui donne point de mouvement vers embas, au moment qu'on le laisse aller.

Maintenant il faut considérer qu'il n'y a point de corps, ou qu'il y en a fort peu qui n'ayent quelque ressort ; car la cire même & la terre molle ont de l'air engagé dans leurs pores, qui leur donne une petite vertu de ressort. Les balles dont on joue à la paume, la colle froide, quelques gommes, les ballons enflez &c. ont un ressort visible ; & quoique les corps durs & fermes, comme les boules d'ivoire, de jaspe, d'acier trempé &c. n'ayent pas un ressort visible & apparent, on peut juger qu'ils en ont aussi, puis qu'ils ont des pores, & que par cette raison leurs parties peuvent s'approcher les unes des autres par violence, & reprendre en suite leur premiére situation. La plupart des métaux & des pierres rendent un son étant frappées ; d'où il s'ensuit que leurs parties ont un frissonnement & tremblement, & qu'elles s'approchent & s'éloignent un peu l'une de l'autre, & que par conséquent ces corps ont ressort. On voit aussi par l'expérience qu'il y a des ressorts lents &

D

mols,

mols, comme ceux des raquettes, & des balons enflez; & d'autres qui
font prompts & fermes, & qui fe reftituent très fo .damement, comme
celui d'un arc d'acier fort court, ou d'un verre à boire.

TAB. I.
Fig. 9.

Pour concevoir plus aifément l'action des reff orts, il faut fuppofer un
corps comme A B C D inébranlable, & qui ait une vertu de reffort
très-prompte & très-ferme en fa partie convexe A E D, fur lequel tombe directement au point E, felon la ligne F E, la boule F G E H fuppofée dure & inflexible, & que par la force du choc, la partie convexe A E D foit mife en reffort, comme jufques en A I D. Or d'autant
que le corps A D a un reffort prompt & très-ferme comme on l'a fuppofé, la partie E qui étoit venuë en I, retournera en E en fe reftituant; & y étant elle aura repris, comme il a été dit de la corde à boyau, la
même viteffe qu'elle avoit receuë par la boule G H à l'inftant du choc,
qui étoit égale à celle de cette boule immédiatement avant le choc: car
les refforts dans le premier inftant du choc font peu de réfiftance, comme on le voit par expérience dans un arc, quand on commence à tirer
la corde; & par conféquent ils ôtent très-peu de la viteffe du corps qui
les rencontre en ce premier inftant, & par cette raifon l'on ne confidére point ici cette réfiftance, comme étant infenfible: donc la boule
G H fuivant le mouvement de la partie E, reprendra au moment que
la ligne courbe A E D aura repris fa premiére fituation, la même viteffe qu'elle avoit immédiatement avant le choc, comme il a été dit ci-
deffus de la petite boule repouffée par la corde à boyau. Le même effet doit arriver fi la boule G H a un reffort prompt & ferme, & que
par la réfiftance du corps A C, fa partie touchante fe fléchiffe: Car
l'enfoncement qui fera produit dans les deux corps par le choc, fe reftituant, fera reprendre réciproquement à la boule G H la même viteffe qu'elle avoit avant le choc, de même que fi la feule convexité A E D
s'étoit mife en reffort, le même effet arriveroit encore, fi la feule boule G H avoit reffort, & que le corps A C fut inflexible; pourveu qu'il
fut inébranlable: car quelque enfoncement qui fe fit en la boule, elle
reprendroit fucceffivement les mêmes degrez de viteffe en fe reftituant,
qu'elle auroit eu, diminuant peu à peu fon mouvement jufqu'au repos;
& au dernier moment de fa reftitution entiére en fa premiére figure,
elle reprendroit la même viteffe qu'elle auroit eu avant le choc: d'où
il s'enfuit que fi les boules de verre, de jafpe, d'ivoire, &c. ont un
reffort ferme; on en doit attendre des effets femblables.

L'expérience en eft facile; car il ne faut que choifir une groffe enclume bien polie & un peu convexe en fa partie fupérieure, & laiffer
tomber deffus, d'environ 12 ou 15 pouces de haut, une petite balle
de verre ou de jafpe bien ronde & bien polie, & on la verra remonter fenfiblement auffi haut que le point d'où on l'aura laiffé tomber;
ce qui ne peut proceder que de la vertu de fon reffort & de celui de
l'enclume: Car fi au lieu de l'enclume on fe fert d'une maffe de plomb

à peu près semblable , & qu'on laisse tomber dessus , de deux ou trois piés de haut, une petite balle de même métail, elle ne remontera qu'à trois ou quatre lignes de hauteur ; aussi verra-t-on un petit applatissement ou enfoncement dans l'un & l'autre de ces corps, qui fera connoître qu'ils n'ont presque point de ressort , puisqu'ils ne reprennent point leur première figure ; & que par conséquent la boule de plomb ne peut être repoussée qu'avec une très-petite vitesse. Que si l'on objecte que les corps durs ne sont pas flexibles, & qu'ils ne souffrent point d'enfoncement ; il est facile de résoudre cette objection, en faisant voir les petits enfoncements qui restent dans du fer , après avoir été choqué par un corps dur, quoique le fer soit plus dur que l'ivoire , & presque aussi dur que l'acier ; & il seroit impossible qu'une boule de verre ou de terre cuite se cassât , si elle ne changeoit de figure lorsqu'on la jette avec une grande force contre un autre corps dur : & parce qu'on voit que ces boules conservent leur rondeur lorsqu'étant choquées elles ne se cassent pas, il faut de nécessité qu'elles reprennent exactement leur première figure par la vertu de leur ressort , après s'être un peu enfoncées.

On peut encore remarquer que si on laisse tomber sur une grosse pierre plate & polie , une boule de terre-glaise médiocrement molle, de la hauteur de douze ou quinze pouces, y mettant un peu de papier ou de linge à l'endroit où elle doit toucher la pierre , afin qu'elle ne s'y attache pas , elle ne remontera point ou fort peu. Mais si on laisse tomber sur la même pierre , un ballon plein d'air bien pressé , on verra la partie par laquelle il touche la pierre, s'applatir de même que la boule de terre molle : mais cet enfoncement se restituant entièrement, il remontera bien haut ; & il remonteroit encore plus haut, si l'air qui résiste beaucoup plus à un corps fort large & fort leger , qu'à un petit & fort pesant , n'arrêtoit pas une partie considérable de sa vitesse, tant en descendant qu'en remontant.

Pour prouver encore le ressort des corps durs par une expérience assez convainquante ; ayez une enclume fort dure & bien polie, & la frottez légérement vers le milieu avec un peu de graisse ; essuyez la ensuite avec la main, en sorte qu'elle n'en soit qu'un peu salie : laissez tomber sur cet endroit, de quatre pouces de haut, une boule d'ivoire d'un pouce & demi de largeur à peu près, & vous verrez sur l'enclume une petite marque ronde d'environ une demi ligne de diamétre , que la différence de réflexion y fera paroître : mais si vous laissez tomber la boule de plus haut, la marque sera plus large & passera même trois lignes de diamétre, si vous poussez la boule avec une grande force contre l'enclume ; ce qui ne peut proceder que de ce que la boule s'applatit d'avantage par un grand choc, & marque par conséquent l'empreinte d'un plus grand espace de sa circonférence. & parce qu'après ces expériences, on ne remarque aucun enfoncement ni dans l'enclume ni dans la

D 2

boule ;

boule; il s'enfuit manifeſtement qu'elles reprennent leur premiére figure, & que deux boules à reſſort ferme qui ſe choquent doivent s'applatir un peu par le choc & reprendre en ſuite leur premiére rondeur.

De toutes leſquelles raiſons & expériences on doit conclure que la
plupart de corps durs, comme l'acier, le marbre, le verre, l'ivoire,
le jaſpe, &c. ont une vertu de reſſort prompte & ferme; & l'on en
doit attendre les mêmes effets que de la corde à boyau frappée par la
petite boule : & ce qui augmente encore la certitude de cette conclu-
ſion, eſt, que ſi on la prend pour hypothéſe, on peut expliquer facilement tous les mouvemens qui arrivent à ces corps durs, après qu'ils
ſe ſont choquez en quelque maniére que ce ſoit, comme on le pourra
voir dans les Propoſitions ſuivantes, dont les démonſtrations s'accordent
parfaitement avec les expériences; au lieu que ſi l'on ſuppoſe que les
corps durs ſont inflexibles, il eſt impoſſible d'expliquer leurs mouvements après le choc quand leurs poids ſont inégaux, & les apparences
ne conviennent aucunement à cette hypothéſe.

AVERTISSEMENT.

*P*Uiſque c'eſt le ſeul reſſort qui donne le mouvement de réflexion, il eſt aiſé
*de juger que s'il y avoit quelques corps inflexibles qui ſe rencontraſſent di-
rectement, leurs mouvemens après le choc ſuivroient les mêmes loix que les
boules molles ſans reſſort, & que lors qu'un corps inflexible en choqueroit un
autre inflexible & inébranlable, il demeureroit ſans mouvement, & ne retourneroit point en arriére, puiſqu'il n'auroit aucune cauſe nouvelle de mouvement de ce côté là : Et l'on voit par l'expérience qu'il eſt bien plus facile
d'arrêter une boule qui roule, & de lui faire perdre ſon mouvement, que de
la repouſſer en arriére avec la même viteſſe; ce qui procéde de ce qu'outre la
force qu'il faut pour l'arrêter, il en faut une autre pour lui redonner ſa premiére viteſſe en arriére.*

On appellera le mouvement des corps qui eſt produit par leur reſſort, mouvement de reſſort, ou mouvement de réflexion; & celui qui
ne dépend pas du reſſort, mouvement ſimple ou premier mouvement.

L'on entend ici par les corps à reſſort, ceux qui ont un reſſort parfait, qui leur fait reprendre exactement leur premiére figure.

On ſuppoſe auſſi pour la facilité des démonſtrations, que les boules
a reſſort reprendroient préciſément par leur mouvement de reſſort,
la même viteſſe avec laquelle elles auroient choqué un corps à reſſort
dur & inébranlable, & l'on fait abſtraction de la réſiſtance de l'air &
des autres empêchements. On ſuppoſe auſſi que les boules ſont de même matiére, ou du moins que leurs reſſorts ſont également prompts &
fermes; & quand on dit qu'elles ſont égales, on entend qu'elles ſont
de même volume & de même poids.

PRO-

PROPOSITION XV.

SI deux corps à reſſort ſe choquent directement avec des viteſſes réciproques à leurs poids , chacun de ces corps retournera en arriére avec ſa premiére viteſſe.

Soient premiérement A & B deux balons égaux , où l'air ſoit également preſſé, & qu'ils ſe rencontrent avec des viteſſes égales A C, B C; Je dis qu'ils ſe réfléchiront avec les mêmes viteſſes : Car par la Propoſition ſixiéme leur mouvement ſimple ſe doit perdre entiérement, & il ne ſe repareroit point s'ils n'avoient point de reſſort : Mais les ballons s'étant choquez chacun avec la même force , & ne cédant point l'un à l'autre ; leur choc fera le même effet que ſi chacun d'eux avoit rencontré un corps inflexible & inébranlable ; & par conſéquent ils s'enfonceront l'un l'autre , & s'applatiront de même. Mais en reprenant leur premiére figure par le reſſort , ils reprendront au moment de leur reſtitution entiére , la même viteſſe qu'ils avoient avant le choc par la Propoſition précédente. Donc chacun d'eux retournera en arriére avec la même viteſſe qu'il avoit avant le choc. La même choſe arrivera à des boules de jaſpe , de verre , d'ivoire , ou d'autre matiére ayant un reſſort prompt & ferme , par les mêmes raiſons.

Soient maintenant deux boules à reſſort inégales en poids A & B, & que la ligne A B étant diviſée inégalement au point C, A C ſoit la viteſſe de la boule A, & B C celle de la boule B , & que réciproquement B C repréſente le poids de la boule A, & A C celui de l'autre boule ; il eſt évident par la ſixiéme Propoſition, que ſi elles ſe rencontroient avec ces viteſſes contraires, leur mouvement ſimple ſe perdroit: mais par les mêmes raiſons ci-deſſus, elles ſe mettront en reſſort, comme ſi elles avoient rencontré des corps inflexibles & inébranlables, & faiſant encore une eſpéce d'équilibre entre elles en prenant des viteſſes réciproques à leurs poids , chacune retournera en arriére avec ſa premiére viteſſe. Donc ſi deux corps à reſſort, &c. ce qu'il falloit prouver.

L'expérience s'en fera facilement avec la machine décrite en la premiére Propoſition, ſi on ſe ſert de boules d'ivoire au lieu de celles de terre-glaiſe : Car ſi la boule H eſt double de la boule G , & qu'on mette la boule G à une diſtance de ſeize degrez du point L , & l'autre à une diſtance de huit degrez du point I ; lors qu'on les laiſſera aller l'une contre l'autre, on les verra remonter après leur rencontre juſques auprès des points d'où elles auront commencé leur chûte ; & par conſéquent elles auront repris après le choc , les mêmes viteſſes qu'elles avoient avant le choc: Et ſi la boule H eſt triple de la boule G, & qu'on mette la boule G à une diſtance de douze degrez du point L, & l'autre à une diſtance de quatre degrez du point I ; on verra remonter la

TAB. I.
Fig. 10.

TAB. I.
Fig. 11.

TAB. I,
Fig. 3.

D 3

bou-

boule H à quatre degrez & la boule G à douze degrez, à fort peu près.

PREMIÉRE CONSÉQUENCE.

Il fuit de cette Propofition & de la précédente, que deux corps égaux ou inégaux étant preffez l'un contre l'autre & mis en reffort par quelque caufe que ce foit, fi la preffion ceffe tout à coup, ils fe repouf-feront l'un l'autre par leurs refforts, & en fe repouffant, chacun d'eux prendra une égale quantité de mouvement. Car on a fait voir que le mouvement fimple des boules A & B fe perd entiérement, & que celui qu'elles reprennent ne vient que de leur reffort, par lequel elles fe repouffent & reprennent leurs premiéres viteffes, qui étoient en raifon réciproque de leurs poids : & par conféquent d'autres boules étant pref-fées & mifes en reffort par quelque autre caufe, prendront auffi en fe féparant, des viteffes qui feront l'une à l'autre en raifon réciproque de leurs poids, ou ce qui eft le même, chacune d'elles prendra une égale quantité de mouvement : Ce qu'on peut juger véritable, même fans avoir recours à l'expérience ; Car fi les boules font égales en poids, elles doivent réfifter & fe repouffer de même force ; & fi elles font iné-gales, la plus groffe doit plus réfifter au mouvement que la moindre par la Propofition cinquiéme, & il eft très vrai-femblable que ce doit être felon la proportion des poids : mais l'expérience faifant voir cette proportion dans toutes fortes d'inégalitez de boules de même matiére à reffort, on doit recevoir cette conféquence pour un principe d'expérience auffi certain que les précédents.

SECONDE CONSÉQUENCE.

Il s'enfuit auffi que deux corps à reffort qui fe font rencontrez directe-ment, partagent par le mouvement de reffort la viteffe refpective de leur choc, felon la raifon réciproque de leurs poids, quelques viteffes propres qu'ils ayent eu avant le choc : Car fi les boules A & B fe ren-contrent en quelque autre point de la ligne A B, comme D, avec les viteffes propres A D, B D ; leur viteffe refpective fera la même, que lorfqu'elles fe choquent au point C, par la 3e. définition.

Mais par la troifiéme Propofition, l'impreffion du reffort qu'elles feront l'une fur l'autre fera la même, & par conféquent elles prendront une force de reffort auffi prompte & auffi ferme. Or quand elles fe rencontrent en C, elles partagent leur viteffe refpective A B felon la proportion réciproque de leurs poids, puifque la boule A prend la vi-teffe A C, & B la viteffe B C. Donc fe rencontrant au point D, el-les partageront de même leur viteffe refpective, qui eft la même que celle avec laquelle elles fe rencontrent au point C, & ce partage fe fe-ra indépendamment de leur mouvement fimple, quel qu'il puiffe être.

La

TAB. I.
Fig. 11.

La même chose arrivera en quelque autre point qu'elles se rencontrent avec la même vitesse respective, soit en A, B se mouvant seule ; ou en B, A se mouvant seule, ou même au dehors de la ligne **AB**, comme en E ou F : ce qu'il falloit prouver.

TROISIÈME CONSÉQUENCE.

Il suit aussi de cette Proposition & de la dixiéme, qu'il n'y point de corps entiérement inébranlable de quelque grandeur & de quelque pesanteur qu'il puisse être ; & on ne s'est servi de l'idée d'inébranlable que pour faciliter l'explication de quelques Propositions.

QUATRIÈME CONSÉQUENCE.

Il suit encore de cette quinziéme Proposition, que si on augmente le poids A successivement, & qu'on veuille faire choquer les boules avec des quantitez de mouvement égales entre elles, sans changer la vitesse respective ; le point C s'approchera de plus en plus du point A, & les quantitez de mouvement seront augmentées, aussi bien que la vitesse de la boule B. Par exemple, si les boules sont égales & que la ligne AB soit divisée en 24 parties, A C sera 12 & B C 12 ; & la somme de leurs quantitez de mouvement devant & après le choc sera 24 : mais si la boule A est trois fois plus pesante que la boule B, A C sera 6 & B C 18. D'où il arrivera que ces boules s'étant choquées avec des vitesses réciproques à leurs poids au point C, la boule A prendra 6 degrez de vitesse en arriére, & la boule B 18, & la somme de leurs quantitez de mouvement sera 36 ; au lieu que quand les boules sont égales, cette somme n'est que 24, & la vitesse de la boule B n'est que 12.

Que si l'on veut que les quantitez de mouvement demeurent les mêmes, en augmentant successivement le poids de la boule A, la vitesse respective diminuera, mais la boule B aura toujours la même vitesse en arriére ; Comme si les boules sont égales, & leurs vitesses égales de 12 chacune, leur vitesse respective sera 24, & la somme de leurs quantitez de mouvement devant & après le choc sera 24. Que si la boule A est trois fois plus pesante que la boule B, A C sera 4 & B C 12, la vitesse respective ne sera plus que 16, la vitesse de la boule B en arriére sera encore 12, & la somme des quantitez de mouvement des deux boules sera toujours 24 devant & après le choc.

Que si la boule A pése douze fois autant que la boule B, A C sera l'unité & B C 12, & après le choc la vitesse de la boule B sera encore 12, la vitesse respective ne sera plus que 13, & la somme des quantitez de mouvement sera toujours 24.

Par ces exemples on voit, qu'en ce second cas la vitesse de la boule B demeure toujours la même après le choc, quoi qu'on augmente successivement

cessivement le poids de la boule A ; mais que dans le premier cas, la vitesse de la boule B en arriére devient successivement plus grande, si la
vitesse respective demeurant la même, on augmente successivement la
boule A : & on trouvera ces régles conformes à toutes les expériences
qu'on en pourra faire, si on ôte de ces mesures environ un douziéme à
cause de la résistance de l'air, de l'imperfection du ressort, & de quelques autres empêchemens.

Quelques uns pourroient objecter que des boules inégales s'étant mises en ressort, elles ne prennent pas une égale quantité de mouvement
de part & d'autre par la vertu du ressort, mais qu'elles suivent d'autres
regles : par exemple, que les quantitez de mouvement que prennent les
boules inégales après le choc sont entre elles comme leurs poids ; ou bien,
qu'elles sont entre elles selon la raison réciproque de leurs poids.

Pour détruire ces objections, on peut soutenir que la régle qui est
établie dans la premiére Conséquence de cette Proposition 15e. est plus
vrai-semblable qu'aucune de ces deux autres, puisque le ressort est disposé à faire un effort égal de part & d'autre, & qu'il est également facile de repousser, par exemple, un poids d'une livre avec trois degrez de
vitesse, qu'un poids de trois livres avec un degré de vitesse ; mais si on ne
se contente point de cette vrai-semblance, il faut avoir recours à l'expérience. Or si la régle de la nature étoit que les boules à ressort après
s'être arrêtées par le choc deüssent retourner en arriére avec des quantitez de mouvements réciproques à leurs poids, il arriveroit qu'une boule de trois livres & une d'une livre s'étant rencontrées, la premiére a-
vant une vitesse de quatre degrez & l'autre une vitesse de douze degrez,
la somme de leurs quantitez de mouvement seroit 24, & que la petite
prenant les trois quarts de cette somme suivant cette régle, retourneroit en arriére avec 18 degrez de vitesse, & la grosse avec deux degrez
seulement ; car par ce moyen la grosse auroit 6 de quantité de mouvement, & la petite trois fois autant savoir 18, & par conséquent elle auroit 18 de vitesse, ce qui est manifestement contre l'expérience, puis
que la boule A de trois onces étant élevée à quatre degrez dans la machine de la Proposition 3e, & la petite B d'une once à 12 degrez, la
grosse après le choc retournera à plus de 3 degrez & demi en arriére, &
la petite à 11 degrez seulement.

Que si l'autre régle étoit véritable, les deux boules devroient remonter après le choc aussi haut l'une que l'autre, savoir à 6 degrez chacune, afin que la grosse eût 18 de quantité de mouvement, & la petite 6
qui est le tiers de 18, ce qui est encore très-éloigné de ce que l'expérience fait voir. D'où il s'ensuit que ces régles sont très fausses & qu'on ne
peut les proposer pour des loix de la nature sans une extrême témérité.

On peut employer ces raisonnemens pour expliquer le recul des canons & des autres machines à balles. Car par exemple, si l'on a un petit mortier chargé d'une balle dont le poids soit huit fois moindre que

celui du mortier, & qu’on le place horifontalement en forte que rien n’empêche fon recul, on doit croire que la poudre étant enflammée fera par le reffort de fa flâme le même effet fur le mortier & fur la balle, que le reffort fait fur deux boules inégales; c’eft à dire, que les viteffes de ces deux corps en fe féparant, feront en raifon réciproque de leurs poids, & que la balle ira avec une viteffe huit fois plus grande que celle avec laquelle le mortier reculera. Le même effet fe fera dans les canons; mais fi on augmente fucceffivement leurs poids, le boulet demeurant le même, il prendra fucceffivement de plus grandes viteffes, & ne fuivra pas la régle expliquée dans le 2ᵉ. cas de la 4ᵉ. Conféquence de cette Propofition 15ᵉ. Cette différence procéde de ce que le choc des boules d’ivoire ou d’autres matiéres à reffort ferme, ne les fait enfoncer que bien peu, comme d’un quart de ligne ou d’une demi ligne; & qu’elles fe repouffent très-foudainement, fans que leur reffort acquiére aucune nouvelle force. Mais dans les canons la force du reffort de la flâme s’augmente lors qu’il s’y allume d’avantage de poudre, & l’accélération de la viteffe du boulet continuë à mefure que l’efpace qu’il parcourt pendant qu’il eft dans le canon, eft plus grand; ce qui augmente néceffairement fa viteffe: on peut expliquer cét effet en la maniére fuivante.

On fuppofe que la poudre s’allume fucceffivement dans le canon, & que dès qu’il y en a un peu d’allumée, le boulet commence à fe mouvoir s’il peut couler librement. Soit donc A B l’intérieur du canon, A C l’efpace qu’occupe la poudre, D le centre du boulet. Or fi on fuppofe que le canon & le boulet foient d’un poids égal, il eft évident par la première Conféquence de la Propofition quinziéme, qu’une partie fuffifante de la poudre A C étant enflammée & mife en reffort, elle les pouffera également de part & d’autre, & que fi D B eft divifée également en E, l’extrémité B du canon reculera de la longueur B E; & fi E eft un point immobile, également éloigné des points D & B, le point B & le centre du boulet arriveront en même tems à ce point E, & le boulet fortant alors hors du canon, fa viteffe ne fera plus accélerée, du moins confidérablement. Mais fi le canon péfe 50 fois plus que le boulet, il arrivera que lors que le boulet fera arrivé au point E, le point B ne fera retourné en arriére que jufques à un point comme G, & par conféquent la flâme de la poudre qui continuëra de s’allumer, fe joignant à la première augmentera la force du reffort, & pouffera le boulet avec plus de viteffe & continuëra à l’accélerer de plus en plus, pendant qu’il parcourra encore dans le canon un efpace égal à E H, fi l’extrémité du canon pendant ce même tems arrive en reculant jufques à ce point H.

Que fi le canon péfe 100 fois d’avantage que le boulet, il pourra ne reculer que de l’efpace B G, pendant que le boulet parcourra l’efpace D G, & cét efpace étant plus grand que D H, la viteffe du boulet fera

TAB. II.
Fig. xvi.

E

ra

ra encore augmentée , & celle du canon aussi ; & dans tous ces cas,
ces vitesses seront toujours selon la raison réciproque des poids : & enfin si le canon est appuyé contre un corps sensiblement inébranlable,
le boulet parcourra sensiblement tout l'espace D B, & par conséquent
il s'allumera plus de poudre, & l'accélération de la vitesse du boulet
se faisant dans un plus grand espace, par une égale ou plus grande force de ressort, il ira encore plus loin.

Il est aisé de juger que cette augmentation de vitesse a un terme
qu'elle ne peut passer, quoiqu'on augmente la longueur du canon. Car
supposé que le canon eût 30 piés de longueur & que toute la poudre
fut allumée au moment que le boulet sortiroit, la vitesse diminuëroit
nécessairement, si le canon avoit 80 piés de longueur : car lors que la
flâme de toute la poudre occuperoit 60 piés, sa condensation & son
ressort seroient moindres que lors qu'elle n'occupoit que 30 piés, &
par conséquent elle n'auroit plus tant de force pour pousser le boulet,
& cesseroit d'accélérer son mouvement ; d'où il s'ensuit que le frottement qu'il feroit contre le métail du canon, dans l'espace des 20 piés
restans, retardant encore sa vitesse considérablement, il n'iroit pas si
vîte au sortir du canon de 80 piés, que lorsque sa longueur seroit seulement de 30 piés.

On a fait l'expérience de la proportion réciproque des poids & des
vitesses des canons & des boulets en la maniére suivante. On suspendit
un canon de pistolet vers ses extrémitez avec deux petits filets d'un pié
de longueur qu'on attacha à un plus grand de 33 piés de hauteur. On
suspendit de même & à même hauteur un petit cylindre de fer ; les filets de suspension étoient à un pié de distance l'un de l'autre : & après
avoir chargé le canon d'un peu de poudre pesant environ 12 grains de
blé, on la pressa avec du papier, & on mit encore sur le papier un
petit bâton de bois fort leger, & en suite au lieu de balle on fit entrer
le petit cylindre de fer dans le canon jusques à ce qu'il touchât le bâton; le canon pesoit 6 fois $\frac{1}{7}$ autant que le cylindre de fer avec le bâton & le papier, & le tout étant en une situation horifontale on mit
le feu à la poudre ; le canon recula jusques à 8 piés, & le cylindre de
fer s'éleva à une circonférence de cercle d'environ 45 piés : le produit
de 8 par 6 $\frac{1}{7}$ est 53 à peu près, & selon la régle de la raison réciproque
des poids & des vitesses, le cylindre devoit s'élever à 53 piés : on at-
tribua les 8 piés de différence à la résistance de l'air; car ayant éloigné
le même cylindre à 20 piés de son point de repos, & l'ayant laissé aller, il ne passa que de 16 piés au delà de ce point, au lieu que le canon ayant été élevé de même il alla jusques à 19 piés. On fit une autre expérience, où le canon n'alla qu'à 4 piés & demi, ayant été moins
chargé de poudre, & le cylindre de fer à 26 piés $\frac{1}{2}$; il devoit aller à 30
piés selon la régle, sans la résistance de l'air: mais si on faisoit le calcul
selon l'hypothése que le ressort doit donner des quantitez de mouvement

ment felon la raifon réciproque des poids, il eût dû aller à 200 piés, faifant abftraction de la réfiftance de l'air ; car le canon ayant reculé avec 30 de quantité de mouvement, celle du cylindre auroit dû être le produit de 30 par $6\frac{2}{3}$; ce qui eft bien éloigné de la quantité de mouvement de $26\frac{1}{2}$ qu'il prit, & qui fait voir manifeftement l'abfurdité de cette hypothéfe.

On décrivit en fuite contre un mur deux quarts de cercle comme ceux de la figure 3ᵉ ; ils avoient 10 piés ● Rayon : l'éloignement des fils de fufpenfion étoit d'environ cinq pouces : on fe fervit d'un canon dont le calibre étoit fort petit ; mais il étoit chargé de plomb en dehors enforte qu'il pefoit cinq fois autant que le petit cylindre de plomb qui fervoit de balle, dont le poids étoit de 3 onces. La poudre qu'on mettoit dans le canon n'étoit que de la pefanteur de trois grains de blé.

Voici une table des expériences qu'on fit.

Recul du canon.	*Elévation du Cylindre.*
9 degrez $\frac{1}{2}$	47 degrez
5 degrez $\frac{1}{4}$	26 degrez
16 degrez $\frac{1}{4}$	82 degrez
13 degrez $\frac{1}{2}$	67 degrez
8 degrez	40 degrez $\frac{1}{2}$

Toutes ces expériences fe raportent à fort peu près à la proportion réciproque des poids & des viteffes. Mais le petit cylindre devoit toujours aller un peu moins haut, fi les arcs étoient précifément comme les viteffes, à caufe que la réfiftance de l'air devoit toujours diminuer le nombre des degrez. Mais les grands arcs font toujours plus grands, que felon la proportion des viteffes, comme au fecond exemple le finus verfe de 5 degrez $\frac{1}{4}$ eft 420, lequel multiplié par 25 quarré de 5 qui eft la raifon des poids, donne 10500 finus verfe de 26 degrez $\frac{1}{2}$ à peu près, & non de $26\frac{1}{4}$ nombre quintuple de $5\frac{1}{4}$; & cette diminution d'un demi degré doit être attribuée à la réfiftance de l'air. On connoitra par un femblable calcul que dans le 3ᵉ. exemple le produit de 3995 finus verfe de $16\frac{1}{4}$ par 25 eft 99875 finus verfe de 89 degrez 55 minutes, & fans la réfiftance de l'air le petit cylindre fe feroit élevé à cette hauteur à peu près ; mais cette réfiftance retardant beaucoup les grandes élévations, il ne s'éleva qu'a environ 82 degrez. Or quoi qu'un canon ne foit chargé que de poudre, il ne laiffera pas de reculer, parce que l'air s'oppofant à la viteffe de la flàme qui fort, elle fe ferre & fe met en reffort, & elle fe fert auffi du reffort de l'air comme d'un appui, pour repouffer le canon en arriére, de la même forte à peu près qu'une rame s'appuie contre l'eau pour faire avancer un bàteau. On voit un femblable effet dans les fufées, dont la flàme choquant l'air avec

im-

impétuofité, donne un mouvement en arriére au corps de la fufée ; &
fi l'on fufpend un vaiſſeau Cylindrique plein d'eau , où l'on ait ajuſté
un peu plus haut que la bafe un petit tuyau oblique , l'eau qui jaillira
par ce petit tuyau , donnera un mouvement circulaire aſſez vîte à ce
vaiſſeau par le choc de l'air ; ou par le choc de l'eau , fi on le met dans
un vaiſſeau plein d'eau fans qu'il touche au fond.

PROPOSITION XVI.

*S I deux corps à reſſort font égaux , & que l'un choque directement l'autre
en repos ; ce dernier prendra la viteſſe entiére de l'autre après le choc , &
le fera reſter fans mouvement.*

TAB. I.
Fig. 10.

Soient deux ballons égaux A & B , & que le ballon A choque l'autre en B avec quelque viteſſe qu'on voudra , qu'on appellera de 4 degrez. Je dis que le ballon A demeurera en repos après le choc , & que
l'autre prendra la même viteſſe de 4 degrez ; car par la Propoſition 10ᵉ.
ces ballons , après le choc & fur la fin de leur applatiſſement , pren-
droient enfemble une viteſſe de 2 degrez par le mouvement fimple ,
s'ils étoient fans reſſort & qu'ils demeuraſſent en leur applatiſſement.
Mais par la 3ᵉ. Propoſition , la force du choc en B eſt égale à celle qui
fe fait en C par les 2 corps mûs l'un contre l'autre avec des viteſſes é-
gales. Donc ils fe mettront en reſſort de même , & par la feconde
Conféquence de la précédente , ces ballons partageront également la
viteſſe reſpective qui a produit le reſſort , laquelle étant de quatre degrez comme nous l'avons fuppofée , chacun en prendra deux degrez.
Donc le ballon A devant s'avancer avec une viteſſe de deux degrez par
le mouvement fimple , & retourner en arriére avec une viteſſe de deux
degrez par le mouvement de reſſort ; l'un de ces mouvements détruira
l'autre par la feconde Propoſition , & le ballon A demeurera en repos :
Mais le ballon B s'avançant avec une viteſſe de deux degrez par le mouvement fimple , & prenant encore une viteſſe de deux degrez de même part par le mouvement de reſſort ; il aura après le choc une viteſſe
de quatre degrez par la feconde Propoſition , favoir la viteſſe entiére
du ballon A avant le choc. La même chofe arrivera aux boules à reſ-
fort ferme. Donc fi un corps à reſſort , &c. ce qu'il falloit prouver.

CONSÉQUENCE.

Il s'enfuit qu'un corps à reſſort choquant directement un autre corps
à reſſort moindre en poids , ils s'avanceront tous deux après le choc ;
& que fi le corps choqué eſt le plus pefant , le corps choquant retournera en arriére. Car au premier cas , celui qui choque prendra plus
que la moitié de fa viteſſe première par le mouvement fimple , par la
dixiéme Propoſition : & par la quinziéme , ou fes Conféquences , il
pren-

prendra moins que la moitié de la même viteſſe, retournant en arriére par le mouvement de reſſort. Donc cette derniére viteſſe ne détruira pas l'autre entiérement. Le ſecond Cas ſe prouvera facilement par les mêmes Propoſitions dixiéme & quinziéme.

AVERTISSEMENT.

ON expliquera l'applatiſſement des ballons & leur reſſort en ſuite, com-me on a expliqué l'applatiſſement des boules molles ſans reſſort dans l'A-vertiſſement de la Propoſition dixiéme : Car pour l'applatiſſement, il ſe fait de même que celui des boules molles, & le mouvement ſimple ſe communique de même ; & s'ils demeuroient dans leur applatiſſement, ils s'avanceroient de même enſemble : mais la force de leurs reſſorts les reſtituë en leur premiére figure par les mêmes degrez que l'applatiſſement s'eſt fait, pendant qu'ils com-mencent à s'avancer par le mouvement ſimple ; & par ce moyen il ſe fait en chaque ballon un mélange de ces deux mouvements. On expliquera de même l'applatiſſement & la reſtitution des boules à reſſort ferme, comme celles d'i-voire, de verre, &c.

Il eſt aiſé de juger, que les corps qui ont un reſſort lent comme les ballons, s'avancent un peu par le mouvement ſimple, pendant que leur reſſort les reſtituant en leur premiére figure, leur donne le mou-vement de réflexion ; & que par cette raiſon, un ballon qui en choque directement un autre, paſſe un peu au delà du point de rencontre après le choc, & ne s'y arrête pas préciſément ; mais que ce mouvement en avant doit être inſenſible dans les boules qui ont un reſſort prompt & ferme.

Il faut encore conſidérer, que ſi une boule à reſſort roulant bien vite ſur quelque ſurface plane, rencontre directement une autre boule en repos de même matiére & de pareil poids, elle ne perdra pas tout ſon mouvement ; comme on le voit par l'expérience dans les jeux de bil-lard. Ce qui procéde de ce qu'elle ne donne à l'autre boule que la vi-teſſe directe ; mais elle ne lui donne pas ſon mouvement en rond, & elle le conſerve ; ce qui la fait encore rouler & ſuivre l'autre avec une viteſſe conſidérable. La même choſe arrivera, quoi que la boule qui choque ne roule pas, ſi les deux boules ont un reſſort imparfait ; parce que ces boules ne ſe ſéparent pas avec leur premiére viteſſe reſpective, à cauſe de la foibleſſe de leurs reſſorts. On en peut voir l'expérience, ^{TAB. I.} ſi les boules G & H ſont de bois, & d'un même poids ; car ſi l'une ^{Fig. 3.} choque l'autre en repos, elle ne lui donnera pas toute ſa viteſſe, mais elle en conſervera une partie qui la fera un peu avancer après le choc.

PROPOSITION XVII.

SI deux boules à ressort égales, se choquent avec des vitesses inégales, elles feront échange de leurs vitesses.

TAB. I.
Fig. 1.

Soient deux boules égales à ressort A & B, & soit premiérement C le point où elles se rencontrent avec les vitesses A C, B C inégales, & soit A D égale à B D. Or si elles étoient sans ressort, elles s'avanceroient ensemble après le choc en C avec une vitesse égale à la vitesse D C vers A, par la Proposition treiziéme. Mais par la seconde Conséquence de la 5ᵉ. chacune d'elles prendra par le ressort une vitesse égale à la vitesse A D ou D B en se séparant. Donc la boule B s'avançant avec la vitesse D C par le mouvement simple, & retournant en arriére avec la vitesse contraire A D, par le mouvement de ressort, il ne lui restera que la vitesse A C, différence des vitesses A D, C D, par la 2ᵉ. Proposition; & la boule A s'avançant de C vers A avec la vitesse C D par le mouvement simple, & avec la vitesse B D par le mouvement de ressort, elle ira avec une vitesse composée de ces deux, savoir B C, par la seconde Proposition; & par conséquent les deux boules feront échange de leurs vitesses. Il est encore manifeste qu'elles feront échange de leurs directions.

TAB. I.
Fig. 1.

Soient maintenant leurs vitesses A E, B E, & E leur point de rencontre hors la ligne A B prolongée. Or, par la treiziéme Proposition, leur vitesse commune après le choc seroit égale à la vitesse D E, si elles étoient sans ressort. Mais le ressort, par la seconde Conséquence de la quinziéme, ajoûte à la boule B la vitesse A D du même côté : donc elle ira après le choc avec la vitesse A E, qui étoit celle de la boule A avant le choc; & parce que le ressort fait retourner en arriére la boule A avec la même vitesse A D ou B D par les mêmes raisons, cette vitesse B D étant ôtée de la vitesse du mouvement simple D E, il ne restera à la boule A que la vitesse B E, qui étoit celle de la boule B avant le choc : Donc elles feront échange de leurs vitesses après le choc. On fera voir la même chose en quelque autre point qu'elles se rencontrent directement en la ligne A B, ou hors icelle prolongée de part ou d'autre. Donc si deux corps à ressort sont égaux, &c. ce qu'il falloit prouver.

EXEMPLE EN NOMBRES.

SOit au premier cas la vitesse A C d'un degré, & la vitesse contraire B C de trois degrez. Donc, par la douziéme Proposition, les deux boules ensemble iroient avec une vitesse d'un degré de B vers A, si elles étoient sans ressort. Mais leur vitesse respective étant de quatre degrez, chacune en prendra deux degrez par le ressort, par la seconde Conséquence de la quinziéme. Donc la boule A ira avec trois degrez de vitesse, parce que ces deux vitesses sont de même part; & il n'en restera à la bou-

le

le B qu'un degré, parce que sa vitesse de ressort est contraire à sa vitesse simple; & par conséquent elles auront échangé leurs vitesses.

Et si la vitesse A E au second cas est de six degrez, B E sera de deux
degrez, & la somme des quantitez de mouvement des deux boules avant
le choc sera huit. Donc, par la quatriéme Proposition, leur vitesse commune après le choc seroit de quatre degrez, si elles étoient sans ressort.
Mais leur vitesse respective étant de quatre degrez, la boule B en prendra par le ressort deux degrez de même part. Donc sa vitesse totale sera de six degrez, par la quatriéme supposition; & si l'on ôte deux
à la vitesse de la boule A, qui étoit de quatre degrez par le mouvement
simple, il ne lui en restera que deux degrez; & par conséquent ces deux
boules auront échangé leurs vitesses après le choc.

PROPOSITION XVIII.

SOit une boule A triple d'une autre B, & qu'elle se choquent avec
des vitesses égales & uniformes; je dis que la boule A après le choc
demeurera en repos, & que la moindre boule B retournera en arriére avec
une vitesse double de celle qu'elle avoit avant le choc. Car supposons que
la boule A pése trois onces & la boule B une once, & qu'elles se choquent
ayant chacune une vitesse propre de douze degrez. Or si elles étoient
sans ressort, leur vitesse commune après le choc seroit de six degrez selon la direction de la boule A, par la douziéme Proposition; Car la
quantité de mouvement de B, savoir douze, se perdroit, & il s'en perdroit autant de celle de A qui étoit 36, & il ne lui resteroit que 24 de
quantité de mouvement, lequel nombre étant divisé par la somme des
poids savoir quatre, donne six pour quotient. Mais leur vitesse respective étant de 24 degrez, la boule A par le ressort prendra six degrez de
cette vitesse en arriére, & la boule B 18 degrez, par la seconde Conséquence de la quinziéme. Donc la boule A s'avançant de six degrez de
vitesse par le mouvement simple, & retournant en arriére avec six degrez de vitesse par le mouvement de ressort, elle demeurera en repos,
par la seconde Proposition. Mais la vitesse de la boule B étant de 6 degrez par le mouvement simple, & de 18 degrez par le mouvement de
ressort de même part, sa vitesse après le choc sera composée de ces deux
vitesses, par la seconde Proposition. Donc après le choc elle ira d'une
vitesse de vingt quatre degrez, qui est double de sa premiére vitesse.

CONSÉQUENCE.

IL s'ensuit que si deux corps à ressort inégaux se choquent directement avec des vitesses égales, & que le poids du plus pesant soit plus
que triple du poids de l'autre, ils s'avanceront tous deux après le choc,
selon la direction du plus pesant; & que s'il est moins que triple, chacun

cun de ces corps retournera en arriére : ce qu'on prouvera par des raisons semblables à celles de la Conséquence de la Proposition seiziéme.

AVERTISSEMENT.

LES expériences qu'on fera suivant cette Proposition feront voir manifeste-
ment la fausseté de l'hypothése, Que les corps inégaux mis en ressort,
prennent par sa force, des quantitez de mouvement selon la raison réciproque de leurs poids : *Car si on met une boule d'ivoire de trois onces*
sur le douziéme degré de la machine de la Proposition troisiéme, & une d'u-
ne once sur le douziéme degré de l'autre part ; on verra qu'après le choc la
grosse boule demeurera immobile, & par conséquent qu'elle sera retournée en
arriére de six degrez de vitesse, puisqu'étant sans ressort, elle se seroit avan-
cée de six degrez, par la Proposition 12e. Or si on multiplie ces six degrez
de vitesse en arriére, par trois de poids, on trouvera que la quantité de mou-
vement de la grosse boule en arriére aura été de 18, & que suivant cette
fausse hypothése, la boule d'une once en devroit prendre trois fois autant, sa-
voir 54, qui divisez par l'unité, qui est le poids de cette boule, donneroit 54
degrez de vitesse, lesquels étant joints aux six degrez du mouvement simple,
composeroient une vitesse de 60 degrez, qui feroit élever la boule d'une once
jusques au soixantiéme degré, ou du moins jusques au 54e. à cause de la ré-
sistance de l'air ; au lieu qu'elle ne s'élévera qu'a la hauteur de 22 degrez à
peu près, d'où l'on connoitra évidemment que cette hypothése est fausse.

PROPOSITION XIX.

TAB. I.
Fig. 13.

SI une ligne comme A B est divisée au point C en la raison réciproque des poids des corps A & B, & aussi au point D, selon la raison des vitesses avec lesquelles ils se choquent ; c'est à dire, que si B C
est à C A, comme le poids du corps A est au poids du corps B, &
que A D soit à B D, comme la vitesse du corps A à la vitesse du corps
B, & que C E soit faite égale à C D ; la ligne E A sera la vitesse du
corps A, selon la direction de E vers A, & E B la vitesse du corps B,
selon la direction de E vers B après le choc en D : Car par la Proposition treiziéme, si ces corps étoient sans ressort, ils s'avanceroient ensemble avec une vitesse égale à C D du côté de B : mais les vitesses produites par le ressort étant les mêmes dans chacun de ces corps, que
s'ils s'étoient rencontrez avec les vitesses A C, B C, par la seconde
Conséquence de la Proposition quinziéme ; le corps A prendra par le
ressort une vitesse égale à la vitesse A C, selon la direction de C en A,
& celle que prendra le corps B par le ressort sera égale à la vitesse C B,
selon la direction de C en B : or cette derniére étant ajoutée à celle du
mouvement simple, savoir C D ou E C ; la ligne entiére E B sera la
vitesse du corps B après le choc, par la seconde Proposition : mais si
l'on

l'on ôte la même viteſſe E C, de la viteſſe C A produite par le reſſort, à cauſe qu'elles ont une direction contraire, le reſte E A ſera la viteſ-ſe du corps A après le choc, par la même ſeconde Propoſition.

Que ſi *d* eſt le point du choc, la ligne C *d* étant plus grande que C A, & que la ligne B A étant prolongée en C *e d*, C *e* ſoit égale à C D, le point *e* paſſera au delà du point A dans la ligne A B prolon-gée ; ce qui fera voir que la direction du corps A après le choc, ſera du côté du point B, & que ſa viteſſe ſera *e* A, & celle du corps B, *e* B; car en ce cas, la viteſſe C A produite par le reſſort dans le corps A B étant moindre que celle du mouvement ſimple C *d*, il reſtera du mouvement au corps A du côté de B, ſelon la viteſſe *e* A différence des viteſſes C *d*, C A, par la ſeconde Propoſition; mais à l'égard du moin-dre corps B, ſon mouvement ſimple & ſon mouvement de reſſort ſont encore d'un même côté, & par conſéquent la ligne entiére *e* B ſomme des deux lignes C *d* ou C *e*, & C B, ſera ſa viteſſe après le choc, par la même ſeconde Propoſition.

Que ſi C D en la ligne A B eſt égale A C, il eſt manifeſte que le point E tombera ſur le point A ; ce qui fera connoître que le corps A demeurera ſans mouvement après le choc, & que le corps B aura la vi-teſſe reſpective entiére A B : & ſi C *d* eſt égale à C B, le point *d* étant au delà du point A dans la ligne B A prolongée, le point E tombera ſur le point B : ce qui fera connoître que ſi les deux corps ſe rencontrent en ce point *d*, hors la ligne A B, avec les viteſſes propres A *d*, B *d*, le corps B demeurera ſans mouvement après le choc, & le corps A aura la viteſſe & la direction B A ; ce qu'on prouvera par les mêmes raiſons: & en quelque autre point qu'on ait pris le point D, ſoit en la ligne A B, ſoit en ſes extrémitez A ou B, ou hors cette même ligne prolongée de part & d'autre ; on trouvera la viteſſe & la direction des deux corps a-près le choc, & l'on en fera la démonſtration de même, par les Pro-poſitions, ſeconde, treiziéme, & quinziéme ou ſes Conſéquences.

AVERTISSEMENT.

ON *peut appliquer cette démonſtration aux pendules de la premiére Pro-poſition, en prenant un arc tel qu'on voudra pour la ligne droite A B de la douziéme ou treiziéme figure, afin de repréſenter la viteſſe reſpective des deux boules G & H, quelque proportion qu'on veuille donner à leurs vi-* TAB. I.
teſſes propres: comme ſi ces boules étant d'ivoire, la boule G péſe ſix onces & Fig. 3.
la boule H quatorze, & qu'on veuille les faire choquer en ſorte que la boule G demeure en repos après le choc, on prendra pour leur viteſſe reſpective un arc de vingt degrez, à cauſe que la ſomme des poids eſt 20 ; on élevera la boule G à vingt-huit degrez, afin que ce nombre ſoit double de 14, comme B d en la ligne A B prolongée eſt double de B C, & la boule H à huit de- TAB. I.
grez du même côté, afin que la diſtance des boules ſoit toujours de vingt de- Fig. 13.

F

grez,

grez, & ces huit degrez font la différence des poids quatorze & fix, comme A δ eſt la différence de A C, B C: Alors ſi on laiſſe aller en même tems ces boules, G demeurera en repos après le choc, & H s'élevera de l'autre côté juſques au vingtiéme degré (on fait toujours abſtraction de la réſiſtance de l'air) ce qui eſt aiſé à prouver par les Propoſitions treiziéme & quatorziéme, &c.

Que ſi l'on veut que ce ſoit la boule H qui demeure en repos, il faut l'élever à douze degrez vers N, afin que ce nombre ſoit double de 6, qui dénote le poids de l'autre boule, & élever l'autre vers M à 8 degrez, différence de douze & de vingt; Et l'on verra, ſi on les laiſſe aller en même tems, que la boule H demeurera en repos après le choc, & que l'autre remontera juſques au vingtiéme degré. On pourra faire par cette méthode les expériences de tous les mouvements qu'on aura démontré devoir arriver à deux boules à reſſort, quelles que ſoient les proportions de leurs poids & de leurs viteſſes, lors qu'elles ſe choquent directement.

PROPOSITION XX.

SI deux corps égaux ou inégaux à reſſort ſe font choquez directement, ſoit que tous deux fuſſent en mouvement, ou qu'il n'y en eût qu'un ſeul, & qu'ils ſe choquent une ſeconde fois avec les viteſſes acquiſes par le premier choc; ils reprendront après le ſecond choc, la même viteſſe propre, ou le repos, que chacun avoit avant le premier choc.

TAB. I.
Fig. 13.

Soient les boules à reſſort A & B, ſe choquant au point D avec les viteſſes propres, A D, B D; & qu'après le choc la viteſſe de la boule A ſoit E A, & celle de la boule B, E B: Je dis que ſi elles ſe choquent derechef avec les viteſſes acquiſes A E, B E, la boule A reprendra après le ſecond choc ſa viteſſe premiére A D, & B ſa viteſſe premiére B D.

Soit A B diviſée en C, ſelon la proportion des poids de ces boules. Or C E par la précédente ſera égale à C D, à cauſe que le premier choc s'eſt fait avec les viteſſes A D, B D. Mais A E étant la viteſſe de la boule A, & B E celle de la boule B au ſecond choc, & C D étant égale à C E; D A ſera la viteſſe de la boule A après le ſecond choc, & D B celle de la boule B, par la précédente, qui ſont les mêmes que ces boules avoient avant le premier choc. On fera voir la même choſe en quelque autre proportion que ſoient les poids & les viteſſes propres de ces boules avant le premier choc, & quelque viteſſe que chacune d'elles en ait reçûë. Donc ſi deux corps égaux ou inégaux, &c. ce qu'il falloit prouver.

EXEMPLE EN NOMBRES.

TAB. I.
Fig. 12.

SUppoſons que la boule A péſe trois onces & la boule B une once, & qu'elles ſe rencontrent au point D hors la ligne A B avec les viteſſes

teſſes A D de deux degrez, & B D de ſix degrez; B C ſera égale à trois, & A C à l'unité, & C B, C D, ſeront égales. Or ſi ces boules étoient ſans reſſort, d'autant que la ſomme de leurs quantitez de mouvement eſt 12, leur viteſſe commune après le choc ſeroit 3, & la viteſſe de la boule A par le reſſort étant A C ou l'unité, toute ſa viteſſe ſera B A, c'eſt à dire 4. De même la viteſſe de reſſort de la boule B étant 3, ſi on l'ôte de ſa viteſſe ſimple qui eſt auſſi 3, à cauſe des directions contraires de ces deux mouvemens; cette boule reſtera ſans mouvement.

Or la ſeule boule A frappant la boule B pour la ſeconde fois avec ſa viteſſe acquiſe de quatre degrez, les deux enſemble iroient avec une viteſſe de trois degrez ſi elles étoient ſans reſſort; Mais A en perdra un degré par le reſſort, & B en prendra 3. Donc leurs viteſſes après le deuxiéme choc ſeront A D ou 2, & B D ou 6, qui étoient leurs premiéres viteſſes.

PREUVES PAR EXPÉRIENCE.

SI l'on ſuſpend deux boules d'ivoire, dont l'une péſe trois fois plus que l'autre, & qu'on les faſſe choquer avec des viteſſes égales, les élevant chacune à la hauteur d'un arc de douze degrez; on verra arrêter la groſſe en ſon point de repos après le choc, & retourner l'autre en arriére juſques à la hauteur de vingt quatre degrez : mais cette boule venant à frapper de nouveau la groſſe boule demeurée en repos, elle la repouſſera juſques au douziéme degré, & retournera en arriére à la même hauteur de douze degrez, d'où elles viendront derechef ſe choquer avec leurs premiéres viteſſes, du moins à peu près, à cauſe de la réſiſtance de l'air; & l'on verra encore les mêmes effets au troiſiéme & quatriéme choc. TAB. I. Fig. 3.

PROPOSITION XXI.

SI deux corps à reſſort égaux ou inégaux ſe choquent directement avec des viteſſes égales ou inégales, ils ſe ſépareront après le choc avec la même viteſſe reſpective, avec laquelle ils ſe ſont rencontrez.

Soient A & B deux boules d'ivoire ou de jaſpe qui ſe rencontrent dans la ligne A B, ou au delà en un point de cette ligne prolongée, avec des viteſſes propres telles qu'on voudra, comme A E, B E, faiſant enſemble la viteſſe reſpective A B; Je dis qu'après le choc elles ſe ſépareront avec la même viteſſe reſpective : Car ſi elles étoient ſans reſſort, elles demeureroient toutes deux ſans mouvement, ou iroient enſemble, & elles ne ſe ſéparent que par la force de leurs reſſorts. Mais la viteſſe produite par la force des reſſorts eſt toujours la même que celle qui a produit les reſſorts, par la quinziéme Propoſition, & ſes Conſéquences. Donc la viteſſe reſpective avec laquelle ces boules ſe TAB. I. Fig. 1.

ſépaféparent après le choc, fera la même que celle avec laquelle elles fe rencontrent. Ce qu'il falloit prouver.

PROPOSITION XXII.

*S*I un corps à reſſort choque directement un autre corps à reſſort, ſoit que le corps choqué ſoit en repos, ſoit qu'il s'avance de même part que l'autre, ſelon une même ligne de direction ; la ſomme des quantitez de mouvement des deux enſemble après le choc, ſera la même qu'avant le choc, s'ils s'avancent tous deux, ou ſi celui qui a choqué demeure ſans mouvement. Mais ſi ce dernier corps retourne en arriére, la quantité de mouvement de celui qui s'avance ſera plus grande que celle qu'avoit le corps qui s'eſt mû ſeul, ou les deux mûs de même part avant le choc ; & l'excès ſera égal à la quantité de mouvement de celui qui retourne en arriére.*

La premiére partie de cette Propoſition eſt facile à prouver : Car s'ils étoient ſans reſſort, les deux quantitez de mouvement devant & après le choc ſeroient égales par la dixiéme & onziéme Propoſition ; mais par la premiére Conſéquence de la quinziéme, les reſſorts produiſent la même quantité de mouvement en l'un & en l'autre de ces corps. Donc le recul de l'un par le mouvement de reſſort, ôtera autant de la quantité de mouvement ſimple, que l'avance de l'autre y en ajoutera, ſi celui qui a choqué demeure ſans mouvement ou qu'il s'avance ; & par conſéquent la ſomme des quantitez de mouvement devant & après le choc ſera toujours la même.

La ſeconde partie ſe prouve en cette ſorte. Si le corps qui a choqué ne retournoit pas en arriére, la ſomme des quantitez de mouvement après le choc ſeroit égale à celle qui précéde le choc, par la premiére partie. Mais autant que le corps qui retourne en arriére, prend de quantité de mouvement par ſon recul, à compter depuis le point de rencontre, autant s'en ajoûte-t-il à la quantité de mouvement de celui qui s'avance, par les Conſéquences de la quinziéme. D'où il s'enſuit qu'il faudra ôter cette quantité de mouvement en arriére de celle du corps qui s'avance, afin que le reſte ſoit égal à la quantité de mouvement qui précéde le choc : Donc en ce cas la quantité de mouvement du corps qui s'avance eſt plus grande que celle qui étoit avant le choc, & l'excès eſt égal à la quantité de mouvement du corps qui retourne en arriére. Ce qu'on s'étoit propoſé de prouver.

PROPOSITION XXIII.

*S*I deux corps inégaux à reſſort ſe choquent directement avec des viteſſes contraires, non réciproques à leurs poids, & qu'ils s'avancent tous deux, ou que l'un d'eux demeure en repos après le choc ; la ſomme de leurs quantitez de mouvement après le choc ſera égale à la différence de celles
qu'ils

qu'ils avoient avant le choc. Mais si les deux corps retournent en arriére a-
près s'être choquez, la somme de leurs quantitez de mouvement sera plus
grande que cette différence, & l'excès sera égal au double de la quantité de
mouvement de celui à qui il en reste le moins.

La première partie de cette Proposition se prouve ainsi.

Si ces corps étoient sans ressort, ils auroient ensemble après le choc
une quantité de mouvement égale à la différence de celle qu'il avoient
avant le choc, par la Proposition douziéme. Mais ces corps reçoivent
chacun une égale quantité de mouvement par le ressort, par la première
Conséquence de la quinziéme : & ces quantitez égales de mouvement
étant contraires, si l'une s'ajoûte au mouvement simple de l'un des
corps, l'autre en détruit une égale dans l'autre corps. Donc il ne restera dans les deux corps pour la somme de leurs quantitez de mouvement,
que la même qu'ils auroient s'ils étoient sans ressort, savoir la différence de leurs quantitez de mouvement avant le choc.

Pour ce qui est de la seconde partie. Si le corps qui a la moindre quantité de mouvement après le choc, n'étoit point retourné en arriére, depuis le point de rencontre ; la somme des quantitez de mouvement des
deux corps seroit égale à la différence de leurs quantitez de mouvement
avant le choc, par la première partie. Il faut donc ajouter à cette différence, la moindre quantité de mouvement en arriére, & encore une
pareille dans l'autre corps, puisque le ressort en donne autant à l'un des
corps qu'à l'autre par la première Conséquence de la quinziéme ; & par
conséquent cette différence sera augmentée du double de la moindre quantité de mouvement.

EXEMPLES EN NOMBRES.

SUppofons que deux boules d'ivoire A & B, la première de deux onces, & l'autre d'une once, se rencontrent directement avec des vitesses contraires inégales, savoir A avec une vitesse de cinq degrez, &
B avec une vitesse d'un degré : la différence de leurs quantitez de mouvement avant le choc sera 9 ; & ce nombre divisé par 3, somme des
poids, donnera pour quotient 3, qui seroit leur vitesse commune après
le choc, si les boules étoient sans ressort. Mais leur vitesse respective
étant de six degrez, la boule A en prendra deux en arriére, & par
conséquent il ne lui restera qu'un degré de vitesse en avant, & sa quantité de mouvement sera 2 ; & la boule B prenant quatre degrez de ces
six par le mouvement de ressort, elle en aura sept après le choc, lequel nombre sera aussi sa quantité de mouvement, par la quatriéme
Proposition ; & la somme des deux sera neuf, égale à la différence
des quantitez de mouvement avant le choc.

Que si ces boules se choquent avec des vitesses égales de trois degrez
chacune, la différence de leurs quantitez de mouvement sera trois, &

F 3

el-

elles iroient ensemble avec une vitesse d'un degré par leur mouvement
simple.   Mais A doit retourner en arriére avec deux degrez de vitesse
par le mouvement de ressort , & par conséquent il retournera en arriére depuis le point de rencontre avec une vitesse d'un degré, & le reste
de sa quantité de mouvement sera deux.   Mais B prenant quatre degrez
de vitesse par le mouvement de ressort; toute sa vitesse sera cinq, & sa
quantité de mouvement cinq , qui étant ajoutée à la quantité de mouvement de la boule A en arriére, savoir deux, la somme sera sept, qui
est plus grande que la différence trois ci-dessus , & l'excès est quatre,
double de la quantité de mouvement de la boule A en arriére, conformément à ce qui a été proposé.

PROPOSITION XXIV.

*S*I *le poids d'un corps à ressort est triple, ou moins que triple du poids d'un
autre corps à ressort moindre, & qu'ils se choquent avec des vitesses égales ; la somme de leurs quantitez de mouvement après le choc sera moindre
qu'avant le choc , & la différence sera égale au quarré de la différence des
poids des deux corps , si leur vitesse respective est exprimée par la somme de
leurs poids.*

TAB. I.
Fig. 12.

Soit le poids du corps A triple du poids du corps B, & que leur vitesse respective soit exprimée par quatre, nombre égal à la somme de
leurs poids.   Soit aussi la ligne A B divisée en quatre parties égales par
les points C, *d*, *e*.   Il est manifeste qu'elle sera divisée en C, en raison réciproque des poids , & que A C sera l'unité, B C, 3 , & C *e*
leur différence.   Or si ces corps se rencontrent en *d*, avec les vitesses
égales A *d*, B *d*; le rectangle A *d*, B C sera la quantité de mouvement
du corps A avant le choc, & A C , *d* B , du corps B , & leur somme
sera le rectangle B A *d*.   Mais d'autant que C A est égale à C *d*, A
demeurera en repos après le choc , par la dix-neuviéme ; & la quantité de mouvement de B , sera le rectangle B A C , moindre que le rectangle B A *d* du rectangle B A C, c'est à dire du quarré de C *e*, moyenne proportionnelle entre B A , A C , laquelle ligne C *e* est la différence
des lignes A C , B C , qui expriment les poids des deux corps , selon
l'énoncé de la Proposition.

TAB. I.
Fig. 13.

Soit maintenant la proportion du poids du corps A , au poids du corps
B , moindre que de trois à un ; & soit la ligne A B divisée en C selon cette proportion, & en parties égales au point D. Il est manifeste que si ces
corps se rencontrent en D directement avec les vitesses égales A D, B D,
& que C E soit prise égale à C D; le point E tombera entre A & C,
& que E A sera la vitesse du corps A , & E B celle du corps B en se
séparant , par la dix-neuviéme Proposition. Or si B *d* est égale à A C,
C *d* sera la différence des poids des corps A & B. Il faut donc faire voir
que les premiéres quantitez de mouvement, savoir les rectangles A D,
                                                                    B C,

B C, & B D, A C, furpaffent les fecondes quantitez de mouvement,
favoir les rectangles E A, B C, & E B, A C, & que l'excès eft le
quarré de C *d*, ce qui eft facile. Car le rectangle E A, B C eft moindre
que le rectangle A D, B C, du rectangle E D, B C, & le rectangle
E B, A C, excéde le rectangle D B, A C, du rectangle E D, A C.
Or le rectangle E D, B C, qui eft ôté aux premiéres quantitez de mouvement, eft plus grand que le rectangle E D, A C, qui leur eft ajouté;
& l'excès eft le rectangle E D, C *d*, c'eft à dire le quarré de C *d*, différence des poids, puis que E C, C D, D *d*, font égales. Il eft encore évident que plus les poids approcheront de l'égalité, plus le point
C fera près du point D, qui partage la ligne A B également; & que par
conféquent, les fommes des quantitez de mouvement devant & après le
choc feront moins inégales; & qu'enfin, lorfque les poids feront égaux,
le point C tombera fur le point D, & les fommes de ces quantitez de
mouvemens feront égales, par la Propofition quinziéme.

EXEMPLE EN NOMBRES.

SUppofons que le corps A péfe fept onces, & le corps B trois onces,
leur viteffe refpective fera dix. Or s'ils fe choquent avec des viteffes égales de cinq degrez chacune, leurs premiéres quantitez de mouvement feront 35 & 15, dont la fomme eft 50, & la différence 20.
Donc s'ils étoient fans reffort, ils auroient deux degrez pour leur viteffe commune après le choc, par la douziéme Propofition. Mais leur
viteffe refpective étant dix, A en prendra trois en une direction contraire à celle de fon mouvement fimple, & par conféquent il ne lui reftera qu'un degré de viteffe, & fept de quantité de mouvement : & B,
qui doit prendre fept degrez de viteffe par le mouvement de reffort de
même part que les deux degrez de mouvement fimple, aura pour fa
viteffe entiére neuf degrez, & vingt fept pour fa quantité de mouvement, laquelle étant jointe à celle du corps A, la fomme fera 34, moindre que leur premiére fomme 50; & la différence eft 16, quarré de 4,
différence de leurs poids, felon l'énoncé de la Propofition.

PROPOSITION XXV.

*S'Il y a deux corps inégaux à reffort A & B, & que le moindre B étant
en repos foit choqué directement par le plus pefant avec une viteffe dont les
degrez foient exprimez par le nombre qui exprime la fomme des poids des deux
corps ; le corps B après le choc aura une viteffe dont les degrez feront exprimez par un nombre double du nombre du plus grand poids, & les degrez de
viteffe que le corps A perdra feront exprimez par le double du nombre du
moindre poids.*

D'autant que la viteffe commune du mouvement fimple des deux
corps

corps après le choc , est égale au nombre du poids du corps **A** , par la seconde Conséquence de la dixiéme Proposition ; & que la première vitesse du corps **A** est égale à la somme des nombres des poids, par l'hypothése : le corps **A** perdra par le mouvement simple un nombre de dégrez de sa vitesse première , égal au nombre du poids du corps **B**. Mais ce même corps **A** par le mouvement de ressort prend une vitesse égale à ce même nombre , par la quinziéme Proposition ; & cette seconde vitesse aura une direction contraire à celle de son mouvement simple. Donc il perdra par les deux mouvemens un nombre de degrez de vitesse égal au double du nombre du moindre poids. Et le corps **B** recevant par le mouvement simple une vitesse dont le nombre des degrez est égal au nombre du poids du corps **A**, par la seconde Conséquence de la Proposition dixiéme , & par le mouvement de ressort un pareil nombre de degrez de vitesse , par la quinziéme Proposition ; le nombre de degrez de sa vitesse entiére après le choc sera double du nombre du poids du corps **A**, ce qu'il falloit prouver.

EXEMPLE EN NOMBRES.

QUe le poids du corps **A** soit huit onces, & celui du corps **B** trois onces ; la première vitesse du corps **A** sera onze, & les deux corps ensemble par le mouvement simple auront une vitesse de huit degrez après le choc. Mais le corps **B** par le ressort prendra encore une vitesse de huit degrez de même part : Donc toute la vitesse sera 16 , nombre double du poids du corps **A** ; & le corps **A** prenant par le ressort une vitesse de trois degrez , en une direction contraire , il ne lui en restera que cinq degrez après le choc, & par conséquent il en aura perdu six, qui est un nombre double du moindre poids , selon l'énoncé de la Proposition.

PROPOSITION XXVI.

S'Il y a deux corps inégaux à ressort A & B, & que le plus pesant A étant en repos soit choqué par le plus leger , avec une vitesse dont les degrez soient exprimez par le nombre qui exprime la somme des poids de deux corps : le corps A après le choc aura une quantité de mouvement double de celle du corps B avant le choc diminuée du quarré du nombre qui exprime son poids ; & les degrez de vitesse que le corps B perdra , seront exprimez par le double du nombre qui exprime son poids.

D'autant que la vitesse commune du mouvement simple des deux corps après le choc, est égale au nombre du poids du corps **B**, par la seconde Conséquence de la dixiéme Proposition ; & que la première vitesse du corps **B**, est égale à la somme des nombres des poids par l'hypothése : le corps **B** prendra un nombre de degrez de vitesse, égal au nom-

nombre de son poids par le mouvement simple, & par le ressort il prendra une vitesse égale au nombre du poids A, par la quinziéme Proposition, laquelle vitesse de ressort aura une direction contraire à celle du mouvement simple; & par conséquent il ne lui restera que la différence des nombres des deux poids pour sa vitesse. Mais la différence de deux nombres inégaux est moindre que leur somme, du double du moindre nombre. Donc le corps B perdra par les deux mouvemens un nombre de degrez de vitesse égal au double du nombre de son poids.

A l'égard du corps A, il recevra par le mouvement simple une vitesse égale au nombre du poids B, par la seconde Conséquence de la dixiéme Proposition; & par le mouvement du ressort, il recevra une vitesse pareille de même part, par la quinziéme Proposition. Donc le nombre de sa vitesse entiére sera double du nombre du poids B, & sa quantité de mouvement sera le produit de son propre poids par le double du nombre du poids B. Mais la quantité de mouvement du corps B avant le choc est égale au produit de son poids par la somme des deux poids, puisque sa vitesse est supposée égale à cette somme; & si de cette quantité de mouvement on ôte le quarré du nombre de son poids, le reste sera le produit du nombre de son poids, par le nombre du poids du corps A. Donc la quantité de mouvement du corps A après le choc, sera double de la quantité de mouvement du corps B, avant le choc, diminuée du quarré du nombre qui exprime son poids; & par conséquent s'il y a deux corps inégaux à ressort, &c. ce qu'il falloit prouver.

EXEMPLE EN NOMBRES.

QUe le poids du corps A soit huit onces, & le poids du corps B trois onces, la vitesse du corps B avant le choc sera onze, & sa quantité de mouvement trente trois, qui étant diminuée du quarré de son poids, savoir neuf, il restera vingt-quatre. Or la vitesse du mouvement simple des deux corps joints est trois, & le mouvement de ressort ajoutant encore trois degrez de vitesse au corps A, sa vitesse après le choc sera six, & sa quantité de mouvement quarante-huit, double du nombre vingt-quatre ci dessus. Mais le corps B prendra par le ressort une vitesse en arriére de huit degrez, dont il faut ôter les trois degrez de mouvement simple, par la seconde Proposition; & par conséquent il ne lui restera que cinq degrez de vitesse: Donc sa vitesse sera diminuée de six, nombre double de son poids. On voit par cet exemple, & par celui de la précédente, & il est aisé de le démontrer universellement, que lorsque les poids demeurent les mêmes, quel que soit le corps qui choque, sa vitesse restante est toujours la même, & la quantité de mouvement du corps choqué est aussi la même: Car en chacun de ces exemples la vitesse qui reste au corps qui choque est cinq, & la quantité de mouvement du corps choqué est 48. La seule différence est,

G

eſt, que la viteſſe qui reſte au plus grand corps eſt en avant, & celle du moindre en arriére.

PREMIÉRE CONSÉQUENCE.

Il ſuit des deux Propoſitions précédentes, que le corps choqué prend autant de viteſſe & de quantité de mouvement par le mouvement ſimple, que par le mouvement de reſſort.

SECONDE CONSÉQUENCE.

Il s'enſuit auſſi que ſi l'on prend deux corps inégaux à reſſort de tel poids qu'on voudra , & que l'un des deux étant en repos ſoit choqué par l'autre directement avec une viteſſe égale au nombre de la ſomme de leurs poids ; la ſomme de leurs viteſſes après le choc, ſera triple de cette premiére viteſſe, moins quatre fois le nombre du moindre poids, ſi c'eſt le moindre corps qui ſoit en repos; & ſi c'eſt le plus grand , la ſomme de leurs quantitez de mouvement après le choc , ſera triple de la quantité de mouvement du moindre corps avant le choc, moins quatre fois le quarré du nombre du moindre poids.

EXEMPLE EN NOMBRES.

SUppoſons que le corps A péſe 100000 onces, & le corps B , une once. Or ſi c'eſt le moindre corps qui choque, ſa viteſſe premiére ſera 100001 , & la quantité de mouvement du corps choqué ſera 200000, & celle qui reſtera dans le moindre corps ſera 99999, dont la ſomme ſera triple de la premiére quantité de mouvement du moindre corps, ſavoir 100001 moins quatre, c'eſt à dire quatre fois le quarré de l'unité qui marque le moindre poids. Mais ſi le moindre corps eſt en repos, ſa viteſſe après le choc ſera 200000 , & celle de l'autre 99999, dont la ſomme eſt auſſi triple moins quatre, de 100001.

On voit par cét exemple qu'on peut tellement augmenter l'inégalité des poids de ces corps, que la ſomme de leurs quantitez de mouvement ou de leurs viteſſes , après le choc , ſera triple de la premiére, moins une de ſes parties, plus petite qu'aucune qu'on puiſſe dire.

Cette ſeconde Conſéquence doit paſſer pour un paradoxe aſſez ſurprenant ; Car comment un corps peut-il donner une plus grande viteſſe, ou une plus grande quantité de mouvement à un autre corps, que celle qu'il a , & conſerver la ſienne preſque toute entiere ? Mais cette merveille procéde de deux régles de la nature , qui ont été expliquées dans la troiſiéme Propoſition, & dans la quinziéme; ſavoir, que l'impreſſion mutuelle de deux corps l'un ſur l'autre eſt toujours la même , quand la viteſſe reſpective avec laquelle ils ſe rencontrent directe-

rectement est la même ; & que quand ils se sont mis en ressort par leur
choc, ils partagent leur vitesse respective, en raison réciproque de
leurs poids : ce qui fait que quand c'est le plus grand corps qui choque, les vitesses sont augmentées & les quantitez de mouvement demeurent égales ; & quand c'est le moindre corps, les quantitez de mouvement sont augmentées, & la somme des vitesses demeure égale.

Pour faire voir par l'expérience qu'un petit Corps choqué par un plus
grand, reçoit presque le double de sa vitesse ; il faut suspendre deux boules TAB. I.
d'ivoire fort inégales en poids, comme si l'une pese quatre gros, il faut Fig. 3
que l'autre en pese quatre-vingt ; élevez la plus grosse G, jusques à qua-
tre-vingt-quatre degrez, ajoutant cinquante-quatre degrez à l'arc L M,
afin d'avoir une vitesse respective égale au nombre qui exprime la somme des poids ; laissez aller cette boule contre l'autre, en sorte qu'elle la
choque directement, & vous verrez que la petite boule ira de telle force qu'elle fera deux ou trois tours à l'entour des deux clous, si elle ne
rencontre rien. Or par ce qui a été dit, elle doit recevoir une vitesse
double de celle qui la feroit remonter par un arc de cercle de quatre-
vingts degrez, ou qui la feroit élever perpendiculairement à environ 40
pouces de hauteur, si les filets de suspension étoient de quatre piés ; &
par conséquent elle remonteroit à environ treize piés de bas en haut, par
cette vitesse double, par la seconde supposition : Donc elle remonteroit
plus haut que le diamétre entier du cercle du pendule. Mais étant retenuë par le filet qui l'empêche de monter plus haut que huit piés, elle
employera en rond le reste de sa vitesse, qui lui fera faire deux ou trois
tours à l'entour des clous, nonobstant la résistance de l'air.

TROISIÉME CONSÉQUENCE.

IL suit aussi de ces deux Propositions, que si deux corps à ressort sont
fort inégaux en poids, ils peuvent se rencontrer directement de telle
sorte, que leurs secondes quantitez de mouvement ou leurs secondes vitesses ne feront à fort peu près que le tiers des premiéres ; c'est à dire, qu'il
se perdra à fort peu près les deux tiers de leurs vitesses ou de leurs
quantitez de mouvement par le choc. Car si les deux corps ci-dessus
A & B, se choquent une seconde fois avec les vitesses acquises par le
premier choc de l'un des deux corps ; il n'en restera qu'un seul en mouvement après le second choc, par la vingtiéme Proposition, & il reprendra la même vitesse & la même quantité de mouvement qu'il avoit
avant le premier choc. Donc, comme le premier choc avoit fait tri-
pler à peu près la premiére vitesse ou la premiére quantité de mouvement, réciproquement le second la diminuëra des deux tiers à peu près :
comme si une boule à ressort cent mille fois plus pesante qu'une autre
la choque en repos, avec une vitesse de 100001 degrez, leurs vitesses
après le choc feront de 200000 degrez pour la moindre, & de 99999

                    pour

pour la plus pesante : mais si elles viennent à se choquer une seconde fois, allant de même part avec ces vitesses acquises ; la moindre demeurera sans mouvement après avoir choqué la plus pesante, & cette derniére reprendra sa premiére vitesse de 100001 degrez, qui excéde de fort peu le tiers de 299999 degrez, somme des deux quantitez de mouvement avant le second choc. Il est encore évident que lors qu'un corps à ressort en choque un autre plus pesant en repos, plus ce dernier sera pesant, plus la vitesse du corps choquant sera grande en arriére, à cause de la plus grande résistance que fait le corps plus pesant, conformément à la Proposition cinquiéme : & qu'enfin si le corps choqué étoit si pesant qu'il fût sensiblement inébranlable, l'autre corps retourneroit en arriére sensiblement avec toute sa vitesse, conformément à la Proposition quatorziéme. On trouvera encore facilement par le calcul, que si deux boulets de canon fort inégaux en poids se rencontroient directement avec des vitesses égales, le moindre retourneroit en arriére avec une vitesse qui seroit à peu près trois fois plus grande que celle qu'il auroit eûe avant le choc : par exemple, si le gros boulet pesoit quarante livres & le petit boulet une livre, leur vitesse respective étant exprimée par 82, nombre double de la somme de leurs poids ; le petit boulet après le choc prendroit une vitesse en arriére de 119 qui seroit triple de sa premiére vitesse 41, moins 4 qui est le produit du moindre nombre par 4.

PROPOSITION XXVII.

TAB. I.
Fig. 14.

SI l'on suspend un cerceau de fil de fer ou de bois neuf, comme le cercle ABCD, en sorte que les diamétres AHC, BHD, soient en un plan horisontal à peu près, & qu'on le frappe fortement avec un bâton ou autrement au point D, pour le faire avancer horisontalement selon la direction de la ligne D G H E B F; le point B ne s'avancera pas en même tems que le point choqué D, mais il ira en arriére du côté de D, comme en E, avant que d'aller en F.

TAB. I.
Fig. 15.

Pour bien prouver la nécessité d'un effet si surprenant, & en faire voir les causes; il faut considérer ce qui arrive à un fil de fer, comme A B, lorsqu'on le fait plier en le tenant par les deux bouts. Car il ne fait pas un angle rectiligne vers le milieu C D, puisque la partie convexe en C seroit trop étenduë, & la partie concave trop serrée : mais il prendra une courbure comme *a* C *b*, en laquelle la partie du milieu C D sera un peu plus dilatée en sa convexité & un peu plus serrée en sa concavité, qu'une autre partie proche, comme G H ou I L, & celles-ci plus que les parties M F, E N ; puisque les longueurs *a* C, *b* C, tenant lieu de leviers qui s'appuient sur le point D comme sur leur centre de mouvement pour faire plier ou pour rompre le fil de fer en C, y font un plus grand effort ensemble que les leviers *a* H, *b* H,

en-

enfemble n'en font au point G; & de même à l'égard des autres points, comme il a été démontré par Galilée en fon Traité de la *Réfiftance des folides*, & comme l'expérience le fait voir.

Or fi le même fil de fer A B de deux ou trois piés de longueur, & d'environ deux lignes & demi d'épaiffeur, eft pofé fur deux appuis O TAB. 1 & P également diftans du milieu *q* D, & qu'on le frappe fermement Fig. 15. au point *q*, pour le pouffer vers C; la partie *q* D fera avancée vers D C, avant que les extrémitez A & B fe foient avancées de ce côté là, ni même les parties N E, M F, à caufe que le fil de fer eft flexible. Mais, par ce que nous venons de dire, il ne fe fera pas un angle rectiligne au point C, ou un mixte C N A: mais le fil de fer prendra une courbure comme N I C G M; & les parties reftantes N A, M B, fuivront cette courbure; & tout le fil de fer prendra la courbure *a* N C M *b*, à peu près de même que fi on l'avoit plié en le tenant par les deux bouts; & par conféquent les extrémitez A & B iront en arriére, avant que de s'avancer du côté que le fil de fer eft pouffé.

Pour en faire l'expérience, mettez un verre à boire vers l'extrémité A, en forte que fa partie la plus avancée foit entre A & *a*, & un autre de même, proche du point B, chacun à trois ou quatre lignes de diftance du fil de fer; Frappez fermement le fil de fer avec un bâton au point *q* pour le faire avancer vers D C, & vous verrez que fes extrémitez choqueront les verres avec une telle force, qu'elles les cafferont; ce qui feroit impoffible, fi ces extrémitez ne fe mouvoient en arriére, avant que de s'avancer.

On verra un effet prefque femblable, & qui procéde des mêmes caufes, fi l'on tient une baguette flexible, horifontalement au deffus d'une table à un pouce près; car fi on la léve tout à coup avec une grande viteffe, fon extrémité fe pliera vers la table, & la touchera avant que de s'élever.

Ayez encore un fil de fer en demi cercle, comme A B C, dont le TAB. II. diamétre foit d'environ deux piés, & le fufpendez horifontalement par Fig. 16. des filets qui y foient attachez entre A & B, & B & C; frappez le fermement au point B, pour faire avancer ce point felon la ligne B F: les points A & C n'iront pas au commencement de leur mouvement felon les lignes A E, C D, parellelles à B F, mais ils iront à côté felon le diamétre A C prolongé de part & d'autre, ou à peu près. C'eft ce qu'on expliquera par les mêmes raifons du fil de fer qui caffe les verres, & on le connoitra par l'expérience, en mettant à côté une petite boule comme au point I, & une autre comme au point N: car la boule I ira comme en I L, & la boule N en N M, quand même la boule I feroit à deux pouces, à côté du point C dans le diamétre A C prolongé, & la boule N a deux ou trois lignes près de l'extrémité C dans la ligne C D: & fi l'on met quelque plan vertical parallelle au diamétre A C, en même fituation que la ligne N O, & qu'on met-

G 3

te un peu de cire en pointe qui couvre l'extrémité C, lorſqu'on pouſſera fermemement le point B vers F; le mouvement du bout de la cire ſe fera par une ligne ſenſiblement parallelle à N O; ce que l'on connoitra, parce que le petit bout de la cire conſervera ſa figure, ce qui
ſera voir qu'elle n'aura pas touché en s'écartant vers O, la ſurface repréſentée par la ligne N O.

TAB. I.
Fig. 14.   Ces choſes étant ſuppoſées, il eſt aiſé de faire voir ce qui a été propoſé à l'égard du cerceau. Car le point D étant pouſſé comme juſques
en G, les extrémitez A & C du demi cercle A D C, doivent s'avancer
à côté en s'éloignant du centre, de même que le point C de la figure
ſeiziéme. Or ce point C du cercle entier demeurera dans la ligne en l'air
A C L, & ſera comme au point L, lors que le point D ſera comme en
G; ou il ſera un peu plus avant comme en N, ou un peu en arriére
comme en O. Si donc on ſuppoſe que le point D étant en G, le point
C ſoit en L, & le point A en M; la ligne circulaire A B C prendra u-
ne courbure comme M G L. Or ſi le point B en cét inſtant demeuroit immobile, le reſte du cercle, ſavoir A B C, prendroit une courbure, comme M B L; & en cét état il ſeroit plus étendu qu'auparavant: Car la ligne courbe M D L étant ſuppoſée ſemblable à M B L,
la courbe D L B ſeroit plus grande que la circulaire D C B, & D M B
plus grande que D A B: Donc leurs moitiez L B, M B, ſeroient plus
grandes que B C, A B; & elles le ſeroient encore plus, ſi le point B s'é-
toit déja avancé en F. Il eſt donc néceſſaire que la partie L B M, pour
conſerver ſon étenduë naturelle, retourne en arriére, en ſorte que le point
B étant en E, la ligne courbe L E M ſoit égale à la circulaire A B C.
La même choſe arrivera, & à plus forte raiſon, ſi le point C étoit allé
en O.

Suppoſons maintenant que le point D étant en G, le point C ſoit en
N, à deux ou trois lignes du point L; car par ce qui a été dit du fil
de fer en demi cercle, il ne s'avance pas plus loin en s'écartant, au commencement du mouvement du point D: & imaginons que les deux points
A & C, étant tirez par force en I & P, ſelon le diamétre A C prolongé, les deux parties A B C, A D C, ſe touchent ſelon toute leur étenduë. En ce cas, il eſt évident que le point C ſeroit éloigné du centre
H, de la diſtance H C plus la moitié de H C plus $\frac{1}{14}$, ſuppoſant que la
circonférence A B C D ſoit égale à trois fois le diamétre A C plus $\frac{1}{7}$; &
par conſéquent que le point C ſe ſeroit éloigné de ſa premiére ſituation,
d'environ la moitié de H C plus $\frac{1}{14}$, & que le point B étant alors au
point H, il ſe ſeroit mû par une ligne preſque double de la ligne C I ou
A P. D'où il s'enſuit que lors qu'au commencement de cette extenſion
le point C eſt en L, & le point B en E; B E doit être plus grande que
TAB. I.
Fig. 14.   B L: & il eſt évident que ſi un quarré étant inſcrit dans le cercle A B C D,
la ligne L E étoit égale au côté de ce quarré, & le demi diamétre H C
de la longueur de 100 pouces; la ligne H E ſeroit moindre que 99 pouces,

ces, fi H L étoit de 101 ; & par conféquent C L feroit moindre que
B E. Il paroît donc, que lors que le point C eft en L, & le point B
en E, B E doit être plus grande que C L. Or fuppofant que C L foit
feulement de douze lignes, & B E de treize lignes, & que le point C
s'écartant à côté jufques à douze lignes s'avance en N à une diftance
de quatre lignes de C I, quoi qu'il ne doive pas s'avancer de plus de
deux ou trois lignes par l'expérience ci-deffus ; il eft manifefte que le
point B reculera encore de neuf lignes, & que fi C L eft de fix lignes
& B E de fix lignes ½ feulement, il reculera encore de deux lignes
plus ½ du côté de D, avant que d'aller vers F.

La preuve par l'expérience en eft facile, en fufpendant une petite
balle de feutre ou de bois, à deux ou trois lignes du point B, entre B
& E, au dedans du cercle : car lorfqu'on frappera fermement le point
D, pour pouffer le cerceau vers F, la petite balle viendra en arriére
avec une grande force du côté de D ; ce qui n'arriveroit pas, fi le point
B ne s'étoit approché du point E par le choc.   D'où il s'enfuit que le
point B ne s'avance pas en même tems que le point choqué D, mais
qu'il va en arriére du côté de D, avant que d'aller en F ; ce qu'on
s'étoit propofé de prouver & d'en donner les caufes naturelles.

CONSÉQUENCE.

Il s'enfuit que fi une boule creufe à reffort eft choquée directement
par une autre, la partie oppofée à celle qui eft frappée, retourne un
peu en arriére avant que de s'avancer ; car l'effet doit être femblable à
celui d'un anneau à reffort : & même quand la boule choquée feroit folide, il fe doit faire un mouvement de frémiffement ou tremblement
en toutes fes parties, qui les fait approcher & éloigner de leur centre
par une efpéce de vibration ; & par conféquent les boules dures à reffort, comme celles de jafpe, de verre & d'ivoire, doivent fuivre la même Loi à peu près qu'un anneau de fer à reffort, lorfqu'elles font choquées directement par une autre ; c'eft à favoir, que la partie oppofée
à celle qui eft choquée, doit reculer un peu en arriére avant que de
s'avancer.

PROPOSITION XXVIII.

SOient A, B, C, trois boules d'ivoire ou d'autre matiére à reffort ferme, égales entre elles, & contiguës ; & qu'une autre boule D de
même matiére & de même pefanteur, choque directement la boule C,
felon la ligne A D qui joint leurs centres : les boules C & B demeureront en repos après le choc, & la boule D auffi, & la feule boule A
s'avancera avec la même viteffe qu'avoit la boule D avant le choc ; &
quelque nombre de boules qu'il y ait de fuite, foit deux ou trois ou

TAB. II.
Fig. 17.

qua-

quatre, &c. il n'y aura toujours que la plus éloignée qui se mettra en mouvement.

TAB. II.
Fig. 18.

Que s'il y a deux boules comme E & F qui se touchent, & qui choquent ensemble plusieurs boules qui se touchent aussi, comme *a*, *b*, *c*, *d*, selon la ligne de direction *a* F ; les deux boules E & F s'arrêteront, & les autres demeureront aussi en repos, à la reserve des deux derniéres *a* & *b*, qui s'avanceront ensemble avec la même vitesse des deux E & F.

Que s'il y a trois boules qui choquent, il n'y aura que les trois derniéres *a*, *b*, *c*, qui s'avanceront avec la vitesse commune des trois qui auront choqué, & toutes les autres demeureront en repos ; & ainsi à l'infini, en tel nombre que puissent être les boules qui choquent & celles qui sont choquées.

TAB. II.
Fig. 17.

Pour expliquer ces effets, il faut considérer les trois boules A, B, C, comme si elles ne se touchoient pas, & qu'il y eût entre elles une petite distance comme d'un quart de ligne : car en ce cas il est évident par la Proposition seiziéme, que la boule D choquant la boule C, lui donnera sa vitesse & demeurera en repos ; & que la boule C donnera sa vitesse à la boule B ; celle-ci à la boule A, & ainsi de suite s'il y en a plus de trois. Or le même doit arriver quand les trois boules, A, B, C, se touchent : Car, par la Conséquence de la précédente, la boule C étant frappée, sa partie contiguë à la boule B, ira en arriére au commencement du choc ; & par conséquent elle s'en separera & ne lui sera plus contiguë, & le même effet s'ensuivra que si elle n'eût pas touché la boule B, à l'instant du choc ; c'est à dire qu'elle prendra la vitesse de la boule D, & la donnera en suite à la boule B, & celle-ci à la boule A, par les mêmes raisons : & quand il y en auroit davantage, elles prendront de suite la vitesse de la boule D, & il n'y aura que la derniére qui s'avancera avec cette vitesse, toutes les autres demeurant en repos ; ce qu'on trouvera conforme à l'expérience, si l'on suspend de suite deux ou trois boules d'ivoire égales, en sorte qu'elles se touchent précisément, & qu'on fasse choquer la premiére directement par une autre boule d'ivoire de même poids, par le moyen de la machine de la première Proposition.

TAB. II.
Fig. 18.

On fera la preuve de même, à l'égard des boules E, F, & *a*, *b*, *c*, *d*. Car si elles étoient un peu séparées l'une de l'autre, lorsque la boule E choque la boule *d* ; la boule *d* prendroit la vitesse de la boule E, & la donneroit à la boule *c*, & ainsi de suite jusques à la boule *a*, par la seiziéme Proposition. Mais la boule F, qui suivoit la boule E, avec la même vitesse, la rencontre en repos après avoir été arrêtée par la boule *d*, & par conséquent elle lui donnera sa vitesse, celle-ci à la suivante *c*, & ainsi de suite jusques à la boule *b*, qui prendra à son tour la même vitesse, avec laquelle elle suivra la boule *a*. Or si les deux boules E & F se touchent avant le choc, & les quatre autres aussi ; les mêmes effets doivent arriver, parce qu'au commencement du choc la boule

le E se sépare un peu de la boule F, & fait séparer la boule *d* de la boule *c*, par la Conséquence de la précédente, & ainsi de suite ; & par les
mêmes raisons ci-dessus, les deux seules boules *a* & *b* s'avanceront ensemble, avec la vitesse des deux E & F qui demeureront en repos, aussi
bien que les deux autres *c* & *d* ; & s'il y en a trois qui choquent, les trois
derniéres seules s'avanceront, & ainsi à l'infini. Nous avons donc fait
voir les causes de ces effets, selon qu'il avoit été proposé. On fera facilement l'expérience de tous ces effets avec des dames de tric-trac, en
les faisant glisser sur une table bien unie ; car on verra qu'il y en aura toujours autant qui s'avanceront, qu'on en aura poussées ensemble avec la
main, contre une autre, ou contre plusieurs.

DE LA
PERCUSSION
OU CHOC
DES CORPS.

SECONDE PARTIE.

PREMIER PRINCIPE
D'EXPÉRIENCE.

PROPOSITION I.

S I l'on fait choquer dans un bateau se mouvant d'une
vitesse uniforme, des boules d'ivoire ou d'autre matiére à ressort ferme, par le moyen de la machine décrite en la premiére Proposition de la premiére Partie, TAB. 1.
les mêmes effets paroîtront à ceux qui seront dans le Fig. 3.
bateau, que si le bateau étoit immobile ; c'est à dire,
que si l'on fait choquer deux boules égales avec des
vitesses égales, apparentes, elles paroîtront se reculer avec les mêmes
vitesses qu'elles avoient avant le choc : & dans les autres maniéres différentes de choquer, soit que les boules soient égales ou inégales, les effets

H

pa-

paroitront conformes à ceux qui ont été prouvez dans la premiére Partie.

TAB. II.
Fig. 19.

Soient donc deux boules égales A & B, se mouvant avec le mouvement d'un bateau, selon les lignes A E, B F, paralelles entre elles, & qu'on fasse choquer B contre A directement, avec la vitesse B A supposée uniforme, le bateau se mouvant selon la vitesse A E, ou B F qui lui est égale ; il est évident par la seconde Proposition de la premiére partie, que la boule B ira par la ligne B E, puisque son mouvement est composé du mouvement B F selon la ligne B F, & du mouvement B A selon la ligne B A : mais B après le choc en E paroitra s'arrêter, & A paroitra s'avancer avec la vitesse E H égale à B A, selon la ligne F E H; & parce que le bateau les emporte toujours avec la même vitesse, la boule A sera en G, lorsque la boule B sera en C, si E C est égale à A E, & C G à E H, & la boule A sera avancée après le choc, par la diagonale E G avec la même vitesse uniforme, qu'avoit la boule B avant le choc par la diagonale B E.   Il est donc évident que la boule B ne perd rien de son mouvement de B en F; ce qui procéde de ce que les mouvemens parallelles A E, B F, ne sont point opposez, & par conséquent ne se retardent pas l'un l'autre : mais qu'elle perd celui de B en A, parce qu'en ce sens elle rencontre la boule A directement; ce qui fait que la boule A après le choc doit aller avec une vitesse composée du mouvement de E en H, & de celui de E en C : d'où il s'ensuit que si le bateau étant en repos, on pousse la boule B selon la ligne B E avec la vitesse B E, & la boule A selon la ligne A E avec la vitesse A E; la boule A après le choc en E ira selon la ligne E G, avec la vitesse E G, (faisant abstraction du mouvement de pesanteur vers la terre) puisque les vitesses & les directions des boules seront les mêmes devant le choc, qu'elles étoient dans l'hypothése premiére du mouvement du bateau ; & par conséquent les effets doivent être les mêmes. Puis donc qu'en cette derniére hypothése, la boule A se meut comme elle feroit si elle avoit receu les deux mouvemens de E en H & de E en C en même tems ; & que le mouvement de la boule B en E avant le choc est le même que s'il avoit été produit par un mouvement de B en F & de B en A, & qu'après le choc elle va du seul mouvement de B en F, ou de E en C, qui est le même que celui de A en E avant le choc : On peut conclure qu'en tout choc de boules à ressort qui se choquent obliquement, comme A & B au point E, selon les directions & les vitesses des lignes A E, B E; on trouvera la direction & la vitesse de chaque boule après le choc en tirant la ligne E H parallelle & égale à A B, & la ligne H G parallelle & égale à A E, si les boules sont égales : car E G sera la vitesse & la direction de la boule A après le choc, & E C étant supposée égale & parallelle à B F, sera la vitesse & la direction de la boule B après le choc.   Il paroît aussi que la vitesse respective avec laquelle ces boules se sépareront, sera égale à

cel-

celle avec laquelle elles s'étoient rencontrées en E ; puifque C G eft
égale à B A.

   Soient maintenant les deux boules A & B molles & fans reffort fe ren- TAB. IV.
contrant obliquement en C, avec les viteffes égales A C, B C, la di- Fig. 44.
ftance de ces boules avant leur mouvement étant A B divifée également
en D ; je dis que fi on continuë directement D C en C E & que C E
foit égale à D C, la ligne C E fera la viteffe & la direction des deux
boules jointes enfemble après le choc. Car foient tirées les lignes A K G,
B H I, égales & parallelles à D E, & K C H parallelle & égale à A B:
il eft manifefte que les mouvements de ces boules ne font point contraires felon les parallelles A K, B H, mais feulement felon les lignes A D,
B D, ou K C, H C: & fi on les pouffoit directement l'une contre
l'autre dans un bateau avec les viteffes A D, B D, elles s'avanceroient
felon les lignes A C, B C, à caufe du mouvement du bateau, s'il s'avançoit pendant le même tems de D en C: & fi elles étoient demeurées
immobiles en apparence, elles feroient allées felon les lignes A K, B H,
égales & parallelles à D C ; mais après le choc elles continueroient à aller enfemble avec la même viteffe du bateau felon la direction & la viteffe C E ; & par ce qui a été dit ci-deffus, fi on les fait choquer hors
du bateau felon les lignes A C, B C, & qu'elles s'attachent enfemble,
elles continuëront leur mouvement felon la direction D C E avec la viteffe C E.

   Que s'il y avoit une boule au point C, immobile & égale en poids
aux deux enfemble A & B, les trois boules jointes iroient avec la viteffe C M moitié de C E, conformément à la Propofition 10ᵉ. La même
chofe arrivera fi les deux boules fe rencontrent plus ou moins obliquem-
ment, la diftance des boules avant le choc étant toujours A D B ; car
la ligne D C, qui fera plus grande ou moindre quand le choc fera plus
ou moins oblique, fera toujours la mefure de la viteffe des deux boules
après le choc.   -

   Il eft encore évident par ce qui a été dit dans cette Propofition, que fi
ces boules A & B ont reffort, & que A C foit continuée directement en I,
& B C en G, A K G & B H I étant parallelles & égales à D C E ;
C G fera la direction & la viteffe de la boule A, & C I celle de la boule
B, après qu'elles fe feront rencontrées en C avec les viteffes A C, B C.

   On fait abftraction, dans cette Propofition & dans les trois fuivantes,
de l'épaiffeur des boules, & on les confidére comme fi elles étoient ré-
duites à leur centre de pefanteur, pour faciliter l'intelligence des dé-
monftrations.

PROPOSITION II.

S Oient deux boules à reffort, inégales, A & B, & que la plus pefante A, TAB. II.
rencontrant B directement, lui donne la viteffe B E, & conferve la Fig. 20.

                        vi-

viteſſe B C, par les régles de la premiére Partie : je dis que ſi elles ſe choquent obliquement en D, avec les viteſſes propres A D, B D, en ſorte qu'au moment de leur choc, leurs centres ſoient dans la ligne L D G perpendiculaire à B D, & que D F ſoit égale & parallelle à B C, & F I parallelle & égale à B D ; D I ſera la viteſſe & la direction de la boule A après le choc : & D G étant égale & parallelle à B E, & G H à B D ; la ligne D H ſera la viteſſe & la direction de la boule B après le choc. Car il eſt évident que le mouvement de la boule A, par la ligne A D, eſt de même que s'il étoit compoſé des mouvements par A B, & par A L parallelle & égale à B D. Or le mouvement par A L n'étant point oppoſé au mouvement de la boule B, par B D, les deux boules ne ſouffrent rien l'une de l'autre par ces mouvements, & les doivent toujours conſerver. Mais à l'égard du mouvement par A B, les boules doivent s'avancer, ſavoir A par D F égale à B C, & B par D G égale à B E : d'où il s'enſuit que la boule A après le choc, ira par un mouvement compoſé des deux mouvements D F ou B C, & F I ou A L, & que la ligne D I ſera ſa viteſſe & ſa direction ; & que la boule B, par les mêmes raiſons, aura la ligne D H pour ſa viteſſe & ſa direction, ce mouvement étant compoſé de D G égale à B E, & de G H égale à B D : il s'enſuit auſſi que la viteſſe reſpective des deux boules ſera toujours la même, puiſque H I eſt égale à A B.

TAB. II.
Fig. 21. Mais ſi A B C D eſt un rectangle, que la boule A ſoit triple de la boule B, & que C D étant diviſée également en E, & A B en G, A & B ſe rencontrent en E avec les viteſſes égales A E, B E ; ces viteſſes & ces directions ſeront les mêmes que ſi elles étoient compoſées des viteſſes A G, A D, & B G, B C, dont les unes, ſavoir les viteſſes & les directions A D, B C, ne ſont point oppoſées & doivent demeurer en chaque boule après le choc. Mais d'autant que, par ce qui a été dit dans la premiére Partie, ſi A & B ſe choquoient en G ſans avoir d'autres mouvements, A demeureroit en repos en G, & B reculeroit avec la viteſſe G F, double de B G ; ſi C H eſt parallelle & égale à B F, & H I égale & parellelle à B C, E I après le choc ſera la viteſſe & la direction de la boule B, & E L étant égale & parallelle à A D, E L ſera la direction & la viteſſe de le boule A après le choc. On trouvera par de ſemblables raiſonnemens fondez ſur les Propoſitions précédentes, les viteſſes & les directions après le choc des autres boules qui ſe choquent obliquement, ſoit que les viteſſes ſoient égales ou inégales, ou que l'une ſoit en repos.

PROPOSITION III.

TAB. II.
Fig. 22. Soient A & B deux boules égales, & que A choque B en repos ſelon la ligne A *a*, & ſoient joints les centres des boules par la ligne D *a* F, laquelle étant ſuffiſamment prolongée, ſoit abbaiſſée ſur elle la

per-

perpendiculaire A D ; puis foit tirée A G parallelle & égale à D *a* ; on tirera aufli G *a*, qu'on prolongera en H, jufques à ce que *a* H foit égale à G *a*.   Il fe voit par ce qui a été dit ci-deffus , que le mouvement par A *a* eft comme s'il étoit compofé des mouvemens par A D & par A G, l'un defquels, favoir A D ou G *a*, n'eft point oppofé à la boule B, mais bien A G ou D *a*.   Donc après le choc la boule B prendra toute la viteffe A G , felon la ligne D B F parallelle à A G , & B F égale à A G fera la viteffe & la direction de la boule B par la Propofition feiziéme de la premiére Partie.   Mais la boule A confervera la viteffe A D ou *a* H felon la direction de la ligne *a* H parallelle à A D.   On trouvera de même , lorfqu'une boule à reffort en choque obliquement une autre égale en repos, la viteffe & la direction de chaque boule après le choc, quelle que foit l'obliquité du choc.

CONSÉQUENCE.

Il s'enfuit que ces boules en fe féparant ont toujours la même viteffe refpective, & que leurs lignes de direction, comme *a* H, *a* F, comprennent toujours un angle droit; puifque les triangles F *a* H, A D *a* font femblables & égaux.   Il eft vrai que, fi la boule A choque en roulant la boule B, l'angle F *a* H ne fera pas droit : car la boule A confervera fon mouvement circulaire, comme il a été dit dans la Propofition feiziéme de la premiére Partie ; ce qui lui donnera un mouvement compofé de ce mouvement circulaire de A vers F , & du mouvement par *a* H, & la fera aller par une autre ligne comme *a* M , faifant un angle aigu avec la ligne *a* F; & fi les boules n'ont pas un reffort parfait l'angle fera encore plus aigu.

Que fi la boule B eft plus pefante que la boule A , il faudra fe fervir des régles de la premiére Partie.   Par exemple , fi B eft trois fois plus pefante, elle ne s'avancera que jufques en I , fi B I eft égale à I F. & fi H L eft égale à *a* I, & parallelle à D *a*, *a* L fera la viteffe & la direction de la boule A après le choc, fon mouvement étant alors compofé du mouvement par *a* H ou A D, & de celui par H L. égale à *a* C moitié de D *a*, puifque fi elle choquoit directement la boule B, avec la viteffe D *a*, elle reculeroit avec une viteffe égale à la moitié de D *a*. Il paroît aufli qu'en ce dernier cas la viteffe refpective devant & après le choc fera la même ; puifque F I étant égale & parallelle à H L, la diftance des boules en I & L, fera égale à leur diftance en F & H, c'eft à dire en A & *a* : & les tems par A *a*, *a* H, H L, B F, B I, feront aufli égaux , les viteffes étant fuppofées uniformes , felon la premiére fuppofition.

On trouvera par de femblables raifonnemens les directions & les viteffes des autres boules après leur choc, en telles raifons qu'elles foient l'une à l'autre, & quelles que foient leurs viteffes propres, & l'obliquité de leur choc.   H 3   PRO.

PROPOSITION IV.

LE centre commun de pesanteur de deux boules qui sont poussées pour se choquer avec des vitesses uniformes, se meut toujours selon la même dire-ction & avec la même vitesse devant & après le choc : Et si ce centre demeure en repos dans le mouvement qui précéde le choc, il demeurera aussi en repos après le choc.

TAB. I.
Fig. 7.

Supposons premiérement que les boules A & B soient sans ressort, & qu'elles se rencontrent directement au point C avec les vitesses A C, B C, réciproques à leurs poids; il est évident que C est leur centre commun de pesanteur, & que ce centre demeurera en repos pendant le mouvement des deux boules; & parce qu'elles s'arrêtent l'une l'autre en ce point, par la 6e. Proposition de la premiére Partie, ce centre demeurera aussi en repos après le choc. Que si elles se rencontrent en un autre point, comme D, ce centre qui étoit au point C, se sera avancé avec la vitesse C D: Mais par la treiziéme Proposition de la première Partie, les deux boules iront ensemble après le choc, avec la vitesse D E égale à C D: Donc ce centre commun ira encore avec la même vitesse de même part, & selon la même direction. On prouvera la même chose par les mêmes raisons, en quelque endroit de la ligne A B qu'on prenne ce point D, soit entre les points A & B, soit en l'un ou l'autre de ces points, soit au delà, comme en H ou I, cette ligne étant prolongée.

Que si les boules sont à ressort, & qu'elles se rencontrent directement au point C, avec les vitesses A C, B C, réciproques à leurs poids; elles retourneront en arriére avec les mêmes vitesses, par la Proposition 15e. de la premiére Partie; & par conséquent leur centre commun de pesanteur demeurera en repos devant & après le choc.

TAB. I.
Fig. 7.

Soit maintenant D, le point où elles se rencontrent directement avec les vitesses A D, B D. Or si elles étoient sans ressort, elles s'avanceroient ensemble avec la vitesse commune D E, égale à C D, par la Proposition 13e. de la 1e. Partie. Mais le ressort donne à la boule A, la vitesse A C en arriére, & à la boule B, la vitesse C B de même part, indépendamment du mouvement simple D E, par la seconde Conséquence de la Proposition quinziéme ; & par conséquent la même chose doit arriver, que si ces boules étant au point E, elles se séparoient avec ces vitesses. Mais le point E seroit alors leur centre commun de pesanteur, parce que ces vitesses sont reciproques aux poids des boules, & D E est égale à C D, & le tems par D E est égal au tems par C D. Donc ce centre ira avec la même vitesse & selon la même direction devant & après le choc.

On employera la même preuve en quelque autre endroit qu'on prenne le point *d*. Car s'il est entre C & B, ou au point B, ou au delà, comme en H; la vitesse de la boule B après le choc sera toujours égale à la somme des vitesses C *d*, B C; & celle de la boule A sera égale

à

à la différence des vitesses A C, C*d*, par la dix-neuviéme Proposition:
& parce qu'elles doivent s'éloigner l'une de l'autre d'une distance égale à A B par le mouvement de ressort, en un tems égal à celui qu'elles
employent à se rencontrer au point *d*, par la quinziéme Proposition de
la première Partie ; il s'ensuit qu'à la fin de ce tems, la boule A sera
éloignée du point *e*, d'une distance égale à A C, & la boule B, d'une
distance égale à B C ; & par conséquent le point *e* sera alors leur centre commun de pesanteur, & ce centre sera allé aussi vîte après le choc
qu'avant le choc, puisque *d* G est toujours égale à C D, quelque grandeur qu'ait la ligne C D, par la treiziéme Proposition de la première
Partie.   La même chose arrivera, si le point D est entre A & C, ou
au point A, ou au delà dans la même ligne A B prolongée.

EXEMPLE EN NOMBRES.

Soit la boule A du poids de 3 onces, & la boule B du poids d'une
once, & que la boule A se mouvant seule, choque la boule B avec une
vitesse uniforme de quatre degrez.   Or après le choc la boule A ira a-
vec une vitesse de deux degrez, & la boule B avec une vitesse de six
degrez par les régles de la première Partie.   Il est donc manifeste que
si leur distance avant le choc est de quatre piés, leur centre commun
de pesanteur décrira une ligne de trois piés avant le choc : & parce
que dans un tems égal à celui qui a précédé le choc, la boule A s'a-
vance de deux piés après le choc, & qu'alors ce centre commun est à
un pié au delà, à cause que la boule B est alors éloignée de la boule A,
d'une distance de quatre piés ; il s'ensuit que ce centre est allé avec la
même vitesse devant & après le choc.

Supposons maintenant que le choc des boules soit oblique, & que T AB. III.
la boule A choque la boule B en repos avec la vitesse A *b*.   Or si les Fig. 26.
boules sont égales, le point C sera le centre commun de pesanteur des
deux boules avant le choc, si A C est égale à C *b*.   Supposons aussi
que D *b* E soit la ligne qui joint les centres des boules à l'instant du
choc, que A D soit perpendiculaire à E D, D *b* égale à *b* E, & *b* F
égale & parallelle à D A ; & ayant divisé E F également en G, soit tirée *b* G.   D'autant que, par la Proposition précédente, *b* E est la vitesse, & la direction de la boule B après le choc, & *b* F celle de la boule A ; ces boules seront allées en F & E, dans un tems égal à celui où
s'est fait le mouvement de A en *b*: & parce que les triangles A *b* D,
E *b* F sont semblables & égaux, si C H & G I sont perpendiculaires à
E D, le triangle E G I sera égal & semblable au triangle H *b* C, &
le triangle G I *b* égal & semblable au triangle H *b* C ; donc les angles,
G *b* I, H *b* C seront égaux, & par conséquent C *b* G sera une ligne
droite.   Mais le point G est le centre commun de pesanteur des deux
boules, lors qu'elles sont en E & F, & *b* G est égale à C *b*. Donc le

cen-

centre C se sera mû après le choc par la ligne *b* G, égale à la ligne C*b*, par laquelle il s'étoit mû avant le choc, & ces deux lignes sont parties d'une même ligne droite ; & par conséquent la vitesse de ce centre sera égale devant & après le choc, & sa direction sera la même.

On tirera la même conséquence, si la boule A est plus pesante que la boule B, & on en fera la preuve en cette sorte.

TAB. III.
Fig. 27.

Soit A la plus pesante, & la ligne A *b* étant divisée au point C en raison réciproque des poids des boules, soit D *b* E, la ligne qui joint les centres des boules à l'instant du choc, sur laquelle soit abaissée la perpendiculaire CH ; & ayant pris *b* I égale à H *b*, I L égale à H D, & I E à H *b*, on fera L F égale & parallelle à A D, & on tirera I G perpendiculaire sur E D rencontrant E F en G. D'autant que, par les Propositions précédentes, le mouvement A *b* est composé des deux A D, D *b* ; & que par le mouvement D *b*, la boule A après le choc se seroit avancée en L, & la boule *b* en E, dans un tems égal au tems par D *b*, & I seroit leur centre commun de pesanteur ; & que L F étant égale & parallelle à A D, *b* F seroit la vitesse & la direction de la boule A par le mouvement composé de *b* L, & L F : les deux boules seront à la fin du même tems aux points E & F. Or le triangle F E L est égal & semblable au triangle A *b* D, & le triangle I E G au triangle H *b* C ; & par conséquent le point G sera le centre commun de pesanteur des deux boules étant en F & E, & I G sera égale à H C, G *b* à *b* C, & l'angle G *b* I à l'angle C *b* H. Donc C *b* G sera une ligne droite : & le centre C s'étant mû par C *b* avant le choc, & après le choc par *b* G, en un tems égal ; il s'ensuit que sa vitesse & sa direction aura été la même devant & après le choc. On prouvera la même chose par de semblables raisonnements, si la boule A est moins pesante que la boule B.

TAB. II.
Fig. 21.

Soient encore les deux boules inégales A & B, se rencontrant avec des vitesses égales au point E. D'autant que, par la seconde Proposition de la seconde Partie, L I est égale à A B, & que dans un tems égal à celui des mouvements par A E & B E, les deux boules se sont avancées du point E, en L & en I, & que le point M est le centre commun de pesanteur des deux boules avant leur mouvement, le poids A étant triple du poids B, & la ligne B M triple de M A ; M E sera la direction & la vitesse de ce centre avant le choc. Or si P L est le quart de la ligne L I, P sera le centre commun de pesanteur des deux boules étant en L & I ; & si l'on tire E P, les deux triangles M E G, P E L, seront égaux & semblables, & par conséquent M E P sera une ligne droite, & E P sera égale à M E. Donc ce centre commun se sera avancé après le choc avec la même vitesse & la même direction, qu'avant le choc. On pourra faire voir la même chose dans tous les autres cas par de semblables raisonnements, lorsque deux boules sans ressort se choquent directement, ou que deux boules à ressort se choquent directement ou obliquement.

PRO-

PROPOSITION V.

A B F repréſente une ligne d'une ſurface de verre ou d'autre matiére TAB. III.
facile à être briſée, & C eſt une petite boule qui étant pouſſée per- Fig. 23.
pendiculairement en D, contre A B, avec la viteſſe C D, ne romproit
point cette ſurface; mais étant pouſſée un plus fort elle la romproit. Je
dis que ſi C E eſt égale & parallelle à B D, & qu'en même tems que
l'on pouſſe la boule C vers D, avec la même viteſſe C D, on la pouſſe
auſſi vers E avec la viteſſe C E, en ſorte qu'elle aille par la diagonale
C B, avec la viteſſe C B; elle ne rompra point la ſurface de verre, &
que ſi elle eſt pouſſée un peu plus fort, elle la rompra. Car, par ce
qui a été dit ci-deſſus, la boule C ne choque A B que par la force de
la viteſſe reſpective C D, ou E B, qui lui eſt égale, la viteſſe C E ne
lui étant point oppoſée; & par conſéquent elle fait le même effort préciſément, que lors qu'elle la choque en D, avec la ſeule viteſſe C D:
D'où il ſuit que, ſi la boule C eſt pouſſée par la ligne C B avec la viteſſe C B, elle ne rompra point la ſurface repréſentée par A F, puiſqu'elle n'aura que la même force pour cét effet qu'elle avoit étant pouſſée par les deux mouvements C E, C D, laquelle force eſt à la force
qu'elle auroit ſi elle rencontroit directement la ſurface A B avec la viteſſe C B, comme la ligne C D eſt à la ligne C B.

DEUXIÉME PRINCIPE
D'EXPÉRIENCE.

PROPOSITION VI.

A B C D eſt un vaiſſeau Cylindrique d'un pié de hauteur & d'un pié TAB. IV.
ou deux de diamétre de baſe ayant en ſon fond un tuyau recourbé Fig 48.
E F I de trois ou quatre pouces de largeur: C E D K I G eſt une ligne
horiſontale. Il eſt manifeſte par l'expérience, que ſi on applique un
petit tuyau I N L de ſix lignes de largeur au deſſus du tuyau recourbé,
& qu'on verſe de l'eau dans le vaiſſeau A B C D, qu'elle coulera dans
le tuyau E F I, & qu'elle le remplira entiérement, avant que de s'élever au deſſus du fond C E D; c'eſt à dire, qu'elle ſe mettra de part &
d'autre à la hauteur E I, & qu'à meſure qu'on verſera d'avantage d'eau,
elle ſe mettra toujours de niveau dans le vaiſſeau & dans le petit tuyau:
comme ſi H M N eſt une ligne horiſontale, la ſurface de l'eau ſera en
M dans le vaiſſeau quand elle ſera en N dans le tuyau, & qu'enfin le
vaiſſeau étant rempli juſques à la ligne horiſontale Q R, le petit tuyau
ſera rempli juſques à S, ſi ce point eſt dans la même ligne Q R continuée.

I   L'ex-

L'expérience fera voir aussi, que si le seul tuyau E F G étant plein d'eau on ferme avec le pouce l'extrémité L du petit tuyau, & qu'on achéve d'emplir le vaisseau jusques à la hauteur Q R; le petit tuyau ne s'emplira pas d'eau, à cause que l'air qui ne pourra sortir l'empêchera d'y monter : mais, si on léve le pouce tout à coup, l'eau montant assez vîte dans ce tuyau passera au delà du point S, ce qui procéde de ce que l'eau allant à son niveau, ne peut monter dans le tuyau ni descendre dans le vaisseau sans mouvement, & qu'elle doit le continuer par la première supposition; de manière que si on suppose que son niveau doive être en la ligne ponctuée V V, elle descendra plus bas que cette ligne dans le vaisseau & montera plus haut dans le tuyau, & en suite elle descendra plus bas que le même niveau dans le tuyau & montera plus haut dans le vaisseau, & enfin après quelques autres balancemens elle s'arrêtera enfin de part & d'autre en la ligne V V.

L'expérience fera encore voir, que si on ôte le petit tuyau, laissant seulement une ouverture de six lignes au point I, & qu'après avoir fermé avec le pouce cette ouverture, le tuyau recourbé étant plein d'eau, on achéve d'emplir le vaisseau jusques à la hauteur A B, & qu'on léve en suite le pouce ; l'eau sortira de l'ouverture I avec une vitesse suffisante pour s'élever à la hauteur de la ligne A B. Mais parce qu'elle est un peu retardée par la résistance de l'air, & par le frottement contre les bords de l'ouverture, il en manquera environ une demi ligne ; que si le vaisseau a deux piés de hauteur, il en manquera environ deux lignes, parce que le jét aura plus d'air à traverser : d'où il sera aisé de juger, que sans cette résistance de l'air, & les autres empêchemens, l'eau monteroit aussi haut que la surface de l'eau du vaisseau, & qu'elle a, à la sortie de l'ouverture, une vitesse suffisante pour s'y élever, si elle n'étoit pas retardée.

CONSÉQUENCE.

Il suit de cette Proposition, que si la surface de l'eau est à différentes hauteurs dans le vaisseau, les vitesses de l'eau jaillissante par l'ouverture I au premier moment de sa sortie seront l'une à l'autre en raison sous-doublée des hauteurs de la surface supérieure de l'eau. Car, par la seconde supposition, les hauteurs où s'élévent les corps poussez perpendiculairement de bas en haut par des vitesses différentes, sont entre elles en raison sous-doublée des hauteurs où les corps s'élévent : & parce que les jèts d'eau ont tous une vitesse suffisante pour s'élever à la hauteur de la surface de l'eau du vaisseau ou réservoir, faisant abstraction de la résistance de l'air ; il s'ensuit que ces vitesses sont entre elles en raison sous-doublée des différentes hauteurs de l'eau qui est dans le réservoir.

PRO-

PROPOSITION VII.

ABCD eſt un Cylindre creux, dont les deux baſes A D, B C, ſont TAB. III.
de bois, & le reſte de cuir ſoutenu & étendu par pluſieurs cer- Fig. 28.
ceaux de bois'ou de fil de fer, comme F E, H I, L M, en ſorte qu'on
puiſſe faire abaiſſer la baſe A D, fort près de la baſe B C, ſuppoſée inébranlable : N eſt un tuyau ajuſté à la baſe B C, par où l'air enfermé
dans le Cylindre peut ſortir : ce Cylindre eſt chargé d'un poids P, ſur
la ſurface A B ; & l'on ajuſte au deſſous de ce Cylindre une balance
comme celle de la figure vingt-cinquiéme, en ſorte que la régle A B
étant ſituée horiſontalement, ſon extrémité B ſoit fort près du tuyau
N, & directement au deſſous.

Cela étant, je dis que ſi on met un poids G ſur l'autre côté de la balance, dont l'eſſieu C D eſt ſuppoſé tourner facilement ſur les pivôts C
& D ; & que l'air que le poids P deſcendant fait ſortir avec violence par
le tuyau N, choquant l'extrémité de la balance vers B, faſſe équilibre
avec le poids G, ſuppoſé également diſtant de l'eſſieu C D : ce poids
ſera au poids P, en même raiſon que la ſurface de l'ouverture du tuyau
N, eſt à la ſurface entiére de la baſe B C. Car, ſi par le moyen d'un
ſoufflet dont le tuyau ſoit égal au tuyau N, on pouſſe de l'air contre
l'ouverture N, avec une force égale à celle de l'air que le poids P fait
ſortir ; il ſe fera équilibre entre ces deux forces, & le poids P ne deſcendra point, parce qu'il ne ſortira point d'air par l'ouverture du tuyau N :
& alors l'air pouſſé par le ſoufflet rempliſſant cette ouverture ſoutiendra
ſa part du poids P, comme les autres parties de la baſe B C ſoutiennent le reſte de ce poids ; & la partie que l'air pouſſé ſoutiendra, ſera
au poids entier P, dans la proportion de l'ouverture N, à la largeur entiére de la baſe B C. Donc réciproquement l'air ſortant par cette ouverture après qu'on aura ôté le ſoufflet, fera équilibre par ſon choc a-
vec un poids qui ſera au poids P, comme l'ouverture N eſt à la baſe
B C.

Que ſi le Cylindre eſt chargé ſucceſſivement de divers poids, pour
faire deſcendre plus ou moins vîte la ſurface A D ; l'air qui ſortira par
l'ouverture N, fera équilibre, par ſon choc, avec des poids qui ſeront
l'un à l'autre en même raiſon que les poids qui chargent ſucceſſivement
la baſe A D. La raiſon eſt, que la proportion du grand poids au petit
eſt toujours la même que celle de la baſe B C à l'ouverture N. Donc
les petits poids ſeront l'un à l'autre en même proportion que les grands
poids qu'on mettra de ſuite ſur le Cylindre.

Le même effet arrivera ſi A B C D eſt un vaiſſeau Cylindrique plein TAB. III.
d'eau, ouvert par le haut. Car l'eau qui jaillira par l'ouverture N cho- Fig. 28.
quant le même bras de la balance, fera équilibre avec un poids qui ſera
au poids de toute l'eau du vaiſſeau, comme l'ouverture N eſt à toute la

I 2

ba-

bafe B C ; & on le prouvera par les mêmes raifons. Et d'autant que cette ouverture eft à la bafe B C, comme tout le Cylindre d'eau eft au Cylindre de même hauteur, qui a pour bafe l'ouverture N ; il s'enfuit que le poids qui fera équilibre avec le jét d'eau fortant par l'ouverture N, fera égal au poids de ce petit Cylindre d'eau.

Et quand même le vaiffeau feroit plus ou moins large, pourvû que fon diamétre fût cinq ou fix fois plus grand que celui de l'ouverture N, le poids foutenu par le jét feroit toujours le même ; car il y auroit toujours même raifon de l'ouverture N à la bafe B C, que du poids du petit Cylindre d'eau, au poids de toute l'eau du vaiffeau.

Que fi les hauteurs de l'eau dans le vaiffeau étoient différentes, fa largeur & celle de l'ouverture demeurant toujours les mêmes, les poids foutenus par les jèts feroient entre eux en la raifon de ces hauteurs différentes, puis que ces poids feroient égaux aux poids des petits Cylindres d'eau dont l'ouverture N feroit la bafe, & que ces petits Cylindres d'eau ayant même bafe, feroient entre eux comme les hauteurs différentes de la furface fupérieure de l'eau.

Il eft encore évident, que, fi les ouvertures au point N étoient inégales, les jèts qui fortiroient par ces différentes ouvertures foutiendroient des poids qui feroient l'un à l'autre en raifon doublée des diamétres de ces ouvertures. Car les Cylindres qui ont même hauteur étant entre eux comme leurs bafes, & leurs bafes étant entre elles en raifon doublée de leurs diamétres ; les poids des petits Cylindres d'eau, & par conféquent les poids foutenus par ces jèts différens, feroient entre eux en raifon doublée des diamétres des ouvertures : & parce que ces jèts, par la Propofition précédente, ont à leur fortie la même viteffe, il s'enfuit que les jèts de même viteffe & de différentes ouvertures foutiennent des poids qui font entre eux en raifon doublée des diamétres des ouvertures.

Or fi on ferme le tuyau N, de la petite machine A B C D, & qu'on en ouvre un autre de même largeur tout auprès de la bafe A D, comme au point G ; l'air en fortira avec la même viteffe que par le tuyau N, fi la bafe fupérieure eft chargée par le même poids P, & fera équilibre avec le même poids par fon choc. Que fi l'on emplit d'eau la même machine, le jét qui fe fera par l'ouverture G, par l'effort du poids P, fera le même effet que l'air ; c'eft à dire, qu'il fera équilibre par fon choc, avec un poids qui fera au poids P, comme l'ouverture G à toute la bafe B C, parce qu'alors le poids de l'eau ne contribuëra rien à la force du jét, puis qu'elle eft toute au deffous ; & que fi un jét d'eau de même largeur & de même viteffe choquoit celui qui fort par l'ouverture G, il l'arrêteroit, & feroit équilibre avec lui, & foutiendroit une partie du poids P, felon la proportion de l'ouverture G, à la furface de toute la bafe B C. D'où il s'enfuit un paradoxe affez furprenant ; favoir, que l'air & l'eau qui fortent fucceffivement par la même ouverture G, quelque poids qu'on mette fur la bafe A D, élévent les

mê-

mêmes poids par leur choc, quoi que l'eau foit d'une matiére beaucoup plus pefante & plus denfe que celle de l'air : mais il arrive aufli en ré-compenfe, que l'air fort beaucoup plus vîte que l'eau; car on a trouvé par plufieurs expériences, que fi l'air qui eft dans la machine, fe vui-de en l'efpace de deux fecondes, l'eau ne fe vuidera qu'en quarante-fix ou quarante-huit à peu près. D'où l'on doit conclure, qu'afin que l'air faffe le même effet par fon choc, que de l'eau de pareille largeur, il faut que fa vitefle foit environ 23 fois ou 24 fois plus grande que cel-le de l'eau. Il s'enfuit aufli que fi l'on ajufte un tuyau affez long à l'ou-verture G ou N, lorfque le poids P fera defcendu; & que ce tuyau ait trois lignes de diamétre d'ouverture; un homme foufflant dedans fera élever ce poids quand il feroit de 500 livres, fi les bafes A D, B C, ont deux piés de diamétre. Car on peut élever affez facilement le poids d'une once mis au bout d'une balance, en foufflant par un tuyau de verre de 3 lignes de diamétre contre l'autre bout de la balance à pa-reille diftance. Mais l'ouverture de 3 lignes du petit tuyau N, eft à la bafe B C de deux piés de diamétre, comme 9 quarré de 3, à 82944 quarré de 288, qui eft le nombre des lignes qui font contenuës en deux piés; & 9 eft à 82944, comme une once à 576 livres. Donc l'air for-tant par l'ouverture N de trois lignes de diamétre, feroit équilibre a-vec le poids d'une once, fi le poids P étoit de 576 livres; & récipro-quement l'air qu'on pouffcroit par un tuyau de trois lignes de largeur dans l'ouverture N, avec une force fuffifante pour faire équilibre avec une once dans l'air libre, foutiendroit ce poids de 576 livres; & par conféquent il éléveroit un poids de plus de 500 livres. D'où l'on peut conclure, que fi on augmente la bafe de la machine, ou qu'on dimi-nuë l'ouverture du tuyau par lequel on fouffle dans la machine; on élé-vera encore un plus grand poids : & qu'enfin on peut tellement au-gmenter cette bafe, & diminuër cette ouverture de tuyau; qu'on pour-ra élever tel poids qu'on voudra, pofé fur la bafe A D.

On peut fe fervir des régles de la Percuffion, expliquées dans les Pro-pofitions précédentes, pour rendre raifon de plufieurs effets naturels. Nous prendrons pour exemple les effets du Tonnerre.

Il faut premiérement fuppofer que la matiére du Tonnerre eft une efpéce de bitume compofé du mélange de plufieurs particules ou ex-halaifons fubtiles de fouphre, de falpétre, de fels volatiles, &c. dont l'air eft tout rempli; ce qui fe reconnoit par l'odeur de foufre, qu'il laiffe dans les lieux où il tombe, & par fon mouvement prompt, com-me celui du falpétre & du fel qu'on jette dans le feu.

Cette matiére peut s'enflamer par plufieurs caufes; comme par le choc de la grêle, dont les nuées élevées font ordinairement pleines; ou par le choc d'une autre matiére femblable, lorfqu'elles font pouf-fées l'une contre l'autre, par les tourbillons des vents; ou enfin par les mêmes caufes qui produifent une très-grande chaleur dans une pierre

TAB. III.
Fig. 25.

I 3

de

de chaux, lorſqu'on verſe un peu d'eau deſſus : ce qu'on peut juger, parce qu'il ne ſe fait point de tonnerre ou très-rarement, que dans les nuées qui commencent à ſe réſoudre en pluie, ou dont il tombe de la pluie; car quoiqu'on voye quelquefois des éclairs pendant un beau tems, cela procéde de quelque nuée qui eſt au bord de l'horiſon, laquelle on ne voit pas, & dont l'éloignement empêche qu'on n'entende le bruit du tonnerre.

Il faut encore conſidérer ce qui arrive au ſalpétre, à la poix, à la ſuïë, & à de certaines gommes, quand on les jette dans le feu; ſavoir, que ces corps, & particuliérement le ſalpétre, pouſſent de tems en tems des flâmes ſoudaines par divers endroits.

Suppoſant donc que la matiére du tonnerre ſoit allumée; il eſt évident qu'elle doit jetter des flâmes avec un mouvement très-prompt & très-rapide par les dilatations ſoudaines des eſprits nitreux, &c; & que, comme il a été dit dans l'Avertiſſement de la Propoſition quinziéme de la première Partie, ces flâmes choquant l'air avec impétuoſité, doivent donner un mouvement très-prompt à la matiére enflammée, vers le côté oppoſé, plus ou moins vîte, ſelon que ces éruptions de flâmes ſeront plus ou moins violentes; & que ce mouvement doit en partie ſe faire en tournant comme un tourbillon, parce qu'il arrive rarement que le centre de peſanteur de la matiére, ſoit dans la ligne de direction de la flamme; ce qui fait que choquant l'air obliquement, elle donne un mouvement en rond à cette matiére, comme il a été dit dans l'Avertiſſement de la Propoſition quinziéme, d'un Cylindre plein d'eau ſuſpendu, lorſqu'il en ſort un jét d'eau oblique; & une autre éruption de flâme, ſe faiſant preſque au même inſtant que la première, en un autre endroit de la matiére, ſon mouvement doit changer de direction: d'où vient que le tonnerre fait pluſieurs infléxions, & a un mouvement ondoyant, tel que les Peintres le repréſentent; & que l'éclair ne paroît pas ordinairement comme une lumiére uniforme & continuë, mais comme trois ou quatre petits éclairs, qui brillent aux yeux coup ſur coup; ce qui fait voir manifeſtement ces trois ou quatre éruptions de flamme; & c'eſt auſſi d'où procéde le craquétement du Tonnerre, à cauſe que chaque éruption fait ſon bruit à part.

Ces choſes étant ſuppoſées, & que la matiére du tonnerre aille auſſi vîte ou plus vîte qu'un boulet de canon; (ceux qui ont veu jetter des bombes de nuit, ſavent que leur mouvement qui ſe remarque par la fuſée allumée, n'eſt pas à beaucoup près ſi vîte que la matiére enflamée du tonnerre qu'on voit quelquefois ſortir des nuées,) il eſt néceſſaire que cette matiére pouſſe devant ſoi & entraine après ſoi beaucoup d'air qui va très-vîte.

Si le Tonnerre rencontre le coin d'une Tour de pierre de taille, il peut facilement en arracher & emporter une pierre ou deux, & ébranler en même tems le reſte de la Tour, & par ce moyen la faire tomber toute

en-

entiére, ou en partie, quand même sa matiére bitumineuse ne péseroit
que deux ou trois livres ; car elle doit donner à la pierre qu'elle choque, une plus grande quantité de mouvement que celle qu'elle a, par
la vingt-sixiéme Proposition de la premiére Partie. Or il n'est pas fort
difficile au Tonnerre de pousser hors de sa place une pierre, qui est au
dessous de plusieurs autres: On en voit l'expérience en petit, lorsqu'on
met plusieurs dames de tric-trac les unes sur les autres, & qu'on en
pousse une autre en glissant contre celle du dessous ; car elle la chasse
fort loin, & avec autant de vitesse à peu près, que si elle n'avoit pas
été chargée par le poids des autres.

Le Tonnerre rencontrant un arbre, donne par son mouvement en
rond, & par le tourbillon de l'air qui l'environne, un semblable mouvement aux branches de l'arbre, & fait un même effet que si l'on prenoit deux branches opposées, par le moyen de quelque machine, pour
faire tourner en rond la tige de l'arbre. Or si la racine tient ferme &
ne se rompt point, il faut que la tige de l'arbre se fende en deux ou
trois endroits, dans toute sa longueur; de la même sorte que si on tord
une petite branche d'arbre avec les deux mains, elle se fend en toute
sa longueur à peu près. Quelques branches de l'arbre qui servent de
levier pour faire tordre la tige, se rompent ; & si les racines ne sont
pas assez fortes, elles se rompent aussi, & l'arbre se renverse ; mais en
ce cas, la tige pourra n'être point fenduë en longueur. On a vû une
piéce de bois comme un mât de navire, plantée en terre, se fendre du
haut en bas en deux endroits, par un coup de tonnerre, quoi qu'elle
eût quarante piés de hauteur.

Si le tonnerre tombe dans un lieu fermé, comme une chambre ou
une Eglise, on y voit plusieurs effets différents ; des vitres cassées en
plusieurs endroits, des pierres brisées, des bois rompus, ou un peu
brûlez & noircis, & quelquefois deux ou trois fentes, par où l'on
croit qu'il soit sorti : & l'on s'étonne ordinairement, comment tant
d'effets différents se peuvent faire en tant de différents endroits en si
peu de tems. Mais cela procéde de ce que la matiére du tonnerre, qui
n'est pas d'une consistence fort dure, se brise en trois ou quatre parties, par la rencontre d'un corps dur: on la voit même quelquefois se
séparer en deux, par la seule résistance de l'air. Or chaque partie ayant
en soi un principe de mouvement, par une éruption de nouvelles
flammes; chaque parcelle fait ses effets à part, & l'on a vû quelquefois trois ou quatre petites flammes séparées voltiger par une chambre
où le tonnerre étoit tombé.

Le tonnerre fond les métaux & les autres matiéres fusibles. Ces effets procédent de l'ardeur de sa flamme & de la vitesse de son mouvement. Ceux qui ont vû travailler en émail ont pû remarquer que le
vent d'un soufflet passant par le milieu de la flamme d'une lampe, en
pousse une partie comme un petit dard qui fond facilement le verre &

les

les métaux qu'on y expose ; & les soufflets n'allument le feu si promptement, que parce qu'ils donnent beaucoup de mouvement à la flamme. Il ne faut donc pas s'étonner si le feu du tonnerre allant beaucoup plus vîte que le vent d'un soufflet, & étant extrémement ardent, peut fondre en un clin d'œil, l'étain, l'argent & les autres métaux qu'il rencontre. Il peut aussi briser & mettre en poudre une lame d'acier par la vertu de son soufre, dont la flamme pénétre facilement les métaux : Les Chymistes en font voir l'expérience, lorsqu'ils mettent un morceau de soufre contre de l'acier rougi au feu pour le réduire en poudre.

Le bruit du tonnerre vient de la vitesse de son mouvement, dont il choque l'air par la dilatation soudaine des esprits nitreux dont il est plein; ce qu'on peut croire facilement, puis qu'on imite à peu près ce bruit par un peu de poudre d'or impregnée des esprits de quelques sels, qui est ce qu'on appelle de l'or fulminant : on l'imite aussi avec une composition de salpêtre, de soufre, & de sel de tartre; car les sels ont un esprit, qui sentant la chaleur se dilate tout à coup & choque l'air avec une grande force, ce qui fait le bruit.

On pourra expliquer de même plusieurs autres effets du tonnerre. On peut appliquer aussi les mêmes régles de la Percussion à d'autres effets naturels moins considérables, comme en l'expérience suivante.

On emplit d'eau un tuyau de verre d'environ deux piés de hauteur; on met au dessus une petite figure d'émail pleine d'air, lequel peut sortir & rentrer par un petit trou, dont elle est percée obliquement; & lors qu'on presse avec le pouce le dessus du tuyau, la petite figure descend, à cause qu'on presse l'air dont elle est pleine, & qu'il y entre de l'eau par le petit trou, qui la rend plus pesante; mais si on léve le pouce tout à coup, la petite figure fait deux ou trois tours avant que de remonter, dont peu de personnes peuvent deviner la cause, qui n'est autre chose sinon que l'air n'étant plus pressé, s'étend tout à coup & fait sortir un petit jét d'eau ou d'air par le petit trou; & ce petit jét choquant l'eau du vaisseau, s'appuie contre elle pour repousser la figure en arriére; mais parce que le choc est oblique, il lui donne un mouvement en rond, qui la fait pirouëtter.

PROPOSITION VIII.

*L*A *force du choc horisontal est infinie; c'est à dire, que si un corps très-petit en choque directement un autre très-pesant en repos, par un mouvement horisontal, si lent qu'il puisse être, il le mettra en mouvement.*

Soit une boule très-pesante posée sur un plan horisontal parfaitement uni, ou suspenduë en repos à une longue corde : je dis que si elle est choquée horisontalement par un très-petit corps avec une très-petite vitesse, elle sera ébranlée. Car, par la 1e. Conséquence de la Proposition

dixié-

dixiéme, le mouvement qui n'a point de contraire ne se perd point.
Donc ce grand poids s'avancera avec le petit, s'il n'a point de ressort ;
& si les deux corps sont à ressort, le plus grand prendra une quantité
de mouvement presque double de celle du petit corps, par la Proposition vingt-sixiéme.

Que si l'on objecte qu'un corps suspendu s'éléve lorsqu'il sort de son
repos ; on répond que son mouvement commence par la tangente horisontale, & n'a aucune inclinaison en son premier départ du repos :
du moins l'angle de son inclinaison sera moindre qu'aucun angle qu'on
puisse proposer ; & par conséquent il ne doit pas être considéré.

Que si l'on dit que la résistance de l'air empêche le mouvement :
on répond qu'on peut prendre l'air qui environne le poids, comme
joint au poids même, & ne faisant qu'un seul poids ; & par conséquent
il ne l'empêchera pas d'être mis en mouvement, puisqu'on suppose ce
corps de telle pesanteur qu'on voudra. Aussi voit-on par l'expérience,
qu'un corps fort pesant suspendu à une corde est toujours en mouvement, s'il fait un peu de vent au lieu où il est.

On voit aussi par l'expérience, qu'un corps très-pesant soutenu par
une eau calme en un lieu où il ne fait point de vent, peut être mis en
mouvement, en le tirant doucement selon le niveau de l'eau avec un
très-petit fil de soië, sans que le fil se rompe ; ce qui procéde de ce
que ce corps n'agit aucunement par son poids pour rompre ce fil,
puisqu'étant tiré horisontalement, il demeure toujours à même distance du centre de pesanteur de la terre : mais on ne pourra lui donner au
commencement qu'une très-petite vitesse, conformément à la Proposition cinquiéme de la première Partie.

PROPOSITION IX.

*Es corps fluides ne choquent pas les corps durs qu'ils rencontrent, par la
quantité de mouvement de tout leur corps.*

Soit A B un jét d'eau poussé selon la ligne de direction A B ; je dis TAB. III.
que ce jét d'eau ne fera pas impression en son premier choc sur un Fig. 29.
corps qu'il rencontrera, par tout son corps A B : car l'eau étant comme composée d'une infinité de très-petits corpuscules semblables à de
très-petits grains de sable, il n'y a que les premiers qui font le premier effort sur le corps qu'ils rencontrent ; au lieu que si A B étoit un
corps ferme, il choqueroit par la quantité de mouvement de tout son
corps.

Cette Proposition se prouve par l'expérience en cette sorte.

Ayez une balance comme la régle A B, tournant par le moyen de TAB. III.
l'essieu C D, comme celle de la figure vingt-cinquiéme : emplissez Fig. 30.
d'eau un tuyau de verre ou de cuivre, comme F G, ouvert par les
deux bouts, & d'égale largeur par tout, de six ou sept piés de hau-

K   teur ;

teur ; mettez le doigt fous l'ouverture G, pour empêcher l'eau de couler, & le tenez au deſſus de l'un des bouts de la régle, comme on le
voit en la figure ; & mettez à l'autre bout le poids E, moindre d'un
tiers que le poids de l'eau du tuyau ; laiſſez couler l'eau du tuyau tout
à coup fur le bout de la balance, & vous verrez qu'elle n'élévera pas
le poids qui eſt à l'autre bout au commencement de ſa chûte, mais ſeulement à la fin ; au lieu qu'un Cylindre de bois, de pareil poids que
l'eau du tuyau, tombant de la même hauteur, élévera au commencement de ſon choc, un poids plus grand que ſon propre poids : d'où il
s'enſuit qu'il n'y a que les premiéres parties de l'eau qui faſſent le premier effort dans le choc d'un jét d'eau.

PREMIÉRE CONSÉQUENCE.

Il ſuit de cette Propoſition, que les jèts d'eau, ou de quelque autre
corps fluide, d'égale largeur & de viteſſes inégales ſoutiennent des
poids qui ſont l'un à l'autre en raiſon doublée de ces viteſſes inégales.
Car d'autant que l'eau & l'air & les autres corps fluides peuvent être
conſidérez comme compoſez de petites parcelles imperceptibles, dont
il n'y a que les premiéres qui au premier choc faſſent effort pour ſoutenir ou pour élever un poids ; il doit arriver que lorſqu'elles vont deux
fois plus vîte, il y en a deux fois autant qui choquent en même tems ;
& par cette raiſon, un jét qui va deux fois plus vîte qu'un autre, doit
faire deux fois autant d'effort par la ſeule quantité des petites parcelles
qui choquent ; & parce qu'elles vont deux fois plus vîte, elles font encore deux fois autant d'effort par leur mouvement ; & par conſéquent
ces deux efforts joints enſemble doivent faire un effet quadruple, & de
même à l'égard des autres proportions.

On peut encore démontrer cette Conſéquence par la Propoſition
ſeptiéme de la ſeconde Partie, & par la Conſéquence de la 6ᵉ. Car,
puiſque, par cette Propoſition ſeptiéme, les jèts qui jailliſſent au bas
d'un réſervoir, dans lequel l'eau eſt ſucceſſivement à différentes hauteurs, font équilibre par leur choc avec des poids qui ſont égaux aux
poids des petits Cylindres d'eau qui ont pour baſe l'ouvertûre par où
ſortent les jèts, & pour hauteur, la hauteur de l'eau depuis cette ouverture ; & que, par la Conſéquence de la ſixiéme Propoſition, les
viteſſes des jèts ſont entre elles en raiſon ſous-doublée des différentes
hauteurs de l'eau qui eſt dans les réſervoirs : il s'enſuit que ces vitef-
ſes ſeront entre elles en raiſon ſous-doublée des poids que les jèts ſoutiennent ; ou, ce qui eſt la même choſe, que les poids ſoutenus
ſeront l'un à l'autre en raiſon doublée des viteſſes des jèts d'égale largeur.

SECONDE CONSÉQUENCE.

Il fuit encore de cette Propofition neuviéme , ce qui a été démontré dans la feptiéme ; favoir , que les jèts d'eau de même viteffe & de
largeurs inégales foutiennent des poids qui font entre eux en raifon
doublée des diamétres de ces largeurs. Car, fuppofé que le diamétre de
l'un fût double de celui de l'autre, fa bafe feroit quadruple de l'autre
bafe; & par conféquent il y auroit quatre fois autant de petites parcelles qui choqueroient en même tems , lefquelles allant avec la même viteffe que les petites parcelles du moindre jét feroient un effet quadruple.

Que fi les ouvertures par où fortent les jèts ont d'autres figures , les
poids qu'ils foutiendront , feront entre eux comme les furfaces de ces
ouvertures. Il fuit enfin de toutes ces preuves , que fi deux jèts d'eau
ou d'air, différens, ont les diamétres de leurs ouvertures rondes, réciproques à leurs viteffes, ils foutiendront des poids égaux par leur choc;
& que fi des corps fluides de différentes denfitez ont les largeurs & les
viteffes de leurs jèts égales , les poids qu'ils foutiendront par leur choc
feront inégaux , & feront l'un à l'autre en raifon de ces denfitez.

PROPOSITION X.

Les corps fluides en mouvement , comme le vent ou une eau coulante , accélérent le premier mouvement qu'ils ont donné à un corps ferme par leur
premier choc.

Soit un corps A B, flottant fur une eau non courante, choqué par TAB. III.
un grand vent, commençant tout à coup & continuant long-temps; il Fig. 31.
eft évident par la Propofition précédente, que le premier choc du vent,
c'eft à dire de l'air émû, n'agit que par fes premiéres particules, qui a-
yant peu de denfité ne donneront qu'une très-petite partie de leur viteffe au corps A B: mais, par la feconde Propofition de la premiére Partie,
le vent rencontrant en fuite le même corps qui eft déja en mouvement
de même part, le fera aller plus vîte après le fecond choc, que s'il eût été
en repos; & par la même raifon, la fuite des autres particules de l'air le
choquant toujours de nouveau, & le rencontrant en plus grand mouvement, l'augmenteront encore; & enfin il ira prefque auffi vîte que
le vent même, fi la réfiftance de l'eau ne l'en empêche. La même chofe arrivera à un corps pefant fufpendu, foit qu'il foit choqué par un jét
d'eau ou par le vent: car, par les deux Propofitions précédentes, les
premiéres particules du jét lui donneront du mouvement, & la continuation du choc par de nouvelles particules, augmentera fa viteffe par
les raifons ci-deffus.

Que fi l'on demande, par quels degrez fe fait l'accélération du mou-

vement

vement d'un vaiſſeau ſur la mer : on peut répondre qu'au commencement de ſa courſe, il reçoit par le choc du vent en des tems égaux, de
nouveaux degrez égaux de viteſſe, & que les eſpaces qu'il parcourt en
des tems égaux, comme de deux ou trois ſecondes, ſont entre eux comme les quarrez des tems à peu près, ſi le vent ſouffle toujours d'une
même force ; ce qu'on l'on prouvera en cette ſorte.

Suppoſons que le vaiſſeau péſe 100000 livres, & que les premiéres
particules de l'air qui choque les voiles & le vaiſſeau péſent une livre.
Or ſi l'on exprime les degrez de la viteſſe de ces premiéres particules de
l'air, par 100001 nombre de ces poids ; & qu'on ſuppoſe, pour l'intelligence de la démonſtration, que le vent ſouffle par repriſes coup ſur
coup : il eſt évident par la ſeconde Conſéquence de la dixiéme Propoſition de la premiére Partie, que le vaiſſeau recevra un degré de viteſſe
par le premier choc, & que ſa quantité de mouvement ſera 100000, &
qu'au ſecond choc il prendra une viteſſe de deux degrez par la Propoſition onziéme de la premiére Partie ; car la ſomme des quantitez de mouvement du vaiſſeau, & des particules de l'air qui agiſſent dans le ſecond
choc, ſera de 200001 de même part, & ce nombre étant diviſé par
100001 ſomme des poids, donnera pour quotient $\frac{200001}{100001}$, nombre égal
à deux, moins $\frac{1}{100001}$; mais pour la facilité du calcul, on prendra deux
préciſément pour ce quotient. On prouvera de même, par la même
Propoſition onziéme, qu'au troiſiéme choc, la viteſſe du vaiſſeau ſera
de trois degrez, au quatriéme de quatre degrez, & ainſi de ſuite. Or ſi
chaque nouveau choc ſe fait dans l'intervalle d'une tierce, qui eſt $\frac{1}{60}$ d'u-
ne ſeconde, & que par le premier choc le vaiſſeau ſe ſoit avancé d'un
pouce par une viteſſe uniforme : il s'avancera de deux pouces au ſecond
choc ; de trois, au troiſiéme, &c. & enfin au 100ᵉ. de 100 pouces ;
& la ſomme de tous ces pouces ſera 5050, ou 421 piés moins deux
pouces : mais au 200ᵉ. choc, le vaiſſeau prendra une viteſſe de deux
cens degrez, & s'avancera de 200 pouces, ſa viteſſe étant ſuppoſée
uniforme ; & la ſomme de tous les pouces parcourus en 200 tierces,
ſera 20100 pouces, ou 1675 piés, nombre quadruple à peu près de
421 piés. Et quoique le ſouffle du vent ſoit continu, & non à repriſes, l'accélération ne laiſſera pas de ſe faire à peu près de même, à cauſe que l'écoulement du tems eſt auſſi continu ; juſques à ce que le vaiſſeau ayant acquis une grande viteſſe, la réſiſtance de l'eau commence
à diminuer notablement cette progreſſion. Le choc des rames doit faire à peu près un ſemblable effet ſur les Galéres en un tems calme : mais
leur augmentation de degrez égaux de viteſſe en des tems égaux, ne
dure pas long-tems ; parce que l'air & l'eau font plus de réſiſtance, à
meſure que la viteſſe s'augmente, & qu'enfin la Galére acquiert une
certaine viteſſe qu'elle n'augmente plus, puiſque ſa plus grande viteſſe
doit être moindre que celle du mouvement des rames.

LEM-

LEMME.

PROPOSITION XI.

Un corps qui tombe dans l'air libre, commence à tomber avec une vitef-
fe déterminée, & qui n'eft pas infiniment petite ; c'eft à dire, qu'elle
eft telle, qu'il y en peut avoir de moindres, en différents degrez.

Car il eft impoffible qu'un mouvement foit fans une viteffe déterminée, & entre le mouvement & le repos, il n'y a point de milieu: donc
fi tôt qu'il eft en mouvement, il a une certaine viteffe.

Que fi le mouvement vers le centre eft caufé par le choc de quelque
matiére fubtile & invifible, ou par un principe de mouvement qu'ont
les corps fublunaires les uns vers les autres, ou par quelques autres caufes; cét agent naturel, quel qu'il foit, a une action déterminée: donc
fon effet fera auffi déterminé, c'eft à dire, la premiére viteffe imprimée au corps qui tombe ; de même que lorfque du fer eft pofé fur un
corps flottant fur l'eau, & qu'il fe meut vers une pierre d'aimant, le
commencement de fon mouvement a une viteffe certaine & déterminée, plus grande ou moindre felon la diftance d'où il commence à fe
mouvoir; & cette viteffe s'accélére jufques à ce qu'il touche l'aimant:
Et deux vaiffeaux fur mer étant agitez & pouffez l'un par un vent foible, & l'autre par un vent violent ; ce dernier fera beaucoup plus de
chemin que l'autre en un même tems; ce qui n'arriveroit pas, fi les
commencemens de leurs mouvemens n'étoient différens l'un de l'autre;
car leur mouvement s'accélére, par la Propofition précédente, & les ac-
célérations font proportionnées aux premiéres viteffes, fi l'on fait abftraction de la réfiftance de l'eau. D'ailleurs, les corps qui tombent perpendiculairement accélérent auffi leur mouvement, & ceux qui tombent par un plan incliné parcourent un moindre efpace en même tems.
Donc, comme il eft dit des vaiffeaux fur mer, les commencemens de
leurs mouvemens font plus vîtes en l'un qu'en l'autre ; & puis qu'il y a
du plus & du moins, la viteffe n'eft pas infiniment petite en celui qui
commence à tomber perpendiculairement.   On peut encore confidérer une balance dont l'un des bras foit 10 fois plus grand que l'autre:
car fi l'on met fur l'extrémité du petit bras un poids de dix livres, &
fur l'autre extrémité un poids d'une livre & une once, ce dernier defcendra un peu moins vîte que s'il étoit libre; mais le poids de dix livres s'élevera avec une viteffe dix fois moindre : d'où il s'enfuit que le
commencement de celle du petit poids n'étoit pas de la derniére lenteur, & qu'il peut y avoir des viteffes encore moindres à l'infini, puifqu'on peut augmenter la proportion des bras de la balance à l'infini.

K 3

On

On démontre auſſi cette Propoſition en cette ſorte.

TAB. III.
Fig. 32.

  Soit A B une corde à laquelle ſoit ſuſpendu le poids C d'une livre, choqué par un jét d'eau D E, s'élevant perpendiculairement & ſortant par un trou quarré d'un demi pouce de largeur, par l'effort du poids de l'eau qu'on ſuppoſe être dans le réſervoir à la hauteur de deux piés au deſſus du trou. Or ſi le premier mouvement du corps C tombant, étoit infiniment petit ; d'autant que la raiſon du poids C, au poids des premiéres particules de l'eau qui le choquent, n'eſt pas infiniment grande, & que la raiſon de la viteſſe du jét d'eau à celle du poids lors qu'il commence à tomber eſt infinie par l'hypothéſe, ſi l'on coupe la corde de ſuſpenſion, le poids ne pourra tomber, par la Propoſition ſixiéme de la premiére Partie : Car la quantité de mouvement des premiéres particules du jét d'eau ſera plus grande que celle du poids lors qu'il commence à tomber, & par conſéquent le poids s'élévera, par la Propoſition douziéme de la premiére Partie: Mais, par la onziéme, le jét d'eau le rencontrant en mouvement, lui donnera une plus grande viteſſe, & par ce moyen ſa viteſſe ſera accélerée, & il s'élévera enfin à une hauteur ſenſible, par la Propoſition précédente ; ce qui répugne à l'expérience: car un tel poids choqué par un tel jét d'eau, ne s'élévera point ; mais il vaincra la force du jét lors qu'on coupera la corde, & il tombera, puiſque, par la Propoſition 7e. de la 2e. Partie, ce jét d'eau ne pourroit ſoutenir 4 onces. Donc la quantité de mouvement de ce poids d'une livre, ſera plus grande que celle de l'eau qui le choque, par la même Propoſition ; & par conſéquent ſa première viteſſe n'eſt pas infiniment petite, mais elle eſt telle, que lors qu'elle ſera à la viteſſe d'un autre jét d'eau plus large ou plus vîte, réciproquement, comme le poids des premiéres particules qui choquent eſt à ſon poids, il y aura équilibre ; & alors, ſi peu qu'on augmente le jét en largeur ou en viteſſe, il élévera ce poids à une hauteur conſidérable à cauſe de l'accélération. Que ſi l'on dit qu'un corps ſuſpendu & en repos n'a point de viteſſe par laquelle on puiſſe multiplier ſon poids, & par conſéquent qu'il n'a point de quantité de mouvement : On répond, qu'il faut conſidérer la premiére viteſſe ſelon laquelle il doit commencer à deſcendre, comme s'il l'avoit déja effectivement ; de même que ſi l'on met un petit morceau de fer ſur quelque corps leger flottant ſur l'eau, & qu'on en approche une bonne pierre d'aimant à cinq ou ſix pouces près, ce corps commencera à ſe mouvoir vers l'aimant avec une plus grande viteſſe, que lors qu'on l'en tient éloigné de deux ou trois piés : & en ce dernier cas, il faudra un jét d'eau d'une moindre quantité de mouvement pour l'empêcher de ſe mouvoir vers l'aimant, qu'au premier ; & par conſéquent, on doit conſidérer ce fer en ces deux cas, comme ayant deux quantitez de mouvement différentes, ſavoir les produits de ſon poids par les deux différentes viteſſes avec leſquelles il commence à ſe mouvoir vers l'aimant.

La

La même chose arrivera si l'on met un grand poids sur un ballon enflé. Car ce poids descendra & pressera l'air du balon, qui par son ressort élévera derechef le poids en haut, lequel retombera en suite, & enfin il se fera équilibre entre le poids & le ressort de l'air ; ce qui arrivera lors que le ressort de l'air du ballon aura précisément la force de repousser ce poids horisontalement avec la même première vitesse que ce poids auroit dans le commencement de sa chûte, si le balon étoit ôté.

On pourroit même déterminer une vitesse assez considérable, comme de passer un espace de deux lignes en une seconde par un mouvement uniforme, & montrer que cette vitesse est moindre que celle que prennent les corps pesants au commencement de leur chûte. Voici comme on peut résoudre ce problême.

On a trouvé par plusieurs expériences qu'une grosse goute d'eau faisoit 12 piés à fort peu près en une seconde, en tombant par l'air libre. Or suivant la doctrine de *Galilée*, elle acquiert une telle vitesse au bas de cette chûte, quelle parcourroit vingt-quatre piés à peu près pendant le même tems d'une seconde, si elle conservoit cette vitesse acquise sans l'augmenter ni diminuer. Mais, par la Proposition sixiéme de la deuxiéme Partie, un jét d'eau qui jaillit au bas d'un réservoir de douze piés, a une vitesse suffisante pour s'élever à cette hauteur ; &, selon *Galilée*, cette vitesse est la même que celle que la goute d'eau acquiert au bas de cette chûte de douze piés. Mais, par la Proposition septiéme, ce jét peut soutenir par son choc un poids d'un Cylindre d'eau de douze piés de hauteur, qui auroit sa base égale à l'ouverture du jét : d'où il s'ensuit que, si cette ouverture étoit d'un pouce de diamétre, ce jét feroit équilibre avec un poids de 72 onces, puisque chaque colomne d'un pié de hauteur & d'un pouce de diamétre de base pése à peu près six onces. Mais, par la sixiéme Proposition de la première Partie, quand les poids en se choquant font équilibre, leurs vitesses font réciproques à leurs poids. Puis donc que ce jét peut soutenir 72 onces, il faut que sa vitesse soit à la première vitesse que prendroit ce poids en tombant, réciproquement comme ce poids est au poids des premiéres particules du jét qui agissent : car par la 9ᵉ. Proposition de la seconde Partie, il n'y a que les premiéres particules des jèts jusques à une certaine épaisseur qui agissent. Mais parce que ces premiéres particules n'agissent pas également (les unes glissant le long des autres, quand elles n'ont pas les mêmes lignes de direction) si on suppose que cette épaisseur s'étend seulement jusques à six ou sept lignes, & que toutes les particules qui font dans cét espace agissant inégalement, ne font pas plus d'effort que feroient celles qui seroient dans l'épaisseur de deux lignes, si elles agissoient toutes de toute leur force, comme un solide de glace qui auroit un pouce de largeur & deux lignes de hauteur ; on trouvera que le poids de 72 onces sera au poids de ce petit Cylindre d'eau de deux lignes

gnes de hauteur & d'un pouce de largeur, comme la viteſſe du jét au
commencement de ſa ſortie, eſt à la premiére viteſſe qu'auroit ce poids
de 72 onces en tombant.   Or le poids de ce petit Cylindre n'eſt que
de $\frac{2}{3}$ de gros, c'eſt à dire $\frac{1}{12}$ d'une once. Donc, ſi on fait que, comme
72 eſt à $\frac{1}{12}$ ou comme 864 à 1, ainſi une viteſſe à faire 24 piés en une
ſeconde, ſoit à une autre viteſſe ; ce quatriéme proportionnel ſera quatre lignes en une ſeconde, qui eſt une plus grande viteſſe que les deux
lignes qu'on a propoſées.

Que ſi l'on dit qu'il faut prendre moins de deux lignes d'épaiſſeur
pour l'équivalent des particules d'eau qui agiſſent inégalement, pour
faire équilibre par leur choc aux 72 onces ; on pourra reduire cette é-
paiſſeur à une ligne & demi, & alors la première viteſſe des corps qui
tombent, ſera reduite à pouvoir faire trois lignes en une ſeconde par
un mouvement uniforme, laquelle ſera encore plus grande que celle de
faire deux lignes en une ſeconde, qu'on a ſuppoſé être celle avec laquelle
les corps peſants commencent leur chûte.

On pourroit encore, pour reſoudre ce Problême, ſe ſervir de ces
petits Cylindres ou Canons de verre ſolide d'une ligne ou deux d'épaiſſeur, dont les Emailleurs ſe ſervent ; ce qu'on fera en la maniére ſuivante.   Mettez ſur un marbre bien uni ſitué horiſontalement, un de ces
petits canons longs de 2 pouces & épais de 2 lignes ; chargez le d'un
fer ou d'un autre corps dur & poli, & y ajoutez des poids juſqu'à ce que
le verre puiſſe être écraſé. Laiſſez tomber en ſuite d'une médiocre hauteur ſur un pareil bout de verre poſé de même ſur le même marbre, un
poids de fer ou de cuivre plat & uni en ſa ſurface inférieure, ſitué horiſontalement, & augmentez ce poids juſqu'à ce qu'il écraſe le verre.
Or ſi, par exemple, il faloit 400 livres de poids pour écraſer le petit
Cylindre, & que laiſſant tomber de 7 pouces un poids de deux livres 2
onces, il s'en écraſât un ſemblable ; on feroit cette Analogie, comme
400 eſt à deux livres $\frac{1}{8}$, ainſi une viteſſe à parcourir 830 lignes en une
ſeconde, (qui eſt la viteſſe qu'acquiert à peu près, un poids de 2 livres
2 onces de fer, d'une hauteur de ſept pouces) eſt à quatre lignes & un
peu plus : d'où vous pourrez juger que la premiére viteſſe d'un poids de
400 livres, qui commence à tomber dans un air calme, eſt telle qu'il
pourroit faire quatre lignes en une ſeconde, s'il continuoit à ſe mouvoir
uniformément ſelon cette première viteſſe.   On a fait cette expérience & pluſieurs autres ſemblables, leſquelles ont donné à connoître cette première viteſſe de pouvoir faire à peu près quatre lignes en une ſeconde.

AVERTISSEMENT.

Galilée *a fait quelques raiſonnemens aſſez vrai-ſemblables pour prouver
qu'au premier moment qu'un poids commence à tomber, ſa viteſſe eſt plus*

pe-

petite qu'aucune qu'on puiſſe déterminer : Mais ces raiſonnemens ſont fondez ſur les diviſions à l'infini , tant des viteſſes que des eſpaces paſſez , & des tems des chûtes ; qui ſont des raiſonnemens très-ſuſpeɛts , comme celui que les anciens faiſoient pour prouver qu'Achille ne pourroit jamais attraper une tortuë , auquel raiſonnement il eſt difficile de répondre & d'en donner la ſolution ; mais on en démontre la fauſſeté par l'expérience , & par d'autres raiſonnemens plus faciles à concevoir. Ainſi l'on objeɛtera à Galilée les raiſonnemens ci-deſſus , qui ſont faciles à concevoir , particuliérement celui de la balance , & qui ſont beaucoup plus clairs que les ſiens , qu'il a fondez ſur les diviſions à l'infini , qui ſont inconcevables , & ſur de certaines régles de l'accélération de la viteſſe des corps , qui ſont douteuſes : car on ne peut ſavoir , ſi le corps tombant ne paſſe pas un petit eſpace , ſans accélérer ſon premier mouvement , à cauſe qu'il faut du tems pour produire la plupart des effets naturels , comme il paroît lorſqu'on fait paſſer du papier au travers d'une grande flamme , avec une grande viteſſe , ſans qu'il s'allume ; & par conſéquent on doit préférer les raiſonnemens ci-deſſus à ceux de Galilée.

PROPOSITION XII.

SOit le poids C , ſuſpendu à la corde A B , plus peſant que le poids F , ſuppoſé ſans reſſort ; & que la viteſſe du poids F , ſoit telle , que choquant le poids C, de bas en haut, il puiſſe l'élever. Je dis qu'il peut y avoir un jét d'eau tel que choquant le même poids C de bas en haut, il ne pourra l'élever , quoique ſa viteſſe ſoit égale à celle du poids F ; mais que ſi ce jét d'eau choque horiſontalement le même poids C, il le pouſſera beaucoup plus loin , que le poids F ne le pouſſera , le choquant horiſontalement avec la même viteſſe.

Suppoſons que le poids C péſe vingt onces , & le poids F une once , & que les premiéres particules de l'eau du jét qui agiſſent au premier moment du choc, péſent une demi once. Il eſt évident par la ſeptiéme Propoſition , que ſi A B eſt le réſervoir d'eau d'où ſort le jét , & qu'il ſoit d'une telle hauteur , & l'ouverture D , d'une telle largeur, que le Cylindre d'eau qui a pour baſe cette ouverture & pour hauteur A B , péſe vingt onces ; le jét d'eau ſoutiendra ſeulement le poids C , & ne l'élévera pas , mais le poids F , étant deux fois plus peſant que les premiéres particules du jét , l'élévera par ſon choc.

Que ſi l'on ſuſpend le poids F auprès du poids C , dans la machine décrite en la premiére Propoſition ; & que l'ayant élevé à 21 degrez, on le laiſſe aller contre le poids C : Il lui donnera une viteſſe qui le fera aller juſques à la hauteur d'un degré , par la Conſéquence de la dixiéme Propoſition de la premiére Partie ; au lieu que les premiéres particules de l'eau du jét , lorſqu'elles le choqueront horiſontalement avec la même viteſſe , ne lui donneront qu'environ ½ degré de viteſſe : mais la continuation du choc par les particules d'eau ſuivantes , accélé-

TAB. III.
Fig. 32.

TAB. III.
Fig. 34.

TAB. I.
Fig. 3.

L

rant

rant son mouvement, le fera aller à plus de trois ou quatre degrez; &
même si le jét d'eau le suivoit en son mouvement pour le choquer toujours avec la même force directement, il l'éléveroit enfin plus haut que
le point de suspension. Car soit le même poids C, attaché à la corde
A B, & mis en diverses situations dans la circonférence B H I F de 90
degrez, aux points B, H, I, F: Il est évident que, puis que le jét
le peut soutenir étant en repos au point F, il l'élévera au dessus de ce
point, s'il l'a déja mis en mouvement, par la onziéme Proposition de
la première Partie, & à plus forte raison, lorsqu'il le rencontrera à la
hauteur B I, ou B H. Que si ce poids étoit soutenu par des appuis à
la hauteur B I, un jét d'eau de même vitesse, dont l'ouverture seroit
à celle du premier, comme la ligne horisontale I D est au rayon A I,
le tiendroit en équilibre, & l'empêcheroit de tomber, si les appuis
étoient ôtez; & s'il étoit appuié à la hauteur de l'arc B H de 30 degrez, il suffiroit que l'ouverture du jét fût égale à la moitié de celle
du premier en surface, car le rayon A H est double du sinus H M:
d'où l'on doit tirer cette Conséquence, que la première vitesse du corps
C, tombant perpendiculairement, est double de celle avec laquelle il
commence à descendre par un plan, dont l'angle d'inclinaison est de
trente degrez.

On trouvera de même en toutes les autres inclinaisons le jét d'eau
qui sera suffisant pour faire équilibre avec le poids C, ou avec quelque
autre poids qu'on voudra.

Il faut remarquer que si les premiéres particules du jét ne peuvent
élévér un poids, les suivantes ne doivent pas l'élever, puisqu'elles ne
vont pas plus vîte, & que leur poids n'est pas plus grand que celui des
premiéres.

CONSÉQUENCE.

Il suit de cette Proposition & de la septiéme de cette seconde Partie, que la force du choc de bas en haut n'est pas infinie, c'est à dire,
qu'un petit corps n'élévera pas un corps quelque grand qu'il puisse ê-
tre, en le choquant de bas en haut; puisque plusieurs petites particules d'eau, choquant ensemble un corps de médiocre pesanteur, ne peuvent l'élever: mais si le poids suspendu est une grosse boule à ressort,
& qu'une petite boule aussi à ressort, le choquant de bas en haut, ne
puisse l'élever tout entier; elle ne laissera pas d'élever un peu la partie
choquée, & même la partie opposée au choc par le frémissement du
ressort.

PROPOSITION XIII.

*S I deux poids ayant une égale quantité de mouvement, tombent sur une ba-
lance, de part & d'autre du centre de mouvement, en des points également*

ment

ment diſtants de ce centre, ils feront équilibre au moment du choc; & ſi les points où ils choquent la balance, ſont inégalement diſtants du centre de mouvement, ils ne feront pas équilibre; mais ſi leurs quantitez de mouvement ſont en raiſon réciproque des diſtances inégales, ils feront équilibre au moment du choc.

Ayez une balance comme A B, tournant ſur l'eſſieu C D; mettez deux poids égaux ſur cette balance aux points E & L, également diſtants du centre de mouvement I: ces poids feront équilibre par les régles de la Méchanique. Otez l'un des poids qui étoit au point L, & par le moyen d'un vaiſſeau Cylindrique fort large, plein d'eau, comme A B en la trente-quatriéme figure, faites tomber ſur le même point L, un jét d'eau qui faſſe équilibre avec le poids en E, comme il a été enſeigné en la ſeptiéme Propoſition de la ſeconde Partie; & au lieu du poids qui eſt au point E, faites y tomber un autre jét d'eau égal au premier: il eſt évident que ces jèts d'eau feront équilibre entre eux, & qu'y ayant autant de particules d'eau qui choquent en même tems en l'un qu'en l'autre, celles de l'un auront enſemble une quantité de mouvement égale à celles de l'autre enſemble; puiſqu'on ſuppoſe qu'elles vont avec une même viteſſe. Il eſt encore manifeſte, que ſi deux petits corps égaux entre eux & ſans reſſort, ſont de même poids que ces premiéres particules d'eau, & choquent la balance aux mêmes points, en même tems, avec des viteſſes égales; ils feront auſſi équilibre, & auront des quantitez de mouvement égales avant le choc.

Mettez en ſuite les deux premiers poids en des diſtances inégales, comme en L & en H; le poids en L emportera le poids en H: & parce que le jét en L, faiſoit équilibre avec le poids en E, & que ce poids étant en H, ne fait plus équilibre avec le poids en L, il ne fera pas non plus équilibre avec le jét en L: & par la méme raiſon, ſi le jét qui tombant en E faiſoit équilibre avec le jét tombant en L, eſt tranſporté pour tomber en H, il ceſſera de faire équilibre avec l'autre jét; & de même à l'égard des petits corps égaux qui tomberoient en même tems avec des viteſſes égales aux points L & H. Or ſi les premiers poids ſont entre eux en raiſon réciproque des diſtances L I, H I, ils feront équilibre étant en L & H. Mais, par ce qui a été dit dans la Propoſition ſeptiéme de la ſeconde Partie, ſi M I eſt égale à I H, & qu'on faſſe tomber au point M un jét, dont l'ouverture ſoit à l'ouverture d'un des premiers jèts, comme le poids nouveau mis en H, eſt à l'un des premiers poids mis en L, il fera équilibre avec ce poids mis en H; & s'il eſt tranſporté en H, il fera alors équilibre avec le premier poids mis en L; & ſi au lieu de ce poids en L, on y fait tomber un des premiers jèts, il y aura encore équilibre entre ces deux jèts inégaux, parce que chacun d'eux fait le même effort que les poids avec leſquels ils font équilibre en diſtances égales. Il paroît donc, qu'afin que deux corps qui tombent ſur une balance deça & delà du centre de

TAB. III.
Fig. 30.

L 2

mou-

mouvement en même tems, faſſent équilibre au moment du choc, il eſt néceſſaire que les diſtances des points où ils tombent, ſoient en raiſon réciproque de leurs quantitez de mouvement; & que ſi deux corps inégaux comme A & B, attachez aux extrémitez d'une ligne inflexi-

TAB. III. Fig. 36.

ble A B, ſituée horiſontalement, tombent ſur la ligne C D, ſuppoſée inflexible & inébranlable, & que le point E, qu'on ſuppoſe être leur centre commun de peſanteur, rencontre la ligne C D, il ſe fera équilibre entre ces poids au moment du choc, ſuppoſé que ces poids tombent avec une viteſſe égale, ce qui eſt poſſible, comme il ſera démontré en ſuite; car il doit arriver la même choſe, que ſi la ligne A B s'appuyant par ſon point E, ſur la ligne C D, ces poids inégaux tomboient avec des viteſſes égales ſur les points A & B.

TAB. III. Fig. 37.

Il s'enſuit auſſi, que ſi un corps comme G E, dont le centre de peſanteur ſoit au point N, tombe ſelon la ligne de direction N M, perpendiculaire à l'horiſon ſur une ligne horiſontale inébranlable, il ſe fera équilibre au moment du choc; & que s'il la rencontre par un autre de ſes points, hors de cette ligne N M, il ne ſe fera pas équilibre entre les parties de ce corps.

TAB. III. Fig. 30.

Il s'enſuit encore, que ſi deux corps égaux en poids tombent en même tems avec des viteſſes inégales ſur la balance A B, ils ne feront point équilibre au moment du choc, ſi les diſtances depuis le point I, juſques aux points où ils tombent, ne ſont en raiſon réciproque de leurs quantitez de mouvement: de même, ſi un poids d'une livre tombe de cent piés de hauteur, ſur l'un des bras de cette balance, & qu'un autre poids de dix livres tombe de la hauteur d'un pié ſur l'autre bras en diſtance inégale du point I, ils ne feront point équilibre au moment du choc; parce que leurs viteſſes acquiſes par leur chûte, ſont en raiſon ſous-doublée de 100 à un, c'eſt à dire comme 10 à 1, par la premiére ſuppoſition, & par conſéquent elles feront réciproques à leurs poids, & leurs quantitez de mouvement feront égales, par la quatriéme Propoſition de la première Partie; & par ce qui eſt dit ci-deſſus, ces poids doivent tomber à diſtances égales du point I, pour faire équilibre au moment du choc.

L'on voit par ces raiſonnemens, qu'afin que deux corps étant en mouvement & tombant de part d'autre du centre d'une balance en même tems, faſſent équilibre au moment de leur choc; il faut que le nombre ſolide, produit par la multiplication du poids de l'un, par ſa viteſſe, & par la diſtance du point où il tombe juſques au centre de la balance, ſoit égal au nombre ſolide de l'autre poids multiplié de même: comme ſi un corps péſe trois onces, & choque avec une viteſſe de quatre degrez, le bras d'une balance, à cinq pouces de diſtance du centre de mouvement, ſon produit ſolide ſera 60, qu'on peut appeller ſa quantité de mouvement ſolide; & ſi un autre corps péſe deux onces, & qu'il choque la balance avec trois degrez de viteſſe à une diſtance de dix pouces du centre

de

de mouvement, le produit de ces trois nombres fera encore 60, & ces deux corps feront équilibre au moment de leur choc.

A l'égard du choc oblique des jèts d'air ou d'eau, voici les régles qu'on peut fuivre.

Soit K L la direction d'un jét d'air fortant de quelque foufflet ou de quelque machine comme celle de la figure 28ᵉ., & foit fuppofé que ce jét ait la même viteffe & la même largeur qu'un autre qui fouffleroit de haut en bas par le tuyau F G fur la régle ou balance A B au point L, & qu'il y ait au point E un poids tel qu'il puiffe faire équilibre avec la for-ce du jét d'air G L: on demande quel poids il faut mettre au point E, pour faire équilibre avec la force du jét d'air oblique K L. TAB. III. Fig. 30.

Soit abaiffée la perpendiculaire K N fur le plan de la régle A B; il eft évident par ce qui a été dit dans la Propofition cinquiéme, que la for-ce de ce choc fera à celle du choc direct G L, comme la ligne K L eft à la ligne K N: fi donc on fait que comme K L eft à K N, ainfi le pre-mier poids en E foit à un autre poids; ce dernier poids étant mis au point E fera équilibre avec la force du jét oblique K L, & fi l'angle K L N eft de 30 degrez, ce dernier poids fera au premier comme 1 à 2.

Soit maintenant C D un effieu Cylindrique, comme celui de la figure 25ᵉ. autour duquel puiffe tourner la régle A B, fituée horifon-talement, & traverfant cet effieu à angles droits. Soit élevée perpen-diculairement fur le plan de cette régle, la ligne B E: foit auffi conti-nuée de part & d'autre en H G, la ligne e B d divifée également en B, & parallelle à l'axe du Cylindre C D: foient encore les lignes ponctuées L B I, K B M, fe coupant à angles droits dans le plan des lignes E B, H B G. TAB. IV* Fig. 49.

Il eft manifefte que, s'il y a un poids fufpendu au point B, une puif-fance en E, tirant felon la direction B E, agira de toute fa force pour élever ce poids; & qu'étant au point G, & tirant felon la direction B G, elle n'agira aucunement fur lui pour l'élever, parce que la régle A B ne peut tourner en ce fens là. Mais, fi on confidére toutes ces lignes partant du point B, comme les rayons égaux d'une roué dont ce point feroit le centre; on jugera aifément que la même puiffance étant en M, & tirant felon la direction B M pour élever le poids mis en B, n'agira que felon la proportion de la ligne B M ou B E à la ligne B N, fi M N eft perpendiculaire à B N E; parce que cette puiffance s'avançant de l'efpace B M, ne s'avanceroit felon la direction perpendiculaire de bas en haut que de l'efpace B N, au lieu que la puiffance E s'avançant fe-lon la direction B E par un efpace égal à B M, parcourroit un efpace égal à B M felon la même direction perpendiculaire; & afin que ces deux puiffances fiffent équilibre, il faudroit que celle qui feroit en M fût à celle qui feroit en E, comme B E ou B M, à B N.

La même chofe arrivera à deux jèts d'air de même largeur & de mê-me viteffe, dont l'un, favoir P O parallelle à K B M, choqueroit dire-

L 3

ctement

ctement une surface perpendiculaire B R S E, & l'autre choqueroit directement de bas en haut au point B une surface repréfentée par H G, qui feroit dans le même plan que la régle A B. Car, fi ce dernier fait équilibre avec un poids de 2 onces mis en B, l'autre fera équilibre avec un poids d'une once mis au même point ; & fi un autre jét égal à P O, choquoit la même furface repréfentée par la ligne L B I, felon la direction perpendiculaire T O, de bas en haut, il feroit équilibre feulement avec une demi once : car la force de ce jét choquant obliquement la furface L B I, fous un angle dé trente degrez, n'auroit que la moitié de la force qu'il auroit en la choquant directement felon la ligne P O ; & parce qu'il ne pourroit foutenir qu'une once par ce choc direct, il n'en foutiendroit qu'une demi par le choc oblique de 30 degrez.

On en a fait l'expérience en la maniére fuivante.

TAB. IV*
Fig. 50.

$a\,b$ eft le même bras A B de la balance de la figure 49 , ayant fon centre de mouvement en la ligne $e\,f$. On attacha à fon extrémité b un coin, ou prifme creux, compofé de trois petits aix très-minces de même longueur & largeur, favoir D G, E H, H D ; le petit aix D E F G étoit fur la régle $a\,b$ en une fituation horifontale ; les trois lignes F G, F H, G H étoient égales entre elles. On avoit mis à l'extrémité a un poids tel qu'il faifoit équilibre avec ce coin. On fit une ouverture ronde g d'environ neuf lignes de diamétre au deffus d'un tuyau de bois quarré fitué horifontalement, qui portoit le vent d'un grand foufflet chargé d'une pierre fort pefante : le vent fortant par l'ouverture g alloit directement de bas en haut. On fit rencontrer vis-à-vis de cette ouverture le milieu de l'aix D E F G fitué horifontalement après avoir tourné la régle avec fon effieu, en forte que la pointe H du coin étoit en haut ; & le jét d'air rencontrant directement cette furface D G à quatre pouces de diftance de l'ouverture g , fit équilibre avec un poids d'une once. Mais lorfqu'on eût remis le coin en fa premiére fituation, comme on le voit en la figure ; le même jét d'air choquant obliquement la furface D I F H dans fon milieu à la même diftance de quatre pouces de l'ouverture, il ne foutint qu'un quart d'once : car l'angle de l'obliquité du choc étant de trente degrez, il perdoit par cette caufe la moitié de fa force ; & cette furface étant pouffée par le jét felon la direction K M de la 49ᵉ. figure, & non felon la direction B E qui eft la direction propre de l'extrémité B de la balance, il perdoit encore une moitié de cette moitié de force. On fit en fuite une autre ouverture m égale à la premiére, & les deux jèts d'air g & m choquant obliquement les furfaces D H, E H, firent équilibre avec une demi once ;

TAB. IV*
Fig. 50.

mais quand ils vinrent à choquer directement la furface D E F G, après qu'on eût tourné la régle avec fon effieu, ils firent équilibre à deux onces précifément.

TROI-

TROISIÉME PRINCIPE
D'EXPÉRIENCE.
PROPOSITION XIV.

*S*I *deux corps égaux ou inégaux attachez aux extrémitez d'une balance,
tombent sur un appui, en sorte qu'au moment que la régle qui sert de balance, rencontre l'appui, il se fasse équilibre entre les deux corps; l'appui recevra plus d'impreßion par le choc, que si la régle le rencontroit autrement.*

Ayez une balance comme A B, appuiée sur la ligne C D, (il faut TAB. II.
prendre pour cette ligne le côté d'un Prisme triangulaire, dont l'un Fig. 24.
des plans soit posé sur une surface horisontale) mettez un poids comme
F, près de l'extrémité B, soutenuë par l'appui *q*, & un autre petit
Prisme triangulaire près de l'autre extrémité A, dont la ligne S R soit
l'un des côtez, laquelle ligne servira d'appui à une autre régle L E I,
chargée de deux poids L & M, deçà & delà du point E, qui est supposé le centre du mouvement de cette régle I L ; faites que ces poids
soient tellement disposez, que les deux L & M soient en équilibre, &
qu'ils fassent aussi équilibre ensemble avec le poids F. Or si vous ajoutez
un petit poids sur E, le poids F s'élévera; mais si vous éloignez le poids
M en G, ou en P, le poids F ne s'élévera point, quoique le poids
ajouté demeure, parce qu'alors le poids M ne s'appuiera pas par tout
son poids sur la régle A B : & même vous verrez que si le poids M est
10 ou 12 fois plus éloigné du point E, que le poids L, qu'on suppose
lui être égal; on pourra y ajouter un très-grand poids, sans qu'il puisse faire élever le poids F, ce qui procéde de ce que ce grand poids
ajouté, ne fait pas tourner la régle L I, sensiblement plus vîte que le
seul poids, égal au poids L ; & par conséquent il ne se fait pas un effort sensiblement plus grand sur l'appui S R, pour faire élever le poids
L : enfin vous verrez toujours que le plus grand effort des deux poids
L & M, pour faire élever le poids F, sera lorsqu'ils feront équilibre
entre eux, soit qu'ils soient égaux, & en égales distances du point E,
soit qu'étant inégaux, leurs distances du point E soient en même raison réciproque.

La même chose arrivera, si l'on se sert de deux jèts d'eau au lieu de
poids : Car vous verrez que leur plus grand effort pour faire élever le
poids F, sera lorsque choquant la régle L I, au deçà & au delà du point
E, ils feront équilibre entre eux. D'où il s'ensuit que, si une ligne horisontale comme A B, supposée inflexible, & chargée à ses extrémitez
des 2 poids inégaux A & B, dont le centre commun de pesanteur soit TAB. III.
le point E, choque par ce point en tombant, la ligne C D; cette ligne Fig. 36.
re-

recevra un plus grand effort par ce choc, que ſi elle avoit été rencontrée par un autre point comme F, pourvû que chaque poids tombe a-

TAB. III.
Fig. 37.

vec la même viteſſe; & que ſi un corps comme G E, eſt pouſſé contre
une boule ſuſpenduë, ſon plus grand effort pour la faire mouvoir ſera,
lors qu'elle ſera rencontrée par le point où paſſe la ligne N M, qui eſt
dans la direction du centre de peſanteur de ce corps. La même choſe

TAB. III.
Fig. 35.

arrivera, ſi une balance comme A B tournant horiſontalement ſur le pi-
vot C D, a deux ſurfaces à ſes extrémitez comme A & B, poſées verticalement: Car ſi ces ſurfaces ſont entre elles en raiſon réciproque des
diſtances A C, B C; elles feront équilibre étant pouſſées par un même
vent, & l'effort du vent pour renverſer C D, ſera plus grand, que ſi
l'une ou l'autre de ces ſurfaces étoit plus éloignée du point C. Nous
appellerons le point par lequel un corps rencontrant un autre, fait le plus
grand effort, le centre de percuſſion de ce corps.

PROBLÉME.

PROPOSITION XV.

*E Tant donnée une ligne, ſe mouvant circulairement à l'entour d'une de ſes
extrémitez immobile; trouver le point qui la diviſe en deux parties d'é-
gale quantité de mouvement.*

Soit une ligne A B, décrivant par ſon mouvement à l'entour du point
A, le Secteur A B C; on demande quel point diviſera cette ligne

TAB. III.
Fig. 38.

en parties d'égales quantitez de mouvement. Que ce point ſoit D, qui
décrit l'arc D E; & ſoit diviſée A D en deux également au point F,
& B D auſſi également au point G. Or la viteſſe du point D en ſon
mouvement par l'arc D E, & celle de B, par B C, ſont meſurées
par les lignes A D, A B, comme auſſi A F ſera la meſure de la viteſſe du point F, & A G, de celle du point G; car comme ces lignes ſont entre elles, ainſi ces viteſſes ſeront entre elles. Mais G étant
le centre de peſanteur de D B, ſi elle eſt diviſée en ſes points à l'infini, toutes les diſtances du point A, à chacun de ces points, ſeront enſemble égales à la ſomme de la diſtance A G, priſe autant de fois; &
par conſéquent ſi tous ces points ſe mouvoient ſelon la viteſſe du point
G, leurs quantitez de mouvement ſeroient égales enſemble à celles
qu'ils ont ſe mouvants ſelon leurs viteſſes particuliéres par la bande
B C E D, & la quantité de mouvement de la ligne D B, comme ſi elle ſe mouvoit toute entiére ſelon la viteſſe du point G. Le même ſera dit de la ligne A D; ſavoir, que ſa quantité de mouvement ſera
de même que ſi elle ſe mouvoit toute entiére ſelon la viteſſe du point
F. Donc, puis que le point D eſt ſuppoſé diviſer la ligne A B, en
ſor-

forte que les parties A D, B D, ont une égale quantité de mouvement,
lors que la ligne A B se meut circulairement ; la quantité de mouvement de la ligne D B, en son mouvement par l'espace D B C E, sera
égale à celle de la ligne A D, décrivant le secteur A D E.   Donc le
poids de la ligne D B, sera au poids de la ligne A D, en ce mouvement,
réciproquement comme la vitesse du point F, à la vitesse du point G.
Mais les poids de ces lignes sont comme les lignes, & leurs vitesses
moyennes, c'est à dire, celles de leurs centres de pesanteur, sont comme les lignes A F, A G.   Donc, par la quatriéme Proposition, le
rectangle A G, D B, sera la quantité de mouvement de la ligne D B;
& le rectangle A D F, celle de la ligne A D; & parce que ces rectangles sont égaux, D B sera à A D, comme A F à A G.

Soit maintenant sur la ligne A B égale à la ligne donnée, décrit le
quarré A B P O, & tirée la diagonale P A, qu'on divisera en deux parties égales au point q ; & ayant supposé que cette seconde ligne A B TAB. III.
soit divisée de même que l'autre aux points F, D, G, & que le point Fig. 39.
D soit le point qu'on cherche, soient prises dans la ligne B P, B E
égale à A D, & E M égale à D G; soient encore tirées D L parallelle
& égale à B P, & E H parallelle & égale à P O se coupant au point
C.   Il est évident que, si on tire M I parallelle & égale à P L, le rectangle B I, c'est à dire A G, B D, ou A D F qui lui est égal par les
raisonnemens ci-dessus, sera égal au rectangle H L plus le rectangle
M L.   Donc le Gnomon B C O sera double du rectangle A D F, &
égal au quarré D H; & le quarré B O sera double du quarré D H; &
par conséquent A B sera divisée en D, en sorte que si A B est la diagonale d'un quarré, A D en sera le côté.   D'où il s'ensuit que, si dans
la premiére ligne A B on prend A D égale à A q moitié de A P, D
sera le point qui la divise en deux parties d'égale quantité de mouvement, lorsqu'elle se meut circulairement à l'entour du point A.   Soit
appellé ce point qui divise une grandeur en deux parties d'égale quantité de mouvement, soit que ses parties se meuvent avec des vitesses
égales ou inégales, centre d'agitation.

PROBLÉME.

PROPOSITION XVI.

T*Rouver le centre d'agitation d'une partie d'une ligne, qui se meut à l'entour d'un de ses points extrémes ; la grandeur de la ligne entiére étant
donnée & celle de la retranchée.*

Soit la ligne A B de 5 piés, & C B de deux piés, & l'on veut trouver le centre d'agitation de C B, la ligne A B se mouvant à l'entour
du point A.

M

Que

TAB. IV.
Fig. 45.

Que ce centre soit q, & q B soit appellée X : soit divisée q B également en R, B R sera $\frac{1}{2}$ X ; & C B étant 2, & A C, 3, C q sera 2 — X ; & C S moitié de C q, 1 — $\frac{1}{2}$ X. Or, par ce qui a été dit dans la Proposition quinziéme, comme A R est à A S, c'est à dire comme 5 — $\frac{1}{2}$ X est à 4 — $\frac{1}{2}$ X, ainsi réciproquement C q à q B, ou 2 — X, à X. Donc le rectangle de A R par q B, savoir 5 X — $\frac{1}{2}$ X^2, sera égal à celui de A S par C q, savoir 8 + $\frac{1}{2}$ X^2 — 5 X ; & réduisant l'équation, 8 + X^2 sera égal à 10 X, & X ou q B sera 5 — $\sqrt{}$ 17. Si donc on fait l'angle B A D droit, & A D égale à l'unité, & C T égale à T B, A T sera 4, & la ligne T D sera $\sqrt{}$ 17 ; & si l'on fait A q égale à D T, B q sera 5 — $\sqrt{}$ 17, & q sera le point requis.

Ceux qui ne savent pas l'Algébre pourront trouver à peu près en faisant plusieurs positions, la grandeur q B, quelles que soient les grandeurs données A B & C B. Comme en cét exemple, on trouvera par le calcul, que $\frac{7}{8}$ est un nombre moindre que q B, & $\frac{8}{9}$ un plus grand ; car au premier cas B R sera $\frac{7}{16}$, A R 4 $\frac{9}{16}$, A S 3 $\frac{9}{16}$, & C q $\frac{9}{8}$; le produit de 4 $\frac{9}{16}$ par $\frac{7}{8}$ est $\frac{511}{128}$, & le produit de 3 $\frac{9}{16}$ par $\frac{8}{9}$ est $\frac{513}{128}$, ce qui fait voir que q B est plus grande que $\frac{7}{8}$. On verra par un semblable calcul que q B est moindre que $\frac{8}{9}$, & par conséquent qu'elle est à fort peu près égale à $\frac{7}{8}$ & $\frac{1}{144}$.

TAB. IV.
Fig. 40.

On trouvera aussi par de semblables raisonnemens, le centre d'agitation d'un triangle isoscéle, comme A B C, tournant de plat à l'entour du point A, opposé à la base B C. Car, si A D est perpendiculaire à B C, & qu'on la divise au point E, en sorte que le Cube de A D soit double du Cube de A E, le point E sera ce centre ; ce qu'on prouvera, si l'on décrit la Pyramide B q C R A, dont la base soit B q C R, quarré de B C, & que F E G étant parallelle à B C, son quarré F G S T soit la base de la petite Pyramide F G S T A, semblable à la grande, & semblablement posée : Car les quantitez de mouvement des lignes infinies en nombre, parallelles à B C, qui sont prises pour le triangle A B C, seront entre elles comme les quarrez de ces lignes, dans leur mouvement par lequel elles décrivent des surfaces Cylindriques : Mais tous ces quarrez à l'infini composent la Pyramide B q C R A, & cette Pyramide est double de la petite, comme le Cube de A D est double du Cube de A E ; & par conséquent la quantité de mouvement du triangle A F G, sera égale à celle du Trapése B F G C, & la ligne F G divisera le triangle A B C, en deux parties, dont les quantitez de mouvement seront égales, & le point F sera le centre d'agitation de ce triangle.

PROBLÉME.

PROPOSITION XVII.

Rouver le centre de Percuſſion d'un pendule compoſé.

Soit le pendule A B ſuſpendu au point A , & chargé de deux TAB. IV. poids égaux B & C, ayant décrit par ſon mouvement le ſecteur A B F, Fig 41. & rencontrant par ſon point D, l'arrêt G, en ſorte qu'il ſe faſſe équilibre à l'inſtant du choc , & que toute la force des deux poids agiſſe ſur l'arrêt G ; on demande le point D. Soit fait comme A C à A B, ainſi B D à C D : Je dis que D ſera le centre de Percuſſion. Car, par la Propoſition treiziéme de la ſeconde Partie, les quantitez de mouvement des poids B & C, feront le même équilibre, que ſi ces poids immobiles étoient l'un à l'autre comme la viteſſe du point B à celle du point C. Or en ce cas le point D ſeroit le centre de peſanteur de ces deux poids , & ils feroient équilibre en ces diſtances du point D. Donc auſſi les poids égaux B & C , ayant leurs quantitez de mouvement en même raiſon, feront équilibre rencontrant l'arrêt G au point D, par la treiziéme Propoſition de la ſeconde Partie ; & par la 14e, D ſera le centre de Percuſſion, ce qui étoit à prouver.

Que ſi le même pendule eſt encore chargé d'autres poids égaux ou inégaux au deſſous du point A, on trouvera toujours le centre de Percuſſion, en conſidérant les quantitez de mouvement de ces poids, comme ſi c'étoient des poids abſolus qui fuſſent l'un à l'autre en même raiſon que ces quantitez de mouvement ; car le point qui ſeroit leur centre de peſanteur, ſera le centre de percuſſion de ces poids, c'eſt à dire le point par lequel rencontrant un arrêt , il ſe fera équilibre entre leurs quantitez de mouvement au moment du choc.

On trouvera auſſi le centre de percuſſion d'une ligne comme A C, ſe mouvant à l'entour d'un de ſes points extrêmes comme A, & décrivant un ſecteur de cercle A C B, ſi l'on diviſe A C en ſorte, que A K TAB. IV. ſoit double de K C ; & on le prouvera, en faiſant voir , que les quan- Fig. 42. titez de mouvement des points infinis qui ſeront pris en la ligne A C, feront entre elles, comme les arcs C B, D G, &c. ou comme les lignes O C q, R D S, L Y M, &c. Car , toutes ces lignes infinies étant priſes enſemble pour le triangle iſoſcéle A O q, diviſé également par la ligne A C ; le point K , qui eſt le centre de peſanteur de ce triangle, ſera auſſi le centre de Percuſſion de la ligne A C, par la quatorziéme Propoſition de la ſeconde Partie.

On prouvera en la même ſorte, que, ſi le triangle A O q ſe meut à l'entour du point A, de maniére que la ligne O q décrive une ſurface

M 2

Cy-

Cylindrique, le centre de percuſſion de ce triangle ſera Z, ſi A Z eſt les trois quarts de la ligne A C.

TAB. IV.
Fig. 46. Que ſi l'on veut ſavoir le centre de percuſſion d'une ligne comme C B faiſant partie de la ligne A B, lorſque toute la ligne ſe meut à l'entour du point A ; il faut trouver P A , troiſiéme proportionnelle aux lignes B A, C A; & C q étant le tiers de C A, & B R le tiers de B A, ſoit fait que comme B P eſt à P A, ainſi q R ſoit à une quatriéme ligne R O; ce point O ſera le point requis : Car, ſi A D E eſt un triangle iſoſcéle, D B égale à B E, & M C N parallelle à D B E; le point O ſera le centre de peſanteur du Trapèze D M N E: Et par les mêmes raiſons que le centre de peſanteur de tout le triangle A D E eſt le centre de percuſſion de la ligne entiére A B, on prouvera que le point O centre de peſanteur du Trapèze D M N E, ſera le centre de percuſſion de la ligne C B, partie de la ligne A B, lorſqu'elle ſe meut à l'entour du point A. D'où l'on connoitra à peu près par quel endroit d'un bâton ou d'une épée, on doit frapper quelque choſe pour donner le plus grand coup: Car l'extrémité immobile du bras ſera comme le point A ; le bras entier, comme la ligne A C ; & le bâton ou l'épée, comme la ligne C B.

PROBLÉME.

PROPOSITION XVIII.

Trouver le centre de vibration d'un pendule compoſé; c'eſt à dire, la grandeur d'un pendule ſimple, dont les battemens ſe faſſent en même tems que ceux du compoſé.

TAB. IV.
Fig. 41. Soit A B le pendule donné ſuſpendu au point A & chargé des deux poids égaux C & B, au deſſous du point A: on demande le point D, tel qu'un pendule ſimple de la grandeur A D; chargé d'un ſeul poids au point D, faſſe ſes battemens en même tems. Soit trouvé par la précédente le centre de percuſſion du pendule compoſé, & ſoit icelui D: Je dis qu'il ſera auſſi le centre de vibration. Car le pendule compoſé rencontrant un arrêt au point D, le choquera de toute la quantité de mouvement des deux poids C & B, par la Propoſition dix-ſeptiéme de la ſeconde Partie, & de même que ſi un ſeul poids étant au point E, & décrivant l'arc E D, avoit la même quantité de mouvement que les deux poids: C'eſt à dire, que ſi le pendule ſimple F H, égal en longueur à A D, eſt chargé en H de ce ſeul poids; il choquera auſſi fort au point I un arrêt, que le pendule A B au point D, ſi les arcs décrits H I, E D, ſont égaux. Il eſt donc néceſſaire que le point E, étant arrivé en D, aille auſſi vîte que le point H étant arrivé en I: autrement

ment

ment le choc feroit moindre ou plus grand que celui des deux poids é-
tant en C & B; ce qui ne peut être. Donc le point D fera allé de même viteffe dans le mouvement du pendule A B, que le point H, dans
celui du pendule fimple F H, & par conféquent les tems de leurs battemens feront égaux; ce qui étoit à prouver, & qui eft conforme aux
expériences.

CONSÉQUENCE.

Il s'enfuit que la longueur d'un pendule fimple, qui fait fes batte-
ments en même tems qu'un fil de fer en Cylindre, fufpendu par une de
fes extrémitez; fera égale aux deux tiers de la longueur de ce fil de fer,
qu'on prend ici pour une ligne droite pefante: car, par la Propofition
précédente, la diftance du centre de percuffion fera aux deux tiers de
ce fer.

Il s'enfuit auffi que le centre de vibration du triangle A O *q* de la Figure 42e. fera aux trois quarts de la ligne A C, quand il fe meut de plat
à l'entour du point A; puifqu'auffi en ce cas les centres de percuffion
& de vibration font au même point.

PROPOSITION XIX.

*Es centres de vibration, agitation, & percuffion font un même point dans
un triangle qui fe meut fur fa bafe.*

B C D eft un triangle, fe mouvant à l'entour de fa bafe immobile B C; TAB. III.
B A eft égale à A C; la ligne D A eft divifée en plufieurs parties égales, Fig. 43.
aux points E, F, G, &c; A H eft égale à H D; K E N eft paral-
lelle à B C, & aux autres lignes tirées dans le triangle, lefquelles nous
nommerons F, G, H, &c. Je dis premiément que dans ce mouvement à l'entour de B C, le point H eft le centre d'agitation. Car la ligne M, ou fa pefanteur, eft à la ligne K N, ou fa pefanteur, comme
D M, c'eft à dire la diftance A E, eft à D E, c'eft à dire la diftance
A M. Donc la quantité de mouvement de la ligne M fera égale à celle de K N, puifque leurs pefanteurs & leurs diftances du point A font
réciproques, & que leurs viteffes font comme leurs diftances. Le même fera dit des lignes F, L, &c. & de toutes celles qui feront tirées à
l'infini en diftances égales, d'un côté & d'autre de la ligne R H O.
Donc la quantité de mouvement de tout le triangle R D O, fera égale à celle de tout le trapéfe B C O R; & par conféquent le point H fera le centre d'agitation du triangle entier B C D. Or fi ce triangle
tournant fur fa bafe, rencontre l'obftacle ou arrêt *q* R H O P; tout
fon mouvement fera arrêté dans l'inftant du choc, qui eft la fin du
mouvement circulaire; puis qu'en cét inftant, il y aura des égales quantitez de mouvement de part & d'autre de l'arrêt & en diftances égales.

M 3   Donc,

Donc, par la Proposition quatorziéme de la seconde Partie, le point H sera le centre de percussion de ce triangle : Il sera aussi son centre de vibration, par la précédente; ce qu'il falloit prouver.

PROBLÉME.

PROPOSITION XX.

Trouver le centre de percussion d'un pendule composé de deux poids, lorsqu'ils sont de part & d'autre du point de suspension.

TAB. IV.
Fig. 47.

Soit A B C D K une ligne infléxible, où soient attachez les deux poids A & C tels qu'on voudra, composant le pendule A C, dont le point de suspension soit B, pris où l'on voudra, pourvû que le poids C emporte le poids A: on demande le centre de percussion de ce pendule.

Soient décrits du centre B, les arcs semblables A L, C I. Or si l'on suppose que le poids C soit venu de I en C, le poids A aura décrit en même tems l'arc L A; & leurs vitesses acquises aux points A & C seront entre elles comme B C à B A. Soit la quantité du mouvement du poids C, s'étant mû par l'arc I C, à la quantité du mouvement du poids A s'étant mû par l'arc L A, comme F E à G E; & comme leur différence F G est à la moindre G E, ainsi soit la distance A C à C D: Je dis que D est le centre de percussion, & que s'il y a un arrêt H au point D, il arrêtera tout le mouvement des deux poids A & C, si le point D s'y attache. Car, en renversant, E G sera à G F comme D G à C A; & en composant, E F sera à E G, comme D A à D C. Donc, par la treiziéme Proposition de la seconde Partie, les deux poids feront équilibre & s'arrêteront l'un l'autre au moment de la rencontre de l'arrêt H; puisque D A étant comme un bras d'une balance, les distances D C, D A, seront réciproquement en même raison que les quantitez de mouvement de ces poids, c'est à dire comme G E à F E; ou, ce qui est la même chose, puis que le produit solide du poids A & des deux grandeurs A B, A D, est égal au produit solide du poids C & des deux grandeurs B C, C D: & parce que cét arrêt fait perdre tout le mouvement des 2 poids, il s'ensuit qu'il en reçoit tout l'effort.

Que s'il y a plusieurs poids tels qu'on voudra au dessus du point B, comme N & A; & plusieurs au dessous, comme M & C, en telles distances qu'on voudra : on trouvera le centre de percussion de ce pendule composé en cette sorte. Il faut trouver par la Proposition dix-septiéme, le centre de percussion des poids du dessus, & celui des poids du dessous, de même que si B A & B C étoient des pendules séparez : & supposé que le point Q soit le centre de percussion du pendule

dule B A compofé des deux poids N & A, & P celui du pendule B C compofé des poids M & C ; on ôtera la fomme des quantitez de moument des deux poids du deffus, de la fomme de celles des poids du deffous , & on fera que comme la différence de ces fommes eft à la moindre , ainfi la diftance de ces deux centres , favoir la ligne Q P , foit à P D ; & le point D fera le centre de percuffion de ce pendule compofé de 4 poids fe mouvant à l'entour du point B , & on le prouvera par la Propofition treiziéme de la feconde Partie , en montrant qu'il y aura même raifon de la diftance D P à la diftance D Q, que de la fomme des quantitez de mouvement des poids N & A, qui font leur effort au point Q, à la fomme de celles des poids M & C, qui font leur effort au point P.

EXEMPLE EN NOMBRES.

SOit R S T un pendule infléxible de cinq piés , ayant fon centre de mouvement au point S, dans la ligne ponctuée Z S X, qui repréfente un fil étendu fortement & attaché au point S pour foutenir le pendule : Soit la diftance S R de trois piés, le poids R de deux onces, & le poids T de quatre onces.   Or la quantité de mouvement du poids R fera fix , & celle du poids T fera huit , par la quatriéme Propofition de la premiére Partie ; leur différence eft deux ; cette différence deux eft à fix, moindre quantité de mouvement, comme cinq, longueur du pendule R T, eft à quinze ; d'où l'on connoitra que fi T V eft de quinze piés, R T V étant une ligne infléxible, le point V fera le centre de percuffion de ce pendule R S T, prolongé en V, chargé des deux poids R & T felon l'hypothéfe.

TAB. IV*
Fig. 51.

PREMIÉRE CONSÉQUENCE.

Il fuit de la premiére Partie de cette Propofition, & de la premiére Partie de la dix-feptiéme, que dans les pendules compofez de deux poids, les centres de percuffion & de fufpenfion font réciproques : c'eft à dire , que fi le pendule A D chargé des deux poids A & C, étant fufpendu au point B , a pour fon centre de percuffion le point D ; le même pendule étant fufpendu au point D , aura le point B pour fon centre de percuffion.   Car , puis que la quantité de mouvement du poids C dans ce pendule fe mouvant à l'entour du point B, eft le produit de la diftance B C par le poids C ; le produit de cette quantité de mouvement par la diftance D C, fera le produit folide de la diftance B C, du poids C, & de la diftance D C ; &, par la même raifon, le produit de la même quantité de mouvement du poids A, par la diftance D A ,fera le produit folide de la diftance B A, du poids A, & de la diftance D A. Or ces produits folides font égaux entre eux par la treizième

TAB. IV.
Fig. 47.

ziéme

ziéme Propofition de la feconde Partie, puis que D eſt le centre de percuſſion, par la vingtiéme. Mais, ſi on renverſe le même pendule, & que D ſoit le centre de ſuſpenſion, alors le point B ſera le centre de percuſſion : car, le produit ſolide de A B par la quantité de mouvement du poids A (laquelle quantité de mouvement eſt le produit de D A par le poids A) ſera égal au produit ſolide de B C par la quantité de mouvement du poids C, laquelle eſt le produit de D C par le poids C; & cette égalité de ſolides eſt évidente, puiſque ces deux derniers ſont les mêmes que les deux ci-deſſus, étant formez par les mêmes grandeurs. Donc, par la Propofition dix-ſeptiéme, B ſera le centre de percuſſion de ce pendule ſe mouvant à l'entour du point D, & par conſéquent les points de ſuſpenſion & de percuſſion de ce pendule ſont réciproques.

SECONDE CONSÉQUENCE.

TAB. IV *
 Fig. 52. Il ſuit de la ſeconde Partie de cette Propofition, que, ſi une ligne droite comme $\alpha \, \gamma \, \beta$ eſt diviſée au point γ, en ſorte que $\beta \, \gamma$ ſoit double de $\gamma \, \alpha$, & qu'on la conſidére comme un pendule, dont le centre de mouvement ſoit au point γ, ſon centre de percuſſion ſera au point β. Car, ſoit diviſée $\alpha \, \gamma$ au point ϵ, & $\beta \, \gamma$ au point δ, en même raiſon que la ligne $\alpha \, \beta$ l'eſt au point γ ; ϵ ſera le centre de percuſſion de la ligne $\gamma \, \alpha$ conſidérée comme un pendule ſéparé, ſe mouvant à l'entour du point γ; & δ, celui de $\gamma \, \beta$ ſe mouvant à l'entour du même point γ, par la Conſéquence de la dix-huitiéme Propofition : & parce que $\beta \, \gamma$ eſt double de $\gamma \, \alpha$, $\delta \, \gamma$ ſera double de $\gamma \, \epsilon$; & étant auſſi double de $\delta \, \beta$, $\gamma \, \epsilon$ & $\delta \, \beta$ ſeront égales, & $\delta \, \epsilon$ ſera triple de $\delta \, \beta$. Mais, $\gamma \, \beta$ étant diviſée en deux parties égales au point θ, & $\gamma \, \alpha$ au point λ, la quantité de mouvement des points infinis de la ligne $\alpha \, \gamma$ conſidérée comme peſante, ſe mouvant à l'entour du point γ, ſera la même, que ſi tout leur poids étoit au point λ; & la quantité de mouvement des points infinis de la ligne $\gamma \, \beta$ ſera auſſi la même, que ſi tout leur poids étoit au point θ, par ce qui a été dit dans la quinziéme Propofition. Mais le poids abſolu de la ligne $\gamma \, \beta$ eſt double du poids abſolu de la ligne $\gamma \, \alpha$, & la diſtance $\gamma \, \theta$ eſt double de la diſtance $\gamma \, \lambda$. Donc la quantité de mouvement de la ligne $\gamma \, \beta$ ſera quadruple de celle de la ligne $\gamma \, \alpha$, lors que la ligne entiére $\alpha \, \beta$ ſe meut à l'entour du point γ. Or, comme la différence des quantitez de mouvement des lignes $\alpha \, \gamma$, $\gamma \, \beta$, ſavoir 3, eſt à l'unité qui eſt la moindre des deux, ainſi $\epsilon \, \delta$ diſtance des deux centres de percuſſion, eſt à $\delta \, \beta$, puiſque $\epsilon \, \delta$ eſt triple de $\delta \, \beta$. Donc, par ce qui a été dit en la deuxiéme partie de cette Propofition, β ſera le centre de percuſſion du pendule $\alpha \, \gamma \, \beta$ ſe mouvant à l'entour du point γ; & dautant que par la troiſiéme partie de la Propofition dix-ſeptiéme de la ſeconde Partie, le centre de percuſſion d'une ligne comme $\alpha \, \gamma \, \beta$ ſuſpenduë au point β, eſt

aux

aux deux tiers de cette ligne, favoir au point γ ; il s'enfuit que les points ou centres de percuffion & de fufpenfion d'un fil de fer étendu en ligne droite font réciproques.

On pourra fe fervir de ces derniéres Propofitions pour trouver facilement les centres de vibration des pendules chargez de plufieurs poids ; c'eft à dire, pour trouver les points où fe terminent les longueurs des pendules fimples qui font leurs battemens en même tems que les pendules compofez. Car, puis que ces centres de vibration font les mêmes que ceux de percuffion, comme il a été prouvé dans la Propofition 18e. de la 2e. Partie, & comme on le reconnoît par toutes fortes d'expériences ; on peut employer les mêmes régles pour les trouver. Ainfi on trouvera que S V dans la 51e. Figure [Tab. IV *] fera la longueur du pendule fimple qui fera fes battemens ou vibrations en même tems que le pendule compofé R S T, qui a le point S pour fon centre de mouvement ; & on en fera l'expérience en cette forte.

Ayez un fil de fer de deux piés & demi de longueur & d'environ une ligne d'épaiffeur qu'on prendra pour la ligne R S T ; attachez y deux balles de plomb aux points R & T, dont la premiére péfe deux onces, & l'autre quatre ; prenez la diftance T S d'un pié, R S fera d'un pié & demi : Liez deux filèts au point S, & en tenez les extrémitez avec les deux mains de part & d'autre, & les bandez fermement, en forte que les deux faffent à peu près une ligne droite horifontale, lorfque ce pendule fera fes vibrations ; & parce que la longueur S V doit être de huit piés & demi, (pour la facilité de l'expérience, on prend ici toutes les mefures moindres de moitié que dans l'exemple en nombres ci-deffus) il faudra avoir un pendule fimple de huit piés & demi, c'eft à dire, un fil très-délié, ayant une petite balle de plomb à fon extrémité, dont le centre foit diftant de huit piés & demi du point de fufpenfion, & vous verrez qu'en le faifant mouvoir en même tems que l'autre, ils s'accorderont en leurs battemens à fort peu près, n'étant pas poffible qu'ils s'accordent dans la derniére précifion, à caufe de la pefanteur du fil de fer, de laquelle on fait abftraction, & que le centre de percuffion de chaque balle confidérée feule n'eft pas au même point que fon centre de pefanteur, mais en un autre point un peu plus éloigné du point de fufpenfion.

Lorfque les poids font tous au deffous du point de fufpenfion, on trouvera par le calcul le centre de vibration, qu'on fuppofe être le même que celui de percuffion en la maniére fuivante.

D C M N A en la figure quarante-fept eft un pendule qu'on fuppofe ici être renverfé & fufpendu par le point D, & chargé des poids C, M, N, A, dont le fecond M péfe quatre onces, & les trois autres chacun deux onces ; la longueur D C eft fuppofée de deux piés, D M de cinq piés, D N de neuf piés, & D A d'onze piés ; la quantité de mouvement du poids C fera quatre, & celle du poids M vingt, par la

N

qua-

quatriéme Proposition, leur somme sera vingt-quatre ; or vingt-quatre est à quatre, qui est la moindre, comme C M ou 3, est à $\frac{1}{2}$. Donc le point P sera le centre de vibration du pendule D C M considéré seul, si M P est d'un demi-pié ; car M P sera à P C réciproquement comme quatre à vingt. Par un semblable calcul, la quantité de mouvement du poids N sera dix-huit, & celle du poids A vingt-deux ; leur somme sera quarante ; quarante est à dix-huit comme N A ou 2, est à $\frac{36}{40}$, ou $\frac{9}{20}$. Donc le point Q sera le centre de vibration du pendule D A considéré comme chargé des seuls poids N & A, si A Q est de $\frac{9}{10}$ de pié ; car A Q sera à Q N, réciproquement comme dix-huit à vingt-deux : la distance P Q sera par conséquent cinq piés $\frac{3}{7}$. Or, la somme des quantitez de mouvement ci-dessus vingt-quatre & quarante, est soixante-quatre ; 64 est à la moindre 24, comme la distance entiére P Q ou $\frac{38}{7}$ est à $2\frac{1}{10}$; ce qui fait voir que Q B étant de deux piés & $\frac{1}{10}$, le point B sera le centre de vibration du pendule D A chargé des quatre poids C, M, N, A, puis que Q B ou $\frac{21}{10}$ est à B P ou $\frac{35}{20}$ comme 24 à quarante. Or Q N est $\frac{11}{10}$ & Q B $\frac{21}{10}$. Donc N B sera $\frac{10}{10}$ ou l'unité, & D N étant de neuf piés par supposition, D B sera de 8 piés ; d'où il s'ensuit qu'un pendule simple de huit piés fera ses battemens en même tems que le pendule D A suspendu au point D, & chargé des quatre poids C, M, N, A, & on le connoîtra par l'expérience. L'expérience fera voir aussi, que si on suspend ce même pendule par le point B, il s'accordera encore en ses battemens avec le même pendule simple de huit piés ; & que si on a un fil de fer comme $\alpha\,\beta$ de six piés, &

TAB. IV.*
Fig. 52.

un pendule simple de quatre piés, ce pendule fera ses battemens en même tems que le fil de fer, soit qu'on le suspende par l'extrémité α, ou par le point γ, la distance $\alpha\,\gamma$ étant de deux piés.

PRINCIPE OU AXIOME.

PROPOSITION XXI.

LEs corps de même matiére égaux & semblables & semblablement posez tombent par un même milieu fluide avec des vitesses égales entre elles, tant au commencement de leur chûte, que dans la continuation.

QUA-

QUATRIÉME PRINCIPE
D'EXPÉRIENCE.

PROPOSITION XXII.

Es corps de même matiére égaux & semblables & semblablement posez, tombent avec des vitesses inégales à travers des corps fluides de différentes condensations.

L'expérience en est aisée, si on laisse tomber en même tems deux balles de plomb égales, l'une dans l'air, & l'autre dans de l'eau, d'une profondeur considérable, sa chûte commençant depuis la surface supérieure de l'eau ; car on verra que dans le même tems que cette derniére employera pour aller jusques au fond de l'eau, l'autre aura passé un espace sensiblement plus grand dans l'air. On peut encore en faire l'expérience en la maniére suivante.

Ayez deux Cylindres creux de verre, A B, C D, de quinze ou vingt pouces de hauteur & de 8 ou 10 lignes de largeur, fermez à l'un des bouts : mettez une plume de duvet de cinq ou six lignes de largeur en chacun de ces Cylindres: tirez en suite la plus grande partie de l'air du Cylindre C D, par le moyen d'une machine qu'on appelle machine à faire le vuide, en sorte que celui qui y demeurera, soit environ 1000 fois plus rarefié que l'air ordinaire : & après l'avoir fait sceller Hermétiquement (le Cylindre A B étant aussi fermé exactement par les deux bouts) vous verrez que, si vous renversez tout-à-coup ces Cylindres, en sorte que le dessous, où seront les petites plumes, devienne le dessus, la petite plume qui sera dans le Cylindre A B, employera environ trois fois autant de tems à aller au fond, que celle qui sera dans le Cylindre C D. Donc les corps de même matiére &c. ce qui falloit prouver par expérience.

TAB. IV.
Fig. 53.

PROPOSITION XXIII.

Es corps plus pesans que l'air étant láchez dans l'air, accélérent leurs vitesses en tombant jusques à ce qu'ils aillent aussi vîte que le vent qui peut les soutenir, soufflant perpendiculairement de bas en haut.

La résistance de l'air est égale, soit qu'il se meuve contre un corps, soit que le corps se meuve contre lui. Donc, si la vitesse de l'air s'élevant de bas en haut, peut faire équilibre avec le premier effort que fait un corps pesant pour descendre avec sa premiére petite vitesse, & qu'il soit soutenu sans tomber ; lorsque dans un air sans mouvement, ce corps aura acquis la même vitesse de l'air qui le soutenoit, il y aura encore é-

N 2

quilibre

quilibre entre la réfiſtance que l'air fera au mouvement de ce corps, &
le même premier effort ou vertu de tomber qui demeure toujours dans
ce corps ; & par conféquent ce premier effort, qui ajoutant fans ceſſe la
première petite viteſſe qu'il doit produire, à la viteſſe acquiſe, cauſe
l'acélération, ne l'y ajoutera plus ; & par cette raiſon le corps continuëra à deſcendre uniformément avec la viteſſe qu'il aura acquiſe depuis
le haut de ſa chûte juſques à cét endroit d'équilibre. On appellera cette
viteſſe acquiſe avec laquelle le corps continuë à deſcendre uniformément
fans plus accélérer ſon mouvement, ſa viteſſe totale, ou ſa viteſſe complette.

PROPOSITION XXIV.

Es corps égaux & ſemblables & ſemblablement poſez qui tombent à tra-
vers des fluides de différentes condenſations, ne prennent pas des viteſſes
complettes, égales entre elles ; mais elles ſont moindres dans les fluides plus denſes.

D'autant que les corps fluides de différentes peſanteurs qui ſont mûs
avec des viteſſes égales, ſoutiennent des poids inégaux, par la deuxiéme
Conféquence de la Propoſition 9ᵉ. de la ſeconde Partie ; il s'enſuit qu'un
fluide peſant comme l'eau allant de bas en haut, employera pour ſoutenir un même corps, une viteſſe beaucoup moindre que celle avec laquelle l'air le peut ſoutenir. Donc, par la Propoſition précédente, ce
même corps en deſcendant par l'air, prendra une viteſſe complette
beaucoup plus grande qu'en deſcendant à travers quelque eau immobile.

PROPOSITION XXV.

Es corps égaux en volume, ſemblables & ſemblablement poſez, & de pe-
ſanteurs inégales, acquiérent en tombant à travers l'air des viteſſes cum-
plettes qui ſont l'une à l'autre ſelon la raiſon ſous-doublée de leurs poids.

D'autant que les jèts d'air de même largeur & de différentes viteſſes,
ſoutiennent des poids qui ſont l'un à l'autre en raiſon doublée des viteſſes différentes, s'ils les choquent de même maniére, par la première
Conféquence de la Propoſition 9ᵉ. de la ſeconde Partie ; en renverſant,
ces viteſſes feront l'une à l'autre en raiſon ſous-doublée des poids : &
parce que les viteſſes complettes des corps peſants ſont entre elles comme les viteſſes de l'air qui peut les ſoutenir, par la Propoſition vingt-
troiſiéme de la ſeconde Partie ; il s'enſuit que les corps inégaux en peſanteur & égaux en groſſeur, ſemblables & ſemblablement poſez, auront leurs viteſſes complettes en la raiſon ſous-doublée de leurs peſanteurs inégales ; ce qu'il falloit prouver.

PROPOSITION XXVI.

Es viteſſes complettes des corps de différentes grandeurs & de ſemblable
matiére, ſont entre elles en raiſon ſous-doublée des peſanteurs de ces
corps,

corps, fi les furfaces par lefquelles ces corps choquent l'air directement font
égales.

Soient A & B deux Cylindres de plomb, ayant leurs bafes égales &
parallelles à l'horifon, & leurs hauteurs inégales ; je dis qu'ils acquer-TAB. IV*
ront en defcendant des viteffes complettes, qui feront l'une à l'autre en Fig. 54.
raifon fous-doublée de leurs hauteurs, qui eft la même que celle de leurs
poids. Car les jèts d'air auffi bien que ceux d'eau, inégaux en viteffe
& d'égale largeur, foutiennent des poids qui font l'un à l'autre en raifon doublée de leurs viteffes différentes, par la première Conféquence
de la Propofition neuviéme de la feconde Partie. Donc ces Cylindres
ayant leurs bafes égales feroient rencontrez par des jèts d'air égaux qui
s'éléveroient directement, & par conféquent ils rencontreront autant
d'air l'un que l'autre en defcendant : & ayant acquis leurs viteffes complettes, qui font les mêmes que celles de l'air qui pouvoit les foutenir,
& felon lefquelles ils continuent leurs defcentes uniformément ; ces viteffes feront l'une à l'autre en raifon fous-doublée des pefanteurs de ces
Cylindres, c'eft à dire que, fi le Cylindre A a fon axe quadruple de celui du Cylindre B de même matiére & de même diamétre de bafe, la
viteffe complette du premier fera double de celle de l'autre.

CONSÉQUENCE.

Il s'enfuit que, fi on fait tomber de plat un quart de feuille de papier en mettant un petit poids au milieu, & qu'on en faffe tomber
quatre quarts de même grandeur & figure que le premier, pofez l'un
fur l'autre, & chargez auffi d'un poids au milieu tel que les quatre
quarts de feuille avec leur poids au milieu, péfent quatre fois autant
que le quart de feuille feul avec fon petit poids au milieu ; la viteffe
complette des quatre feuilles fera double de celle de la feuille feule ; &
que s'il y a neuf quarts de feuilles l'un fur l'autre, qui péfent neuf fois
autant avec leur petit poids au milieu, que la feuille feule, leur viteffe
complette fera trois fois plus grande : comme auffi, fi on fufpend une
feuille de papier à un long fil fort délié attaché par fes deux bouts à
un plancher à des clous diftants l'un de l'autre de quatre ou cinq piés,
en forte qu'on puiffe pofer la feuille par fon pli fur le plus bas du fil
recourbé, & qu'en la faifant mouvoir en pendule elle rencontre l'air
de plat, & qu'en fuite au lieu d'une feuille on y en mette quatre ou
neuf ; les quatres feuilles parcourront en remontant de leur point de
repos, un arc de cercle qui fera double de celui qu'aura parcouru la
feuille feule, & les neuf feuilles parcourront un arc qui en fera triple.
On fuppofe que les poids des pendules paffent en remontant des arcs
proportionnels aux viteffes acquifes par leur chûte, comme il a été
expliqué dans la première Propofition de la première Partie ; & que le
fil du pendule foit affez long pour faire que les neuf feuilles élevées à

N 3

un

un arc de foixante ou quatre-vingt degrez, puiffent acquérir leur viteffe complette avant que d'arriver à leur point de repos.

PROPOSITION XXVII.

Es corps inégaux en pefanteur qui rencontrent des réfiftances de l'air fe-
lon la proportion de leurs poids, defcendent également vîte & acquiérent
des viteffes complettes égales.

Soit le Cylindre A, de bois ou de plomb, deux fois plus petit que
le Cylindre BC de même matiére; ayant leurs bafes égales : je dis qu'ils
defcendront également vîte, & que leurs viteffes complettes feront é-
gales fi leurs axes font parallelles à l'horifon. Car il eft évident que le
grand rencontrera deux fois plus d'air, & par conféquent les réfiftances que l'air fait à ces Cylindres font en même raifon que les poids. Or
fi on divife le Cylindre BC en deux parties égales, par le plan D parallelle aux bafes, & qu'on les fépare, chacune d'elles étant femblable &
femblablement pofée & égale au Cylindre A, elle defcendra de même,
par la vingt-uniéme Propofition de cette feconde Partie. Donc étant
contiguës elles tomberont encore de même, parce que l'air qui gliffe
le long des bafes ne retarde point leur defcente; puifqu'étant fuppofées
très-unies & polies, l'air ne s'y attache point, & qu'elles ne font aucunement expofées à fon choc, en tombant perpendiculairement.

La même chofe arrivera, par les mêmes raifons, aux Parallélépipédes
inégaux en longueur de même matiére, *a* & *b*, fi leurs bafes inégales
d c & *e f* font horifontales. On peut encore démontrer cette Propofition en la maniére fuivante.

Les jèts d'air qui fortent de différentes ouvertures & qui ont des viteffes égales, foutiennent des poids qui font l'un à l'autre en la raifon
des furfaces de ces ouvertures, par la feconde Conféquence de la Propofition neuviéme de la feconde Partie. Mais les jèts d'air qui choquent
les bafes inégales *d c* & *e f* des folides inégaux *a* & *b*, ont les mêmes largeurs que ces bafes, & les poids de ces folides font entre eux comme ces
bafes. Donc ces folides feront foutenus par un même vent foufflant de
bas en haut, & par la Propofition vingt-troifiéme, ils acquerront des
viteffes complettes égales, & auront toujours les mêmes viteffes en leurs
defcentes; ce qu'il falloit prouver.

On en fera l'expérience en la maniére fuivante. Faites deux ronds de
carton, dont le plus grand ait fon diamétre double de celui de l'autre,
chargez vers leurs centres de petites plaques de plomb peu larges à proportion des cartons; & faites que, fi le grand rond avec fa plaque péfe
une once, le petit avec fa plaque ne péfe que ¼ d'once: laiffez les tomber de 60 ou 80 piés de hauteur en même tems; vous verrez qu'ils defcendront avec une même viteffe à fort peu près. D'où il s'enfuit, que
les Cylindres de même matiére & hauteur, ayant leurs bafes horifontales,

les, defcendent avec même viteffe, quelles que foient leurs bafes.

PROPOSITION XXVIII.

Es Cubes de même matiére & de grandeurs inégales ont leurs viteffes complettes en raifon fous-doublée de leurs cotez; & les boules inégales de même matiére, en raifon fous-doublée de leurs diamétres.

Soient deux Cubes A & B, dont les côtez foient, l'un d'un pouce, TAB. IV* & l'autre de quatre pouces: il eft manifefte que, fi vers la bafe du plus Fig. 57. grand on prend la même hauteur du Cube A, il y aura feize petits cubes d'un pouce de hauteur, chacun defquels fera égal au petit cube A; & par la précédente, fi le cube A & le folide B C, dont la bafe eft fuppofée égale à celle du cube B, & la hauteur d'un pouce, tombent de plat, c'eft à dire fi leurs bafes font parallelles à l'horifon en tombant, ils defcendront également vîte.   Mais pour rendre ce folide égal & femblable au grand cube B, il faudra mettre encore trois rangs cha-TAB. IV* cun de feize petits cubes d'un pouce, comme ceux de la figure c b; & Fig. 57. ce dernier cube, qui fera de 64 pouces cubes, pefera 4 fois autant que le Parallellépipéde b c compofé de feize cubes d'un pouce.   Donc, par la vingt-fixiéme Propofition de la feconde Partie, la viteffe complette fera double de celle du Parallellépipéde b c, c'eft à dire du petit cube A, dont le côté n'eft que le quart du côté du grand cube.

Soit maintenant une boule D, dont le diamétre foit quatre fois plus grand que celui de la boule E.   Le grand cercle de l'un fera 16 fois TAB. IV* plus grand que celui de l'autre; & par conféquent, la réfiftance de Fig. 58. l'air fera feize fois plus grande à fon égard : mais la grande boule péfera 64 fois davantage.   Donc, fi on fuppofe que la grande foit divifée en feize parties égales, pofées de maniére que chacune d'elles trouve une réfiftance égale à celle que trouve la petite boule en traverfant l'air, chacune de ces parties péfera quatre fois autant que la petite boule.   Donc, par la vingt-fixiéme Propofition, la viteffe complette de chacune fera double de celle de la petite boule : mais la réfiftance de l'air à la grande boule fera auffi feize fois plus grande qu'elle n'eft à la petite; & parce qu'elle eft égale en pefanteur aux feize divifions enfemble, foit qu'elles foient contiguës ou féparées, elle defcendra auffi vîte, & fa viteffe complette fera la même, par la Propofition précédente.   Donc elle aura même raifon à la viteffe complette de la petite boule A, c'eft à dire comme 2 à 1, qui eft la raifon fous-doublée de 4 à 1.   La même proportion fe trouvera entre toutes les autres boules de même matiére, & on le prouvera par de femblables raifons.

PROPOSITION XXIX.

'Il y a des boules inégales de différentes matiéres, & que la pefanteur fpécifique de la matiére de la grande boule foit à la pefanteur fpécifique

de

de la matiére de la petite , réciproquement comme le diamétre de la petite est au diamétre de la grande ; elles defcendront également vite , & leurs vitesses complettes feront égales.

Soit la boule A plus grande que la boule B , & foit le diamétre A au diamétre B , comme la pefanteur fpécifique de la boule B eft à la pefanteur fpécifique de la boule A : je dis que leurs viteffes complettes feront égales. Car, foit une troifiéme boule C de même matiére que la grande A, & d'égal volume à la petite B ; la viteffe complette de la boule B fera à celle de la boule C en raifon fous-doublée de la pefanteur à la pefanteur, par la vingt-cinquiéme Propofition de la feconde Partie. Mais, par la précédente, la viteffe complette de la boule A eft à la viteffe complette de la boule C, en raifon fous-doublée du diamétre A au diamétre C ou B ; & la pefanteur de la boule B eft à la pefanteur de la boule C, par l'hypothéfe, comme le diamétre de la boule A eft au diamétre de la boule C. Donc la viteffe complette de la boule A & celle de la boule B auront même raifon à la viteffe complette de la boule C ; & par conféquent ces viteffes feront égales, ce qu'il falloit démontrer. On en fera l'xpérience en cette forte.

Prenez une balle de plomb de quatre lignes de diamétre, & une boule de bois de buis, ou d'autre bois fort pefant, dont la pefanteur fpécifique foit à celle du plomb comme 1 à 9 : donnez à cette boule trois pouces de diamétre, ce diamétre fera neuf fois plus grand que celui de la balle de plomb, & par conféquent les diamétres feront en raifon réciproque des pefanteurs fpécifiques : laiffez-les tomber en même tems de 100 ou de 120 piés de hauteur, vous les verrez defcendre enfemble & arriver au même moment à terre ; d'où il doit arriver qu'ayant enfin acquis leurs viteffes complettes, elles feront égales. On en a fait l'expérience avec une boule de liége & une de cire : & parce que la cire a fa pefanteur fpécifique quadruple de celle de liége à fort peu près, on fit le diamétre de la balle de liége de douze lignes, & celui de la balle de cire de trois lignes ; ces deux balles tombérent de la hauteur de quarante-cinq piés avec des viteffes égales.

PROPOSITION XXX.

Les boules de même poids & de différentes grandeurs ont leurs viteffes complettes en raifon réciproque de leurs diamétres.

A B & C D font des boules d'un poids égal, dont C D eft la plus grande ; je dis que la viteffe complette de la petite A B fera à celle de la grande C D réciproquement comme le diamétre C D eft au diamétre A B. Car, foit la ligne *a* égale au diamétre A B , & la ligne *b* égale au diamétre C D ; & les lignes *a*, *b*, *c*, *d*, étant continuellement proportionnelles, foit tirée la ligne *e*, moyenne proportionnelle aux deux *b* & *c*, cette ligne fera auffi moyenne proportionnelle entre *a* & *d*. Soit encore la boule F

éga-

égale en volume à la boule A B, & de même matiére que la boule C D.
Or la vitesse complette de la boule A B sera à celle de la boule C D, en
la raison composée de celle de la boule A B à celle de la boule F , &
de celle de la boule F à celle de la boule C D.   Mais, par la Propofition vingt-huitiéme de la seconde Partie, la vitesse complette de la
boule A B sera à celle de la boule F comme la ligne *d* à la ligne *e*
moyenne proportionnelle entre *a* & *d* , parce que leurs poids sont en
la raison du volume de la boule C D au volume de la boule F , c'est à
dire en raison triplée des diamétres C D, A B; & *d* est à *a* , par la construction, en la même raison triplée du diamétre C D au diamétre A B.
Mais, par la Proposition vingt-huitiéme, la raison de la vitesse complette de la boule F seroit à celle de la boule C D, en la raison de la
même ligne *e* à la ligne *c* , c'est à dire en la raison sous-doublée de *b* à *c*,
qui est la même que la raison sous-doublée du diamétre A B au diamétre C D.   Or la raison composée de ces deux raisons *d* à *e* & *e* à *c* est
la raison de *d* à *c* ou du diamétre C D au diamétre A B. Donc les boules de même poids &c. ce qu'il falloit prouver.

PROPOSITION XXXI.

A B C, D E F, font deux cones égaux & femblables & d'égale pesanteur, dont l'un est suppofé tomber dans l'air par fa bafe B C, &
l'autre par fa pointe F; je dis que la vitesse complette du premier sera
moindre que celle de l'autre, felon la Proposition, de D G demi diamétre
de la bafe D E, au côté D F. Car , fi un vent soufflant de bas en haut
choquoit ces cones , la largeur des jèts seroit égale , favoir les bafes
B C & D E.   Mais, à caufe du choc oblique contre le cone D E F,
le même air qui le rencontrera , fupportera un moindre poids que s'il
choquoit directement la bafe B C , & ces poids feroient en raifon ou
proportion de D G à D F , par la Proposition cinquiéme de la feconde Partie, en forte que fi F D est quadruple de D G , il faudra que le
cone A B C foit 4 fois plus pefant pour être foutenu de même que l'autre cone.   Donc , par la Proposition vingt-fixiéme de la feconde Partie, le poids du cone A B C demeurant égal à celui de D E F, il ne
faudroit pour le foutenir que la moitié de la vitesse du vent qui foutiendroit le cone D E F tombant par fa pointe ; & par la Proposition
vingt-troisiéme, le cone D E F aura fa vitesse complette double de celle du cone A B C, s'ils font égaux en pefanteur & qu'ils tombent felon ces pofitions ; & afin qu'ils tombent avec des vitesses égales , il
faudra charger la bafe B C d'un tel poids , que le cone A B C avec ce
poids foit 4 fois plus pefant que le cone D E F. On en a fait plufieurs
expériences , dans la premiére defquelles , le côté D F étoit triple de
D G , les cones étoient comme des cornèts de papier ; on appliqua à
la bafe B C une plaque de plomb , enfermée entre deux ronds de car-

TAB. IV *
Fig. 61.

O

ton,

ton, & on mit dans l'autre cone de petites balles de plomb pour charger la pointe F , jufques à ce que leur poids avec celui du papier fût le tiers de celui du cone A B C avec fa plaque de plomb. On laiffa tomber ces cones difpofez comme on le voit en la figure , d'une hauteur de cinquante piés à peu près , & ils arrivérent en même tems au bas de cette hauteur. Dans la feconde expérience, F D E étoit un triangle équilateral , & par conféquent F D étoit double de D G. On fit le cone A B C dans la même proportion , & on fit fon poids double de celui de D E F : ces deux cones demeurérent toujours fenfiblement à même hauteur en defcendant d'une hauteur de 45 piés ; mais , parce que le cone A B C fe balançoit en fa defcente & que cela changeoit un peu fa viteffe , on fit une troifiéme expérience , en laquelle on fe fervit feulement d'un carton rond égal à la bafe D E , & on mit au milieu une plaque de plomb dont le diamétre étoit égal au quart de D E, & ce poids avec le carton étant double du poids de D F E avec fes petites balles , on les laiffa tomber de quarante-cinq piés de hauteur , & on n'y vit aucune différence fenfible de viteffe pendant toute leur chûte ; le carton rond demeurant toujours dans une fituation horifontale. On a fait d'autres expériences dans lefquelles le côté D F étoit quatre ou cinq fois plus grand que le demi diamétre de la bafe, & ayant chargés les cones felon ces proportions en la maniére ci-deffus , celui dont la bafe tomboit la premiére paffoit un peu celui qui tomboit par fa pointe ; dont la caufe eft , que le cone D E F étant fort long , avoit plufieurs petites éminences , qui étant choquées par l'air moins obliquement que le refte , retardoient un peu fa defcente , joint à cela que l'air qui étoit entrainé par la bafe de ce cone en defcendant , le retardoit auffi un peu , & plus à proportion que celui qui avoit fa pointe en haut. Il eft même difficile que le vent , ou quelque irrégularité dans les figures , ne change un peu les précifions & l'exactitude des expériences.

CONSÉQUENCE.

Il fuit de cette Propofition , qu'une boule defcendra plus vîte & aura fa viteffe complette plus grande qu'un Cylindre de pareil poids qui auroit fa bafe égale au grand cercle de la boule, & qui en tombant auroit fon axe perpendiculaire ; parce que l'air choque obliquement les boules, & directement les Cylindres qui ont leurs bafes horifontales.

On pourroit ici demander de quelle hauteur doit tomber un corps d'une certaine pefanteur , figure & pofition , pour acquerir fa viteffe complette ; dans quel efpace de tems il peut l'acquerir ; & quelle doit être cette viteffe complette.

Ces Problêmes ou queftions de Phyfique font très-difficiles pour plufieurs raifons.

1°. Qu'on

1°. Qu'on n'en peut faire aucune expérience exacte, étant impoffible d'obferver précifément l'efpace qu'un corps de pefanteur & de figure déterminée, paffe en defcendant de fon point de repos en un tems déterminé, par exemple, fi une balle de plomb d'un pouce de diamétre fait quatorze piés en une feconde, ou $13\frac{1}{4}$, ou $13\frac{1}{2}$ &c. par les mêmes caufes qui empêchent de favoir, fi la proportion de la réfraction de l'air à l'eau eft comme de 3 à 4, ou comme de trois à 4 plus ou moins $\frac{1}{10}$, ou $\frac{1}{20}$, ou $\frac{1}{100}$, &c.

2°. Que, quand on fait les expériences en des lieux de différentes élévations, comme vers le fommet d'une haute montagne, ou dans des lieux fouterrains; elles doivent être différentes, à caufe des différentes condenfations de l'air.

3°. Qu'on ne fait point fi les corps beaucoup éloignez de la furface de la terre commencent à defcendre avec la même viteffe que s'ils en étoient peu ou médiocrement éloignez.

4°. Que dans le commencement des chûtes, les corps très-différens en pefanteur defcendent fenfiblement avec des viteffes égales, à caufe du peu de réfiftance que fait l'air à un petit mouvement: car l'on remarque qu'en une chûte de la hauteur d'un pié fur un pavé horifontal, une balle de plomb d'une livre, & une balle de bois de douze grains de pefanteur, paroiffent tomber avec des viteffes égales, & frapper le pavé en même tems, fi on les laiffe tomber enfemble; & même on a obfervé que fous la Ligne Equinoctiale les pendules à fecondes doivent être plus coûrtes, que dans les Païs fituez vers le 50e. degré de latitude, & que par conféquent les corps pefants y tombent un peu plus lentement. De toutes ces difficultez il réfulte, qu'on ne peut réfoudre ces Problêmes qu'à peu près, foit par des raifonnemens, foit par des expériences, de même que les Aftronomes ne peuvent déterminer qu'à peu près les diftances des Aftres, & leurs mouvemens. Voici ce que j'ai pû trouver de meilleur fur un fujet fi difficile.

PROBLÉME.

Trouver le tems de l'accélération des boules de différentes grandeurs & de différentes matiéres, leurs viteffes complettes, & les efpaces qu'elles paffent en defcendant en des tems donnez.

Je fuppofe, comme l'expérience le fait voir, à fort peu près, qu'une balle de plomb de fix lignes de diamétre parcourt en defcendant dans l'air par fon propre poids, quatorze piés dans le tems d'une feconde; & que, fi elle tomboit par un efpace vuide, elle feroit quinze piés dans le même tems. Or, par la feconde fuppofition, les efpaces paffez en defcendant par les corps pefants doivent être l'un à l'autre, com-

me

me les quarrez des tems de leurs chûtes, faisant abstraction de la résistance de l'air; & par cette raison, la balle devroit faire dans le vuide, 60 piés en deux secondes, & 135 en trois secondes.   Mais la résistance de l'air, qui lui fait perdre un pié dans la première seconde, lui feroit perdre plusieurs piés dans les secondes suivantes, selon la proportion des mêmes quarrez des tems, si l'air ne résistoit pas plus à une grande vitesse qu'à une petite.   Mais par cette cause, cette diminution des piés sera plus grande, que selon la proportion des quarrez des tems : & parce que, suivant la doctrine de *Galilée*, la vitesse acquise à la fin de la deuxiéme seconde doit être double de celle qui est acquise à la fin de la première seconde, & que celle qui est acquise à la fin de la troisiéme en doit être triple, & ainsi de suite; la résistance de l'air sera double à la fin de la deuxiéme seconde, mais elle ne sera que simple en son commencement, & elle augmentera par des degrez égaux.   Il faut donc prendre celle qui sera dans le milieu de cette deuxiéme seconde pour la résistance moyenne: c'est à dire, que comme on n'ôteroit pas assez, si on n'ôtoit que quatre piés de soixante piés qui doivent être parcourus dans les deux secondes, & qu'on ôteroit trop, si on en ôtoit huit piés; puisque la résistance n'est double qu'à la fin des deux secondes, on peut prendre l'unité pour la première seconde , & $\frac{1}{2}$ pour la suivante, dont la somme $1\frac{1}{2}$ multipliant 4, le produit qui est six piés sera la quantité qu'il faudra ôter des 60 piés que le mobile devroit passer en deux secondes, & suivant cette régle , il ne sera que 54 piés. On fera de même pour le tems de trois secondes , & on ôtera de 135 piés produit de 15 par 9, quarré de 3, 18 piés, produit de 9 par le nombre 2, qui est composé de la première unité pour la première seconde , & d'une autre unité pour la moitié des deux autres secondes : ce nombre 18 étant ôté de 135, il restera 117, qui sera le nombre des piés que la balle de plomb fera en 3 secondes.   Pour le tems de 4 secondes, on prendra $2\frac{1}{2}$ nombre composé de la première unité & de la moitié des trois autres unitez, & on multipliera par ce nombre le quarré de 4, savoir 16: le produit sera 40, qu'il faudra ôter de 240 produit de 16 par 15; le reste 200, sera le nombre des piés que la balle parcourra de haut en bas en quatre secondes, & ainsi de suite.   Voici des Tables faites sur cette hypothése, par lesquelles on connoitra combien une balle de plomb de six lignes de diamétre passera de piés en chaque seconde en descendant; combien elle en passera dans tel nombre de secondes qu'on voudra choisir; quand elle cessera d'accélérer son mouvement; quelle sera sa vitesse complette; & combien elle parcourra de piés avant que de l'acquérir.

PREMIÉRE TABLE.

Nombre des secondes.	Espaces passez en une ou 2 ou 3 secondes &c.
1	14
2	54
3	117
4	200
5	300
6	414
7	539
8	672
9	810
10	950
11	1089

SECONDE TABLE.

Secondes.	Espaces passez en chaque seconde.
1	14
2	40
3	63
4	83
5	100
6	114
7	125
8	133
9	138
10	140
11	139

Ces nombres 40, 63, 83, &c. de la seconde Table, sont les différences de suite des nombres supérieurs, 14, 54, 117, &c. Ainsi 40 est la différence de 14 & de 54; 63 est la différence de 117 & de 54, &c; & la somme de tous ces nombres ensemble, 14, 40, 63, &c. de la seconde Table, est 1089 piés, qui est le même que l'espace passé en 11 dans la premiére Table.

On connoîtra par cette Table, que l'accélération du mouvement de la balle en tombant finit à peu près à la moitié de la 11e. seconde, parce qu'en continuant la Table, il vient à la 11e. seconde 139, qui est un nombre moindre que 140: on peut donc prendre 140 ou 141 piés pour cette vitesse complette. D'où il s'enfuit, qu'une balle de plomb de

six

six lignes de diamétre de quelque hauteur qu'elle puiſſe tomber, ne
percera pas un aix épais d'un pouce, puiſque ſa viteſſe ne peut être
qu'environ la ſeptiéme partie de celle que lui donne un mouſquet ou
un piſtolet. Voici comme on peut prouver que la viteſſe qu'une arme
à feu donne à une balle de plomb de 6 lignes, eſt plus de ſept fois plus
grande que celle qu'elle peut acquérir en tombant. On a trouvé par
pluſieurs expériences que le ſon fait 1080 piés à peu près en une ſeconde, en comptant le tems qu'il y a entre le moment que le feu d'un canon paroît, lors qu'on en eſt éloigné de 1500 ou de 1600 toiſes, &
ſon bruit qu'on entend en ſuite. On a auſſi trouvé que le ſon, quoiqu'il devienne plus foible ſelon les diſtances, ne diminuë rien de ſa viteſſe. Pour comparer cette viteſſe du ſon à celle d'une balle pouſſée
par une arme à feu, j'ai obſervé qu'étant à côté & un peu au delà d'un
aix contre lequel quelques arquebuſiers tiroient de 200 piés de diſtance, j'entendois le coup & je voyois l'éclat du bois en un même inſtant:
& parce que la viteſſe des balles diminuë depuis qu'étant hors du canon, le reſſort de la flamme de la poudre ceſſe d'accélérer leur mouvement ; il s'enſuit qu'à deux ou trois piés de diſtance du canon, elles
alloient plus vîte qu'étant à 200 piés, & par conſéquent qu'elles avoient
leur viteſſe égale à celle du ſon, quand elles en étoient à environ 100
piés de diſtance ; qu'elles l'avoient plus grande quand elles en étoient
à 50 piés ou à 25 piés &c. & moindre quand elles avoient parcouru 150
piés ou 200 piés. Puis donc qu'une balle de plomb de ſix lignes peut
avoir une viteſſe à faire plus de 1080 piés en une ſeconde, & qu'en
tombant, la viteſſe qu'elle acquiert n'eſt que de 140 ou de 141 piés;
il eſt évident que cette derniére viteſſe eſt moindre que la ſeptiéme
partie de l'autre.

Or ſi on ſuppoſe que cette viteſſe complette de 140 piés par ſeconde convienne à une balle de plomb de ſix lignes, on trouvera que la
viteſſe complette d'une balle de cire de la même groſſeur ſera de 42 piés
à peu près. Car le poids de la balle de cire ſera à celle de plomb de même volume, comme 1 à 11. Donc, par la Propoſition 25e. la viteſſe complette de la balle de plomb, ſera à celle de la balle de cire, comme 11
à 3⅓ moyen proportionnel à peu près entre 11 & l'unité; & diviſant
140 par 3⅓, le quotient 42 piés ſera la viteſſe complette de cette balle de
cire. On trouvera le même nombre 42 à peu près par la même méthode
qu'on a trouvé les 140 de la balle de plomb, en ſuppoſant que la balle de
cire fait douze piés en la première ſeconde en tombant par ſa propre peſanteur: car, puiſque dans la première ſeconde elle perd 3 piés des quinze
qu'elle feroit dans le vuide, elle perdra en la ſeconde ſuivante, 4 fois 3
piés, ou 12 piés, qu'il faudra multiplier par 1½. comme pour la balle de
plomb, & on aura 18, qu'on ôtera de 60 produit de 4 par 15; le reſte
ſera 42 pour deux ſecondes, & 30 piés pour la ſeule deuxiéme ſeconde.
Pour la troiſiéme ſeconde, on ôtera de 135 produit de 9 par 15, 54 produit

duit des 3 nombres 3, 9 & 2; le reste sera 81 : & ôtant 42 de 81, le reste sera 39, & ainsi de suite. Voici une Table de cette progression.

TROISIÉME TABLE.

Secondes.	Espaces passez en chaque seconde.
1	12
2	30
3	39
4	39

On connoît par cette Table que la balle de cire de six lignes acquiert sa vitesse complette en 3 secondes & demi à peu près, puisque la quatriéme seconde entiére ne donne point d'augmentation, & qu'on peut prendre 41 ou 42 piés par seconde pour la vitesse complette de cette balle de cire, qu'on suppose être chargée de sable menu, en sorte que sa pesanteur spécifique soit égale à celle de l'eau.

Si l'on veut savoir la vitesse complette d'une balle d'or de six lignes de diamétre, on multipliera 11 par 18, (ces nombres marquent les pesanteurs spécifiques du plomb & de l'or, à l'égard l'un de l'autre) le produit est 198, dont la racine quarrée est à peu près 14 $\frac{1}{7}$. Or, comme 11 est à 14 $\frac{1}{7}$, ainsi 140 en une seconde est à 181 à peu près; par où l'on connoitra, suivant la Proposition vingt-cinquiéme, que la vitesse complette d'une balle d'or de six lignes est de 181 piés par seconde. On trouvera à peu près le même nombre, si on fait une Table comme les deux précédentes, en supposant que la balle d'or passe en la premiére seconde 14 piés; au lieu des 14 piés qu'on a supposé pour le plomb, cette Table donnera environ 13 secondes pour le tems de l'accélération, & environ 1600 piés pour la hauteur d'où doit tomber cette balle d'or, pour acquérir sa vitesse complette, qu'on trouvera par cette Table être d'environ 178 piés, au lieu des 181.

A l'égard des corps peu pesants, comme le liége, le coton, les boules creuses de papier, les bouteilles de savon, &c. on trouvera aisément leurs vitesses complettes, en supposant 42 piés pour celle de la boule de cire de six lignes; car ayant trouvé par expérience qu'une balle de liége de six lignes ne pése que le quart de celle de cire, on trouvera par la vingt-cinquiéme Proposition, que sa vitesse complette sera de 21 piés.

On ne peut faire les Tables de ces vitesses médiocres par des secondes entiéres, parce qu'elles acquiérent leur vitesse complette en moins de trois secondes; mais on en peut faire par des quarts de seconde en la maniére suivante.

Si on suppose que les corps inégaux en pesanteur font 15 piés en u-
ne

ne seconde en tombant par un espace vuide, & que selon la doctrine de *Galilée*, ils passeroient trois piés neuf pouces en une demi seconde, & 11 pouces ½ en un quart de seconde ; & que la résistance de l'air fasse perdre à une boule de liége de 6 lignes, ¼ de pouce de ces 11 ¼, en un quart de seconde ; elle ne fera que 10 pouces au premier quart, & on continuëra aisément la Table par la méthode ci-dessus.

QUATRIÉME TABLE.

Pour une balle de liége de six lignes.

Quarts de seconde.	*Espaces passez en chaque quart de seconde.*
1	10 pouces
2	27½
3	41¼
4	51¼
5	57½
6	60
7	58¼

On voit par cette Table qu'une balle de liége de 6 lignes acquiert en moins d'une seconde ¼ sa vitesse complette, en tombant d'environ 21 piés, & qu'on peut la supposer de 61 pouces en un quart de seconde, c'est à dire de vingt piés 4 pouces en une seconde, au lieu des 21 qu'on a trouvé en supposant 42 piés pour la balle de cire. De là on peut juger que les corps peu pesants, comme le cotton, les plumes &c. acquiérent leur vitesse complette en 1 seconde.

On trouvera de même par la 25e. Proposition, qu'une goute d'eau de deux lignes ⅖, qui est la grosseur ordinaire des goutes d'eau, aura environ 28 piés pour sa vitesse complette ; car, puisque celle d'une balle de cire de six lignes, dont la pesanteur spécifique est supposée égale à celle de l'eau, est de 42 piés, si on multiplie 6 par 2 ⅖ le produit sera 16 dont la racine est 4, & 42 est à 28 comme 6 à 4. Que si on suppose qu'une bouteille d'eau de savon de 36 lignes de diamétre, ait été faite d'une goute d'eau de 2 lignes ⅖, on trouvera par la 27e. Proposition que sa vitesse complette sera de 2 piés ⅖ ; car 36 est à 2 ⅖ comme 28 à 2 piés 2/27.

AVERTISSEMENT.

IL est manifeste que les Tables ci-dessus ne sont point dans la derniére pré-cision, puisqu'en continuant la deuxiéme de la balle de plomb jusques à la douziéme seconde, le nombre de cette 12e. seconde seroit moindre que celui de

la

la 10*. *& qu'en continuant celle de la balle de cire jusques à la cinquième se-*
conde , cette 5*. seconde donneroit moins que la troisiéme. Cependant il s'y*
trouve un équivalant si juste, qu'elles s'accordent toutes à fort peu près aux
expériences , comme on le verra dans la suite ; & on peut les recevoir , en
attendant qu'on trouve des hypothéses plus justes.

Il est très-difficile de faire des expériences pour savoir les vitesses complettes des balles de plomb, parce qu'on auroit beaucoup de peine de
trouver une hauteur perpendiculaire de 950 piés; il seroit même fort
difficile de les voir à la fin de leurs chûtes à cause de leur grande vitef-
se: il faut donc se servir de quelques balles de bois de liége ou de quelque boule creuse de papier, pour un premier fondement des vitesses complettes des autres corps; car ces balles prenant des vitesses complettes
médiocres, il sera aisé de mesurer les espaces & les tems de leurs chûtes.

Pour en faire les expériences bien justes, il faut choisir une tour de
80 ou de 100 piés de hauteur, & laisser tomber une balle de cotton
d'un pouce de diamétre du plus haut endroit qu'on pourra, du côté
qui regarde le Midi, lorsque le Soleil luit, & que le vent vient du Nord
ou du Nord-Est; & après avoir remarqué à peu près les piés qu'elle
fait en la premiére seconde, par exemple 8 piés, on pourra faire des divisions égales de neuf piés chacune depuis le bas de la tour jusqu'aux
deux tiers; & parce que les ombres du soleil sont considérées comme
parallelles, si la vitesse complette de la boule est de neuf piés, on pourra remarquer assez précisément par son ombre si elle passera neuf piés à
chaque seconde, après avoir passé le tiers de la hauteur de la tour. Que
si elle passe chaque division en plus d'une seconde, ou en moins d'une
seconde; on pourra diminuer ou augmenter la grandeur de chaque division & les faire enfin telles que l'ombre de la boule en passe une en
chaque seconde: On prendra la grandeur d'une de ces divisions pour la
vitesse complette de cette boule legére, par le moyen de laquelle on
trouvera les vitesse complettes de toutes les autres boules, par les Propositions 25e, 26e, 27e & 28e. J'ai fait plusieurs expériences avec des
personnes fort intelligentes, sur les tems des chûtes de plusieurs boules
différentes en volume & en pesanteur spécifique; dont voici les plus
exactes.

EXPÉRIENCES POUR LES CHUTES DES
CORPS PESANTS.

On a choisi pour faire ces expériences le noyau vuide de l'escalier à
vis de la cave de l'Observatoire , dans le milieu duquel on peut laisser
tomber des balles depuis le haut de la plate-forme qui couvre tout le
Bâtiment, y ayant à chaque étage des ouvertures rondes de même grandeur que celle de l'escalier , & directement au dessus , elles ont chacu-

P

ne

ne trois piés de diamétre. On avoit mis à un demi pié plus haut que le fond de ce noyau, un aix de 2 piés & demi de largeur en situation horisontale, sur lequel on laissoit tomber les balles; il y avoit 163 piés $\frac{1}{2}$ depuis l'aix jusques au pavé de la plate-forme, & on tenoit les balles, avant que de les lâcher, trois piés plus haut que l'ouverture, ce qui faisoit une hauteur de 166 piés $\frac{1}{2}$. Celui qui faisoit l'expérience tenoit la balle de plomb d'un pendule à demi secondes, entre le pouce & le premier doigt, & il avoit la balle qui devoit tomber, entre le même pouce & le second doigt, de maniére qu'en ouvrant la main il laissoit aller les deux balles en même tems. On comptoit les demi secondes jusques à ce qu'on entendit le coup de la balle qui frappoit l'aix. On en fit plusieurs expériences avec des balles de plomb de six lignes de diamétre, & entre le plus & le moins on trouva que le tems de leurs chûtes étoit de sept demi secondes & un quart de seconde, c'est à dire trois secondes 3 quarts. Mais, parce que le bruit fait 180 piés en un sixiéme de seconde, car il fait 1080 piés à fort peu près en une seconde, il faut ôter un peu moins qu'un 6e. de seconde de ces trois secondes $\frac{3}{4}$, parce qu'il n'y avoit que 166 piés $\frac{1}{2}$ de distance au lieu-des 180; le reste est 3 secondes $\frac{8}{13}$ à fort peu près. Or suivant la premiére Table il faut prendre le quarré de 3 $\frac{8}{13}$, qui est environ 13 $\frac{1}{14}$; son produit par 15 est 196 $\frac{1}{14}$, dont il faut ôter le produit de 13 $\frac{1}{14}$ par 2 & $\frac{4}{13}$, suivant la régle de la construction des Tables; ce produit est environ 30 $\frac{1}{6}$, lequel étant ôté de 196 $\frac{1}{14}$, il restera un peu moins de 166 piés au lieu des 166 piés & demi de distance jusques à l'aix. On laissa tomber en suite les mêmes balles depuis le vestibule qui est au rez de chaussée du bâtiment; la distance jusqu'à l'aix étoit de 87 piés & demi; les balles parcouroient cét espace en deux secondes & sept douziémes entre le plus & le moins, après en avoir ôté le tems qui convient au mouvement du son dans cét espace. Ces expériences se trouvent conformes à peu près à la même premiére Table : car le quarré de 2 $\frac{7}{12}$ est 6 $\frac{2}{3}$ & un peu plus; le produit de 6 $\frac{2}{3}$ par 15 est 100, dont il faut ôter le produit de 6 $\frac{2}{3}$ par 1 $\frac{19}{24}$; ce produit est 11 $\frac{17}{18}$; 100 moins 11 $\frac{17}{18}$ est 88 $\frac{1}{18}$, au lieu des 87 piés $\frac{1}{2}$.

SECONDES EXPÉRIENCES.

On laissa tomber sur le même aix, depuis trois piés au dessus du pavé de la grande sale, une balle de cire de 6 lignes de diamétre chargée d'un peu de sable, en sorte que sa pesanteur spécifique étoit égale à celle de l'eau; la distance étant mesurée se trouva de 126 piés $\frac{1}{3}$; la balle employa 4 secondes & $\frac{1}{3}$ avant qu'on entendit le coup sur l'aix; ôtez de ce tems, $\frac{1}{9}$ de seconde pour le tems du mouvement du son, il restera 4 secondes $\frac{1}{11}$ à peu près; cette balle suivant la troisiéme Table devoit passer 81 piés en trois secondes, & 40 piés pendant la 4e. seconde, de, & y ajoutant $\frac{1}{11}$ de 42, favoir 4 à peu près, la fomme fera 126 au lieu des 126 ½. On laiffa tomber enfuite la même balle, depuis le haut du grand efcalier jufques fur un aix qui étoit au deffous à 71 piés de diftance ; elle paffa cét efpace en 2 fecondes ⅞ à peu près, conformément à la troifiéme Table.

TROISIÉMES EXPÉRIENCES.

On laiffa tomber de la même hauteur de 71 piés une balle de liége de fix lignes de diamétre ; elle paffa cét efpace en 4 fecondes. Cette balle, fuivant la 4ᵉ. Table, acquiert fa viteffe complette en 2 fecondes, & cette viteffe par raport à celle de la balle de cire eft de 21 piés. Si donc on prend 11 piés pour la 1ᵉ. feconde, 19 pour la deuxiéme, & 42 pour les deux fuivantes ; la fomme fera 72, au lieu de 71.

On laiffa tomber de la même hauteur une balle de cire de huit lignes. Sa viteffe complette, par la 28ᵉ. Propofition, eft de 49 piés par feconde. Elle paffa les 71 piés en 2 fecondes ½ un peu moins. Si donc on prend 13 piés pour la premiére feconde, 35 pour la deuxiéme, & 24 ½ pour la demi feconde reftante ; la fomme fera 72 ½, dont il faut ôter 1 ½, parce que la demi feconde n'étoit pas entiére.

On laiffa encore tomber de la même hauteur une balle de liége de 12 lignes de diamétre ; elle paffa les 71 piés en fix demi fecondes & la moitié d'une demi feconde, c'eft à dire 3 fecondes ¼ ; fa viteffe complette eft de 29 ⅘ par la 28ᵉ. Propofition, celle de la balle de fix lignes de même matiére étant de 21 piés. On trouvera les 71 piés à peu près, en prenant 12 piés pour la premiére feconde, 24 pour la deuxiéme, 28 pour la troifiéme, & 7 ¼ pour le quart de 29 ⅘.

On a fait plufieurs autres expériences fur ces balles de cire & de liége, dans quelques unes defquelles il a paru que les nombres de la troifiéme & quatriéme Table étoient un peu trop petits, & qu'on pouvoit mettre dans la 3ᵉ. 12 piés ¼ ou ⅙, au lieu de 12 qu'on a mis pour la facilité du calcul, 32 pour 30 à la deuxiéme feconde, & 43 ou 44 pour la viteffe complette au lieu de 42 ; & à l'égard des balles de liége de 6 lignes, on a auffi conjecturé qu'on pouvoit prendre 11 ½ piés pour la 1ᵉ. feconde, 20 ½ pour la deuxiéme, environ 22 pour fa viteffe complette, & 31 pour celle de la balle de 12 lignes. Ceux qui en voudront faire des expériences dans de grandes hauteurs de 200 ou 300 piés, le pourront vérifier.

Ce qui eft le plus difficile dans ces expériences eft de bien obferver le tems des chûtes ; car il eft comme impoffible de s'empêcher de tomber en erreur d'un huitiéme ou d'un 10ᵉ. de feconde.

Il eft bon de remarquer ici qu'il faut faire les expériences des tems des chûtes des corps très-legers dans des lieux fermez, où il ne fe faffe point ou très-peu de mouvement d'air ; car leur viteffe en feroit au-

gmentée

gmentée ou retardée confidérablement. On peut auffi remarquer qu'en-core qu'une balle de plomb de 2 pouces ait fa viteffe complette deux fois plus grande qu'une de fix lignes , par la 28ᵉ. Propofition ; elles paffent pourtant un efpace de plus de 50 piés avec des viteffes fenfiblement égales , ce qui n'arrive pas à des balles de liége ; car on a obfer-vé qu'une balle de cette matiére , d'un pouce, en paffa une de fix li-gnes, d'environ fix piés dans une chûte de quarante-cinq piés.   Cette différence procéde de ce que l'air réfifte très peu à une balle de plomb quand elle n'a qu'une viteffe de 30 ou 35 piés en une feconde ; car cet-te viteffe n'eft qu'environ le quart de celle qu'elle peut acquérir : au lieu que la balle de liége de fix lignes acquiert toute fa viteffe qui n'eft que de 21 piés par feconde, en 31 piés , qu'elle paffe en deux fecondes ; & par conféquent l'air lui réfifte beaucoup , & la différence de cette réfiftance à l'égard de celle qui retarde la balle de liége de 12 lignes, eft fort confidérable dans un efpace de 45 piés.

QUATRIÉMES EXPÉRIENCES.

On laiffa tomber de 80 piés de hauteur en un même moment, une boule de cire de trois pouces de diamétre , & une de fix pouces ; elles allérent jufques à 30 piés avec une viteffe fenfiblement égale ; mais à la fin de leurs chûtes, la groffe paffa de fix ou fept piés la petite.

On laiffa tomber enfemble de la même hauteur une boule de mail & un boulet de canon d'une même groffeur ; ils defcendirent jufques à 25 piés également vite ; le boulet étant à 50 piés paffa la boule de mail d'environ deux piés, & au bas de la chûte de plus de quatre piés.

Pour favoir quelle groffeur doit avoir un boulet de plomb pour pou-voir acquérir en tombant une viteffe égale ou plus grande que celle du fon , qui eft à peu près la même qu'elle auroit à la fortie d'un canon ; il faut divifer par 140, nombre des piés de la viteffe complette d'une balle de plomb de fix lignes , 1080 piés qui eft la viteffe du fon ; le quotient eft un peu moins que huit.   Si donc on prend un troifiéme proportionnel aux nombres un & huit, favoir foixante-quatre ; on con-noitra que le boulet doit avoir fon diamétre foixante-quatre fois plus grand que celui de la balle de fix lignes , & qu'il fera de trente-deux pouces : Car en multipliant cent quarante piés par huit, le produit fe-ra 1120 piés , qui fera la viteffe complette du boulet de trente deux pouces. Mais il faudroit, pour acquérir cette viteffe , plus de 40 fecon-des de tems, & une hauteur de plus de 22000 piés, comme on le pour-ra connoitre à peu près, en faifant une Table femblable à la premiére, après avoir fuppofé que ce gros boulet ne perdroit qu'un pouce, par la réfiftance de l'air , des 15 piés qu'il devroit parcourir par le vuide en une feconde.

F I N .

E S-

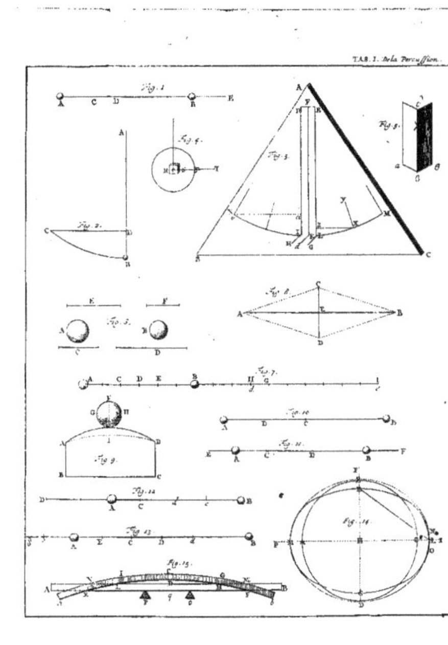

TAB. I. De la Percussion.

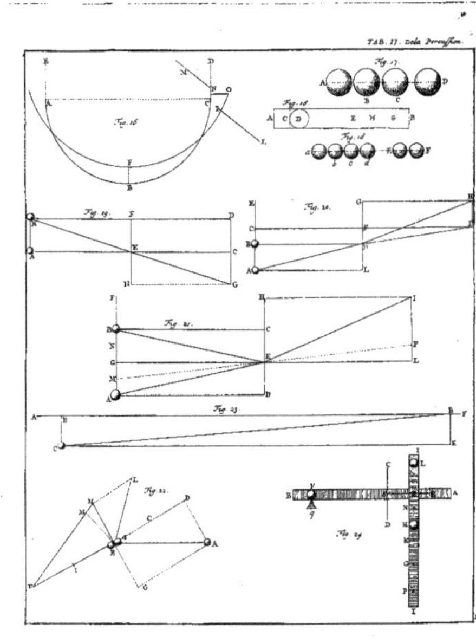

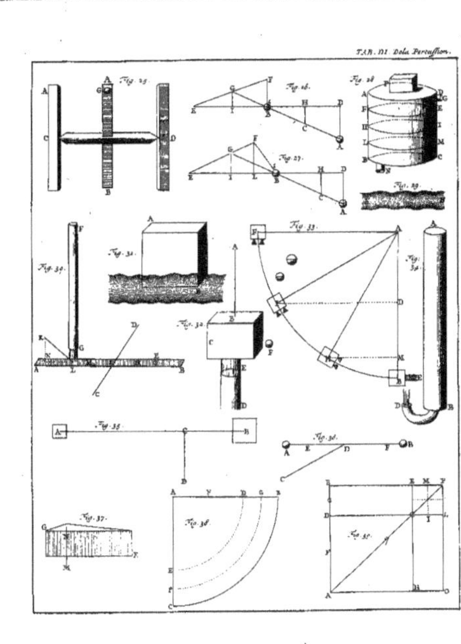

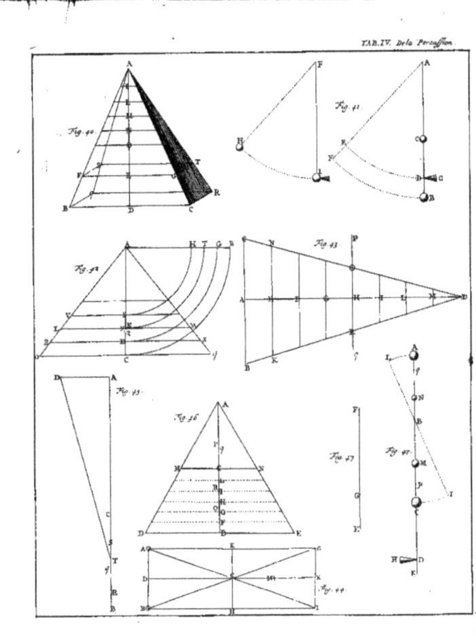

TAB. IV. De la Percussion.
Fig. 40
Fig. 41
Fig. 42
Fig. 43
Fig. 45
Fig. 46
Fig. 47
Fig. 44

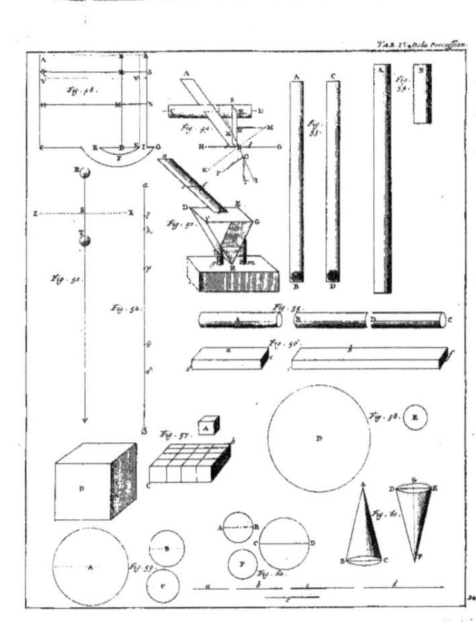

TAB. IV. de la Percussion.

ESSAIS

DE

PHYSIQUE,

OU

MÉMOIRES POUR SERVIR
A LA SCIENCE DES CHOSES
NATURELLES.

PREMIER ESSAI.
DE LA
VEGETATION
DES
PLANTES.

Par M^r. MARIOTTE,

de l'Académie Royale des Sciences.

LETTRE
ÉCRITE A
MONSIEUR LANTIN,
CONSEILLER AU PARLEMENT
DE BOURGOGNE, SUR LE
SUJET DES PLANTES.

PREMIÉRE PARTIE.

DES ELEMENS OU PRINCIPES
DES PLANTES.

Ous défirez, *Monfieur*, que je vous faffe favoir mes fentimens fur le fujet des *Plantes* ; c'eft à dire, que je vous explique quels font les Elémens ou principes dont elles font compofées, de quelle maniére elles fe nourriffent, & enfin quelles font les caufes de leurs qualités différentes, & de leurs vertus, tant falutaires que nuifibles. Mais, c'eft une entreprife qui me femble très-difficile, & je vois tant de doutes & d'obfcuritez dans cette matiére, que je n'ofe vous promettre de la pouvoir fuffifamment éclaircir, ni de vous en donner des connoiffances plus belles & plus affeurées que celles que vous avez. Voici tout ce que j'en ai pû apprendre, tant par mes expériences particuliéres, que par celles que j'ai vû faire dans le laboratoire de *l'Académie Royale des Sciences.*

Ma première Hypothèfe eft, qu'il y a plufieurs principes groffiers & vifibles des Plantes, comme l'eau, le foufre ou huile, le fel commun, le falpètre, le fel volatile ou armoniac, quelques terres, &c. Et que ces principes groffiers font compofés eux-mêmes de trois ou quatre principes plus fimples, qui font naturellement joints enfemble ; par exemple, le falpétre a fon flegme ou eau infipide, fon efprit, fon fel fixe, &c ; le fel commun a fon flegme, fon efprit, fon fel fixe, &c. Et on peut croire avec beaucoup de vrai-femblance, que ces principes plus fimples font encore compofés de quelques parties différentes entre elles, tellement petites, qu'on ne peut les appercevoir par aucun artifice, ni déterminer quelles font leurs figures & leurs autres propriétez.

Première Hypothè-fe fur les Principes des Plan-tes.

Q

Mais,

Idée des noms de fixe, vo latile, e- sprit,&c.

Mais , dautant que les noms de fixe , volatile , esprit , &c. ne sont pas communs , & que plusieurs Chimistes qui s'en servent, en ont souvent des idees confuses , & peu distinctes ; je crois qu'il est nécessaire que je vous explique ici comme je les conçois.

On voit par les effets du grand Miroir Concave , qui est dans la Bibliothéque du Roi , qu'il n'y a aucun corps qui ne se fonde à une extréme chaleur. Les terres , les talcs , les pierres , le plâtre , l'ardoise , la mine de plomb , la sanguine , le cristal de roche en poudre , & plusieurs autres matiéres se vitrefient en fort peu de tems , lors qu'on les expose au foyer de ce miroir ; & il est très-vrai-semblable que celles dont on n'a pas encore fait l'expérience , se fondroient aussi : & parce qu'on voit fumer la plupart de ces matiéres avant que de se fondre , & qu'étant fonduës , elles bouillonnent ; il est aisé de juger que ces effets procédent de quelques unes de leurs plus subtiles parties qui se volatilisent & se mettent en mouvement les unes après les autres.

On remarque aussi , que les corps qui paroissent les plus fixes , comme les pierres & les métaux , deviennent lumineux dans le feu : Or la lumiére procéde vrai-semblablement d'un mouvement très-rapide & très-violent ; d'où l'on peut conclure , qu'alors quelques-unes des particules de ces corps se meuvent , & par conséquent qu'elles sont volatiles , ou du moins qu'elles le deviendroient enfin , si ces matiéres étoient exposées à un miroir qui fit des effets plus considérables que celui dont j'ai parlé.

On ne peut donc asseurer d'aucun corps qu'il soit véritablement dur ou fixe de sa nature. Toute-fois pour m'accommoder avec les Chimistes , j'appelle ici dur , ce qui se fond difficilement ; fixe , ce qui ne s'éléve que par une très-grande chaleur ; & volatile , ce qu'une chaleur médiocre peut faire élever. Mais il y a de différens degrès de dureté , de fixité , & de volatilité : car , par exemple , l'eau est plus volatile que le sel armoniac , & l'esprit de vin plus que l'eau ; la terre se fond par la chaleur plus difficilement que les sels , &c.

Les Chimistes appellent esprits , les petites parties non aqueuses qui s'élévent des corps par la chaleur , & se reduisent en liqueur par la distillation , comme l'esprit de salpètre , l'esprit de vitriol , l'esprit de sel , &c.

Ils appellent aussi esprits , les liqueurs aqueuses qui se tirent par la distillation , lors qu'elles sont remplies & impregnées de quelques sels , ou de quelques autres principes actifs qui se sont élevés avec elles par la force du feu.

De l'union naturelle de quelques-uns de ces Principes.

On reconnoît l'union naturelle de quelques-uns de ces principes par les expériences suivantes.

Versez de l'esprit tiré du salpètre , sur du sel de tartre dissous en eau commune , ou sur un autre sel fixe de semblable nature que le sel de tartre , & vous verrés qu'il se fera une grande effervescence ou bouillonnement dans ces matiéres ; ce qui procéde vrai-semblablement du

mou-

mouvement violent de leurs très-petites parties, lors qu'elles s'accrochent les unes aux autres pour s'unir intimement enfemble, & faire un compofé nouveau, femblable au premier falpêtre dont l'efprit avoit été tiré. La même chofe arrive à l'efprit de vitriol & à l'efprit de fel, lors qu'on les mêle avec les mêmes fels fixes. Les efprits acides des Plantes diftillées étant verfez fur le fel volatile qui s'éléve de quelques-unes à la fin de la diftillation, font auffi une effervefcence très-confidérable, de même que les liqueurs diftillées des terres, lors qu'on les verfe fur de la brique. On reconnoît auffi ce mouvement de réünion par les fels des cendres, dont par la force du feu on a féparé l'eau & les autres principes fimples auxquels ces fels font joints ordinairement; car ils pénétrent dans les chairs des animaux, pour fe rejoindre à ces principes. De là on peut juger, que le goût acide & pénétrant de l'efprit de falpètre & des autres efprits féparés par la diftillation, procéde de ce qu'ils pénétrent profondément dans la langue, & que la douceur qu'on trouve dans la plupart des fruits, procéde d'une union exaĉte des principes dont ils font compofez; car lors qu'on en a laiffé évaporer quelques-uns, le refte devient acide & pénétre la langue. C'eft par cette raifon que l'hydromel & le vin doux deviennent aigres, lorfqu'on les laiffe éventer, & que beaucoup de ces efprits acides ont la force de diffoudre les métaux & plufieurs autres corps, en s'infinuant dans leurs pores les plus étroits pour s'unir à ce qui leur eft propre dans ces matiéres.

Je n'entens pas toutefois attribuer à ces principes une connoiffance par laquelle ils cherchent à fe réünir; mais je conçois qu'ils ont une difpofition naturelle à fe mouvoir réciproquement pour cette union exaĉte, quand ils fe touchent: & quoiqu'il foit très-difficile de déterminer quelle eft cette difpofition, il fuffit de favoir qu'il fe trouve dans la nature beaucoup d'exemples de ces mouvemens. Ainfi les corps pefans fe meuvent vers le centre de la terre; ainfi le fer fe meut vers l'aimant; & ces mouvemens ne font guére plus difficiles à concevoir que ceux des Planétes dans leurs orbes, ou que celui du Soleil autour de fon axe, ou du cœur dans un animal vivant.

Quelques Chimiftes croyent qu'il y a dans la Nature un corps très-fubtil qu'ils appellent Efprit univerfel, lequel s'enfinuant dans diverfes matiéres, produit les principes groffiers des corps: mais on peut avec plus de raifon croire le contraire; c'eft à dire, qu'il y a un fel fixe, qui fert de baze à ces principes, & que les efprits différens les fpécifient & les déterminent.

Voici l'expérience que j'en ai vû faire. On prend trois portions égales de fel de tartre; on verfe fur la premiére de l'efprit de fel, fur la feconde de l'efprit de falpêtre, & fur la troifiéme de l'efprit de vitriol, jufques à ce que ces matiéres ne faffent plus d'effervefcence; on laiffe évaporer une partie des liqueurs, & on trouve dans le premier mélan-

Q 2

ge,

ge, du véritable sel de figure cubique, qui petille au feu & qui a sensiblement le goût du sel commun : dans le deuxiéme, on trouve du
véritable salpêtre en longues aiguilles, qui a le goût piquant & qui ful-
mine dans le feu; & dans le troisiéme, du vitriol en figures exagones
ou en pointes de diamant, & qui a les autres qualités du vitriol, hors-
mis qu'il n'est pas verd, & qu'il ne noircit pas la solution des noix de
Galle : mais cela peut procéder de ce que la matiére métallique qui est
mêlée avec le vitriol, & qui lui donne la couleur verte & la vertu de
noircir, ne passe pas par l'alembic avec les esprits.

*Seconde
Hypothè-
se sur les
Principes
des Plan-
tes.* Ma seconde Hypothése est, que plusieurs de ces principes grossiers
sont dans chaque plante. Je prouve cette hypothése par les raisons &
par les expériences suivantes.

*Premiére
preuve de
cette Hy-
pothése.* La basse Région de l'air est remplie des plus subtiles parties de ces
principes, lesquelles y sont élevées par la chaleur du Soleil, ou par celle qui se trouve en plusieurs lieux souterrains. Cela se prouve par le
feu du Tonnerre, qui a un mouvement prompt comme celui du salpêtre enflammé, & qui fait sentir une odeur de soufre dans les lieux où
il tombe; ce qui fait connoitre qu'il est en partie composé de ces principes qui ont été élevés dans l'air. Les nuées ne sont autre chose que
de petites particules d'eau qu'on appelle des vapeurs, & elles sont mêlées de quelques petits corpuscules des sels, comme le remarquent quelquefois ceux qui demeurent dans le voisinage de la Mer. Or ce soufre, ce salpêtre, ces sels volatiles, &c. se mélent dans l'air avec les vapeurs aqueuses, & retombent avec les pluïes formées de ces vapeurs
sur la surface de la terre : Ils la pénétrent ensemble jusques aux racines des plantes, où ils entrent avec quelques particules des terres qui
rendent ces eaux boüeuses; ce qui n'est pas difficile à croire, puisque
bien souvent le sable menu qui se trouve auprès des racines des Plantes
y entre avec l'eau des pluïes, comme on le reconnoît en mangeant des
asperges & des artichaux qui croissent dans de certaine terres sablonneuses.

*Seconde
preuve.* Cette seconde Hypothése se prouve encore par les distillations, & par
les autres opérations de Chymie. Car, par leur moyen on tire de toutes les plantes de l'eau insipide, que les Chymistes appellent flegme;
des huiles inflammables; des esprits qu'on appelle acides, parce qu'ils
sont reconnus par cette saveur; d'autres esprits que quelques-uns appellent sulphurez, mais par un nom impropre, puisqu'ils ne sont aucunement inflammables, je les appelle ici esprits armoniaques : & lors qu'on
fait brûler à un feu de réverbére les matiéres séches & noirâtres qui
demeurent au fond des vaisseaux après les distillations, & qui ne sont
autre chose qu'un composé de terres, de sel, & de quelque portion
huileuse & sulphurée qui étant trop visqueuse, ou trop engagée avec
les terres & les sels fixes, ne peut s'élever & devenir volatile qu'à un
feu ouvert; il reste des cendres, d'où l'on tire une terre insipide, qui
ne

ne fe diffoud pas dans l'eau , & des fels fixes qui font différens les uns des autres par le mélange du plus ou du moins des efprits acides & armoniaques , ou de quelques autres principes inconnus , que le feu n'a pû élever.

On diftingue facilement l'efprit armoniac des plantes, de leur efprit acide, parce que le premier précipite en blancheur le fublimé diffous en eau commune , & qu'il fait effervefcence avec l'efprit de fel ; ce que la liqueur acide, qui eft ordinairement plus pefante, ne fait point : mais elle a une autre propriété, qui eft de rougir la teinture bleuë du tournefol, ce que l'efprit armoniac ne fait point.

On peut conjecturer que l'efprit ardent eft un mélange de l'efprit de fel armoniac, & des parties les plus inflammables & les plus legéres de l'huile ; car il fe mêle avec l'eau , à caufe de fon fel & de fa ténuité, au lieu que les huiles groffiéres nagent ordinairement fur l'eau & ne s'y mêlent pas.

On voit auffi à la fin de quelques diftillations , des fels volatiles attachés au vaiffeau de verre qui reçoit les eaux diftillées , & ces fels ont beaucoup de rapport à l'efprit leger qui trouble le fublimé , lequel efprit n'eft vrai-femblablement autre chofe que le mélange des plus fubtiles parties des fels volatiles, avec les eaux qui s'élévent dans les diftillations , comme l'acide peut être pris pour les plus legéres parties de l'alun ou du falpêtre, &c. qui entrent dans la compofition des Plantes.

Il ne faut pas croire que le feu produife ces différens principes dans les diftillations : car l'eau & la terre fe trouvent ailleurs ; le fel de la Mer & le foufre fe trouvent fans feu ; le vitriol & le falpêtre de même ; les huiles fe trouvent dans de certains fruits & dans les femences des plantes. Il eft vrai que ces principes font fouvent un peu altérés par la chaleur du feu , & même une exceffive chaleur en peut unir plufieurs enfemble fi exactement, qu'on ne peut après les féparer, comme lorfque la terre avec les fels & les autres principes qu'elle contient, eft reduite en verre.

On trouve auffi ces mêmes principes en diftillant les terres ; car elles donnent de l'efprit armoniac , de l'efprit acide , des huiles , des fels, &c. Et celles qui ne font pas lavées par la pluië , & qui font propres pour nourrir les plantes , donnent du falpêtre & du fel commun ; c'eft pourquoi il ne faut pas s'étonner fi on trouve ces principes dans les plantes , puifqu'elles fe nourriffent dans les terres qui les contiennent.

On peut fuppofer par ce que j'ai dit ci-deffus , que ce qui fe reduit en liqueur acide , comme les efprits de fel , de falpêtre , &c. eft un genre de principes qui a plufieurs efpéces ; & que ce qui précipite le fublimé diffous , eft d'un autre genre ; mais qu'une partie de ces principes volatiles peut être unie avec les fels fixes , & avec les terres, par la force du feu.

Q 3

Lorf-

Lorsque le sel armoniac, que quelques-uns appellent alcali volatile, est engagé avec les terres, & avec les sels fixes qui l'empêchent de s'élever, & en retiennent une partie, encore même qu'on brûle les Plantes à un feu ouvert, on appellera si l'on veut ce composé, sel lixiviel ou alcali fixe. On distingue ce sel, en ce qu'il précipite la solution du sublimé en couleur rougeâtre ; ce que les autres sels fixes ne font pas. Mais dans toutes les plantes, ces principes sont mêlés en différentes maniéres, & leurs unions ou séparations sont plus ou moins parfaites. De toutes lesquelles choses on peut inférer avec assez de vrai-semblance, que les principes grossiers & sensibles des plantes, sont ; les Terres, l'Eau, le Sel marin, le Salpêtre, le Sel nitre des anciens, le Soufre, &c. & même l'Alun & l'Orpiment. Voici une conjecture que j'ai pour ce dernier.

Toutes les liqueurs qui sont dans les animaux à quatre piés, qui se nourrissent de Plantes, sont composées de leurs mêmes principes ; & par conséquent, la bile qui est dans la vésicule du foie est une séparation de quelques-uns de ces principes. Or si on fait sécher du fiel de bœuf, & qu'on le fasse brûler, il jette une flamme toute semblable à celle de l'orpiment. La bile fait aussi des érosions comme l'orpiment, d'où l'on peut inférer qu'il y en a un peu dans quelques Plantes.

Troisiéme Hypothèse. Ma troisiéme Hypothèse est, que les sels, les terres, les huiles, &c. que donnent les diverses sortes de Plantes par la distillation, sont les mêmes ; & que les différences qu'on y trouve, ne procédent que de l'union plus ou moins parfaite de quelques-uns de ces principes grossiers & de leurs parties les plus simples, ou bien de leurs séparations.

Prouvée par deux Expériences. Cette troisiéme Hypothése se prouve par les Expériences suivantes.

Première Expérience. Si on greffe un Poirier de bon Chretien sur un Poirier sauvage, la même séve qui dans ce dernier eût produit des Poires fort petites & d'un mauvais goût, ayant passé dans les branches que la greffe pousse, y produira des poires fort grosses & d'un goût excellent, & dont les autres qualités seront fort différentes de celles de l'autre fruit. Mais, si derechef on greffe sur une des branches produites par cette greffe de bon Chretien, une greffe de Poirier sauvage ; elle produira des poires fort petites & d'un mauvais goût. Ce qui fait connoître manifestement que c'est toujours la même séve qui étoit dans le tronc de l'arbre, qui est diversement déterminée, soit par quelque vertu occulte que quelques-uns appellent spécifique, qui est dans chaque greffe, soit par la structure particuliére de leurs fibres & de leurs pores, qui fait prendre à cette séve des figures & des dispositions semblables à celles qu'elles ont ; de la même maniére que la flamme d'une chandelle prépare le suif qui est au dessous, & le dispose à être réduit en flamme à son tour, en donnant à ses petites parties un mouvement semblable à celui dont les siennes sont agitées.

Cette

Cette troifiéme Hypothèfe fe prouve encore par cette autre Expérience.

Prenez un pot où il y ait de la terre pefant fept ou huit livres, & y
femez une plante telle que vous voudrez ; elle trouvera dans cette terre & dans l'eau qui y tombe par les pluïes, tous les principes dont elle
fera compofée étant arrivée à fa perfection. Or, comme on y peut femer
trois ou quatre milles Plantes différentes ; fi leurs fels, leurs huiles, leurs
terres, &c. étoient différentes les unes des autres, il faudroit que tous
ces principes fuffent dans ce peu de terre, & dans le peu d'eau de pluïe
qui y tombe pendant trois ou quatre mois ; ce qui eft impoffible : car
chacune de ces Plantes étant venuë en maturité, donneroit du moins
un gros de fel fixe, deux gros de terre, &c ; & tous ces principes enfemble, y compris ceux qui font mêlés avec les eaux diftillées, péferoient au moins deux ou trois onces, qui multipliées par le nombre des
Plantes, qu'on a fuppofé être 4000, feroient un poids de 500 livres ;
au lieu que toute la terre du pot & toute l'eau qui y tombe en quatre
mois, ne péfent par 20 livres. Defquelles raifons & expériences il s'enfuit, que les principes dont chaque Plante eft compofée font les mêmes, du moins les groffiers & fenfibles ; & que fi elles en ont quelcun de
particulier, on ne peut le féparer & le faire voir à part.

Quoique ces principes ne foient prefque jamais purs & fans mélange,
on en peut concevoir une idée affez diftinéte par cette opération de l'efprit qu'on appelle abftraction. Ainfi on peut concevoir l'eau fans terre,
fans fel, fans air, &c : On peut concevoir l'air fans vapeurs, & fans les
fumées qui s'y élevent, en le confidérant feulement comme tranfparent
& ayant une vertu de reffort : On peut concevoir l'huile fans l'eau ou
la terre qui y eft mêlée : On peut concevoir la terre comme ce qui refte des cendres après qu'on en a tiré le fel ; & ainfi des autres principes.

Vous vous étonnerez peut être, Monfieur, de ce que je ne fais pas
entrer le feu dans la compofition des plantes, puifque la plupart des
Philofophes, tant anciens que modernes, le mettent au nombre des
Elemens. Ma penfée eft que le feu eft compofé des mêmes principes
qui compofent les matiéres enflammées. Ainfi un charbon allumé n'eft
différent d'un charbon éteint, que parce que quelques parties de fon
foufre, de fon falpêtre, &c. font fortement agitées, & que cette agitation leur donne la vertu de nous éclairer, & de nous échaufer : Ainfi la flamme d'une bougie n'eft autre chofe que de la fumée allumée,
& cette fumée eft compofée des mêmes principes qui font dans la cire.
D'où il eft évident, que le feu ne doit pas être pris pour un principe.

A l'égard de l'air, il y en a toujours dans l'eau, & par conféquent
il y en a dans le fuc des Plantes, ce qu'on reconnoît aifément dans les
effervefcences des liqueurs diftillées.

SECON-

SECONDE PARTIE.

DE LA VÉGÉTATION DES PLANTES.

CEs différens principes des Plantes étant affez bien établis par ce qui a été dit ci-devant; il eſt tems, Monſieur, que je vous explique de quelle maniére je conçois que les Plantes s'en nourriſſent, & comme ſe fait leur Végétation.

De la pre-miéreGer-mination de la ſe-mence, d'où elle procéde. Je commencerai par la premiére germination de la ſemence, dont j'ai fait pluſieurs obſervations. J'ai mis pendant l'Eté des féves blanches qu'on appelle phaſéoles, tremper dans de l'eau par le bout le plus éloigné du petit germe qui eſt entre les deux lobes qui compoſent le corps de la féve. Ce petit germe eſt compoſé de deux ou trois feuilles très-petites, pliées l'une ſur l'autre, qui ſortent d'une petite tige dont l'extrémité finit en pointe. Au milieu de cette tige il y a deux petits canaux ou liens qui s'attachent aux deux lobes, & chacun d'eux fait le même office pour la nourriture de la Plante, que les vaiſſeaux du nombril pour la nourriture des animaux : Car ces lobes s'étant imbibés d'eau, comme fait une éponge, le petit germe la ſucce par ces petits canaux, & avec elle quelques particules de la matiére de ces lobes; & dans peu de jours les feuilles ſe développent, s'alongent, & s'élargiſſent, & la petite pointe qui doit s'étendre en racine, commence à deſcendre vers l'eau, quoiqu'au commencement elle ſoit quelquefois tournée en haut; mais elle ſe courbe peu à peu pour y arriver. On voit la même choſe dans les graines de courges, de concombres, de melons, &c. Et par conſéquent le premier commencement de la Végétation procéde de la ſemence imbibée d'eau. Même j'ai remarqué que les petites feuilles entr'ouvrent en croiſſant, les lobes de la féve, & s'étendent en longueur de plus d'un pouce, avec une couleur très-verte, avant que la racine qui demeure blanche ait atteint l'eau: Mais auſſi-tôt que la pointe de la racine a gagné l'eau, elle la ſucce & la tranſmet, non ſeulement dans la tige & dans les feuilles, mais auſſi dans les deux lobes par leurs petits canaux, & ces deux lobes croiſſent enſuite en longueur & en largeur; & dans les graines de courges & de calbaſſes, ils croiſſent beaucoup & ſe changent en deux grandes feuilles vertes qui continuent à fournir à la plante par les mêmes petits canaux, leur ſubſtance graſſe & huileuſe mêlée avec le ſuc qu'elles tirent de la racine, pour fortifier la petite plante qui ne reçoit pas encore de la terre ſeule, un ſuc aſſez préparé. Ce corps de la ſemence eſt auſſi analogue au jaune de l'œuf, qui ſert long-tems de nourriture aux jeunes oiſeaux, après même qu'ils ſont éclos.

Pour

Pour comprendre ces deux effets qui se font dans ces lobes, on peut les comparer à ce qu'on remarque dans le foïe des animaux, où plusieurs vaisseaux capillaires aboutissent à divers troncs ; les uns versent du sang dans le foïe, & les autres le raportent dans le tronc de la veine cave : ainsi il y a plusieurs vaisseaux capillaires dans les lobes des courges & des autres semences semblables, dont les uns distribuent dans ces lobes le suc qui vient de la racine, pour les faire grossir, & les autres portent de ces lobes, le premier suc bien préparé à la Plante, & continuent d'en porter jusques à ce que la Plante soit bien fortifiée. *Comment se font les effets qui se font dans les lobes.*

Les pois & la plupart des féves, les glands, les noyaux de pêches & d'abricots, ne jettent point au dehors, le corps de leurs graines ; mais il demeure dans la terre & s'y mêle avec l'humidité qui s'y trouve, pour nourrir les jeunes Plantes, jusqu'à ce qu'elles soient bien fortifiées. Mais la plupart des petites herbes, aussi bien que les courges & les melons, poussent au dehors de la terre les deux lobes en deux feuilles, & on voit ordinairement les enveloppes des lobes paroître à l'extrémité de ces feuilles.

On peut observer un semblable commencement de végétation dans les arbrisseaux qui viennent de bouture, comme la vigne, le sureau, les groseliers. Car la branche que l'on coupe en forme de coin aux deux bouts, étant mise la moitié en terre ; la mouëlle qui est fort grosse à proportion de celle des autres arbrisseaux, s'imbibe comme une éponge, de l'eau de la pluïe, ou de celle qui est dans la terre, & la transmet dans les petites fibres qui sont entre l'écorce & le bois, d'où elle est poussée en partie vers le bout d'embas pour produire des racines à l'extrémité de la petite pointe, & à l'entour des nœuds qui sont cachés en terre, & en partie vers les nœuds qui sont à l'air, pour faire enfler les boutons qui y sont, & les faire étendre en branches & en feuilles : Les canaux ou pores qui sont dans cette mouëlle, ne s'étendent pas en longueur, selon la tige de l'arbre, mais ils sont distingués en plusieurs petites cellules ovales qui ont quelque ressemblance à l'ouvrage des mouches à miel, ce qui paroît quand la tige est fenduë en longueur, & qu'on en regarde la moitié avec un microscope.

Or pour savoir de quelle maniére ces petits vaisseaux capillaires qui sont dans les graines, s'imbibent de ce suc, & comment les racines mêmes reçoivent l'eau des pluïes, il faut considérer ce qui arrive dans la végétation des animaux, qui apparemment doit avoir quelque raport à celle Plantes. *Maniére dont les petits Vaisseaux Capillaires des graines s'imbibent du suc, & les racines recoivent l'eau de la pluïe.*

On sçait que la matiére qui nourrit les animaux, après avoir été préparée par l'estomac, passe dans les boyaux, où elle trouve de petits pores & conduits imperceptibles par où les plus subtiles parties de cette matiére qu'on appelle chyle, passent & s'introduisent, & ces conduits sont apparemment disposés en sorte que ce qui y est entré, trouve des obstacles pour son retour ; comme on en voit des exemples

R

dans

dans plufieurs autres parties du corps, & même dans les veines, où il y a de petites peaux tenduës, qu'on appelle valvules, qui font difpofées à laiffer paffer le fang qui va au cœur, mais qui s'oppofent à fon retour.

Or fuivant cette analogie de la végétation des Animaux & des Plantes, il eft vrai-femblable que l'eau de la pluïe mêlée avec les autres principes qui compofent les Plantes, étant jointe & contiguë à leurs racines, y trouve des pores imperceptibles par où elle s'infinuë, & le retour en eft empêché, ce qui fait que cette première féve eft toujours preffée dans les Plantes. Elle a quelque raport au chyle, & elle devient analogue au fang des veines à proportion qu'elle fe mêle avec le fuc mieux préparé qui y eft déja, & qui eft femblable à peu près à celui que le corps de la femence donne au commencement.

Loi de la nature par laquelle fe fait cette infinuation de l'eau.

Cette première entrée de l'eau dans les racines, fe fait par une loi de la nature femblable au mouvement d'union dont j'ai parlé ailleurs; car par tout où il y a des tuyaux très-étroits qui touchent l'eau, elle y entre, & même elle y monte contre fa pente naturelle de defcendre.

Pour en faire l'expérience; ayez un tuyau de verre très-étroit, & bien net; trempés l'une de fes extrémités dans l'eau, elle y montera jufques à une hauteur confidérable par deffus fon niveau : mettés un pain de fucre dans un peu d'eau par un des bouts, elle montera jufques au haut en peu de tems ; mais elle ne monte point dans les tuyaux de verre s'ils font frottés de fuif, ou fi par le tems ils ont pris un certain enduit comme du vernis où l'eau ne s'attache point : car il ne fuffit pas que les pores foient difpofés pour laiffer entrer les parties fubtiles des autres corps, il faut auffi qu'elles y foient pouffées par quelque principe de mouvement. Mais quelle que puiffe être la caufe de cet effet que le vulgaire appelle attraction, il fuffit qu'il eft fort ordinaire, & que la Chymie en fournit beaucoup d'exemples.

Comment le fuc fe perfectionne & devient propre à nourrir les plantes.

Ce premier fuc mal digéré n'eft pas propre pour nourrir les principales parties des Plantes ; mais fuivant l'analogie de la végétation des animaux, il doit fe perfectionner en paffant par des tuyaux de différentes ftructures, comme le fang fe perfectionne en paffant par les petits vaiffeaux du poumon, par ceux du foïe, par diverfes glandes, &c.

Pour juger fi ce raport étoit véritable, j'ai foigneufement coupé en long & en travers, plufieurs tiges de Plantes laiteufes, & de celles qui ont un fuc jaune, & j'ai obfervé que toute l'humeur contenuë dans ces Plantes, n'étoit pas colorée, mais feulement celle qui étoit contenuë dans de certains canaux que je compare aux artéres. J'ai confidéré plufieurs fois la ftructure de ces petits canaux, & j'ai trouvé qu'ils ont chacun en leur milieu une petite fibre blanche, ligneufe, déliée, & qui peut fe féparer en plufieurs filamens ; qu'il y a une petite membrane à l'entour de ces petits canaux, qui les fépare du refte de la tige, & en fait comme un petit tuyau ; & qu'entre chacune des fibres & la membrane

brane qui les envelope, il y a une matiére spongieuse adhérente à la membrane, & remplie du suc coloré : ce qu'on peut découvrir facilement par le moyen d'un verre convexe qui sert à grossir les objets ; car les extrémités de ces fibres étant coupées, elles paroissent blanches & divisées en petits filamens, & on voit d'abord sortir le suc coloré de plusieurs endroits de cette matiére spongieuse, lors qu'elle est entamée & rompuë.

Le reste de la tige est rempli d'une autre matiére spongieuse, pleine d'une humeur aqueuse, insipide, sans couleur & d'une consistence très-fluide ; au lieu que la colorée est un peu épaisse & très-piquante en plusieurs Plantes. On voit une semblable structure dans les feuilles de l'Aloës, lorsqu'on en coupe une feuille en travers : car on remarque que le milieu qui a environ un pouce d'épaisseur, est d'une substance spongieuse, composée d'un grand nombre de membranes confonduës ensemble, & remplie d'une humeur aqueuse, claire, & qui a fort peu d'amertume : On remarque aussi que cette substance spongieuse est couverte d'une écorce verte, dans l'épaisseur de laquelle il y a plusieurs petits canaux noirâtres disposés selon la longueur de la feuille, semblables à ceux des Plantes laiteuses : Ces canaux contiennent un suc visqueux, jaunâtre & très-amer, qui en sort abondamment au mois de Mai ; mais dans la pulpe ou substance spongieuse, il y a plusieurs petits canaux blanchâtres, qui apparemment contiennent un autre suc, & qui jettent deçà & delà de petits rameaux, dont quelques-uns vont se joindre aux tuyaux qui portent le suc jaune & amer.

J'ai aussi remarqué que beaucoup de grosses Plantes laiteuses, comme la Férule, ont ces petits canaux disposés par des intervalles égaux depuis le centre de la tige jusques à la circonférence, & que la plupart des autres Plantes, comme le Salsify, les Tithymalles, l'Eclaire, &c. en ont seulement deux ou trois rangs proche la circonférence de la tige. Ces canaux avec leurs fibres blanches, & leur matiére spongieuse remplie de suc coloré, se continuent de la tige aux branches, & jusques aux extrémités des feuilles, où il s'en fait un tissu en forme de rêts, qui forme cette nervure qui paroît dans les feuilles séches & même dans les vertes. Ils s'étendent aussi jusques aux extrémités des racines. L'Angelique luisante de Canada les fait voir distinctement ; car dans le milieu de quelques unes de ses branches, qui sont ordinairement creuses, on en voit un ou deux qui sont détachés du reste, & qui tiennent seulement aux nœuds & aux angles des ramifications.

Il est aisé de juger, que la liqueur contenuë dans ces petits canaux est celle qui nourrit les principales parties de la Plante, comme les fleurs, les fruits, les semences, &c. & qu'elle a du raport au sang des artéres ; que celle qui est dans le reste de la tige a du raport au sang contenu dans les veines ; & que les fibres qui sont au milieu des petits canaux servent à les tenir fermes, & à les empêcher de se plier ou de se rompre ; car s'ils se plioient , le cours de la séve seroit interrompu : & l'on doit tenir aussi pour assuré , que les Plantes qui n'ont point de suc coloré , ne laissent pas d'avoir quelques canaux remplis d'une séve différente de celle qui est dans le reste de la Plante.

Or de même que dans l'extérieur des racines il y a des pores imperceptibles par où passe l'eau de la pluië , ces petits canaux analogues aux artéres ont en leur extérieur de petits pores imperceptibles par où passe la séve que j'ai comparée au sang des veines après qu'elle a été préparée par la chaleur du Soleil , & par la filtration qui s'en fait à travers la matiére spongieuse qui est dans le reste de la Plante. Le retour de cette séve est empêché , aussi bien que de celle qui entre dans les racines : d'où il arrive que la liqueur enfermée dans ces petits canaux est toujours très-pressée , ce qui sert à faire étendre les branches, les feuilles , & les racines. Cela se prouve par plusieurs Expériences.

Ce qui sert à faire étendre les branches, les feuilles, & les racines.

Si on coupe transversalement une Plante laiteuse , ou une de celles qui ont le suc jaune , on voit toujours autant ou plus de suc coloré venir de la partie où sont les feuilles , que de celle où est la racine , quand même on tiendroit la plante arrachée , la racine en haut avant que de la couper ; & si on coupe l'extrêmité de la racine , il en sort aussi bien du suc coloré que des extrémités des feuilles , ou des petites branches coupées : ce qui fait voir manifestement que ce suc est beaucoup pressé dans ces canaux , comme le sang est pressé dans les veines & dans les artéres ; & que cette compression fait étendre les racines , de même que les branches & les feuilles ; & qu'enfin il n'y seroit pas si pressé , si le suc n'y entroit par des pores disposés à en empêcher le retour.

Que si l'on coupe derechef le reste de la tige environ un pouce au dessous de la première incision , on verra encore monter du suc coloré qui vient des racines , mais on n'en voit point ou fort peu dans la partie supérieure ; ce qui doit arriver s'il y a de petits pores dans les canaux par où le suc s'étend vers les racines , puisqu'ils n'en reçoivent plus des feuilles & des branches : & par la même raison , si on coupe un peu de la partie où sont les feuilles , plus haut que la première incision , on ne doit point voir monter de suc , ou fort peu , de la petite partie séparée ; mais il en doit toujours descendre de celles où sont les feuilles ; ce que j'ai trouvé conforme à l'expérience , particuliérement dans l'herbe appellée dent de lion , dans l'éclaire & dans les tithymalles. Et il me souvient de vous avoir fait observer plusieurs fois les mêmes choses dans quelques-unes de ces Plantes.

Conjecture sur la circulation du suc.

On pourroit conjecturer , qu'après que le suc contenu dans les petits canaux fibreux , à nourri suffisamment les parties de la plante , le surplus est repris par la matiére spongieuse de la Plante , pour être réüni avec l'autre suc , & rentrer ensuite plusieurs fois dans les petits canaux par une circulation continuelle : mais je n'ose l'assurer , & encore moins qu'il y ait des pores différens dont les uns portent le suc à la racine,

&

& les autres aux branches. Mais je tiens pour certain, que le suc a-
queux passe dans les petits canaux, d'où il est poussé vers la racine &
vers les feuilles après s'être mêlé avec l'autre, & avoir pris ses mêmes
dispositions; comme le chyle, qui est blanc, en entrant dans la veine
axillaire, devient peu à peu semblable au sang & le répare. Je crois
aussi que la même chose arrive dans les arbres; c'est à dire, qu'ils ont
des canaux différens entre leur écorce & le bois, &c; & qu'ils se nourrissent de même.

Le premier suc qui vient de dehors n'entre pas seulement par la racine dans les Plantes, mais aussi par les feuilles & par les branches, &
elles le reçoivent de la rosée ou de la pluïe, ou des vapeurs dont l'air
est toujours rempli; ce que j'ai reconnu par les expériences suivantes.

Si l'on coupe une petite branche d'arbre ou de quelque herbe, comme du persil, cerfeuil, &c. où il y ait quelque branchette à côté, &
qu'on trempe l'extrémité des feuilles dans de l'eau, laissant la tige avec
la branchette sur le bord du vaisseau où sera l'eau; cette branchette se
conservera verte trois ou quatre jours, même en Eté; & si c'est du
baume, qui est une espéce d'herbe odoriférante, elle se conservera plus
de quinze jours aussi verte que celles du jardin, & croîtra un peu : au
lieu que si on met d'autres herbes ou petites branches d'arbre semblables sur le bord du vaisseau, sans toucher à l'eau, elles se flétriront &
sécheront en peu de tems. Que si on prend de la ciboulette dont les
jèts viennent immédiatement de la bulbe de la racine, & qu'on trempe dans l'eau les jèts extérieurs qui sont les plus longs par leurs extrémités, laissant ceux du milieu & la bulbe sans toucher à l'eau, ils se
conserveront plus de quinze jours très-verts, & j'en ai veu croître de
la longueur de plus de quatre pouces en quatre ou cinq jours : Mais
si aucun des jèts d'une autre ciboulette semblable ne trempe dans l'eau,
ceux du milieu ne pourront tirer qu'un peu de suc de la bulbe de la
racine, & par cette raison ils ne croîtront que fort peu, & les uns &
les autres se flétriront dans trois ou quatre jours; ce qui fait connoître
évidemment que les bouts des jèts de la ciboulette qui trempent dans
l'eau, la portent jusques à la bulbe de la racine, d'où elle est raportée
dans les jèts du milieu, (ce qui marque une espéce de circulation) &
que les feuilles des autres herbes & des branches d'arbres portent l'eau
qu'elles touchent dans les canaux de leurs tiges, d'où elle se communique aux racines & aux autres branches si elles en ont besoin.

Pour confirmer cette opinion du retour de la séve vers les racines
des arbres, j'ai fait faire l'expérience suivante.

Dans une rangée de Charmes fort hauts, dont quelques-uns joi-
gnoient ensemble leurs écorces, on en choisit deux, dont les tiges é-
toient de la grosseur du bras; on scia la tige de l'un environ à un pié
& demi au dessous de l'union des écorces; & pour empêcher que la séve montant de la racine, ne fit rejoindre les parties coupées, on mit

R 3

une

Marginalia (right column):
Par où le premier suc de dehors entre dans les plantes.

Confirmation de l'opinion du retour de la séve vers la racine.

une petite pierre platte entre deux : ce fut au commencement du mois de Février que se fit cette opération. Au Printems suivant, les branches laterales qui étoient au dessous de la jonction des tiges, poussérent de petits jèts, & des feuilles, aussi bien que celles qui étoient au dessus, particuliérement une de la grosseur du pouce, laquelle étoit à un demi pié au dessus de l'incision, & environ un pié & demi au dessous de la jonction des écorces: Elle poussa aussi de nouveaux jèts & de nouvelles feuilles à la séve d'Août & à la séve du Printems suivant, de même que si elle eût encore reçû de la nourriture de sa racine; ce qui ne se peut expliquer qu'en supposant que la séve qui montoit de l'autre arbre, passoit dans l'écorce de celui qui étoit coupé, & y étant pressée descendoit jusques au bas de la tige coupée, d'où elle réfluoit dans les branches laterales. Vous avez vû, Monsieur, le succès de cette expérience, aussi bien que moi, & vous avez bien voulu prendre le soin qu'elle se fit avec exactitude.

J'ai observé aussi plusieurs fois que, si on couvre avec une cloche de verre bien clair de jeunes Plants de melons qu'on éléve sur une couche de fumier chaud, on voit, lors que le Soleil est fort ardent, des goutes de rosée attachées aux extrémités des feuilles qui demeurent très-vertes & fermes: mais, si on léve la cloche, il ne s'y attache plus de rosée, & les feuilles se flétrissent un peu, quoiqu'elles ne soient pas plus échauffées qu'auparavant, à cause qu'elles n'ont plus les vapeurs chaudes du fumier, & que le vent les rafraichit; ce qui est une preuve qu'elles sucçoient auparavant cette rosée, & qu'elle passoit dans leurs petits canaux, pour les nourrir, le suc attiré par la racine n'étant pas alors suffisant pour les empêcher de se flétrir.

Que si l'on trempe dans l'eau une plante d'éclaire coupée près de terre, par le bout où sont les feuilles, & une autre coupée de même, par le bout coupé; on verra cinq ou six heures après, sortir une grande abondance de suc jaune des canaux fibreux de celle dont les feuilles touchoient l'eau, après qu'on aura coupé la tige au dessous des feuilles: mais ce suc sera peu coloré; au lieu que celui de l'autre, dont le bout coupé trempoit dans l'eau, sera beaucoup coloré & en petite quantité, si on la coupe de même; ce qui ne pourroit arriver, si les feuilles qui touchent l'eau n'en prenoient pour la porter dans les canaux où est le suc jaune, & si elles n'en prenoient davantage que le bout de la tige qui trempe aussi dans l'eau.

Nécessité de la Rosée pour les Plantes, sur tout dans les Païs chauds.

On peut connoitre par ces expériences la nécessité de la rosée, principalement dans les Païs chauds, comme l'*Egypte*, où il pleut rarement, & où la terre qui touche les racines des Plantes, demeure souvent fort séche; car en récompense il y tombe de grandes rosées en Eté, dont les goutes succées par les feuilles, & par les tiges des herbes, servent à les entretenir jusqu'à ce qu'il vienne de la pluïe. Aussi voit-on sur la plupart des Plantes, de petites pointes ou filamens qui les font paroître

tre veluës, & qui font apparemment autant de petits tuyaux pour fuc-
cer la rofée & la pluïe : car les herbes aquatiques, comme le Creffon,
la Berle, le Potamogeton, le Nenuphar ou lys d'eau, &c, ont leurs
tiges & leurs feuilles polies & luifantes, & n'ont point de ces petites
pointes ; auffi n'en ont elles pas befoin, à caufe que leurs racines font
toujours dans l'eau. L'ofeille n'a point auffi de ces petits filamens extérieurs, parce que la racine entre profondément dans la terre où elle
trouve affez d'humidité.

Il ne fuffit pas qu'il y ait de la féve fuffifamment pour nourrir les
Plantes, mais elles ont befoin d'être éclairées immédiatement par le
Soleil, comme on le reconnoît par cette Expérience.

Couvrés avec un verre clair & étroit, de la terre, où il y ait du pourpier & des laituës femées ; elles s'ouvriront en fortant de la terre, fi le
Soleil luit fur le verre, & croîtront auffi bien ou mieux que fi elles é-
toient à l'air libre. Mais fi vous mettés un pot plein de terre, où il y
ait de ces graines femées, auprès d'un poële ou dans un autre lieu fort
chaud, dans une grande chambre très-éclairée ; ces graines s'éléveront
en des filamens très-déliez, de trois ou quatre pouces de hauteur, a-
vec deux feuilles au deffus très-petites, qui ne s'élargiffent point, &
dans peu de tems elles périront, comme font auffi celles qui font couvertes d'une cloche de terre au Soleil : d'où il s'enfuit que ce n'eft pas
par le défaut d'air qu'elles périffent, mais par le défaut de la lumiére
immédiate du Soleil. On pourroit expérimenter fi en mettant ce même pot à une certaine diftance d'une grande flamme dans un lieu fermé, ces graines ne profiteroient pas mieux qu'à une chaleur fans lumiére.

Pour favoir comment fe fait la maturité des fruits & des femences
dans les Plantes, il faut remarquer & confidérer beaucoup de chofes.
Voici la maniére qui me paroît la plus facile à être expliquée.

Les racines des Plantes & leurs feuilles fuccent beaucoup d'eau, &
cette eau contient fort peu des autres principes des Plantes ; & parce
que l'eau s'évapore facilement, & les autres principes difficilement, ils
demeurent engagés dans les pores & dans les fibres des Plantes, & s'y
mêlent & uniffent diverfement felon la difpofition particuliére de chaque Plante.

Il s'évapore beaucoup d'eau chaque jour, principalement quand le
tems eft chaud. Car un jét de vigne d'un pié de longueur, en laiffe
évaporer par jour plus de deux ou trois cueillerées : ce qu'on peut reconnoître lorfque les vignes gélent au mois de Mai ; car deux heures
après que le Soleil eft levé, leurs jèts font noirs & fecs, d'où il s'enfuit qu'en deux heures le Soleil en fait évaporer toute l'eau, & qu'en
douze heures il s'en diffiperoit fix fois autant. Mais quoiqu'il fe perde beaucoup de ce fuc aqueux, il en revient affez pour entretenir les
Plantes, & y porter toujours un peu des principes actifs jufques à ce

qu'en-

La Clarté du Soleil néceffaire pour la nourriture des Plan-tes.

Comment fe fait la maturité des fruits & des fe-mences.

qu'enfin il y en ait affez pour faire la dureté & la folidité des branches, & que le fuc des fruits foit propre pour la nourriture des animaux; & s'il y a encore trop d'eau après que le fruit eft cueilli, ce trop fe diffipe en peu de tems , & le fruit demeure en fa parfaite maturité , quoiqu'il y refte beaucoup d'eau.

Les Plantes qui ne durent qu'un an, comme le fenouil, les pavôts, &c. deviennent à la fin très-dures , & les pores par où entre l'eau extérieure fe ferment , & le Soleil continuant à les deffécher, il y demeure beaucoup de parties terreftres , falines & huileufes , parfaitement mêlées avec quelques parties d'eau qui y font retenuës & engagées , & qui s'en échappent difficilement.

La même chofe arrive aux graines & femences ; car à la fin elles deviennent graffes & huileufes , parce que le fuc aqueux qui s'évapore prefque entiérement chaque jour par la chaleur du Soleil , n'enléve point avec foi le peu de matiére graffe qu'il y porte , & par ce moyen il s'y en amaffe jufques à leur parfaite maturité.

A quoi
fervent les
graines,
&c.
Les graines des petites Plantes, & ce qui eft contenu dans les noyaux & dans les pepins des fruits des plus grandes , fervent non feulement à la nourriture des animaux, mais auffi à faire renaître de nouvelles Plantes : & c'eft en ce point où paroît vifiblement une œconomie & une providence admirable dans la nature ; car ces différentes efpéces de Plantes ont quelque chofe de particulier dans leurs graines & femences, pour les faire difperfer en divers endroits, afin qu'il s'y en éléve de femblables.

Les unes ont de la bourre attachée au deffus de la graine, comme les chardons & la fcorfonére, & lorfque la graine eft meure, le vent l'emporte & la féme par tout, & elle retombe debout, parce que la bourre eft plus légére que le corps de la femence. Quelques-unes ont des accrocs, comme la grande bardane, & l'agrimoine , afin que s'attachant aux habits des hommes, & aux poils & à la laine des animaux paiffans, elles foient portées ailleurs.

L'alleluia, qui eft une efpéce de trefle aigret, & la fraxinelle, viennent dans les bois où il ne fait point de vent , & par cette raifon leurs graines auroient inutilement de la bourre ; elles n'ont point auffi d'accrocs, mais elles font contenuës dans des gouffes, lefquelles étant meûres fe crévent par la chaleur, & les pouffent par cet effet à dix ou douze piés à la ronde. Le concombre fauvage fait la même chofe ; d'où on lui a donné le nom d'Elaterium. La Raiponce , qui vient ordinairement fous la mouffe, a la graine très-menuë ; car fi elle étoit groffe, ou fi elle avoit de la bourre, elle ne pourroit paffer au travers de la mouffe pour germer : mais elle y paffe facilement par fa petiteffe à la première pluïe.

Les Fraifiers jettent de longs bras où il y a une feuille au bout, qui touchant la terre prend racine. Le Cardaminé ou Creffon fauvage fait la même chofe. Et Monfieur *Marchand* m'a fait voir au Jardin Royal une efpéce de tréfle, qui recourbe fa fleur lorfqu'elle commence à fécher, & la pouffe dans terre, afin que la graine s'y forme, & qu'elle fe plante foi-même par ce moyen.

Il y a encore entre les Plantes, d'autres maniéres de fe femer & d'occuper le terrain vuide; & même quelques-uns ont écrit que les cendres des Plantes pouvoient fervir de femences pour produire les mêmes Plantes.

Vous demanderés peut-être ici, Monfieur, quelle eft cette vertu dans chaque Plante, qui leur fait pouffer leurs feuilles felon une certaine figure & groffeur, & qui difpofe leur femence d'une maniére propre pour produire d'autres Plantes femblables. D'où peut procéder, par exemple, que la plupart des petits arbriffeaux ont des pointes fort piquantes pour fe deffendre des hommes & des bêtes qui les romproient, comme le Rofier, le Prunier fauvage, le Houx, l'Epine blanche, &c. & qu'il y a fort peu de grands arbres qui en ayent; que les plantes à qui le trop grand Soleil eft nuifible, ont des feuilles très-larges pour couvrir leurs fruits; que celles qui font rampantes ont de petits liens pour s'accrocher; que les noyaux des fruits qui contiennent la femence, font fors durs, afin de la mieux conferver, &c. *Qu'eft ce qui donne à chaque plante fa forme:*

Quelques Philofophes appellent cette vertu ou principe, l'ame végétative des Plantes, ou leur forme fubftantielle. Mais ils ne nous rendent pas plus favans, puifqu'ils ne nous expliquent pas ce que c'eft que cette ame, ni d'où elle procéde; fi elle eft matérielle ou non; fi elle eft répanduë dans toute la plante, ou en quelque petite partie; fi elle eft inhérente à la plante, ou non. *Non ce qu'on appelle l'ame Végétative:*

Quelques autres difent, qu'il fuffit qu'il y ait dans la femence une certaine configuration de petites parties, & quelque difpofition particuliére de fibres & de pores, par où la féve fe puiffe filtrer différemment, pour produire toutes les diverfités que nous y remarquons. *Ni la configuration des Parties de la femence &c:*

Il y en a plufieurs qui foutiennent que la femence de chaque Plante a déja dans foi en petit, toutes les parties qu'elle doit pouffer enfuite, & qu'en croiffant elle ne fait que les développer & les étendre, & que non feulement elle a les fiennes propres, mais auffi celles de toutes les autres qui en doivent être produites pendant toute la durée du monde. Mais peut on croire qu'une graine de melon, par exemple, ait dans fon petit germe, fes feuilles, fes fruits, les autres graines qui viendront dans les germes de chacune de ces graines, & tout ce que doivent produire ces germes à l'infini? Il me femble qu'il eft plus vrai-femblable que les graines contiennent feulement les parties principales des Plantes, & que les autres fe font fucceffivement par les difpofitions que les premiéres donnent à la féve. On peut bien voir dans les oignons des tulipes dès le mois de Janvier, avec une loupe ou verre convexe, quelques-unes de leurs parties en petit, comme les fix feuilles de la fleur, *Ni les parties de la Plante, toutes contenuës en petit dans la femence; 1. Parce que elle ne contient que les principales parties des Plantes;*

S
la

la tige, le piſtil qui doit porter la graine, & les petits filèts qui l'accompagnent: mais on n'y peut pas voir, même avec les meilleurs microſcopes, les graines ni les tulipes qui viendront de ces graines, ou des oignons nouveaux. Voici à peu près ce que j'en ai pû remarquer. L'oignon étant mis en terre, pouſſe à côté un nouvel oignon, qui au mois d'Avril n'eſt pas plus gros qu'une lentille : il croît enſuite en même tems que la fleur, & on y voit pluſieurs enveloppes; mais ſi on le prend lors qu'il eſt encore petit, on n'y remarque aucune apparence des parties de la fleur, ni du nouvel oignon qu'il doit produire l'année ſuivante: enfin, lorſque la fleur eſt paſſée, & que la graine eſt toute formée, l'oignon nouveau a auſſi toute ſa groſſeur à peu près, & vers le commencement de Juin on commence à y voir quelques petites feuilles qui paroiſſent un peu, mais on a beaucoup de peine à les diſcerner, même avec le microſcope; ce qui marque que cela s'eſt produit peu à peu par la diſpoſition de la racine qui a filtré ce premier petit principe de la Plante qui doit pouſſer l'année ſuivante. Il y a même de ces oignons qui ne jettent qu'une ou deux feuilles & point de fleur; mais ils jettent en terre, deux, trois, ou quatre tuyaux de trois ou quatre pouces de longueur, à l'extrémité deſquels ſe forment des oignons nouveaux qui produiſent des Tulipes l'année ſuivante; & c'eſt la raiſon pourquoi celles qu'on appelle des Tulipes de Perſe ſe perdent: car les tuyaux qu'elles jettent tous les ans ſont fort longs, & entrent enfin ſi profondément dans la terre, que les oignons ne peuvent plus jetter de fleurs au dehors, & ſi elles pouſſent ces tuyaux à côté, il peut arriver que dans cinq ou ſix ans les oignons nouveaux ſeront portez bien loin des endroits où l'on a planté les premiers, & qu'ils pourront même paſſer dans les jardins voiſins.

2. Parce que toutes les Plantes ne viennent pas de graines;

D'ailleurs, toutes les Plantes ne viennent pas de graines, & beaucoup de Plantes ſortent de terre ſans être ſemées.

J'ai vû dans un Etang mis à ſec, la terre commencer à ſe couvrir d'une herbe menuë, qui ne dura que deux ou trois ans; l'humidité de la terre étant diſpoſée à cette production. Enſuite il en vint d'autres, & par tout où l'on faiſoit des foſſés, le rejet des terres produiſoit du ſénevé, ou graine de moutarde, & il n'y avoit aucune raiſon de croire, ou même de douter, qu'il y eût eu du ſénevé caché au fond de la terre, où l'eau avoit été cinq ou ſix ans de ſuite.

On peut donc conjecturer qu'il y a dans l'air, dans l'eau & dans la terre, une infinité de corpuſcules faits de telle ſorte, que deux ou trois s'accrochans, peuvent donner le commencement à une Plante, & lui ſervir de ſemence, s'ils trouvent la terre diſpoſée à ſon accroiſſement. Mais il n'eſt pas croyable que ce petit compoſé de corpuſcules contienne toutes les branches de cette Plante, ſes feuilles, ſes fruits, & ſes graines; & encore moins que dans ces graines ſoient contenuës en petit toutes les branches, feuilles, fleurs, &c. des Plantes qui ſe produiront à l'infini en ſuite de cette premiére germination. Je me ſuis confirmé

dans

dans cette opinion, & même que toutes ces choses n'étoient pas contenuës dans les semences, par cette expérience.

J'ai coupé, vers la fin du mois d'Août, les branches d'un rosier commun & toutes ses feuilles, ne laissant que les petits nœuds qui devoient produire des roses au Printems suivant. Mais quoique ces nœuds poussassent des branches & des feuilles au mois de Septembre, ils ne poussérent aucune fleur. D'où il est aisé de conclure, que toutes les parties d'une Plante ne sont pas toujours contenuës en petit dans leur semence, puisque les Roses de l'année prochaine ne sont pas encore en Automne dans les nœuds des branches qui les doivent pousser, & qu'il faut que les petits principes propres à les produire s'y amassent peu à peu pendant l'Hiver & au commencement du Printems.

D'ailleurs; les pepins des Pommes & des Poires produisent des arbres qui portent des fruits qui ne se ressemblent point, & les graines d'un même Melon produisent des Plants de Melon dont chacun a ses fruits différens de ceux des autres, quoique ceux de chaque Plants soient semblables; & on m'a assuré, que les Pepins des Pommes & des Poires produisent des arbres qui portent des fruits qui ne ressemblent point à ceux dont les pepins sont venus. Or, si les pepins avoient en petit tous les pepins à l'infini, les derniers seroient aparemment de même nature, & ne produiroient pas des fruits différens. On peut aussi remarquer qu'une branche qu'on greffe, est ordinairement trois ans avant que de produire des boutons à fleur. D'où *il* s'ensuit que les pores & les fibres de l'arbre se disposent peu à peu pour filtrer & joindre ensemble les principes du fruit & de la fleur, & que les premiers nœuds n'ont point encore ces principes; puisqu'ils ne poussent que des branches & des feuilles. Il est donc vrai-semblable que les principales parties de la germination des Plantes sont contenuës dans leurs semences, & qu'elles sont disposées à former des fibres & des pores propres à la filtration & à l'union de certains principes qui y passent, comme par des filiéres ou des moules; d'où se forment ensuite les autres parties, savoir les fruits, les semences, & les commencemens de la seconde germination.

C'est aussi cette prémiere structure qui dispose les premiers principes des Plantes pour y produire leurs qualités & leurs vertus différentes. Mais il est très-difficile de déterminer qu'elles sont les séparations, les filtrations, les mélanges & les unions exactes de ces principes, quels sont les pores par où ils se filtrent, & quelles sont les maniéres de leurs filtrations; parce que ces choses ne tombent point sous les sens, & qu'on n'a aucun fondement probable pour appuier les conjectures qu'on en voudroit tirer: c'est pourquoi cette derniére Partie de la nature des Plantes me semble la plus difficile.

Pour la mieux éclaircir, j'examinerai premiérement quelles sont les causes des différentes vertus & qualités des Plantes, & ensuite si on peut les connoître par la Chymie ou autrement, sans en avoir fait l'Expérience.

3. Parce que cela est contre l'Expérience.

Mais les principales Parties des Plantes contenuës dans la semence & disposées &c.

     TROI-

TROISIÉME PARTIE.

DES CAUSES DES VERTUS DES PLANTES.

Des quali-
tez Véné-
neuses.

LEs qualitez nuisibles & vénéneuses sont plus apparentes & plus connuës que les salutaires & nourrissantes, mais les causes n'en sont pas
moins obscures. Quelques Médecins prétendent que le chaud & le froid,
le sec & l'humide, sont les causes des vertus différentes des Plantes, selon qu'elles participent plus ou moins de ces qualités. Mais cette hypothèse est trop grossiére pour être reçuë, puisqu'il s'ensuivroit que
l'eau, qui selon cette Philosophie est le premier foid, seroit un poison, de même que la terre par son extrême sécheresse, ce qui est contre l'Expérience.

Causes de
ces quali-
tez Véné-
neuses.

Il y a trois choses qu'on peut conjecturer être les causes des qualités
vénéneuses qui sont dans quelques Plantes. La premiére, que ces
Plantes ont quelques principes particuliers & inconnus que les autres
Plantes n'ont pas, & que ces principes n'entrant pas dans la composition de certains animaux, les font mourir, de la même sorte qu'une
goute d'eau étant versée près de la méche d'une chandelle allumée, cette eau y est attirée, laquelle ne pouvant se convertir en flamme il se
fait une discontinuation & interruption de la flamme de la chandelle,
d'où il arrive qu'en peu de tems la chandelle s'éteint. La deuxiéme,
que dans les Plantes il se fait une séparation de quelques-uns des principes les plus simples, semblable à celle que fait le feu dans le salpêtre &
dans le vitriol, lorsqu'il en sépare les esprits ou eaux fortes; & ces principes séparés peuvent faire dans l'estomac, des effets à peu près semblables à ceux que font ces esprits acides tirés par la force du feu. Ou enfin, que les Plantes font des unions exactes de quelques-uns de ces principes, que l'estomac des animaux ne peut plus desunir pour faire d'autres unions propres à leur nourriture, ce qui peut donner une qualité
nuisible.

Véritables
causes
prouvées
par rai-
sons fon-
dées sur
des Expé-
riences.

Or si l'on peut prouver ces deux derniéres façons, il n'est pas nécessaire de recevoir la premiére; car c'est une mauvaise méthode en Physique de supposer des causes qu'on n'apperçoit point, quand on en connoît d'autres qui peuvent suffire. Il paroît même impossible qu'il y ait
de ces principes particuliers en quelques Plantes; car celles qui sont venimeuses, comme la ciguë & l'aconit, trouvent leur poison dans la même terre, dans laquelle la canne de sucre trouve sa douceur, & quelques autres Plantes, leurs bonnes qualités. Or, puisque les Plantes
prennent indifféremment tout ce qui est dissous dans l'eau qui touche leurs racines, il s'ensuit qu'il ne peut pas y avoir des principes qu'u-
ne

ne plante attire, & que les autres n'attirent pas. Vous pourrés connoître que les Plantes fuccent ce qui leur eft nuifible auffi bien que ce
qui leur eft propre, fi vous faites verfer de l'urine au pié d'une laituë,
ou d'un chou; car ils fe flétriront dans deux ou trois heures, principalement s'il fait chaud.

Il refte donc que ce foit les féparations ou les unions plus ou moins
exactes des principes, & leurs différentes proportions produites par les
filtrations & divifions différentes à travers les pores de diverfes ftructures, qui donnent des qualités différentes aux Plantes; & il eft aifé de
prouver que ces chofes font fuffifantes pour cet effet, & qu'il faut fort
peu de changement dans la compofition & union des principes, pour
faire des compofés très-différens. Je fçai plufieurs expériences fur lefquelles on peut fonder cette hypothèfe: J'ai choifi celles qui fuivent,
dont la plupart font fort communes, & dont vous pourrés tirer facilement les inductions néceffaires pour en être perfuadé.

Les pierres à feu ont une enveloppe groffiére qui fert de filtre pour
féparer l'inflammable, de l'humidité aqueufe, qui empêche le feu. Les
diamans & les autres pierres précieufes ont auffi quelques enveloppes
pour filtrer leurs parties les plus pures & tranfparentes. Les métaux fe
forment à peu près de même; & par cette raifon les Plantes peuvent avoir des vertus différentes, par les feules différentes filtrations de leurs
principes communs.

Si on laiffe échauffer le vin nouveau tout feul, il perd en peu de tems
toute fa douceur, principalement fi on laiffe les tonneaux ouverts: mais
fi on le fait bouillir fur le feu incontinent après que les raifins font preffés; la plupart des principes volatiles de la douceur fe concentrent & fe
lient avec les parties les plus fixes du vin, en forte que cette douceur fe
conferve plufieurs années. J'ai éprouvé qu'ayant empli deux bouteilles
égales, de vin nouveau non encore rougi, & ayant fermé l'une exactement, & laiffé l'autre ouverte; le vin de cette derniére, après avoir jetté
fon écume pendant fept ou huit jours, fe trouva trouble & fans aucune douceur, & celui de la première fe trouva clair & limpide comme de l'eau
de fontaine & très-doux: ce qui procédoit apparemment de ce que celui qui n'étoit point fermé avoit laiffé agiter & élever les parties volatiles, dont l'union avec quelques autres principes fait la douceur, &
qu'en même tems cette agitation avoit empêché les parties groffiéres
de tomber en lie au fond; au lieu que dans la bouteille feellée, ces mêmes efprits volatiles étoient demeurés fans mouvement confidérable, ce
qui avoit produit ces deux effets, de laiffer tomber au fond la lie, &
de conferver la douceur: & ces différences fi grandes, dans une même
forte de vin, procédoient feulement de ce que l'un avoit été bien feellé, & l'autre non.

Lorfque le vin eft fait, il conferve fort long-tems fa bonté, fi les
tonneaux font bien fermés; mais fi on en laiffe dans un verre à l'air, il

s'aigrit en peu d'heures, quoi qu'il ne diminuë pas fenfiblement de quantité. Or les qualités du vin & du vinaigre font fort différentes : le vin eft plus leger que l'éau, le vinaigre eft plus pefant ; le vin eft fort nouriffant, le vinaigre maigrit & defféche ; le vinaigre diffout des corps que le vin ne diffout pas ; & toutes ces différentes qualités dépendent feulement de quelques legéres & infenfibles féparations de ce qui étoit auparavant uni.

Les Cormes font âpres un jour auparavant que d'être molles ; & étant molles, elles font douces & bonnes à manger, quoiqu'elles n'ayent pas diminué fenfiblement de poids.

Si les pointes de l'ortie n'étoient pas vifibles, quelques-uns pourroient attribuer les petites enflures qu'elle excite avec douleur par fon attouchement, à quelque qualité occulte, ou à quelque principe particulier qui ne feroit pas dans les autres Plantes ; & cependant ces pointes ne font vrai-femblablement qu'un tiffu des mêmes principes qui compofent le refte de l'ortie. Les piqueures de l'épine blanche font fouvent très-difficiles à guérir : On peut croire que cela ne procéde pas d'un principe vénéneux, mais de ce que fes pointes font très-aiguës, & affez fermes pour bleffer les tendons & les nerfs, ce que celles de l'épine noire & des autres Plantes ne peuvent faire que très-rarement. C'eft par la même raifon que les bleffures des aiguilles font plus dangereufes que celles des épingles. D'où l'on peut juger, que l'acrimonie, l'acidité, l'amertume, la douceur, &c. ne procédent pas de différens principes, mais de leurs mélanges ou unions plus ou moins exactes, ou des ftructures particuliéres, & des configurations différentes que reçoivent leurs petites parties.

Si on mêle exactement une certaine quantité de charbon, de falpêtre, & de foulphre ; le compofé, qui eft ce qu'on appelle la poudre à canon, produit des effets admirables & de très-grande force dans les mines, dans les canons & dans plufieurs feux d'artifice. Mais fi on mêle négligemment ces matiéres, ou fi la dofe de chacune n'eft pas dans la proportion néceffaire ; elles ne font aucun effet confidérable.

J'ai vû de l'eau qu'on difoit avoir été apportée d'une fontaine près du *Rhin* au deffus de *Cologne*, qui avoit le goût vineux, & étant mêlée dans du vin, le rendoit plus fort ; mais fi on la laiffoit un peu éventer, elle perdoit prefque toute fa faveur & fa force fans qu'elle parût diminuée de poids.

Les mouches à miel trouvent le miel au fond des fleurs ; & on le peut croire facilement, puifque, lors que nous fucçons le fond de certaines fleurs, comme de l'Ormin, de l'Ancolie, des Trefles, du Jafmin, &c. nous y trouvons une liqueur douce qui s'y eft filtrée & amaffée. Mais fi on laiffe éventer l'Hydromel, qui eft une liqueur compofée d'eau & de miel, il devient très-acide ; parce que le tempérament des principes qui font la douceur, fe change, & qu'il s'en fépare quelques uns par l'évaporation.

La

La racine appellée Manioque dans les Iles *Antilles* , a son suc venimeux; mais si on fait sortir une partie de ce suc en le pressant, & qu'on cuise le reste, le pain qu'on en fait, qu'on appelle Cassave , est bon & nourrissant.

Il suit de ces expériences , qu'on ne doit point attribuer à quelque principe particulier, ce qui fait le poison, ou la faculté purgative, &c. dans une Plante , mais seulement aux différentes unions & séparations de quelques parties des principes communs à toutes les Plantes.

On peut aussi juger que ces unions & séparations différentes procédent de la structure intime de chaque espéce de Plante , c'est à dire de l'arrangement de plusieurs petits tuyaux, de plusieurs petits cribles, &c. diversement figurez & disposez selon une maniére propre à produire tous les effets qui en doivent suivre. *D'où procedent ces causes.*

Cette hypothèse étant reçuë comme la plus probable, il reste à examiner sur quelles conjectures on peut se fonder, pour juger à quoi une Plante est utile ou nuisible. *Par où l'on peut juger à quoi une Plante est utile ou nuisible:*

Ma pensée est qu'il n'y a que les seules observations & expériences plusieurs fois réitérées, qui nous en puissent instruire, & j'en fais la preuve en cette maniére. *savoir par les experiences &*

Il est impossible ou très-difficile d'appercevoir, même avec les meilleurs microscopes, les différences des petits pores des Plantes, & les filtrations internes de leurs sucs; & quand on y pourroit distinguer quelque chose, il seroit encore très-difficile de deviner les propriétez particuliéres qui devroient être produites par ces différences. *non par l'inspection de sa construction:*

Les couleurs des fleurs , des fruits, &c. ne peuvent donner aucun indice certain de ces propriétez. Car les fleurs du Nappel & de l'Aconit sont bleuës, aussi bien que celles de la buglose & de la chicorée. Il y a des Pommes & des Poires qui sont d'un mauvais goût, quoiqu'elles ayent des couleurs très-vives & très-belles. Il y a des fruits venimeux qui ont leurs couleurs semblables à celles des Cerises, ou des Abricots; & quoique les tithymalles ayent leur suc blanc aussi bien que les laituës, il y a pourtant de très-grandes différences entre leurs propriétez. *Ni par leur couleur:*

Les indices qu'on pourroit tirer des odeurs sont encore trés-incertains. Il y a des espéces de Champignons qui plaisent à l'odorat, & ne laissent pas d'être venimeux. Les Pommes de Mandragore ont une odeur assez agréable, quoiqu'elles ayent des qualités très-nuisibles. Entre plusieurs Melons qui ont une odeur également agréable, il y en a qui sont d'un goût excellent, & d'autres qui sont fades & insipides. Le Romarin, le Myrte, la Lavande, l'Absinthe, &c. qui ont les feuilles odoriférantes, poussent au commencement des distillations, une huile que les Chymistes appellent essentielle; d'où l'on peut conjecturer que leur odeur procéde de leurs parties huileuses & inflammables: mais les fleurs odoriférantes, comme la rose, la jonquille, & l'œillet, ne s'accordent pas à cette hypothèse , car elles ne donnent point d'huile *Ni par leur odeur:*

essen-

essentielle. Si l'on froisse entre les doigts les feuilles de la melisse, elles deviennent plus odoriférantes, comme si leurs parties huileuses &
sulphurées, qui sont moins volatiles que les vapeurs aqueuses, avoient besoin d'être échauffées pour faciliter leur évaporation; mais les feuilles
d'une Rose étant froissées perdent leur odeur. Le bec de grüe musqué
ne sent rien qu'après le Soleil couché, & il est difficile d'en donner
d'autre raison, sinon que son odeur est produite par quelques petites
parties fort subtiles & legéres qui s'élévent toutes seules sans mélanges
de vapeurs aqueuses, quand la Plante n'est pas échauffée. Les feuilles
de Myrte & d'Absinthe poussent des esprits armoniaques au commencement de la distillation : La plupart des fleurs odoriférantes ne poussent alors que des esprits acides. L'encens brulé est d'agréable odeur ;
Les Roses brulées & le vin jetté dans le feu, donnent des vapeurs
puantes.

De ces expériences il est facile de conclure que les bonnes ou mauvaises odeurs procédent quelquefois du mélange de deux ou trois principes
particuliers, & d'autrefois du mélange de deux ou trois autres; mais
que ces différentes combinaisons ne peuvent être bien connuës, & que
quand elles le seroient, elles ne feroient pas connoitre les unions ou séparations des autres principes qui font les principales vertus des Plantes.

Ni par les Saveurs: Les Saveurs nous peuvent encore facilement tromper. Entre les herbes améres quelques unes sont venimeuses, d'autres sont salutaires. Il y
en a d'également insipides qui ont des qualités très-différentes; & l'on
ne peut même dire certainement quels principes font les saveurs, ni par
conséquent on ne peut fonder sur le goût une connoissance certaine des
vertus particuliéres des Plantes, & de leurs différentes propriétez.

Ni par les opérations de la Chymie. Elles ne peuvent non plus être connuës par les opérations de la Chimie; car on trouvera beaucoup de Plantes nourrissantes qui donnent
dans leurs distillations, des Sels, des Huiles, des Esprits, &c. semblables pour le goût, pour l'odeur, & pour d'autres effets, à celles que
donnent la ciguë & les tithymalles.

L'*Arum* qui prend au gosier, & l'*Hydropiper* qui est si piquant sur
la langue, donnent des sels fixes, des sels volatiles, des esprits acides,
& des huiles à peu près semblables à celles que donnent la laituë & le
pourpier, qui sont presque insipides. Le Vin & l'Yvraië enivrent; le
Blé ne le fait point, ni le sucre, quoiqu'on puisse tirer de l'esprit ardent de ces matiéres, aussi bien que du Vin & de l'Yvraië.

Dira-t-on que les Plantes qui abondent en esprit leger & armoniac
échaufferont, & que celles qui ont beaucoup d'esprit acide rafraichiront?
Que celles dont le sel fixe ressemble au sel commun parce qu'il ne trouble pas le sublimé dissous, auront d'autres vertus que celles dont le sel
ressemble à celui qu'on tire des lies de vin brulées, qu'on appelle sel de
tartre? Mais toutes ces conjectures sont trompeuses. Les Chicorées,

les

les Laituës, & plufieurs autres herbes qui rafraichiffent, ne font paroître aucun efprit acide, mais beaucoup d'efprit leger ou armoniac.
L'Ortie fait la même chofe , quoiqu'elle foit apparemment bien différente des Laituës & des Chicorées.

Les Plantes naiffantes ne donnent point ou très-peu d'efprit acide, &
elles en donnent beaucoup d'armoniac, même au commencement de la
diftillation; mais étant meûres & prêtes à fécher, elles donnent beaucoup d'efprit acide & peu d'armoniac, finon fur la fin de la diftillation:
& cependant on ne fait pas ordinairement de diftinction entre les vertus
qu'elles ont étant jeunes, & celles qu'elles ont étant adultes.

L'extrait de Noix de Galle mêlé avec des œufs dans un plat, les coä-
gule & les fait paroître cuits: l'efprit de vin fait la même chofe; & ces
matiéres les cuifent auffi promptement, que fi on mettoit le plat fur un
affez grand feu.   Le fel armoniac & le fel de tartre font des effets contraires à ceux de la Noix de Galle, & de l'efprit de vin; car ils empêchent le fang de fe coäguler, lors qu'étant fraichement tiré, on y mêle de l'eau où ces fels font diffous: & on ne peut pas dire que dans la
Noix de Galle & dans l'efprit de vin il n'y ait point de fel armoniac ou
de fel lixiviel. D'où il eft évident, que les diftillations ne peuvent donner à connoître ces mélanges & ces unions imperceptibles, non plus
qu'on ne peut juger qu'eft-ce qui arrive au bois pourri pour devenir
lumineux, ou pourquoi le fumier des bœufs ne s'échauffe point, & que
celui des chevaux & des moutons, qui vivent des mêmes herbes que
les bœufs, s'échauffe.

Que fi on trouve de la différence dans les fels de quelques Plantes a-
près la diftillation, cela peut procéder de ce que quelques-uns retiennent par une exacte union quelques autres principes que le feu n'a pû féparer, ou même que le feu a fait de nouvelles unions; & ainfi le feu peut
ôter une qualité nuifible à une Plante, & en donner une nuifible à une
autre qui ne l'avoit pas: Car, puifque leurs vertus viennent des unions &
des mélanges différens de quelques principes, & que la Chimie fait de
nouvelles unions & féparations; Elle peut tirer du poifon d'une Plante falutaire, & un bon reméde d'une Plante venimeufe; mais elle ne fera pas connoître ce qui fait leur bonté ou leur malignité dans leur é-
tat naturel , & il faudra attendre long-tems avant qu'on puiffe venir à
bout de cette découverte.   On pourroit même dire que les Plantes telles qu'elles font en leur état naturel , nous doivent mieux faire connoitre leurs vertus, que lors qu'elles font changées par les diftillations, &
on peut le prouver par les raifons fuivantes.

Les Principes des Plantes étant mêlés dans la terre, & chacun d'eux
y trouvant fon correctif, on n'y remarque ni odeur ni faveur, ni prefque aucune vertu falutaire ou nuifible, & les décoctions des terres communes ne feront aucun mal à ceux qui en boiront.   Mais la difpofition
particuliére de chaque Plante, arrangeant diverfement ces principes, fait

T

pa-

paroître dans les fleurs & dans les fruits de certaines Plantes, des couleurs très-belles & très-vives, des saveurs exquises, des odeurs agréables; & dans d'autres Plantes, de mauvaises odeurs, de l'amertume, &c: lesquelles choses diverses les font distinguer facilement les unes des autres, & nous donnent quelquefois d'assez bonnes conjectures pour connoître leur bonté ou leur malignité. Au lieu que l'action du feu confond toutes ces choses, & qu'il est même difficile de discerner par les sens, de quelles Plantes procédent les eaux, les huiles, & les autres matiéres qu'on en a tirées par la distillation.

On peut même douter si quelques-uns des principes les plus agissans des Plantes, comme ceux qui font le poison, ou qui servent à la guérison des malades, ne s'évaporent pas par la grande chaleur des fourneaux, à travers les cornuës & les ballons de verre; puisque l'on remarque que la vertu des eaux minérales se perd ou se diminuë dans peu de jours, en les transportant d'un lieu en un autre, quoique les vaisseaux qui les contiennent soient scelés bien exactement. On peut encore douter s'il ne passe pas quelque chose de la matiére du feu, ou de celle des vaisseaux, dans les matiéres distillées.

Que si l'on dit que les opérations de la Chymie pourront faire connoître les Plantes qui auront une plus grande quantité de certains principes; je répons qu'il s'y trouvera encore beaucoup de difficultés: car les divers degrés de feu, l'âge des Plantes, les lieux où elles ont cru, la différence des saisons plus ou moins pluvieuses; la différente exactitude de luter les vaisseaux dans lesquels se font les distillations, leurs différentes matiéres, le mélange différent de leurs parties avec les matiéres distillées, la fixation des sels volatiles par les fixes, & la volatilisation des fixes par les volatiles, pourront faire qu'une Plante qui a naturellement plus de sel fixe ou de sel volatile qu'une autre, en fera moins paroître, & ainsi des autres principes. De toutes lesquelles choses je conclus, que la Chymie ne peut donner aucune lumiére pour faire connoître qu'elles sont les causes des effets particuliers de chaque Plante.

J'avouë donc ici nettement mon ignorance, & que dans la recherche que j'ai faite de ces causes particuliéres, je n'ai rien découvert qui me pût satisfaire, & qui eût la moindre apparence de certitude. C'est pourquoi je conseille aux Savans de ne pas se tourmenter à les chercher, soit par la Chymie, soit par les raisonnemens qu'ils pourroient fonder sur l'hypothése commune du chaud, du froid, du sec, & de l'humide, ou sur celle de l'acide & de l'alcali, &c; mais de s'arrêter seulement à ce que les observations & les expériences de plusieurs siécles nous en ont pû faire découvrir. C'est par leur moyen que nous connoissons les Plantes venimeuses, & la force de leur poison; & que nous savons faire le choix de celles qui font de bons alimens, de celles qui nous rafraichissent, qui font diurétiques, qui purgent, &c.

Pour

Pour faire donc quelque chofe d'utile au public , il faut vérifier par plufieurs nouvellés expériences, ce que les Anciens & les Modernes ont dit ou écrit touchant les propriétez des Plantes, foit de chacune en particulier, foit de plufieurs jointes enfemble. Par ce moyen on pourra s'affurer de la bonté des médicamens : & pour faire de notables progrès dans la Médecine, il faudroit que les Princes & les Républiques fiffent propofer & donner des récompenfes très-confidérables à ceux qui découvriroient que quelque Plante particuliére, ou le mélange de quelques unes, fût propre à la guérifon de certaines maladies; pourvû qu'ils le fiffent connoître par des expériences fuffifantes, c'eft à dire, que fi leur reméde guériffoit en peu de tems, les deux tiers, ou les trois quarts d'un grand nombre de malades, il feroit reçu pour bon, & ils en recevroient la récompenfe, en inftruifant le public de la maniére de le préparer & de l'appliquer.

Je crois que c'eft l'unique moyen d'établir quelque certitude dans la connoiffance des vertus particuliéres des Plantes , & qu'on ne peut par aucun autre artifice ou par aucun raifonnement les découvrir , & qu'il eft même dangereux de s'appuyer fur de foibles conjectures dans ces matiéres.

Voilà, Monfieur, à peu près, ce que j'ai pû apprendre touchant les Plantes, dont apparemment vous ne ferez pas fatisfait. Mais il vaut mieux favoir quelque chofe dans les matiéres difficiles, que de les ignorer entiérement; & c'eft même beaucoup, de pouvoir fe deffendre de croire des chofes fauffes, qui par leur prévention nous empêchent fouvent de connoître la verité, lorfque le hazard ou le raifonnement nous la pourroit faire découvrir.

F I N.

SECOND ESSAI.

DE LA
NATURE
DE
L'AIR.

Par M^r. MARIOTTE,

de l'Académie Royale des Sciences.

DISCOURS
DE LA
NATURE DE L'AIR.

 'Air eſt ſi néceſſaire à la conſervation de notre vie, & ſon étenduë eſt d'une grandeur ſi conſidérable, que ceux qui s'appliquent à la connoiſſance des choſes naturelles, ne doivent pas négliger de rechercher ſes diverſes propriétez ; elles ſont très-ſurprenantes, & en grand nombre, mais la plupart ſont très-difficiles à expliquer.

Quelques Philoſophes ſoutiennent que l'Air n'eſt autre choſe que les évaporations de l'eau & des autres matiéres contenuës dans la terre, qui s'élévent par la chaleur du Soleil. Les Enfans & les Hommes groſſiers ont bien de la peine à être perſuadés de ſon exiſtence, parce que ſa tranſparence le rendant inviſible, ils ſe laiſſent facilement prévenir qu'il n'y a rien dans un vaiſſeau où l'on n'a verſé aucune liqueur, ni mis aucun autre corps viſible. On commence à s'en appercevoir par la réſiſtance qu'il fait au mouvement des corps larges & peu épais, comme ſont les feuilles de papier, ou l'aile d'un grand oiſeau, & par le bruit qu'il fait en ſortant de l'eau, lors qu'on y plonge une bouteille ou une cruche vuide.

On a beaucoup plus de peine à croire qu'il a de la peſanteur, & il faut beaucoup de raiſonnemens & d'expériences, pour s'en laiſſer perſuader, parce que s'élevant au deſſus de l'eau & de toutes les autres liqueurs, on attribuë ce mouvement de bas en haut, à une légéreté abſoluë. Premiére propriété de l'air, qui eſt ſa peſanteur.

La preuve qui paroît la plus forte pour établir la peſanteur de l'Air, eſt celle qu'on tire d'un effet ſurprenant qu'on voit arriver dans des tuyaux de verre de trois ou quatre piés de hauteur, fermés par un bout & remplis de mercure. L'expérience en eſt aſſez connuë : On ferme avec le doigt le bout ouvert d'un de ces tuyaux, & après l'avoir renverſé on plonge ce bout ouvert dans d'autre mercure, mis dans quelque vaiſſeau ; on ôte le doigt, & alors le tuyau ne ſe vuide pas entiérement, mais il demeure rempli de mercure juſqu'à la hauteur d'environ vingt-ſept pouces & demi. C'eſt ce qu'on appelle l'expérience du vuide, & ce tuyau avec le mercure s'appelle un Barométre, à cauſe qu'on s'en ſert à meſurer la peſanteur de l'air, par le moyen des différentes hauteurs où ce mercure enfermé demeure, ſelon les diverſes diſpoſitions

T 3

tions

tions du tems ; car il y a de certains jours où il s'éléve à *Paris* jusques à vingt-huit pouces & quatre ou cinq lignes ; & d'autres jours où il ne s'éléve qu'à vingt-sept pouces, moins une ou deux lignes ; & ordinairement il demeure dans les hauteurs, comme de vingt-sept pouces & demi, ou de vingt-sept pouces & huit lignes.

Pour faire voir que cette élévation de mercure & ces changemens de hauteur sont des effets des poids différens dont la surface du mercure qui est dans le vaisseau est chargée, faites plonger un Baromètre dans une eau profonde & fort claire, & vous verrez que la hauteur de trois piés & demi d'eau par dessus cette surface, fera monter le mercure vers le bout d'enhaut, environ trois pouces plus haut qu'il n'étoit dans l'air, & que la hauteur de quatorze pouces ne le fera élever qu'à un pouce plus haut : ce qui procéde manifestement de ce que le mercure pesant quatorze fois plus que l'eau, comme on le peut connoître par le moyen d'une balance ; le poids de trois piés & demi d'eau fait équilibre au poids de trois pouces de mercure , & le poids de quatorze pouces , à celui d'un pouce ; & par conséquent trois piés & demi d'eau le doivent faire monter à trois pouces plus haut, & quatorze pouces, à un pouce seulement. Et parce qu'on voit par plusieurs expériences, que lors qu'on porte un Baromètre dans un lieu profond, le mercure s'éléve plus haut que quand il est à la surface de la terre, & qu'il baisse beaucoup plus dans les lieux fort élevés que dans ceux d'une médiocre hauteur ; on tire facilement la même conséquence que celle qu'on tire à l'égard de l'eau ; savoir, que plus il y a d'air au dessus du mercure du vaisseau où le bout du tuyau est plongé, plus le mercure s'éléve, & que lorsqu'ils s'éléve à vingt-huit pouces, c'est une marque qu'une colomne de mercure de vingt-huit pouces pése autant que la colomne d'air de même largeur , qui s'étend alors depuis la surface du mercure qui est dans le vaisseau, jusq'au haut de l'Atmosphére, c'est à dire jusques à la plus haute surface qui termine l'air.

On fait encore plusieurs autres expériences qui prouvent suffisamment que l'air est pesant, & les raisons par lesquelles quelques-uns ont voulu prouver qu'il étoit absolument leger, sont si foibles, qu'elles ne valent pas la peine d'être refutées.

Seconde propriété de l'air , qui est de pouvoir être condensé & dilaté & d'avoir la vertu de ressort.

La seconde propriété de l'air, est de pouvoir être extrémement condensé & dilaté, & de conserver toujours une vertu de ressort, par laquelle il repousse ou fait effort pour repousser les corps qui le pressent, jusqu'à ce qu'il ait repris son extension naturelle. La plupart des autres ressorts s'affoiblissent peu à peu, mais on ne remarque point que celui de l'air s'affoiblisse ; & quelques-uns m'ont dit avoir vû des Arquebuses à vent chargées depuis plus d'un an, faire le même effet qu'étant chargées de nouveau. L'Air se dilate aussi trés-facilement par la chaleur, & se condense par le froid , comme on le remarque tous les jours par plusieurs expériences.

II

Il ne faut pas croire que l'Air qui eſt proche de la ſurface de la terre, & que nous reſpirons, ait ſon étenduë naturelle : car, puiſque celui
qui eſt au deſſus eſt peſant, & qu'il a une vertu de reſſort ; celui qui
eſt ici bas étant chargé du poids de toute l'Atmoſphére, doit être
beaucoup plus condenſé que celui qui eſt le plus élevé, qui a la liberté
entiére de ſe dilater ; & celui qui eſt entre ces deux extrémités doit
être moins condenſé que celui qui touche la terre, & moins dilaté que
celui qui en eſt le plus éloigné.

On peut comprendre à peu près cette différence de condenſation de
l'Air, par l'exemple de pluſieurs éponges qu'on auroit entaſſées les unes
ſur les autres. Car il eſt évident, que celles qui ſeroient tout au haut,
auroient leur étenduë naturelle ; que celles qui ſeroient immédiatement
au deſſous, ſeroient un peu moins dilatées ; & que celles qui ſeroient
au deſſous de toutes les autres, ſeroient très-ſerrées & condenſées. Il
eſt encore manifeſte, que ſi on ôtoit toutes celles du deſſus, celles du
deſſous reprendroient leur étenduë naturelle par la vertu de reſſort qu'elles ont, & que ſi on en ôtoit ſeulement une partie, elles ne reprendroient qu'une partie de leur dilatation.

La premiére queſtion qu'on peut faire là deſſus, eſt de ſavoir ſi l'Air
ſe condenſe préciſément ſelon la proportion des poids dont il eſt chargé,
ou ſi cette condenſation ſuit d'autres loix & d'autres proportions. Voici
les raiſonnemens que j'ai faits pour ſavoir ſi la condenſation de l'Air ſe
fait à proportion des poids dont il eſt preſſé.

Sa Con-
denſation
ſe fait ſe-
lon la pro-
portion
des poids
dont il eſt
chargé.

Etant ſuppoſé, comme l'expérience le fait voir, que l'Air ſe condenſe davantage lorſqu'il eſt chargé d'un plus grand poids ; il s'enſuit
néceſſairement, que, ſi l'Air qui eſt depuis la ſurface de la terre juſqu'à la plus grande hauteur où il ſe termine, devenoit plus leger, ſa
partie la plus baſſe ſe dilateroit plus qu'elle n'eſt, & que s'il devenoit
plus peſant, cette même partie ſe condenſeroit davantage. Il faut donc
conclure que la condenſation qu'il a proche de la terre, ſe fait ſelon
une certaine proportion du poids de l'Air ſupérieur dont il eſt preſſé,
& qu'en cet état, il fait équilibre par ſon reſſort préciſément à tout le
poids de l'Air qu'il ſoutient.

De là il s'enſuit, que ſi on enferme dans un Barométre du mercure
avec de l'Air, & qu'on faſſe l'expérience du vuide ; le mercure ne demeurera pas dans le tuyau à la hauteur qu'il étoit : car l'Air qui y eſt
enfermé avant l'expérience, fait équilibre par ſon reſſort au poids de
toute l'Atmoſphére, c'eſt à dire de la colomne d'Air de même largeur, qui s'étend depuis la ſurface du mercure du vaiſſeau juſqu'au haut de l'Atmoſphére, & par conſéquent le mercure qui
eſt dans le tuyau ne trouvant rien qui lui faſſe équilibre, il deſcendra : mais il ne deſcendra pas entiérement ; car lorſqu'il deſcend, l'Air
enfermé dans le tuyau ſe dilate, & par conſéquent ſon reſſort n'eſt plus
ſuffiſant pour faire équilibre avec tout le poids de l'Air ſupérieur. Il

faut

faut donc qu'une partie du mercure demeure dans le tuyau à une hauteur telle que l'Air qui est enfermé étant dans une condensation qui lui donne une force de reſſort capable de ſoutenir ſeulement une partie du poids de l'Atmoſphére, le mercure qui demeure dans le tuyau, faſſe équilibre avec le reſte; & alors il ſe fera équilibre entre le poids de toute cette colomne d'Air, & le poids de ce mercure reſté joint avec la force du reſſort de l'air enfermé. Or ſi l'air ſe doit condenſer à proportion des poids dont il eſt chargé; il faut néceſſairement qu'ayant fait une expérience en laquelle le mercure demeure dans le tuyau à la hauteur de quatorze pouces, l'air qui eſt enfermé dans le reſte du tuyau, ſoit alors dilaté deux fois plus qu'il n'étoit avant l'expérience; pourvû que dans le même tems les Barométres ſans Air élévent leur mercure à vingt-huit pouces préciſément.

Pour ſavoir ſi cette conſéquence étoit véritable, j'en fis l'expérience avec le Sieur *Hubin*, qui eſt très-expert à faire des Barométres & des Thermométres de pluſieurs ſortes. Nous nous ſervimes d'un tuyau de quarante pouces, que je fis emplir de mercure juſqu'à vingt-ſept pouces & demi, afin qu'il y eût douze pouces & demi d'air, & qu'étant plongé d'un pouce dans le mercure du vaiſſeau il y eût trente-neuf pouces de reſte, pour contenir quatorze pouces de mercure, & vingt-cinq pouces d'Air dilaté au double. Je ne fus point trompé dans mon attente : car le bout du tuyau renverſé étant plongé dans le mercure du vaiſſeau, celui du tuyau deſcendit, & après quelques balancemens, il s'arrêta à quatorze pouces de hauteur; & par conſéquent l'air enfermé qui occupoit alors vingt-cinq pouces, étoit dilaté au double de celui qu'on y avoit enfermé, qui n'occupoit que douze pouces & demi.

Je lui fis faire encore une autre expérience, où il laiſſa vingt-quatre pouces d'Air au deſſus du mercure, & il deſcendit juſques à ſept pouces, conformément à cette hypothèſe; car ſept pouces de mercure faiſant équilibre au quart du poids de toute l'Atmoſphére, les trois quarts qui reſtoient étoient ſoutenus par le reſſort de l'air enfermé, dont l'étenduë étant alors de trente-deux pouces, elle avoit même raiſon à la premiére étenduë de vingt-quatre pouces, que le poids entier de l'air aux trois quarts du même poids.

Je fis faire encore quelques autres expériences ſemblables, laiſſant plus ou moins d'air dans le même tuyau, ou dans d'autres plus ou moins grands; & je trouvai toujours, qu'après l'expérience faite, la proportion de l'air dilaté, à l'étenduë de celui qu'on avoit laiſſé au haut du mercure avant l'expérience, étoit la même que celle de vingt-huit pouces de mercure, qui eſt le poids entier de l'Atmoſphére, à l'excés de vingt-huit pouces par deſſus la hauteur où il demeuroit après l'expérience : ce qui fait connoître ſuffiſamment, qu'on peut prendre pour une régle certaine ou loi de la nature, que l'air ſe condenſe à proportion des poids dont il eſt chargé.

Que

Que ſi l'on en veut faire des expériences plus ſenſibles, il faut avoir un tuyau recourbé, dont les deux branches ſoient parallelles, & dont l'une ſoit d'environ huit piés de hauteur, & l'autre de douze pouces ; la grande doit être ouverte au haut, & l'autre ſeellée exactement.

On commencera à verſer un peu de mercure pour remplir le fond où eſt la communication des deux branches, & on fera en ſorte que le mercure ne ſoit pas plus haut dans l'une que dans l'autre, afin d'être aſſuré que l'air enfermé n'eſt pas plus condenſé ou dilaté que l'air libre.

On verſera enſuite peu à peu du mercure dans le tuyau, prenant garde que le choc ne faſſe entrer de nouvel air avec celui qui eſt enfermé, & on verra, comme je l'ai vû pluſieurs fois, que, lorſque le mercure ſera élevé à quatre pouces dans la petite branche, le mercure ſera dans l'autre quatorze pouces plus haut, c'eſt à dire dix-huit pouces au deſſus du tuyau de communication : ce qui doit arriver, ſi l'air ſe condenſe à proportion des poids dont il eſt chargé ; puiſque l'air enfermé eſt alors chargé du poids de l'Atmoſphére qui eſt égal au poids de vingt-huit pouces de mercure, & encore de celui de quatorze pouces, dont la ſomme 42 pouces eſt à 28 pouces premier poids qui tenoit l'air à douze pouces dans la petite branche, réciproquement comme cette étenduë de douze pouces eſt à l'étenduë reſtante de huit pouces.

Si l'on verſe de nouveau mercure juſqu'à ce qu'il ſoit monté à 6 pouces dans la petite branche, & qu'il n'y reſte que 6 pouces d'air, le mercure ſera dans l'autre branche plus haut de 28 pouces que le haut de ces ſix pouces ; ce qui doit arriver ſuivant la même hypothèſe : car alors l'air enfermé ſera chargé de 28 pouces de mercure, & de la peſanteur de l'Atmoſphére qui en vaut auſſi 28, dont la ſomme 56 eſt double de 28, comme la premiére étenduë de 12 pouces d'air eſt double des 6 pouces qui reſtent ; & lorſqu'en continuant de verſer du mercure dans la grande branche, il ſera dans la petite à 8 pouces de hauteur, il y aura 56 pouces de mercure au deſſus, dans la grande branche, ce qui fait encore la même proportion.

Si on veut pouſſer l'expérience plus loin, on pourra verſer encore du mercure, juſqu'à ce que l'air de la petite branche ſoit réduit à 3 pouces ; & on verra que dans l'autre branche, le mercure ſera élevé à 84 pouces plus haut, leſquels avec les 28 du poids de l'Atmoſphére font 112, nombre quadruple de 28, de même que la premiére étenduë de 12 pouces eſt quadruple de la derniére de 3 pouces.

Pour bien faire ces expériences, il faut que la petite branche ſoit d'une largeur uniforme par tout ; car pour la grande, il n'eſt pas néceſſaire que ſa largeur ſoit préciſément égale en toute ſa longueur.

Par cette régle de la nature, on peut réſoudre pluſieurs Problêmes de Phyſique aſſez curieux. Le premier eſt celui-ci.

Problêmes qu'on peut reſoudre par ce qu'on vient d'établir.

V I. PRO-

I. PROBLÉME.

Étant donnée la hauteur où l'on veut que le mercure demeure dans un tuyau de grandeur donnée, trouver la quantité de l'air qu'il y faut laisser avant l'expérience.

Soit 4 pouces la hauteur donnée du mercure, & soit le tuyau de 37 pouces, dont on doit plonger un pouce dans le mercure du vaisseau, afin qu'il reste 36 pouces au dessus. Soit supposé que l'expérience soit faite, & que le mercure se soit mis à 4 pouces de hauteur. Donc il restera 32 pouces d'air dilaté. Mais comme 28 pouces, poids entier de l'Atmosphére, est à 24, différence de 4 grandeur donnée, & de 28; ainsi 32 est à 27 $\frac{3}{7}$. Donc 27 pouces $\frac{3}{7}$ est l'étenduë de l'air qu'il faut laisser au dessus du mercure avant l'expérience, afin qu'après l'expérience, le mercure s'arrête à 4 pouces de hauteur. Si le tuyau est de 24 pouces, & qu'on veuille réduire le mercure à 7 pouces, il faut supposer que le bout ouvert du tuyau soit plongé d'un pouce dans le mercure, afin qu'il reste 23 pouces, dont les 7 pouces de mercure étant ôtez, il restera 16 pouces pour l'air dilaté: Et parce que 28 est à 21 différence de 7 & de 28, comme 16 est à 12; on jugera qu'il faudra mettre dans le tuyau 12 pouces d'air au dessus du mercure. On résoudra de même les autres questions semblables.

II. PROBLÉME.

Étant donnée la quantité d'air qu'on veut laisser au dessus du mercure dans un tuyau de grandeur donnée, trouver à quelle hauteur le mercure se mettra après l'expérience.

Cette question se peut résoudre par le calcul de l'Algébre, en cette sorte. Soit la hauteur du tuyau 25 pouces, & l'étenduë donnée de l'air 9 pouces; on demande, à quelle hauteur le mercure demeurera dans le tuyau après l'expérience? Soit appellée A l'augmentation de l'étenduë de l'air enfermé: & parce que le bout du tuyau doit être plongé d'un pouce dans le mercure du vaisseau, & qu'il n'y restera que 24 pouces; si on apelle 9 + A l'étenduë de l'air dilaté, le reste du tuyau jusques à 24 sera 15 — A, qui est la grandeur inconnuë qu'on cherche. Or, par la régle expliquée ci-dessus, 28 pouces de mercure doivent avoir un même raport à la différence qui est entre ces 28 pouces, & la hauteur où il doit demeurer dans le tuyau, que l'étenduë de l'air dilaté, c'est à dire 9 pouces plus A, à 9 pouces. Donc par conversion de raison, 9 + A sera à A, comme 28 à 15 — A. D'où il s'ensuit, que le produit des extrémes 9 + A & 15 — A, sera égal à celui de 28 par A. Donc le premier produit, savoir 135 + 6 A — A ^{2} sera égal à 28 A;

&

& ajoutant A ^{2} de part & d'autre, il y aura égalité entre 135 + 6 A, & 28 A + A ^{2}; & ôtant 6 A de chacune de ces grandeurs, il y aura encore égalité entre A ^{2} + 22 A & 135, & enfin entre A ^{2} & 135 — 22 A; & si on joint le quarré de 11 moitié de 22 à 135, la somme sera 256, dont la racine quarrée est 16, duquel nombre ôtant les 11 ci-dessus, le reste 5 sera la valeur de l'étenduë qu'on a appellée A, & par conséquent 15 — A vaudra 10 pouces, hauteur requise où se mettra le mercure après l'expérience.

On trouvera de même la hauteur du mercure dans d'autres tuyaux, quelque étenduë d'air qu'on ait laissée sur le mercure avant l'expérience, soit que cette étenduë se puisse exprimer par nombres, ou seulement par lignes; & les expériences se trouveront conformes à ces raisonnemens. On peut même réduire en lignes les grandeurs données, & on trouvera aisément la ligne de la hauteur où se mettra le mercure, si on sçait médiocrement les régles de l'Algébre.

III. PROBLÉME.

Etant donnée la hauteur d'un tuyau plein d'air, trouver à quelle profondeur il faudra plonger le bout ouvert dans le mercure du vaisseau, afin qu'il monte dans ce tuyau situé perpendiculairement à une hauteur donnée possible.

Soit le tuyau de 10 pouces uniformément large, & soit un pouce la hauteur donnée. Donc l'air du tuyau se doit réduire à 9 pouces, puisque le mercure y doit entrer d'un pouce; & suivant les raisonnemens ci-dessus, comme 9 est à 10, ainsi réciproquement 28 pouces de mercure, à 31 pouces ⅑. Ce qui fera connoître qu'il faudra que la surface du mercure du vaisseau soit 3 pouces ⅑ au dessus du mercure qui sera monté dans le tuyau, & par conséquent qu'il faudra que le bout ouvert soit enfoncé de 4 pouces ⅑ dans le mercure du vaisseau; ce qui se prouve parce que le poids du mercure de 3 pouces ⅑ joint au poids de l'Atmosphére, qu'on suppose égal à celui de 28 pouces de mercure, chargera l'air du tuyau d'un poids de 31 pouces ⅑: & 31 pouces ⅑ est à 28 réciproquement, comme 10 pouces, étenduë premiére de l'air du tuyau, est aux 9 pouces qu'il doit occuper après l'expérience.

On se servira d'un raisonnement semblable pour trouver à quelle hauteur l'eau montera dans un tuyau vuide fermé par le bout d'enhaut, lorsqu'on le plonge perpendiculairement dans de l'eau, prenant pour le poids de l'Atmosphére, 32 piés d'eau douce, ou 30 d'eau salée, au lieu de 28 pouces de mercure. De là on jugera que, si on descend un homme dans la mer sous une cloche pleine d'air, lors qu'elle sera à 30 piés de profondeur, l'air se réduira à la moitié de l'espace qu'il occupoit; ce qui n'a pas été remarqué par quelques-uns qui ont parlé de cette expérience.

V 2

C'est

C'eſt une choſe très-ſurprenante que le reſſort de l'air puiſſe faire le même équilibre, que lors qu'il eſt joint avec ſon poids; il n'eſt pas difficile d'en faire des expériences, & on peut prouver cet effet en cette maniére.

Ayez une bouteille de verre comme A B C D de figure Cylindrique, haute de 123 lignes ⅔, & d'une telle largeur que ſa baſe intérieure ſoit à un cercle d'une ligne de diamétre, comme 1005 eſt à l'unité; verſez y du mercure C E F D, juſques à la hauteur d'un pouce, afin qu'il reſte 111 lignes ⅔ d'air; & y faites entrer un tuyau de verre de 29 ou 30 pouces de hauteur, & d'une ligne de largeur intérieure, ouvert aux deux bouts, dont celui d'embas trempe d'environ 4 lignes dans le mercure: ſeellez ce tuyau exactement au cou de la bouteille, de maniére que l'air qui eſt en A F n'aye aucune communication avec l'air extérieur: mettez enſuite cette bouteille & ſon tuyau dans la machine du vuide ſous un récipient de verre I L M d'une grandeur ſuffiſante; Je dis que, ſi on peut pomper tout l'air qui eſt ſous le récipient, le mercure deſcendra par la force du reſſort de l'air de la bouteille juſques en N O, ſi N E eſt d'un tiers de ligne, & qu'il s'élévera dans le tuyau juſques à la hauteur de 27 pouces 11 lignes au deſſus de la ſurface N O. Car, d'autant que l'air ſe condenſe ſelon la proportion des poids dont il eſt chargé, il doit auſſi ſoutenir des poids ſelon la proportion réciproque de ſes condenſations: & parce que la baſe du Cylindre E O eſt à la baſe du Cylindre de mercure, qui eſt dans le tuyau, comme 1005 eſt à l'unité; ſi la hauteur E N eſt d'un tiers de ligne, le Cylindre E O ſera égal à un Cylindre de 27 pouces 11 lignes de hauteur dans le tuyau, puiſque la hauteur de 27 pouces 11 lignes, c'eſt à dire 335 lignes, eſt à un tiers de ligne, comme 1005 eſt à l'unité. Mais l'étenduë de l'air A N de 112 lignes eſt à l'étenduë A E de 111 lignes ⅔ réciproquement, comme le poids de 28 pouces de mercure, c'eſt à dire 336 lignes, eſt à celui de 335 lignes. D'où il s'enſuit, que le reſſort de l'air A O ſoutiendra une hauteur de 335 lignes de mercure, comme celui du même air, lorſqu'il n'occupoit que l'eſpace A F, en pouvoit ſoutenir une hauteur de 336 lignes, ſuivant ce qui a été expliqué ci-deſſus dans les expériences du tuyau recourbé; & par conſéquent, le ſeul reſſort de l'air fera monter le mercure dans le tuyau juſques à la hauteur de 27 pouces 11 lignes. Il eſt vrai que, comme il demeure toujours un peu d'air ſous les récipiens dans les machines du vuide, ſon reſſort quoique foible diminuera un peu de la force de celui de la bouteille, & pourra réduire l'élévation du mercure dans le tuyau à 27 pouces 6 lignes, ou à 27 pouces 8 lignes, &c; & en ce cas l'air de la bouteille s'étendra un peu moins que d'un tiers de ligne.

De cette propriété du reſſort de l'air, on peut juger que, ſi un Barométre dans un cabinet avoit ſon mercure élevé de 28 pouces, il demeureroit encore à cette hauteur après qu'on auroit fermé le cabinet

très-

très-exactement pour empêcher l'air du dehors d'y entrer, & qu'il pourroit même monter plus haut, si on échauffoit l'air du cabinet, puisque la force de son ressort seroit augmentée par la chaleur.

On trouvera par de semblables raisonnemens fondez sur la force du ressort de l'air, que si on enferme une égale quantité d'air au dessus du mercure dans des tuyaux de différentes hauteurs, le mercure descendra plus bas dans les moins longs ; & que, si les tuyaux sont de 35 ou quarante pouces, & qu'on les panche de maniére qu'il ne reste depuis la surface du mercure du vaisseau, jusques à la hauteur perpendiculaire du bout fermé, que 30 ou 32 pouces, le mercure ne sera pas si élevé au dessus de cette surface, que lorsque les tuyaux seront perpendiculaires.

Il est bon de remarquer ici que l'air est une des principales causes de l'effet étonnant qui arrive aux larmes de verre, de se rompre avec bruit, & de s'écarter en poussiére, & en petits fragmens, lorsqu'on en rompt seulement le petit bout.

Ce qui arrive aux larmes de Verre se fait par l'air, & comment.

On fait ces larmes en faisant tomber un peu de la matiére fonduë dont on fait les verres, dans un seau plein d'eau froide, & parce que cette matiére est fort gluante pendant qu'elle est rouge, il s'en fait un long filet, par lequel on soutient la larme dans le milieu de l'eau ; elle y demeure rouge quelque tems ; il y en a qui se brisent en se refroidissant dans l'eau, & d'autres qui demeurent entiéres : On en sépare le filet qui est hors de l'eau, sans que le reste se rompe : on peut même séparer une partie du crochet, si on le fait rougir à la flamme d'une chandelle ; mais lorsqu'on rompt ce qui reste du crochet sans l'avoir fait recuire, toute la larme se brise avec bruit, & s'écarte en plusieurs petits fragmens & en poussiére blanche. Pour expliquer cet effet qui donne de l'admiration à ceux qui le voyent la premiére fois, il faut considérer que le verre prend une trempe dans l'eau comme l'acier, & qu'il en devient plus dur & plus cassant ; ce qui procéde de ce que la froideur de l'eau surprenant l'extérieur du verre, le refroidit & le durcit d'abord, pendant que l'intérieur de la larme demeure encore rouge : & parce que cette matiére, aussi bien que les métaux, est d'un plus grand volume étant chaude, qu'étant froide ; il arrive nécessairement, que les parties internes se joignant aux externes qui sont déja affermies, & étant aussi un peu retenuës par celles qui sont vers le centre, il s'y fait plusieurs petites interruptions de continuité, de maniére qu'il demeure vers le milieu plusieurs bulles grosses & petites, pleines d'un air extrémement dilaté ; ce qu'on reconnoit lorsqu'on amollit au feu ces larmes, car les bulles diminuent peu à peu, & quelques-unes même disparoissent.

Or ces larmes étant très-dures au dehors, on peut battre à coups de marteau la partie épaisse sur du bois sans que rien se rompe ; parce que les parties extérieures se soutiennent comme une voûte. Mais, si on vient à ployer le bout mince du crochet jusques à ce qu'il se rompe,

V 3

toutes

toûtes les parties qui ont été mifes en reffort par cet effort, retournant avec une très-grande viteffe en leur première difpofition, font une ma-niére de frémiffement qui fait en très-peu de tems plufieurs allées & venuës, c'eft à dire plufieurs tremblemens, comme ceux des cordes tenduës; & par ce moyen ce qui n'étoit que contigu ou peu lié, fe fé-pare & fe defunit, comme il arrive à du fer blanc, lequel fe rompt lors qu'on le ploye & qu'on le redreffe trois ou quatre fois de fuite. Dans ce même tems, l'air du dehors trouvant quelques ouvertures par la féparation de quelques parties du verre, s'infinuë avec violence pour remplir les petits vuides des bulles, & fait écarter par cet effort toutes les petites parties de la larme : On voit un femblable effet lors qu'on pompe l'air d'un vaiffeau de verre quarré; car l'air extérieur le preffant, & ne trouvant aucune réfiftance confidérable dans l'air intérieur dont le reffort eft extrémement affoibli, il rompt les parois du vaiffeau, & les brife en plufieurs petites parties.

Pour juger que cette réduction en pouffiére des larmes de verre & l'écart de cette pouffiére à deux ou trois piés à la ronde, dépend de ces trois caufes; favoir, du frémiffement caufé par le reffort, du peu de liai-fon des parties, & de l'irruption de l'air dans les bulles & entre les par-ties qui ne font que contiguës comme les pierres d'une voûte: il faut confidérer les expériences qui fuivent.

1. Que les larmes qui fe refroidiffent dans l'air n'ont pas la propriété de celles qui fe refroidiffent dans l'eau, parce que la matiére fe refroi-diffant peu à peu dans l'air, & demeurant long-tems molle en toutes fes parties, elles fe refferrent peu à peu, & demeurent parfaitement unies & liées; & s'il y a quelque peu d'air enfermé, il reprend une con-denfation qui eft égale à peu près à celle de l'air du dehors; d'où il ar-rive que fi on rompt le bout du crochet, le refte ne fe rompt point.

2. Que les larmes qu'on fait recuire jufques à ce qu'elles commencent à s'amollir, font le même effet que celles qui fe refroidiffent dans l'air, parce que l'air du dehors trouvant la matiére fouple, la fait rentrer en dedans, & en même tems les bulles s'amoindriffent, ou bien il fe fait un petit enfoncement jufqu'au vuide des bulles par ou l'air extérieur s'in-finuë, & en ce cas elles ne diminuent que de fort peu, & le verre fe réjoint par deffus, comme je l'ai obfervé en quelques larmes recuites; & par ce moyen les parties defunies du verre reprennent une parfaite con-tinuité.

3. Que lors qu'on ufe les larmes par le gros bout avec du fablon d'Ef-tampes ou quelqu'autre matiére rude fur une plaque d'acier, elles ne fe rompent pas quand on ne donne jour qu'aux petites bulles qui font près de la furface: mais dès qu'on arrive à une groffe bulle, elles fe rompent avec un auffi grand effort que fi on rompoit le crochet; parce que la ru-deffe du frottement ébranle & fait frémir toutes les parties du verre, & qu'en perçant la bulle il fe fait quelque petite fraction qui fait reffort, &

en

en même tems l'air extérieur y fait irruption, ce qui fait brifer & écarter toutes les parties du verre.

4. Que les larmes fe mettent auffi en pouffiére dans la machine du vuide lors qu'on rompt le crochet; & alors il n'y a que deux caufes de cet effet, favoir le peu de liaifon des parties & leur frémiffement caufé par le reffort, & en ce cas les fragmens ne doivent s'écarter que fort peu.

5. Que fi on ufe les larmes avec de la poudre d'Emeri très-fine, mêlée avec de l'huile, on peut percer les groffes bulles, fans que les larmes fe rompent; ce qui procéde de ce que l'air du dehors n'y peut faire d'effort, à caufe que la partie platte & ufée de la larme, étant jointe exactement à la plaque d'acier, l'huile dont elle eft enduite empêche l'air d'y entrer que peu à peu & infenfiblement. On en voit un exemple dans des plaques de marbre fort unies, qui étant pofées l'une fur l'autre avec un peu d'huile, ne peuvent être féparées que difficilement, à caufe que l'air ne peut aifément fe gliffer entre deux.

J'ai obfervé que, fi on met une épingle dans de groffes bulles à demi ufées, quelques fois les larmes fe rompent, & d'autres fois elle ne fe rompent pas.   Il m'eft arrivé qu'ayant mis trois ou quatre fois une épingle dans une de ces bulles, rien ne fe rompit; mais un peu de tems après, l'épingle n'y étant plus, la larme fe rompit fans que j'y fiffe le moindre effort.   J'attribuai cet effet au grand froid qu'il faifoit alors, qui géla l'eau que j'y avois mife pour la nettoyer; ce qui caufa quelque rupture à une petite épaiffeur de verre qui couvroit une autre groffe bulle, & cet effort ébranla les parties, & y fit entrer l'air extérieur.

Il m'eft arrivé encore, qu'ayant mis trois ou quatre fois une épingle jufques au fond d'une groffe bulle à demi ufée fans que rien fe rompit, j'y en mis une autre plus petite, qui fit tout rompre, & écarter les petits fragmens à plus de trois piés.   Pour juger de ces différens effets, j'ufai encore une larme à demi jufques à ouvrir une groffe bulle; j'en regardai le fond avec un bon microfcope, & j'y aperceus trois ou quatre petits intervalles noirs, dont quelques-uns me paroiffoient comme de petites fentes, le refte étant fort poli & luifant : d'où je jugeai, que lorfque l'épingle rencontroit les endroits polis, la larme ne fe rompoit point; mais que lors qu'elle rencontroit une petite fente, elle écartoit un peu les parties contiguës, & y faifoit entrer l'air, ce qui caufoit le brifement de la larme.   On peut conclure de ces expériences, que la feule introduction de l'air, ou le feul frémiffement, peut rompre les larmes de verre refroidies dans l'eau, & que ces deux caufes fe joignent enfemble lors qu'on rompt les petits crochets.

Les obfervations des hauteurs différentes où le mercure fe met dans les Barométres, nous peuvent donner plufieurs belles connoiffances. Celle qui me femble la plus confidérable eft de pouvoir connoître fort fouvent quel eft le vent qui règne dans l'air, & de prévoir quel tems il doit fai-

Belles
Connoi-
fances que
donnent
les obfer-
re

vations
des hau-
teurs du
mercure
dans le
Baromé-
tre.

re le lendemain & deux ou trois jours après.

Les Barométres ordinaires de verre dont on se sert pour cet effet, ont leurs tuyaux & leurs petits vaisseaux d'une seule piéce ; ils sont si communs qu'il n'est pas nécessaire d'en faire ici la description.

J'ai fait quantité de ces observations à *Paris* pendant plusieurs années, & j'en ai fait faire en même tems quelques-unes à *Loches* , au *Mont de Marsan*, à *Dijon*, &c. desquelles j'ai tiré les maximes suivantes.

Lors qu'un vent de Sud ou de Sud-Ouëst a souflé quelques jours, & qu'il survient un vent de Nord ou de Nord-Est; le mercure s'éléve de sept ou huit lignes plus haut qu'il n'étoit , & se met à 28 pouces ou à 28 pouces & quelques lignes, & il fait ordinairement beau tems.

S'il survient un vent de Sud ou de Sud-Ouëst après un vent d'Est, ou d'Est-Nord-Est , le mercure descend jusqu'à 27 pouces 4 lignes, & quelquefois jusques à 27 pouces, ou 26 pouces 10 lignes, & il se fait alors ordinairement de grandes pluiës. Il arrive quelquefois que le Sud & le Sud-Ouëst ayant poussé beaucoup d'air & de nuées vers les parties du Nord & du Nord-Est, il se fait un reflux d'air qui fait le Nord ou le Nord-Est; ces vents raménent les nuées, & les pressant, il se fait une pluië continuelle pendant un jour ou deux.

Lorsque les vents du Nord & du Nord-Est cessent, l'Est régne souvent ensuite, & le Sud & le Sud-Ouëst lui succédent.

Explica-
tion de
certains
effets &
mutations
des vents.

Voici comment on peut expliquer ces effets & ces mutations de vents.

Supposant le mouvement de la terre, l'air qui est proche de l'Equateur, doit suivre son mouvement, mais un peu moins vîte ; & c'est de là que procéde qu'on sent presque toujours un vent d'Est en ces quartiers-là : Mais vers les Tropiques & à 10 ou 12 degrés au delà, la surface de la terre ne va pas si vîte que l'air qui est sous la ligne ; & il arrive quelquefois qu'une partie de cét air échaufé va de ce côté-là & fait un Sud-Ouëst, ou un Ouëst, de la même maniére que l'eau d'une Riviére qui va fort vîte dans son milieu, pousse des vagues à côté de part & d'autre, qui ne suivent pas sa direction, mais elles vont obliquement du côté du rivage, & même quelquefois en un sens opposé. Lorsque ces vagues cessent, & que les vents du Nord & du Nord-Est ont fait leur reflux dans les Zones tempérées , il s'y fait ordinairement un vent d'Est, parce que n'y ayant point alors d'autre mouvement dans l'air que celui qui se fait par le mouvement de la terre, la même chose doit arriver que vers l'Equateur.

Le Sud & le Sud-Ouëst succédent ordinairement à l'Est dans les Zones tempérées, & particuliérement en *France*, parce qu'il vient de nouvelles vagues de l'air qui est vers l'Equateur. Mais cet ordre est quelquefois changé, parce qu'il y a d'autres causes qui produisent les vents, dont les principales sont les éruptions des exhalaisons & des vapeurs de la terre, le mouvement de la Lune, la condensation de l'air par le froid, & sa dilatation par la chaleur, &c.   Le

Le Nord & le Nord-Eſt font ordinairement élever le mercure des Barométres, non ſeulement parce qu'ils rendent l'air plus peſant en le condenſant, mais auſſi parce qu'en ſouflant contre la terre de haut en bas, & preſſant l'air par ce moyen, ils augmentent ſon reſſort, ce qui fait élever le mercure ; & comme le Nord-Eſt améne ordinairement le beau tems en *France*, on juge par cette élévation qu'il doit faire beau tems.

Cette conjecture que le Nord ſouffle de haut en bas, eſt fondée ſur cette expérience que j'ai faite. Je ſuſpens à un fil une boule de plomb d'environ trois pouces de diamétre, & je lui donne un mouvement en rond fort vîte dans un ſeau plein d'eau ; alors la pouſſiére & les autres ſaletés s'élévent du fond de l'eau vers la boule, ſi elle n'en eſt éloignée que de trois ou quatre pouces, pendant que l'eau qui eſt à l'entour des parties de la boule qui ont le plus grand mouvement, tourne en rond avec elle.

Le Nord-Eſt & l'Eſt-Nord-Eſt aménent le beau tems en *France* par trois cauſes : la premiére eſt, que depuis le Royaume de la *Chine* juſques en *France*, ils ne paſſent par deſſus aucunes Mers ; la ſeconde, que ſouflant de haut en bas ils empêchent le peu de vapeurs qui viennent des terres, de s'élever ; & la troiſiéme, que rendant l'air plus condenſé, les vapeurs élevées ne retombent pas ſi facilement ſur les inférieures pour ſe joindre enſemble & former les pluïes.

Le vent d'Eſt améne des brouillards, particuliérement en Hiver, & les autres vents fort rarement : ce qui procéde de ce que le vent d'Eſt ne ſe fait pas par un mouvement d'air qui puiſſe diſſiper les vapeurs en haut, ou qui les rabatte contre terre, mais par le ſeul mouvement de la ſurface de la terre, contre un air qui ne va pas ſi vîte ; ce qui fait que les vapeurs qui s'étendent joignant la terre, demeurent toujours à même hauteur, & ſont rencontrées ſucceſſivement par divers endroits de la circonférence de la terre.

Le Sud & le Sud-Ouëſt qui viennent de loin, ſouflent ſelon les tangentes de la terre & ſoulévent l'air ſupérieur, & par conſéquent diminuent le reſſort de l'inférieur ; d'où il arrive que le mercure du Barométre ſe baiſſe, & alors on peut prognoſtiquer la pluïe, particuliérement ſi le vent ayant été Ouëſt retourne immédiatement au Sud ou au Sud-Ouëſt. Mais lorſqu'il retourne de l'Eſt-Nord-Eſt au Nord ou au Nord-Nord-Eſt, c'eſt un ſigne de continuation de beau tems, quand même le mercure baiſſeroit un peu. Les vents en *France* paſſent ordinairement de l'Eſt au Sud & au Sud-Ouëſt, puis à l'Ouëſt, au Nord & au Nord-Eſt, & ils ſont très-rarement un tour entier en un ſens contraire.

Il y a deux cauſes principales pourquoi le baiſſement du mercure dans les Barométres eſt un ſigne de pluïe. La premiére eſt, qu'il deſcend quand l'air eſt moins peſant & moins preſſé, & quand l'air eſt en cet

X

état,

état, il ne peut plus soutenir les vapeurs ; d'où il arrive que les supérieures tombent sur les inférieures, & font de grosses nuées, qui enfin se
réduisent en pluïe. La seconde, que le Sud & le Sud-Ouëst, qui rêgnent
ordinairement alors, passent par dessus les Mers avant que d'arriver en
France, & par conséquent ils se chargent de beaucoup de vapeurs.

Lorsque le Nord & le Nord-Est rêgnent long-tems, le Barométre
se baisse peu à peu, & le beau tems ne laisse pas de continuer, parce
que ces vents aménent peu de vapeurs ; & le mercure se baisse, parce
que l'air trop pressé s'étend vers le Sud-Ouëst, & par conséquent son
ressort diminuë.

On pourroit mieux déterminer ces choses, si on conféroit ensemble
plusieurs observations faites en même tems en des lieux fort éloignez
les uns des autres.

De la for-
me que
prend
l'air en-
fermé
dans l'eau.　　L'air enfermé dans l'eau en petite quantité y prend une forme sphérique par la force de son ressort, qui pousse l'eau également de tous
côtez : ce qu'on voit aisément lorsqu'on laisse tomber une petite balle
de plomb, de trois ou quatre piés de haut, dans l'eau ; car l'air qui suit
la balle bien avant sous l'eau, revient au dessus en petites boules rondes ; celui qu'on fait sortir peu à peu d'une bouteille plongée dans l'eau,
s'eléve de même en boules rondes assez grosses. D'où il arrive que, si
une bouteille pleine d'eau a le goulet moindre que de quatre lignes,
il n'en sort point d'eau quand on la renverse perpendiculairement, parce que l'air inférieur ne peut faire entrer de bulles dans l'eau qui n'ayent
plus de quatre lignes de largeur, & par conséquent elles occupent tout
le goulet, & l'eau ne peut sortir ; car pour sortir, il faudroit que l'air
se divisât en petites parcelles pour monter d'un côté quand l'eau sortiroit
de l'autre. Mais quand le goulet est large, l'eau tombe, parce que l'air
peut entrer en grosses bulles d'un côté, pendant que l'eau coule de
l'autre. Et par la même raison, si on met au fond d'un vaisseau plein
d'eau une bouteille pleine d'air, dont le goulet soit seulement de trois
ou quatre lignes de largeur, il n'en sortira point d'air, & l'eau n'y entrera point ; au lieu que si elle est pleine d'un vin bien purifié & plus
leger que l'eau, l'eau entrera, & le vin montera au dessus de la surface
de l'eau : Dont la raison est, que le vin & l'eau se divisent facilement
en petites parcelles, & que l'eau étant plus pesante que le vin purifié,
peut descendre par petits filets dans la petite bouteille, & faire monter
le vin de même ; mais l'air ne se séparant que difficilement de l'autre
air, il ne se met point en petites parcelles pour donner place à l'eau, &
il l'empêche de descendre par son ressort. Que si on panche un peu la
bouteille, alors l'air en pourra sortir en grosses bulles, parce qu'il pourra se glisser à côté de l'eau, & l'eau y entrera. Lorsque dans un tuyau
étroit de verre, il y a de l'air & de l'eau séparez par de petits intervalles, les extrémitez des parcelles de l'air sont convéxes, & font des en-
foncemens dans celles de l'eau : & c'est par cette raison que les tuyaux

étroits

étroits où l'eau monte à une hauteur confidérable par deſſus ſon niveau,
comme de 15 ou de 16 lignes, étant plongez dans l'eau en ſorte qu'ils
ne paſſent que de trois ou quatre lignes au deſſus ; celle qui eſt au haut
du tuyau ne laiſſe pas d'avoir un petit enfoncement concave.

La troiſiéme propriété de l'air eſt, qu'il s'inſinuë & ſe diſſoud en quelque façon dans l'eau & dans pluſieurs autres liqueurs; ce qu'on connoit
par l'expérience ſuivante, que j'ai faite pluſieurs fois avec grand ſoin.

Je fais bouillir de l'eau environ une heure, & après qu'elle eſt refroidie, j'en emplis une Phiole dont la pomme eſt fort ronde ; je la ferme
avec le doigt, & après y avoir laiſſé entrer de l'air de la groſſeur d'une
noiſette, je la renverſe, & j'en fais tremper le bout dans un verre où il
y a de l'eau : j'ai toujours remarqué, que dans trois ou quatre jours cet
air étoit preſque entiérement entré dans l'eau, mais que le reſte y entroit bien plus difficilement à proportion, & qu'il y en avoit encore un
peu de reſte ſept ou huit jours après. J'ai fait pluſieurs ſemblables expériences avec des bulles d'air plus petites; voici les derniéres. Je laiſ-
ſai une bulle d'air de quatre lignes de diamétre au haut de la bouteille
renverſée; le jour ſuivant elle fût réduite à deux lignes deux tiers; l'autre jour, à une ligne & demi; & le matin du jour ſuivant, il n'y en eût
plus du tout : tellement que le premier jour il s'en perdit preſque les ſept
huitiémes, le ſecond jour les trois quarts du reſte, & le troiſiéme le reſte ſe perdit, qui étoit environ un ſeiziéme de toute la bulle. Ce même
jour j'y remis une bulle de trois lignes & demi de diamétre; elle ſe perdit dans le même eſpace de tems, & à peu près dans les mêmes proportions jour par jour, c'eſt à dire que le premier jour il s'en perdit plus
des trois quarts ; il en reſta pourtant un peu après les trois jours environ comme la groſſeur d'une ſemence de perle: j'y en remis une autre de trois lignes & demi de diamétre, qui ne ſe joignit point à cette
petite, laquelle diſparut le lendemain; mais celle de trois lignes & demi entra dans l'eau dans un intervalle de trois jours comme auparavant:
J'en remis encore une de quatre lignes de diamétre, & trois jours après,
cét air fut encore abſorbé par l'eau, à la reſerve d'une petite bulle un
peu moindre que d'une ligne de diamétre. Ce reſte d'air non diſſous
paroît toujours un peu différent de l'autre air; car il s'attache au verre,
& ne change pas ſi facilement de place quand on panche la bouteille.

J'y mis encore une autre bulle de 4 lignes de diamétre, & il fallut
ſix jours entiers pour la faire diſoudre entiérement. J'y en remis encore une ſemblable, qui diſparut le neuviéme jour. Et enfin, y en ayant
mis encore une autre de pareille groſſeur à peu près; il y avoit encore
le douziéme jour une bulle de deux lignes & demi de diamétre, & le
vingtiéme une de deux lignes. Ce qui fait voir que, comme le ſel ſe diſſoud plus facilement dans l'eau où il n'y en a point encore, que lorſqu'il
y en a déja du diſſous, l'air ſe diſſoud auſſi plus facilement dans de l'eau,
d'où la matiére aërienne a été chaſſée par la chaleur, & que ce qui re-

X 2

ſte

fte de l'air s'infinuë plus difficilement dans l'eau, que lorfqu'il y eft mis fraichement; car comparant le volume de ces goutes d'air, il s'en étois diffous en douze jours les trois quarts, & dans les huit jours fuivans, un huitiéme feulement.

Caufes qui produifent cet effet. Cet effet fe fait apparemment par deux caufes. La premiére eft le preffement de l'air de l'Atmofphére, qui pouvant élever l'eau de la bouteille jufqu'à trente-deux piés, preffe la petite bulle, ce qui lui aide à s'infinuer dans l'eau. La feconde eft une difpofition qui eft en l'eau à diffoudre de certains corps, comme les fels, jufques à une certaine quantité; laquelle difpofition peut auffi s'étendre à diffoudre & à abforber une certaine portion d'air, & non davantage.

Par les mêmes raifons, l'air qui eft contigu à la furface d'une Riviére ou d'un Etang, s'y peut infinuer, étant preffé par le poids de l'air fupérieur; d'où il s'enfuit que dans toutes fortes d'eaux il y a un peu d'air mêlé. J'ai obfervé que, fi on met une petite bulle d'air de deux ou trois lignes dans une phiole de verre pleine d'eau de Riviére non bouillie, il faut plus de quinze jours pour la faire entrer entiérement dans l'eau.

Si on fait la même expérience avec de l'huile qu'on aura tenuë fur le feu jufques à ce qu'elle ne faffe plus de bruit ni d'écume, la bulle d'air n'entrera pas dans l'huile qu'on aura mife dans la bouteille, & demeurera fenfiblement plufieurs jours dans fa même étenduë.

Etenduë & nature de l'air mêlé & diffous dans l'eau. Il ne faut pas croire que l'air diffous & mêlé dans l'eau y conferve une étenduë égale à celle de celui que nous refpirons; car il y eft beaucoup plus condenfé, & en cet état il ne doit pas être appellé Air, mais Matiére aërienne. Je prouve cet effet par les expériences fuivantes.

Je prens un petit vaiffeau de verre de la figure d'un dé à coudre, mais un peu plus grand: je fais bouillir de l'huile dans un petit vaiffeau jufqu'à ce qu'elle fume bien fort, fans faire de bruit ni d'écume, & l'ayant laiffé refroidir, j'y couche de travers le petit verre, en forte que l'huile paffe environ deux ou trois lignes au deffus: en fuite je dreffe ce petit verre, fans qu'il y entre de l'air, mettant le bout fermé vers le haut, & il demeure plein d'huile, quoiqu'il paffe d'environ la moitié de fa hauteur au deffus de la furface de l'huile du petit vaiffeau: je mèts une chandelle allumée au deffous vis-à-vis du petit verre, & cette chandelle échaufant l'huile, en fait fortir de petites fumées qui font un peu crêper & rider fa furface en divers endroits, ce qu'on connoit par la réfléxion des objets qui paroiffent ondoyans; mais on ne voit point fortir d'air, & on n'en voit point auffi paroître au haut du petit verre, encore même que l'huile foit beaucoup échaufée.

Après quelque tems, je laiffe refroidir l'huile, & j'y mèts avec le bout d'une paille une goute d'eau; mais il faut beaucoup d'adreffe pour la faire aller au fond, car fi on la pofoit fur l'huile, elle nageroit au deffus; on peut la mettre dans une cueillére & la couvrir d'huile, la verfer dou-

ce-

cement contre le fond du vaiſſeau, & après quelle ſera coulée juſques
vers le milieu, on la couvrira âvec le petit verre qui doit toujours demeurer plein d'huile : enſuite on remet la chandelle ſous l'endroit où
eſt la goute d'eau, & peu de tems après on voit ſortir de petites bulles
d'air de cette goute d'eau qui s'élévent au haut du petit verre, & dans
moins de cinq ou ſix minutes, on l'en voit rempli à moitié ; je laiſſe refroidir l'huile, & cet air étant refroidi, contient huit ou dix fois plus
d'eſpace que la goute d'eau dont il eſt ſorti : d'où je tire une conſéquence,
que cet air n'étoit pas ſelon cette dilatation dans la goute d'eau, mais
qu'il y occupoit beaucoup moins de place. Et on ne peut pas dire qu'u-
ne partie de cet air ſorte de l'huile, puiſqu'avant que d'y mettre la
goute d'eau, il n'en montoit point dans le petit verre, & aſſurément
il demeure encore quelque peu de cette matiére aërienne dans la goute
d'eau, mais il faut beaucoup de tems pour la diſpoſer à reprendre ſa conſiſtence d'air. Il y a ordinairement dans l'huile quelque peu de cette
matiére, à cauſe de l'eau qui y eſt mêlée ; car on ne peut par aucune
diſtillation purger entiérement l'huile de l'eau qui y eſt, & on y en trouve encore quelques goutes après l'avoir diſtillée plus de vingt-fois. J'ai
fait mettre dans la machine du vuide, de l'huile qui avoit été ſur le feu
juſqu'à ne plus faire de bruit, & après qu'on eût très-bien vuidé l'air
du récipient, il ſortit ſeulement quelques petites bulles de cette huile ;
mais l'ayant enſuite laiſſé geler (car c'étoit en hiver) je la fis fondre
auprès du feu, & l'ayant remiſe dans l'expérience du vuide, il n'en ſortit aucunes bulles : d'où je jugeai que cette huile n'avoit plus de matiére aërienne, ou que s'il y en avoit quelque peu, elle n'étoit pas diſpoſée à reprendre ſa conſiſtence d'air, & par conſéquent que l'air qui dans
l'expérience ci-deſſus, monte dans le petit verre, ſort de la goute d'eau,
& non de l'huile ; & qu'ainſi on peut être convaincu que l'air y eſt
extrémement condenſé, & y tient peu de place, mais il eſt difficile de
ſavoir comment ſe fait cette condenſation.

Pendant ces derniéres expériences, il faut ôter quelquefois la chandelle, parce que l'eau s'échaufferoit trop ſi on la laiſſoit deſſous continuellement ; & j'ai remarqué, que ſi on donne le feu un peu trop fort,
il ſe fait de tems en tems de petites fulminations qui ſoulévent le petit
verre, & le mettent en danger de ſe renverſer. Or la matiére qui fait
ces fulminations eſt dans la goute d'eau, puiſque l'huile ſeule n'en donnoit point, & elle eſt apparemment différente de celle qui produit l'air
peu à peu : car quoiqu'elle écarte preſque toute l'huile du petit verre,
& qu'elle occupe pendant un moment la plupart de ſa capacité, incontinent après elle ſe réduit comme à rien, & n'augmente pas ſenſiblement la quantité de l'air qui eſt déja au haut du petit verre ; & par conſéquent c'eſt une matiére qui ſe dilate beaucoucoup plus que l'air, lors
qu'elle a atteint un certain degré de chaleur, mais elle ne ſe dilate point
à une médiocre chaleur, & ce peut être quelque choſe de ſemblable à ce

X 3

qui

qui eſt dans le ſel de tartre, & dans le ſalpêtre qui fait fulminer ces matiéres, lors qu'étant bien mêlées avec du ſouphre, on les laiſſe échaufer peu à peu; car ce melange arrive enfin à un degré de chaleur tel que
ſe dilatant étrangement tout à coup, tout le compoſé ſe diſſipe, & fait
un bruit qui bleſſe l'ouïe.

Je reconnois encore cette matiére fulminante dans l'eau par une autre expérience. Je mèts un petit entonnoir de verre à goulet court,
dans un grand vaiſſeau plein d'eau, en ſorte que le goulet de l'entonnoir
étant en haut, ſoit couvert d'environ un pouce de hauteur: j'emplis un
long matras d'eau, & ayant fait tremper le bout du cou dans l'eau du
vaiſſeau, j'y introduis le goulet de l'entonnoir, & je l'y tiens affermi,
en ſorte que la bouteille renverſée demeure toute pleine d'eau ſans qu'elle ſoit en danger de tomber: je poſe le vaiſſeau ſur un fourneau, & je
lui donne une chaleur médiocre; alors on voit, dès que l'eau eſt médiocrement échauffée, des bulles d'air ſe former ſous l'entonnoir, &
monter les unes après les autres dans le cou de la bouteille, & aller tout
au haut, & faire deſcendre l'eau qui y eſt: mais cela ne continuë pas
plus d'un quart d'heure; car la matiére aërienne étant preſque épuiſée,
ou du moins celle qui y demeure, n'étant pas encore diſpoſée à reprendre ſa dilatation & ſon reſſort, il s'en éléve très-peu, encore qu'on faſſe chaufer l'eau davantage, ou qu'on la faſſe bouillir plus fort; mais de
tems en tems il ſe fait des fulminations qui empliſſent tout à coup preſque tout le cou du matras, & chaſſent l'eau en haut, ſans que l'air qui
eſt déja dans la pomme du matras en ſoit ſenſiblement augmenté: d'où
l'on peut juger que cette matiére fulminante procéde des ſels qui ſont
diſſous dans l'eau, & n'eſt pas la même que celle qui ſe dilate à une médiocre chaleur, & qui a toutes les propriétez de l'air; & c'eſt apparemment cette matiére qui cauſe la continuation du bouillonnement de
l'eau ſur un grand feu, juſqu'à ce qu'elle ſoit toute évaporée. Quelques Philoſophes croyent que ce qui fait le bouillonnement de l'eau procéde du feu, qui fait paſſer des eſprits qu'ils appellent ignées, au travers des vaiſſeaux qui contiennent l'eau. Mais, ſi on conſidére que le
feu n'a point d'autres eſprits que ceux de l'huile & des autres matiéres
inflammables, & qu'il n'y a aucune vrai-ſemblance qu'il entre quelques
particules d'huile ou de ſalpêtre, &c. dans l'eau, lorſqu'on la fait bouillir
dans une bouteille de verre, puiſque cette eau conſerve ſa netteté; on
ne fera point de difficulté de prendre cette opinion pour une erreur groſ-
ſiére. On ne peut pas dire auſſi que ce qui fait bouillir l'eau, ſoit quelque ſubtile exhalaiſon de la matiére des vaiſſeaux, puiſque lorſqu'on met
au haut de l'huile une goute d'eau, elle jette de l'air & de la matiére
fulminante, quand elle eſt échauffée, auſſi bien que celle qui eſt au fond
du vaiſſeau.

Des cauſes
par leſ-   La matiére aërienne diſſoute & condenſée dans l'eau en peut ſortir,
& ſe remettre en air par trois cauſes différentes.

La

La premiére eſt par la chaleur, lorſque l'eau commence à bouillir: Car ce premier mouvement de l'eau procéde de la matiére aërienne qui ſe dilate & ſe remet en véritable air, & qui repouſſe l'eau en s'élevant; mais les grands bouillonnements qui continuent juſqu'à ce qu'il n'y ait plus d'eau dans les vaiſſeaux qui ſont ſur le feu, procédent de la matiére fulminante & du reſte de la matiére aërienne qui ne ſe diſpoſe que ſucceſſivement à reprendre ſa conſiſtence d'air, encore même que la chaleur ſoit beaucoup augmentée. Il arrive auſſi une reſtitution de cette matiére en air, lorſque les particules de deux liqueurs mélées enſemble ſe mettent en mouvement, & font une grande efferveſcence, comme quand on verſe de l'huile de tartre ſur de l'eſprit de ſalpêtre; car le mouvement violent que les particules de ces corps font en s'uniſſant enſemble, diſpoſe la matiére aërienne qui y eſt mêlée, à reprendre ſa conſiſtence d'air, à cauſe que la matiére fulminante que ces ſels contiennent, ſe dilatant extrémement par ce mélange, fait dilater auſſi en même tems la matiére aërienne; & la dilatation de ces deux matiéres fait l'efferveſcence qu'on aperçoit dans ces expériences. Il n'eſt pas néceſſaire qu'il s'excite une chaleur ſenſible dans ces liqueurs, mais ſeulement un mouvement capable de mettre en dilatation la matiére fulminante, & diſpoſer la matiére aërienne à reprendre ſa conſiſtence d'air.

La ſeconde cauſe qui fait que la matiére aërienne ſe remet en air, eſt lorſqu'on affoiblit le reſſort de l'air qui preſſe l'eau dans laquelle cette matiére eſt engagée, comme on le voit dans l'expérience du vuide: car d'abord que l'air qui eſt dans le récipient, eſt diminué de moitié, & par conſéquent que le preſſement de ſon reſſort eſt affoibli de moitié; il commence à s'élever des bulles d'air de l'eau qui eſt ſous le récipient, de méme que ſi on mettoit du feu deſſous. Cette expérience fait voir manifeſtement que ces bulles ne procédent pas des eſprits ignées, ou de la matiére des vaiſſeaux.

Lors qu'on continuë à tirer l'air du récipient, il ſort un plus grand nombre de ces bulles, juſqu'à ce que la matiére aërienne en ſoit dehors. Que ſi on joint ces deux cauſes enſemble, c'eſt à dire ſi l'eau eſt chaude dans le tems qu'on pompe l'air, elle jettera deux ou trois fois autant de bulles dans le vuide, & ſouvent elle boût plus fort que ſi elle étoit ſur un grand feu, quoiqu'elle ne ſoit que tiéde.

Le même effet arrive à l'eſprit de vin: car encore qu'on ne l'ait point échaufé, la matiére aërienne qui y eſt engagée auſſi bien que dans l'eau, ſe dilate dabord, & fait jaillir l'eſprit de vin par deſſus les bords du verre: mais cette matiére eſt bien tôt épuiſée dans l'eſprit de vin, parce qu'elle s'en dégage très-facilement, & en ſort d'abord en grande abondance; au lieu qu'elle continuë long-tems dans l'eau. Mais auſſi, ſi on emplit une petite bouteille de cet eſprit de vin dont la matiére aërienne eſt ſortie, & qu'on plonge le goulet dans de l'eau, ou dans d'autre eſprit de vin, laiſſant une bulle d'air groſſe comme le bout du

doigt

doigt au haut de la bouteille renverfée, elle fera fuccée par l'efprit de vin en moins de trois heures; & fi on y met encore une bulle d'air nouveau d'une pareille groffeur, elle y entrera encore en peu de tems: au lieu que dans l'eau cet effet fe fait bien plus lentement, comme il a été dit ci-deffus.

Troifiéme caufe.

La troifiéme caufe du retour de la matiére aërienne en air, procéde de la gelée: car les particules de l'eau s'accrochant alors les unes aux autres, cette matiére qui ne peut s'y joindre & fe geler, s'en fépare, & ceffant d'étre diffoute dans l'eau, elle reprend fa premiére confiftence d'air; de même que le fel diffous dans l'eau fe remet en fel lorfqu'on y verfe beaucoup d'efprit de vin, qui empêche l'action de l'eau fur le fel.

On voit le commencement & le progrès de cette féparation & de ce changement en air, lorfqu'on expofe un verre plein d'eau à la gelée: car on y voit naître une très-grande quantité de petite bulles d'air, comme je l'ai expliqué dans le *Journal des Savans*; & l'effet que produit cet air fait connoître manifeftement que la matiére aërienne eft beaucoup plus condenfée dans l'eau, qu'elle n'eft après s'être féparée de l'eau, puis qu'ayant repris la confiftence d'air, elle fait fendre la glace & les vaiffeaux qui la contiennent, par la force de fon reffort. J'en ai vû une expérience furprenante dans l'Affemblée de l'Académie des Sciences, dans un canon de moufquet d'environ deux piés de longueur, culaffé par les deux bouts; car l'eau qu'on y avoit mife pour fe geler, fe féparant de la matiére aërienne, & cette matiére reprenant fa confiftence d'air, & ne trouvant aucune iffuë pour fortir, ni de place pour s'étendre, avoit crevé le canon, quoiqu'il eût plus de quatre lignes d'épaiffeur. L'eau qui fe géle dans un verre ne peut pas faire un fi grand effort, parce qu'à mefure que la matiére aërienne fe dilate en air, une partie de cet air s'éléve au deffus de l'eau & paffe par une petite ouverture qui demeure en la furface fupérieure de la glace, & l'autre partie qui s'attache en petites bulles contre le verre ou contre la glace, fait fortir par la même ouverture une partie de l'eau, qui fe répand fur la glace qui eft formée à l'entour, ce qui fe reconnoit par l'élévation de la glace, proche de cette ouverture; mais dans le canon la matiére aërienne y étant demeurée toute entiére & toute l'eau auffi, l'effort devoit être beaucoup plus grand.

De l'Explication de la dilatation & de la condenfation de l'air.

C'eft par cette raifon que le verglas fait fendre les arbres: car l'intérieur des arbres fe gělant, & la matiére aërienne fe dilatant en air, & ne trouvant point d'iffuë à caufe du verglas qui environne leurs tiges, enfin fon reffort tout feul, ou joint à celui de la matiére fulminante, les fait fendre avec un grand bruit, comme fi on avoit allumé au dedans de la poudre à canon.

Cette propriété qu'a l'air de fe dilater & de fe condenfer, eft très-difficile à expliquer; & c'eft l'une de ces matiéres que l'efprit humain ne peut bien concevoir.

Quel-

Quelques-uns croyent avoir bien rencontré, quand ils difent que la rarefaction n'eft autre chofe qu'une féparation des particules qui compofent les corps: ainfi ils difent que le vin eft rarefié, lors qu'on y mêle de l'eau, parce que l'eau fe gliffant entre les particules du vin, les fépare les unes des autres; & par la même raifon ils foutiennent, que de la cendre qu'on tient en la main, & qu'on jette à travers une chambre, eft rarefiée, & qu'il n'y a point d'autre rarefaction dans la nature. Il n'y a rien de fi aifé à concevoir que cette rarefaction; mais étant prife en ce fens, elle ne pourroit faire aucun effet confidérable, & celle de l'air & de la poudre enflammée en fait de très-violens, & qu'on ne peut bien expliquer par une fimple féparation de leurs particules, quelque mouvement qu'on leur puiffe donner; ce qui fe prouve par le calcul en cette forte.

Suppofons qu'on ait mis 10 livres de poudre à canon fous une voûte, en 20 petits facs fufpendus; que les murailles qui foutiennent la voûte, foient très-épaiffes, mais qu'il n'y ait aucun poids fur la voûte que les feules pierres dont elle eft conftruite; & qu'il y en ait feulement 54, dont chacune péfe 500 livres: fi on allume cette poudre, les pierres qui compofent la voûte feront forcées, & quelques-unes s'éléveront à plus de 20 piés. Or je dis que les particules de la poudre enflammée qui choquent ces pierres, ne peuvent donner à chacune d'elles une telle élévation par la force de leur choc: car ces 20 livres étant pouffées en circonférence, il n'y aura que la fixiéme partie, favoir environ 54 onces, qui choquera la voûte, le refte étant pouffé vers le pavé qui eft au deffous de la voûte, & vers les quatre murailles qui la foutiennent; & par cette raifon chaque pierre de 500 livres ne fera choquée que par une once ou environ de ces particules. Suppofons encore que ces particules ayent un mouvement auffi vîte que celui d'un boulet qui fort d'un canon, & qui pourroit s'élever perpendiculairement à 3000 piés de hauteur: donc ces particules iroient d'une viteffe à s'élever à 3 mille piés, c'eft à dire à 36000 pouces, ou à 432000 lignes. Mais 500 livres font 8000 onces; & fuivant les régles de la percuffion, fi la viteffe de l'once de poudre qui choque la pierre de 500 livres eft exprimée par 8001 degrés, elle ne donnera qu'un degré de viteffe à cette pierre par fon choc. Mais parce que les élévations des poids à des hauteurs différentes, fe font felon les quarrés des viteffes, & que le quarré de 8001 eft 64016001; il s'enfuit que la pierre ne devroit s'élever qu'à la hauteur d'environ $\frac{1}{14}$ de ligne, puifque 64016001 a même raifon à l'unité, que 432000 lignes à $\frac{1}{14}$ de ligne à peu près. Donc cette élévation feroit infenfible, ce qui répugne à l'expérience.

D'ailleurs, fi l'effort de la poudre fe faifoit par le choc de fa matiére, les pierres paroitroient brifées & rompuës en plufieurs endroits dans les murs qui demeurent debout, ce qui ne fe remarque point. Lorfqu'on emplit de blé ou de pois mouillés un pot de terre étroit au haut, &

Y

qu'on

qu'on le met dans un four bien chaud, il ne se fait aucun choc, puisque l'eau ne s'insinuë que peu à peu dans les pores de ces semences; & cependant elles font brifer le pot en s'enflant peu à peu. D'où il suit, que les effets des mines se font par le seul ressort; c'est à dire, que quand la flamme de la poudre est difposée à occuper beaucoup plus de place que n'en contient la chambre où elle s'allume, elle s'appuïe de toutes parts contre les parois; & enfin la voûte étant la plus foible partie, les pierres en font élevées avec grande force par l'accélération du mouvement caufée par la dilatation fucceffive de cette poudre allumée.

Il y a beaucoup de Philofophes modernes qui attribuent les violens effets de la poudre à canon à une pouffiére très-fine & très menuë, qu'ils appellent matiére fubtile, qui se meut inceffamment avec une très-grande rapidité, & qui paffe facilement par les pores des corps les plus durs. Mais cette hypothèfe ne paroit pas bien concertée: car ce qui paffe facilement à travers les pores, ne peut faire qu'une legére impulfion; & s'ils difent que cette pouffiére ne peut paffer à travers la flamme du falpêtre, il est évident que c'est une pure pétition de principe, & qu'il n'y a aucune apparence que la flamme de la poudre n'ait pas des pores auffi grands que l'acier, le marbre, l'eau, &c. Mais, quand on leur accorderoit cette fuppofition, ils n'en pourroient rien conclure de vraifemblable, puifque le cours de cette pouffiére menuë pourroit enfiler un canon en un fens contraire à la direction de la balle, & en ce cas elle emporteroit la culaffe du canon, la balle demeurant immobile. Que s'ils difent que cette pouffiére se meut en tous fens, on peut répondre que dans un tel mouvement elle ne feroit rien mouvoir: car plufieurs particules se rencontrant directement, elles se réfléchiroient, mais elles en rencontreroient d'autres qui les repoufferoient encore, & ainfi à l'infini; ce qui les empêcheroit de faire aucun effet confidérable: Ainfi il arrive fouvent qu'il se fait un grand calme quand deux vents contraires se rencontrent avec une même force. Et je ne puis concevoir comme quoi cette pouffiére pourroit se difpofer pour produire l'effet qui arriveroit fi le feu se mettoit en un tas de 100 milliers de poudre: car il y auroit autant de petits jèts de cette matiére fubtile qui se porteroient vers le milieu de la poudre, que de ce milieu vers la circonférence; & par cette raifon la flamme ne prendroit aucun mouvement fenfible: au lieu qu'une telle quantité de poudre allumée renverferoit toutes les maifons d'une Ville, & étendroit fa violence jufques à plus de deux ou trois lieuës. A quoi on peut ajouter, que puifque des goutes d'eau tombant continuellement, creufent les pierres les plus dures, il y a long-tems que tous les corps folides feroient réduits en atomes par le choc d'une matiére dure qui feroit mûë inceffamment avec une rapidité inconcevable.

De toutes ces raifons & de plufieurs autres qui se préfentent facilement à la penfée, on peut conclure qu'il n'y a point de telle pouffiére ni dans le globe de la terre, ni dans l'eau, ni dans l'air. Auffi n'eft elle nullement néceffaire pour les effets naturels : Car, par exemple, pour expliquer pourquoi les parties de l'eau font perpétuellement agitées, il n'eft pas befoin de recourir à cette matiére fubtile, puifque les vapeurs qui s'élévent perpétuellement de l'eau, font plus que fuffifantes pour lui donner cette agitation en la traverfant. On dira de même à l'égard de plufieurs autres effets naturels. Comme pour empêcher qu'il ne fe faffe des vuides confidérables entre les corps terreftres, la propriété de la matiére aërienne de fe remettre en air lorfqu'elle n'eft plus preffée par le poids de l'Atmofphére ou par celui de quelqu'autre corps, eft plus que fuffifante : car lors qu'on fait l'expérience du Barométre fans y mettre de l'air, & que le mercure s'étant mis à 27 ou 28 pouces, il demeure 7 ou 8 pouces de vuide dans le tuyau, s'il eft de 35 ou de 36 pouces; la matiére aërienne qui eft dans le mercure reprend fa confiftence d'air, & s'éléve dans cet efpace, qui autrement demeureroit vuide, & s'y dilatant extrémement par la vertu de fon reffort, elle remplit tout l'efpace d'où le mercure eft tombé.

Cette hypothèfe fe confirme lorfqu'on réitére plufieurs fois la même expérience avec le même mercure, ou avec d'autre qu'on a laiffé longtems dans la machine du vuide. Car enfin ce mercure fe purge entiérement de la matiére aërienne, ou du moins celle qui refte n'eft pas encore difpofée à fe remettre en air : & alors, fi on emplit de ce mercure un tuyau de 40 ou 50 pouces de hauteur, & qu'on mette fi exactement le doigt fur le bout ouvert, qu'il ne demeure point du tout d'air dans le tuyau, & qu'on faffe l'expérience bien doucement; le mercure ne quittera point le haut du tuyau, quoiqu'on ôte le doigt, mais il demeurera entiérement fufpendu, ce qui n'arriveroit point, s'il y avoit de la matiére fubtile qui pût fe couler entre deux.

J'attribuë cet effet à la contiguité naturelle de tous les corps, & à la loi ou régle de la nature, par laquelle les corps contigus ne fe féparent point, ou réfiftent à être féparez, fi quelqu'autre corps ne fe gliffe entre deux. Et parce qu'alors la matiére aërienne eft épuifée, & qu'il n'y a point d'autre air ou d'autre matiére qui puiffe fe mettre entre le haut du tuyau, & le mercure; il ne defcend point : il eft vrai que, fi on donne un grand coup contre le tuyau, le mercure tombe, parce que quelques particules de la matiére aërienne qui n'étoient pas encore difpofées à fe mettre en air, s'y difpofent par le choc; comme les parties inflammables d'une pierre à feu fe mettent en feu, lors qu'on les brife par le choc d'une autre pierre femblable, ou de quelqu'autre corps fort dur.

On voit cela manifement, lors qu'on met fous un récipient dans la machine du vuide, un verre où il y ait un peu d'eau dans laquelle foit plongé le bout du goulet d'un petit matras rempli entiérement d'une eau bien purgée de la matiére aërienne : car on pompe l'air fort long-tems,

fans

fans que l'eau quitte le haut de la pomme du matras, & elle ne tombe point, jufqu'à ce qu'enfin il s'y forme quelques petites bulles d'air qui montant au haut du matras fe mettent entre le verre & l'eau, ce qui fait qu'elle commence à defcendre ; mais s'il ne monte point de bulles vers le haut du matras, l'eau ne defcend point.

Que fi on choque rudement la machine, & qu'on faffe choquer par ce moyen un peu rudement l'eau du verre contre le cou du matras, on voit comme de petites étincelles ou parcelles d'air en fortir ; mais l'eau ne tombe point, s'il ne fe fait quelques bulles dans l'intérieur du matras qui puiffent monter jufques au haut, & fe mettre entre l'eau & le verre pour les defunir.

C'eft par ce même mouvement de contiguité ou inféparabilité, que deux piéces de marbre planes & bien polies, étant jointes, ne peuvent être féparées qu'avec un grand effort. On attribuë cet effet au preffement de l'air: mais il fe fait également bien dans la machine du vuide, où le reffort de l'air eft très-foible ; car s'il faut trois livres de poids pour faire cette féparation dans l'air libre, il en faut auffi trois dans le vuide, comme on l'a vû par plufieurs expériences ; & les fiphons, foit avec de l'eau, foit avec du mercure, font le même effet dans le vuide que dans l'air, pourvû qu'ils foient bien purgés de la matiére aërienne.

Lorfque dans les expériences de la machine du vuide, l'air du récipient eft prefque entiérement pompé ; les bulles d'air qui fe forment au bas d'un verre plein d'eau, fe groffiffent déméfurément en montant à la furface de l'eau ; ce qu'on peut expliquer en cette forte.

Lors qu'au commencement de l'évacuation de l'air dans le récipient il s'éléve des bulles de l'eau du verre, le reffort de l'air étant encore équivalent au poids de 12 ou 15 piés d'eau, le poids d'un peu d'eau de 3 ou 4 pouces de haut qui eft dans le verre, n'eft pas beaucoup confidérable, & ainfi les goutes d'air font toujours prefque également preffées au deffous & au deffus de l'eau. Mais lorfque le reffort de l'air eft entiérement affoibli ; fuppofant que l'eau du verre fût de quatre pouces de hauteur, alors les bulles qui fe forment au fond ne font chargées que de la 96e. partie de la pefanteur de l'air (pour la facilité du calcul, on ne confidére point ici le peu d'air très-rarefié qui demeure dans le récipient.) Donc la bulle, étant montée à deux pouces, fera deux fois plus dilatée qu'elle n'étoit au fond du verre, & 192 fois plus que l'air commun ; & lors qu'elle eft montée à trois pouces, elle l'eft 384 fois davantage ; & 768 fois, quand elle n'a plus que 6 lignes d'eau par deffus ; & alors elle eft 8 fois plus grande qu'elle n'étoit au fond du verre : Il arrive même que les autres parties de la matiére aërienne fe trouvant contiguës à cet air déja formé, elles fe difpofent plus facilement à fe remettre en air, ce qui aide à groffir les bulles : & c'eft la raifon pourquoi, lors qu'on fait le vuide ou qu'on fait chaufer de l'eau dans un vaiffeau fur le feu, on voit

forsortir des bulles en de certains endroits, qui se succédent les unes aux autres très-vîte, & paroissent comme un filet de perles; car le mouvement de la bulle qui monte en haut, & la place vuide d'eau qu'elle occupe, dispose les parties aëriennes qui sont voisines à se mettre semblablement en air.

On pourroit ici demander, jusques où se peut étendre cette dilatation de l'air ? Voici l'expérience que j'en ai vû faire. On plongea le goulet d'une bouteille pleine d'eau dans un verre à boire qui en étoit rempli à moitié, & les ayant mis sur la machine du vuide, on les couvrit d'un récipient; on en tira l'air peu à peu, & quelques bulles étant montées au haut de la bouteille, l'eau descendit peu à peu jusques au goulet, & ensuite jusqu'au dessous de la surface de l'eau du verre qui s'étoit élevée par la chute de celle de la bouteille: Or en cet état, l'air enfermé avoit encore quelque vertu de ressort, & n'avoit pas son étenduë naturelle, puisqu'il soutenoit l'eau du verre au dessus de celle qui étoit dans le cou de la bouteille; mais après qu'on eût fait rentrer l'air dans le récipient, l'eau remonta dans la bouteille, & il resta seulement une bulle d'air au haut d'environ deux lignes de diamétre, laquelle étant comparée à la capacité de la bouteille, je trouvai par le calcul, qu'elle n'en occupoit pas $\frac{1}{4000}$, & par conséquent que l'air de cette bulle avoit été quatre mille fois plus rarefié, & avoit encore conservé une partie de son ressort, par laquelle il faisoit équilibre au poids de ce peu d'eau qu'il soutenoit, & au ressort de l'air qui étoit encore sous le récipient, mais beaucoup plus rarefié; car si l'air du matras & du récipient eussent été rareficz également, celui du matras seroit demeuré à fleur d'eau.

Pour expliquer en général la rarefaction & la condensation de l'air, sa mélange & la dissolution dans l'eau, on peut concevoir que l'air est quelque chose de semblable à du cotton, qui étant pressé occupe un très-petit espace, & qui peut s'étendre à un beaucoup plus grand : On peut remarquer, que lorsqu'on verse de l'ancre dessus, elle n'y entre pas d'abord, & il demeure tout blanc dans le milieu, sans que l'ancre y pénétre. Par cet exemple on peut comprendre pourquoi l'eau entre difficilement dans les intervalles des bulles d'air, mais qu'enfin elle y entre, & que lorsque cette matiére remplie d'eau dans ses intervalles, est excitée par la chaleur, elle se met en mouvement & repousse l'eau : & comme le cotton peut se déveloper, & occuper un bien plus grand espace qu'il n'occupe ordinairement, l'air tout de même développe ses spires, & les unes s'appuyant sur les autres, elles agissent en ressort, & repoussent de toutes parts par leur mouvement les autres liqueurs, & les corps qui les pressent. Il ne faut point croire que la chaleur insinuë quelques esprits ignées dans l'air pour le dilater; car les corps s'échaufent sans qu'il y entre aucune matiére du dehors, comme quand on bat une balle de plomb à coups de marteau, ou que les roües de carrosse s'allument en tournant très-vîte.

Explication en général de la raréfaction & de la condensation de l'air, &c.

Y 3

L'e-

L'efprit de vin, l'huile, & l'eau même, fe dilatent par la chaleur, fans qu'on y voye former des bulles d'air; & à plus forte raifon il n'eft pas néceffaire que l'air reçoive aucune matiére de dehors, mais feulement qu'il dévelope fes fpires, & qu'il écarte les autres corps qui le preffent.

Que l'air n'a de foi aucune chaleur.

Il eft bon de remarquer ici que l'air de foi-même n'a aucune chaleur, & qu'étant éloigné des caufes qui la produifent, comme du feu ou du Soleil, &c. il perd peu à peu celle qu'il en a reçuë, & devient enfin très-froid par la communication qu'il a avec l'air fupérieur, qui eft toujours très-froid, à caufe que fa tranfparence l'empêche de recevoir l'impreffion du Soleil, & que la refléxion des rayons, & les vapeurs chaudes de la terre ne peuvent atteindre jufques à lui. On peut connoître manifeftement ce grand froid de l'air fupérieur par les neiges perpétuelles qui couvrent les hautes montagnes, même fous la Zone torride : & lorfque l'air devient tout à coup très-froid aux mois de Mai & de Juin, cela procéde du mouvement des vents qui rabattent l'air fupérieur contre la terre, & refroidiffent par ce moyen celui qui y étoit, ou le chaffent en haut.

Remarques & expériencer fur l'étenduë de la dilatation de l'air.

Il eft évident par l'expérience ci-deffus, que l'air peut fe dilater plus de quatre mille fois davantage qu'il n'eft près de la terre, avant que d'être dans fa dilatation naturelle, telle qu'il l'a au delà de l'Atmofphére, où il n'eft chargé d'aucun poids; mais il eft très-difficile de déterminer jufques où s'étend cette dilatation, & même de favoir qu'elle eft la hauteur de l'Atmofphére.

Quelques-uns ont cru, que cette hauteur n'étoit que de deux ou trois lieuës. Car ayant obfervé qu'au bas d'une tour de 220 piés le mercure du Barométre étoit moins haut qu'au deffus, d'environ trois lignes; & que les 28 pouces de mercure ne contenoient que 336 lignes, qui divifées par 3 ne donnent que 112 divifions : ils multiplioient 112 par 220 piés, dont le produit eft 24640 piés, & prenant un peu plus de 2000 toifes pour lieuë, ces 24640 piés ne faifoient que deux lieuës. Mais cette maniére de mefurer la hauteur de l'air n'eft pas jufte : En voici une qui doit approcher bien plus près de la vérité.

Il faut remarquer les changemens des Barométres en des lieux de différentes hauteurs, comme au bas & au deffus d'une haute tour, ou d'une montagne, & en faire plufieurs obfervations; car il s'y trouve des irrégularités, à caufe du mouvement qu'on donne au mercure en montant ou en defcendant.

Mr. *Toinard* m'a dit qu'il a trouvé à *Orléans* 5 lignes de différence fur 300 piés de hauteur. Monfieur *Rohaut* donne 3 lignes de différence pour une hauteur de 216 piés. Quelques autres ont affuré avoir trouvé deux lignes de différence fur la hauteur de 148 piés en la tour de S. *Jaques* de la boucherie à *Paris*. La premiére obfervation donne 60 piés pour ligne, la feconde 72, & la troifiéme 74.

J'en

J'en ai fait deux expériences à l'Observatoire. La première fois je trouvai un peu plus de ⅓ de ligne de différence depuis le bas de la cave jusques au haut; & depuis ce lieu jusques sur la plate-forme, il se trouva encore un peu plus de ⅓ de ligne : chacune de ces hauteurs est de 84 piés.

Je recommençai l'expérience avec Messieurs *Cassini* & *Picard*, & nous trouvâmes quelques inégalités entre deux différentes observations. On prit deux Barométres : L'un étoit à 27 pouces 10 lignes avant que de l'ôter du lieu où il étoit; on le descendit dans la cave, qui est 134 piés plus bas, & il monta à 28 pouces moins ¼ de ligne; la différence est 2 lignes moins ¼, ce qui fait moins de 4 tiers de ligne pour 84 piés. On trouva dans l'autre Barométre, de même que dans ma première expérience, que depuis le bas de la cave jusqu'à 84 piés il étoit descendu de ⅓ de ligne, & depuis ce lieu jusqu'à une pareille hauteur de 84 piés, il descendit encore de ⅓ de ligne à peu près, ce qui fait 63 piés pour une ligne : mais, parce que l'expérience d'*Orléans* ne donne que 60 piés, je prens, pour la facilité du calcul, 60 piés d'air pour une ligne de mercure, & je divise toute l'Atmosphére en 4032 divisions, chacune d'un poids égal, ou d'une même quantité de matiére, quoique diversement dilatées suivant leurs différentes élévations : je suppose que dans le lieu où l'on commence l'observation, les Barométres s'élévent à 28 pouces précisément, qui font 336 lignes; & multipliant ces 336 lignes par 12, le produit est 4032, qui est le nombre des divisions que je donne à l'air, chacune desquelles sera d'un 12ᵉ. de ligne; & parce que 60 piés par supposition font une ligne au plus bas lieu, 5 piés feront un 12ᵉ. de ligne : donc la première division sera de 5 piés; & parce que depuis la terre jusques à la moitié de l'Atmosphére il y a 2016 divisions, & qu'en la plus haute de ces 2016 divisions, l'air y doit être deux fois plus raréfié, à cause qu'il ne soutient que la moitié du poids de l'Atmosphére (il peut l'être un peu moins à cause du froid qui y règne) cette 2016ᵉ. partie aura 10 piés d'étenduë, & les 2016 divisions vont toujours en croissant proportionnellement depuis 5 piés jusques à 10 : On pourra savoir l'augmentation de chacune par les régles dont on se sert pour trouver les logarithmes : mais parce que la somme des progressions géométriques, ne différe guéres de la somme qu'on trouveroit en prenant ces progressions selon la proportion arithmétique, je fais ici le calcul suivant cette derniére proportion, & pour avoir la somme je prens 7 & demi moyen arithmétique entre 5 & 10, que je multiplie par 2016; le produit 15120 piés, sera toute l'étenduë de l'air depuis le lieu de l'observation jusques à la moitié de l'air en pesanteur, c'est à dire jusques à la 2016ᵉ. division, & toute cette étenduë pésera autant que 14 pouces de mercure, ou 168 lignes. Or 15120 piés font un peu plus que les 5 quarts d'une lieuë Françoise. On suppose pour la facilité du calcul que chaque division de 5 piés a toutes ses parties également étenduës,

quoique

quoique celles du cinquiéme pié foient un peu plus dilatées que celles du premier ; mais cette différence eſt comme infenſible & changeroit peu le calcul.

La moitié du reſte de l'air aura 1008 diviſions : & parce que la premiére de ces 1008 eſt de 10 piés à peu près, & la plus haute de 20, puiſqu'elle eſt de moitié moins chargée ; il faut prendre 15 pour le nombre moyen, qui multiplié par 1008 diviſions, donne encore le même nombre de 15120 piés ou 5 quarts de lieuë. La moitié du reſte aura 504 parties, dont la plus haute aura 40 piés d'épaiſſeur, & la plus baſſe 20 ; & par les mêmes raiſons le produit de 30, étenduë moyenne, par 504, qui eſt encore 15120 piés, ou 5 quarts de lieuë, ſera l'étenduë de ces 504 parties, & toujours chacune de ces parties péſera un 12e. de ligne ; & en continuant de même, on trouvera 5 quarts de lieuë pour les 252 parties ſuivantes, autant pour les 126, & de même pour les 63, 31 $\frac{1}{2}$, 15 $\frac{1}{4}$, 7 $\frac{7}{8}$, 3 $\frac{15}{16}$, & 1 $\frac{31}{32}$, qui auront toutes chacune 5 quarts de lieuë ; & donnant encore à la derniére 5 quarts de lieuë, on trouvera en tout 12 fois 5 quarts de lieuë, c'eſt à dire 15 lieuës, ou 184320 piés.

Que ſi on ſuppoſe que l'air étant rarefié 4032 fois, n'a pas encore ſon étenduë naturelle : qu'on le ſuppoſe 8064 ou 16128, ou 32256 fois davantage qu'ici bas ; Cette derniére ſuppoſition n'ajoutera que 15 quarts de lieuë, ou 4 lieuës au plus, tellement que ſelon cette hypothéſe toute l'étenduë de l'air ne pourroit aller qu'à environ 20 lieuës : Et quand l'air ſeroit huit millions de fois plus rarefié que celui qui eſt proche de la ſurface de la terre, toute ſon étenduë, ſuivant la même progreſſion, n'iroit pas à 30 lieuës.

Pour confirmer la bonté de ce calcul de la hauteur de l'air, je l'appliquerai à deux célébres Obſervations, dont l'une eſt raportée dans le Livre de Monſieur Paſchal de *l'Equilibre des liqueurs*, & l'autre a été faite depuis quelques années par Monſieur *Caſſini*. Celle de Monſieur *Caſſini* eſt telle.

Il prit la hauteur d'une Montagne de *Provence* qui eſt ſur le bord de la Mer, & il la trouva de 1070 piés ; le mercure du Barométre dont il ſe ſervoit, étoit à 28 pouces au plus bas lieu, & au ſommet de la Montagne il ſe trouva deſcendu de 16 lignes & un tiers.

Or ſi l'on ſuppoſe 63 piés pour une ligne, comme on l'a obſervé deux fois dans l'Obſervatoire, & que l'air peſât 28 pouces de mercure au tems de ſon obſervation au bas de la Montagne, & qu'on diviſe tout l'air en 336 parties d'égale peſanteur ; chaque diviſion péſera une ligne de mercure, & par conſéquent la premiére ſera de 63 piés de hauteur. Suivant donc les raiſonnemens ci-deſſus, on fera le calcul en cette ſorte.

D'autant que dans l'endroit qui diviſe l'air en deux parties d'égale peſanteur où eſt la 168e. diviſion, cette partie doit avoir 126 piés de

lar-

largeur, favoir le double de 63; & que chaque divifion en montant croît toujours un peu : fi on prend ces différences en progreffion arithméti-que, & qu'on divife ces 63 piés par 168, chaque divifion augmentera de $\frac{63}{168}$. Si on multiplie les 16 divifions dont chacune péfe une ligne, par 63, le produit fera 1008 , à quoi ajoutant le tiers de 63 à caufe du tiers de ligne, la fomme fera 1029, & y ajoutant 51 , produit de $\frac{63}{168}$ par 136, fomme de la progreffion de chaque augmentation jufques à 16, le tout fera 1080 piés, qui fera la hauteur où le Barométre devoit diminuer de 16 lignes un tiers, ce qui approche de fort près les 1070 piés obfer-vés par Monfieur *Caffini*.

La 2e. Obfervation a été faite fur une haute Montagne proche la ville de *Clermont* en *Auvergne*; dont voici les principales circonftances.

Le mercure du Barométre au plus bas lieu de *Clermont*, étoit à 26 pouces 3 lignes & demi; ayant été porté à 27 toifes de hauteur dans la Montagne, il defcendit à 26 pouces 1 ligne; à 150 toifes, il defcen-dit à 25 pouces; & enfin vers le deffus de la montagne, 500 toifes plus haut que le plus bas lieu de *Clermont*, le mercure fe mit à 23 pouces 2 lignes : la différence entre la première & la derniére de ces Obfervations eft de 3 pouces une ligne & demi, c'eft à dire 37 lignes & demi.

La première obfervation fait connoître que le plus bas lieu de *Cler-mont* eft beaucoup plus élevé que les caves de l'Obfervatoire , & par conféquent qu'une ligne de mercure y doit valoir plus de 63 piés : on le peut calculer en cette forte.

La différence entre 26 pouces 3 lignes & demi, & 28 pouces, eft 20 lignes & demi, qui font 20 divifions & demi; & felon le calcul ci-deffus, la derniére divifion doit augmenter d'environ 7 piés au deffus de 63, car le produit de 63 par 21 divifé par 168, donne un peu plus de 7 piés, qui ajoutez à 63 donnent 70 piés. Suppofant donc que la première li-gne de mercure valut alors 70 piés d'air, à compter depuis le plus bas lieu de *Clermont*, on calculera la hauteur du lieu de la derniére obferva-tion en cette forte.

La différence entre 26 pouces 3 lignes & demi & 23 pouces 2 lignes, eft 37 lignes & demi ; le produit de 70 par 37 & demi eft 2625; & parce que tout le poids de l'air n'étoit que de 26 pouces 3 lignes & demi de mercure, c'eft à dire 315 lignes & demi, dont la moitié eft 158 à peu près, il faut prendre $\frac{70}{158}$ pour l'augmentation qu'on doit donner à chaque divifion, au lieu des $\frac{63}{168}$ de l'obfervation de M^r. *Caf-fini* : La fomme de la progreffion des 37 divifions & demi eft 712 à peu près, dont le produit par $\frac{70}{158}$ eft un peu plus que 315, qui ajoutez à 2625 font 2940 piés, ou 490 toifes, au lieu des 500 que les Obfer-vateurs ont données à la hauteur de la Montagne.

Si on calcule de même les deux premiéres Obfervations de 27 toifes & de 150, on trouvera que le mercure devoit moins defcendre en l'u-ne & en l'autre qu'il ne fit ; au lieu qu'en celle de 500 toifes , il de-

Z

voit

voit defcendre un peu plus bas que 23 pouces 2 lignes. Ces différences, dont la première & la derniére font peu confidérables, peuvent proceder de plufieurs caufes: Savoir, qu'on ne prit pas exactement les hauteurs dans la Montagne : qu'il y eût quelques différences de vents pendant les différentes obfervations : qu'on avoit laiffé un peu d'air enfermé dans le Barométre qui augmentoit ou diminuoit la force de fon reffort, felon les différens degrez de chaleur qu'il recevoit : ou que le mouvement qu'on donnoit au mercure en marchant, faifoit quelques changemens dans les hauteurs qu'il devoit prendre : ou enfin que la même quantité d'air péfe un peu davantage proche de la terre, qu'à 300 ou 400 toifes plus haut ; de même que le fer qui eft éloigné de trois ou quatre pouces de l'aiman, ne fait pas un auffi grand effort pour fe mouvoir vers lui, que lorfqu'il n'en eft qu'à un pouce.

Si on recommençoit un jour cette Obfervation, & qu'on la voulut faire bien exacte, il faudroit fufpendre le Barométre en montant, de telle forte qu'on ne donnât que très-peu de mouvement au mercure : il feroit néceffaire auffi de marquer dans la relation, les médiocres hauteurs où s'éléve le mercure des Barométres dans le plus bas lieu de *Clermont* pendant toute l'année ; avec quelle exactitude on auroit nivellé les hauteurs de la Montagne ; quel vent auroit fouflé pendant les obfervations, &c.

<table><tr><td>Confé-
quences
des Expé-
riences &
des raifon-
nemens
précédens.</td><td>

Il fuit des expériences & des raifonnemens ci-deffus, que fi on mettoit de l'eau tiéde à cinq quarts de lieuë de hauteur, elle bouilliroit ; puifque fi on en met dans la machine du vuide, elle boût très-fort, dès qu'on a diminué de moitié, l'air qui eft fous le récipient. Il s'enfuit auffi que s'il y avoit une montagne de la hauteur d'une lieuë & demi, les hommes & les oifeaux n'y pourroient vivre ; parce que leur fang n'étant plus preffé que par la moitié du poids de l'air, & encore moins, & étant plus chaud que de l'eau tiéde, il en fortiroit quantité de bulles d'air, qui empêcheroient fa circulation, & troubleroient l'œconomie naturelle du cœur, & des autres parties du corps.</td></tr></table>

On peut auffi par les mêmes expériences expliquer plufieurs effets naturels. Comme fi on demande d'où vient que les nuées ne s'élévent que jufqu'à une médiocre diftance de la terre, on peut répondre que l'air étant deux fois moins condenfé à cinq quarts de lieuë de hauteur qu'il n'eft vers la furface de la terre, les vapeurs qui fe font élevées plus haut que l'air groffier, trouvant un air beaucoup plus leger, elle ne peuvent monter plus haut, tant à caufe de la legéreté de cet air fupérieur, que parce que le froid qui y règne, les condenfe & les rend plus pefantes. D'où il arrive que, lorfqu'il y en a beaucoup d'amaffées, leurs petites parties fe joignent enfemble, & forment les pluiës. On voit un femblable effet dans la machine du vuide : car au moment que l'air qui eft fous le verre eft doublement rarefié, & même un peu moins ; on voit tomber une petite pluïe qui fe forme des vapeurs imperceptibles

qui

qui voloient dans cet air enfermé, lequel les laiſſe tomber, ne pouvant plus les ſoutenir pour être trop dilaté. De là on peut juger que, s'il y avoit un vaiſſeau de cinq ou ſix piés de hauteur plein d'eau, elle bouilliroit difficilement, puiſque le poids de ſix piés d'eau étant conſidérable, la matiére aërienne ſeroit plus empêchée de ſe dilater pour ſe mettre en bulles, que ſi elle n'étoit chargée que d'une petite hauteur d'eau. On pourroit douter ſi au deſſus de l'air il n'y a pas un vuide parfait, ou une autre matiére plus ſubtile, ou même ſi la dilatation de l'air ne va pas à une plus grande étenduë que de 20 ou 30 lieuës, puiſqu'il y a quelque vrai-ſemblance qu'il doit s'étendre juſqu'à la Lune. Mais en ce dernier cas, il faudroit croire que celui qui eſt fort élevé a beaucoup moins de mouvement vers la terre à proportion de ſa dilatation, que celui qui n'en eſt éloigné que d'une lieuë ou de deux. Par cette hypothéſe & par celle du mouvement de la terre, on pourroit expliquer aſſez bien le mouvement de la Lune autour de la terre ; ſes apogées & périgées, &c.

L'air a encore beaucoup d'autres propriétez qui ſont difficiles à expliquer : Mais quelques Philoſophes lui en attribuent auſſi beaucoup qu'il n'a pas ; par exemple, qu'il ſe change en ſalpêtre, en s'inſinuant dans les terres, & dans les plâtras : car ce n'eſt pas de l'air que procéde la génération du ſalpêtre, mais des particules de ſalpêtre que la chaleur fait élever dans l'air, & qui retombent avec les pluiës ; j'en ai fait l'expérience ſuivante. Des propriétez qu'on attribue fauſſement à l'air.

J'ai tenu pendant près de deux ans auprès d'une grande fenêtre ouverte dans une chambre d'un quatriéme étage, un panier plein de plâtras, deſquels on avoit tiré du ſalpêtre, pour ſavoir ſi l'eſprit nitroaërien de l'air, comme quelques Chimiſtes le nomment, y formeroit de nouveau ſalpêtre. Mais, après les avoir leſſivés & fait évaporer l'eau, il ne parut pas un atome de ſalpêtre dans la réſidence, en la jettant dans le feu ; au lieu que de ſemblales plâtras ayant été mis pendant le même tems dans une cave ſur de la terre affermie, après avoir bien nettoyé la place, il s'y en trouva conſidérablement ſans y avoir rien mêlé de la terre de la cave. Ce qui m'a fait juger que le ſalpêtre s'éléve de la terre à ſa ſurface, & gagne peu à peu le haut des maiſons ; & que celui qui dans les nuées concourt à la production du tonnerre, y eſt élevé avec les exhalaiſons inflammables. Et quoique l'air ſoit néceſſaire pour entretenir la flamme, il ne s'enſuit pas que l'air ſe change en feu, ni qu'il donne une matiére nitroaërienne pour l'entretenir : il faut plutôt croire que la flamme s'éteint ſi elle eſt trop preſſée par le reſſort de l'air, & que ſi elle n'eſt pas aſſez preſſée, elle ſe diſſipe ; d'où il arrive que dans la machine du vuide on ne peut allumer d'autre flamme que celle de la poudre à canon, encore très-difficilement. Cette flamme de la poudre s'allume dans les lieux ſerrés où il y a peu d'air, & elle force le reſſort de l'air, parce que l'eſprit du ſalpêtre ſe dilatant, ſouffle le feu

Z 2

du

du charbon & du souphre, & le contraint de s'allumer par ce mouvement, & dans le vuide il fait le même effet.' Il arrive aussi que, lors qu'il
y a trop de vapeurs à l'entour de la flamme , elle s'éteint, comme on
le voit dans les caves où il y a du vin nouveau qui jette ses fumées ; car
les chandelles s'y éteignent, particuliérement lorsqu'on les met près de
la terre, à cause qu'il y a là plus de vapeurs que vers le haut de la voûte. Ce dernier effet se prouve en mettant un gros charbon ardent dans
de l'eau, & le couvrant promptement avec un grand verre à boire : car
le verre s'emplit de fumées & de vapeurs ; mais peu à peu le haut du
verre s'éclaircit, & on ne voit plus de vapeurs qu'au bas du verre, proche la surface de l'eau, où enfin elles se réünissent.

Si on met dans un air trop pressé un charbon allumé, il s'amortit;
mais si on le soufle, il se ralume : ce qui fait connoître que le vent que
produit le salpêtre , peut tenir allumée la flamme pressée, & l'empêcher de s'éteindre.

On ne doit pas dire aussi que l'air soit composé des vapeurs & des
poussiéres qui y sont mêlées , non plus que les sels diffous dans l'eau,
ni les terres qui la rendent trouble , ne font pas des parties de l'eau : &
lors qu'en Eté les verres remplis d'une eau très-froide se ternissent au
dehors, il ne faut pas croire que ce soit l'air qui s'y réduise en vapeurs,
mais bien, que les vapeurs invisibles qui volent dans l'air, s'y condensent par le froid, & y forment enfin de petites goutelettes d'eau semblables à celles que le soufle fait paroître sur les miroirs en Hiver.

Si les verres sont encore mouillez de l'eau dont on les a lavez, ils ne
se ternissent pas, quoi qu'on mette de la glace dans l'eau qui y est ; parce que les vapeurs de l'air se joignent à l'eau extérieure , & s'étendent
avec elle, & par ce moyen il ne se fait point de ces petites goutelettes
séparées qui ternissent le verre.

Ce n'est pas aussi l'air qui resoud les sels dans les tems humides ; mais
ce sont les vapeurs aqueuses qui voltigent dans l'air, qui s'y attachent.

L'air n'est point de soi la cause de la corruption des fruits, du vin, &c;
mais la seule facilité de l'évaporation de quelques particules de ces sub-
stances, lorsqu'elles sont exposées au grand air , c'est ce qui fait éventer le vin, & passer les fruits en peu de tems ; au lieu que s'ils sont enfermés avec peu d'air, ils se conservent fort long-tems.

Les Herbes pressées entre deux linges demeurent vertes deux ou trois
jours, même en Eté ; au lieu qu'elles se flétrissent en moins d'une heure étant exposées au grand air. J'ai vu du sang enfermé dans un petit matras, scellé hermétiquement, être encore très-liquide , & d'une belle
couleur, quoiqu'il y eût plus de dix ans qu'on l'y avoit mis : & si les
fruits comme les cerises, les pommes, &c. se conservent dans le vuide
assez long-tems , ils se conservent encore mieux lorsqu'il y a de l'air
dans les petits vaisseaux où ils sont enfermés, parce que quelques-unes

de

De quoi
l'air n'est
pas com-
posé.

Qu'il ne
resoud pas
les sels
dans les
tems hu-
mides, &
Qu'il n'est
pas de soi
la cause de
la corrup-
tion.

de leurs particules se dissipent dans le vuide; j'en ai fait cette expérience.

Je mis dans une petite phiole, au mois de Juin, des feuilles de Roses, des Cerises, & des Féves vertes; je fermai l'ouverture avec de la cire rouge fort gluante; & au bout de neuf jours je trouvai que les Cerises étoient entiéres & de même couleur; les feuilles de Roses étoient entiéres, mais un peu diminuées de couleur; & les Féves, sans aucune altération considérable : au lieu que de semblables matiéres que j'avois laissées à l'air dans le même endroit de la chambre, étoient fort différentes; car les Féves étoient plus petites de moitié, & fort dures; les feuilles de Roses étoient séches; & les Cerises, noires & pourries, parce qu'il faisoit alors une très-grande chaleur. De là on peut juger que, si on avoit mis la petite phiole dans une cave fort profonde, ces fruits qui y étoient enfermés se seroient conservez plus de deux mois.

Les Fraises & les autres fruits fort humides ne se conservent pas bien dans une bouteille fermée, parce que les vapeurs qui s'en élévent retombent dessus en eau, & cette eau les fait corrompre.

La plupart des Philosophes croyent que l'air est sans couleur. Mais il y a beaucoup de raisons qui doivent persuader qu'il est bleu : car les hautes montagnes éloignées paroissent bleuës, comme étant vuës à travers un corps bleu transparent; l'air paroît bleu en un tems serain, à cause qu'il y a beaucoup d'épaisseur jusqu'au haut de l'Atmosphére, mais on ne discerne point cette couleur dans une médiocre épaisseur, comme d'un quart de lieuë, de même qu'une goute de vin peu chargé de couleur paroît claire comme de l'eau. On peut juger aussi que l'air est bleu, par cette expérience.

> Si l'air est coloré.

Recevez la nuit en un tems serain la lumiére de la Lune sur une feuille de papier blanc, & en même tems celle d'une chandelle; il faut faire en sorte que la Lune ne luise que sur une partie du papier & la chandelle sur l'autre, ce qui se peut exécuter par le moyen d'un carton que l'on tiendra perpendiculairement sur le papier : Alors la partie éclairée par la seule chandelle, paroitra rougeâtre, parce que sa lumiére a beaucoup de cette couleur; mais la partie éclairée par la Lune seule paroitra bleuë, parce que sa lumiére passe au travers de beaucoup d'air, & en prend la couleur.

Quelques Anatomistes croyent que l'air se mêle avec le sang dans les poumons, pendant la respiration; mais cela n'est aucunement nécessaire, puisqu'il y a déja de la matiére aërienne dans celui qui est dans les veines. On pourroit observer par des expériences faites dans la machine du vuide, si le sang des artéres donne une plus grande quantité de bulles d'air que celui des veines. Car ce n'est pas assez que le sang artériel ait une couleur plus vive que le sang vénal, pour inférer qu'il à pris de l'air en passant par le poumon, puisque cet effet pourroit proceder de ce que le sang de la veine cave passant à travers les peti-

> Si l'air se mêle avec le sang dans les poumons.

Z 3

les

tes membranes du poumon, s'y rafine & devient plus subtil, de même que les liqueurs qui se filtrent en passant à travers quelques corps poreux, deviennent plus belles & plus transparentes ; & il ne faut pas douter que le sang ne se charge de beaucoup d'impuretés en passant par la Rate, par les Boyaux, par les Membranes de l'Estomac, &c.

On expliquera les autres propriétez de l'Air selon le raport qu'elles auront à celles qui ont été ici expliquées, en se servant des mêmes hypothèses, lesquelles on peut recevoir jusques à ce qu'on en invente quelques autres qui conviennent mieux à tous les effets.

F I N.

TROI-

TROISIÉME ESSAI.

DU

CHAUD

ET

DU FROID.

Par M^r. MARIOTTE,

de l'Académie Royale des Sciences.

DISCOURS

POUR FAIRE VOIR QUE LE FROID N'EST QU'UNE PRIVATION OU UNE DIMINUTION DE CHALEUR, ET QUE LA PLUPART DES LIEUX SOUTERRAINS SONT PLUS CHAUDS EN E'TE' QU'EN HIVER.

Qu'on ne doit pas toujours juger des choses en elles mêmes, & entr'autres du froid & du chaud, par les sens.

LES Philosophes se plaignent que nos sens nous trompent: mais bien souvent c'est plutôt par le défaut du raisonnement que nous tombons en erreur, que par le défaut des sens; car ils ne sont pas disposés pour nous faire connoître les choses telles qu'elles sont en elles-mêmes, mais seulement telles qu'elles sont à notre égard, afin que nous puissions éviter celles qui nous sont nuisibles, & nous servir de celles qui sont propres à notre conservation.

La vérité de cette hypothèse se reconnoît principalement dans le discernement du chaud & du froid. Car la plupart des choses naturelles faisant leurs fonctions par la chaleur; soit qu'elle soit interne & propre, comme celle des hommes & des autres animaux; soit qu'elle soit externe, comme celle que les Plantes reçoivent du Soleil: le degré de chaleur qui leur convient, ne peut être notablement augmenté ou diminué, qu'elles ne périssent. C'est pourquoi le sens de notre attouchement a dû être disposé de telle sorte, que tout ce qui excéde le tempérament de notre chaleur, nous parût chaud; & que tout ce qui a moins de chaleur que nous, ou qui n'en a point du tout, excitât en nous un autre sentiment, & une douleur toute différente, sous l'apparence de ce que nous appellons froid; afin que nous pussions éviter les inconvéniens qui arriveroient par l'augmentation ou par la diminution de notre chaleur naturelle, & nous conserver dans notre juste tempérament. Mais d'en tirer cette conséquence, que tout ce que nous sentons froid, soit absolument sans chaleur; c'est une erreur très-grossiére: car de même que quelques animaux qui sont naturellement plus chauds que nous, se tromperoient, si en nous touchant ils nous jugeoient sans chaleur; aussi nous trompons-nous, lorsque nous estimons froids absolument ceux qui ont leur tempérament de chaleur dans un degré inférieur au nôtre, & que l'eau soit entiérement sans chaleur, lors qu'elle nous paroît froide. Pour faire connoître cette vérité, qu'on mette de l'eau tiéde dans quelque vaisseau, & que quelqu'un tirant sa main d'une eau presque bouillante, la trempe dans cette eau tiéde: il est certain qu'il

qu’il la trouvera froide, quoiqu’elle ne le ſoit pas; & qu’il la trouveroit
chaude après avoir manié quelque tems de la neige.　D’où il s’enſuit,
qu’il eſt impoſſible de déterminer par l’attouchement les bornes du chaud
& du froid; c’eſt à dire, de juger quand la chaleur ceſſe, & quand le
froid commence.

Que ſi on jette dans une cuve pleine d’eau, une poignée de ſel, &
un verre d’eau bouillante; il eſt évident que l’eau de cette cuve ſera ſalée, puiſqu’il y aura du ſel, & qu’elle aura de la chaleur, puiſque celle
de l’eau bouillante y ſera mêlée réellement; & toutefois cette eau é-
tant moins ſalée que notre langue, elle nous paroitra inſipide, & nos
mains étant plus chaudes, nous la trouverons froide.

Ce n’eſt donc pas par le ſentiment du froid que nous devons juger
ſi une choſe eſt ſans chaleur, mais par des raiſonnemens fondés ſur d’autres principes, & par les effets que la chaleur produit ordinairement.
Or les principaux effets de la chaleur ſont, de faire croître & végeter
les Plantes & les Animaux, de faire évaporer l’humidité qui eſt dans
les corps, & de faire fondre & rendre liquides les choſes ſolides & groſſiéres, comme l’or, le plomb, la cire & la glace, quoique ſelon divers
degrés: car il faut beaucoup plus de chaleur pour faire fondre l’or &
le faire couler, que pour faire couler le plomb; & il en faut moins pour
fondre glace, que pour fondre la cire.

Par où
l’on doit
juger qu’u-
ne choſe
eſt ſans
chaleur.

Si donc nous croyons que le coulement de la cire ſoit un effet de la
chaleur, & qu’elle ne puiſſe ſe fondre ſans être chaude; pouvons-nous
douter que, lorſque la glace ſe fond, cette fuſion ne ſoit auſſi un effet
de la chaleur, & qu’elle ne ſoit véritablement chaude lorſqu’elle eſt
fonduë? D’ailleurs, quelque froide que l’eau nous paroiſſe, elle pouſſe
des vapeurs, comme il ſe voit par les brouillars qui s’élévent ſur les E-
tangs & ſur les Riviéres, même de nuit & en Hiver, ce qui ne ſe pourroit faire ſi ces eaux étoient ſans chaleur: & les poiſſons ne pourroient
digérer, croître, & faire leurs autres fonctions, ſi leur tempérament
n’avoit quelque degré de chaleur; & parce que l’eau eſt d’ordinaire d’un
même tempérament que les poiſſons, il s’enſuit qu’elle eſt chaude.
Lors qu’en Eté les poiſſons meurent dans des eaux que nous trouvons
froides, cela ne peut arriver que parce qu’elles ſont trop chaudes à leur
égard; d’où vient qu’ils cherchent alors l’eau des fontaines, qui vrai-
ſemblablement leur paroît tiéde, & n’altére point leur chaleur naturelle.　A quoi ſi on ajoûte que le Creſſon & les autres Herbes aquatiques croiſſent & fleuriſſent en Eté dans des Fontaines que nous trouvons très-froides; il n’y aura plus lieu de douter qu’il n’y a point d’eau
qui ne ſoit chaude.　Cela étant ſuppoſé, il eſt aſſez facile de montrer
qu’il y a peu de glace & de neige qui n’ait auſſi quelque chaleur: car,
ſi l’eau tiéde diminuant peu à peu ſa chaleur, nous ſemble peu à peu devenir froide, il eſt vrai-ſemblable, que continuant à nous paroître un
peu plus froide lorſqu’elle commence à ſe geler, elle conſerve encore

Aa

quel-

quelque refte de chaleur; autrement il faudroit dire que la congélation ne pourroit fubfifter qu'avec un froid parfait, ce qui eft manifeftement faux, puifque l'or & le plomb commençant à fe congeler, font encore fi chauds qu'ils nous brulent : & par conféquent il n'eft pas incompatible que la glace ne conferve en fon commencement quelque chaleur, qui diminuë peu à peu, comme celle du plomb lorfqu'il eft congelé. De plus, il eft certain qu'un même feu agiffant fur l'or & fur le plomb, fait fondre le plomb plutôt que l'or; & que le Soleil luifant également fur de la glace & fur de l'eau de vie gelée, fait plutôt couler l'eau de vie que la glace : mais l'or, quoiqu'il ne foit pas encore fondu, eft autant ou plus chaud que le plomb fondu : donc, par une raifon égale, la glace, quoiqu'elle ne foit pas encore fonduë, fera autant ou plus chaude que l'eau de vie qui commence à être fonduë, laquelle, par les difcours précédens, eft véritablement chaude, puifqu'elle eft renduë liquide : Auffi voyons-nous fouvent les blés & plufieurs autres herbes croître & conferver leur verdure parmi la neige & la terre gelée, ce qu'elles ne pourroient faire fans chaleur; & par conféquent il faut que ces herbes, & la neige qui les touche, foient chaudes. J'ai auffi obfervé que la glace pouffe des vapeurs; car elle diminuë tous les jours de poids, quelque froid qu'il faffe : & puifque l'évaporation eft un effet de la chaleur, il s'enfuit que la glace, qui pouffe des vapeurs, eft chaude, & que le froid qui nous paroît en elle, n'eft qu'une diminution de chaleur.

Pour mieux raifonner fur cette matiére il faut remarquer que la plupart des qualités qui nous femblent être contraires aux qualités actives, ne font rien en effet, mais feulement une privation ou manquement de ces qualités : ainfi les ténébres font une privation de la lumiére, & le repos, ou immobilité, eft une privation du mouvement; puis qu'être immobile & ténébreux, n'eft autre chofe, qu'être fans mouvement & fans lumiére. Or il eft aifé de juger, que la qualité qui eft contraire à la chaleur, doit fuivre la même régle, & que le froid parfait n'eft autre chofe qu'une privation entiére de chaleur : car d'autant que le mouvement eft le feul principe, ou, du moins, un des principes de la chaleur, comme on le reconnoît par l'expérience des roués de carroffe qui s'allument en roulant violemment, & que les effets doivent être proportionnés à leurs caufes; fi le mouvement a pour fon contraire le repos, qui eft une privation, le contraire de la chaleur qui eft le froid, fera auffi une privation; & fi les corps ne font chauds que par un mouvement violent de leurs particules, il s'enfuit néceffairement que lorfque leur mouvement ceffe, ils demeurent froids & fans chaleur. Mais, comme l'éguille d'une montre nous paroît fans mouvement, parce qu'elle tourne très-lentement; ainfi un corps qui a fort peu de chaleur, nous doit paroître comme s'il n'en avoit point du tout. Et toutefois nous faifons différence de glace à glace, & de neige à neige, à l'égard de la froideur : car la neige ge étant sur le point de se fondre, se manie aisément; mais il y en a qu'on ne peut long-tems toucher, sans souffrir un froid très-sensible, & il peut y avoir de la glace tellement éloignée de notre tempérament, que si on la touchoit, la main s'y attacheroit. Mais, parce que la privation ne reçoit ni augmentation ni diminution, car deux corps sans mouvement sont aussi immobiles l'un que l'autre ; il est nécessaire que de ces glaces & de ces neiges, qui nous paroissent de différente froideur, les moins froides à notre sens, ayent un peu de chaleur, les autres un peu moins, & que celles dont le froid est excessif, en soient entiérement privées, ou presque entiérement privées.

Pour confirmer cette opinion, on peut considérer qu'il ne paroît dans la nature aucune cause positive du froid, ni aucun corps qui ne puisse être échauffé. Il y a des Philosophes modernes qui attribuent le principe du froid au salpêtre, parce que quand on en mêle avec de la neige, ou qu'on en dissout dans l'eau, ce mélange facilite le refroidissement du vin & des autres liqueurs qu'on y plonge pour les rafraichir : mais cela procéde de ce que le salpêtre étant un corps plus condensé que l'eau, il communique plus fortement sa froideur que l'eau. Le même effet paroît dans le sel commun : car, si on en mêle avec de la neige dans un plat, & qu'on mette un autre plat dessus où il y ait un peu d'eau, cette eau sera bien plutôt gelée que s'il n'y avoit que de la neige au dessous; ce qui arrive à cause que le sel se fondant à demi dans la neige, ce mélange d'eau salée, qui a une froideur égale à celle de la neige, touche le plat supérieur en beaucoup plus de parties que ne fait la neige seule, ou la glace brisée, & par conséquent il en doit être beaucoup plus refroidi. D'où il s'ensuit, que cet effet ne prouve point que le salpêtre ou le sel ayent de soi plus de froideur que la neige.

Il n'y a aussi nulle apparence que l'air soit une cause positive du froid, quoiqu'il refroidisse ordinairement les autres corps: j'attribuë cet effet à la diminution de chaleur, & je l'explique en cette sorte.

Lorsqu'il a fait très-chaud tout le jour, & que le Soleil commence à se coucher, l'air supérieur qui est toujours très-froid, parce qu'il reçoit très-peu d'impression de la lumiére du Soleil, comme il a été prouvé ailleurs, refroidit peu à peu celui qui est au dessous, qui communique ensuite sa froideur à celui qui est proche de la surface de la terre, lequel étant devenu froid, c'est à dire moins chaud, fait diminuer peu à peu la chaleur de la terre & celle de l'eau. Car, de même qu'un corps très-pesant étant mis en mouvement, est arrêté plus difficilement qu'un corps leger ; ainsi la terre & l'eau conservent bien plus longtems la chaleur que le Soleil leur a donnée, que l'air qui leur est contigu: d'où il arrive qu'en Hiver l'eau commence à se geler à sa surface, à cause de l'air qui la touche, qui recevant facilement la froideur de l'air supérieur, la communique plutôt à la partie de l'eau qu'il touche, qu'à celle qui est au fond. On raisonnera de même à l'égard des autres

A a 2

corps

corps qu'on pourroit conjecturer être des causes positives du froid, comme les esprits nitreux, les esprits que quelques-uns appellent frigorifiques, sans déterminer de quels corps ils procédent, &c.

Objection contre ce qui a été dit & prouvé.

Que si on insiste, & qu'on objecte que le froid agit, puisqu'il engourdit, & fait mourir les animaux, qu'il durcit les eaux, & fait fendre les arbres, & que par conséquent ce n'est pas une privation : On pourra répondre que ce que nous souffrons par le froid, procéde de ce que notre chaleur naturelle se dissipe par l'attouchement des choses absolument froides, ou beaucoup moins chaudes que nous ; car les qualités se communiquent & passent d'un sujet en un autre, comme une boule qui roule rencontrant une pierre immobile, lui communique une partie de son mouvement, quelle perd : & nous ne pouvons perdre beaucoup de notre chaleur, sans mourir, ou sans une extrême douleur ; ainsi qu'un homme ayant demeuré long-tems dans les ténébres qui n'agissent point, & ne sont qu'une pure privation, ne laisseroit pas de perdre la vûe, ou du moins elle s'affoibliroit beaucoup. Pour ce qui est des arbres qui se fendent, & de l'eau qui se géle, ce n'est pas plutôt une action & un effet du froid, que lorsque le plomb se prend & se congéle après avoir été fondu : car comme c'est la nature du plomb d'être ferme & solide, & de ne se fondre que par violence, & qu'il retourne de soi-même à se congeler, conservant encore beaucoup de chaleur ; ainsi l'eau d'elle-même se congéle, lorsque le chaud qui la tenoit fonduë se diminuë, & les arbres qui avoient leurs pores ouverts, & laissoient sortir des matiéres rarefiées, ces pores étant resserrés, particuliérement quand leur écorce est couverte de verglas, ces matiéres rarefiées & spiritueuses ne peuvent sortir, & enfin elles font un effort, & rompent l'endroit le plus foible pour se faire passage ; de même qu'il arrive à l'eau glacée dans laquelle ces matiéres se dilatent & se mettent en air, & ne pouvant sortir elles rompent la glace.

Résultat des raisonnemens précedens.

De ces raisonnemens il résulte, que s'il n'y avoit ni Soleil, ni feu, ni mouvement dans la nature, toutes les choses demeureroient sans lumiére & sans chaleur ; & alors il y auroit de la glace & de la neige véritablement froides, comme il y en a peut-être sous les poles, lorsque le Soleil a été cinq ou six mois sans y luire. Mais, comme le Soleil agit toujours, même jusqu'au centre de la terre, il y a peu de choses qui ne se ressentent de sa chaleur, & ne soient véritablement chaudes, quoique celles qui sont au dessous de notre tempérament nous paroissent froides. Et pour conclusion nous dirons que la glace, la neige, & la plupart des eaux & des autres choses sublunaires, sont froides à notre égard, & que nous les devons appeller telles dans nos discours ordinaires ; mais que réellement il n'y a point d'eau qui ne soit chaude, & peu de glaces & de neiges qui ne le soient aussi ; & enfin, que le véritable froid, s'il y en a ici bas, n'est qu'une privation entière de chaleur.

Ces choses étant supposées, il est manifeste qu'il ne faut pas entreprendre

prendre de juger fi les caves & les autres lieux fouterrains font plus chauds en Hiver qu'en Eté , par le chaud ou par le froid que nous y reffentons; mais que pour nous en affeurer, il faut fonder nos raifonne-mens fur d'autres expériences.

Or fi l'on fuppofe que dans les caves ordinaires, & dans les autres lieux fouterrains éloignés des fontaines chaudes, ou des Montagnes qui jettent des flammes, il n'y a point d'autre chaleur que celle qui procéde du Soleil; il eft aifé à conjecturer que pendant les premiéres chaleurs de l'Eté , quand même elles feroient très-grandes, les caves très-profondes doivent être moins échauffées qu'au commencement de Septembre, parce que la chaleur s'infinuë peu à peu dans la terre, & qu'il faut beaucoup de tems avant qu'elle ait pénétré jufques à 30 ou 40 piés de profondeur : car même lorfque le Soleil luit tout le jour, la furface de la terre eft plus échauffée à trois heures après midi, qu'à dix ou onze heures du matin , & il fait d'ordinaire moins chaud au Solftice d'Eté, qu'un mois ou fix femaines après; & par la même raifon la plus grande chaleur des caves fort profondes doit être vers la fin de l'Eté, & le plus grand froid vers la fin de l'Hiver, parce qu'elles s'échauffent & fe refroidiffent peu à peu.

Pour favoir fi l'expérience feroit conforme à ce raifonnement , je fis porter dans un caveau de l'Obfervatoire Royal de *Paris*, un Thermo-métre d'environ trois piés & demi de longueur , dans lequel, lorfqu'il étoit dans une chambre, l'efprit de vin montoit jufques à plus de 3 piés pendant l'Eté, & defcendoit en Hiver jufques fort près de la pomme. Ce Thermométre étoit feellé hermétiquement au haut du tuyau pour empêcher l'air d'y entrer , & étoit divifé en plufieurs parties-égales chacune de quatre lignes. Je commençai d'en obferver les changemens le 6 Décembre 1670, après que je l'eüs laiffé trois ou quatre jours fans y regarder. Je remarquai ce jour là que l'efprit de vin étoit à la 53e. des divifions, que j'appellerai ici des degrés. Le 18 Décembre il étoit defcendu à 52 degrés ½ à peu près, & demeura en cet état fenfiblement pendant tout l'Hiver, qui ne fut pas fort rude cette année-là.

Au commencement d'Avril 1671, il parut être un peu plus haut, & continua de monter jufques au 25 Août, & en ce tems il fe trouva à 53 degrés ½. Il monta encore un peu jufques au 15 Septembre, auquel jour il étoit fort près de 53 degrés & demi, en forte que toute fa montée fut un peu au deffous de quatre lignes. Il demeura ftationnaire jufques au mois de Novembre, où il commença à baiffer; & enfin le 18. Décembre il revint environ au même point que l'année d'auparavant, favoir à 52 degrés ½, & demeura à peu près de même jufques au 15 du mois de Février 1672, où le tems étant fort froid & la Riviére gelée, il parut quelques jours après à 52 degrés & demi, & il demeura fenfiblement en cet état jufques au 15 de Mars, auquel jour & dans les fuivans, il commença à monter très-peu, mais il monta affés confidéra-

Aa 3

blement

Que les lieux fouterrains font plus chauds en Eté qu'en Hiver.

Expérien-ces qui confir-ment ce que l'on vient d'é-tablir.

blement pendant le mois de Mai, & continua de monter jusques au mois de Septembre 1672, & revint encore à fort près de 53 degrés & demi, comme en l'année 1671. Desquelles expériences il est manifeste, qu'il faisoit plus chaud dans ce caveau à la fin de l'Eté, qu'au mois de Janvier & de Février. Ce caveau étoit à 84 piés de profondeur.

Sur la fin du mois de Novembre 1672, Je fis porter ce même Thermométre dans une maison qui est vis-à-vis du Collége de *Clermont* dans la ruë S. *Jaques*, & je le plaçai dans une cave de 30 piés de profondeur. Le lendemain l'esprit de vin étoit au 49e. degré, & pendant les mois de Décembre & de Janvier il descendit peu à peu jusques au 44e. degré; mais le froid s'étant augmenté en Février, il descendit enfin jusques à 42 degrés & demi.

Sur la fin du mois de Mars 1673, trois jours après un médiocre froid il étoit remonté à 47 degrez moins un tiers. Le 4. Avril il étoit à 47 degrés précisément; & le froid ayant recommencé le 6 Avril, il fut le 14. à 47 degrés moins un tiers. Le 19. le tems devint un peu plus chaud, & les quatre jours suivans encore plus, & le 24. il étoit monté à 47 degrés un tiers. La chaleur du tems augmenta jusques au premier Mai, auquel jour il étoit à 47 degrés deux tiers. Le chaud continua d'augmenter, & le 16 Mai l'esprit de vin étoit à 48 degrés un peu plus. Le 19. Mai après trois jours de froid, il parut être monté un peu, & étoit à 48 degrés un quart, quoique dans les Thermométres tenus dans des chambres, il fut descendu de plus de dix degrés pendant ces trois jours.

Le froid continua jusques au premier de Juin, & le cinquiéme Juin l'esprit de vin étoit monté à 48 degrés trois quarts, tellement qu'alors cette cave étoit encore plus froide que le 25 Novembre précédent. Le 19. Juin l'esprit de vin étoit à 49 degrés moins ¼ ou $\frac{1}{6}$. Le 3 Juillet il étoit à 49 degrés un tiers.

Le 17, à 49 trois quarts; auquel jour je sentis dans cette cave un froid très-incommode, parce qu'il faisoit très-chaud par les ruës.

Le 31, il étoit à 50 degrés un quart.

Le 14 Août, à 50 degrés deux tiers.

Le 28, à 51.

Le 15e. Septembre, à 51 & demi; où l'on cessa d'observer, parce que le Thermométre fut cassé: & il y a apparence que l'esprit de vin ne fut pas monté jusques à 53 degrés & demi, comme en la cave de l'Observatoire; dont la raison est, qu'ayant été en Février à 42 degrés & demi, il y faisoit beaucoup plus froid en ce tems là que dans la cave de l'Observatoire, où il n'étoit descendu qu'à 52 degrés & demi, & le chaud de l'Eté ne continua pas assez long tems, ou ne fut pas assez grand pour chasser ce froid: car le Soleil ne luit dans la ruë où est cette cave qu'une heure le jour; ce qui fait que la terre qui environne cette cave ne reçoit jamais guére de chaleur: mais l'air qui est dedans

reçoit

reçoit beaucoup plus de froid que celui qui eft dans la cave de l'Obfervatoire, parce que ce dernier eft beaucoup plus éloigné du froid qui eft
en Hiver fur la furface de la terre. Puis donc qu'à la fin de l'Eté l'efprit
de vin de ce Thermométre étoit dans cette cave de 30 piés de profon-
fondeur, plus haut de 9 degrés ou 36 lignes qu'à la fin de l'Hiver, il
s'enfuit qu'il y fait une chaleur bien plus grande en Eté qu'en Hiver.
Il paroît auffi par ces Obfervations, qu'aux mois de Juin & de Novembre il y avoit à peu près la même température d'air, puifque l'efprit de
vin étoit à la même hauteur pendant plufieurs jours de ces deux mois,
comparant les premiers jours du mois de Juin aux derniers de Novem-
bte, & ainfi des autres; dont la raifon eft évidente, favoir, que le
chaud n'avoit pas encore pénétré la terre au mois de Juin, ni le froid au
mois de Novembre.   Il paroît encore que les changemens font beaucoup moindres dans la Cave de l'Obfervatoire qui a 84 piés de profondeur, qu'en cette derniére de 30 piés de profondeur; puifqu'en une
année entiére, la différence de la montée du Thermométre en la premiére eft moindre que 4 lignes, & qu'en l'autre elle eft de 36 lignes:
d'où l'on peut conclure, qu'en une profondeur de 100 piés, l'air y eft
toujours à fort peu près de même température, principalement quand
il n'a aucune communication avec celui qui eft vers la furface de la terre, quoique, fi on y defcendoit pendant les grandes chaleurs de l'Eté,
lorfque les pores du cuir font fort ouverts, on y reffentiroit beaucoup
de froid, & qu'au contraire on fentiroit une agréable chaleur, fi on y
defcendoit au plus fort de l'Hiver, quoiqu'en effet il y fit un peu plus
chaud au mois d'Août qu'au mois de Janvier.

J'ai fait encore plufieurs obfervations dans une autre cave moins profonde.

Le 21. Juillet 1674 je tenois deux Thermométres de même force
dans une chambre au fecond étage où le Soleil ne luifoit point: l'efprit
de vin y étoit jufques à la 89e. divifion; chaque divifion étoit de 2 lignes un tiers, que j'appelle auffi des degrés. Le 23 je portai un de
ces Thermométres dans une cave qui eft à 10 piés de profondeur fous
le rez de chauffée de la maifon; & laiffai l'autre dans la chambre.

Le 26. l'efprit de vin étoit defcendu en celui de la cave, à 52 dégrez & demi; & environ 8 jours après, il étoit remonté à 53 & demi.

Le 15. Août il étoit à 54 degrez, quoique dans celui de la chambre il fut à 64: je mis une marque de cire fur le tuyau de celui de la
cave pour mieux marquer les changemens; le deffus de la cire étoit vis-
à-vis de ce 54e. degré.

Le 21. celui de la chambre étoit à 57 degrez, & le 22. à 60; & celui de la cave étant defcendu de trois quarts de ligne, étoit à 53 degrez deux tiers, à peu près. Le 2. de Septembre il revint vis-à-vis du
haut de la marque de cire, c'eft à dire au 54e. degré: celui de la chambre

bre étoit au 63. Le 8. celui de la cave étoit à 54 degrez un quart, & celui de la chambre à 63.

Je discontinuai les observations jusques au 16 Novembre de la même année; mais je les continuai depuis ce jour jusqu'au 8. Septembre 1675. Les plus considérables de ces observations sont dans la Table suivante, dont la première colomne marque les jours des mois; la seconde, les hauteurs du Thermométre de la chambre; & la troisiéme, les hauteurs du Thermométre de la cave de dix piés de profondeur.

Table des jours & des hauteurs des Thermométres.

NOVEMBRE 1674.

16.	42 d.	46 d.

DECEMBRE.

9, *ce jour les ruës étoient gelées.*	20½	36
15	20	33
17, *dégel*	28	35
20	32	35½
22	40	36

JANVIER 1675.

1	44	38
22, *gelée*	22	30
24	24	31

FEVRIER.

1	33	32
18	29	33½
22	27	31½
28	28	31¼

MARS.

6	29 d.	31 d.
9	38	31⅓
13	42	32¼
16	36	32½
20	32	32½

Le froid continua jusques au premier Avril, & l'esprit de vin du Thermométre de la chambre n'étoit le 3. qu'à 33 degrés; il fit chaud ensuite.

AVRIL.

6	49	34
22	44	37
26	60	37¼

MAI.

9	60	37½

JUIN.

4	62	44

AOUT.

16	70.	50
20	73	52

SEP-

SEPTEMBRE.

4	68 d.	53 d.
8	65	53¼

JANVIER 1676.

La chambre étoit sans feu.

8, *tems doux.*	41	43
27	36	36

FEVRIER.

18	40	38
27	32	37½

Le premier Mars il gela, & il avoit gelé la veille; le Thermométre de la chambre revint à 30, & celui de la cave à 37.

JUIN.

5, *grand chaud.*	83	45

JUILLET.

Très-grand chaud.

1	92 d.	49 d.
15	73	52

AOUT.

18	89	54
24	68	56

DECEMBRE.

15.	21	32
31	20	28

JANVIER 1677.

4, *Tems serain.*	10	26½
5	5 .	26
7, *Très-grand froid,* 8 *lignes plus bas que le* 1er. *degré.*		25
13	4	24
Dégel 12 *jours de suite.*		
25	44	29

Le Thermométre eſt ordinairement ſtationnaire aux mois de Février & de Septembre dans les caves fort profondes; le plus grand froid eſt depuis le 15 Janvier juſques au 1. Mars; & le plus grand chaud, depuis le 10. Août juſques au 15. Septembre.

Ces obſervations, qui ont été faites avec beaucoup d'exactitude, peuvent ſuffire pour faire connoître les différences du chaud & du froid des lieux ſouterrains, & à différentes profondeurs, dans toutes les ſaiſons de l'année ; & que les caves ſont réellement plus chaudes en Eté qu'en Hiver. Mais, parce que la plupart des hommes ſont prévenus

Bb d'u-

Pourquoi les Caves paroissent fraiches en Eté & chaudes en Hiver.

d'une opinion contraire; à cause que les caves paroissent fraiches en E-té, & chaudes & fumantes en Hiver; il est à propos de rendre ici raison de ces apparences.

Il est certain que l'intérieur de la peau est plus chaud & plus sensible que l'extérieur, & par conséquent, si les pores du cuir sont fermés, le froid sera bien moins sensible que lorsqu'ils sont dilatés & ouverts, parce qu'en ce dernier état, l'air froid s'insinuë dans l'intérieur de la peau.

Ceux qui viennent des Païs situés sous la Ligne, commencent à trembler dès qu'ils approchent dès côtes de *France*, même aux mois de Juin & de Juillet, & ils sont quelquefois obligés de porter des habits d'Hiver le reste de l'Eté: dont la raison est, qu'ayant demeuré long-tems dans des Pais chauds, les pores de leur peau, qui étoient continuellement ouverts, s'affermissent en cette disposition, & perdent la faculté de se resserrer, & ne la reprennent que peu à peu, & par ce moyen l'air médiocrement chaud les surprend & s'y insinuë; & parce que l'intérieur de ces pores est très-chaud & très-sensible, une médiocre chaleur paroît froide. Or la même chose doit arriver en *France* à ceux qui pendant les grandes chaleurs d'Eté descendent dans des lieux fort profonds où la chaleur est médiocre; car leurs pores étant fort ouverts, l'air médiocrement chaud s'y insinuë à l'abord jusques bien avant, ce qui leur fait souffrir un froid considérable.

On peut expliquer par des raisons contraires la chaleur qui paroit dans les caves lorsqu'il géle bien fort par les ruës. Et à l'égard des vapeurs qui en sortent quelquefois comme des brouillards, il est aisé de juger que rencontrant l'air froid qui est au dessus, elles se condensent, & ne peuvent s'élever que lentement: c'est pourquoi il s'y en amasse beaucoup, & par ce moyen elles deviennent visibles; au lieu qu'en Eté elles se dissipent dès qu'elles sont à l'air chaud; ce qui les rend invisibles, par la même raison qu'il ne paroît qu'un peu de fumée au dessus du bois allumé, & que dès qu'il s'éteint, la fumée paroît très-épaisse, encore qu'en ce moment il n'en sorte pas davantage du bois qu'auparavant.

Remarque sur les raisonnemens précédens.

Quoique les raisonnemens ci-dessus ayent été faits dans la supposition que les caves ordinaires ne reçoivent point de chaleur des feux souterrains, on pourroit s'en servir aussi pour prouver des effets à peu près semblables, quand même les caves en recevroient quelque peu de chaleur. Car, lorsque celle du Soleil pénétreroit jusques à 50 piés sous terre, elle augmenteroit celle qui y seroit déja par une autre cause; & quand en Hiver la chaleur produite par le Soleil diminueroit peu à peu, la chaleur entiére diminueroit aussi: & par ce moyen on ne laisseroit pas de trouver dans les Thermométres, de semblables différences à peu près dans les mêmes tems, pourvû que la chaleur que les feux souterrains y communiqueroient, n'excedât pas de beaucoup celle que le Soleil y insinuë peu à peu, & qu'elle ne reçût point d'augmentation & de diminution sensible.

F I N

QUA-

QUATRIÉME ESSAI.

DE LA

NATURE

DES

COULEURS.

Par Mr. MARIOTTE,

de l'Académie Royale des Sciences.

TRAITÉ
DE LA
NATURE
DES COULEURS.

IL eſt difficile dans nos ſenſations de ne point confondre ce qui vient de la part des objèts, avec ce qui vient de la part de nos ſens. La plupart des hommes n'héſitent point à dire que le ſoleil eſt lumineux, que le feu eſt chaud, que les cordes de luth ont un ſon agréable; & cependant ces choſes n'agiſſent ſur nous que par quelques mouvemens, tout le reſte de leurs apparences vient de nous & nous doit être entiérement attribué. Cette vérité ſe connoît par pluſieurs expériences. Frottez pendant quelque tems le dedans de votre main avec quelque étoffe, vous ſentirez une chaleur entiérement ſemblable à celle que le feu fait ſentir quand on en eſt proche: preſſez avec le doigt un des coins de vos yeux pendant la nuit, vous verrez paroître vers le côté oppoſé comme un rond lumineux. Si on ſe heurte rudement la tête contre un mur, on apperçoit des éclairs & des lumiéres; & ſi on ferme les yeux après avoir regardé le ſoleil, on voit pendant quelque tems une eſpéce de lumiére dont l'éclat s'efface peu-à-peu, prenant ſucceſſivement des couleurs moins vives, comme le rouge, le verd, le bleu & le violet. D'où il s'enſuit, que la lumiére, la chaleur, & la plupart des autres qualitez ſenſibles, ne ſont pas à parler proprement dans les objèts; mais que ces apparences ſont déterminées par les modifications des organes de nos ſens, quelles que ſoient les cauſes de ces modifications. Il ſuit auſſi des mêmes expériences, qu'il eſt impoſſible de dire préciſément d'où vient que les objèts nous font ſentir ce qu'ils nous font ſentir; par exemple, pourquoi la glace nous fait ſentir de la froideur, plutôt que quelqu'autre ſentiment incommode: & la ſeule raiſon que nous pouvons donner dans des queſtions ſemblables, eſt, que les organes de nos ſens ſont naturellement diſpoſez à l'égard des objèts d'une maniére propre à recevoir leurs impreſſions telles que nous les reſſentons.

Ces choſes étant ſupoſées, on voit évidemment qu'il n'eſt pas aiſé de bien parler des Couleurs, c'eſt à dire, de bien expliquer leur nature, & les cauſes particuliéres de leurs diverſitez & de leurs changemens; & que tout ce qu'on peut eſpérer dans un ſujet ſi difficile, c'eſt de donner

quelques

quelques régles générales, & d'en tirer des conféquences qui puiffent être de quelque utilité dans les arts, & fatisfaire un peu le défir naturel que nous avons de rendre raifon de tout ce qui nous paroît.

Pour fuivre un ordre en cette matiére, je confidére de deux fortes de couleurs: La première eft de celles que la lumiére reçoit, quand elle paffe par quelque corps tranfparent fans couleur, comme quand elle paffe au travers d'un prifme triangulaire de verre ou d'une goute d'eau: La feconde eft de celles qu'on voit fur les corps illuminez & fur quelques corps lumineux. C'eft pourquoi je diviferai ce Traité en deux parties.

Dans la première je parlerai des couleurs de la première efpéce, que quelques-uns apellent apparentes, dont les plus célébres font celles de l'Arc-en-ciel & des Parélies.

Dans la feconde je tâcherai d'expliquer en quelque façon les caufes des couleurs qu'on apelle ordinairement fixes ou permanentes, comme font celles qui paroiffent dans la flamme d'une chandelle, dans les plumes des oifeaux, dans les étoffes, dans les fleurs, &c.

PRÉMIÉRE PARTIE.

IL eft impoffible d'établir aucune fcience dans les chofes naturelles que par des expériences exactes, & pour fuivre une bonne méthode il faut commencer par celles qui font les plus fimples, & qui peuvent fervir de principes & de régles pour expliquer les autres.

Pour faire avec exactitude les expériences néceffaires pour connoître d'où procédent les couleurs de l'Arc-en-ciel, & toutes les autres de la même efpéce, il faut avoir une chambre expofée au foleil pendant deux ou trois heures de fuite: on en fermera les fenêtres, & on y laiffera feulement une ouverture ronde ou quarrée d'environ un pouce de largeur, à laquelle on appliquera une petite lame de cuivre, ou de fer blanc, percée de quatre ou cinq trous ronds inégaux, dont le plus grand doit être de trois ou quatre lignes de diamétre, & le moindre d'environ une demi ligne: on fe fervira duquel on voudra felon qu'on aura befoin de plus ou de moins de lumiére, & on prendra garde que leurs bords ne foient pas luifants, de peur qu'ils ne faffent des refléxions incommodes ; pour cét effet on pourra les enduire de quelque teinture noire qui n'ait point d'éclat.

SUPPOSITIONS.
I.

La lumiére du foleil paffant par une ouverture circulaire dans un lieu obfcur, & étant reçuë fur une furface plate expofée directement au foleil & parallelle à l'ouverture; chaque point de cette ouverture eft le fommet de deux cones de lumiére oppofez, & femblables, dont l'un a pour bafe le difque du foleil,

&

& l'autre un cercle dans la surface plate ; mais ce cercle est moindre que le cercle illuminé qui paroît sur cette surface, & la différence des diamétres de ces cercles est toujours égale au diamétre de l'ouverture, quelque distance qu'il y ait entre l'ouverture & la surface.

_E X P L I C A T I O N._

TAB. V.
Fig. 1.

A IB repréſente un diamétre du diſque du ſoleil dont I eſt le centre. C E D eſt le diamétre d'une ouverture circulaire par où paſſe la lumiére du ſoleil. E C eſt égale à E D. F L G eſt la ſection d'une ſurface plate oppoſée directement au ſoleil & parallelle à l'ouverture C D. F L eſt égale à L G. I L eſt un rayon du centre du ſoleil ; le rayon A S vient de l'extrémité A ; & le rayon B H vient de l'autre extrémité B : ces trois rayons paſſent par le point E. Le cone de lumiére dont le triangle H E S eſt la ſection, ſera ſemblable au cone de lumiére dont le diſque du ſoleil eſt la baſe, & le point E le ſommet ; & ſi l'angle A E B eſt de trente-deux minutes, l'angle H E S ſera auſſi de 32 minutes. Le point E eſt pris ici pour une très-petite ouverture par où paſſe la lumiére du ſoleil : & parce que les rayons qui partent d'un même point du ſoleil, ſont ſuppoſez paralléles entre eux à cauſe de ſon grand éloignement ; il paſſera par les points C & D, deux rayons, C R, D G, venant du point A, parallelles à A E S ; & deux autres, C F, D K, venant du point B, parallelles à B E H. Les cones de lumiére dont les triangles F C R & G D K ſeront les ſections, ſeront auſſi ſemblables au cone dont A E B eſt la ſection, & toute la lumiére qui paſſera par l'ouverture C D étant reçuë ſur la ſurface plate, aura pour baſe un cercle illuminé dont F G ſera diamétre & le point L le centre : Les points P & _q_ où tombent les rayons C P, D _q_, parallelles à I E L, ſeront les centres des cercles qui auront pour diamétres R F, G K. Le cercle intérieur dont R K eſt le diamétre, recevra une lumiére ſenſiblement égale en toutes ſes parties ; mais l'illumination de l'anneau dont F K eſt la largeur, ira toujours en diminuant depuis la circonférence qui paſſe par R & K juſques à celle qui paſſe par G & F, & elle ſera une eſpéce de pénombre à l'égard du cercle intérieur dont R K eſt le diamétre.

Que ſi la même lumiére eſt reçuë en N M O, le point M qui eſt ſuppoſé dans l'interſection des rayons C R, D K, recevra un rayon de chaque point du ſoleil ; le point O ſera illuminé par le ſeul point A ; & le point N, par le ſeul point B : & dans toute la ſection C D O N C, il ſe fera trois triangles de lumiére ſemblables, ſavoir C M D, qui aura une lumiére entiére ; & N C M & M D O, qui ſeront des pénombres, dont la lumiére ira toujours en diminuant depuis le point M juſques aux extrémitez N & O. Si on reçoit la même lumiére en V _x y_ Q, il y aura une illumination entiére en la partie _x y_, & deux pénombres en V _x_ & _y_ Q, & toute la ligne V Q ſera le diamétre d'un cercle qui aura

dans

dans son milieu un cercle entiérement illuminé, dont *x y* sera le diamétre; le reste de l'illumination depuis les points *x* & *y* ira toujours en diminuant jusques à la circonférence qui passera par les points V & Q.

Il est encore manifeste, qu'à quelque distance que soit la ligne F G,
la largeur de l'anneau compris entre les circonférences qui passent par
K R & F G sera toujours égale, à cause que le rayon C F est parallelle
à D K, & D G à C R. Mais les cercles intérieurs dont les circonférences passent par K & R, augmenteront de grandeur selon la raison
doublée des distances depuis le point M : la grandeur du diamétre S H
sera à la ligne L E, à peu près comme 1 à 108, si l'angle H E S est de
32 minutes, c'est à dire que, si la distance E S est de neuf piés, H S
sera d'environ un pouce ; ce qui se calcule facilement par les tables
des sinus.

On trouvera la grandeur H S, en ôtant de toute la base illuminée la
grandeur de toute l'ouverture C D, savoir F H égale à E C, & G S
égale à E D. Il est encore manifeste que la distance E M diminuë &
augmente selon la proportion de l'ouverture C D.

Pour connoître ces choses plus précisément, on peut considérer que
chaque point de la lumiére qui est entre C D & F G, est le sommet
d'un cone qui a pour base cette ouverture; & supposer que ces cones   TAB. V.
soient prolongez jusques au soleil qui est représenté par chacun des cer- Fig. 2.3.4.
cles égaux A B C D, *a b c d*, *α β γ δ*, qui ont pour centre le point E.
Cela étant conçu, il est évident que, si le point M de la premiére
figure est le sommet de l'un de ces cones, le disque entier du soleil
A B C D sera la base du cone prolongé, dont la section est M C D, &   Tab. V.
que ce point M sera illuminé par toutes les parties de ce disque : les di- Fig. 2.
minutions d'illumination depuis le point M jusques aux points N & O
seront connuës, si on divise M N ou M O en plusieurs parties égales,
& le diamétre D B de la seconde figure en pareil nombre de parties aussi
égales entr'elles; car supposant, par exemple, que les lignes M N de
la premiére figure, & D B de la seconde figure, soient divisées également
ment l'une au point T & l'autre au point E, la base du cone prolongé,
dont le point T sera le sommet, sera le cercle G E F H passant par le
point E, & par conséquent le point T ne sera illuminé que par la partie du soleil G E F D.

Si on divise la ligne E D de la seconde figure en deux parties égales
au point I, & qu'on prenne le milieu de la ligne T N pour le sommet
d'un autre cone; la circonférence de la base du cone passera par le point
I, & le milieu de la ligne T N ne sera illuminé que par la partie L I *m* D
de la seconde figure. On trouvera de la même maniére qu'elle sera l'illumination de tous les autres points de la ligne N M O.

Que si la ligne Q V dans la premiére figure est divisée également au
point *u*, & qu'on prenne ce point pour le sommet d'un autre cone; la   TAB. V.
base de ce cone prolongé sera comme le grand cercle L N M à l'égard Fig. 3.

du

du cercle *a b c d* dans la troisiéme figure, c'eſt à dire que, ſi l'angle
C *u* D de la première eſt de 64 minutes, le diamétre du cercle L N M
ſera double du diamétre *d* E *b*. On connoîtra les diminutions d'illumination dans les pénombres *x* V ou *y* Q, ſi on diviſe le diamétre *d* E *b*
en pluſieurs parties égales, & la ligne *x* V en pareil nombre de parties
égales entre elles : car le point *x* étant le ſommet du cone prolongé, ſa
baſe touchéra extérieurement le cercle *a b c d* au point *b* comme on le
voit dans la figure, & le point *x* ſera illuminé par tout le ſoleil repréſenté par le cercle *a b c d*; mais le point qui eſt en égale diſtance des
póints *x* & V ne ſera illuminé que par la partie *a* E *c d a*: *a* E *c* eſt un
arc du grand cercle, & *a d c* eſt un arc du petit cercle. L'illumination des autres points des lignes *x* V & *y* Q ſe trouvera de même.

Enfin la lumiére étant reçuë à la diſtance E L ſur la ligne F L G
de la première figure, le point L ſera le ſommet d'un cone de lumiére
dont l'ouverture C D ſera la baſe, & la baſe du cone prolongé ſera à
TAB. V.
Fig. 4. l'égard du cercle *α β γ δ* qui repréſente le ſoleil en la quatriéme figure,
comme le petit cercle P R Q, qui lui eſt concentrique, eſt à ce cercle; & par conſéquent le point L ne ſera illuminé que par cette partie
du Soleil.

Pour connoître la proportion de ces cercles dans les différentes diſtances, on remarquera que l'angle E M D dans la première figure é-
tant de 16 minutes, l'angle D *b* E ſera de 8 minutes, ſi la ligne M *b*
eſt égale à la ligne D M, parce que l'angle extérieur E M D ſera égal
aux deux intérieurs M *b* D, M D *b*. Par les mêmes raiſons, ſi la ligne *b* L eſt égale à la ligne ponctuée D *b*, l'angle E L D ne ſera que
de quatre minutes, & alors le petit cercle P R Q, par lequel le point
L ſera illuminé, ne ſera que la 16ᵉ. partie du cercle *α β γ δ*, parce
que ſon diamétre ne ſera que de 8 minutes, qui eſt le quart de 32 : d'où il
s'enſuit que le point M ſera 16 fois plus illuminé que le point L. Mais,
parce qu'en ces grandes diſtances la ligne L D eſt ſenſiblement égale à
la ligne L E, à cauſe de la petiteſſe des angles, je conſidére ici ces lignes comme égales pour la facilité du calcul, & je ſupppoſe que ces
différentes illuminations ſont l'une à l'autre en raiſon doublée réciproque des diſtances, c'eſt à dire, que, ſi la ligne E L eſt quadruple de la
ligne E M, le point L ſera 16 fois moins illuminé que le point M, &
ainſi dans les autres diſtances à proportion: je ſuppoſe auſſi que le point
K eſt autant illuminé que le point L; car encore que le cone de lumiére qui aboutit au point L ſoit droit, & que celui qui aboutit au
point K ſoit oblique, ayant pour baſe le petit cercle *ω ϑ δ* qui touche au point *δ* le diſque du ſoleil repréſenté par le cercle *α β γ δ*, cette obliquité eſt trop petite pour faire une différence conſidérable dans
les illuminations. On pourra connoître les diminutions d'illumination
dans la pénombre K F par les interſections du cercle *α β γ δ* & du petit cercle P R Q dans la 4ᵉ. figure, de la même maniére que dans la
deu-

deuxiéme & dans la troifiéme figure: Ainfi le point H ne fera illuminé que par la partie λ *ν η δ* λ, parce que la bafe P R Q du cone prolongé. aura alors fon centre au point *δ* du grand cercle *α β γ δ*.

On appellera toute la lumiére qui paffera par l'ouverture C D, un rayon folide de lumiére, à quelque diftance qu'elle s'étende; mais le rayon qui d'un feul point lumineux paffe par un feul point comme E, s'appellera un rayon de lumiére ou une ligne de lumiére. La figure marquée 1 2 3 repréfente à peu près le véritable écart des parties extrémes d'un rayon folide du foleil qui a paffé par une ouverture *a e c* de deux lignes: fi la diftance *e d* eft de 18 pouces, *d* fera le point où fe rencontreront les lignes *a a*, *c c*, & repréfentera le point M de la première figure; & la ligne *c a d c a*, qui eft le diamétre du cercle illuminé, & qui repréfente ligne F G, fera de quatre lignes.

Le Pére *Grimaldi*, dans un livre où il traite de la lumiére & des couleurs, foutient, que les rayons du Soleil paffant par un petit trou ne gardent pas une rectitude exacte, mais qu'ils fouffrent une refraction qu'il appelle diffraction; & pour le prouver, il raporte une expérience qu'il dit avoir faite avec un petit corps opaque mis à une certaine diftance entre la petite ouverture & la furface platte qui reçoit la bafe du cone de lumiére, dans laquelle expérience il dit que l'ombre entiére & les pénombres caufées par ce corps opaque, étoient beaucoup plus grandes qu'elles n'euffent dû être fi les rayons s'étendoient en lignes droites; il dit auffi qu'il y avoit des couleurs femblables à celles de l'Arc-enciel au delà des pénombres; mais dans toutes les expériences que j'ai faites avec plufieurs perfonnes fort exactes, on n'a jamais rien apperçû de femblable. Pour éclaircir ces difficultez, on pourra confidérer la cinquiéme figure & l'appliquer aux expériences qu'on fera fur ce fujet. TAB. V.
C D eft une ouverture de deux lignes: la ligne A B repréfente le Diamé- Fig. 5.
tre du Soleil: les lignes D K, C F, font des rayons qui viennent de l'extrémité du diamétre marquée A; C R, D G, font des rayons de l'autre extrémité B; ces rayons font pris pour parallelles à caufe du grand éloignement du foleil, comme il a été expliqué dans la première figure: je fuppofe que le petit corps opaque H I P eft de 4 lignes de diamétre, & qu'il eft au milieu de la diftance depuis l'ouverture C D jufques à la ligne F G, qui eft le diamétre du cercle illuminé par la lumiére du Soleil qui paffe par l'ouverture C D: F G eft divifée également en L, & C D en E: E I L eft une ligne droite qui repréfente un rayon qui vient du centre du foleil: & parce que C D eft de deux lignes de largeur, le rayon qui du point E paffera par H & tombera en M, fera L M de quatre lignes, puis que E L eft double de I L; & C H continuée tombant au point N, fera M N d'une ligne, à caufe que le point H fera le fommet de deux triangles femblables & égaux E H C & M H N. Par les mêmes raifons, le rayon D H tombant en O, fera M O d'une ligne; mais ce rayon D H O ne viendra pas de l'extrémité du foleil A, mais de quelque autre point

Cc

com-

comme T; & le point O sera illuminé de la même maniére que si le corps opaque H P étoit ôté: la ligne L N qui sera la moitié de l'ombre entiére, aura trois lignes de largeur, & la pénombre N O sera de deux lignes: le rayon D K parallelle à C F, sera F K de deux lignes pour la largeur d'une autre pénombre dont K sera l'extrémité la moins obscure, & entre K & O la lumiére sera sensiblement égale dans tous les points, comme il a été expliqué dans la premiére figure, & de même que si le corps opaque étoit ôté. La même chose arrivera de l'autre part du point L, & l'ombre entiére du corps opaque H P sera de six lignes, la largeur de l'anneau de la pénombre de cette ombre entiére sera de deux lignes, mais on aura de la peine à discerner ses extrémitez. Que si on met le corps opaque plus près de la surface F G, il est manifeste que les distances L N, N O, deviendront moindres, & que lors qu'on l'approchera de l'ouverture C D, elles deviendront plus grandes, & qu'enfin le point O pourra tomber entre K & F, & en ce cas les points K & O seront beaucoup moins illuminez que dans la premiére position de ce corps opaque. On pourra faire un calcul semblable au calcul ci-devant, pour trouver ces grandeurs & ces illuminations; & quand on fera les expériences bien justes, on les trouvera toujours conformes à l'hypothése de la rectitude des rayons & sans aucune diffraction, comme je les ai trouvées par plusieurs observations exactement faites avec des personnes fort intelligentes.

II. SUPPOSITION.

Un rayon passant d'un corps transparent dans un autre de différente transparence, comme de l'air dans l'eau ou de l'eau dans l'air, refléchit une partie de sa lumiére, faisant l'angle de la refléxion égal à celui de l'incidence: & ce même rayon diminué de lumiére continuë à s'étendre selon la même ligne droite, si l'incidence est perpendiculaire; mais si elle est oblique, il fait une infléxion ou courbure que les Opticiens appellent ordinairement refraction. La refléxion & la refraction se font en un même point de la surface commune aux deux corps transparens.

III. SUPPOSITION.

Les rayons qui passent obliquement d'un corps transparent rare comme l'air, dans un autre plus dense comme l'eau ou l'esprit de vin ou le verre, font leurs refractions du côté de la perpendiculaire qui passe par le point d'incidence; & ceux qui passent obliquement de ces corps transparents, dans l'air, font leurs refractions en s'éloignant de la même perpendiculaire; mais si l'incidence est trop oblique, ces rayons se refléchiront entierement & ne passeront point dans l'air.

EXPLI-

E X P L I C A T I O N.

ABC eſt un rayon de lumiére, paſſant par le milieu d'une petite TAB. VI.
ouverture, & tombant obliquement ſur la ſection D C E d'une Fig. 6.
ſurface d'eau: FCG eſt la perpendiculaire qui paſſe par le point d'incidence C: ce rayon diminué de lumiére par la refléxion C N, au lieu
de continuer ſelon la ligne droite B C H, ſe détourne par la rencontre
de l'eau, & fait la refraction B C I telle, que les lignes B D, F C G,
étant perpendiculaires à la ligne D C E, le rayon s'avancera dans l'air à
l'égard de la ſurface de l'eau de la longueur de la ligne G I parallelle à
D C E & égale aux trois quarts de D C, ou B F, pendant qu'il parcourra les lignes égales B C, C I; mais ſi D C E eſt la ſection d'une ſurface
de verre, la ligne G I ſera ſeulement les deux tiers de B F, & réciproquement ſi I C eſt un rayon qui par refléxion ou autrement tombe ſur
D C E, il ſe rompra en paſſant dans l'air, ſelon la même ligne C B. Les
Géométres appellent ces lignes B F, G I, les ſinus des angles B C F,
G C I, & l'expérience fait voir à peu près, que quelque angle que le
rayon d'incidence faſſe avec la perpendiculaire F C G, ſon ſinus ſera au
ſinus de l'angle que le rayon rompu fait avec la même perpendiculaire,
comme 4 eſt à 3, ſi la lumiére paſſe de l'air dans l'eau; mais ſi elle paſſe
de l'air dans du verre, ces ſinus ſeront entre eux comme 3 à 2 : & quoiqu'on ne puiſſe faire ces obſervations dans la derniére précision, on
ſuppoſe ici cette régle à la rigueur, pour faciliter les calculs des refractions. On trouvera ſuivant cette régle, par le moyen des tables de ſinus, que ſi l'angle B C F eſt de 90 degrez moins une ſeconde ou une
tierce, en ſorte que le rayon A B C raſe à fort peu près la ſurface de l'eau
D C E, l'angle I C G qu'on appellera l'angle diminué, parce qu'il eſt
moindre que l'angle d'incidence B C F, ſera de 48^d, 35′ à fort peu près:
& par conſéquent, que l'angle E C I ſera de 41^d 25′, & que dans le verre
l'angle G C I ſera de 41^d 48′ à peu près, & l'angle E C I de 48^d 12′;
d'où l'on connoîtra que, ſi I C eſt un rayon d'incidence faiſant avec la
ligne E C D un angle de 41^d 25′ dans l'eau, & de 48^d 12′ dans le verre,
il raſera en paſſant dans l'air la ligne D C, & que ſi ces angles ſont de
41^d 24′ pour l'eau & de 48^d 11′ pour le verre, les rayons ne paſſeront
point dans l'air, mais ils ſe refléchiront entiérement. Il eſt bon de remarquer ici que lors que les angles I C G ſont fort obliques, les rayons
rompus s'écartent beaucoup plus les uns des autres que les rayons d'incidence. Soit, par exemple, l'angle d'incidence I C G de 41^d 11′ dans
le verre, on trouvera dans les tables des ſinus, que le ſinus de cet angle
eſt 65847, dont la moitié eſt 32923½, qu'il faut ajouter à ce ſinus pour
avoir l'angle augmenté; la ſomme ſera 98770½, qui eſt le ſinus de 81^d
1′ à peu près, pour l'angle B C F, & l'angle reſtant B C D ſera de 8^d 59′
à peu près: mais, ſi on ajoute à l'angle I C G, l'angle L C I de 32″,

                    l'angle

l'angle L C G fera de 41ᵈ 43′, dont le finus eft 66544 ; fa motié eft 33272 ; leur fomme 99816, finus de l'angle augmenté F C M de 86ᵈ 31′ 30″ ; & l'angle reftant M C D fera de trois degrez 28′ 30″ : donc l'angle B C M fera de 5ᵈ, 30′, 30″, lequel par conféquent fera plus de dix fois plus grand que l'angle L C I.

On peut remarquer auffi, qu'encore que l'huile & l'efprit de vin foient des liqueurs plus legéres que l'eau, la refraction ne laiffe pas d'y être plus grande, & qu'elle approche de celle qui fe fait dans le verre. On en fera aifément l'expérience par le moyen d'une petite phiole bien ronde, **TAB. VI.,** repréfentée par A B C D dans la figure feptiéme. On l'emplit fucceffi- **Fig. 7.** vement d'efprit de vin & d'eau, & on fait tomber deffus, un très-petit rayon folide F s parallelle au diamétre A B, en forte que fi C D eft un autre diamétre & A C un quart de cercle, le point s foit très-près de C : car on verra quand la phiole fera pleine d'eau, que le rayon fe rompra comme en I, fe refléchira en K, puis en L, & en M, fi ces quatre fou-tendantes s I, I K, K L, L M, font égales entr'elles ; mais fi la phiole eft pleine d'efprit de vin, le même rayon F s fe rompra au delà du dia-métre A B comme en E, & fe refléchira en G, puis en H, fort près du point M ; ce qui fera voir manifeftement, que la refraction des rayons eft plus grande dans l'efprit de vin que dans l'eau. On pourra par la même méthode ebferver les refractions des rayons dans les autres liqueurs, inflammables, & même dans les eaux fortes, comme l'huile de Vitriol, l'efprit de falpêtre &c.

IV. SUPPOSITION.

Les rayons qui d'un même point lumineux dans une diftance convenable paf-fent par l'ouverture de l'Uvée d'un œil bien difpofé, fe réüniffent au fond de l'œil, en un point de la furface concave de la membrane appellée Choroïde, & ce point lumineux paroît toujours & eft vû dans la ligne perpendiculaire à celle qui touche la choroïde en ce point de réünion ; mais fi la diftance eft trop petite ou trop grande, les rayons d'un même point ne fe réüniffent pas en un même point, & on voit l'objet confufément.

EXPLICATION.

A dans la figure 8ᵉ. eft un point lumineux. c d P H V e eft la fection de la Choroïde, qu'on fuppofe être le véritable organe de la vifion & non la rétine, pour plufieurs raifons ; dont la principale eft, qu'il ne fe fait point de vifion fur la bafe du nerf optique, quoique la rétine y foit étenduë & difpofée comme aux autres endroits dans le fond de l'œil, & que le défaut de vifion fe fait précifément dans l'étenduë de cette bafe, que la choroïde ne couvre point. G eft la fection du Criftallin. e d eft l'ouverture qu'on appelle ordinairement la prunelle ; elle eft entre la

Cornée.

Cornée & le Criſtallin ; mais on n'a pas repréſenté la Cornée dans la figure, ni les refractions qui s'y font, ni même celles qui ſe font dans le Criſtallin, pour éviter la multiplicité des lignes. A _d_, A _c_, A _e_, ſont trois rayons du point A, l'un deſquels, ſavoir A _c_, eſt ſuppoſé être dans l'axe de la vuë A _c_ H, c'eſt à dire dans la ligne qui paſſe par le milieu de la Cornée & du criſtallin ; ces trois rayons après avoir traverſé la Cornée paſſent par la prunelle de l'œil & enſuite par le Criſtallin G, & ſe réüniſſent au poit H ſur la choroïde. _f_ H _f_ touche la Choroïde au point H, & la ligne H A lui eſt perpendiculaire ; le point A ſera vû dans cette ligne, & s'il n'y a quelque point lumineux vers D, & que ſes rayons ſe réüniſſent au point _r_, on verra ce point lumineux dans la ligne _r x_ D, ſi elle eſt perpendiculaire à la ligne S _r_ T qui touche la choroïde au point _r_.

Pour rendre l'explication plus facile, on ſuppoſe ici que la concavité de cette membrane eſt ſphérique dans l'eſpace V O H P _r_, ſoit qu'elle le ſoit préciſément ou à peu près ; & que le point _x_ eſt le centre de cette concavité : & par conſéquent toutes les lignes dans leſquelles on voit les points lumineux, paſſent par ce point _x_. Suivant cette ſuppoſition, la ligne viſuelle _r_ D paſſe par le point _x_, la ligne H _c_ A dans laquelle on voit le point A, paſſera auſſi par le même point _x_, que j'appelle le centre de la vûë : cela étant, il eſt manifeſte que, ſi la diſtance du point lumineux eſt trop petite & qu'il ſoit au point K, alors les rayons K _e_, K _c_, K _d_, tomberont en différens endroits de la choroïde comme aux points O, H, P, & ne ſe réüniront point en H, à cauſe de leur trop grande divergence ou écart, & alors le point K ſera vû ſelon les lignes viſuelles O _x_ M, H _x_ K, P _x_ N, quoiqu'il ne ſoit qu'en la ligne H _x_ K ; les autres rayons de ce point le feront encore voir dans d'autres lignes viſuelles, d'où il s'enſuit qu'il ne ſera point vû diſtinctement.

Cette quatriéme Suppoſition ſe prouve par pluſieurs expériences. Ayez un petit papier _q_ R percé d'un petit trou, mettez une petite épingle au devant, de maniére que la tête de l'épingle ſoit comme au point K dans la ligne H _x_ K, où ſoit auſſi le trou du papier ; alors le rayon K _c_ H tombant en H, fera voir la tête de l'épingle dans la ligne viſuelle H _x c_ K : que ſi on baiſſe un peu le papier pour faire paſſer le petit rayon K _e_ par le même trou, ce rayon ayant traverſé le Criſtallin ſe rompra comme en O, plus bas que le point H ; & alors la tête de l'épingle paroitra plus haut que le point K, comme en M, dans la ligne viſuelle O _x_ M : que ſi le trou eſt mis plus haut pour y faire paſſer le rayon K _d_, le rayon ſe rompra plus haut que le point H, comme en P ; & la tête de l'épingle ſera vûë plus bas que le point K, comme en N, dans la ligne P _x_ N : que ſi on fait trois petits trous dans le papier, en ſorte que le petit cercle qui paſſe par leurs centres ſoit moindre que l'ouverture de la prunelle, alors ſi on met l'œil près de ces trous, & que la tête de l'épingle demeure en K, elle paroîtra en trois endroits ; ce

Cc 3

qui

qui fait connoître évidemment que les rayons qui de cet objet passent par ces trous tombent sur divers points de la Choroïde, & qu'il y a trois lignes, dans chacune desquelles on voit la tête de l'épingle. On pourra remarquer aussi, que si on éloigne peu à peu l'épingle le long de la ligne K A, ces trois apparences paroitront s'approcher peu à peu l'une de l'autre, & enfin on trouvera une distance où il n'en paroitra plus qu'une; ce qui arrivera lors que plusieurs rayons d'un même point se réuniront au point H. Mettez encore la même tête d'épingle, ou quelqu'autre petit objet opaque moindre en largeur que la prunelle, dans la ligne A C, à trois ou quatre lignes de distance de l'œil, & un autre très-petit objet fort clair en A, il est évident que le petit corps opaque empêchera la plupart des rayons de l'objet A de passer dans l'œil, & qu'il n'y aura que ceux qui tomberont vers les extrémitez de la prunelle, comme A e, A d, qui y passeront; & cependant on ne laissera pas de voir le milieu de cet objet dans la ligne visuelle H x A, quoiqu'elle passe par le milieu du petit corps opaque, ce qui ne peut procéder que de ce que tous les rayons qui passent près de l'extrémité de la prunelle, se réunissent au point H, la distance A C étant convenable : d'où l'on peut juger facilement, qu'il suffit que le point H soit touché sensiblement par la réunion de quelques rayons obliques, pour faire paroître le point objectif A dans la ligne H x A. C'est par la même cause que, lors que dans un lieu fort obscur on léve l'œil en haut, & qu'on le frotte un peu rudement vers le bas, on voit paroître un éclat de lumiére du côté du front, & que si on le frotte vers un des coins, on voit paroître une autre lumiére vers le coin opposé.

Par toutes ces expériences on peut être convaincu, qu'un point de la Choroïde étant touché sensiblement doit faire paroître quelque lumiére ou quelque couleur dans la ligne visuelle tirée de ce point par le centre de la vuë. Par là on peut connoître d'où vient qu'on voit les objèts dans leurs véritables situations, quoique leurs images soient renversées dans le fond de l'œil : car, par exemple, si le point A est le haut d'un arbre & le point D le dessous, son image sera comme en H r sur la choroïde, & par conséquent en une situation renversée; mais le point D paroissant dans la ligne r x D au dehors de l'œil, & le point A dans la ligne H x A, ce point A sera vû nécessairement plus haut que le point D, & par ce moyen l'arbre paroîtra dans sa véritable situation. On peut aussi juger qu'un objet médiocrement éloigné comme A, doit paroître dans l'endroit où il est, quand on le regarde avec les deux yeux : Car chaque œil dirige son axe vers un point de cet objet, & par ce moyen les rayons qui passent dans l'œil se réunissent dans le point de la Choroïde où aboutit cet axe, savoir au point H; & par conséquent l'un des yeux le verra dans son axe H c; & par la même raison l'autre œil le verra dans son propre axe : d'où il s'ensuit qu'il sera vû au point de l'intersection de leurs deux axes, qui est celui où il est.

Il

Il eſt bon de remarquer ici, que lors qu'on regarde avec les deux
yeux un objet médiocrement éloigné, on juge aſſez bien & à peu près
à quelle diſtance il eſt, & enſuite quelle eſt ſa grandeur : mais avec un
ſeul œil, on n'en juge pas ſi bien ; d'où vient que de diverſes perſonnes qui regardent une Planéte par une même lunette d'approche, ceux
qui jugent cette Planéte fort proche de l'oculaire, la jugent fort petite, & ceux qui la jugent bien loin au delà de l'objectif, la jugent fort
grande. La même choſe arrive à ceux qui ſe regardent d'aſſez près dans
un grand miroir concave : car, s'ils ferment un œil, leur viſage leur paroît médiocrement grand, à cauſe qu'ils le jugent dans la ſurface du miroir ; & s'ils le regardent avec les deux yeux, il leur paroit beaucoup
plus grand, parce qu'il paroît alors bien avant dans le miroir. La Lune paroît beaucoup plus grande, quand elle eſt au bord de l'horizon,
que quand elle eſt fort élevée ; parce que les objets qu'on voit diſtinctement proche du lieu où elle ſe léve, comme des maiſons ou des arbres,
dont les grandeurs ſont connuës à peu près & qui paroiſſent moins éloignées qu'elle, la font juger fort éloignée, & par conſéquent fort grande en la comparant à ces objets : c'eſt par la même raiſon que ſi un objet dont la grandeur n'eſt pas connuë, eſt imaginé à une petite diſtance, il paroitra petit, & s'il eſt imaginé à une grande diſtance, il paroitra grand.

PREMIE'RES EXPE'RIENCES POUR LES COULEURS CAUSE'ES PAR LA REFRACTION.

AYez un vaiſſeau large d'environ un pié, comme A B C D ; mettez y de l'eau fort claire & nette, dont la ſurface ſupérieure G F H I
ſoit 4 ou 5 pouces plus haute que le fond B C ; faites y tomber fort
obliquement un rayon ſolide E F G H, par un trou de quatre lignes **TAB. VI.**
de diamétre, qui ſoit aſſez près de la ſurface de l'eau : Vous verrez pre- **Fig. 9.**
miérement, que ce rayon refléchira une partie de ſa lumiére vers O P,
faiſant l'angle O F I égal à l'angle E F G, ſelon la deuxiéme Suppoſition ; & qu'étant reçû en O P, ſur du papier blanc, ſa lumiére ſera blanche
& ſans aucune couleur : Vous remarquerez enſuite, que le même rayon
E F G H, diminué de lumiére entrant dans l'eau ſe courbera ainſi qu'il a
été expliqué dans la 2e. & la 3e. Suppoſition ; & qu'étant reçû au fond de
l'eau ſur une ſurface blanche en N L M K, ſa lumiére ſera de diverſes
couleurs, ſavoir d'un rouge jaunâtre vers K M, dans le dehors de la
courbure, & d'un bleu foible vers N L, dans l'autre extrémité du rayon, & que l'eſpace du milieu entre L & M, paroîtra blanc. J'appelle ici l'extrémité courbe G H K la convéxité de la courbure du rayon ſolide, & l'autre extrémité E F N, ſa concavité. Il faut entendre dans cette figure & dans les ſuivantes, que le rayon F N vient de
la partie ſupérieure du Soleil, & que le rayon H K vient de la partie
in-

inférieure, comme il a été expliqué dans la premiére Supposition.

TAB. VI.
Fig. 10.

Ayez encore un prisme de verre, dont la base soit semblable au triangle A B C, ayant l'angle B A C de 40 degrez, afin que recevant directement sur la surface représentée par A B, le même rayon solide E F G H, qu'on suppose ici de six lignes de largeur, il passe sans se rompre jusques en I D, & qu'il puisse repasser dans l'air : ce qui arrivera suivant la 3e. Supposition ; car l'angle I F A étant droit, l'angle A I F sera de 50d, & par conséquent ce rayon passera dans l'air en se rompant du côté de l'angle C, comme en I L D O, & l'angle C D O sera à peu près de 15 degrez. Or, si on reçoit ce rayon sur du papier blanc parallelle à la surface représentée par A B, on observera. 1°. Si le papier est à 7 ou 8 pouces de distance de la ligne I D, on verra du rouge entre L & M, du jaune entre M & K, l'espace K S paroîtra blanc, S N bleu, & N O violet. 2°. La même lumiére étant reçuë à environ trois piés de distance, le violet & le jaune auront plus d'étenduë que le rouge & le bleu, & toute la lumiére reçuë sur le papier sera d'une figure ovale, comme la petite figure *a b*, où sont représentez à peu près les intervalles des couleurs ; *a e f* est le rouge, *e d* le jaune, *c h* la pure lumiére blanche, *g l* le bleu, & *i l b* le violet ; on appellera la ligne *a b*, le diamétre selon l'ordre des couleurs. 3°. A une petite distance au dessous de quatre pouces il ne paroîtra point de rouge ni de violet, mais seulement du jaune du côté du point I, & du bleu vers l'autre extrémité de la lumiére ; on ne voit aussi ni rouge ni violet au fond de l'eau dans l'expérience de la 9e. figure, où ce fond n'est éloigné de la surface supérieure, que de 4 ou 5 pouces ; & dans toutes les petites distances au dessous de deux pouces, la lumiére reçuë sur le papier paroît toute blanche, ou presque toute blanche. 4°. On pourra remarquer qu'à une distance d'environ 4 piés il ne paroît plus de blanc, mais du rouge, du jaune, du bleu & du violet ; & même dans une distance de 10 ou 12 piés, le jaune & le bleu s'avancent l'un sur l'autre, & font du verd par leur mélange : les Peintres & les Teinturiers font aussi du verd en mélant du bleu avec du jaune, & si on regarde une fleur jaune à une lumiére bleuë comme celle du souphre où de l'esprit de vin, cette fleur paroîtra verte. 5°. Si on met un corps opaque comme *p q*, à cinq ou six pouces de distance du prisme, & qu'on l'avance successivement pour intercepter une partie du rayon solide ; quand on commencera du côté du rayon I L qui est dans la convéxité de la courbure, on verra toujours du rouge & du jaune vers l'extrémité de l'ombre du corps opaque, si elle est reçuë à deux ou trois piés de distance, quand même on l'avanceroit jusques au rayon D S ; & quand on le poussera de D O vers I L, on verra toujours du violet & du bleu proche l'extrémité de son ombre, jusques au delà de I K. 6°. Au lieu que le prisme étant ôté, il paroît dans toutes les distances une lumiére toute ronde sur le papier, lors qu'on l'expose directement au rayon solide ; on verra que le même rayon ayant traversé le prisme, le diamétre selon l'ordre des couleurs

ne

ne confervera pas fa grandeur proportionelle aux diftances , mais qu'étant reçu à 3 ou 4 pouces de diftance ce diamétre fera plus petit d'environ un tiers que celui qui le coupe à angles droits ; & qu'en éloignant peu à peu le papier, ce diamétre felon l'ordre des couleurs s'agrandira peu à peu, de maniére qu'à une diftance d'environ un pié, la lumiére paroitra ronde, & à une diftance de 7 ou 8 piés ce même diamétre deviendra quatre ou cinq fois plus grand que l'autre; & fi on tourne le prifme en forte que le rayon rompu D O rafe la ligne D C, ce diamétre felon l'ordre des couleurs paroitra à un pouce ou deux de diftance, trois fois plus petit que l'autre , & huit ou dix fois glus grand , à 10 ou 12 piés de diftance. 7°. Si vous faites tomber un rayon de trois ou quatre lignes de largeur, perpendiculairement fur la furface B C, il paffera fans fe rompre fur A B, d'où il fe refléchira entiérement fur A C, par la troifiéme Suppofition , parce que l'angle qu'il fera avec la ligne A B, fera moindre que 41^d, 25′, & repaffant dans l'air au delà de la ligne A C, il fera une refraction très-petite : alors, fi on le reçoit fur du papier blanc à telle diftance médiocre qu'on voudra, comme de 10 ou 20 piés; fa lumiére ne paroitra colorée que d'un peu de jaune d'un côté, & d'un peu de bleu de l'autre. Si l'angle B A C n'étoit que de 6 ou 7 degrez, la refraction feroit très-petite, & le rayon rompu I L D O n'auroit auffi que du jaune du côté de la convéxité, & du bleu de l'autre côté, à telle diftance qu'on pût le recevoir.

REMARQUE.

On a repréfenté, dans cette figure & dans les précédentes, l'écart des rayons rompus plus grand qu'il ne doit être; & dans la plupart des autres figures, on n'obferve pas la proportion des intervalles, parce que quelques-uns feroient trop petits pour être diftinguez, & quelques autres trop grands pour être mis fur le papier. Et quand on dit qu'un rayon folide tombe directement fur une furface, on confidére tout le rayon comme s'il venoit du centre du Soleil: car les rayons des parties éloignées du centre fouffrent un peu de refraction; mais comme elle eft infenfible, on ne la confidére point dans la plupart des figures, pour éviter la multiplicité des lignes.

On peut faire les mêmes expériences que celles de la figure 10ᵉ., avec un petit vaiffeau plein d'eau tel qu'il eft repréfenté en la 11ᵉ. figure. A B D E eft une petite lame de fer blanc ou de cuivre, d'un pouce & demi de largeur & de trois pouces de longueur, où font appliquez à angles droits deux triangles, A B G, E D C, de la même matiére. A E C G, B D C G, font deux petites glaces de verre, bien polies, collées avec quelque maftic fur la lame E B, & fur les deux triangles, enforte que l'eau n'y puiffe paffer. On emplira le vaiffeau d'eau claire, par une petite ouverture qui doit être au haut des deux glaces entre C & G, & on le tournera en forte que le rayon folide F I H K foit pa-

TAB. VI. Fig. 11.

D d

rallelle

rallelle au plan A D. L'angle A B G doit être de 42 ou de 43 degrez, afin que le rayon folide paffant au travers de l'eau jufques au verre C B, fans fouffrir de refraction fenfible, il puiffe repaffer dans l'air en L M N O, avec une grande courbure. Recevez ce rayon fur du papier blanc à 8 ou 10 pouces de diftance, & vous verrez du rouge entre M & *p*, & du violet entre *q* & O : les autres couleurs paroitront de la même maniére à peu près qu'on les remarque par le moyen du prifme de la figure 10.

On voit manifeftement par ces expériences, qu'on ne peut attribuer ces couleurs différentes, qu'aux modifications différentes que les refractions donnent à la lumiére dans les courbures qu'elle reçoit en paffant à travers l'eau & les autres corps tranfparens : car la refléxion de la lumiére fur une furface très-polie ne produit point de couleurs, comme on le peut voir dans la lumiére P O de la 9e. figure ; & fi par la refléxion d'un miroir d'acier très-poli on fait tomber perpendiculairement un rayon folide du Soleil fur une furface d'eau horizontale, il ne s'y fera point de refraction fenfible, & il ne paroitra auffi que de la blancheur vers le fond de l'eau dans les extrémitez de cette lumiére.

Quelques-uns croyent que les couleurs différentes que les prifmes font paroître, procédent de ce qu'il y a moins d'épaiffeur de verre à traverfer vers A que vers B dans la 10e. figure, & que le rouge fe fait du côté de l'angle A, & le violet du côté de l'angle B où le verre eft plus épais ; mais l'eau de la figure 9e. eft d'égale épaiffeur par tout, & il ne laiffe pas de s'y faire des couleurs. D'ailleurs, il eft aifé de juger que la partie de la lumiére qui eft dans l'extrémité I L de la 10e. figure, doit être modifiée d'une autre maniére, que celle qui eft dans l'extrémité D O, parce que la lumiére peut fe mouvoir plus facilement du côté de la convéxité F I L, où elle eft plus au large que du côté de la concavité H D O, où elle eft plus à l'étroit : & on ne peut douter que les modifications différentes ne faffent des impreffions différentes fur les organes de la vifion, ni que ces impreffions quelles qu'elles puiffent être, ne foient auffi très-différentes de celles que produit la lumiére directe, quoiqu'on ne connoiffe point toutes ces impreffions, ni quel rapport elles ont aux couleurs qu'elles font paroître.

On peut donc tenir pour certain, que le rouge & le jaune paroiffent toujours vers les éxtrémitez des convéxitez des courbures, & le bleu & le violet vers les extrémitez des concavitez, foit que le rayon fe rompe de l'air dans l'eau, ou dans le verre ; foit qu'il fe rompe du verre, ou de l'eau, dans l'air.

SECONDES EXPE'RIENCES.

TAB. VI.
Fig. 12. Ayez un morceau de verre affez épais A B C D, tel que les furfaces plates A D, B C, foient parallelles ; faites qu'un rayon folide E F G H paffant par une ouverture de deux lignes tombe deffus obliquement :

vous

vous verrez qu'il fe rompra en entrant dans le verre, felon la 3ᵉ. Suppofition, faifant une courbure E F I G H L; & que repaffant dans l'air au
deffous de B C, il fe redreffera, faifant une fe condecourbure F I M H L N,
égale à la premiére, mais en un autre fens. Or les parties de la
lumiére auront changé de fituation : car l'extrémité F I, qui étoit
dans la concavité de la première courbure, fera dans la convéxité en
I M; & H L, qui étoit dans la convéxité G H L, fera dans la concavité en L N : alors fi vous recevez cette lumiére en M N, à fept ou
huit pouces de diftance, ou à quelque autre plus grande, il n'y paroîtra que de la blancheur.

R E M A R Q U E.

*P*our éviter l'obfcurité, on n'a pas repréfenté en cette figure les rayons des
diverfes parties du Soleil, ni leurs refractions au jufte : & lors que dans
la fuite on dira que les fecondes refractions font contraires aux premiéres, ou
que les parties extrêmes de la lumiére auront changé de fituation dans les fecondes refractions; on doit entendre que celles qui étoient dans la convéxité de
la premiére courbure feront dans la concavité de la feconde, & que celles qui
étoient dans la concavité de la premiére, feront dans la convéxité de la feconde.

Ayez auffi un vaiffeau de fept à huit pouces de largeur, au fond duquel vous mettrez du vif argent de la hauteur d'un pouce, ou de deux;
verfez y doucement de l'eau nette & claire, jufques à cinq ou fix pouces de hauteur. La furface fupérieure du vif-argent eft repréfentée par
la ligne B C de la 12ᵉ. figure, & celle de l'eau par la ligne A D; ces
deux furfaces feront parallelles, puis que l'une & l'autre fe mettront de
niveau. Faites y tomber un rayon oblique E F G H : il fe rompra comme en I L, faifant un jaune rougeâtre en L, & du bleu en I; & la furface du vif-argent étant très-nette, fervira de miroir pour le faire réfléchir en O P, faifant l'angle I O F égal à l'angle I F O; & par conféquent
le 2. rayon rompu O P *q* R aura fa courbure I O *q* égale à la courbure
I F E par la troifiéme Suppofition, & les parties de la lumiére auront
changé de fituation, comme on le voit en la figure.

Recevez cette lumiére en *q* R à fept ou huit pouces de diftance, &
tant loin au delà que vous voudrez, il n'y paroitra que de la blancheur,
non plus que dans le rayon F S H T refléchi fur la furface A D, & les
lumiéres de ces rayons étant reçuës fur une même furface repréfentée par
la ligne S T Q R, y feront leurs bafes femblables; mais celle du rayon
rompu fera un peu plus grande, fuivant la proportion de la fomme des
lignes E F, F S, à la fomme des lignes E F, F I, I O, O *q*.

Pour bien faire cette expérience, il faut fufpendre le vaiffeau où eft
le vif-argent; car autrement le moindre mouvement feroit rider fa furface B C, & faire des refléxions ondoyantes à la lumiére, laquelle par

T A B. VI.
Fig. 12.

D d 2

ce

ce moyen prendroit plufieurs différentes figures.

Si on reçoit le rayon O P *q* R, tout près de l'eau, on pourra re-marquer un peu de jaune proche le point P & un peu de bleu vers O, parce que les rayons extrêmes ont encore à la fortie de l'eau un peu de la couleur qu'ils avoient dans l'eau, entre I L & O P; mais la 2ᵉ. re-fraction efface ces couleurs à une médiocre diftance, & redonne au ra-yon les mêmes difpofitions à l'égard de la couleur & de la figure qu'il eût euës, s'il n'eût fouffert aucune refraction.

Que fi au lieu du vif-argent vous mettez un petit miroir plat de mé-tail au fond de l'eau, vous pourrez le tourner en diverfes fituations, pour faire augmenter ou diminuer l'angle L P A, & vous remarque-rez. 1°. Si cét angle eft plus grand que l'angle L H D , comme il ar-rivera fi le rayon fe refléchit en V Q entre les points H & O & qu'il fe rompe en V *y* Q *x* ; la 2ᵉ. courbure fera moindre que la pre-miére, & les parties extrêmes de la lumiére auront changé de fitua-tion : alors les mêmes couleurs ne laifferont pas de paroître dans les mêmes parties, favoir un jaune rougeâtre en *x* & du bleu en *y*. 2°. Si vous faites tomber par refléxion le même rayon F L en *h m*, entre A & F, en forte qu'il repaffe dans l'air au deffus de A D; il fe rom-pra comme en *f g*, fans que les extrémitez de la lumiére changent de fituation, comme on le voit en la figure; & alors l'extrémité L *h f* qui n'avoit qu'une foible couleur de jaune rougeâtre en H L, fera d'un beau rouge en *f*, avec du jaune au deffous; & l'extrémité I *m g*, qui n'avoit que du bleu en I, fera d'un beau violet en *g*, avec du bleu au def-fus. On commencera à voir du verd à huit ou neuf pouces de diftan-ce dans le milieu de la lumiére; & à quinze ou vingt piés, on ne ver-ra diftinctement que du rouge, du verd & du violet. 3°. Tournez le pe-tit miroir de maniére que le même rayon F L fe refléchiffe entre P & D, comme en *a b*, faifant la feconde courbure L *b d* plus grande que la première G H L : vous verrez que les extrémitez de la lumiére qui auront changé de fituation, comme on le voit en la figure, change-ront leurs couleurs; car la partie L *b* qui étoit rouge dans l'eau en *r*, deviendra violette en *d*, & le rayon I *a* qui étoit bleu dans l'eau devien-dra rouge en *e*, & plus la courbure fera grande, plus les couleurs chan-gées feront vives & éclatantes, pourvu qu'on les reçoive à une diftan-ce plus grande que de cinq à fix piés.

Tab. VII.
Fig. 13. On verra de femblables apparences & avec plus de facilité dans un prifme comme A B C femblable à celui de la figure 10ᵉ, en obfervant les chofes fuivantes.

Recevez un rayon folide *a b c d* fur la furface A B proche du point A, fous un angle moindre que 30 degrez comme *a b* A; il fe rompra comme en *b* D *d* E fur la furface repréfentée par A C, & fe refléchira entiérement en D *e* E *f* par la troifiéme Suppofition; d'où il fe rom-pra une feconde fois en *e g f h*; les parties extrêmes auront changé de

fi-

fituation comme on le voit en la figure, & la première courbure fera plus grande que la feconde, comme on le pourra connoître par le calcul; vous verrez alors des couleurs très-foibles en *b g*, favoir du rouge jaunâtre vers *b* & du bleu vers *g*, de même qu'on les aura vuës en *y x* dans la 12ᵉ. figure.

Pour connoître les différences des courbures contraires, on en fera le calcul en la manière fuivante felon les tables de Sinus.

L'angle *a b* A eft de 25 degrez; L *b* I coupe à angles droits A B: l'angle *a b* L eft de foixante cinq degrez; fon finus eft 90630; ôtez-en le tiers, il reftera 60420, qui eft le finus de 37ᵈ, 10′. pour l'angle diminué D *b* I: & parce que l'angle A eft de 40ᵈ, & l'angle obtus A *b* D de 127ᵈ. 10′; l'angle A D *b* fera de 12ᵈ. 50′, & par la troifiéme Suppofition le rayon fe réfléchira entièrement, puis que cet angle eft moindre que 48ᵈ. 12′: l'angle de refléxion *e* D C fera auffi de 12ᵈ. 50′; & l'angle C étant de 50ᵈ, l'angle extérieur D *e* B fera de 62ᵈ. 50′, & D *e c* de 117ᵈ. 10′. Donc le rayon repaffera dans l'air, & K *e* étant fuppofée perpendiculaire à B C & D *e* continuée directement en M, l'angle M *e* K fera de 27 degrez 10′; fon finus eft 45658; la moitié de ce nombre eft 22829; leur fomme eft 68481 finus de l'angle augmenté K *e g* de 43 degrez 14′. Donc *g e* C fera de 46ᵈ. 46′, & par conféquent la courbure D *c g* fera moindre que la courbure *a b* D, car l'angle D *c g* fera de 163ᵈ. 56′, & l'angle *a b* D de 152ᵈ. 10′. Faites tomber le même rayon *a b c d* proche du point B, comme on le voit en la figure, & faites un calcul femblable à celui ci-devant; vous trouverez que le rayon rompu *b* G fe réfléchira entièrement en G O fur A C, que l'angle de refléxion *o* G *e* fera de 37ᵈ. 10′, & par conféquent G *o* C de 92ᵈ. 50′, puis que l'angle C eft de 50ᵈ. Donc G *o* A fera de 87ᵈ. 10′, & par conféquent le rayon repaffera dans l'air & fe rompra comme en O N H P, du côté de l'angle C; & ainfi les parties extérieures de la 2ₑ. courbure n'auront point changé de fituation, quoique cette courbure foit en un fens contraire à la première.

Recevez ce rayon à fept ou huit piés de diftance, vous verrez une grande vivacité de couleurs, favoir du rouge en P, & du violet en N, du jaune auprès du rouge, & du bleu auprès du violet, & à une grande diftance, comme de vingt-cinq ou trente piés, on ne verra diftinctement que du rouge, du verd, & du violet: d'où il fenfuit, que les fecondes refractions qui ne changent point la fituation des parties, augmentent la vivacité des couleurs. Servez-vous encore d'un prifme commun de verre, dont les bafes font des triangles équilateraux; le triangle équilateral A B C, dans la figure 16ᵉ. repréfente la fection d'un de ces prifmes; il s'y fera toujours deux refractions de fuite en un même fens, fi l'angle d'incidence du rayon D E F *g*, eft plus grand que 27ᵈ. 56′; car s'il étoit de 27ᵈ. 55′, ou moindre, le premier rayon rompu E H *g* I feroit l'angle *g* I B moindre que 48ᵈ. 12′, & par la 3ᵉ. Suppofition, il

TAB. VII.
Fig. 13.

TAB. VII.
Fig. 16.

D d 3

se refléchiroit entièrement. Or les deux refractions F *g* I, *g* I M, ne changent point la situation des parties extérieures du rayon solide : recevez ce dernier rayon rompu H N I M, à une distance d'un pié, ou à une autre plus grande ; vous verrez toujours du rouge vers I M avec du jaune, & du violet vers H N avec du bleu : & si on tourne ce même prisme en sorte que le premier rayon rompu *g* I soit parallelle à la base A C, ce qui arrive quand l'angle A *g* F est de 41ᵈ. 24′, 30″ ; le verd paroîtra à trois ou quatre piés de distance, si la lumière passe librement par toute la largeur du prisme qui est ordinairement d'un pouce : mais si on le tourne de manière que l'extrémité du violet rase la ligne H C, comme la figure le montre dans le rayon *h* R *m q* qui vient du rayon *f x y d*, dont l'angle d'incidence est de 27ᵈ. 56′ ; le verd paroitra à un pouce de distance de C, entre R & *q*. Que si le rayon n'a que deux lignes de largeur, & que l'angle C H N soit de 41ᵈ. 24′, 30″, le verd paroitra à huit ou neuf pouces de distance entre N & M, au lieu que dans le prisme de la figure 13ᵉ. il ne commence à paroître qu'à quatre piés ou environ, quand il n'y a qu'une seule refraction, & à près de 5 piés, dans le prisme d'eau de la 11ᵉ. figure. Ce qui fait encore voir manifestement que la 2ᵉ. refraction qui ne change pas la situation des parties extérieures, fortifie les couleurs & les rend plus vives, puis que la blancheur pure de la lumière disparoît à une moindre distance, que quand il n'y a qu'une refraction.

Que si dans la 12ᵉ. figure, on tourne le petit miroir jusques à ce que le rayon refléchi I *a* se rompant en *ae* fasse l'angle *e a* D de cinq ou six minutes, on ne verra que du rouge, & les parties qui doivent faire les autres couleurs, ne passeront point dans l'air & se refléchiront entièrement ; & enfin si l'angle L *b* A est de 41ᵈ. & au dessous, toute la lumière se refléchira vers le fond de l'eau selon la 3ᵉ. Supposition.

Pour faire des hypothèses qui puissent satisfaire à toutes les apparences de ces premières & secondes expériences, il faut premièrement considérer ce qui arrive aux rayons qui se rompent selon les loix ordinaires de la refraction, & ensuite si ceux qui font les couleurs suivent d'autres régles dans leurs refractions.

TROISIÉMES EXPÉRIENCES.

TAB. VII.
Fig. 14. Soit donc A B C dans la figure 14ᵉ. un prisme semblable à celui de la 10ᵉ. figure, dans lequel l'angle A est droit & l'angle C de 40 degrez, & par conséquent l'angle B de 50ᵈ. *a b* est le diamétre du Soleil parallele à A C. D E, F *g*, sont deux rayons qui viennent du point *b* ; on les suppose perpendiculaires à A C. *r g* est un rayon qui vient du point *a*, & qui tombant obliquement sur A C fait l'angle *r g* F de 32′, & se rompt en *g e*. Les rayons D E, F *g*, passeront en E *h* & *g i*, sans se rompre. *h* M, I N, sont les rayons rompus de D E *h*, F *g i*, selon les loix ordinaires

de

de la refraction. g I K est une ligne droite. B M N K est parallelle à A C·
On trouve les angles de ces rayons & les proportions de leurs lignes en
cette sorte. L'angle g I C est de 50ᵈ. & K I B de même ; q I est perpendiculaire à B C ; donc l'angle K I q sera de 40ᵈ : le sinus de 40 degrez
est 64278, dont la moitié est 32139 ; leur somme est 96417, sinus de
74 degrez 37′, pour l'angle augmenté q I N ; donc l'angle B I N sera
de 25 degrez 23′ : le rayon D E h se rompra de même en h M parallelle
à I N ; l'angle extérieur I N K sera de 55 degrez 23′, car C B K est de
40 degrez ; donc si 82297 sinus de 55 degrez 23′, complément de B N I,
donne 36 lignes, grandeur supposée de I B, 26527 sinus de B I N de
15 degrez 23′, donnera B N de 11 lignes $\frac{13}{17}$ à peu près.

On trouvera par un semblable calcul que I N sera de vingt-huit lignes
à peu près. m I est parallelle à E g ; l'une & l'autre est supposée de deux
lignes.   On trouvera par le calcul que la ligne h I est de deux lignes $\frac{3}{7}$.
Mais, comme B I est à h i, ainsi B N est à M N ; donc M N sera de
$\frac{5}{7}$ de ligne. L'angle r g f est de 32′ : donc selon les loix de la refraction,
l'angle diminué I g e sera de 21′, 30″ ; & o e étant parallelle à E g, &
g o étant de six lignes de longueur, o e sera environ $\frac{1}{24}$ de ligne, & I e, $\frac{1}{20}$.
g e s est une ligne droite, e T est perpendiculaire à B C, l'angle g e C,
égal aux deux e g I, e I g, sera de 50 degrez 21′ 30″, comme aussi s e B.
Donc T e s sera de 39 degrez 38′, 30″ ; son sinus est 63798 ; la moitié
est 31899 ; leur somme est 95697, sinus de 73 degrez 8′, pour l'angle augmenté T e P. Donc B e P sera de 16 degrez 52′. L'angle extérieur e P K, complément de B P e & égal aux deux B & B e P, sera de 56
degrez 52′ ; son sinus est 83740 : si ce nombre donne B e de trente-six
lignes $\frac{1}{20}$, le sinus de P e B 29014 donnera un peu moins de douze lignes
& $\frac{1}{2}$ pour la ligne B P. Donc N P sera environ $\frac{9}{10}$ de ligne, & étant
jointe à M N de $\frac{5}{6}$, la ligne entiére M P sera à peu près d'une ligne $\frac{3}{4}$.
Mais E g est de deux lignes ; & les rayons des points extrêmes du dia-
métre du Soleil qui coupe à angles droits le diamétre a b, feront sur le
plan B C un intervalle d'environ deux lignes $\frac{1}{20}$ selon la 3ᵉ. Supposition ;
& par conséquent le diamétre qui dans l'ovale de lumiére coupe à angles
droits le diamétre qui est selon l'ordre des couleurs, sera le plus grand,
& le passera d'environ $\frac{1}{5}$, ce que vous pourrez aisément observer. Il ne
paroitra point de rouge, ni de violet dans les extrémitez de la lumiére,
à cette petite distance, mais à un pié de distance, le diamétre selon l'ordre des couleurs sera plus de trois fois plus grand que l'autre, quoique
selon les régles ordinaires de la refraction il ne dût être qu'environ deux
fois plus grand : ce qui fait voir que les rayons rouges & violets font un
plus grand écart que selon ces régles.

Recevez encore le rayon solide D E F g sur le prisme A B C de la 16ᵉ. TAB. VII.
figure, où l'on suppose que les angles F g A & M I C sont chacun de Fig. 16.
41ᵈ. 24′. 30″ ; & que les rayons D E, F g, viennent d'une des extrémitez du diamétre du Soleil ; & les rayons r g, Z E, de l'autre extrémité

mité oppofée; l'angle *r g* F fera de trente-deux minutes; fon premier
rayon rompu eft *g e*, fon 2ᵉ. rayon rompu eft *e s*: On trouvera par le
calcul felon les régles de la troifiéme Suppofition, que l'angle C *e s* fera
environ de 41ᵈ. 56′. 40″. D'où il s'enfuit que, fi ces rayons colorez ne faifoient pas un écart plus grand que felon les régles ordinaires de la refraction, le diamétre felon l'ordre des couleurs feroit à une diftance de neuf
ou dix piés fenfiblement égal à l'autre; mais par l'expérience, il eft plus
de trois fois plus grand: d'où il fuit néceffairement que le rouge fait un
écart comme en *e x*, & le violet comme en H V; c'eft-à-dire, que ces
rayons rouges & violets font comme pouffez en dehors & écartez par
les parties intérieures du rayon folide de même manière que les parties
extérieures d'un jet d'eau font repouffées & écartées par les intérieures,
quoiqu'à la fortie de l'ajuftage elles ayent une même direction.

Pour mieux connoître la vérité de cette conféquence, fervez-vous
TAB. VII.
Fig. 15. du prifme de la figure 15ᵉ. femblable à celui de la figure 10ᵉ. où l'angle A eft fuppofé de 40 degrez & l'angle C de 50ᵈ; le rayon folide
D E F G eft fuppofé venir d'une très-petite partie du Soleil d'environ
une demi minute de diamétre: vous aurez un tel rayon, fi vous faites
paffer la lumière du Soleil, par un trou dont le diamétre foit d'un demi
quart de ligne, & que vous receviez cette lumiére à douze piés de diftance fur du papier où il y ait un trou de même petiteffe; car, felon
la premiére Suppofition, la lumiére qui paffera par cette feconde ouverture, viendra d'une partie du Soleil qui n'aura qu'environ 32″. de diamétre; l'écart des rayons extrêmes D E, F G, fera infenfible dans u-
ne diftance de fix pouces par la premiére Suppofition, puis qu'à une diftance de neuf pouces, la bafe du cone de lumiére oppofé à celui qui
a pour bafe dans le Soleil une demi minute, n'auroit que ⁴⁄₆₄ de ligne
de diamétre; ce rayon folide D E F G tombant perpendiculairement
fur le côté A B, paffera fur A C en H I fans fe rompre; *a a* eft un
rayon également diftant des deux extrêmes D E H, F G I, leurs
rayons rompus font H K, *a a*, I L.　On trouvera par un calcul femblable à celui qui eft dans l'explication de la 14ᵉ. figure, que l'écart des
rayons H K, I L, fera d'environ une minute & demi, & que le diamétre felon l'ordre des couleurs ne devroit pas être plus grand que l'autre;
& cependant il vous paroitra plus de trois fois plus grand, quoique
l'extrémité du violet ne foit pas vifible.　D'où l'on voit évidemment,
comme dans les expériences précédentes, que les rayons extérieurs qui
font le rouge & le violet, font un écart plus grand que felon les régles
de la troifiéme Suppofition; ou, ce qui eft la même chofe, que les
rayons rouges font leur refraction moindre que felon la proportion de
3 à 2, & que les rayons violets la font plus grande.

Cela étant fuppofé, on peut concevoir que les écarts de ces rayons
fe font en la manière fuivante.

Une partie de la lumiére du rayon I L, s'écarte comme en I N d'un
côté,

côté, & comme en I *e* de l'autre; faifant du bleu dans l'efpace L I O,
du violet en O I N, du jaune en L I K, & du rouge en K I *e*: Le
rayon H K s'écarte auffi comme en K H M d'un côté, & de l'autre
comme en K H O, faifant K H *e* jaune, *e* H M rouge, K H L bleu,
& L H O violet: Le rayon *a a* & tous les autres qui pafferont entre
H & I, feront des écarts femblables de couleurs de part & d'autre dans
le même ordre. Or, un rayon comme I L d'une épaiffeur infenfible
ne rendroit pas fes écarts colorez vifibles, puis qu'on a beaucoup de
peine à voir toute la lumiére entre M & N, & il eft néceffaire que la
lumiére de l'écart de chaque rayon particulier foit fortifiée par les écarts
des autres rayons: ainfi un rayon qui paffera entre *a* & I, faifant fon é-
cart violet au delà de I O, l'extrémité de cét écart coupera I O en
quelque point comme en *q*, & fortifiera le violet du rayon I L au delà
de la ligne *q* O entre *q* O & I N. Par la même raifon, un rayon qui
paffera entre *a* & H, faifant fon écart rouge au delà du rayon H *e*,
l'extrémité de cét écart coupera H *e* comme au point *r*, & fortifiera le
rouge du rayon H K au delà de *r e* entre *r e* & H M, & ainfi à l'égard
des autres rayons & des autres couleurs: & parce que les rayons entre
I L & H K pouffent leur jaune depuis L jufques en *e*, & leur bleu depuis K jufques en O, ces couleurs fe mêleront entre K & L, & y feront
paroître du verd, aux extrémitez duquel il y aura un peu de bleu entre O & L, & un peu de jaune entre K & *e*.

Recevez encore fur le même prifme, le rayon folide *d b f*, que je fup- TAB.VII.
pofe venir de tout le difque du Soleil; le point *b* repréfente un petit trou Fig. 15.
fait avec la pointe d'une éguille très-fine, en forte qu'un cheveu y puiffe à peine paffer; le rayon *d b* vient d'une extrémité du diamétre apparent du Soleil à A B, & le rayon *f b* vient de l'autre extrémité; le rayon *a b* vient du centre, & il eft fuppofé tomber perpendiculairement
fur A B, & par cette raifon il paffe fans fe rompre jufques en *o* fur la ligne A C; *d b* fe rompt un peu en *b g*, & *f b* en *b e*, l'un & l'autre du
côté de *b o*; *a o* repaffant dans l'air fe rompra en *o a* faifant l'angle C *o a*
d'environ 15^{d}. 23′, fi l'angle C eft de 50 degrez; *e* L eft le rayon rompu de *b e*, & *g b* de *b g*, felon les régles de la troifiéme Suppofition;
leur écart fe trouvera par le calcul, d'environ un degré & demi, quoique l'angle *g b e* foit moindre que de 32′. Or, fuivant l'hypothèfe ci-
deffus, le rayon rompu *g b* fera fon écart bleu comme en *b g q*, fon é-
cart violet comme en *q g y*, fon écart jaune pourra aller en *b g x*, &
fon écart rouge en *x g a*; le rayon *e* L fera fon écart jaune comme en
L *e n*, fon écart rouge en *n e z*, fon écart bleu en L *e u*, & fon écart
violet en *u e a*; le rayon *o a* fera fes écarts de même de part & d'autre, auffi bien que ceux qui venant des autres parties du Soleil, pafferont entre *e* & *g*; ceux qui pafferont entre *o* & *g*, fortifieront le bleu
& le violet de *g b*, & ceux qui pafferont entre *o* & *e* fortifieront le jaune & le rouge de *e* L; les écarts jaunes & bleus fe mêleront dans l'efpa-

E e

ce

ce *b* L, à la referve d'un peu de jaune qui paroitra vers L, & d'un peu
de bleu qui paroitra vers *b*, & par ce moyen tout le refte de cét efpace
entre *b* & L à une diftance médiocre fera verd ; on aura de la peine à
difcerner le violet à caufe de fa foibleffe, fi ce n'eft que le papier ne reçoive point d'autre lumiére que celle qui paffera par le point *b* ; la longueur du diamétre felon l'ordre des couleurs fera à cinq ou fix pouces de
diftance, plus de quatre fois plus grand que l'autre diamétre, fi on tient
le papier parallelle à la furface AB, quoique fuivant les régles de la troifiéme Suppofition, il deût être moindre que triple, ce qui confirme les
autres expériences du grand écart des extrémitez du rouge & du violet.

    Pour connoître ces chofes plus précifément, & pour s'affeurer que les
expériences s'accordent avec l'hypothèfe de l'écart des couleurs de part
& d'autre, on pourra faire encore les expériences fuivantes.

TAB. VII.
Fig. 17.   *a b c* dans la figure 17ᵉ. repréfente un prifme femblable à celui de la
15ᵉ. figure: l'angle *a* eft de quarante degrez, & l'angle *c* de cinquante
degrez: A I B repréfente le diamétre du Soleil parallelle à la fection *a b*,
laquelle eft expofée directement au Soleil, dont la lumiére eft fuppofée
traverfer tout le prifme jufques à la furface repréfentée par le côté *a c*, que
je fuppofe être couvert d'un corps opâque, à la referve de l'ouverture
CED: cette ouverture repréfente celle de la première figure: les rayons
qui repréfentent en cette figure 17ᵉ. ceux de la première figure, font
marquez des mêmes lettres, pour pouvoir mieux diftinguer la lumiére
entiére & les pénombres: les rayons CR, DG, viennent du point A;
& CF, DK, du point B: EL vient du point I: CR, DK, fe coupent au point M: CR, ES, font parallelles à DG, & EH à CF: le
point M eft celui qui termine la lumiére entiére, comme en la première
figure: le triangle CMD fera illuminé par toutes les parties du Soleil,
mais au lieu que dans la première figure, la ligne CM feroit d'environ
cinquante-quatre pouces fi CED eft de fix lignes, elle fera ici beaucoup
moindre à caufe du grand écart que la refraction donne aux rayons rompus CF, CR, comme il a été remarqué dans l'explication de la 6ᵉ.
figure.

    On verra donc une lumiére entiére dans le triangle CMD, & cette
lumiére fera toute blanche & fans couleurs: non feulement parce que
fa plus grande partie procéde des rayons qui fuivent les loix de la refraction
fans écart, & que les écarts qui doivent faire le rouge, le jaune, le bleu
& le violet, s'y détruifent mutuellement ; mais auffi à caufe de la grande
force de cette lumiére, comme on en voit un exemple dans la lumiére
du Soleil, qui ayant paffé par un verre coloré, paffe enfuite à travers une
loupe, ou verre convéxe, car cette lumiére colorée paroît toute blanche dans le foyer de la loupe, à caufe de la lumiére qui y eft réünie.

    Le rayon CF s'écartera en CN, faifant du bleu en FC*b*, & du vio-
let en *b*CN: EH & *u* 7 parallelles à CF feront les extrémitez de leurs
écarts violets parallelles à CN, en *u r* & EL ; & ainfi une partie du violet

let de CF fera fortifié par les écarts violets des rayons qui pafferont entre E & C, comme il a été montré en la 15e. figure : D K fera auffi l'extrémité de fon écart violet parallelle à C N, & à une grande diftance il paffera au delà de la ligne C *h*, qui fait l'extrémité de l'écart bleu du rayon rompu C F, & par cette raifon tout le violet fe féparera des autres couleurs à une grande diftance : D G fait l'extrémité de fon écart jaune comme en D O, & l'extrémité de fon écart rouge comme en D P : & parce que le rayon Q 2 parallelle à D G fait l'extrémité de fon écart rouge comme en Q T, & qu'il eft fortifié par les écarts des rayons qui paffent entre D & Q, & qui s'avancent au delà de Q T ; le rouge pourra commencer à paroître au point *f*. dans l'interfection des lignes D O & Q T : & d'autant que la vivacité des couleurs de chaque écart diminuë en la raifon doublée des diftançes, de même que la vivacité de la lumiére directe de chaque point lumineux ; l'extrémité de l'écart rouge de Q 2 aura moins d'éclat entre. T & *f* qu'au point *f*, & l'écart du rouge de D G, fera auffi moins vif au point T & dans toute la ligne *f* T, qu'au point *f* ; & ainfi le point *m*, dans la ligne Q T, ne pourra faire l'extrémité du rouge vifible ; mais quelque autre point *n* plus près de la ligne D O, entre *f* O & *f* T.

Par les mêmes raifons, l'extrémité du jaune vifible ne fera point en la ligne D O, parce qu'il eft néceffaire qu'il foit fortifié par les écarts jaunes de quelques autres rayons, comme de ceux qui paffent entre D & Q, & par ce moyen cette extrémité fera entre D O & D G, comme au point *g*, & une autre extrémité du jaune pourra être comme au point 3. La diftance qui eft entre les points 3 & *n*, qui font entre les lignes Q T & D G, pourra être la largeur de tout le rouge vifible à cette diftance ; & par conféquent à une plus grande diftance, le point qui terminera le rouge fera encore plus éloigné de la ligne D P, comme en V, & la diftance entre *d* & V, fera en cét endroit, la largeur du rouge, & la ligne *f n* V qui termine l'extérieur du rouge, fera une ligne courbe qui s'éloignera toujours des lignes D P & D G ; l'extrémité du jaune fera auffi une ligne courbe qui s'écartera de D O, du côté de D G, comme la ligne *g* 3 *d*, qui le terminera extérieurement. Les mêmes chofes arriveront de l'autre part : car, par les mêmes raifons, l'extrémité extérieure du violet vifible commencera comme au point *q* dans l'interfection des lignes *u r* & C *h* (*ur* parallelle à C N eft l'extrémité de l'écart violet de *u* 7) & cette extrémité fera en une ligne courbe comme *q x z*, qui s'éloignera toujours des lignes C N & C F ; l'extrémité extérieure du bleu fera en une ligne courbe, comme 4 *y e*, commençant au point 4, qui eft entre les lignes C *h*, C H, mais très-proche de la ligne C *h* : La diftance entre *z* & *e* fera en cét endroit la largeur du violet ; le bleu foible qui eft entre *e* & *h*, mêlé avec le violet, fera paroître du violet ; & le rouge mêlé avec le jaune foible qui eft près de *d*, y fera paroître du rouge & de l'orangé.

E e 2

Le

Le verd commencera à paroître au delà du point M, dans l'espace K M R, où le bleu & le jaune font d'égale force à peu près par tout. Mais il ne paroîtra que du jaune dans l'espace M D 3: car l'écart jaune de D G y fera fortifié par les écarts jaunes de Q 2 & de tous les rayons qui lui feront parallelles paffant entre D & E, comme auffi l'écart jaune de Q 2 fera fortifié par les écarts jaunes de tous les rayons qui lui feront parallelles paffant entre *u* & Q : mais l'écart bleu de D G ne fera pas fortifié par celui de Q 2, ni celui de Q 2 par les écarts bleus des rayons qui lui font parallelles paffant entre Q & *u*, & de même à l'égard des écarts bleus qui vont jufques à D M; ce qui fait que le bleu y eft très-foible, & que l'éclat du jaune l'efface.

La même chofe arrive aux écarts bleus & jaunes dans l'espace M C *y*, car par les mêmes raifons, le jaune y eft furmonté de beaucoup par le bleu.

On verra un femblable effet, fi on coupe en de très-petits filamens du ruban jaune & du ruban bleu: car, fi on mêle exactement quatre parties de jaune, avec une de bleu, le compofé paroitra jaune; & fi on en mêle quatre de bleu, avec une de jaune, le compofé paroitra bleu; & le mêlange ne paroitra verd, que lors que ces couleurs feront en é-gales portions, ou que leurs proportions feront moindre que de 4 à 2. Le verd qui paroît dans l'espace K M R, ira toujours augmentant de largeur, & enfin à une grande diftance il reftera feulement un peu de jaune orangé proche l'extrémité intérieure du rouge, & un peu de bleu proche l'extrémité intérieure du violet; mais il y aura un verd jaunâtre près du rayon M R continué, & un verd tirant fur le bleu près du rayon M K continué; les écarts rouges & violets qui font mêlez entre R & C, étant très-foibles, n'empêchent pas le verd.

Il eft aifé de fatisfaire aux autres apparences de la 10e. figure: car il ne doit paroitre, ni bleu, ni jaune, fi on reçoit le rayon tout auprès du prifme, puis que les écarts bleus & jaunes ne font pas encore fortifiez fuffifamment par d'autres écarts de même couleur; & par cette raifon il ne doit paroître dans le commencement des rayons rompus C F & D G, que de la blancheur.

Le diamétre félon l'ordre des couleurs doit être beaucoup plus petit que l'autre à une petite diftance de fix lignes, quand le rayon rompu eft fort oblique; & il doit être beaucoup plus grand à une grande diftance: car, par ce qui a été dit dans l'explication de la 16e. figure, les rayons extérieurs qui fortent parallelles par une ouverture de fix lignes, font très-près l'un de l'autre en leurs refractions; & l'écart des rayons qui comprennent un angle de trente-deux minutes, qu'on fuppofe ici être la largeur du Soleil, n'occupe pas une ligne à une diftance de fix lignes, quand mêmes l'écart feroit dix fois plus grand dans les refractions, que dans la lumiére directe. Car, fi la bafe qui foutient un angle de 32', n'eft à 108 lignes de diftance, que d'une ligne; elle ne

fera

fera que d'environ 10 lignes, fi l'angle eft dix fois plus grand; & à cinquante-quatre lignes de diftance, elle ne fera que de cinq lignes; & à
fix lignes elle ne fera, fuivant cette proportion, que d'environ deux tiers
de ligne.   D'où il eft aifé de conclure, que le Diamétre felon l'ordre
des couleurs ne fera pas de deux lignes à la diftance de fix lignes, fi
l'ouverture eft de fix lignes; & que l'autre fera d'environ fix lignes,
c'eft-à-dire, trois fois plus grand : mais à une diftance de douze piés,
l'écart des rayons rompus qui n'eft que de 10 lignes à une diftance de
108 lignes, fera de plus de 13 pouces; & l'autre diamétre qui croît à
peu près felon la proportion des diftances, ne fera à cette diftance de
douze piés, que d'environ feize lignes; & par conféquent le diamétre
felon l'ordre des couleurs, fera alors plus de neuf fois plus grand que
l'autre, & y ajoutant l'écart du rouge & du violet, tout ce diamétre
fera plus de dix fois plus grand que l'autre, ce que vous pourrez obferver par l'expérience.

Si vous voulez connoître d'où vient que l'endroit qui étoit bleu fur
le papier à trois ou quatre piés de diftance, paroit rouge quand on intercepte une partie de la lumiére à dix ou douze pouces, & que ce qui é-
toit jaune paroît bleu; & qu'à une diftance de vingt ou vingt-cinq piés,
les couleurs ne changent point, fi on intercepte de la même maniére une
partie de la lumiére à douze piés du prifme: il faut confidérer que, l'é-
cart violet de D G étant parallelle à C N, il paffera dans une grande diftance au delà de C F, fi l'angle de cét écart eft de plus de 32',
comme il le doit être par l'expérience du prifme équilateral de la figure 16e, qui fait paroître le diamétre felon l'ordre des couleurs plus de
trois fois plus grand qu'il ne devroit être felon les loix ordinaires de la
refraction; l'écart du rouge de C F, paffera de même au delà de D C.
D'où il s'enfuit, que les rayons diverfement colorez fe fépareront & ne
feront plus confondus, comme ils le font dans l'efpace C F, D G, à
une petite diftance: d'où il doit arriver, que fi on pouffe le corps opâque β γ, dans de petites diftances, jufques à la rencontre de la ligne
Q z au point γ, on verra du violet & du bleu vers l'extrémité de fon
ombre, au même endroit où l'on voyoit du jaune, parce que les rayons
qui pafferont entre Q & D, feront leurs écarts bleus & violets du côté
de M R, dont quelques uns raferont l'extrémité γ, & les autres pafferont tout auprès, & s'étendront comme entre z & R, & ces écarts
n'étant point détruits par les écarts rouges & jaunes des rayons parallelles à C R, qui paffent entre C & E, parce qu'il font arrêtez par le
corps opâque, il paroitra du bleu & du violet en cét endroit.

Par les mêmes raifons, fi on pouffe le même corps opâque à la même diftance du prifme depuis la ligne D P jufques à la rencontre de la
ligne u 7, on verra du jaune & du rouge vers l'extrémité de l'ombre:
mais fi on pouffe ce corps opâque à douze ou quinze piés du prifme,
ou plus loin, il recevra les écarts des rayons après s'être féparez les uns

Ee 3

des

des autres; d'où il arrivera que, si on intercepte la lumiére coloréé depuis C N jusques à la moitié du verd, on ne verra que du verd à l'extrémité de l'ombre, quand on la recevra sur quelque surface au delà du corps opâque.

On verra de semblables effets dans le rayon solide *a e d b* de la 12ᵉ. figure : car si on intercepte une partie de la lumiére tirant de *a e* en *b d*, à cinq ou six pouces de distance du point *b*, on verra du rouge & du jaune jusques fort près du rayon *b d*, à quatre ou cinq piés de distance; & si on l'intercepte de *b d* en *a e*, on verra du bleu & du violet jusques fort près de *a e*; mais dans les grandes distances, les mêmes couleurs demeureront, quoi qu'on intercepte une partie de la lumiére.

Ces expériences confirment entiérement l'hypothèse de l'écart de chaque petit rayon en rouge & en jaune d'un côté, & en bleu & en violet de l'autre; & c'est principalement sur ces expériences que je l'ai fondée.

On verra les mêmes apparences à peu près dans le prisme de la figure 16ᵉ; mais le point M qui termine la lumiére entiére, sera bien moins éloigné du prisme à cause des deux refractions : on trouvera par le calcul, que, le rayon *z* E parallelle à *r g*, faisant la premiére refraction en EO, & la seconde en O M, la ligne I M sera de trente cinq pouces à peu près, si l'ouverture E *g* est de six lignes, & que l'angle d'incidence du rayon D E F *g* soit de 48ᵈ. 35′, 30″, ou ce qui est la même chose, si le rayon rompu *g* I est parallelle au côté A C: aussi voit on le verd commencer à paroître à cette distance de trente-cinq pouces.

Mais, si l'angle d'incidence du rayon *f x y d* est de 27ᵈ. 56′, le point M sera seulement à une ligne de distance entre *h* R & *m q*. C'est pourquoi on voit alors du verd à une distance moindre que de deux lignes; & quand mêmes on laisseroit tout le prisme exposé au Soleil en cette situation, on verroit paroître du verd à moins de quatre lignes de distance : ce qui fait voir que les secondes refractions augmentent beaucoup les écarts, & qu'elles font toujours paroître le verd à la distance du point M; au lieu que dans la figure 17ᵉ. il ne commence pas à paroître précisément au point M où se termine la lumiére entiére, mais plus loin, quand il n'y a qu'une refraction & que l'angle *c* C F n'est pas moindre que de quinze ou seize degrez; ce qui procéde de ce que dans les médiocres refractions, les écarts qui font les couleurs sont médiocres & ne passent pas assez les uns sur les autres pour se fortifier, & détruire à une médiocre distance la pureté de la lumiére des parties intérieures du rayon solide qui suivent les loix ordinaires de la refraction; car même, si l'angle *b a c* de la figure 17. étoit seulement de cinq ou six degrez, il ne paroitroit ni rouge ni verd ni violet, à quelque distance qu'on receût la lumiére rompuë, parce que les écarts étant très-petits il n'y auroit qu'une trés-petite partie de la lumiére du rayon solide qui y seroit employée, laquelle par conséquent ne pourroit empêcher que très-peu la force du reste de la lu-

miére

miére; mais fi dans la figure 17. le rayon C N faifoit un angle de cinq ou fix minutes avec la ligne *c* C, alors le verd commenceroit à paroître fort près du point M.

La même chofe arrive pour la foibleffe des couleurs, lors que les fecondes refractions font contraires aux premiéres, & qu'elles ne font qu'un peu moindres, ou un peu plus grandes; parce que les fecondes refractions diminuent les écarts des premiéres, ce qui affoiblit les couleurs: mais quand les refractions font égales & contraires dans les prifmes, on ne voit plus de couleurs, & les écarts fe détruifent entiérement, de même que dans la lumiére *q* R de la figure 12, où l'on voit que la feconde courbure I O *q* eft égale & contraire à la premiére E F I. Les troifiémes refractions font toujours fans couleur dans un prifme équilateral, parce que ces refractions font toujours égales & contraires aux premiéres, ce qui fe prouve en cette forte.

A B C dans la figure 18ᵉ. eft un prifme équilateral, fur lequel tombe le rayon folide D E F *g*, qui fe rompt en partie en H I, d'où il fe refléchit en partie en M N, fur le côté B C, & fe rompt auffi en Q L, où il eft coloré, comme il a été dit ci-devant. Le rayon refléchi H M I N fe refléchit en partie fur B C, & fe rompt en partie en M *o* N *q*. Je dis que cette troifiéme refraction I N *q* eft égale & contraire à la premiére F *g* l : car les deux triangles A *g* l, I N C, font femblables, à caufe que l'angle A eft égal à l'angle C, & que l'angle de refléxion C I N eft égal à l'angle *g* I A; donc les incidences de I *g* fur A B, & de I N fur B C, feront égales, & par conféquent les refractions *i g* F, *i* N *q*, feront égales.

On voit auffi que l'extrémité D E H, qui étoit dans la convéxité, eft dans la concavité en H M *o*, ce qui détruit les écarts & les couleurs, comme il a été dit ci-deffus. Mais la feconde refraction en Q L, qui ne change point les fituations, augmente les couleurs, de maniére que le verd paroît à une diftance beaucoup moindre que quand il ny a qu'une refraction.

Pour donner une analogie de ces diminutions, deftructions, & augmentations de couleurs par les fecondes ou troifiémes refractions, on peut confidérer dans la figure 19ᵉ. la boule A pouffée de A vers F en ligne droite fans tournoyer, laquelle ayant rencontré la furface platte B C, fe refléchit vers G, & en fe refléchiffant prend un mouvement autour de fon axe, felon l'ordre des lettres *a b d e*, comme il arrive aux boules pouffées par un mail, qui ne tournoyent point en s'élevant en l'air, & qui commencent à tournoyer, lors qu'elles touchent la terre en tombant. Or fi cette boule A rencontre une autre furface D E parallelle à B C, cette furface lui donneroit un mouvement en rond dans un fens contraire au premier felon l'ordre *a e d b*, fi elle n'en avoit point d'autre; mais en ayant déja un autre, le dernier peut détruire précifément le premier, & en ce cas la boule fe refléchira vers H fans plus tournoyer.

Or,

Or, si aller en droite ligne sans tournoyer représente une lumiére sans couleurs, & que le mouvement en rond représente les modifications qui font paroître les couleurs ; on pourra concevoir que la premiére reféxion sur B C représente la premiére production des couleurs, & que la seconde sur D E, de G en H, qui fait cesser précisément le mouvement en rond, représente le retour de la lumiére colorée en sa premiére blancheur.

On pourra aussi concevoir que, si la seconde surface D E n'est pas parallelle à B C, mais qu'elle soit posée comme I L, ou M N, ou O P; & que la boule rencontre tantôt l'une & tantôt l'autre de ces surfaces : la premiére I L, détruira son premier mouvement en rond & la fera encore tournoyer un peu en un sens contraire; que la seconde M N ne détruira pas entiérement le premier mouvement en rond, mais qu'elle le diminuera seulement; & que la troisiéme O P l'augmentera dans le même sens : & on pourra raporter le premier cas au changement des couleurs; le second, à leur diminution sans changer leur ordre; & le troisiéme, à leur augmentation. Mais cette analogie & tous ces raports assez justes ne prouvent pas la nécessité de ces effets & n'en découvrent pas les véritables causes. Il faudroit savoir ce que c'est que la lumiére, avant que de savoir ce que c'est que la lumiére colorée. Mais on est encore à resoudre si la lumiére est une tendance au mouvement, & comme un pressement qui se fait sur les organes de la vuë, ou si c'est une matiére que le corps lumineux pousse hors de soi sans discontinuation. Et quand on seroit convaïncu de l'une ou de l'autre de ces hypothèses, comment pourroit-on savoir si les atomes qui composent la lumiére, sont de petits globes, ou de petites piramides, ou des cones, ou des cylindres, &c? Comment pourroit-on connoître les différences des mouvemens, ou des tendances au mouvement des parties de la lumiére qui sont dans les convexitez & dans les concavitez des courbures; si elles roulent d'une maniére le long de la ligne I L dans la dixiéme figure, & d'une autre le long de la ligne D O, soit en un même sens, soit en un sens opposé? Je tiens encore qu'il est impossible de deviner comment les parties intérieures des rayons solides rompus I L D O, poussent en dehors les extérieures, pour faire les écarts colorez; & comment les parties extérieures du rayon O P Q R de la 12ᵉ. figure, rentrent en dedans par la seconde refraction, en sorte que la lumiére reprend sa premiére disposition.

M^r. *Descartes*, qui a donné de l'admiration aux plus savans par la subtilité de ses raisonnemens sur l'Arc-en-Ciel, a entrepris de resoudre ces difficultez, & de rendre raison des diversitez de couleurs que les prismes de verre font paroître.

Il suppose qu'il y a dans l'air, dans l'eau, & dans les autres corps transparens, des globes ou petites boules qui se touchent, & qui transmettent l'action du corps lumineux; & soutient que celles qui tendent

à

à tournoyer plus vîte qu'elles ne tendent à s'avancer en ligne droite, font paroître le rouge & le jaune, & que celles qui tendent à tournoyer moins vîte, font paroître le bleu & le violet. Mais il me semble qu'il applique sans fondement ces mouvemens aux diverses parties de la lumiére, & que par ses propres hypothéses, on pourroit conclure que le rouge devroit paroître en D O, dans la 10e. figure, aussi bien qu'en I L.

Car, soit considérée la figure 20e. qui est semblable à celle dans laquelle il représente des boules qu'il suppose tomber obliquement de l'air dans l'eau, & qu'on en fasse l'application à son prisme M N P: on verra que, puis que les petite boules de sa matiére subtile passent plus facilement selon son hypothèse par le verre, que par l'air, si l'on conçoit de l'air au dessous de N D E P, il leur doit arriver la même chose, qu'aux boules qui passent de l'air dans l'eau: savoir, que la petite boule de matiére subtile 1234, qui étant tombée perpendiculairement sur la surface représentée par la ligne N M, passe jusques à N P sans se détourner, rencontrant au dessous de N P, l'air qui lui résiste davantage que le verre M N P, doit tournoyer infailliblement selon l'ordre des chifres 1234 ; & que les petites boules Q & S augmenteront son tournoyement, de la même sorte qu'il l'explique ; & que par ce moyen il y aura trois causes qui lui donneront un mouvement en rond, ou une tendance au mouvement en rond. Mais si l'on conçoit de semblables petites boules vers D, & que la ligne N P soit couverte d'un corps opâque, à la reserve de la partie D E , la petite boule S ne contribuera pas davantage à faire tournoyer en rond la petite partie de la lumiére qui est vers D, ce qu'il prouve devoir arriver à celle qui est vers E. Joint à cela, que si la boule qui en passant du verre dans l'air a pris un mouvement en rond, ou une tendance au mouvement en rond selon l'ordre 1234, est refléchie par un miroir plat selon la même ligne de direction du rayon rompu, elle doit tournoyer en un sens contraire quand elle sera rentrée dans le verre, & ce dernier mouvement doit détruire le premier : d'où l'on pourroit juger que le rayon F I H L de la 12e. figure, étant repoussé par un miroir plat en *m h*, & s'étant rompu réciproquement en *m g f h*, où il faut une base plus large, devroit être tout blanc, ce qui est contre l'expérience ; car l'extrémité vers *g* sera violette & bleuë, & l'autre *f* sera rouge & jaune, & ces couleurs seront beaucoup plus vives qu'au fond de l'eau en I L. Desquelles expériences & raisonnemens il suit, que Mr. *Descartes* n'a pas bien expliqué les couleurs que les prismes de verre font paroître.

On peut encore lui objecter, que si le tournoyement en rond produit les couleurs de la refraction, il s'en feroit aussi dans la refléxion ; car si M N P (Fig. 20.) est de l'air, & N P une surface de verre, la boule 1234. qui s'est muë selon la direction A E rencontrant le verre qui la fait refléchir, elle prendra infailliblement un mouvement en rond selon l'or-

F f   dre

dre 1234, & la boule R augmentera son tournoyement, & ainsi il se
feroit du rouge par la refléxion, ce qui est contraire à l'expérience.

On peut aussi dire que ce n'est point la boule 1234 qui fait la couleur
rouge à dix ou douze piés du prisme M N P, parce qu'elle ne se meut
point, & qu'il faudroit qu'elle donnât sa tendance au mouvement en
rond à celle qu'elle touche, & cette seconde à une troisiéme &c. ce qui
est impossible; car la boule 1234 touchant la boule S la fera pirouetter
en un autre sens, & cette boule S s'appuyant sur trois ou quatre autres
ne donnera pas à chacune d'elles une tendance à tournoyer de même,
& ainsi il arriveroit que s'il paroissoit du rouge à une distance de dix
piés, il paroitroit une autre couleur à une distance moindre ou plus
grande.

Cèt Auteur s'est encore trompé, quand il a crû que le blanc & le verd
se pouvoient voir en même tems dans le milieu de la lumiére rompuë
qu'on reçoit sur un linge blanc après avoir passé au travers d'un prisme,
puis que le verd n'y paroît jamais que par le mélange du jaune & du bleu,
qui dans une grande distance se rencontrent au milieu du rayon solide,
dans lequel milieu la pure lumiére blanche paroît quand le papier n'est
pas beaucoup éloigné du prisme, & que l'ouverture est assez grande.

Le savant Mr. *Newton* a fait une hypothése nouvelle & fort surpre-
nante pour expliquer tous ces effetz.

Il suppose que les rayons du Soleil ont d'eux-mêmes des couleurs différentes de rouge, de jaune, de verd, de bleu, & de violet, qu'ils conservent toujours; que ceux qui sont violets & bleus, souffrent une refraction beaucoup plus grande que les rouges & les jaunes; que lors
qu'ils tombent tous en un même endroit, ils font paroître la couleur
blanche; & que quand ils se séparent, chaque espéce manifeste sa
couleur.

Il y a beaucoup d'expériences qui semblent favoriser cette hypothése,
& la plupart s'expliquent facilement par son moyen.

En voici un exemple.

Le rayon solide *a b g h* a ses deux petits rayons *a b*, *d f*, rouges, & les
deux, *c e*, *g h*, violets; les rayons *a b* & *d f* se rompent sur la surface
TAB.
VIII.
Fig. 11.
d'eau A B, comme en *b i* & *f l*; & les violets *c e* & *g h*, en *e m* & *h n*,
à cause que leur refraction est plus grande, ce qui fait qu'il y a du violet vers *m*, & du rouge vers *l*.　Il n'y a que de la blancheur entre *b* & *h*,
au dessus de l'eau, parce que les rayons rouges & violets y sont très-près
l'un de l'autre, & comme mêlez & confondus.

Par la même raison il n'y a que de la blancheur entre *i* & *n*.

Que si on fait réfléchir cette lumiére vers la surface A B, par un miroir plat, en sorte qu'elle fasse en repassant dans l'air une courbure plus
grande que la premiére: alors les rayons *m m* & *n n* violets se rompront
comme en *m T* & *n s*; & les rouges *i i*, *l l*, se rompront comme en
i x, *l x*, à cause que leur refraction est beaucoup moindre que celle des
violets;

violets ; & ainsi il y aura une confusion de couleurs proche des points *m*, *n*, *i*, *l* : mais à une distance médiocre, chaque couleur se séparera des autres & se manifestera ; le rouge paroitra en *x u*, & le violet en T *s*.

Que si les angles des réfléxions sont égaux aux angles d'incidence, aux points *m*, *i*, *n*, *l*, dans la ligne C D supposée parallelle à A B ; les secondes courbures des rayons qui repasseront dans l'air, seront égales aux premiéres, savoir *i* K *y* à *a b i*, *m* E F à *c e m*, *l* V Z à *d f l*, & *n q* P à *g h n* ; & ainsi le rayon solide rompu E F V Z se fera parallelle au rayon solide refléchi *b* O *b* R, & les parties extérieures se raprocheront & seront moins divergentes, parce que les refractions des rayons violets seront beaucoup plus grandes que celles des rayons rouges ; & par ce moyen le rayon K *y* deviendra enfin extérieur au rayon E F après l'avoir coupé, comme *a b* l'étoit à *c e* ; & *q* P violet deviendra extérieur à V Z rouge, après l'avoir coupé, comme *g h* l'étoit à *d f* : ce qui remettra ces rayons diversement colorez en leur premiére disposition & mélange, & par conséquent cette lumiére redeviendra blanche en E F V Z, comme elle l'étoit en *a b g h*.

TAB. VIII. Fig. 21.

Il y a encore beaucoup d'autres expériences qu'on peut faire convenir à cette hypothése ; mais il y en a aussi quelques-unes qui n'y peuvent convenir, comme est la suivante, qu'on pourra faire aisément.

Recevez sur un carton blanc à une distance d'environ vingt-cinq ou trente piés, un petit rayon solide qui aura passé par un prisme ; vous verrez que les couleurs occuperont un espace de plus de dix pouces, dont le rouge en contiendra plus de deux, & le violet plus de trois : faites que l'extrémité du violet passe par une petite fente d'environ deux lignes de largeur taillée exprès dans un carton, & recevez cette lumiére violette fort obliquement sur un autre prisme, au delà du carton ; alors vous verrez dans la lumiére qui aura passé à travers ce second prisme, du rouge & du jaune dans la convéxité de la courbure.

Or dans cette distance de trente piés, le violet se sera séparé entiérement des rayons rouges qui en seront éloignez de plus de quatre pouces, comme il a été dit dans l'explication de la 17e. figure : & par conséquent dans cette expérience, quelque partie de la lumiére qui étoit violette, sera devenuë rouge & jaune par la rencontre du second prisme.

Le même changement arrivera si on fait passer l'extrémité du rouge dans la fente du carton ; car on verra du bleu & du violet au delà du second prisme.

Pour bien faire cette expérience il faut que la chambre soit fort obscure, & qu'il ne passe par la fente du carton aucune lumiére sensible, que celle qui est colorée ; ce que vous connoitrez, si détournant le second prisme de la rencontre de la lumiére rouge ou violette, qui passe par la fente, on ne voit plus les lumiéres diversement colorées.

Par cette expérience, il est évident qu'une même partie de lumiére

reçoit

reçoit des couleurs différentes par de différentes modifications, & que l'ingénieuse hypothése de Monsieur *Newton* ne doit point être reçuë.

Le Pére *Grimaldi* & le Pére *de Chales* ont crû que ces différentes couleurs procédent de la raréfaction où condensation de la lumiére; c'est-à-dire, que la lumiére peu dilatée fait le rouge & le jaune, & que celle qui l'est beaucoup, fait le bleu & le violet. Mais cette hypothése ne peut subsister en cette rencontre, parce qu'à quelque distance qu'on reçoive la lumiére rouge, elle demeure toujours rouge, & cependant elle est beaucop plus dilatée à une distance de deux cens piés, que celle qui fait le violet ne l'est à une distance de cinq ou six piés.

Pour ne point m'embarasser dans de semblables difficultez, je n'ai pas voulu entreprendre d'établir ici quelque hypothése douteuse & obscure, mais seulement de donner qnelques régles générales, ou principes d'expérience, qui puissent s'accorder à toutes sortes d'observations.

J'ai choisi pour ce dessein, les huit Principes qui suivent, que j'ai crû pouvoir suffire à bien expliquer toutes les apparences de couleurs produites par les refractions de la lumiére.

PREMIER PRINCIPE
D'EXPÉRIENCE.

Lors qu'un rayon solide fait une refraction, ou courbure, en passant d'un corps transparent dans un autre, les parties extérieures de la lumiére qui sont du côté de la convéxité de la courbure, prennent une couleur rouge, & celles qui sont du côté de la concavité, prennent une couleur violette; les parties proches du rouge prennent une couleur jaune, & celles qui sont proche du violet prennent une couleur bleuë, telle petitesse que puisse avoir le rayon solide.

R E M A R Q U E.

Dans ce premier Principe & dans les suivans, on suppose que les refractions sont assez grandes, & que la lumiére est reçuë à une distance suffisante pour faire paroitre du rouge & du violet: car si les distances & les refractions étoient trop petites, il faudroit entendre du rouge jaunâtre, au lieu du rouge; & du bleu seul, au lieu de bleu & de violet, ce qu'il faudra aussi observer dans la suite.

Il faudra aussi observer, qu'encore que dans ces Principes on ne parle que de la lumiére du Soleil, on doit entendre qu'il se fera de semblables effets, par les autres corps lumineux ou illuminez, à proportion de la force de leur lumié-

re; & que quand on dit en quelques endroits que la lumiére rompuë aura des couleurs ou sera sans couleurs, on n'y comprend point la blancheur de la pure lumiére.

DEUXIÉME PRINCIPE
D'EXPÉRIENCE.

L'Extrémité de la lumiére du côté de la convexité de la courbure, fait sa refraction moindre que selon la proportion de 4 à 3 dans l'eau, & de 3 à 2 dans le verre; & l'extrémité qui est dans la concavité, la fait plus grande que selon les mêmes proportions; & ces écarts des extrémitez de la lumiére rompuë sont plus ou moins grands, selon que les refractions sont plus ou moins grandes.

TROISIÉME PRINCIPE
D'EXPÉRIENCE.

LEs parties d'un rayon solide rompu qui reçoivent des rayons de tout le Soleil, étant reçuës sur une surface blanche, n'y font paroître aucunes couleurs sensibles.

QUATRIÉME PRINCIPE
D'EXPÉRIENCE.

S'Il y a deux ou trois refractions de suite, & que les mêmes parties du rayon solide demeurent dans la même situation, à l'égard de la convexité & de la concavité des courbures; la lumiére rompuë conservera les mêmes couleurs dans le même ordre, mais elle seront plus vives & plus belles.

CINQUIÉME PRINCIPE
D'EXPÉRIENCE.

LEs écarts de la lumiére rompuë qui font le rouge & le jaune dans la convexité des courbures, & le bleu & le violet dans la concavi-

té,

té, ne font paroître ces couleurs que dans les pénombres, jusques au point où se termine la lumiére entiére, & l'intérieur de la lumiére demeure sans couleurs sensibles jusques à ce point, quelque largeur que puisse avoir le rayon solide.

SIXIÉME PRINCIPE D'EXPÉRIENCE.

Lors que les refractions sont fort grandes, soit qu'il n'y en ait qu'une seule, soit qu'il y en ait plusieurs de suite qui ne soient point contraires, il paroîtra du verd dans le milieu de la lumiére du rayon solide par le mélange des rayons bleus & jaunes, depuis le point où se termine la lumiére entiére. Que si les refractions sont médiocres, le verd ne commencera à paroître qu'à de certaines distances au delà de ce point : Mais si les refractions sont petites, le milieu de la lumiére sera sans couleurs sensibles jusques à de certaines distances au delà de ce point, & il ne paroitra point de verd à quelque distance qu'on reçoive la lumiére rompuë.

SEPTIÉME PRINCIPE D'EXPÉRIENCE.

Lors que les rayons solides souffrent une seconde refraction, si elle est égale à la première, & que les parties extérieures changent de situation à l'égard de la convexité & de la concavité des courbures, les couleurs se perdront entiérement, & la lumiére aura la même blancheur, & s'étendra de même que si elle n'avoit point souffert de refraction.

HUITIÉME PRINCIPE D'EXPÉRIENCE.

SI la seconde refraction qui fait changer de situation aux parties extérieures du rayon solide, est moindre que la premiére, les mêmes couleurs demeureront dans les mêmes parties, mais elles auront peu d'éclat. Mais si la seconde refraction est plus grande que la premiére, les couleurs se changeront; c'est-à-dire, que la partie qui étoit rouge & jau-

jaune deviendra violette & bleuë; & celle qui étoit violette & bleuë, deviendra rouge & jaune : & plus cette feconde refraction fera grande,
plus les couleurs changées feront vives & diftinctes.

Ces huit Principes, que j'ai trouvé conformes à un très-grand nombre d'expériences, qui ont été faites avec un très-grand foin & une très-
grande exactitude, fans en trouver aucune qui y fût contraire, pourront fervir à expliquer toutes les couleurs que la lumiére fait paroître
par les refractions, ainfi qu'on le verra dans les difcours fuivans, où l'on
citera ces Principes felon l'órdre qu'ils ont été ici énoncez.

On pourroit objecter que ces principes ne font pas d'égale dignité à
ceux-ci.

L'angle de reflexion eft égal à l'angle d'incidence.

*Les rayons tombant obliquement d'un corps tranfparent dans un autre de dif-
férente tranfparence fe courbent.*

Mais on peut répondre que la vérité de ces deux derniers principes
n'eft connuë que par les obfervations qu'on en a faites , & que le feul
avantage qu'ils ont, eft qu'ils font plus fimples, & que les expériences
en font plus aifées à faire.

EXPLICATIONS

DES PRINCIPALES APPARENCES DE COU-LEURS CAUSÉES PAR LA REFRACTION.

PREMIÉRE APPARENCE.

I le Soleil étant beaucoup élevé, on reçoit dans un lieu obfcur un rayon folide de deux ou trois lignes d'épaiffeur dans
un vaiffeau , où il y ait de l'eau de cinq ou fix lignes de
hauteur fur un fond blanc, on verra autour de la bafe lu-
mineufe du rayon, une ombre fort obfcure, & tout le refte
du fond du vaiffeau fera fort éclairé.

EXPLICATION.

a b c d dans la figure 22e. repréfente la fection de l'eau du vaiffeau ; *a d* eft la furface fupérieure de l'eau, & *b c* le fond du vaiffeau, qu'on fup-pofe très-blanc & peu éloigné de l'ouverture par où paffe le rayon ; E F eft le diamétre de la bafe de la lumiére.

TAB. VIII. Fig. 22.

Il eft évident par ce qui a été dit en la troifiéme Suppofition, que fi
les rayons E*q*, F*l*, font les angles E*q a*, F*l d*, plus grands que de qua-
rante-

rante-deux degrez, une grande partie de la lumiére des rayons E *q*, F *l*, paſſera dans l'air, & il s'en refléchira peu en *q e* & *l* K ; & que ſi les angles E *h a* & F *m d* ſont moindres que de 41 degrez 20', toute la lumiére des rayons E *h* & F *m* ſe refléchira vers le fond du vaiſſeau comme en *b r* & en *m g*.

Par les mêmes raiſons, tous les autres rayons qui du rond lumineux dont E F eſt le diamétre, s'étendront entre *l* & *q*, ne refléchiront qu'une partie de leur lumiére, & ceux qui s'étendront au delà des points *m* & *h* ſous un angle égal, ou moindre que E *h a*, ſe refléchiront entiérement : D'où il doit arriver, que les eſpaces K *b* & *e c* ſeront beaucoup illuminez, & que K E & F *e* le ſeront fort peu ; & par conſéquent la partie qui eſt entre *c* & F, auprès de la ligne illuminée E F, recevant cette foible lumiére, elle paroîtra obſcure en comparaiſon du reſte qui eſt entre *e* & *c*. La même choſe arrivera de l'autre part, & ainſi la ligne *e* K ſera le diamétre de ce rond obſcur, & le reſte du fond du vaiſſeau ſera fort éclairé, comme il eſt repréſenté dans la petite figure *y y*.

Il ne paroît point de jaune ni de bleu ſenſible en E F, parce que les rayons rompus ſont reçus à une trop petite diſtance de *q d*, & que l'incidence étant peu oblique par l'hypothéſe, la refraction eſt trop petite.

Si la hauteur de l'eau eſt plus grande que de cinq ou ſix lignes, le rond obſcur ſera plus grand ; & ſi cette hauteur eſt au deſſous de cinq lignes, il ſera moindre : ce qui eſt aiſé à prouver.

SECONDE APPA'RENCE.

Les priſmes équilateraux de verre ne peuvent faire paroître en même tems que quatre lumiéres colorées, étant expoſez au Soleil, & les priſmes ſcalénes en peuvent faire paroître plus de huit.

E X P L I C A T I O N.

TAB. VII.
Fig. 18. Le triangle équilateral A B C dans la figure dix-huitiéme, repréſente un priſme équilateral ; D E F *g* eſt un rayon ſolide qui ſe rompt en H I & enſuite en Q L ; il y aura des couleurs fort vives en Q L par le quatriéme Principe.

Une partie de la lumiére ſe refléchira de H I en M N, & ſe rompra en *o q*, où il n'y aura point de couleurs par le ſeptiéme Principe, parce que les courbures D E H, H M *o*, ſont égales, & que les parties extrêmes du rayon ſolide ſont en de différentes ſituations. Le même rayon ſe refléchira de M N en R S, & ſe rompra en T *n*, où il y aura des couleurs, parce que la partie M R T reprend la même convéxité qu'elle avoit en D E H : Les couleurs en T *n* ſeront fort foibles, à cauſe que la lumiére ſe diſſipe par la première refléxion ſur A B, par la deuxiéme refraction en H Q, par la troiſiéme en M *o*, & par la derniére refléxion

du

du rayon MR en R*y*, & par conféquent on aura beaucoup de peine à
difcerner cette derniére lumiére colorée en T *n*, celle qui fe refléchira
fur le côté A C, en *u y*, & qui repaffera dans l'air en *x z*, n'auroit
point de couleurs quand elle feroit vifible, parce que la partie S *u*, qui
vient de F*g*, fe remet dans la convexité en cette cinquiéme refraction;
mais la fixiéme, qui fe fera au delà de B C, après s'être refléchie de *u y*
fur B C, & qui pourroit être colorée, fera entiérement invifible par fa
foibleffe. Les mêmes chofes arriveront à un rayon parallelle à D E F *g*,
qui tombera fur B C, comme K *b r d*; car, par les mêmes raifons il ne
fera paroître que deux lumiéres colorées.

Soit maintenant confidéré le prifme fcaléne de la figure 13ᵉ. Il a été
prouvé que les deux rayons folides *a d* font paroître des couleurs en P N
& en *g h* par une feconde refraction. On trouvera par le calcul, que le
rayon G O retournera par reflexion fur B C, & paffera dans l'air, où il
fera des couleurs dans la troifiéme refraction; mais dans la quatriéme
reflexion de B C fur A B, ce même rayon fe refléchira de B A fur A C,
& fa lumiére repaffera en partie au delà de A C, par une quatriéme refraction, où il fera des couleurs vifibles auffi bien que dans la quatriéme
refraction du rayon D *g* de la figure 18: donc ce feul rayon fera paroître fa lumiére colorée en même tems, en trois endroits. Celui qui fait
paroître fa feconde refraction en *g h*, fe refléchira fur A C, & repaffera
dans l'air dans la troifiéme refraction, où il fera des couleurs; le refte
de fa lumiére fe refléchiffant fur A C retournera en A B, qu'elle traver-
fera, & fera encore des couleurs vifibles, parce qu'elle ne fera pas plus
affoiblie que la lumiére T *n* dans la figure 18: Donc ce rayon fera paroître des couleurs en trois endroits.

Un autre rayon parallelle à *a b c d* tombant fur A C entre H & C, fera
fa feconde refraction à travers B C, qui fera fort colorée par le quatriéme
Principe, & de même que l'eft la refraction H L dans la figure 18.

La partie de ce rayon qui fe refléchira fur A B, s'y refléchira entiérement, d'où elle reviendra fur A C, & paffera à travers faifant des couleurs en fa troifiéme refraction, & il s'en fera encore dans la quatriéme;
mais un autre rayon qui tombera fur A C entre A & D proche de A, fe
rompra fur A B, d'où il fe refléchira entiérement fur B C, & le traver-
fera faifant des couleurs affez vives. Par les mêmes raifons il fera encore
des couleurs en fa troifiéme & quatriéme refraction, ce qui fera en tout
douze lumiéres colorées en même tems: mais il faut bien de l'exactitude
pour les pouvoir toutes remarquer; j'en ai feulement remarqué quelques
fois fept ou huit en même tems, qui fuivoient à l'égard de l'ordre des
couleurs, & de leur vivacité ou foibleffe, les régles qui ont été
établies.

Gg   *TROI-*

TROISIÉME APPARENCE.

Lors qu'on regarde une étincelle de feu, ou une étoile fort claire, à travers un prisme équilateral de verre situé de maniére que les rayons viennent à l'œil après deux refractions, elle paroît comme une ovale fort longue, colorée de rouge, de verd, & de violet; mais s'il se fait une reflexion entre les deux refractions, elle paroitra dans sa couleur & figure ordinaire.

EXPLICATION.

Le triangle ABC dans la figure 23.e repréſente le priſme de la figure 16.e; D eſt l'étincelle ou l'étoile; FG, la prunelle de l'œil; Q e L eſt une partie de la Choroïde; DI, DM, DK, ſont trois rayons du point lumineux D, qui tombent obliquement ſur BC, & qui paſſeroient après deux refractions en N c, O e, P f, ſelon les loix ordinaires de la refraction ſi l'œil étoit ôté; cette lumiére ſera colorée par le quatriéme Principe; la ligne N a repréſente l'écart qui fait l'extrémité du violet, & P d, l'écart qui fait l'extrémité du rouge; O e eſt dans l'axe de la vuë, & ſelon les loix ordinaires de la Dioptrique, les rayons N r, O e, P f, ſe réüniront au point e; donc le centre de l'étoile ſera vû comme au point y, dans la ligne viſuelle e x O y, par la quatriéme Suppoſition: mais x étant le centre de la vuë & le rayon N a ſe rompant plus haut que le point e comme en r (il ne peut ſe rompre en e, à cauſe de ſa trop grande divergence avec l'axe,) on verra l'extrémité du violet comme au point V dans la ligne viſuelle r x V, ſelon la même quatriéme Suppoſition.

Par les mêmes raiſons, le rayon P d ſe rompant comme en z ſur la Choroïde, on verra l'extrémité du rouge comme en T, dans la ligne viſuelle z x T; & les écarts qui font le jaune & le bleu, paſſeront l'un ſur l'autre dans un eſpace de la Choroïde entre r & z, où l'on a marqué des points noirs pour terminer cét eſpace; & par conſéquent les lignes viſuelles qui de ces points noirs paſſeront, l'une en x G, & l'autre en x H, termineront les extrémitez intérieures du rouge & du violet; il paroîtra un peu de jaune au deſſous de G, & du bleu au deſſus de H, par ce qui a été dit dans l'explication de la figure 17. Ainſi T G paroitra entiérement rouge, G H aura du verd dans ſon milieu, H V ſera entiérement violet, & toute l'étincelle paroîtra fort longue: elle paroitra auſſi mediocrement large, par les mêmes raiſons que les objets très-clairs paroiſſent plus grands qu'ils ne ſont, étant vûs la nuit; la principale de ces raiſons eſt, que les parties de la Choroïde contiguës à celles où ſe réüniſſent les rayons, en ſont ébranlées, à peu près de même que s'il y tomboit quelques rayons, & ainſi l'aparence des objets eſt amplifiée.

Le

Le violet fera en toutes ces apparences beaucoup plus étroit à fon extrémité que le rouge, parce qu'étant plus foible fes parties extrêmes ne font pas vifibles.

Que fi l'objet eft grand comme R S, & qu'il occupe cinq ou fix degrez dans le fond de l'œil, alors l'efpace de la Choroïde, où tomberont les rayons du point R étant beaucoup éloigné de celui où tomberont ceux du point S, les rayons bleus & jaunes de cét objet, lequel paroitra comme en E F, ne fe mêlant point enfemble fur la Choroïde, on verra du rouge en l'efpace E 2, du jaune entre 2 & 3, du bleu entre 4 & 5, du violet entre 5 & F, tout le refte entre 3 & 4 paroitra blanc fi l'objet eft blanc, par le troifiéme & par le cinquiéme Principe.

Si on tourne le prifme en forte que le premier rayon rompu du rayon qui vient du milieu de l'objet R S, foit parallelle au côté A B, on verra cét objet environ trois fois plus grand que s'il étoit vû fans le prifme, à caufe des écarts qui font le rouge & le violet; & fi on regarde la Lune de même, elle paroitra environ trois fois plus grande felon l'ordre des couleurs, que dans l'autre fens. Le verd qui paroitra au milieu, fera prefque de la même grandeur que la Lune vuë fans le prifme, dont on connoitra la caufe par la figure 17e, qui eft que l'écart du jaune du rayon C M K, & l'écart du bleu du rayon D M R, font le verd en l'efpace R M K, & l'angle R M K n'eft que d'environ 32′. 10″. dans les prifmes équilateraux, quand le rayon du centre de la Lune fait fon premier rayon rompu parallelle à la bafe du triangle. Les couleurs qui paroiffent aux extrémitez d'un grand objet font beaucoup plus vives que celles qui paroiffent aux extrémitez d'un petit objet, particuliérement le violet; car les écarts violets des parties proches du point F, fortifieront ceux de l'extrémité S, comme il a été montré en la 17e. figure. Que fi cét objet R S, ou l'étincelle, font élevez plus haut, en forte que leurs rayons tombent obliquement fur le côté A B, & fe rompent fur B C, on verra les mêmes apparences, fi ce n'eft que le violet paroitra en haut, & le rouge en bas; mais alors il faudra diriger l'axe de la vûë, de maniére qu'il paffe par la ligne A B, & au lieu que quand les rayons paffent par A C, l'objet paroit beaucoup plus bas qu'il n'eft, il paroitra beaucoup plus élevé quand les rayons pafferont par A B, ce qui fe prouvera par les mêmes raifons.

Le même prifme dans la figure 24e. étant fitué de même; fi l'étoile eft au deffus de A B, de maniére que le rayon folide *d b* qui en procéde, tombe deffus perpendiculairement, & paffe fans fe rompre jufques fur A C en *e f*; il fe refléchira entiérement en *e h f g* fur C B, par la troifiéme Suppofition, parce que l'angle *b e* A ne fera que de trente degrez; & il repaffera dans l'air en *g I h* L fans fe rompre, & l'œil recevant ce rayon en I L: l'étoile paroitra fans couleurs, car ce rayon *g I h* L fera fans couleurs, par le feptiéme Principe.

Mais, parce qu'il ne fe fait point d'écart dans les rayons *g* I, *h* L,

TAB. IX.
Fig. 24.

à cause qu'ils ne souffrent point de refractions; ils se réüniront en un point sur la Choroïde, & l'étoile sera vuë petite, comme si le prisme étoit ôté; mais elle sera vuë dans une ligne visuelle, parallelle à g I, qui passera entre g & h.

On verra encore la même étoile sans couleurs & fort petite, si ce rayon d b tombe obliquement sur A B, comme on le voit en la figure: car il se rompra comme en b K b m, & se refléchira comme en n o, & se rompra enfin en n p o q, où l'on suppose que l'œil le reçoit, & il n'aura point de couleurs ni d'écarts, par le septiéme Principe; & par conséquent on verra l'étoile petite & toute blanche selon la direction du rayon p n q o. Si on expose aussi toute la surface A B directement au Soleil, on ne verra point de couleurs au delà du prisme: car C T étant perpendiculaire à A B, elle divisera cette ligne également en T; & toute la lumiére qui passera entre A & T, sera de même que le rayon solide d b parallelle à T c, c'est-à-dire qu'elle se refléchira entiérement de la surface A C sur B C, & passera au delà de B C, où elle sera sans couleurs. La lumiére qui tombera entre T & B, se refléchira de même de B C sur A C, & passera au delà de A C sans se rompre, & sera aussi sans couleurs; & on verra deux lumiéres blanches deçà & delà de l'ombre que fera le prisme, si on le reçoit sur quelque surface blanche; & si on regarde alors le Soleil à travers la surface C B & qu'on en puisse souffrir l'éclat, on le verra tout rond & blanc par le 7e. Principe.

Les mêmes apparences se feront si l'objet est grand comme R S en la 23e. figure; car on le verra sans couleurs, & dans sa véritable figure: mais il paroitra en une situation renversée, par la même raison qu'un miroir plat situé horisontalement fait paroître renversez les objets qui lui sont perpendiculaires; car la surface représentée par A C, sert de miroir en cette rencontre.

TAB. IX.
Fig. 25.

Le même effet arriveroit, si les bases du prisme étoient quarrées comme A B C D. Car un rayon solide fort oblique comme e f e K, tombant sur A B & se rompant en g m, feroit l'angle A f g, de quarante-huit degrez à peu près, & par conséquent l'angle A g f seroit de quarante deux degrez. Donc par la troisiéme Supposition, la lumiére se refléchiroit entiérement en b n, sur C D, & se romproit une seconde fois en i o faisant la courbure i h g égale à la courbure e f g; à cause de la similitude des triangles f g A, g h C; & l'œil étant en i o verroit l'objet renversé, & sans couleurs, parce que les parties extrêmes auroient changé de situation. Mais si ce prisme étoit d'eau, ou de glace, il passeroit une partie de la lumiére du rayon f g K m par refraction en g l, par la troisiéme Supposition, à cause que l'angle f g A seroit d'environ quarante huit degrez; & l'on verroit alors des couleurs en p l, comme on en voit par les rayons qui ont souffert deux refractions sans reflexion dans un prisme de verre dont les bases sont triangulaires.

QUA

QUATRIÉME APPARENCE.

LOrs que les rayons d'un objet lumineux ou illuminé ayant paſſé par un priſme équilateral, raſent la derniére ſurface & ſont reçus dans l'œil; on voit l'objet beaucoup plus grand qu'il ne paroît ſans le priſme; mais ſi la premiére incidence de ces rayons eſt fort oblique, & la ſortie peu oblique, il paroitra beaucoup plus petit.

a b dans la figure 16e. eſt un objet médiocrement éloigné, & ſou-TAB. VII. tendant au centre de l'œil, un angle de deux degrez. Le rayon f x vient Fig. 16. du point b, & fait l'angle A x f de 62d. 4'; on trouvera par le calcul que ſon ſecond rayon rompu b R fera l'angle C b R de 40'. y d eſt un autre rayon venant du point b; on le ſuppoſe à peu près parallelle à f x. u d eſt un rayon du point a, faiſant l'angle u d y de deux degrez. L d n eſt perpendiculaire à A B. L'angle u d L ſera de 29d. 56'; ſon ſinus eſt 49899. 33266, qui eſt les deux tiers de ce nombre, eſt le ſinus de l'angle diminué n d p de 19d. 26'. Donc B d p ſera de 70d. 34'. & B p d de 49d. 26'. Et en continuant le calcul on trouvera que le ſecond rayon rompu p 3 fera l'angle C p 3 de 12d. 42'; & que C b R étant de 40', l'écart des rayons p 3. & b R ſera de 12d. 2'. Donc l'œil recevant ces deux rayons p 3 & b R, il verra l'objet a b comme s'il étoit de 12d. 2'; & y ajoutant les écarts du rouge & du violet, cét objet paroitra plus de ſix fois plus grand que s'il étoit vû ſans le priſme. Mais, ſi réciproquement un autre objet eſt compris entre les lignes p 3 & b R continuées, & que l'œil ſitué en u y, recoive ſes rayons à travers le priſme; il paroitra ſous l'angle u d y de deux degrez, & ajoutant un degré pour les écarts du rouge & du violet, cét objet paroitra alors plus de quatre fois moindre que s'il étoit vû ſans le priſme. On trouvera de ſemblables effets à peu près dans un priſme ſcaléne comme celui de la figure 10e, & on le prouvera par un ſemblable calcul, ſoit que les rayons viennent à l'œil après deux refractions ou ſeulement après une.

CINQUIÉME APPARENCE.

S'Il y a quelque fonds blanc A B, dans lequel il y ait un rectangle noir a b d c TAB. IX. d'environ un pouce de largeur, & que vous le regardiez à neuf ou dix piés Fig. 26. de diſtance à travers un priſme équilateral, vous verrez l'eſpace a b c d, d'un rouge de pourpre.

EXPLICATION.

L'Eſpace blanc du papier qui eſt au deſſus de la ligne a d, doit produire dans l'œil du bleu, qui paroitra s'avancer juſques à e T, & du violet, qui paroitra s'étendre juſques à b c, par le premier & par le

2ᵉ. Principe, & par la 4ᵉ. Suppofition. Mais l'efpace blanc qui eft au deffous de *b e*, doit faire paroître du rouge depuis *b c* jufques à *a d*, & du jaune depuis *b c* jufques à *g h*, par les mêmes Principes. D'où il s'enfuit, que le violet du blanc fupérieur, & le rouge du blanc inférieur, tomberont fur le fond de l'œil aux mêmes endroits où tombe l'image de l'objet noir *a b c d*; & fe confondant enfemble ils feront paroître par leur mélange un rouge de pourpre, lequel à caufe de fon éclat empêche que le noir ne faffe aucune impreffion fur la vuë.

On connoitra facilement cette vérité, fi on regarde le même objet à trois ou quatre piés de diftance: car alors le violet fupérieur ne s'étendra que jufques au tiers de l'efpace noir à peu près, & le rouge de même; & par ce moyen on verra du noir dans le milieu, du rouge & du jaune au deffous du noir, & du violet & du bleu au deffus.

On s'affurera encore de ce mélange du rouge & du violet, en regardant à dix piés de diftance, le même objet, après avoir mis du noir dans les efpaces *p b m n* & I L K *d*, comme la figure le montre: car l'efpace *a b p r* fera d'un vrai rouge & fort diffemblable à celui qui paroît en *a b c d*, & l'efpace *d* K *c o* paroitra violet; d'où l'on connoitra évidemment, que la couleur qui paroît en *a b c d*, fe fait par le mélange d'un rouge femblable à celui qui paroît en *a b p r*, & d'un violet femblable à celui qui paroît en *d* K *o c*.

On voit un femblable effet, lors qu'étant dans une chambre, on regarde à travers un prifme, un châffis de verre ou de papier fort éclairé, dans une diftance de dix ou douze piés: car le haut du premier quarré du châffis paroitra d'un vrai rouge; mais le haut de tous les autres quarrez au deffous, paroitra d'un rouge de pourpre, à caufe que le violet du bas du quarré fupérieur fe méle avec le rouge, produit par le quarré qui eft au deffous, & ces deux couleurs s'avancent fur la petite largeur de bois qui eft entre deux, qui ne fait point paroître fes couleurs, parce qu'elles font trop obfcures. Par ces apparences on peut refoudre le Problême de Phyfique fuivant, qui eft affez furprenant.

PROBLÊME DE PHYSIQUE

Trouver un objet tel qu'étant regardé à travers un prifme de verre, on puiffe voir du rouge vers le haut & du bleu vers le bas, ou du bleu vers le haut & du rouge vers le bas, ou toutes les deux extrémitez rouges, ou toutes deux bleuës, ou toutes deux fans couleurs; fans changer la fituation de l'œil, ni du prifme, ni de l'objet, ni fans rien mettre entre deux.

TAB. IX.
Fig. 17.

Pour refoudre ce Problême, il faut choifir un objet comme *g h*, long de fept à huit pouces; de telle largeur qu'on voudra, comme de deux pouces; & qui foit d'une couleur peu vive, comme eft celle du bois, ou du papier gris. Car fi on met un fonds noir A B C D, par derriére; le haut *g m* paroitra rouge, & le bas *h f* paroitra bleu, comme il a été

expli-

expliqué dans la troisiéme Apparence. Si tout le fonds A B C D est blanc,
l'extrémité *g* paroitra bleuë & violette, & l'autre extrémité *h* paroitra
rouge & jaune, non pas par leur propre lumiére, mais par celle du fonds,
qui sera plus forte, & avancera son rouge depuis *h* jusques en *f*, par le
second Principe : Il paroitra du bleu en l'espace *g m*, & du violet en
l'espace *g n*.

Que si la moitié du fonds est blanche, savoir A E F B, & l'autre
moitié E D C F noire ; il paroitra du bleu en *g m* & en *h f*. Mais si au
contraire la moitié E B est noire, & l'autre blanche ; les deux extrémitez *g* & *h* paroitront rouges par les raisons ci-devant. Enfin, si tout
le fonds est d'une couleur qui n'ait pas plus d'éclat que celle de l'objet
g h ; alors ses extrémitez paroitront dans leur couleur naturelle, parce
que le rouge du fonds détruira le bleu de l'objet, & le rouge de l'objet
détruira le bleu du fonds ; & il arrivera la même chose, que quand on
regarde à travers un prisme le milieu d'un grand espace tout d'une même
couleur, lequel paroît toujours avec sa propre couleur.

SIXIÉME APPARENCE.

*Si on met un oculaire convexe A B, dans une ouverture de même largeur
faite dans un ais, ou dans quelque autre corps opâque, & qu'on y reçoive
la lumiére du Soleil directement ; la lumiére, après avoir traversé le verre,
sera rouge & jaune vers ses extrémitez entre le verre & son foyer ; les extrémitez de la même lumiére seront bleues au delà du foyer ; mais l'intérieur de
la lumiére sera blanc de même que toute celle qui est, au foyer.*

EXPLICATION.

A B dans la figure 28e. est une lentille, également convexe des deux
côtez ; *e* est le centre de la convexité A *d* B ; C *d e* F est l'axe de la TAB. IX.
lentille, par où passe un rayon du centre du Soleil ; E *d* est un rayon Fig. 28.
d'une extrémité du disque du Soleil, & *f d* un rayon de l'autre extrémité opposée ; *g* I, *l* B, sont deux rayons parallelles à E *d* ; *m* I, *n* B,
sont deux autres rayons parallelles à *f d* ; les rayons *m* I, *n* B, se rompront en leur foyer *o*, où ils s'entrecouperont, & passeront en G & *h*,
& les rayons *g* I, *l* B, se rompront en leur foyer *p*, & passeront en
q & R.

Or, si tout l'espace A I de la lentille étoit couvert, il se feroit un
même effet dans l'ouverture B I, que dans celle d'un prisme ; savoir,
que les rayons *l* B, *g* I, feroient du rouge & du jaune, parce qu'ils seroient dans la convexité de la courbure ; & *n* B, *m* I, feroient du bleu
& du violet, parce qu'ils seroient dans la concavité : la même chose arriveroit vers le point A, s'il y avoit un petit endroit découvert. D'où
il s'ensuit, que si on découvre tout le verre A B, cela ne changera rien

aux

aux rayons extrêmes B *p* & A *o*, & le rouge & le jaune y paroîtront; mais le rayon B *o* ne pourra manifester son bleu entre B & *o*, parce qu'il y tombe beaucoup d'autres rayons de diverses parties du Soleil qui le coupent, & par le Principe troisiéme il n'y paroîtra point de couleurs; mais au delà du foyer *o*, ce rayon B *o* passant en G, se sépare de tous les autres & leur devient extérieur, & par ce moyen il manifeste son écart bleu & violet en G, au lieu que le rayon B *p* rentre au dedans de la lumiére & vient en R, où il rencontre beaucoup de rayons des autres parties du Soleil, qui détruisent sa couleur rouge, & font paroître cét endroit blanc par le même troisiéme Principe.

Par les mêmes raisons, le bleu paroîtra en *p* N, & le rayon A *o* M, qui manifestoit son rouge jusques près du foyer *o*, le perdra depuis ce foyer jusques à M.

Que si on met entre le foyer & le verre un corps opâque comme *y* V, où il y ait une petite ouverture T, par laquelle une partie de la lumiére passe en *r b*, l'extrémité de cette lumiére vers *r* paroîtra rouge, & l'autre extrémité vers *b* paroîtra bleuë, par les mêmes raisons que lors qu'on ne laisse qu'une petite ouverture en I B. Mais si on met au delà du foyer *o p* le même corps opâque percé du même trou, en sorte que la lumiére qui y passera tombe au même endroit *b r*; le contraire arrivera: car l'extrémité vers *b* sera rouge, & l'extrémité vers *r* sera bleuë, ce qui se prouve en cette sorte. Ayez un corps opâque *u x*, rencontrant les rayons *p q*, *o b*, au point *x* où ils se coupent; il est clair par les choses qui ont été dites dans l'Explication de la figure 17e, que l'écart rouge du rayon *p x q* se séparera de tout le reste de la lumiére, & son action n'étant point empêchée par d'autres rayons, son rouge se manifestera dans l'extrémité de la lumiére vers *b* & *q*; mais l'écart bleu du rayon *o x b* recevra d'autres rayons en *b*, qui effaceront son bleu, & la lumiére y paroîtra blanche: le contraire arrivera, si on ôte ce corps opâque *x u*, & qu'on en mette un autre comme *s x*; car le rayon *x b* se séparera du reste de la lumiére, & fera paroître son écart bleu au delà de *b* vers *r*. Donc, si on met un corps opâque *s x u* percé d'une petite ouverture en *x*, son extrémité du côté du point *s* laissera passer un rayon comme *x b*, qui fera paroître du bleu en *b* & vers *r*; & l'autre extrémité de l'ouverture du côté du point *u*, laissera passer le rayon *x q*, & quelques autres fort proches, qui feront paroître du rouge & du jaune vers *q* & vers *b*.

S E P T I E M E A P P A R E N C E.

Lors que le Soleil éclaire fort obliquement de l'eau claire & calme, si on met un corps opaque vers le milieu, soit qu'il touche l'eau, ou qu'il en soit un peu éloigné; on verra du bleu dans la pénombre plus éloignée du Soleil, & du rouge dans la plus proche.

EXPLICATION.

A B eſt la ſurface ſupérieure de l'eau, & C D le fond, qu'on ſuppoſe é-tre d'une matiére blanche; E F eſt le corps opâque; G H l'ombre de ce corps; G I, L H, les pénombres; *m e*, M E, N F, *n f*, ſont les rayons du Soleil qui paſſent vers les extrémitez du corps opâque E F, & qui ſe rompent en *p* G, & H O: il paroitra du rouge en la pénombre G I, & du bleu en la pénombre L H. Car, ſi on couvre avec des corps opaques les eſpaces A *e* & *f* B, en ſorte qu'il ne paſſe aucune lumiére, qu'entre F *f* & *e* E; il eſt évident par ce qui a été dit dans l'Explication des figures neuf & dix, & par le premier Principe, qu'il y aura du rouge jaunâtre en K *o* & en G *i*, dans les convexitez des courbures, & qu'il y aura du bleu en L H & en *q p*, dans les concavitez: Mais ſi on ôte les deux corps opâques *f* B & A *e*, & qu'il ne reſte que le corps E F; il n'arrivera aucun changement aux lumiéres qui ſont en L H & G I, parce qu'il n'y viendra aucuns rayons de la lumiére qui paſſera par A *e* & par *f* B, & par cette raiſon elles conſerveront leurs couleurs; mais les écarts rouges qui étoient vers *o* K, & les bleus qui étoient vers *p q*, recevront pluſieurs rayons qui y viendront de toutes les parties du Soleil; & par conſéquent le rouge & le jaune diſparoitront en *o* K, & le bleu en *p q*, & la lumiére y ſera toute blanche par le troiſiéme Principe; d'où il ſenſuit qu'on verra ſeulement du bleu dans la pénombre L H, & du jaune vers la pénombre G *i*.

HUITIÉME APPARENCE.

Lors qu'on regarde fort obliquement un objet blanc comme E F, au fond d'un vaiſſeau plein d'eau, l'objet étant fort illuminé, & le vaiſſeau de couleur brune, on verra ſon extrémité vers F bleuë, & celle vers E rouge.

EXPLICATION.

A C D B repréſente le vaiſſeau; O P eſt la ſurface de l'eau; E F l'objet; les rayons E *g*, E *h*, qui tombent ſur cette ſurface O P, ſe rompent comme en *g n*, *h* I; & les rayons F *g*, F *h*, ſe rompent en *g m*, *h* L: d'où il ſuit que le rayon *g n*, qui vient du point E, ſera dans la convexité de la courbure; & que *h* L, qui vient du point F, ſera dans la concavité: il ſuit auſſi que l'œil étant en L I *m n* recevra ſur la Choroïde l'écart de *g n*, qui ſera rouge, plus haut que le point *n*; donc par le premier Principe, & par ce qui a été dit dans l'explication de la troiſiéme Apparence, il verra du rouge vers E.

Par de ſemblables raiſons il verra du bleu vers F, par l'écart du rayon *h* L; & par conſéquent l'extrémité F paroitra bleuë, & l'autre extrémité E paroitra rouge.

H h   On

On connoîtra encore cette vérité, si l'on considére l'objet E F comme un corps lumineux: car sa lumiére rompuë en L *n* seroit colorée de bleu vers L, & de rouge vers *n*, par le premier Principe; mais par la quatriéme Supposition, les rayons qui viennent du point E & du point F, font une décussation dans l'œil, & par conséquent l'œil étant en L *n* verra le point E rouge & le point F bleu.

On verra une semblable apparence, si l'objet E F est couvert d'un verre à boire, ayant la figure d'un cone, comme *y* Q *z*, plein d'air & couvert d'eau : Car un rayon comme F *q* passant de l'air qui est sous le verre, dans l'eau qui est à l'entour, se rompra comme en *q s*, & se rompra une seconde fois comme en *s m*, par la troisiéme Supposition; Un autre rayon du même point E, comme F *r*, se rompra comme en *r o*, ensuite comme en *o* L; Il y aura aussi un rayon comme E *d* qui se rompra en *d u*, & viendra comme en *n*, en sa deuxiéme refraction; & un autre du même point E, qui après deux refractions viendra comme en I; ce qui fera une apparence de couleurs vers les extrémitez de l'objet E F comme si le verre n'y étoit pas; les couleurs seront foibles dans l'une & l'autre expérience, si l'objet n'est pas très-blanc & beaucoup illuminé: mais il y aura deux autres apparences fort surprenantes; la premiére, que l'œil étant placé en L *n*, il verra l'objet E F au haut du verre, comme entre R & Q, selon la direction des rayons *m s*, *n u*.

La seconde, que l'œil étant placé plus près du point B comme en K, il ne verra point l'objet E F; ce qui procéde de ce qu'il ne recevra aucun de ses rayons. Car il ne recevra point les rayons rompus *s m*, *u n*, *o* L, puis qu'il sera élevé au dessus d'eux. Il ne recevra pas aussi ceux qui tomberont vers le point R, comme F R: car la premiére refraction de F R étant comme en R *b*, & la seconde comme en *b* 3, ce rayon *b* 3 passera encore au dessous du point K, & par conséquent l'œil ainsi placé ne verra point cét objet; ce qui n'arrivera pas si on fait sortir l'air de dessous le verre en le couchant dans l'eau & le remettant en sa premiére position: car le verre étant alors plein d'eau, il ne fera point de refractions ni en *r* ni en *d*, & celle qui se fera dans la petite épaisseur de la matiére du verre, n'empéchera point considérablement la rectitude des rayons dans l'eau, à cause que les surfaces de cette épaisseur sont parallelles. Donc l'œil étant en K verra E F par des rayons rompus comme *a* K, *e* 4; dont le premier viendra du rayon F *r a*, qui se rompra en *a* K, & l'autre du rayon E *d e*, qui se rompra en *e* 4: & en ce cas l'objet paroîtra à l'œil qui sera placé en K 4, comme si le verre n'y étoit pas. On pourra par ce moyen donner de l'étonnement à ceux qui auront les yeux placez comme en K 4, en leur faisant paroître ou disparoître, quand on voudra, une piéce d'argent qui sera en E F, en la couvrant avec un verre, où il y ait successivement de l'air & de l'eau.

NEU-

NEUVIÉME APPARENCE.

Les verres taillez à facettes, les plumes des ailes des oiseaux, les cheveux, les poils des paupiéres, font paroître diverses couleurs dans les objets lumineux, ou fortement illuminez, & les font voir en plusieurs endroits.

EXPLICATION.

A E est un verre taillé à facettes, représentées par les lignes A *b*, *b c,* TAB. X. *c* E, E *d*, *d e*, *e* A; la ligne *a f* représente l'objet, qu'on suppose être Fig. 31. blanc; les surfaces A *b*, *c* E, recevant des rayons de cét objet, les mêmes effets se feront sur l'œil étant au point *x*, que s'ils avoient traversé un prisme de verre, puis que la partie A *b e* est faite comme un prisme, aussi bien que *c* E *d* : donc, par les mêmes raisons qui ont servi à expliquer les couleurs de l'objet R S dans la troisiéme Apparence, l'objet *a f* paroîtra en *h g* avec les écarts *g o* & *h n*; le point *a* paroîtra vers *g o* avec du violet & du bleu; & le point *f*, vers *h n* avec du rouge & du jaune.

Par de semblables raisons, on verra le même objet *a f*, en *i* K, ayant du rouge & du jaune en l'écart *i m*, où paroît l'extrémité *a*, & du violet & du bleu en l'écart K *p*, où paroît l'extrémité *f*; & si l'objet *a f* étoit fort petit, on verroit du verd dans le milieu de *g h* & de *i* K, par le sixiéme Principe.

Les rayons qui tomberont sur les surfaces parallelles *b c*, *e d*, feront voir l'objet *a f* à peu près dans le même lieu où il est, & dans sa même grandeur, & il paroitra sans couleurs, par le septiéme Principe : donc cét objet sera vû en trois endroits.

Il est aisé de juger qu'il paroîtroit en plusieurs autres endroits, s'il y avoit davantage de facettes, & que la plupart de ces apparences seroient de diverses couleurs, plus ou moins vives, selon que les refractions seroient plus ou moins grandes : Et parce que le milieu de chaque petite plume transversale d'une plume de l'aile d'un oiseau a quelque partie taillée en prisme, & qu'elle est un peu transparente, particuliérement dans les ailes des allouëttes & de la plupart des autres petits oiseaux; celles à travers lesquelles on regardera des objets lumineux, feront paroître ces objets avec des couleurs différentes, semblables à celle que les prismes font paroître.

Les poils sont composez intérieurement de plusieurs fibres, & il s'y fait plusieurs refractions différentes, de même que dans les verres taillez à facettes : & par cette raison, si vous regardez la flamme d'une chandelle, & que vous teniez un cheveu perpendiculairement au devant de la prunelle de l'œil; il vous paroitra un rayon à droite, & un à gauche, chacun composé de plusieurs petites apparences de flammes de chandelle

Hh 2

diver-

diverſement colorées , celles à gauche ayant leurs couleurs en un ordre contraire à l'ordre de celles qui paroiſſent à droite. D'où il eſt évident, que ſi on ferme les yeux à demi en regardant une chandelle allumée , on doit voir pluſieurs de ces rayons à travers les poils des paupiéres. Il eſt vrai qu'il paroît ſouvent deux grands rayons ſans couleur, l'un en haut, & l'autre en bas, quand on regarde une chandelle allumée en fermant un peu les yeux : mais ces rayons là procédent des reflexions qui ſe font ſur les bords intérieurs des paupiéres, leſquels étant fort polis refléchiſſent cette lumiére, & la font paſſer dans les yeux : On le pourra croire facilement , ſi on approche une ſurface polie fort près de l'œil, la tenant de maniére que la lumiére de la chandelle puiſſe ſe refléchir dans l'œil ; car on verra par ce moyen l'un ou l'autre de ces grands rayons ſans couleurs.

Les couleurs qui paroiſſent dans les diamans taillez à facettes, procédent de la reflexion de quelques rayons de lumiére, qui ayant pénétré le diamant, ſoit directement, ſoit en ſe rompant, ſe refléchiſſent ſur ſes derniéres ſurfaces, & en reſſortant à l'air font quelques autres refractions qui leur donnent des couleurs différentes, comme s'ils avoient paſſé par un priſme.

On pourra expliquer par de ſemblables raiſons, les apparences de couleurs produites par toutes ſortes de matiéres tranſparentes, quand on les voit de près, & qu'on peut connoître leurs figures. Mais, quand les matiéres tranſparentes qui font paroître des couleurs, ſont éloignées, & qu'on ne peut connoître leurs figures que par conjecture ; ou bien ſi leurs figures étant connuës, leurs différentes parties font faire des refractions différentes aux rayons parallelles qui tombent deſſus : il eſt très-difficile de ne s'y point embaraſſer.

On pourra connoître ces difficultez dans les diſcours ſuivans.

D I X I E M E   A P P A R E N C E.

L'ARC-EN-CIEL.

CEtte apparence eſt plus difficile à expliquer que les autres, puis qu'on peut ignorer qu'elle ſe faſſe dans les goutes de la pluïe , ou qu'on peut croire qu'elle procéde de la ſeule reflexion des rayons du Soleil ſur la partie convexe de ces goutes ; & dans ces deux cas il eſt évident qu'on ne peut rien dire qui ait la moindre apparence de vérité. On en verra un exemple, ſi on lit avec un peu d'attention les raiſonnemens d'Ariſtote dans le quatriéme chapitre de ſon troiſiéme livre des Météores.

Ceux qui ſont perſuadez par beaucoup d'obſervations, que l'Arc-enciel ſe fait par refraction dans les goutes de la pluïe, ne laiſſent pas d'y trouver beaucoup de difficultez, dont les principales ſont; que quelques-

ques-uns des rayons qui viennent d'un même point du Soleil, se coupent en leur première refraction au dedans de la goute ; qu'il y en a qui
ne se coupent qu'en leurs refléxions, & qu'il y en a encore qui ne se
coupent, ni dans leurs refractions, ni dans leurs reflexions ; que plusieurs des rayons qui sont parallelles ou sensiblement parallelles avant
que d'entrer dans la goute, reprennent en sortant après deux refractions
& une reflexion, le même parallellisme & la même distance entre eux,
& demeurent en la même situation à l'égard de la convexité & de la
concavité des courbures ; & enfin qu'il y en a plusieurs autres qui changent cette situation, & deviennent fort divergens entre eux.

Or, toutes ces différences doivent faire des effets différens ; & si elles ne sont pas connuës, il est manifeste qu'il est impossible qu'on ne se
trompe pas dans l'explication des apparences qu'elles produisent.

Jean Fleischer de Breslau en Silésie, dans un livre qu'il a fait imprimer en 1571, explique les couleurs de l'Arc-en-ciel par la refraction, &
par la reflexion des rayons du Soleil sur les goutes de la pluïe ; il suppose qu'il se fait deux refractions de suite dans une même goute, & une
reflexion sur la surface convexe d'une autre goute en cette sorte.

B est le Soleil ; *c d* est une goute de pluïe ; le rayon solide B *c* se TAB. X
rompt en *c d*, & de *c d* en *d e* sur la goute E, d'où il se réfléchit sur Fig 32.
les yeux en A.   Mais cét Auteur n'a pas pris garde, qu'après deux refractions de suite en une même goute, les rayons s'entrecoupent au dehors, & deviennent trop divergens au delà de leur interfection, & qu'ils
le deviennent encore plus lors qu'ils tombent sur la convexité d'une seconde goute, & par conséquent ils ne peuvent s'étendre avec assez de
force jusques à l'œil.

On ne peut aussi expliquer par cette hypothèse, sous quel angle l'Arc-
en-ciel doit paroître, ni l'ordre des couleurs ; d'où il s'ensuit qu'elle
est insuffisante.

REMARQUE.

*L*A *refraction d e est appellée dans cette figure 32, la seconde refraction
mais dans d'autres figures où elle n'est point considérée, on appelle la seconde refraction celle qui est la troisiéme ; & même celle qui est la quatriéme,
s'appelle la seconde, quand la deuxiéme & la troisiéme ne sont point considérées. Ainsi dans la figure 34e. on appellera l d la seconde refraction, parce
qu'on ne considére pas la seconde T u.*

Il faut aussi remarquer que la lumiére du rayon n O *s'affoiblit par la pre-* TAB. X.
miére reflexion en O *z, par la seconde refraction en* T *u, par la troisiéme* Fig 34.
en l *d, & ainsi de suite.*

Antoine de Dominis Auteur Italien, dans un livre imprimé en 1611,
explique assez bien l'Arc-en-ciel intérieur par deux refractions, & une
reflexion dans une même goute, en quoi il a prévenu M. *Descartes.*

                    Mais

Mais il s'est trompé en ce qu'il a crû que les rayons qui tombent sur les extrémitez des goutes , produisoient l'Arc-en-ciel extérieur par deux refractions & une seule reflexion : car on trouve par le calcul que ces rayons dans leur seconde refraction doivent faire un angle beaucoup moindre avec le rayon du Soleil qui passe par l'œil, que celui sous lequel on voit l'Arc-en-ciel intérieur ; & cependant l'Arc-en-ciel extérieur fait cét angle beaucoup plus grand que l'Arc-en-ciel intérieur : joint à cela que les rayons qui tombent fort obliquement sur une goute d'eau, ne font point de couleurs sensibles dans cette seconde refraction, comme on le fera voir dans la suite de ce discours.

Enfin M. *Descartes* a expliqué l'Arc-en-ciel intérieur par deux refractions & une reflexion, & l'extérieur par deux refractions & deux reflexions sur une même goute d'eau, avec tant d'exactitude & de vraisemblance, qu'il y a eu peu de Savans qui n'en soient demeurez satisfaits.

Il y a pourtant dans ses raisonnemens trois difficultez considérables.

1°. Il a crû que le verd de l'Arc-en-ciel étoit une couleur principale, au lieu qu'il se fait par le mélange des rayons bleus & jaunes.

2°. Il n'a pas remarqué que les rayons extrêmes qui font le rouge, font leur refraction beaucoup moindre que selon la proportion de 4 à 3, & que ceux qui font le violet la font beaucoup plus grande.

3°. Il a crû que quand les secondes refractions étoient en un même sens que les premiéres, & ne se redressoient point, la lumiére conservoit la diversité des couleurs : ce qui est souvent faux, comme il a été expliqué dans la figure 18e, où le rayon M *o* N *q* est sans couleurs, quoique les courbures D E H, H M *o*, soient en un même sens ; & dans la figure 24e, où l'on voit que le rayon *d b d b* tombant sur le côté A B d'un prisme, se rompt en *b* K *b m*, se refléchit en K *n m o*, & se rompt encore en *n p o q*, sans faire paroître de couleurs en cette seconde refraction, quoique le rayon soit toujours courbé en un même sens. Il paroît aussi des lumiéres sans couleurs à ceux qui regardent une phiole pleine d'eau exposée au Soleil, comme l'enseigne cét Auteur, lors qu'après avoir vû successivement du rouge, du jaune, du verd, du bleu & du violet, on avance encore un peu l'œil ; car alors on voit un petit rond de lumiére vers l'extrémité de la phiole, où les couleurs ont paru, & un autre plus grand vers le milieu de la phiole, l'un & l'autre sans couleurs sensibles, quoique les rayons qui font paroître ces lumiéres, viennent à l'œil après deux refractions, & une reflexion en un même sens, aussi bien que ceux qui font paroître les couleurs.

Il est donc nécessaire pour bien éclaircir ces choses de faire voir d'où vient qu'il paroît des couleurs sous un angle d'environ quarante-deux degrez, & qu'il n'en paroît point sous ceux qui sont au dessous de quarante degrez & au dessus de quarante-quatre dans l'Arc-en-ciel intérieur : ce que M. *Descartes* n'ayant pas fait , & s'étant contenté de dire qu'il

venoit

venoit plus de lumiére à l'œil fous les angles de quarante-un & de quarante-deux degrez, que fous les autres angles , fans prouver que cette
lumiére doit être colorée; il s'enfuit qu'il n'a pas fuffifamment démontré l'Arc-en-ciel.

Voici ma maniére de l'expliquer.

EXPLICATION DE L'ARC-EN-CIEL.

Le cercle A B C D repréfente la fection d'une goute d'eau: A B, B C, font des quarts de cercle: E A *e* C repréfente un rayon du milieu du difque du Soleil, paffant par le centre *e*; on fuppofe que tous les rayons qui viennent de ce point font parallelles entre eux, à caufe du grand éloignement du Soleil, felon la première Suppofition; tels font les rayons *g h*, *l m*, *n* O, P *q*, Z S.

TAB. X.
Fig. 33.

Pour favoir où ces rayons fe doivent rompre fur l'arc B C, on en fait le calcul felon les loix de la refraction expliquées dans la troifiéme Suppofition en cette maniére.

L'Arc A O eft fuppofé de 59d. 30'; *n* O *y* eft parallelle à E A C; *e* O R eft une ligne droite; l'angle A *e* R eft de 59d. 30', & il eft égal à l'angle d'incidence *n* O R; donc *e* O *y* eft auffi de 59 degrez 30'. Le finus de cét angle eft 86162, dont les trois quarts font 64621 ½, finus de l'angle diminué 40d. 15', 30"; la différence de 59 degrez 30' & de 40 degrez, 15', 30", eft 19 degrez, 14', 30", pour l'angle de refraction *y* O T compris du rayon rompu O T, & de la ligne O *y*; & parce que les arcs O B, B *y*, font chacun de 30 degrez 30', & que l'arc *y* T eft de 38 degrez 29', puis qu'il foutient à la circonférence l'angle *y* O T de 19 degrez 14'. 30", tout l'arc B T fera de 68 degrez 59', & il ne reftera pour l'arc T C que 21d. & une minute, (il y a un peu moins d'une minute, mais on prend ici groffiérement les finus, fans confidérer les pe-
tites fractions.)

On trouvera par un femblable calcul tous les points de la circonférence B C, où fe rompront les rayons parallelles à E A C, qui tombe-
ront fur la circonférence A B. Ainfi on trouvera que tous les rayons qui tombent entre A & O, fe rompent d'ordre, c'eft-à-dire, que le plus proche qu'on prendra du point A , fe rompra le plus près du point C, comme *g h* fe rompt au point L, qui eft plus près du point C, que le point *x*, où fe rompt le rayon *l m*; & ainfi de fuite jufques au rayon *n* O, qu'on fuppofe être le dernier qui fe rompra felon cét ordre au point T, foit que l'arc A O foit précifément de 59d. 30', ou qu'il foit plus grand ou moindre de quelques minutes ou de quelques fecondes.

Les autres rayons jufques au rayon Z S, qui eft fuppofé tomber très-
près du point B, & qu'on peut calculer comme s'il tomboit à 90 degrez du point A, fe rompent en un ordre contraire; car le rayon P *q* fe rompra comme en *x*, & le rayon Z S, comme au point L, qui eft à 7d. 12'.

du

du point C; & si l'arc A *b* est de 14 degrez 37′, le rayon rompu de
g b tombera à fort peu près sur le même point L : Les rayons rompus
de P *q* & de *l m* pourront tomber au même point *x*, &c.

Le rayon *n* O dans la figure trente-quatriéme étant le même que dans
la figure trente-troisiéme; le rayon rompu O T se réfléchira en T I,
par la seconde supposition, si T I est égale à T O, & ce rayon se rompra en I *d*; le rayon rompu I *d* fera avec I *f* parallelle à E A C, un angle double de l'angle T *e* C, c'est-à-dire, que si cét angle T *e* C est
de 21 degrez 1′, l'angle *f* I *d* sera de 42ᵈ. 2′, ce qui se prouve ainsi.

DÉMONSTRATION.

Soit tirée T *e* R; & T *g* étant prise égale à T C, ou R A, si on
tire *g e* L *x*, l'arc I R sera égal à l'arc R O, à cause que T I, T O,
font égales; l'arc I L sera aussi égal à l'arc A O; mais le rayon T O se
devant rompre réciproquement en O *n* parallelle à E A, aussi T I se rompra en I *d* parallelle à *g e* L *x*, car tout est égal de part & d'autre; donc
si I *f* est parallelle à E A C, l'angle *f* I *d* sera égal à l'angle E *e x*, ou
g e C, & par conséquent il sera double de l'angle T *e* C.

La même démonstration servira pour tous les rayons parallelles à E A C,
qui tomberont sur l'arc A B. On pourra donc trouver facilement par
le calcul, l'arc T C qui convient à chaque rayon, & ensuite l'arc I D,
quand le rayon refléchi n'arrive pas jusques à D.

On trouvera aussi tous les angles *f* I *d*, qui sont ceux que font les
seconds rayons rompus, avec des lignes parallelles à E A C: cét angle est *f* D *d*, si le rayon refléchi tombe sur D & que *f* D soit parallelle à E A C; mais si le rayon refléchi passe au delà du point D, comme le rayon *t* η, qui vient de P *q*, rompu en *q t* & refléchi en *t* η, cét
angle sera *f* η *d*.

On trouvera aussi aisément par le calcul, les arcs D η, & les angles
f η *d*. Or la connoissance de ces arcs T C, & I D, ou D η, & de
ces angles *f* I *d*, ou *f* η *d*, est entiérement nécessaire pour expliquer
l'Arc-en-ciel intérieur: car le rayon I *d* est un de ceux qui font le rouge de cét Arc-en-ciel, comme il sera montré ensuite; & les arcs T C,
& I D ou D η, font connoître les rayons qui se coupent dans la goute,
& ceux qui ne s'y coupent pas; & les angles *f* I *d* ou *f* η *d* font connoître les rayons qui après la seconde refraction s'écartent, ou se coupent,
ou sont parallelles entr'eux. Les angles *f* I *d* servent aussi pour déterminer l'angle de l'Arc-en-ciel intérieur: car par exemple, si le rayon
n O se rompant en sa seconde refraction en I *d*, est celui qui fait voir
l'extrémité du rouge de l'Arc-en-ciel; la ligne *d* K, parallelle à *f* I &
à E A C, représentera le rayon qui du centre du Soleil passe par l'œil;
& l'angle I *d* K, égal à l'angle *f* I *d*, fera connoître quelle doit être la

hau-

hauteur de cette extrémité du rouge, si on sait la hauteur du Soleil sur l'horison.

Voici comme j'ai fait le calcul pour trouver ces arcs T C, & I D ou D *η*, & les angles *f* I *d* ou *f η d*, pour tous les rayons parallelles à E A C, qui tombent sur A B.

'Je prens pour exemple le rayon qui tombe sur le soixantiéme degré comptant depuis A vers B, & je suppose que ce rayon est *η* O *y*; Je trouve par les tables des sinus, en faisant un calcul semblable au calcul ci-devant, que l'angle de refraction *y* O T, qui convient à ce rayon, est de 19ᵈ. 30´; Par le moyen de cét angle je trouve le reste, comme on le voit en la Table suivante.

PREMIERE TABLE.

Angle	*y* O T	19ᵈ.	30´.
	T *y*	39.	
	B *y*	30.	
	B T	69.	
Arcs	T C	21.	
	O T	99.	
	T I	99.	
	C *i*	78.	
	I D	12.	
angle	*f* I *d*	42.	

Cét angle *f* I *d* est toujours double de l'angle T *e* C, comme il a été démontré. On fera de même pour trouver ces angles & ces arcs dans tous les autres rayons.

Voici une table qui les fera connoître depuis celui qui tombe sur le 90ᵉ. degré moins une seconde, ou une tierce, jusques à celui qui tombe sur le quarante quatriéme degré comptant depuis A vers B.

TRAITE'

SECONDE TABLE.

Degr.		Arcs TC, & ID,				Ang. ʃ I d.	
90d.		7d.	12'	14d	24'	14d	24'
86		10	52	17	44	21	44
82		13	56	19	52	27	52
80		15	14	20	28	30	38
78		16	22	20	44	32	44
76		17	24	20	48	34	48
75		17	50	20	40	35	40
74		18	16	20	32	36	32
73		18		20	20	37	20
72		19		20		38	40
71		19	20	19	40	38	40
70		19	38	19	16	39	16
69		19	54	18	48	39	48
68		20	8	18	16	40	16
67		20	20	17	40	40	40
66		20	30	17		41	
65		20	38	16	16	41	16
64		20	46	15	32	41	32
63	30'	20	50	15	10	41	40
63		20	52	14	44	41	44
62	30	20	54	14	18	41	48
62		20	56	13	52	41	52
61	30	20	57	13	26	41	54
61		20	58	12	56	41	56
60	30	21		12	30	42	
60		21		12		42	
59	45	21	1	11	47	42	2
59	30	21	1	11	32	42	2
59	15	21	1	11	17	42	2
59		21	30	11	2	42	1
58	30	21		10	30	42	
58		21		10		42	
57	30	20	58	9	26	41	56
57		20	56	8	56	41	52
56		20	54	7	48	41	48
55		20	48	6	36	41	36
54		20	42	5	24	41	24
53		20	36	4	12	41	12
52		20	28	2	56	40	56
51		20	18	1	36	40	36
50		20	8		16	40	16

Arcs

	Arcs D η			Ang. f η d.	
49ᵈ.	19ᵈ.	58′	1ᵈ.	4′	39ᵈ. 56′
48	19	46	2	28	39 32
47	19	32	3	56	39 4
46	19	18	5	24	38 36
45	19	4	6	52	38 8
44	18	48	8	24	37 36

Ces choses étant supposées, il faut considérer qu'il y a deux conditions nécessaires pour faire qu'on voye des couleurs par les refractions des rayons du Soleil sur les goutes de la pluië.

La première, que les rayons qui tombent parallelles sur la goute d'eau, en ressortent parallelles, ou à peu près, afin que la lumiére ne se dissipe point par une trop grande divergence, & qu'elle puisse toucher les yeux assez fortement dans une distance considérable.

La seconde, que les parties extrêmes de la lumiére demeurent dans la même situation à l'égard de la convexité, & de la concavité des courbures en entrant & en sortant de la goute, comme il a été expliqué dans la douziéme figure; car autrement la lumiére perdroit ses couleurs par le septiéme Principe.

Or ces deux conditions ne se rencontrent bien que dans les rayons qui tombent depuis environ le 70e. degré jusques au 48ᵈ. 30′, (ces degrez se comptent de A vers B, & il faut l'entendre de même dans la suite.)

On prouve que les autres rayons ne sont pas propres pour faire des couleurs, par les raisons suivantes.

A. B C D dans la figure 35e. représente une goute de pluië; A s est un arc de 90ᵈ. moins 1″; le rayon R s se rompt en t, selon la seconde table, à sept degrez 12′. du point C; le rayon p q tombe sur le 76e. degré, & se rompt en x à 17ᵈ. 24′. du point C; s t se réfléchit en I à 14ᵈ. 24′. du point D, & q x en y à 20ᵈ. 48′ du même point D: donc ces deux rayons se coupent dans la première refraction, & dans la reflexion, x y se rompt en y d, & fait l'angle f y d (qui est f I d selon la seconde table) de 34ᵈ. 48′; le rayon t I se rompant en I d fait l'angle f I d, (qui est f I d dans la seconde table) de 14ᵈ 24′: donc ces rayons rompus font un angle de divergence de plus de vingt degrez, & R s t qui étoit dans la convexité de la première courbure du rayon solide R s p q, est dans la concavité de la seconde en I d. Les courbures des angles en entrant & en sortant de la goute sont aussi égales; car l'angle R s t est égal à l'angle t I d, & p q x est égal à x y d. Donc par le septiéme Principe la lumiére de ces rayons sera sans couleurs; & à cause de sa trop grande divergence, elle ne sera pas visible à une distance considérable.

On connoitra cette vérité par expérience, si l'œil est à un pié ou deux de distance d'une phiole ronde de verre pleine d'eau représentée par la même 35e. figure, pour recevoir le rayon I δ & quelques autres qui en sont fort proches: car il verra un petit rond de lumière sans couleurs vers la surface de la phiole auprès du point I, & lors qu'on recevra de même le rayon y d, on verra un semblable rond de lumière sans couleurs vers le point y; d'où il s'ensuit que ces rayons ne peuvent contribuer à l'Arc-en-ciel.

Les rayons qui tombent depuis le 45e. degré jusques auprès du point A, n'y peuvent aussi contribuer, parce que leurs refractions sont trop petites pour faire des couleurs sensibles, & que leurs rayons rompus I d sont trop divergens entre eux, pour conserver la force de leur lumière à une grande distance.

On connoitra par l'expérience de la petite phiole pleine d'eau, qu'ils doivent être sans couleurs, si dans la figure 36e. l'œil étant au point δ reçoit le rayon η δ, qu'on suppose venir du rayon qui tombe sur le 40e. degré; car ce rayon rompu η δ joint à quelques autres fort proches, fera paroître un petit rond de lumière sans couleurs dans la phiole, selon la direction δ η.

Mais si on suppose que le point K est à 59d. 30'. du point A, & le point O à 59d; K T, rayon rompu de m K, fera T C de 21d. 1'. par la seconde table: O T, rayon rompu de n O, fera aussi cét arc de 21d. 1'. Donc ils tomberont au même point qui est marqué T, en la 35e. figure.

Le rayon K T, se refléchissant en u, fera T u égal à T K, & T z rayon refléchi de O T, sera égal à O T, & le petit arc u z sera égal à O K; à cause de l'égalité des angles d'incidence & de reflexion: & d'autant que T K, T O, se doivent rompre réciproquement en K m, o n, qui sont parallelles, les rayons rompus de T u, & de T z, savoir u d, z d, seront aussi parallelles, & à même distance l'un de l'autre que m K, n o; ils seront aussi dans la même situation à l'égard de la convexité & de la concavité des courbures, comme on le voit en la figure; car la partie extrême m K est toujours dans la convexité.

La même chose arrivera aux rayons qui tomberont sur le 58d. 30'. & sur le 57d: car se rompant d'ordre ils ne se couperont point, ni dans leur refraction, ni dans la reflexion; & parce que leurs angles f I d diminuent toujours un peu, comme on le voit dans la seconde table, ils ne se couperont point aussi en leur seconde refraction, & ils conserveront tous de suite la même situation, à l'égard des extrémitez des courbures.   Donc par le quatriéme Principe, leur lumière sera colorée, & ils seront sensiblement parallelles, comme on le voit par la même table; car la divergence du deuxiéme rayon rompu de 57d. 30'. n'aura que quatre minutes de divergence avec celui de 58d. 30', & par conséquent ces rayons seront visibles à une grande distance, à cause de leur peu d'écart.

On

On voit donc par cette table, que depuis le 90ᵉ. degré jufques au 76ᵉ. inclus, les rayons rompus & les refléchis fe doivent couper dans le cercle; puis que leurs arcs T C & I D font les plus grands dans les moindres angles d'incidence.

On voit auſſi que le rayon qui tombe fur le 59ᵈ. 30′. eſt celui qui dans fa feconde refraction, fait à peu près le plus grand angle avec un rayon du Soleil, parallelle à celui qui paſſe par le centre de la goute : & ſi on le ſuppofe ainſi, il eſt évident qu'il fe dégage du refte de la lumiére & qu'il doit manifeſter fa couleur rouge, puis qu'il eſt dans la convexité des deux courbures à l'égard des rayons qui tombent fur des points moins éloignez du point A, & qu'à une diftance médiocre il doit être rencontré le premier par l'œil qui étant au deſſous des points y, I, u, s'avancera vers la lumiére colorée.

Quelques autres rayons qui fuivent immédiatement celui du 59ᵈ. 30′, comme celui du 59, font auſſi paroître du rouge, & quelques autres en fuite feront paroître les autres couleurs

Or, quoique le rayon I d du 59ᵈ. 30′. faſſe felon le calcul un angle de 42ᵈ. 2′. avec un rayon parallelle à E A C, & par conféquent avec celui qui du centre du Soleil paſſe par le centre de l'œil; & qu'y ajoutant 16 minutes pour la moitié du diamétre du Soleil, & 20 ou 25 minutes pour l'écart du rouge viſible, il devroit faire l'Angle de l'Arc-en-ciel intérieur, à l'égard de l'extrémité du rouge viſible, d'environ 42ᵈ. 40′: on l'obferve pourtant ordinairement d'une moindre grandeur.

Mᵣ. de la *Hire*, célébre Mathématicien, m'a dit avoir obfervé, que le Soleil étant à quatre ou cinq degrez d'élévation, tout le diamétre de l'Arc-en-ciel, depuis le rouge bien apparent de part & d'autre qui touchoit l'horifon, étoit de 82ᵈ, & par conféquent le demi diamétre n'étoit que de quarante-un degrez. Or ſi on y ajoute 7′. pour le refte du rouge qu'il ne pouvoit pas bien difcerner, & 7′. pour la différence entre la moitié de la foutendance horifontale, & le demi diamétre qui pouvoit être alors environ quatre degrez fous l'horifon; l'angle total pouvoit être de 41ᵈ. 14′. Mᵣ. *Defcartes* lui donne quarante-deux degrez.

Mᵣ. *Richer* l'a trouvé en l'Ile de *Cayenne* d'environ 42 degrez.

Toutes ces diverfitez m'ont fait penfer qu'il y a quelques caufes qui empêchent que cét angle ne fuive les régles du calcul. Voici les expériences que j'ai faites avec le même Mᵣ. de la *Hire*, pour les découvrir.

Nous fufpendîmes au haut d'un bâton une petite phiole pleine d'eau, d'environ un pouce de diamétre, très-ronde, & d'un verre très-fin & délié; & l'un de nous fe tenant à une diftance de deux ou trois piés de la phiole, recevoit dans l'œil le rayon rompu du Soleil, qui faifoit l'extrémité du rouge; & l'autre marquoit fur le pavé le point où répondoit le rayon viſuel dans lequel fe voyoit cette extrémité du rouge en droite ligne, & au même moment on marquoit le centre de l'ombre de

la

la petite phiole; & après avoir mesuré en l'air les côtez qui comprenoient cét angle, depuis la phiole jusques aux marques, & ensuite la distance de ces marques sur le pavé, nous trouvâmes par le calcul de la première observation, que l'angle de l'Arc-en-ciel étoit d'environ 42ᵈ. 40'.

Nous fimes une seconde observation environ une heure après, & nous trouvâmes cét angle de plus de 43ᵈ; & à la troisiéme observation, qui fut environ trois quarts d'heure après, nous le trouvâmes de plus de 43ᵈ. 30': sur quoi faisant reflexion, & sur ce qu'il ne l'avoit trouvé au Ciel que d'environ 41ᵈ. 14'; je jugeai que ces différences devoient proceder de la plus grande ou moindre densité de l'eau, & de la plus grande ou moindre rarefaction de l'air. Et parce que l'air qui est élevé à environ cinq-cens piés, est moins condensé que celui qui est près de la terre, d'environ $\frac{1}{66}$, suivant ce qui est dit dans l'Essai de Physique de la *Nature de l'Air*; & que les goutes de pluïe qui font le plus haut rouge de l'Arc-en-ciel, peuvent être à cette hauteur de 500 piés, & mêmes à une plus grande: il s'ensuit que, si la proportion de l'eau à l'air proche de la terre est comme de 4 à 3, à cette hauteur elle sera environ comme 4 à 3 moins $\frac{1}{66}$.

On trouvera par le calcul que le plus grand angle qui dans la refraction de 4 à 3 est de 42ᵈ. 2', ne sera que de 41 degrez à peu près dans l'autre proportion de 4 à 3 moins $\frac{1}{66}$; & si on y ajoute l'écart visible du rouge, & 16'. pour le demi diamétre du Soleil, tout l'angle ne sera que d'environ 41ᵈ. 35': Mais, parce que bien souvent la pluïe se fait de la neige fonduë, & que les goutes de la pluïe font alors très-froides à cette hauteur de 500 piés; cela doit faire la proportion de la refraction plus grande, & réduire cét angle à 41ᵈ. 12' ou 15'.

Pour éclaircir cette conjecture, je fis encore avec Mr. de la *Hire*, les expériences suivantes, avec la même petite phiole.

Dans la première observation elle étoit suspenduë, de même qu'aux précédentes; & nous trouvâmes par le calcul que l'angle du rouge n'étoit que d'environ 41 degrez 20'.

Nous fimes chauffer ensuite l'eau de la petite phiole en la tenant assez long-tems dans de l'eau presque toute bouillante, en sorte qu'après l'avoir retirée, on ne la pouvoit tenir à la main: Nous la suspendîmes comme aux observations précédentes, & nous trouvâmes alors que l'angle de l'extrémité du rouge étoit de 44ᵈ. 44', ce qui me fit connoître que les différences que nous avions remarquées dans nos trois premiéres observations, procedoient de ce que l'eau de la petite phiole étant exposée à un Soleil fort ardent, s'étoit échauffée peu à peu, & qu'ainsi sa proportion de l'air s'étoit diminuée peu à peu. Il faut donc que la proportion de refraction de l'eau à l'air, quand elle est fort chaude, soit à peu près comme de 4 à 3 plus $\frac{1}{27}$: car la supposant telle, on trouve que le rayon qui tombe sur le 60ᵈ. 30'. fait T C de 22ᵈ. 20', & qu'il y a

TAB. X.
Fig. 34.

quel-

quelque autre rayon qui peut faire cét arc de 22^d. 23′, & par conséquent l'angle f I d de 44^d. 46′; & lors qu'on trouve l'angle de l'Arc-en-ciel, de quarante un degrez seulement, il faut que la proportion de la refraction soit plus grande que de quatre à trois moins $\frac{1}{15}$, ce qui peut arriver par la grande froideur des goutes de la pluïe, & par une plus grande rarefaction de l'air dans les lieux élevez.

Ainsi, selon les différentes saisons, les différentes heures du jour, & les différents païs, l'angle de l'Arc-en-ciel peut changer, & même sa circonférence peut n'être pas d'un arc de cercle régulier, parce que la proportion de la refraction peut être différente, dans les différentes élévations des goutes de la pluïe.

J'ai trouvé par le calcul, que si la proportion de la refraction étoit comme de cinq à quatre, l'angle d'incidence de 90^d. moins 1″. feroit l'arc T C de 16^d. 16′; & celui de soixante-quatre degrez qui feroit le dernier des rayons qui se romproient d'ordre, feroit cét arc de 28^d. 28′, & feroit par conséquent l'angle de l'Arc-en-ciel de 56^d. 56′. savoir le double de 28^d. 28′.

J'ai aussi trouvé par le calcul, que s'il tomboit de petites boules de verre, l'Arc-en-ciel intérieur auroit son plus grand angle f I d de 22^d. 48′; le rayon qui tomberoit entre le 51e. & le 52e. degré en la figure 33e, & qui seroit le dernier de ceux qui se romproient d'ordre, feroit cét angle de 22^d. 48′. avec un rayon parallelle à E A C, & ce rayon feroit T C de 11^d. 24′. supposant la proportion de la refraction du verre à l'air, comme de trois à deux; mais si la refraction de l'eau à l'air étoit comme de quatre à trois & $\frac{1}{11}$, l'angle f I d seroit d'environ quarante-cinq degrez quelques minutes, & il seroit fait par le rayon qui tomberoit sur le 61e. degré à peu près, qui seroit le dernier de ceux qui se romproient d'ordre en leur premiére refraction.

On fait aisément le calcul de cette proportion en multipliant le sinus de l'angle d'incidence par 3$\frac{1}{11}$, & divisant le produit par 4. Ainsi multipliant 86602 sinus de 60^d. par 3$\frac{1}{11}$, le produit est 263742 à peu près, & le divisant par 4 on aura 65935 sinus de 41^d. 15′, qui étant ôté de 60^d, reste 18^d. 45′, pour l'angle de refraction, par le moyen duquel on achéve le reste du calcul, comme en la premiére table.

Mais, parce qu'en supposant la refraction de 4 à 3, le calcul est plus aisé, on peut le faire sur ce pié là; mais il faudra diminuer les angles f I d selon qu'on jugera que la proportion de la refraction sera plus ou moins grande.

Je me sers donc de la seconde table, comme si elle étoit juste, & pour connoître qu'elle doit être la largeur de l'Arc-en-ciel intérieur, & l'ordre des couleurs, je fais le raisonnement suivant.

Les rayons du centre du Soleil qui tombent sur les goutes d'eau depuis le 59^d. 30′, que je suppose être le dernier de ceux qui se rompent d'ordre, jusqu'au 55, ne s'écartent l'un de l'autre que d'environ 26 minutes après la seconde refraction, & conservent leur même situation. Or si tout le reste de la goute étoit couvert, la lumiére qui passeroit par cette ouverture de quatre degrez & demi de largeur, feroit des couleurs par le quatriéme Principe, & leur écart selon les loix ordinaires de la refraction ne seroit que de 26', si elles venoient seulement du centre du Soleil; mais y ajoutant 32 minutes pour la largeur du Soleil, & environ un degré pour les écarts du violet d'un côté & du rouge de l'autre, tout l'écart seroit de deux degrez. D'où je conclus, que lors que la largeur de l'Arc-en-ciel intérieur est d'environ deux degrez, ses couleurs peuvent être produites par la lumiére qui tombe sur cét arc de de quatre degrez & demi, avec le même ordre qui a été expliqué dans la figure dix-septiéme.

Mais suivant la seconde table, les rayons qui tombent depuis le 59e. degré 30', jusques au 63e. degré 30', ne font à peu près que le même écart de 26 minutes, & par conséquent leur lumiére doit être mêlée avec celle des rayons depuis le 59e. degré 30', jusqu'au 55e. degré, & elle la doit fortifier: Le rouge sera extérieur aux autres couleurs, parce que les rayons qui le produisent, font les plus grands angles $f\,I\,d$; mais si on compte le rouge, le jaune, le verd, & le bleu, pour les quatre couleurs supérieures, la couleur qui est la cinquiéme en ordre n'est pas violette comme celle que les prismes de verre font paroître, mais d'un rouge de pourpre; ce qui est assez difficile à expliquer: Voici mes conjectures.

Tous les rayons depuis le 76e. degré jusques au 50e, & au delà, conservent leurs situations en entrant & en sortant de la goute: car leurs arcs I D diminuent toujours; par exemple, l'arc I D du 65e. degré est de 16ᵈ. 16', & celui du 56e. est de 7ᵈ. 48': mais leurs arcs $f\,I\,d$ augmentent; D'où il suit que le rayon I d du 65e. degré doit être rouge à l'égard du rayon I d du 56e. degré, & qu'il le doit couper à une certaine distance de la goute.

Si donc on suppose que le rayon I d 3 en la figure 34e (Tab. X.) vient du 56e. degré, & que le rayon $h\,d$ 2 vient du 65e, & qu'ils se coupent comme au point d; le rayon $h\,d$ 2 conservera sa couleur rouge au delà du point d, & si le rayon I d du 56e. degré contribuë à faire la couleur violette, qui est la 5e. en ordre, son écart s'étendra comme de I 3 en I 2, & l'écart du rouge du rayon $h\,d$ 2 qui vient du rayon du 65e. degré, ira comme en h 3: Ces écarts se mêleront entre les points 2 & 3, & feront par leur mélange une couleur de pourpre semblable à celle qui paroît dans les traverses des chassis, quand on les regarde à travers un prisme équilateral, dans une distance de 12 ou 15 piés; comme il a été montré dans l'explication de la 5e. apparence.

D'où il s'ensuit qu'on ne doit point voir de violet au dessous du verd & du bleu, mais un rouge de pourpre, comme on le remarque toujours.

Ces

Ces cinq couleurs, favoir le rouge, le jaune, le verd, le bleu, & le rouge de pourpre, qui font une largeur d'environ deux degrez quand les couleurs font très-vives, comme je l'ai obfervé plufieurs fois, paroiffent feules quand le Soleil luit foiblement fur les goutes de la pluïe ; & alors leur largeur n'eft que d'environ un degré 50 minutes. Mais quand les goutes font fortement illuminées, & que la nuée où fe fait la pluïe eft trés-noire, on voit ordinairement trois rangs de couleurs : favoir, un premier rang de rouge, de jaune, de verd, & de bleu ; un fecond rang de pourpre, de jaune, de verd, & de bleu ; & un troifiéme femblable au fecond, mais qui a fes couleurs beaucoup plus foibles.

Il ne paroitra que deux rangs, fi la nuée eft un peu moins noire, & que les goutes de la pluïe foient un peu moins illuminées. Quand le troifiéme rang paroît, la largeur de toutes les couleurs enfemble eft de plus de trois degrez ; les rayons qui les produifent, tombent fur l'arc A B, depuis le 69e. degré jufques au 48e., à peu près ; & il fe fait un mélange du rouge de quelques rayons qui viennent d'entre le 69e. degré & le 65e, avec le violet de quelques rayons qui viennent d'entre le 55e. degré & le 50e.

Pour mieux comprendre comme fe font ces 3 rangs de couleurs, ayez une phiole de verre, bien ronde, de trois à quatre pouces de diamétre. Elle eft repréfentée dans la figure 36e. $a b$ eft le diamétre du Soleil ; N o eft le rayon du 59e. degré 30′, qui fe rompt en o T, fe réfléchit en T I, & fait fa feconde refraction en I d.

P q tombe fur le 86e. degré, fe rompt en $q t$, fe refléchit en $t y$, & fait fa feconde refraction en $y d$: $g h$ tombe fur le 40e. degré, fe rompt en $h x$, fe refléchit en $x n$ au delà du point D, & fait fa feconde refraction en $n d$, coupant enfuite le rayon $y d$; ce qui doit arriver, puis que l'angle $f y d$ eft moindre que l'angle $f n d$, celui-ci étant de 35d. 26′, & $f y d$ de 21d. 44′. Si donc l'œil eft au point d dans la ligne I d, il verra dans la direction de cette ligne, la premier rouge fort éclatant qui vient du rayon N o ; & s'il s'avance vers $y d$, lors qu'il fera en l'interfection des rayons $y d$ & $n d$, comme au point d, il verra une lumiére dans la phiole felon la ligne $d n$ continuée, & une autre felon la ligne $d y$. Ces deux lumiéres font repréfentées par les deux ronds $n c$ & K l : la premiére eft produite par le rayon $g h$, & par quelques autres qui tombent deça & delà à quelques minutes de diftance ; & la feconde, par le rayon P q & par quelques autres qui tombent de deça & delà, à pareil nombre de minutes de diftance à peu près. Ces deux ronds de lumiére, qui font comme des images du Soleil, feront fans couleurs fenfibles : le rond l K paroitra comme un petit point blanc, par les raifons qui ont été dites en l'explication de la figure 35e, à l'égard des rayons R s, $p q$: l'autre rond $n c$ fera auffi fans couleurs fenfibles à caufe du peu d'obliquité du rayon $g h$. Que fi l'œil eft fitué entre les deux

K k

rayons

rayons I *d* & *η δ* comme au point 2, il ne verra pas ces deux ronds; mais il en verra deux autres qui feront colorez, favoir *r e* & *i m*: Le rond *r e* aura fon rouge vers *r*, & le rond *i m* par un ordre renverfé l'aura en *m*: On verra mieux les couleurs de ces ronds de lumiére, fi on ferme l'œil à demi.

Il paroitra de femblables lumiéres, fi au lieu de celle du Soleil, on reçoit pendant la nuit, celle de la flamme d'une chandelle fur la petite phiole: car on y verra deux petites images de la flamme de la chandelle, qui feront fans couleurs en K *l* & en *n e*; mais l'œil étant comme au point 2, elles paroitront en *r e* & *i m* avec des couleurs.

Pour expliquer ces apparences, qui peuvent fervir à expliquer les rangs différens de couleurs qui paroiffent dans l'Arc-en-ciel intérieur, il faut remarquer que fuivant ce qui a été dit en l'explication de la figure 9e, les rayons qui procédent du point *a*, qui eft l'extrémité du diamétre du Soleil, étant les plus obliques, doivent produire le rouge & le jaune; & que ceux qui viennent du point *b*, étant les moins obliques, doivent produire le bleu & le violet. Or les rayons les plus obliques de ceux qui tombent entre le point *o* & le point B, ont toujours l'arc T C & l'angle *f* I *d* plus petits; & les plus obliques de ceux qui tombent entre *o* & A, ont toujours cét arc T C & cét angle *f* I *d* plus grands, comme on le voit par la feconde table & par la figure 34e. D'où il arrive, que les rayons qui viennent du point *a*, dont l'incidence eft plus oblique pour venir à l'œil en *δ*, que ceux du point *b*, font vûs fous un moindre angle vers *y*, & fous un plus grand vers *η*; & par conféquent le point *a* fera repréfenté dans le rond K *l* par le point K, & le point *b* par le point *l*; mais dans le rond *n e* le point *a* fera repréfenté par *e*, & le point *b* par *n*. Par les mêmes raifons le point *a* fera repréfenté dans le rond *r e* par le point *r*, & dans le rond *i m* par le point *m*; & par conféquent les points *m* & *r* feront rouges, & les points *i* & *e* feront violets: mais pour voir ces deux ronds intérieurs, il faut que l'œil foit entre *δ* & *d* comme au point 2.

On peut confirmer cette démonftration par l'expérience fuivante.

Difpofez deux chandelles à cinq ou fix pouces l'une de l'autre, en forte que la flamme de l'une foit plus haute que celle de l'autre de quatre ou cinq pouces & un peu plus éloignée de la phiole; & fuppofez que leur diftance repréfente la diftance des points *a* & *b*, & que celle qui eft la plus éloignée foit le point *b*, & l'autre le point *a*. Recevez leurs lumiéres fur la phiole comme vous aurez fait celle du Soleil; vous verrez paroître quatre flammes de chandelle: couvrez la flamme de la chandelle qui eft la plus baffe, en forte qu'elle ne luife plus fur la phiole; vous verrez difparoître les deux lumiéres intérieures *r e* & *i m*: d'où vous jugerez, que, fi les deux ronds K *l* & *r e* repréfentent les extrémitez *a* & *b* du diamétre *a b*, le rond *r e* fera celui qui repréfentera le point *b*, & le rond K *l* le point *a*; & que des deux ronds *i m* & *n e*, qui repréfentent les mêmes points *a* & *b*, le rond *n c* repréſentera le point *a*, & le rond *i m* le point *b* : d'où il s'enſuit, que les images du Soleil qui paroiſſent vers le milieu de la phiole comme en *i m*, ont leur point *a* en *m*, & qu'il y doit paroître du rouge ; & que celles qui paroiſſent de l'autre part, comme en *r e*, ont leur même point *a* en *r*, & qu'il doit paroître du rouge vers ce point *r*.

Dans les grandes diſtances, on ne voit pas en une même goute les deux ronds *r e* & *i m*, parce que leurs rayons ſe coupent aſſez près de la goute, & font enſuite une divergence.   Il faut donc conſidérer ſeulement les différences de leurs arcs *f* I *d*. TAB. XI.
Fig. 36,

Or, ſi on conçoit pluſieurs goutes de pluïe élevées dans l'air l'une ſur l'autre, le rayon I *d* produit par le rayon N *o*, viendra à l'œil d'une goute plus élevée que celle qui lui envoyera le rayon *m* 2, puis que le rayon rompu I *d* fait un plus grand angle *f* I *d*.

Par la même raiſon, le rayon *m* 2 viendra à l'œil d'une goute plus élevée que celle d'où viendra le rayon *r* 2 ; & ainſi de ſuite. D'où il arrivera, que l'œil ayant reçû les rayons qui font le rang ſupérieur de rouge, de jaune, de verd, & de bleu, verra au deſſous immédiatement les couleurs du deuxiéme rang, qui procédent du petit rond *i m*, & qui font de plus petits angles *f* I *d* : Et par conſéquent l'extrémité intérieure du violet du premier rang, qui fait auſſi un plus petit angle *f* I *d* que les écarts qui font le bleu du même rang, ſe mélera avec l'extrémité de l'écart rouge du deuxiéme rang ; & il ſe fera par leur mélange une couleur de pourpre, qui paroîtra au deſſous de la bande de bleu du premier rang.

Mais, parce qu'à meſure qu'on avance l'œil de *d* vers *f*, les deux petits ronds s'éloignent l'un de l'autre dans la phiole, & qu'ils s'approchent quand l'œil s'avance de l'autre côté ; il doit arriver néceſſairement, que s'il y a pluſieurs goutes ſituées de ſuite près à près perpendiculairement au deſſous de celles qui font le premier rang de couleurs, on ne verra pas ces petits ronds en même ſituation dans chacune d'elles, & que leurs rayons rouges feront des angles *f* I *d* différens ; ce qui doit faire encore d'autres rangs & d'autres mélanges de couleurs.

On peut comprendre la néceſſité de cette pluralité de rangs par le raiſonnement ſuivant.

Les arcs *q* S & *y* I par où paſſe le rayon R S *p q*, ne ſont pas diſpoſez à l'égard l'un de l'autre comme les arcs K *o*, *u z*, &, on peut conſidérer ces arcs comme des lignes plus ou moins inclinées l'une à l'autre. TAB. XI.
Fig. 35.

La lumiére du Soleil paſſant à travers un verre taillé à pluſieurs facettes diverſement inclinées, fait paroître en pluſieurs endroits ſur les ſurfaces qui lui ſont oppoſées, de petits ronds ou de petites ovales de lumiére, qui ſont comme des images du Soleil ; quelques-unes de ces lumiéres ont des couleurs, & les autres n'en ont point, comme il a été expliqué en la 9e. Apparence.

K k 2

On

On peut donc concevoir de même, que le rayon folide R S *p q*, paſſant à travers l'arc S *q* dans la 35ᵉ. figure, & enſuite à travers l'arc *y* I, doit faire paroître au delà de la goute une image du Soleil ronde ou ovale; & qu'un autre rayon folide comme *m* K *n o* paſſant à travers l'arc *o* K & enſuite à travers l'arc *u z*, doit faire auſſi paroître une autre image du Soleil, ronde ou ovale; & que la même choſe doit arriver en pluſieurs autres endroits du quart de cercle A B & du quart de cercle C D; mais avec cette différence, que les facettes du verre quoique contiguës, font féparer les lumiéres ou images du Soleil, & que les furfaces courbes de la goute d'eau qui font contiguës, lient enfemble ces lumiéres.

On peut donc concevoir qu'un rayon folide ayant paſſé à travers un arc compris entre le 59ᵈ. 30'. & le 55ᵈ. du quart de cercle A B, & enſuite à travers un arc compris entre le 11ᵈ. 32'. en comptant de D vers C, & le 6ᵈ. 36', comme la feconde table le fait voir, doit faire une lumiére colorée, de rouge, de jaune, de verd, de bleu, & de violet, femblable à celle que les prifmes de verre font paroître, ainfi qu'il a été prouvé; & qu'un autre rayon folide paſſant à travers l'arc compris entre le 55ᵉ. degré & le 52ᵉ. du quart de cercle A B, & enſuite par l'arc compris entre le 6ᵉ. 36'. comptant de D vers C & le 2ᵈ. 56', doit faire une autre lumiére colorée: le milieu du verd de cette feconde lumiére, doit s'écarter du milieu du verd de la première, d'environ 40', mais elle doit joindre fon écart rouge, avec l'écart violet de l'autre; parce que le rouge de cette feconde lumiére ou image du Soleil, doit s'écarter du côté de la convexité de fa courbure vers le violet de la première; & le violet de la première doit s'écarter du côté de fa concavité, vers le violet de la feconde, par le 2ᵉ. Principe. Le même mélange peut encore fe faire à l'égard du violet du fecond rang & du rouge d'un troifiéme rang, qui peut venir d'un troifiéme rayon folide paſſant entre le 52ᵉ. degré & le 49ᵉ. 48'. du quart de cercle A B; & enſuite entre le point D & le 2ᵉ. degré 56', de D vers C; & ainfi de fuite, jufques à ce que les rayons ne foient plus difpofez à faire des couleurs, & qu'ils s'écartent trop pour être vifibles à une grande diftance, comme il a été prouvé.

Pour bien comprendre l'ordre des couleurs de l'Arc-en-ciel intérieur: Voyez la figure 38ᵉ. Tab. XI.

A, B, C, font trois goutes de pluïe de chacune defquelles fortent trois rayons: favoir, celui qui fait le rouge qui eſt au deſſous des deux autres, dans la convexité de la courbure, & qui vient du 59ᵈ. 30'; celui que fait le verd; & celui que fait le violet.

A *a*, B *a*, C *a*, font les rayons qui font le rouge. A *b*, B *b*, C *b* font le verd. A *c*, B *c*, C *c*, font le violet. L'œil qui eſt fuppofé être en *d*, reçoit le rayon rouge A *a d* de la goute A, & les deux autres rayons paſſent plus haut. Le même œil en *d* reçoit le rayon B *b d* qui fait le verd, & ne reçoit ni B *a* ni B *c*; il reçoit auſſi le rayon C *c d* qui

fait

fait le violet, & les rayons C *b*, C *a*, paffent au deffous : d'où il s'enfuit qu'il verra du rouge felon la ligne *d a* A; du verd, felon la ligne
d b B; & du violet, felon la ligne *d e* C.

Si on entend qu'à une grande diftance il y ait plufieurs autres goûtes
entre ces 3, on jugera aifément qu'elles feront voir du jaune entre A & B,
& du bleu entre B & C, & même des nuances de jaune orangé, de jaune verdâtre, de verd bleuâtre, &c; & que s'il y en a d'autres au deffous de C, elles feront paroître les couleurs des autres rangs, felon que
les rayons rompus qui en fortiront, feront les angles *f* L *d* moindres ou
plus grands.

Les différens éloignemens des goutes de pluïe jufques à l'œil, doivent un peu changer le mélange & les nuances des couleurs par les différentes interfections des rayons qui viennent depuis environ le 70e. degré jufques au 59e. 30', & de ceux qui viennent depuis le 59e. 30'. jufques au 47e. à peu près, qui font toutes les couleurs vifibles.

On en peut remarquer jufques à quatre rangs, dans l'expérience de
l'eau qu'on fouffle en haut en petites goutelettes dans une chambre expofée au Soleil ; particuliérement fi l'eau eft très-claire, & que la paroi oppofée aux fenêtres foit tenduë de noir.

J'ai vû plufieurs fois très-diftinctement trois rangs de couleurs dans
l'Arc-en-ciel intérieur ; mais je n'ai remarqué qu'une feule fois un 4e.
rang. Ce 4e. rang avoit bien moins de largeur que le rang fupérieur :
fes couleurs étoient femblables à celles du 3e. rang, mais elles étoient
plus foibles : il fe terminoit en un verd bleuâtre, & toutes les couleurs
enfemble au deffous du rouge de pourpre fupérieur, me paroiffoient a-
voir moins de largeur que le premier rang, y compris le rouge de pourpre.

EXPLICATION DE L'ARC-EN-CIEL
EXTÉRIEUR.

L'Arc-en-ciel extérieur fe fait par les rayons du Soleil qui viennent à
l'œil après deux refractions & deux reflexions dans une même goute de pluïe en la maniére fuivante.

A B C D dans la figure 37e, repréfente une goute de pluïe : *b* A *e* C
eft un rayon du centre du Soleil, paffant par le centre *e* : *b* F eft un rayon
parallelle à *b* A C; fon premier rayon rompu eft F T, qui fe refléchit
en T I, & enfuite en I L, d'où il fait une feconde refraction en L O.

On ne confidére point ici les refractions qui fe font aux points T &
I vers le dehors de la goute. I D eft égale à D K; I L N eft une ligne droite; M L & *m s* font parallelles à *b* A C.

Or, s'il y a quelque autre rayon parallelle à *b* F, comme *b* P, qui
après deux refractions & deux reflexions faffe fon fecond rayon rompu

TAB. XI.
Fig. 37.

S V

S V parallelle à L O, & que ces rayons *b* F, *b* P, ne changent point leurs situations en entrant & en sortant de la goute ; la lumiére comprise entre ces deux rayons pourra produire des couleurs visibles, comme il a été prouvé dans l'explication de l'Arc-en-ciel intérieur.

Ces deux conditions se rencontreront dans quelques rayons qui tombent au delà du 60e. degré, comptant depuis A vers B, savoir dans ceux qui n'étant différens que d'environ un degré, feront leurs premiers rayons refléchis dans la goute parallelles entre eux ; ce qui se prouve ainsi.

Soient *b* F & *b* P deux rayons parallelles peu éloignez l'un de l'autre, & tombant au delà du 60e. degré ; ils se couperont en leur premiére refraction, par ce qui a été dit en la 33e. figure. Soient F T & P *q* leurs premiers rayons rompus. Je dis, que si leurs premiers rayons refléchis T I & *q* R sont parallelles, leurs seconds rayons rompus L O & S V seront aussi parallelles entre eux, & qu'ils conserveront leurs situations : Car, puis que ces rayons T I & *q* R sont parallelles, ils se refléchiront en I L & en R S, de la même maniére qu'ils se refléchiroient réciproquement en T F & *q* P ; & ces seconds rayons refléchis I L & R S se couperont de même que T F & P *q*. Donc les incidences en L & S seront semblables aux incidences en F & P, chacune à la sienne, tout étant égal de part & d'autre ; & par conséquent les refractions I L O & R S V seront égales aux refractions T F *b* & *q* P *b*. Mais les rayons F *b* & P *b* sont parallelles. Donc les rayons L O & S V seront aussi parallelles, & feront des angles égaux avec M L & *m* S, qu'on suppose parallelles à *b* A C : Et puis que ces rayons se coupent deux fois dans la goute, il faut nécessairement que le rayon *b* P, qui est dans la convexité de la courbure en entrant, y soit aussi en S V. Il est encore manifeste, que les arcs F P & S L sont égaux, puis que les arcs *q* T & R I sont égaux ; & par cette raison les rayons L O, S V, seront à la même distance l'un de l'autre, que les rayons *b* F, *b* P.

Pour connoître s'il y a de tels rayons, on en fera le calcul comme en la table suivante.

Je prens pour exemple le rayon qui tombe sur le 72e. degré, que je suppose être *b* F.

Le sinus de 72d. est 95105 ; 71329 en est les trois quarts ; ce nombre est le sinus de 45d. 30' ; la différence de 72d. & de 45d. 30'. est 26d. 30'. pour l'angle de refraction G F T.

TROI-

TROISIÉME TABLE.

Calcul du 72ᵉ. degré.

Angle	GFT	26ᵈ.	30'.
Arcs	GT	53.	
	BG	18.	
	BT	71.	
	TC	19.	
	FT	89.	
	TI	89.	
	CI	70.	
	ID	20.	
	IK	40.	
	IL	89.	
	KL	49.	
Angles	LIK	24.	30.
	NLO	26.	30.
	MLO	51.	
Arcs	DL	69.	
	LA	21.	

On trouvera par un femblable calcul que le rayon *b* P tombant fur le 73ᵉ. degré, faifant fon premier rayon rompu P *q*, fera l'arc P *q* de 88ᵈ. 20', & l'arc *q* C de 18ᵈ. 40'. D'où il s'enfuit que le premier rayon refléchi de *b* F, qui fait l'arc T I de 89ᵈ, paffera le rayon refléchi *q* R, de 20' de part & d'autre; c'eft-à-dire, que les petits arcs T *q* & R I feront chacun de 20': & par conféquent ces deux rayons refléchis feront parallelles, & par la démonftration précédente, les feconds rayons rompus L O & S V, qui font les angles M L O & *m* S V chacun de 51 degrez, feront auffi parallelles.

On voit auffi par le même calcul, & par l'infpection de la figure, que ces rayons font dans la même fituation en entrant & en fortant de la goute, & qu'ils font également diftans, puis que l'Arc L A eft de 21ᵈ. & l'arc S A de 22ᵈ. D'où l'on voit évidemment que ces rayons doivent être colorez & conferver la vivacité de leurs couleurs jufques à une grande diftance : il eft vrai, qu'elles doivent être plus foibles que celles de l'Arc-en-ciel intérieur, parce que les rayons I *d*, qui font l'Arc-en-ciel intérieur, ne font affoiblis que par deux reflexions & une refraction, & le rayon L O eft affoibli par deux reflexions & par deux refractions.

Pour connoître quels font les autres rayons qui peuvent contribuer à cét Arc-en-ciel, j'ai calculé les angles M L O, & les arcs L A pour

tous

264 TRAITÉ

tous les degrez, depuis le 90ᵈ. jusques aux 58ᵉ. Ces angles & ces arcs servent à déterminer la hauteur de cét Arc-en-ciel, & les rayons qui le produisent, de même que les angles *f* I *d*, & les arcs TC & ID, servent à déterminer l'Arc-en-ciel intérieur.

QUATRIÉME TABLE.
POUR L'ARC-EN-CIEL EXTÉRIEUR.

Degrez.		Arcs L A.		Ang. M L O.	
90ᵈ.		21ᵈ.	36′	68ᵈ	24′
86		24	36	61	24
82		25	48	56	12
80		26	12	53	48
79		25	30	53	30
78		25	6	52	54
77		24	42	52	18
76		24	12	51	48
75		23	30	51	30
74		22	48	51	12
73	30′.	22	24	51	6
73		22		51	
72		21	50	51	
72		21		51	
71		20		51	
70	30	19	24	51	4
70		18	54	51	6
69	30	18	18	51	12
69		17	42	51	18
68		16	24	51	36
67		14	54	52	
66		13	30	52	30
65		12	6	53	6
64		10	18	53	42
63		8	36	54	24
62		6	48	55	12
61		4	54	56	6
60		3		57	
59		1		58	
		arc A λ			
50		1		59	

On voit par cette table. 1°. Que les rayons depuis le 71 . jusques au 73ᵉ. font les angles M L O de 51 degrez, qui sont les moindres de tous.
2°. Que

2°. Que leurs seconds rayons rompus L O font parallelles, ou du moins sensiblement parallelles. 3°. Que depuis le 71^d. jusques au 68e, & depuis le 73e. jusques au 75e, ces rayons L O font peu divergens entr'eux, étant pris de degré en degré. 4°. Que de même que dans le premier Arc-en-ciel, il y a un rayon comme celui du 59e. degré 30', qui fait le plus grand angle f I d; & que plusieurs autres deçà & delà pris alternativement de deux en deux, font leur première refraction sur un même point T de la goute: ainsi dans le second Arc-en-ciel, il y a un rayon comme celui qui tombe sur le 72e. degré, qui fait le plus petit angle M L O; & qu'il y en a deçà & delà, qui pris de deux en deux font leurs premiers rayons refléchis, parallelles entre eux, & en suite leurs seconds rayons rompus. D'où l'on conclut, que si le rayon I d du 59e. degré 30', qui fait le plus grand angle f I d, fait l'extrémité du rouge du premier Arc-en-ciel; aussi le rayon L O du 72e. degré, qu'on suppose faire le plus petit angle M L O, fera l'extrémité du rouge du second Arc-en-ciel.

On trouvera par le calcul quels seront les autres rayons qui feront leurs premiers rayons refléchis parallelles. Par exemple, pour savoir quel sera le rayon qui fera le parallellisme avec le 70e. degré, je prens le 74e, & je considére les arcs F T & T C du 70e. & du 74e. degré; je trouve que la différence de leurs arcs F T ou T I est 2 degrez 38', & que celle de leurs arcs T C est 1^d. 22', qui est plus de la moitié de 2^d. 38', & elle devroit être égale à cette moitié pour faire le parallellisme des premiers rayons refléchis; je prens donc un moindre degré que 74. (si la différence des arcs T C étoit moindre que la moitié de la différence des arcs F T, il faudroit prendre un plus grand degré que 74.) Je prens donc 73^d. 45', & je trouve que son arc F T est de 87^d. 52', & son arc T C de 18^d. 23'; je trouve aussi que l'arc F T du 70e. degré est 90^d. 22', & que son arc T C est de 19^d. 38'; la différence de 90^d. 22', & de 87^d. 52', est de 2^d. 30', dont la moitié 1^d. 15'. est égale à la différence de 18^d. 23', & de 19^d. 38'; par où je connois que les rayons qui tombent sur le 70^d. & sur le 73^d. 45', font leurs rayons T I parallelles, & en suite leurs rayons L O.

Que si on objecte que le calcul des sinus n'est pas entiérement exact, & que ces rayons T I ne font pas précisément parallelles; on répond qu'il y en aura toujours quelques-uns deçà & delà de celui qui fait l'angle M L O le moindre de tous, qui feront leurs rayons T I parallelles, & que si le 73^d. 45'. ne le fait pas précisément avec le 70e. degré, il le fera avec quelque autre plus grand ou moindre de quelques minutes, secondes, tierces, &c. du moins la différence en sera insensible; ce qui suffit pour faire les couleurs assez fortes.

On voit encore par cette table, que les rayons depuis le 90e. degré jusques au 79e. ne peuvent faire voir de couleurs, puis que leurs angles M L O diminuent de suite, & que leurs arcs L A augmentent: & par cette raison le rayon du 86e. degré fera son rayon rompu L O

L l

intérieur au rayon L O du 82e. & ne le coupera point; au lieu qu'en entrant dans la goute, il lui étoit extérieur, c'est-à-dire dans la convexité, ce qui détruit les couleurs par le septiéme Principe.

La lumiére de ces rayons est aussi trop foible pour être apperçuë de loin, à cause de leur trop grand écart, qui est de plus de cinq degrez.

Les rayons depuis le 59e. 30′. jusques au 50e. & au dessous, ne peuvent aussi contribuer à cét Arc-en-ciel, à cause du trop grand écart de leurs rayons L O, qui est d'un degré entier entre ceux qui viennent du 59e. degré & du 58e, & de plus d'un degré entre ceux du 58e. & du 57e, &c.

On le connoitra par expérience, si on fait tomber un rayon solide de deux ou trois lignes d'épaisseur sur une phiole de verre vers le 59e. degré à peu près. Car, si cette phiole représentée par la figure 37e. est de deux ou trois pouces de diamétre, & qu'elle soit bien ronde & remplie d'eau fort claire, lors qu'on recevra le second rayon rompu I d, qui est celui qui fait l'Arc-en-ciel intérieur, sur du papier blanc, à deux ou trois piés de distance de la phiole, on verra des couleurs-très-vives; mais si on reçoit de même en V O le rayon rompu L O, venant du 59d. 30′, on ne verra que des couleurs très-foibles, & qui se dissiperoient à une grande distance. Au contraire, si on fait tomber le même rayon solide vers le 72d. degré sur la phiole, on ne verra que de foibles couleurs dans le rayon rompu I d, & on en verra de fort belles dans le rayon L O, si on met le papier en V O. Ce qui fait voir évidemment, que les rayons qui tombent vers le 72e. degré, produisent le second Arc-en-ciel.

On ne voit qu'un rang de couleurs dans cét Arc-en-ciel, savoir du rouge, du jaune, du verd, du bleu, & du rouge de pourpre; parce qu'encore qu'il s'y en pût faire d'autres, on ne les verroit point à cause de l'affoiblissement de la lumiére qui se fait par la refraction aux points R & I où se fait la seconde reflexion.

Quand on ne voit qu'un rang de couleurs dans l'Arc-en-ciel intérieur, on ne voit point la bande de pourpre dans l'Arc-en-ciel extérieur; & quand on voit en celui-ci la bande de pourpre, on peut voir deux ou trois rangs de couleurs dans l'autre.

On pourra expliquer la couleur de pourpre & les autres couleurs de cét Arc-en-ciel extérieur, comme on les a expliquées à l'égard de l'intérieur.

Pour avoir l'angle que l'extrémité du rouge de l'Arc-en-ciel extérieur fait avec le rayon du centre du Soleil qui tend à l'œil, il faut ôter de l'angle M L O de 51 degrez, 16 minutes pour le demi diamétre du Soleil, & environ 32 minutes pour l'écart du rouge qui doit être plus grand que dans l'Arc-en-ciel intérieur, parce que l'incidence sur le 72e. degré est plus oblique que sur le 59e. 30′; & par ce moyen on verra cette extrémité sous un angle de 50 degrez 12′. à peu près.

J'ai

J'ai trouvé par le calcul, que fi la proportion de la refraction de l'eau étoit comme de quatre à trois & $\frac{1}{11}$, l'angle M L O du 72ᵉ. degré feroit de 45ᵈ. 36′; & que s'il tomboit de petites boules de verre, l'extrémité du rouge paroîtroit fous un angle de plus de 80 degrez.

Lors que les oifeaux font fort élevez dans l'air, ils peuvent voir des couronnes entiéres au lieu de ces arcs : mais quand nous fommes fur de hautes tours ou fur de hautes montagnes, nous ne pouvons voir le refte de ces couronnes, parce que l'ombre que font les tours & les montagnes, tombent fur les goutes les plus baſſes qui doivent achever les couronnes.

Pour connoître l'ordre & la fituation des couleurs de l'Arc-en-ciel extérieur, confidérez la figure 38ᵉ.

E, F, G, font 3 goutes de pluïe, de chacune defquelles fortent 3 rayons; le plus haut eſt rouge, celui du milieu eſt verd, & le plus bas eſt de couleur de pourpre.

E *g*, F *g*, G *g*, font trois rayons parallelles qui font le rouge.

E *f*, F *f*, G *f*, font le verd ; & E *e*, F *e*, G *e*, font la couleur de pourpre.

L'œil étant au point *d* reçoit le rayon rouge G *g d*, qui vient du 72ᵉ. degré, & ne reçoit pas les deux autres; il reçoit le rayon verd E *f d*, & ne reçoit ni F *g* ni F *e*; il reçoit auſſi E *e d* qui fait la couleur de pourpre, & les rayons E *g*, E *f*, paſſent plus haut; & par ce moyen il doit voir le rouge au deſſous des autres couleurs, le verd au milieu, & la couleur de pourpre au deſſus. Que fi la ligne *d h* repréfente la continuation d'un rayon du centre du Soleil, & que l'angle *h d* A foit d'environ 4ᵈ. 20′, & l'angle *h d* G d'environ 50 degrez 12′; l'angle G *d* A, qui fera à peu près de 8 degrez 50′, fera connoître la différence des élévations de ces deux Arcs-en-ciel.

Je ne dois pas oublier ici de dire, qu'on voit quelquefois des Arcs-en-ciel fans couleurs : Ils fe font dans les brouillards, comme les autres fe font dans la pluïe.

J'en ai vû à trois diverfes fois; la derniére fois j'en vis deux de fuite en moins d'une demi heure. C'étoit au mois de Septembre; il avoit fait un grand brouillard au lever du Soleil; Une heure après, le brouillard fe fépara par intervalles; un vent qui venoit du Levant ayant pouſſé un de ces brouillards féparez à deux ou trois cens pas au delà du lieu où j'étois, & le Soleil luifant clairement deſſus, je vis un Arc-en-ciel femblable en grandeur, en fituation, & en figure, à un Arc-en-ciel ordinaire. Il étoit tout blanc hors un peu d'obfcurité qui le terminoit à l'extérieur; la blancheur du milieu étoit très-éclatante & furpaſſoit de beaucoup celle qui paroiſſoit fur le refte du brouillard; il n'avoit qu'environ un degré & demi de largeur. Un autre brouillard ayant été pouſſé de même, je vis un autre Arc-en-ciel femblable au premier; ces brouillards étoient fi épais, que je ne voyois rien au delà.

L l 2   J'at-

J'attribuë ce deffaut de couleurs à la petiteſſe des vapeurs imperceptibles qui compoſent les brouillards.

Cette apparence m'a fait connoître que ces vapeurs imperceptibles ne ſont pas étenduës en de petits fils, comme le veut M. *Deſcartes*; mais qu'elles ſont rondes, puis qu'elles font des refractions ſous les mêmes angles que les goutes de la pluïe.

Je me ſouviens d'avoir vû il y a fort long-tems, en une même nuit, trois Arcs-en-ciel à la Lune, ſemblables à ceux que je viens de décrire; c'étoit au mois d'Octobre, deux ou trois heures avant le jour; & ils ſe firent l'un après l'autre, dans des brouillards ſéparez.

ONZIÉME APPARENCE.

Les petites Couronnes autour des Aſtres.

Lors qu'il y a dans l'air des nuées médiocrement épaiſſes, on voit ordinairement autour du Soleil ou de la Lune, une eſpéce de Couronne lumineuſe de quatre ou cinq degrez de diamétre, terminée à l'extérieur par une couleur rougeâtre. Les parties intérieures ſont les plus lumineuſes, & tirent un peu ſur le bleu.

Il y en paroît quelquefois d'autres qui ont deux rangs de couleurs. Le rang extérieur a du rouge en ſon extrémité la plus éloignée, & en ſuite du jaune, du verd, du bleu, & du violet; ce violet joint le rouge du rang intérieur: on voit mieux ces deux rangs de couleurs autour du Soleil, quand on les regarde par reflexion dans de l'eau calme, parce qu'on en eſt moins ébloui; il faut faire en ſorte qu'on ne voye pas le Soleil par reflexion, mais ſeulement les nuées qui en ſont proches.

EXPLICATION.

Cette apparence eſt encore plus difficile à expliquer que l'Arc-en-ciel: car on ne peut pas ſavoir avec certitude, quelles ſont les matiéres qui la produiſent; ſi ce ſont des vapeurs aqueuſes, ou des exhalaiſons, ou des parcelles de neige dont les nuées ſont quelquefois mêlées, & on n'en peut avoir que de legéres conjectures.

Mon hypothèſe eſt, que les petites couronnes qui n'ont qu'un rang de couleurs, ſe font dans les vapeurs aqueuſes qui compoſent les nuées; & je fonde cette hypothèſe ſur les expériences ſuivantes.

Regardez la flamme d'une chandelle à travers les vapeurs épaiſſes qui ſortent de quelque vaiſſeau plein d'eau bouillante pendant un grand froid, vous verrez une petite couronne de quatre ou cinq degrez de diamétre, concentrique à la flamme de la chandelle, & ſemblable à celles qu'on voit autour du Soleil ou de la Lune avec un ſeul rang de couleurs.

Vous verrez encore une ſemblable apparence, ſi vous ſoufflez, en ouvrant la bouche, contre une glace de verre bien polie comme celles dont on fait les miroirs, & que vous regardiez enfuite une chandelle allumée au travers des petites goutes d'eau imperceptibles qui terniffent le verre.

J'explique ces petites couronnes en la maniére fuivante.

A B C D repréfente une goutelette de vapeur. A e C eft le dia- TAB. XI. métre, par où paffe le rayon b A C, qui vient du centre du Soleil ou Fig. 39. de la Lune. b F G eft un autre rayon parallelle à b A C, qui fait fa premiére refraction en F T, coupant l'arc C B au point T, & fa feconde en T o fur l'œil en o, coupant en M, le diamétre A C prolongé, & en o, le rayon h o parallelle à b A C.

On fera le calcul de l'angle C M T felon table fuivante.

L'arc A F eft de 6 degrez; N T K eft paralle à b F G; e T E & F T L font des lignes droites; l'angle de refraction G F T fe trouvera par ce qui a été enfeigné dans le calcul de l'Arc-en-ciel, d'environ un degré 30'.

CINQUIEME TABLE.

Calcul des petites couronnes.

Angle	G F T	1ᵈ.	30'.	
Arcs	G T.	3.		
	T C	3.		
Angles	C e T	3.		
	ou E T K			
	E T L	4.	30.	
	E T M	6.	0.	20".
	K T M			
	ou C M T	3.	0.	20".
	ou b O T			

On trouvera par un femblable calcul, que fi A F eft de fept degrez, l'angle C M T fera de 3ᵈ. 30'. 40"; d'où l'on connoitra que l'écart ou divergence des feconds rayons rompus du 6ᵉ. & du 7ᵉ. degré, en comptant de A vers B, fait un angle de 30'. 20".

On trouvera de même, que l'écart des feconds rayons rompus du 20ᵉ. degré & du 21ᵉ. comprendra un angle de 33'; & enfin que plus les angles d'incidence feront grands, plus il y aura de différence entre les écarts de deux rayons qui ne différent que d'un degré : & parce que l'arc A B étant divifé par degrez, les rayons parallelles à l'arc A C, qui tombent fur les points les plus éloignez du point A, font plus proches les uns des autres que ceux qui tombent fur les points moins éloignez, il y aura plus de lumiére comprife entre les rayons qui tombent fur le 6ᵉ. &

fur le 7ᵉ. degré, comme *b* F & *b b*, qu'entre ceux qui tombent plus loin, comme *b s*, *b* V. D'ailleurs, les rayons les plus obliques réfléchiſſent plus de lumiére, & il en paſſe moins dans les refractions ; & ainſi il y a trois cauſes, qui rendent plus forte la lumiére compriſe entre deux rayons différens d'un degré, quand ils tombent à trois ou quatre degrez de l'arc *b* A C, que quand ils tombent plus loin.

La premiére, qu'il y a plus de lumiére entre les 2 rayons d'incidencé : La ſeconde qu'il en paſſe plus à proportion à travers la goute dans les deux refractions : La troiſiéme, que les écarts de la lumiére ſont plus petits. D'où il s'enſuit, que la lumiére rompuë dans les goutelettes qui compoſent les nuées, n'eſt viſible que juſques à une certaine diſtance ; & que le reſte de la nuée paroît ordinairement noir & obſcur.

De là vient que les petites couronnes qu'on voit autour des petites planettes, n'ont ordinairement que deux ou trois degrez de diamétre.

J'ai obſervé pluſieurs fois, que l'air étant tout rempli de nuées qui alloient fort vîte, la Lune diſparoiſſoit ſouvent ; qu'on la voyoit quelquefois foiblement ſans aucune couronne, & quelque-fois avec des Couronnes, de deux, ou trois, ou quatre degrez de diamétre.

J'attribuois le premier cas à la trop grande épaiſſeur des nuées, qui ne laiſſoit paſſer aucune lumiére ni directe ni rompuë ; le deuxiéme, à une moindre épaiſſeur, qui laiſſoit paſſer les rayons directs, mais qui ne laiſſoit pas paſſer les rayons rompus, à cauſe de leur foibleſſe ; & les autres cas, à de moindres épaiſſeurs, mais différentes, qui laiſſoient paſſer plus ou moins de rayons rompus, ſelon qu'elles étoient plus ou moins épaiſſes.

Les couleurs de ces petites Couronnes ſont fort foibles à cauſe que les refractions ſont petites.

On prouvera que le rouge & le jaune doivent paroître à l'extérieur de ces Couronnes, & le bleu dans l'intérieur, par les raiſons ſuivantes.

Les Opticiens ſavent que les rayons parallelles qui tombent ſur une goute d'eau, ne coupent pas en leurs refractions, le diamétre prolongé dans un même point ; mais que les plus éloignez du diamétre le coupent plus près de la circonférence.

Soient donc *b* F, *b b*, deux rayons parallelles venant du centre du Soleil ; dont les ſeconds rayons rompus ſoient T M *o*, *r. g q*, ſe coupant au point *x* : le rayon *r x* étant dans la convexité de la courbure ſera rouge par le premier Principe, & T *x* qui eſt dans la concavité ſera bleu ; & ces couleurs ſe conſerveront au delà de leur foyer *x*, comme il a été montré dans l'explication de la 8ᵉ. Apparence. Donc l'œil étant en *o*, verra du bleu par le rayon *o* M T continué comme en *a* ; le même œil ne recevra pas le rayon *q g r* continué en *y* ; mais il recevra un autre rayon qui ſera parallelle à *q y*, comme *o z*, qui viendra d'une autre goute ; & par conſéquent il verra du rouge ſelon la direction *o z* : D'où il s'enſuit que le bleu paroitra du côté du Soleil, & le rouge vers l'extérieur de la Couronne. Ainſi

Ainſi s'il y a deux goutes d'eau comme *a* & *b* en la figure 40ᵉ (Tab. XII.) de chacune deſquelles il ſorte deux rayons diſpoſez de même que les rayons *r q* & T *o* , & que leurs foyers ou interſections ſoient dans les points *e* & *f*; l'œil étant en *m* ne recevra point les rayons *e g* & *f n*, mais il recevra le rayon bleu *e m* & le rayon rouge *f m*, lequel rayon *f m* eſt extérieur au rayon *e m* à l'égard du corps lumineux qui le produit.

On expliquera de même les petites Couronnes qui paroiſſent autour de la flamme d'une chandelle, lors qu'on la regarde à travers quelques vapeurs épaiſſes qui ſortent d'une eau chaude.

A l'égard des petites couronnes qui ont deux rangs de couleurs, on peut croire qu'elles ſont produites par de petites parcelles plattes de neige qui ſont dans les nuées, leſquelles commençant à ſe fondre prennent des figures un peu convexes vers leurs extrémitez, qui deviennent fort tranſparentes , & par cette raiſon elles laiſſent paſſer facilement les rayons ; & à cauſe de leurs convexitez , elles ont des foyers où les rayons s'entrecoupent & font un ſemblable effet à l'égard de l'ordre des couleurs que les petites goutes d'eau , mais les couleurs en ſont plus belles.

J'obſervai un ſoir la Lune environnée d'une de ces Couronnes à deux rangs ; les couleurs en étoient belles & diſtinctes ; l'air étoit aſſez ſerein, & il n'y avoit aucune groſſe nuée , mais ſeulement une vapeur blancheâtre uniforme où ſe faiſoit la Couronne.

Je jugeai qu'elle procedoit de quelques parcelles plattes de neige fort legéres, dont les extrémitez tranſparentes avoient une convexité irréguliére, & par ce moyen il ſe faiſoit deux rangs de couleurs qui étoient contigus & non mêlez comme dans l'Arc-en-ciel intérieur, où le violet du premier rang & le rouge du ſecond ſe mêlent à cauſe de l'uniformité de la courbure ſphérique des goutes d'eau, qui ſépare moins les rayons qu'une courbure elliptique ou parabolique, &c. Cette Couronne avoit environ cinq degrez de diamétre, & la largeur des deux rangs de couleurs depuis le jaune intérieur juſques au rouge du rang extérieur, étoit d'environ deux degrez : je fis remarquer cette Couronne à pluſieurs perſonnes; car elle dura plus d'une heure.

Les parcelles tranſparentes de neige ont ſouvent des figures différentes, & alors il y a de la confuſion dans l'ordre des couleurs. J'ai vû quelquefois des nuées plus hautes de huit ou dix degrez que le Soleil, faire paroître de ces couleurs confuſes, mais ordinairement quand les nuées ſont épaiſſes & ſéparées; on voit deux rangs de couleurs, & rarement trois, vers leurs extrémitez, lors qu'elles ne ſont diſtantes que de deux ou trois degrez du Soleil, ou quand le Soleil étant caché dans le milieu de la nuée, ſa lumiére paſſe à travers les bords , qui ſont moins épais.

Pour bien diſtinguer ces deux rangs de couleurs, il faut en regardant les nuées, s'empêcher de voir le Soleil, & faire promptement l'obſer-

va-

vation : Car si on regarde long-tems des nuées fort éclairées, les yeux
s'éblouïssent, & on peut voir des couleurs qui procédent des impressions que la lumiére trop forte a laissées dans les yeux, qui empêchent
de discerner les autres. De là vient qu'on voit plus aisément les couleurs des petites Couronnes dans l'eau par reflexion ; ce qu'Aristote a remarqué dans ses Livres des *Météores*.

DOUZIÉME APPARENCE.

Les grandes Couronnes.

*O*N *voit quelquefois pendant que l'air est assez serein, une grande Couron-*
ne d'environ quarante-cinq degrez de diamétre autour du Soleil ou de la
Lune.

Les couleurs n'en sont pas ordinairement bien vives ; le bleu est en dehors
& le rouge en dedans ; la largeur des couleurs est à peu près comme celle des
couleurs de l'Arc-en-ciel extérieur.

EXPLICATION.

*J*E prens pour la cause de cette Apparence, de petits filamens de neige médiocrement transparens, qui ont la figure d'un prisme triangulaire équilateral.

Mes conjectures sont. 1°. Que les petites neiges plattes qui tombent
pendant un grand froid & qui ont des figures d'étoiles, sont composées de petits filamens semblables à des prismes équilateraux, particuliérement celles qui sont faites comme des feuilles de fougére, représentées par la figure 41e ; ce qu'on voit aisément par le microscope.

J'ai souvent regardé les filamens qui composent la gelée blanche, qui
paroît comme de petits arbres sur les herbes dans les matinées froides
du Printems & de l'Autonne, & je les ai trouvez taillez à trois facettes égales, & les regardant au Soleil, ils me faisoient voir des couleurs
d'Arc-en-ciel.

Or il est vrai-semblable, qu'avant que ces petites figures d'arbres ou
de petites étoiles de neige soient formées, il vole dans l'air parmi quelques vapeurs peu épaisses, plusieurs de ces prismes séparez, qui en se
joignant forment ces petites figures d'arbres ou d'étoiles. Ces petites
étoiles sont très-minces & très-legéres ; & les petits filamens, qui les
composent, le sont encore plus, & peuvent être soutenus par les vents
fort long-tems en l'air : d'où il doit arriver que si l'air en est médiocrement rempli, en sorte qu'il n'en soit pas beaucoup obscurci, il y
aura plusieurs de ces filamens, soit qu'ils soient séparez, soit qu'ils
ayent déja formé les petites étoiles, qui se tournant en tous sens par les
différens mouvemens de l'air, seront disposez à faire passer vers nos
yeux

yeux pendant quelque tems, une lumiére rompuë colorée, femblable
à peu près à celle que feroient paroître des prifmes équilateraux de
verre.

2°. Que le rouge des couronnes eft du côté de l'aftre qui les produit; ce qui fuit néceffairement de la figure de ces prifmes, comme il
fera démontré en fuite.

3°. Que les angles que doivent faire des prifmes équilateraux de glace, avec les rayons du centre du Soleil, font à peu près égaux à ceux
fous lefquels on voit ces grandes couronnes.

Ma méthode pour calculer ces angles eft dans la Table fuivante.

A B C dans la figure 42°. repréfente un prifme équilateral de glace. TAB. XII.
Je fuppofe que D E continuée directement en *a b*, eft un rayon du cen- Fig. 41.
tre du Soleil faifant l'angle D E A de 48ᵈ. F E *g* eft une ligne perpendiculaire à A B; E M eft le premier rayon rompu, & M *b* le deuxiéme;
E M N eft une ligne droite; M L eft parallelle à D E *a b*; T M eft
perpendiculaire à B C.

SIXIÉME TABLE.

	D E A	48ᵈ.	
	F E D	42.	
	g E M	30.	8'.
	B E M	59.	52.
Angles	B M E	60.	8.
	C M N	60.	8.
	T M N	29.	52.
	T M *b*	41.	36.
	C M *b*	48.	24.
	a E B	48.	
	B *a* E	72.	
	C *a b* ou		
	C M L	72.	
	b M L	23.	36.

Ce dernier angle fait connoître celui que le rayon rompu M *b* fait a-
vec le rayon qui du centre du Soleil tend à l'œil en *b*; mais il en faut
ôter 16'. pour le demi diamétre du Soleil, & 30'. pour l'écart du rouge, & il reftera 22ᵈ. 50'. pour l'angle fous lequel paroît l'extrémité du
rouge de ces couronnes à l'égard du centre du Soleil.

J'ai calculé plufieurs autres rayons de différentes incidences pour trouver les angles *b* M L qui leur conviennent.

On peut voir dans la feptiéme Table ceux qui font les plus néceffaires.

Mm SEP-

SEPTIÉME TABLE.

Angles. AED	Ang. bML
70ᵈ.	30ᵈ. 55'.
69	29 56
65	27 6
64	26 36
60	25 7
59	24 52
55	24 4
50	23 30
49	23 37
48	23 36
47	23 38
45	23 42
40	24 12
36	24 54
35	25 6
30	26 26
29	26 45
21	29 51
20	30 26

On voit par cette Table que la lumiére comprife entre les rayons qui font les angles A E D de 70ᵈ. & de 69, n'eſt pas propre pour contribuer à la production des grandes couronnes, parce que les extrémitez de cette lumiére font un écart ou divergence d'environ un degré, & une telle divergence diſſipe trop la lumiére qui fait les couleurs, & la rend trop foible pour être viſible. La lumiére comprife entre le 21ᵉ. degré & le 20ᵉ. dont l'écart eſt de 35', & celle qui eſt entre le 65ᵉ. & le 64ᵉ. dont l'écart eſt de 30'·, font auſſi de trop grandes divergences. Mais la lumiére peut commencer à être aſſez forte depuis le 60ᵉ. degré; car entre ce degré & le 59ᵉ. il n'y a que 15'. d'écart. Celle qui eſt comprife entre le 36ᵉ. & le 35ᵈ. peut auſſi être aſſez forte, puis qu'il n'y a que 12' d'écart.

On prouvera que le rouge doit paroître du côté du Soleil en cette forte.

Les petits triangles équilateaux c u t & 2 3 d dans la figure 40ᵉ. repréfentent deux des petits priſmes qui compofent les petites étoiles de neige; y m eſt l'extrémité d'un rayon du centre du Soleil; l'œil eſt fuppofé en m. Quelques rayons parallelles à y m tombant fur les côtez u t, 3 d, font leurs fecondes refractions au delà des côtez c t & 2 d; o L, i m, font deux de ces rayons; & q m & r h deux autres. Il eſt mani-

TAB. XII. Fig. 40.

nifeſte par ce qui a été dit en l'explication de la figure 16ᵉ, que les rayons rompus *i m* & *r h* ſont dans la convexité de la courbure, & *o l* & *q m* dans la concavité. Donc l'œil étant en *m* recevra le rayon rouge *i m* du priſme *c u t*, & le rayon bleu *q m* du priſme *2 3 d*; mais il ne recevra point les rayons *o l* & *r h*, & par conſéquent il verra du rouge du côté du Soleil, du centre duquel le rayon *y m* vient à l'œil, & il verra du bleu de l'autre côté.

Le rayon A E D du 48ᵉ. degré, qui fait le plus petit angle *h* M L, fera l'extérieur du rouge de la Couronne par ſon ſecond rayon rompu M *h*; car il ſera dans l'extérieur de la convexité de la courbure à l'égard de tous les autres. Les ſeconds rayons rompus du 49ᵉ. degré & du 47ᵉ. pourront auſſi contribuer au rouge, parce que leur écart ou divergence avec le 2ᵉ. rayon rompu du 48ᵉ. n'eſt que d'une minute. Le reſte des couleurs ſe fera à peu près comme dans l'Arc-en-ciel extérieur.

La foibleſſe des couleurs peut être attribuée au peu de tranſparence de la plupart de ces petits priſmes, & du petit nombre de ceux qui ſe trouvent bien diſpoſez dans tous les endroits de la circonférence de la couronne pour envoyer à l'œil par refraction les rayons qui paſſent à travers.

On pourroit attribuer la production de ces grandes couronnes, aux petites grêles de figure pyramidale, dont les bords ſont un peu tranſparens, & le milieu eſt comme de la neige; leſquelles on voit aſſez ſouvent tomber quand il fait un froid médiocre. Car s'il arrive que leurs ſurfaces ſoient inclinées à celle de leur baſe d'environ 60 degrez, elles pourront faire des effets à peu près ſemblables à ceux que font les priſmes: & ces petites grêles pouvant être fort petites & fort legéres dans leurs commencemens, auſſi bien que les petits priſmes, & pouvant auſſi être diſpoſées en tous ſens à l'égard du Soleil ou de la Lune; il y en auroit toujours quelques-unes qui ſeroient en une ſituation propre à renvoyer à l'œil des rayons ſous un angle d'environ 22ᵈ. 30′, pour l'extrémité du rouge, & de 24ᵈ. 30′, pour l'autre extrémité viſible.

Je vis un jour trois de ces grandes Couronnes paroître l'une après l'autre; chacune d'elles dura fort peu de tems; & il tomba ce jour-là pluſieurs fois de ces petites grêles taillées en pyramides.

On pourroit encore ſuppoſer qu'il y a dans l'air quelques autres météores qui peuvent former ces Couronnes, ſavoir de petites parcelles de ſalpêtre ou de quelques autres ſels taillez en pyramides ou en priſmes; ou même quelques matiéres ſemblables à celles qu'on voit tomber en grands filamens blancs pendant l'Automne, quand, après quelques pluïes, il fait beau tems deux ou trois jours de ſuite: car ces filamens font des couleurs d'Arc-en-ciel étant expoſez au Soleil; & lors qu'ils ſont encore en parcelles fort petites, & imperceptibles, ils peuvent avoir des figures propres à faire paroître les grandes Couronnes. Je me ſers de l'hypothéſe des petits priſmes triangulaires plutôt que d'aucune

cune

cune autre, parce qu'elle me paroît très-vrai-semblable.

TREIZIÉME APPARENCE.

Les Parélies ou faux Soleils.

LEs Parélies ou faux Soleils font des lumiéres fort vives qui paroiſſent quelquefois à côté du Soleil. Ceux qui font les plus ordinaires, ſe voyent en même tems que les grandes Couronnes, & font placez dans la même circonférence deça & delà du Soleil. Ils ont autant de degrez d'élévation que le Soleil, & ils ont des couleurs à peu près femblables à celles de l'Arc-en-ciel. Leur figure eſt ovale, & la diamétre felon l'ordre des couleurs eſt environ deux fois plus grand que l'autre; le rouge & le jaune font du côté du Soleil, & le bleu & le violet de l'autre côté; on voit rarement le violet.

EXPLICATION.

Armi les petits priſmes équilateraux qui font les grandes Couronnes, il y en a ſouvent beaucoup qui ont une de leurs extrémitez plus legére que l'autre, & par cette raiſon ils doivent être en une ſituation perpendiculaire. Ces petits priſmes étant à la hauteur du Soleil & à 23 degrez de diftance à peu près, doivent faire paroître des couleurs femblables à celle que font paroître les priſmes équilateraux de verre; le rouge doit être tourné du côté du Soleil, par les mêmes raiſons qui ont été dites à l'égard des grandes Couronnes; & le bleu, de l'autre côté.

Les couleurs des Parélies font plus belles que celles des grandes Couronnes, parce qu'il y a plus de petits priſmes à proportion, qui font en une ſituation perpendiculaire, & qu'ils peuvent être mieux formez, & plus tranſparens vers leur extrémité la plus pefante. On a de la peine à voir le violet, parce qu'étant plus foible que les autres couleurs, il ſe diſſipe trop à une grande diftance.

On ne voit qu'un ſeul Parélie quand les Couronnes ne font pas entiéres; & cela arrive quand les vapeurs où font les petits priſmes, ne font que d'un côté du Soleil.

On voit ſouvent des Couronnes entiéres fans Parélies, parce qu'il y a peu de petits priſmes qui foient alors diſpoſez à ſe tenir en une ſituation perpendiculaire, ou que le Soleil eſt trop élevé.

On voit auſſi des Parélies fans Couronnes.

J'obſervai un jour pendant l'Automne, une nuée élevée de 15 ou 16 degrez fur l'horifon, le Soleil étant à cette hauteur. Elle étoit large felon fa ſituation verticale, de 8 ou 10 degrez; & longue de plus de 50 degrez felon fa ſituation horifontale, qui étoit à peu près parallelle à la ligne du Midi. Le Soleil paroiſſoit à travers le milieu de cette nuée; mais on ne diftinguoit pas fa figure, & il étoit environné d'u-

ne

ne petite Couronne d'environ un degré & demi de diamétre. Je vis deux Parélies ou faux Soleils vers les extrémitez de la nuée avec des couleurs fort vives, & qui avoient autant ou plus d'éclat, principalement le verd, que le véritable Soleil. Il ne paroiſſoit point de grande Couronne, parce que l'air étoit très-pur au deſſus & au deſſous de la nuée, qui devoit être compoſée en partie de ces petits priſmes perpendiculaires.

Ces faux Soleils durérent juſques à ce que le Soleil fut élevé au deſſus de la nuée.

On voit ſouvent à côté des Parélies colorez, une queuë aſſez longue, d'une blancheur fort éclatante, & dans une ſituation à peu près horiſontale.

J'obſervai un jour pendant le Printems, environ ſur les trois heures après midi, des nuées élevées au deſſus du Soleil, mais un peu à côté: Elles étoient fort proches l'une de l'autre, & la plupart ſe touchoient; (on dit vulgairement quand on voit de ces ſortes de nuées, que le tems eſt pommelé.) Il paroiſſoit dans ces nuées des couleurs d'Arc-en-ciel ſans ordre; ce qui devoit proceder apparemment de pluſieurs petites parcelles de neige de diverſes figures irréguliéres: mais il tomboit de ces nuées élevées une petite nuée blancheâtre, dans laquelle paroiſſoit environ la moitié d'une grande Couronne avec d'aſſez belles couleurs, & un ſeul Parélie fort éclatant, ayant une longue queuë d'une blancheur très-vive; cette queuë s'étendoit preſque horiſontalement à plus de 30ᵈ. au delà du Parélie. Je jugeai que cette nuée peu condenſée, qui étoit comme un écoulement des nuées ſupérieures, étoit compoſée de pluſieurs de ces petits priſmes qui peuvent ſe tourner en tous ſens, leſquels étant plus peſants que les autres parcelles des nuées élevées, n'avoient pû être ſoutenus à la même hauteur; ceux qui étoient en une ſituation perpendiculaire formoient le Parélie coloré ſelon la maniére qui a été expliquée.

Voici comme j'explique la longue queuë.

Les mêmes petits priſmes qui font les Parélies, & que je conſidére ici comme des priſmes réguliers, pour la facilité de l'explication, demeurent toujours dans une ſituation perpendiculaire; mais ils ſont tournez en pluſieurs ſens autour de leur axe, qui eſt la ligne qui joint les centres de leurs baſes: d'où il ſenſuit, qu'il y en a pluſieurs qui tournent une de leur faces, directement au Soleil, ou à peu près, quand il n'eſt pas beaucoup élevé.

Conſidérez la figure 43ᵉ. & ſuppoſez qu'elle repréſente la ſection d'un de ces priſmes ſituée horiſontalement.

Il a été dit dans l'explication de la figure 24ᵉ, que la lumiére du Soleil tombant directement ſur la ſurface A B entre T & A, paſſe ſans ſe rompre ſur A C en *e f*, d'où elle ſe refléchit entiérement ſur B C, & paſſe au delà ſans ſe rompre & ſans faire paroître aucunes couleurs en I L.

M m 3

Cet-

Cette lumiére, après avoir passé au travers du prisme en cette maniére, doit être aussi forte que celle qui se refléchit sur les miroirs ordinaires où il y a du vif-argent; car il s'y fait de même une reflexion entiére, & deux foibles reflexions en passant de l'air dans le verre & en
repassant du verre dans l'air.

On peut donc tirer la même conséquence à l'égard des petits prismes
de glace situez perpendiculairement: car A B C en la figure 43e. étant
TAB. XII. la section d'un de ces prismes, l'œil étant en L à une distance assez
Fig. 43. grande, & recevant la lumiére du rayon $d\,e\,\mu$, qui passe à travers A B
& ensuite à travers A C, sans se rompre, parce que $d\,e\,\mu$ est perpendiculaire à A B; il doit voir un grand éclat de blancheur vers le point μ,
où le rayon se refléchit entiérement; & cette blancheur sera vûë à 60
degrez du Soleil: ce qui se prouve ainsi.

A L parallelle à T C, est un rayon qui vient du centre du Soleil,
l'angle L A O est donc de 30^d: & L O A étant un angle droit, l'angle A L O sera de 60^d.

Si l'angle D E B est de 80 degrez, son rayon rompu E M tombera
au dessous du point g, où tombe F E g parallelle à T C; & il se réfléchira entiérement par la troisiéme Supposition, puisque l'angle E M B
sera moindre que l'angle F g B qui est de 30 degrez; & repassant à travers A C, il fera une refraction en $o\,b$ contraire à la premiére, si le rayon
est considéré comme solide; & par conséquent il sera vû sans couleurs
par le septiéme Principe; mais l'écart de sa blancheur sera un peu moindre que celle qui vient du rayon $d\,e\,\mu$, parce que l'incidence D E étant
oblique, il se refléchit plus de lumiére aux points E & o, que quand
l'incidence est perpendiculaire.

On connoîtra aisément à quelle distance du Soleil sera vûë la blancheur du rayon $o\,b$, qui vient du rayon D E, & celle de tous les aü-
tres rayons, dont les premiers rayons rompus auront fait une reflexion
de B C sur A C. Car les angles d'incidence & de reflexion au point
M étant égaux, l'incidence du rayon M o sur A C sera égale à l'incidence réciproque du rayon M E sur A B. Donc le rayon rompu $o\,b$
fera l'angle C $o\,b$ égal à l'angle D E B; mais le rayon D E étant continué directement en $a\,b$ & coupant A C en a, l'angle A a E ou C $a\,b$ sera
toujours le complément de l'angle D E B ou A E a jusques à 120 degrez.

Si donc D E B est de 76 degrez, C $a\,b$ sera de 44 degrez; & C $o\,b$
étant de 76 degrez, comme il a été prouvé, $o\,b$ & $a\,b$ continuées se
rencontreront: & l'angle $a\,b\,o$ fera connoître que l'œil étant en b il verra le centre du Soleil par le rayon visuel $b\,a$, & l'éclat de la blancheur
par le rayon visuel $b\,o$, & que l'angle compris de ces deux rayons sera
de 32 degrez, différence de l'angle C $o\,b$ de 76^d, & de $b\,a\,o$ de 44^d.

Il est manifeste par le calcul, que si l'angle D E B est de 48^d. 11′,
le premier rayon rompu E M, qui sera alors parallelle à B C, tombera
sur A C, & fera des couleurs en sa seconde refraction; & que les autres

tres rayons qui feront l'angle D E B au deſſus de 49 degrez, pourront tomber en leur premiére refraction ſur B C continuée s'il eſt beſoin : Mais, afin que leurs premiers rayons rompus puiſſent tomber entre B & C, il eſt néceſſaire que le point E ſoit très-proche du point B, car autrement ces rayons rompus tomberoient ſur A C, & ne feroient point paroitre de blancheur. D'où je conclus, que ſi l'angle D E B eſt de 65 degrez, on ne pourra voir ſa blancheur : car ſon premier rayon rompu E M fera l'angle g E M de 18ᵈ. 29′, & par conſéquent B E M ſera de 108ᵈ. 29′, & E M B de 11ᵈ. 31′. Or ſi l'on ſuppoſe que les petits priſmes de glace ayent une ligne de largeur en chacune de leurs ſurfaces, & que la ligne E M ſoit de ⅔ de ligne, on trouvera par le calcul que E B ne ſera que d'environ ⅓ de ligne. Et parce que les triangles B M E & M o C ſont ſemblables, o C ne ſera que le tiers de E B, c'eſt-à-dire qu'environ ⅑ de ligne. Mais j'ai ſouvent remarqué que les extrémitez de ces petits priſmes étoient un peu neigeuſes & obtuſes. D'où il s'enſuit, que depuis le rayon qui fait l'angle E D B de 60ᵈ. juſques à celui qui le fait de 70 degrez, il n'y en a aucun qui puiſſe faire paroître un éclat de blancheur à l'œil ſitué au delà de A C, parce que leurs rayons rompus & refléchis s'embaraſſent dans ces extrémitez irréguliéres, & s'il arrive qu'on voye quelquefois de la blancheur par ces rayons, il faut que les priſmes ſoient alors très-réguliers.

Quand D E B eſt de 60 degrez, ſon ſecond rayon rompu eſt parallelle au rayon D E a b, parce que l'angle C o b eſt de 60ᵈ. auſſi bien que l'angle C a b, & ainſi ſa blancheur ne pourroit être vûë que ſelon les rayons qui viendroient du Soleil, qui la rendroient inviſible.

Depuis le 60ᵉ. degré juſques au 48ᵉ 11′. les ſeconds rayons rompus font les angles C o b plus petits que les angles C a b. D'où il s'enſuit, que l'œil étant dans la ligne a b, il ne recevra point le rayon o b.

Si G T eſt le rayon d'incidence, & que l'angle G T A ſoit de 74ᵈ. 43′, la premiére refraction en T m fera l'angle T m B de 41ᵈ. 24′, lequel par la 3ᵉ. Suppoſition ſera à peu près le plus grand de tous ceux qui feront refléchir entiérement la lumiére ; & par cette raiſon le ſecond rayon rompu fera voir de la blancheur, mais un peu moins forte que celle qui vient du rayon d e, à cauſe que l'incidence G T eſt oblique.

On trouvera l'angle de la diſtance de cette blancheur juſques au Soleil, en tirant la ligne A λ parallelle à G T juſques à ce qu'elle rencontre le ſecond rayon rompu de G T : car à cauſe de la ſimilitude des triangles T m B & ω m C, l'angle A ω λ ſera de 74ᵈ. 43′ ; & parce que L A λ eſt de 15ᵈ. 17′, auſſi bien que G T δ, l'angle ω A λ ſera de 14ᵈ. 43′, différence de 30ᵈ. & de 15ᵈ. 17′. D'où il s'enſuit, que l'angle A λ ω, ſous lequel on verra la diſtance entre le Soleil & la blancheur du rayon λ ω, ſera de 90ᵈ. 34′.

Par les mêmes raiſons, l'angle G T A étant de 75 degrez, l'angle A ω λ ſera auſſi de 75 degrez, & l'angle λ A ω de 15 degrez. Donc l'ange A λ ω ſera de 90 degrez.

Si

Si G T A eſt de 80ᵈ, l'angle A ω λ ſera de 80ᵈ, & ω A λ de 20ᵈ, & par conſéquent A λ ω ſera de 80ᵈ; & plus l'angle G T A approchera de 90ᵈ, plus l'angle ω λ A diminuëra.

Tous les autres rayons qui feront G T A moindre que 74ᵈ. 43′, feront l'angle T *m* B plus grand que 41ᵈ. 24′. D'où il arrivera qu'une bonne partie de la lumiére paſſera au delà de B C par refraction, & qu'il s'en refléchira auſſi beaucoup par les obliquitez des incidences, ce qui rendra le rayon ω λ très-foible, & fera que ſa blancheur ne paroitra que très-rarement.

Il réſulte de tous ces raiſonnemens, que la queuë blanche d'un Parélie ne doit commencer à être bien viſible, qu'à environ 20 degrez de diſtance du Soleil, & qu'elle ne doit s'étendre que fort peu au delà du 90ᵉ degré; & par ce moyen elle ne peut avoir qu'environ 70 degrez d'étenduë, mais ordinairement elle en aura beaucoup moins, & ne paſſera pas trente ou quarante degrez, parce que les petits priſmes s'étendent rarement aſſez loin à côté des ſpectateurs pour faire voir une queuë plus longue.

On ne doit point croire que cette apparence de blancheur procéde des reflexions qui ſe font ſur les ſurfaces, qui ſont tournées du côté du Soleil, ſoit des petits priſmes, ſoit de quelques autres météores: car ces reflexions renvoyent une lumiére trop foible, particuliérement quand les rayons tombent directement ou peu obliquement.

On en peut voir l'expérience, ſi on tient à la main une chandelle allumée, & qu'on la regarde dans un grand miroir dont la glace ſoit fort épaiſſe. Car la flamme de la chandelle qu'on verra par la reflexion ſur le vif-argent qui eſt au delà de la glace, eſt ſans comparaiſon plus éclatante que celle qu'on voit par la reflexion qui ſe fait ſur la premiére ſurface du verre: Et ſi on ſe place entre deux chandelles allumées qui ſoient à peu près à même hauteur, & comme aux points *d* & *p* de la figure 43ᵉ; celle qui ſera au point *p*, & qui refléchira ſa lumiére ſur la ſurface A C de *p y* en *y* L, vers l'œil en L, paroitra beaucoup moins éclatante par ce rayon *y* L, que l'autre par le rayon O L, qui viendra par reflexion de *d* ℮ μ en μ O L.

Pour bien faire cette expérience, il faut que l'œil, qu'on ſuppoſe être au point L, ſoit à la même hauteur que les flammes des chandelles; que le priſme ſoit ſitué perpendiculairement; & que les rayons viſuels qui vont aux points *d* & *p*, comprennent à peu près un angle droit.

Quand le Soleil eſt fort élevé les Parélies paroiſſent un peu au dehors de la Couronne.

J'ai lû dans une Relation, qu'une grande Couronne ayant paru un peu après le lever du Soleil au mois de Mai, les Parélies étoient dans la circonférence de la Couronne; mais que deux ou trois heures après ils en parurent ſéparez à plus d'un degré de diſtance.

Cette apparence procéde de ce que le Soleil étant proche de l'horiſon, les ſections des petits priſmes perpendiculaires, où ſe font les re-

fra-

fractions, font à peu près horifontales : au lieu que quand le Soleil eft élevé de 25 ou 30 degrez, les incidences fur ces prifmes font plus obliques ; & par conféquent les refractions fe font plus grandes, & jettent les Parélies en dehors.

On verra un femblable effet, fi on place deux chandelles allumées en forte que l'une foit à trois ou quatre piés de diftance de l'autre, & directement au deffus : car fi on tient l'œil à la hauteur de la chandelle la plus baffe, & qu'on les regarde à travers un prifme de verre fitué perpendiculairement, & tourné de maniére qu'on voye les flammes des chandelles avec des couleurs ; celle d'enhaut, qui repréfentera le Soleil quand il eft fort élevé, paroitra beaucoup à côté de l'inférieure, qui repréfente le Soleil proche l'horifon.

La longueur des Parélies n'eft que de deux degrez & quelques minutes. La différence des angle *h* M L du 60ᵉ. & du 48ᵉ. degré qui eft TAB. XII. d'un degré 31′, fait une partie de cette longueur ; le refte procéde de Fig. 42. l'écart du rouge & du bleu. Si on voyoit le violet, le Parélie pourroit s'étendre à deux degrez & demi felon l'ordre des couleurs.

Ce qui doit faire la plus grande difficulté dans les explications des grandes Couronnes & des Parélies, eft que je fuppofe que chacune de ces apparences eft produite par des prifmes de femblable figure, & cependant les couleurs des Couronnes font peu vives, & celles des Parélies ont beaucoup d'éclat. Mais on pourra fe fatisfaire là deffus, fi l'on confidére que les Arcs-en-ciel qui fe font dans les brouillards, n'ont que de la blancheur, & que ceux qui fe forment dans les goutes des pluies ont des couleurs fort belles, particuliérement quand les goutes font fort groffes : Car en tirant les mêmes conféquences à l'égard des prifmes de neige glacée, on jugera aifément que ceux qui font les plus petits & qui par leur legéreté font tournez facilement en tous fens par les moindres mouvemens de l'air, doivent faire des couleurs fort foibles, à caufe de la petiteffe de l'efpace tranfparent qui eft entre leurs bords neigeux ; au lieu que ceux qui font les Parélies, étant plus grands & mieux formez, doivent faire des couleurs très-vives.

C'eft par la même raifon que les grandes Couronnes durent ordinairement plus long-tems que les Parélies ; car leurs petits prifmes étant plus legers, il fe foutiennent plus long-tems en l'air.

Il y a des Auteurs & des Relations qui affurent, qu'on a vû des faux Soleils fans couleurs au deffus ou au deffous du véritable ; qu'il y en avoit quelques autres qu'on voyoit en tournant le dos aux faux Soleils colorez, & qu'ils paroiffoient tous en même tems, dans un grand cercle horifontal tout blanc.

Je n'entreprens point d'expliquer ici ces apparences, parce que je n'en ai jamais vû de femblables, & que je n'ai point de certitude des circonftances qui les accompagnent.

Nn

TRAI-

TRAITÉ
DES
COULEURS.

SECONDE PARTIE.

DES COULEURS QUI PAROISSENT A TRAVERS L'AIR PUR SUR LES CORPS LUMINEUX ET ILLUMINEZ.

ES couleurs sont appellées fixes & permanentes, pour les distinguer de celles qui se produisent par le passage de la lumiére à travers les corps transparens sans couleur.

Il y en a cinq principales ; le blanc, le noir, le rouge, le jaune, & le bleu : Toutes les autres se peuvent faire par le mélange de quelques-unes de celles-ci ; le jaune & le bleu mêlez ensemble font du verd, le rouge & le bleu font du violet.

Il y a des corps lumineux de différentes couleurs ; le Soleil est blanc, de même que la plupart des étoiles fixes : Il y en a quelques-unes qui ont beaucoup de rougeur, comme l'œil du Taureau, & le cœur du Scorpion : Il y en a aussi de jaunes & de bleuës. Quand on regarde le Soleil à travers un air très-pur, il éblouit & on ne peut discerner la blancheur : mais si on fait refléchir sa lumiére avec une glace de verre fort polie & sans couleur sur de l'eau claire, & que cette lumiére se refléchisse encore de la surface de l'eau vers les yeux, on verra deux Soleils très-blancs ; il en paroît deux à cause que chaque surface du verre fait sa reflexion à part : Cette lumiére se voit sans peine, parce que la plupart des rayons passent à travers le verre, & qu'une bonne partie de ceux qui s'y refléchissent entrent dans l'eau.

On peut remarquer aussi la blancheur du Soleil, quand on le regarde au travers de certains brouillards médiocrement épais.

La flamme du souphre & celle de l'esprit de vin font bleuës. Le bois pourri, les vers luisans, les écailles de quelques Poissons de Mer, jettent des lumiéres qui tirent aussi sur le bleu.

La flamme du bois est de différentes couleurs ; on y voit du blanc, du jaune, du rouge, & du bleu.

Les

Les Corps qui ne font pas lumineux n'ont point de Couleurs, à parler proprement : car puifqu'elles ne confiftent que dans les impreffions que la lumiére modifiée fait fur les organes de la vifion, il eft manifefte que ce qui n'a point de lumiére, ne peut faire de foi-même aucune impreffion de couleur. Il eft vrai que ces corps, par les difpofitions & les ftructures intimes de quelques-unes de leurs parties, donnent des modifications à la lumiére qui les éclaire, & par cette raifon on peut dire qu'ils produifent les couleurs qu'ils font paroître : Ainfi, quand on dit qu'une Rofe eft rouge, on peut entendre qu'elle a quelques difpofitions particuliéres qui peuvent modifier la lumiére d'une maniére propre à faire paroître de la rougeur.

Les plus belles couleurs fixes paroiffent fur les fleurs & fur les plumes des oifeaux: l'art les imite affez bien dans les teintures des étoffes, par le mélange de diverfes drogues dont quelques-unes font claires & tranfparentes comme de l'eau pure. On voit auffi de très-belles couleurs dans la plupart des Pierres précieufes & dans quelques Minéraux.

Quelques-unes des couleurs qui paroiffent fur les furfaces des Corps illuminez, fe font par des refractions: celles-là font changeantes felon les différentes pofitions des yeux, comme on peut le remarquer dans les Opales, & dans la Nacre de Perles, où un même endroit paroît fucceffivement rouge ou verd, felon qu'il eft regardé plus ou moins obliquement.

Il fe fait encore très-fouvent des apparences de couleurs par les impreffions dont nos yeux font prévenus, lefquelles fe confondant avec celles des objets préfens, font paroître leurs couleurs d'une autre maniére qu'elles ne paroitroient.

Pour expliquer avec ordre toutes ces différences, je diviferai cette feconde Partie en quatre Difcours.

Dans le premier je parlerai des couleurs qui paroiffent fur les Corps lumineux.

Dans le fecond j'expliquerai celles qui procédent de quelques refractions que la lumiére fouffre, quand elle pénétre un peu les premiéres furfaces de quelques Corps, & qu'elle fe refléchit en fuite vers nos yeux.

Dans le troifiéme je traiterai des couleurs qui paroiffent toujours les mêmes à peu près, foit qu'on les regarde directement ou obliquement, comme font celles qui paroiffent fur les Fleurs, fur les Etoffes, dans les verres colorez, &c. J'appellerai ces Couleurs fixes & permanentes, pour les diftinguer des autres.

Le quatriéme contiendra les raifons de plufieurs apparences caufées par les éblouïffemens, ou par quelques autres modifications des organes de la vifion, qui font changer les apparences ordinaires des Couleurs.

PREMIER DISCOURS.

DES COULEURS QUI PAROISSENT DANS LES CORPS LUMINEUX.

LA lumiére vive & forte des Corps lumineux les fait toujours paroître blancs. On en voit l'expérience dans la lumiére du Soleil, qui
s'eſt teinte de quelques couleurs en paſſant par des vitres colorées : Car
ſi on reçoit cette lumiére ſur un verre convexe dont le foyer ſoit de 8
ou 10 pouces, elle paroitra colorée deçà & delà du foyer; mais dans le
foyer, où elle ſera forte & réünie, elle paroitra toute blanche; & ſi on
met un papier noirci dans le foyer d'un petit miroir brûlant, l'endroit
où la lumiére du Soleil ſera réünie paroitra blanc, avant que le feu s'y
mette.

Le charbon allumé eſt rouge; mais ſi on augmente la force de ſa lumiére en le ſoufflant, il paroitra blanc; & il reprendra ſa couleur rouge, quand on aura ceſſé de ſoufler & que ſa lumiére s'affoiblira.

La lumiére très-forte & blanche paſſant au travers des fumées du feu
& des exhalaiſons de la terre, & s'affoibliſſant par ce paſſage, prend
une couleur rouge.

La flamme de l'Eau de vie, celle du ſouphre, & la plupart des autres flammes foibles, donnent des lumiéres bleuës.

Quelqus Philoſophes attribuent ce dernier effet à la diſcontinuation
de la lumiére, & ils attribuent au mélange du blanc & du noir, la rougeur que les fumées donnent à la lumiére blanche. Je demeure d'accord que la flamme de l'Eau de vie & celle du Souphre ſont diſconti-
nuées, & que c'eſt une condition néceſſaire à la lumiére pour paroître
bleuë, d'être diſcontinuée; car ſi elle étoit ſerrée & forte, elle paroitroit blanche : mais cette condition n'eſt pas la cauſe poſitive de la couleur bleuë, comme on peut le juger par les expériences ſuivantes.

Ayez un petit carré de papier blanc d'environ ſix lignes de largeur;
faites y pluſieurs petits points noirs avec de l'encre, en ſorte qu'il y ait
à peu près autant de noir que de blanc : ce petit papier étant mis ſur du
noir, & étant regardé de dix ou douze piés, paroitra blanc, & non
bleu, quoique la blancheur ſoit diſcontinuée. Mettez du vif-argent bien
net avec un peu d'eau fort claire ſur un carton noir; vous pourrez le
réduire en pluſieurs petites goutelettes rondes qui ſe toucheront. Chaque goutelette fera le même effet qu'un petit miroir convexe, & fera
paroître comme en un point la lumiére du Soleil qui s'y refléchit; mais
vous ne verrez aucune reflexion de lumiére ſenſible dans les intervalles
qui ſéparent ces points lumineux, & par conſéquent, leur lumiére ſera fort diſcontinuée : Et cependant, ſi vous regardez ces goutelettes
d'un peu loin, il n'y paroitra point de bleu, mais elles paroitront comme

me une blancheur continuë, de même qu’il paroît un bleu continu
dans la flamme de l’Eau de vie, & dans celle du Souphre, quoiqu’elles
foient beaucoup difcontinuées, la première par des vapeurs aqueufes, &
l’autre par le mélange de ce qui fe réduit par la diftillation en une liqueur acide, qu’on appelle l’aigre de Souphre. D’ailleurs, la flamme
de l’Efprit de vin très-rectifié ne paroît pas moins bleuë que celle de
l’Eau de vie, quoiqu’elle foit beaucoup moins difcontinuée. D’où il
s’enfuit, que la couleur bleuë de ces flammes ne procéde pas de la feule difcontinuation. Il eft encore manifefte que le mélange du blanc &
du noir ne produit pas néceffairement une couleur rouge, puis que les
Peintres mêlant du blanc de plomb avec du noir de fumée, font par
ce mélange une peinture qui tire fur le bleu & non fur le rouge. Ma penfée eft, qu’il eft très-difficile de donner les caufes certaines de ces couleurs différentes, & que, fuivant ce qui a été établi au commencement
de ce Traité, il fuffit de dire que les lumiéres foibles & difcontinuées
des fumées allumées de l’Eau de vie, du Souphre, & des autres exhai-
fons fubtiles & rarefiées, font difpofées à l’égard des organes de la vifion, d’une maniére propre à faire paroître du bleu ; & que les lumiéres fortes, particuliérement celles des matiéres folides embrafées, paffant au travers de quelques fumées épaiffes, y reçoivent une modification
propre à faire paroître une couleur rouge : & il eft aifé de juger qu’il
doit y avoir une différence fenfible entre les effets d’une matiére groffiére & terreftre, & ceux d’une exhalaifon legére.

Ces chofes étant fuppofées comme des Principes d’expérience, on
pourra fuffifamment expliquer les différentes couleurs de tous les corps
lumineux. En voici quelques exemples.

Le fer, qui eft une matiére pefante & folide, étant bien embrafé paroît blanc, parce qu’alors toutes fes parties font lumineufes, & que la
lumiére en eft très-vive; mais en fe refroidiffant, les parties extérieures, qui s’éteignent les premiéres, obfcurciffent par le mélange de quelques fumées terreftres non allumées, la lumiére des intérieures & la font
paroître jaune, puis rouge, & enfin d’un rouge fort obfcur quand le
fer eft fur le point de n’être plus lumineux.

La flamme d’une chandelle eft bleuë en fa partie la plus baffe, par fa
propre couleur, & parce qu’il y a peu de matiére allumée ; le milieu eft
blanc, à caufe que la flamme bleuë du deffous fe mêle, en s’élevant, a-
vec les autres flammes bleuës qui fe font plus haut, & les fortifie en
forte qu’elles ont affez de vivacité toutes enfemble pour faire un éclat
de blancheur; mais au haut de la flamme, il y a déja des fumées des
parties baffes qui font éteintes, lefquelles obfcurciffant l’éclat de celles
qui font allumées, les font paroître jaunes ou rouges, felon qu’il y a
plus ou moins de leur mélange. On voit auffi de la blancheur au haut
de la flamme de l’Efprit de vin très-rectifié, & quelque fois du rouge
au haut de celle de l’Eau de vie quand il y a quelque mélange de parties

grof-

groſſiéres. On expliquera de même les couleurs différentes de la flamme du Bois.

Si on jette parmi du ſable mouillé une médiocre quantité de Mine
de fer fonduë, il s'en éléve juſques à trois ou quatre piés de hauteur
pluſieurs parcelles enflammées, qui paroiſſent comme de petites étoiles
bleuës; & lorſque le fer eſt embraſé, il jette des étincelles bleuâtres,
& une eſpéce de flamme mêlée de blanc & de bleu : Ces lumiéres bleuës
procédent des fumées du ſouphre du fer, leſquelles étant allumées ſont
très-ſubtiles & très-raréfiées.

Par les mêmes raiſons la flamme du Cuivre fondu eſt bleuë, mais ce
bleu eſt mêlé de violet & de verd. Cette derniére couleur eſt particuliére au Cuivre, & elle vient des mêmes Principes, qui font que ſa
rouille, qu'on appelle du verdet ou du verd de gris, eſt d'un verd tirant ſur le bleu. On voit auſſi cette couleur verte dans les vieilles Mé-
dailles qu'on trouve dans de la terre humide.

Les petits charbons qui font au milieu du feu, étant médiocrement
embraſez paroiſſent rouges & jaunâtres, par leur terreſtréité & par le
mélange des fumées qui en ſortent : mais quand leur matiére inflammable commence à s'uſer, & qu'ils ſe couvrent de cendre, la derniére parcelle qui demeure en feu, paroît très-blanche, & éclatante un moment
avant qu'elle s'éteigne, parce qu'alors il n'y reſte plus aucune fumée
qui puiſſe obſcurcir ſa lumiére & la faire paroître rouge. Par les mêmes raiſons, les étincelles qui ſortent du charbon allumé ſont rouges
au commencement, & prennent un éclat de blancheur ſur la fin de
leur lumiére.

Une tuile étant expoſée à un Miroir brûlant, juſques à ce que l'endroit qui eſt au foyer ſoit fondu, & étant retirée enſuite; cét endroit
paroît blanc par la force de ſa lumiére qui vient d'une matiére ſolide &
terreſtre, mais incontinent après il devient jaune & enfin rouge par l'af-
foibliſſement de ſa lumiére, & par le mélange des fumées terreſtres &
groſſiéres.

Le verre fondu bien embraſé eſt blanc, & devenant peu à peu moins
chaud, il paroît jaune & enſuite rouge; ces couleurs procédent de ſa
matiére terreſtre, & des fumées qui en ſortent, quoiqu'elles ſoient inviſibles.

Pour s'aſſurer qu'il ſort des fumées de ces matiéres, on pourra faire
l'obſervation ſuivante.

Les émailleurs fondent le verre, en faiſant paſſer le vent d'un petit
ſoufflet à travers la flamme de leur lampe. Ce vent pouſſe ou entraine
après ſoi, comme un petit dard de flamme bleuâtre, qui rencontrant
de l'émail de verre ou du fil de fer, les allume d'un feu qui eſt rouge
au commencement & enſuite blanc. Ce petit dard de flamme paroît
encore bleu au delà de ces matiéres avant qu'elles ſoient en feu : mais
quand elles ſont embraſées, la flamme de la lampe qui paſſe au delà, de-

vient

vient jaune & rouge; ce qui ne peut arriver que parce qu’elle emporte
de petites particules terreſtres, & quelques fumées groſſiéres du verre
& du fer quand ils ſont en feu. Si l’Emailleur ſe ſert dans ſa lampe
d’huile de Cheval au lieu d’huile de Navette, le petit dard de flamme
ſera jaune & non bleu, à cauſe de la groſſiéreté de cette matiére huileuſe.

Le verdet en poudre mis ſur du fer rouge ſous du bois allumé, fait
paroître des flammes vertes par le mélange de ſes fumées avec la flamme du bois qui les allume.

Si vous mettez en un petit paquet ce qu’on retranche des bords d’un
chapeau noir pour l’arrondir, & que vous jettiez ce paquet dans un
aſſez grand feu; vous verrez au commencement une flamme blanche,
& enſuite de très-belles couleurs de bleu, de verd, & de violet, pendant l’eſpace d’un quart d’heure: la blancheur procéde de la matiére de l’étoffe, dont
la flamme eſt aſſez tôt éteinte: les flammes vertes, bleuës, & violettes,
qui durent long-tems, viennent du mélange du verdet avec quelques
autre drogues qu’on employe pour teindre les Chapeaux en noir. Si
l’on veut qu’il paroiſſe beaucoup de verd, il faut mettre le bout d’un
tiſon allumé auprès de la flamme bleuë ou violette; car les parcelles du
verdet en ſeront plus fortement allumées, & feront mieux paroître leur
beau verd.

Les Etoiles qui paroiſſent rouges ou jaunes, doivent avoir une grande lumiére, dont la vivacité eſt obſcurcie par quelques exhalaiſons qui
s’étendent autour d’elles: celles qui paroiſſent bleuës ont une lumiére
foible, mais pure & ſans mélange d’exhalaiſons.

La lumiére du bois pourri & celle des vers luiſans paroiſſent bleuës,
à cauſe de la ſubtilité de quelques exhalaiſons de ſels volatiles ou de matiéres ſulphurées qui n’ont point de chaleur ſenſible: il eſt vrai-ſemblable que ce n’eſt point une matiére allumée, puiſque l’eau ne l’éteint
point, qu’elle n’a aucune chaleur ſenſible, & qu’elle ne ſe conſomme
point. Les Phoſphores artificiels, qui font paroître une lueur bleuë é-
tant mis dans de l’eau, peuvent être d’une ſemblable nature; comme
auſſi les lumiéres bleuës de l’eau de la mer agitée, & celles qui paroiſſent dans de certaines parties des chairs de quelques animaux quand elles commencent à ſe corrompre.

Quand le Soleil & la Lune ſe lévent ou ſe couchent, ils paroiſſent
ordinairement fort rouges. Cette rougeur procéde de ce que leur lumiére paſſe au travers de quantité de fumées terreſtres & ſalpétreuſes
qui rempliſſent l’air proche de la terre; ce qu’on croira facilement, ſi
l’on ſait que lors qu’on diſtille du Salpêtre pour faire de l’Eau forte,
les fumées qui montent & qui circulent dans le balon, paroiſſent très
rouges quand on tient une chandelle allumée au delà du balon, &
qu’on la regarde à travers ces fumées. On voit auſſi le Soleil rouge,
ſi on le regarde à travers un verre où l’on ait mis une petite épaiſſeur
d’encre ou de noir de fumée. On

On pourra expliquer de même les couleurs des autres Corps lumineux.

Il faut remarquer ici que la lumiére & la chaleur du Soleil paffent avec une égale facilité à travers le verre & les autres corps tranfparens; ce qu'on peut obferver en mettant une glace de verre fur un petit miroir concave de métail expofé au Soleil: Car, il fera un femblable effet à peu près dans fon foyer pour mettre le feu, comme s'il n'y avoit point de verre; & la différence fera feulement d'environ une cinquiéme partie, qui eft à peu près ce que la lumiére perd par les reflexions qui fe font fur les furfaces du verre en paffant & repaffant. Mais, il n'en eft pas de même de la chaleur du feu & de fa lumiére: car fa lumiére paffe facilement à travers le verre, & fa chaleur n'y paffe point, ou bien il y en paffe très-peu; vous en pourrez faire l'expérience en cette forte.

Servez-vous du même petit miroir concave, & le tenez à deux ou trois piés de diftance d'un affez grand feu; faites refléchir fa lumiére fur quelque endroit de votre main, de maniére qu'elle s'y réüniffe; vous fentirez une chaleur telle que vous ne la pourrez fouffrir que très-peu de tems, couvrez en fuite votre miroir avec la même glace qui aura fervi pour le Soleil, & recevez de même fur votre main la lumiére du feu réünie; elle vous paroitra prefque auffi claire que quand le verre n'y eft pas, mais vous ne fentirez aucune chaleur, & quand même vous approcheriez le miroir à un pié de diftance du feu, il ne fera aucun effet fenfible de chaleur, quoique la lumiére réünie foit alors plus claire que quand le miroir eft éloigné de deux ou trois piés du feu, le verre étant ôté.

On voit auffi par expérience qu'un grand feu de charbon, dont la couleur eft rouge, donne moins de clarté pour lire, qu'une chandelle allumée, quoiqu'il donne plus de chaleur que trente ou quarante chandelles. De là vient apparemment que la lumiére très-fubtile du bois pourri & des vers luifans, peut agir fur les yeux, & qu'elle ne fait aucune chaleur à la main, parce que fon action n'eft pas affez forte pour ébranler les nerfs du toucher.

SECOND DISCOURS.

DES COULEURS CHANGEANTES QUI PAROISSENT SUR LES SURFACES DES CORPS PAR REFRACTION.

E X P É R I E N C E S.

Quand le verre a demeuré plufieurs années dans de la terre humide, il fe couvre d'une petite pellicule qui fait voir des couleurs femblables à celles de l'Arc-en-ciel.

Si

Si on tient une plaque de Cuivre affez long-tems fur du feu, il paroît fur la furface fupérieure une femblable variété de couleurs ; les petites lames de Talc en font auffi paroître en quelques endroits quand on les regarde en un certain fens ; la pellicule qui fe fait au deffus de l'Eau de Chaux fait voir auffi des couleurs changeantes.

Il y a des Phyficiens qui attribuënt ces effets au peu d'épaiffeur des pellicules, & qui foutiennent qu'il fuffit que l'eau, ou l'air, ou le verre, foient très-minces pour y voir des couleurs différentes.

Je demeure bien d'accord que c'eft une condition prefque néceffaire que quelques-unes de ces matiéres foient peu épaiffes, parce qu'autrement la lumiére ne les pourroit pénétrer une feconde fois, ou bien elle y fouffriroit plufieurs refractions contraires qui détruiroient les couleurs : Mais tant minces que les Corps tranfparents puiffent être, il n'y paroitra point de ces couleurs changeantes, fi leurs furfaces font parallelles. Dans les endroits où le Talc fe peut fendre aifément en petites lames dont chacune eft également épaiffe par tout, on n'y voit point de couleurs ; & on en voit dans les endroits où elles font inégalement épaiffes, & où l'on a de la peine à les féparer.

Pour m'éclaircir fur cette difficulté, j'ai fait faire au Sieur *Hubin* Emailleur, des feuilles ou pellicules de verre beaucoup plus minces & déliées qu'aucune feuille de Talc : il les faifoit en foufflant de petites bouteilles de verre fondu, jufques à ce qu'elles fe rompiffent, & par ce moyen quelques endroits du verre fe réduifoient à une épaiffeur imperceptible. J'ai regardé plufieurs fois en tous fens ces petites lames de verre ; mais ni moi, ni aucun de ceux à qui je les ai fait voir, n'y ont pû appercevoir d'autres couleurs que celles que les objets colorez y faifoient voir par la fimple reflexion. D'où je conclus, que les couleurs changeantes que l'on voit fur la Nacre de Perles, fur le Talc, fur l'Eau de Chaux, ne procédent pas feulement du peu d'épaiffeur de leurs pellicules, mais de ce que les furfaces de ces pellicules ne font pas parallelles, ou de ce qu'il y a des parcelles d'Air ou d'autres matiéres liquides mêlées.

Pour m'affurer davange de la vérité de cette Hypothèfe, j'ai confidéré avec grand foin les couleurs qui paroiffent dans les bouteilles qu'on fait avec de l'eau mêlée de favon ; car ces couleurs étant très-vives, & fe changeant en plufieurs façons, on en peut tirer des conféquences pour les autres apparences femblables.

On fait que le favon eft compofé d'huile & d'une leffive faite de ces cendres que les *Allemans* appellent Potâches : on en diffoud un peu dans un peu d'eau, & on fouffle les bouteilles avec une paille creufe d'une maniére qui eft fort connuë. J'en ai obfervé plufieurs avec beaucoup d'exactitude ; je foufflois ces bouteilles fur la liqueur même, contenuë dans une petite taffe de verre d'environ trois pouces de largeur ; elles fe formoient en demi Sphéres, la concavité du verre leur fervant de ba-

fe; je retirois la paille fans qu'elles fe rompiffent, & je les regardois a-
vec une loupe.

Quand l'eau eft peu chargée de favon, il ne paroît au commencement aucunes couleurs dans les bouteilles, parce que la liqueur étant uniformément mélée, les rayons fe refléchiffent fur la furface extérieure & fur
l'intérieure, comme fi elles étoient d'eau pure ou de verre.   Mais peu
à peu l'Huile & le Sel Alcali du Savon font avec l'eau plufieurs mélanges & plufieurs féparations différentes; ce qui eft le plus leger monte au plus haut de la convexité de la bouteille, & c'eft en cét endroit
que les couleurs commencent à paroître; il s'y forme fouvent plufieurs
anneaux ou Cercles Concentriques, dont chacun a trois ou quatre couleurs différentes, femblables à celles qu'on voit dans l'Arc-en-ciel; mais
il y a toujours beaucoup plus de verd & de rouge que des autres couleurs. J'attribuë ces rangs de couleurs à une liqueur graffe & legére, qui
s'éléve au haut de la bouteille, & y fait des rides & des plis femblables
à ceux qu'on voit dans les petites pellicules qui fe font au haut de quelques liqueurs, lors qu'on les fouffle contre les bords du vaiffeau qui les
contient: on voit auffi de femblables rides au deffus de l'eau fale qui
court par les ruës, aux endroits où elle eft un peu retenuë; & par conféquent chaque ride de cette liqueur legére qui s'éléve au haut de la
bouteille de favon, a une figure convexe qui doit rompre la lumiére qui
la pénétre, & lui donner des courbures propres à produire des couleurs
différentes.

Si on fait ces bouteilles au Soleil, on voit fe mouvoir en ferpentant
comme de petites Anguilles, plufieurs parcelles de la liqueur legére,
qui font un mélange de couleurs confufes femblables à celles du papier
marbré, & enfuite l'on voit les anneaux Concentriques.   Si les matiéres qui font les couleurs font un peu agitées par le vent, elles fe pouffent l'une l'autre, & les anneaux Concentriques fe confondent; d'où
il arrive qu'on voit alors fucceffivement du rouge & du verd vers le
haut de la bouteille: mais s'il ne fait point de vent, on y voit prefque
toujours des anneaux Concentriques; ceux qui font les plus proches
du centre, font les plus étroits, parce que la liqueur legére y eft plus
preffée.

Quelque peu de tems après que la bouteille eft faite, on voit parmi
les belles couleurs plufieurs petits ronds noirs qui s'aggrandiffent peu à
peu.   Ces ronds noirs font extrémement tranfparens, & leur noirceur
procéde feulement de ce que la lumiére ne s'y refléchit que très-foible-
ment: car quand on fait les bouteilles dans une chambre, on voit paroître l'éclat des fenêtres par reflexion fur les belles couleurs; mais on
ne voit paroître par reflexion fur ces ronds tranfparens qu'une très-foible lumiére, ce qui fait qu'ils paroiffent noirs étant comparez à l'éclat
qui les environne: Leur grande tranfparence peut proceder de leur peu
d'épaiffeur, & ils refléchiffent peu de lumiére, foit parce que leur ma-
tié-

tiére ne lui réfifte pas affez, foit parce que fes parties ne font pas affez ferrées, & qu'elles laiffent paffer prefque toute la lumiére par leurs
intervalles. Ces ronds noirs, qui font quelque fois un peu ovales avec
de longues queuës, occupent enfin le haut de la bouteille jufques à
huit ou dix lignes de largeur, & ils fe joignent fouvent tous enfemble,
de même que de petites goutes d'huile mifes fur de l'eau, fe joignent
pour faire une feule goute.

Lors qu'il fe fait quelque petite bouteille fort colorée à côté de la
grande, & qu'elle vient à fe rompre, fes couleurs montent au haut de
la grande; ce qui fait voir évidemment que la matiére de ces couleurs
eft legére & qu'elle furnage la liqueur aqueufe : La matiére des ronds
noirs eft la plus legére.

Quand on fait des bouteilles entiéres & qu'elles demeurent attachées
à la paille, on eft quelque tems fans voir des couleurs par le bas, parce que les matiéres legéres qui font les rides, montent & s'amaffent
vers le haut des bouteilles ; mais quand elles font prêtes à fe rompre,
il paroît beaucoup de ronds noirs auprès de la paille parmi les anneaux
Concentriques, qui ont alors de très-belles couleurs, d'azur, de jaune, & de rouge de pourpre.

Je faifois quelquefois plufieurs petites demi bouteilles enfemble, qui
rempliffoient entiérement la taffe où étoit l'eau de favon. Il paroît
d'affez belles couleurs dans ces petites bouteilles. Je voyois au haut de
quelques-unes, de petits ronds bleus, qui devenoient noirs, puis rouges, & enfin noirs; mais ils étoient alors fi grands, qu'ils occupoient
toute la reflexion des fenêtres. Lorfque je foufflois doucement contre
cette noirceur, une partie fe féparoit, & je voyois dans les intervalles,
l'éclat des fenêtres, mais cette matiére fe rejoignoit auffi-tôt.

Quand j'ouvrois les fenêtres & que je recevois fur ces petites bouteilles la lumiére de quelques nuées fort éclairées, je n'apparcevois aucune
reflexion fur les ronds noirs; il n'y avoit que la lumiére du Soleil très-
pure qui s'y pût faire voir par reflexion, mais elle y paroiffoit comme
un très petit point fans aucun éclat, au lieu qu'elle éblouïffoit, quand
elle fe refléchiffoit fur les belles couleurs.

Ces petites bouteilles durent plus long-tems que les autres: bien fouvent fur la fin il n'y paroiffoit plus de couleurs, & les ronds noirs occupoient toute la reflexion des fenêtres. D'où l'on peut conjecturer,
que la matiére qui contribuë le plus à faire les couleurs, deviendroit enfin comme celle qui fait les ronds noirs, fi les bouteilles duroient affez
long-tems: & parce qu'en foufflant contre cette matiére tranfparente,
j'en détournois une partie, & que dans les intervalles je voyois l'éclat
des fenêtres tout blanc par reflexion; il eft manifefte qu'il y avoit encore au deffous une liqueur aqueufe.

Pour connoître à peu près les caufes de toutes ces apparences; confidérez la figure 44ᵉ, en laquelle la ligne courbe ponctuée *a i b* repréfen-

te

te une partie de la circonférence concave de la bouteille. Les trois demi
ronds E, D, C, repréfentent trois rides de la partie grafſe & legére
de l'eau de ſavon, au travers deſquelles la lumiére ayant paſſé, ſe refléchit ſur la ſurface concave *a i b*, & encore une fois à travers ces rides. *f g*, *h l*, *l m*, ſont trois rayons de lumiére rompuë dans la ride
C. *n o*, *p q*, *r ſ*, ſont trois autres rayons qui ſortent de la ride D. *f g*,
n o, ſont dans les convexitez des courbures des rayons; & *l m*, *r ſ*, dans
les concavitez. Donc, par le 3ᵉ. Principe, les rayons *f g* & *n o* ſeront
rouges, & *l m* & *r ſ* violets (on ſuppoſe que les derniéres refractions ne
ſont point contraires aux premiéres:) & parce que les rides ſont étroi-
tes, il y paroîtra peu de jaune & de bleu, & par cette raiſon la plus
grande partie de la lumiére du milieu repréſentée par les rayons *h l*, *p q*,
ſera verte, comme le milieu de la lumiére qui paſſe par une petite ouverture dans les priſmes de verre, paroît tout verd à une petite diſtance. On ne voit point ordinairement de violet, parce que le rayon *l m*
eſt arrêté par le haut de la ride D, & le rayon *r ſ*, par le haut de la
ride E. Il peut encore arriver qu'il ne ſortira point de rayons violets
à cauſe de la trop grande obliquité de l'incidence, comme il a été expliqué dans la figure 12ᵉ.

Pour mieux entendre comme ſe font les refractions dans les rides concentriques, & dans les petites parties diverſement figurées qui ſe mettent l'une ſur l'autre dans les bouteilles de ſavon, on pourra faire l'expérience ſuivante.

Etendez de l'huile ſur une pierre plate & polie, & ſoufflez contre
cette huile quand il fait un grand froid; vous y verrez paroître des couleurs. Or, on ne peut douter que les petites vapeurs qui ſeront alors
ſur l'huile, ne ſoient comme celles qui terniſſent les miroirs, c'eſt à dire de petites goutelettes fort convexes, leſquelles la lumiére peut pénétrer aiſément, & rencontrant l'huile, elle doit s'y refléchir par la 2ᵉ.
Suppoſition, & par conſéquent elle fera paroître des couleurs. Si au
lieu de ſouffler contre l'huile vous la mettez avec la pierre dans de l'eau
contenuë en quelque vaiſſeau un peu large, il s'élévera au deſſus de l'eau de
petites parcelles de l'huile, leſquelles étant mélées parmi l'eau, & y
faiſant de petites rides longuettes que vous pourrez aiſément remarquer,
elles vous feront paroître des couleurs ſemblables à peu près à celles des
bouteilles de ſavon. De là vous pourrez connoître que les parcelles
très-minces d'eau & d'huile, qui prennent toujours des figures convexes étant mélées l'une parmi l'autre dans les bouteilles de ſavon, doivent cauſer des refractions propres à produire des couleurs. Il eſt aiſé
de juger que les couleurs doivent être plus belles à la fin de la durée des
bouteilles de ſavon qu'au commencement, puiſque l'eau s'évaporant
plus facilement que ni l'huile ni les ſels, il y a plus de ſavon à proportion
dans la bouteille ſur la fin qu'au commencement; & l'on voit par expérience, que quand il y a peu de ſavon dans l'eau, les couleurs ne paroiſſent

sent pas si tôt que quand l'eau en est fort chargée. On peut croire que les refractions sont alors un peu différentes de celles qui se font dans les prismes & dans les goutes d'eau pure, & que par cette raison la matiére peut recevoir des modifications propres à faire paroître de plus belles couleurs ; ce qui est assez vrai-semblable, puisque la partie la plus legére qui fait les ronds noirs, fait faire à la lumiére qui tombe dessus, des reflexions très-différentes de celles qui se font ordinairement sur l'eau, sur les sels, & sur l'huile.

Ces choses étant bien conçuës, il ne sera pas difficile d'expliquer les couleurs changeantes qui paroissent par des refractions sur les surfaces de quelques Corps opaques ou transparens. En voici quelques exemples.

Ayez deux Glaces plates de verre bien fin, l'une de trois ou quatre pouces de largeur, & l'autre un peu plus grande ; frotez les avec un linge pour les rendre bien nettes, & après les avoir jointes ensemble, faites les glisser plusieurs fois l'une sur l'autre en les pressant un peu : il paroitra dans peu de tems entre les deux verres des couleurs très-belles & fort semblables à celles des bouteilles de savon ; on y voit des anneaux concentriques, où il y a beaucoup de rouge & de verd, & en quelques-uns un peu de jaune & de bleu.

La plupart des Savans croyent que l'air intercepté entre les deux verres produit ces couleurs quand il est réduit à une très-petite épaisseur. Mais, il m'a semblé après en avoir fait plusieurs expériences, qu'il y avoit aussi quelque liqueur mélée : car comme il y a toujours des vapeurs dans l'air, & quelques exhalaisons sulphurées, il s'en engage entre les verres, en les faisant glisser l'un sur l'autre ; ce qu'on reconnoît en séparant les verres, quand les couleurs y paroissent, car ils résistent à être séparez comme s'ils étoient collez par quelque liqueur ; & si après les avoir séparez vous les essuyez doucement avec du linge, comme pour ôter cette liqueur, & que vous les pressiez ensuite l'un contre l'autre, vous n'y verrez point de couleurs pendant quelque tems, ce qui n'arrive point quand on les léve & qu'on les remet aussi-tôt sans les essuyer, car même sans les presser aucunement ou fort peu, on y voit les mêmes couleurs. Ce sont donc les vapeurs de l'air, & quelques vapeurs salines qui sortent des verres en les frotant, qui font les rides, ou qui remplissent avec quelque mélange d'air, celles qui peuvent être dans les surfaces des verres : Et on en pourra être persuadé si on met un peu d'eau entre les deux verres : car, après les avoir frottez l'un contre l'autre en les pressant, jusques à ce qu'il y paroisse des couleurs, si on fait entiérement glisser celui du dessus, il restera des rides d'eau fort visibles sur celui du dessous, dans lesquelles il paroitra des couleurs ; mais ces rides se séchant les couleurs disparoitront. Vous verrez le même effet avec plus de facilité, si vous étendez un peu d'eau sur l'un des verres, & que vous faissiez couler du lin-

ge

ge deſſus, une ſeule fois, comme pour l'eſſuyer à demi; car il y demeurera de petites rides d'eau, où il paroitra des couleurs.

Il y a une apparence aſſez ſurprenante dans les couleurs qui paroiſſent entre ces verres, laquelle on ne peut bien remarquer dans les bouteilles de ſavon; on en fait l'obſervation en cette maniére.

Après avoir frotté les deux verres aſſez long-tems contre du linge, & les avoir fait gliſſer l'un ſur l'autre ſans les preſſer, juſques à ce qu'il y paroiſſe des anneaux concentriques; remarquez vers le centre de ces anneaux la couleur qui y paroitra en la regardant le plus directement que vous pourrez; hauſſez un peu les verres, ou vous baiſſez pour regarder le même endroit plus obliquement, il paroitra verd, s'il vous a paru rouge; & ſi vous continuez à hauſſer les verres peu à peu pour les regarder plus obliquement, vous verrez encore pluſieurs fois ce même endroit alternativement rouge & verd. Voici comme j'explique cette apparence.

Les deux petits demi cercles *e a* K & *i b n* dans la figure 45e. repréſentent les courbures de deux petites rides contiguës entre les deux verres; Je conſidére ces demi cercles comme des verres taillez à facettes, ſemblables à celui de la figure 31e. Or, ſi ce verre de la figure 31e. avoit les trois ſurfaces A *r*, *r ſ*, *ſ c*, au lieu des deux A *b*, *b c*; on verroit outre les deux apparences de l'objet *a f*, en *g h* & *a f*, une autre apparence comme en **T**, entre *a f* & *g h* : & ſi le point *x* étoit un point lumineux, l'œil étant ſucceſſivement en *g h* & en **T**, il verroit ce point comme une lumiére colorée, ainſi qu'il a été prouvé en la premiére Partie dans l'Explication de la 3e. Apparence ; & quand même les facettes ſeroient un peu convexes, elles ne laiſſeroient pas de faire à peu près les mêmes effets, puiſqu'une même goute d'eau A B C dans la figure 36e. peut faire voir une lumiére rouge, venant d'un même point du Soleil, à un œil ſitué en divers lieux, comme en *δ*, ou en 2, ou en *d*.

Cela étant, ſoit ſuppoſé qu'il y ait trois facettes différentes, *e*, *a*, K, dans le demi cercle *e a* K, deſquelles ſortent par refraction les rayons, *e* C verd, *e d* rouge, *a o* verd, *a f* rouge, K V verd, K *r* rouge; Concevez auſſi qu'il y a trois facettes diſpoſées de même dans le demi cercle *i b n*, deſquelles ſortent par refraction les rayons, *i c* verd, *i* D rouge, *b ſ* verd, *b* F rouge, *n u* verd, *n* R rouge : il eſt manifeſte, que l'œil étant en R *r*, il verra du rouge, & en ſe baiſſant en *u* V, il verra du verd ; qu'étant en F *f* il verra du rouge, & en *ſ o* du verd, & qu'en continuant de ſe baiſſer, il verra du rouge étant en D *d*, & du verd étant en *c* C; & parce que ces rides ſont petites, les couleurs qu'il verra alternativement, lui paroitront en un même endroit ; il ne verra preſque point d'autres couleurs que du rouge & du verd, par ce qui a été dit en la figure 44e. J'ai obſervé ſouvent, que quand le rayon viſuel raſe à peu près la ſurface du verre ſupérieur, on ne voit que du jaune

vers

vers le centre des anneaux concentriques, après qu'on a vû du rouge, l'œil étant un peu plus haut ; ce qui procéde de ce que le bleu & le violet ne peuvent fortir en cét endroit à caufe de la trop grande obliquité.

On pourra expliquer de même les anneaux colorez qui paroiffent quand on commence à féparer un verre convexe du maftic où il avoit été collé pour le travailler : car, foit qu'il n'y ait alors que de l'air très-rarefié & très-mince, & d'inégales épaifleurs entre le maftic & le verre, foit qu'il y ait auffi quelque liqueur fortie du verre & du maftic ; il eft néceffaire qu'il s'y faffe des refractions, comme il s'en fait entre les deux verres plats pofez l'un fur l'autre.

Celles qui paroiffent dans la glace, lorfqu'on y fait des fêlures par quelque coup, viennent à peu près de femblables caufes, puifqu'il y doit avoir de l'air très-rarefié & très-mince entre plufieurs furfaces de la glace féparées par le coup : On peut croire auffi qu'il fe fait dans la glace brifée de petits prifmes irréguliers, propres à faire paroître des couleurs.

Les couleurs changeantes de la Nacre de Perles procédent des petites ondes ou rides de leurs lames qui font couchées irréguliérement les unes fur les autres : On voit diftinctement ces rides par le moyen des microfcopes.

Les couleurs du Talc ont du raport à celles de la glace brifée, & l'on voit avec le microfcope paroître des couleurs dans les endroits où il y a de petites lames diverfement inclinées & féparées les unes des autres, comme par des fêlures ; ce qu'on difcerne aifément par les reflexions, en tournant un peu le microfcope pour recevoir la lumiére en differentes façons.

Quand on fait des raïes avec un couteau fur de l'argent ou fur de l'étain, on y voit des couleurs changeantes : Elles procédent de plufieurs petites rides que le couteau fait, lefquelles on voit affez diftinctement par le moyen d'un microfcope. On voit auffi fur les bords coupez, des parties anguleufes, lefquelles, de même que les rides, font tranfparentes à caufe de leur peu d'épaiffeur, & ainfi elles peuvent faire des refractions comme les prifmes de verre, ou comme les petites rides d'eau.

Si l'on râtiffe avec un couteau du plomb ou du fer pour les rendre luifants, & qu'on y faffe refléchir la lumiére du Soleil ; cette lumiére refléchie étant reçûe fur du papier mis en un lieu obfcur, y fera paroître plufieurs couleurs à caufe de plufieurs petites rides comme des fillons que le couteau y fait : on diftingue ces rides avec le microfcope, & elles font renduës tranfparentes, parce que la craffe & les autres faletez en font ôtées, & qu'elles font très-minces.

Je ne parle point ici des couleurs changeantes qu'on voit dans de l'eau où l'on a fait tremper du bois Néphrétique, ni de celles qu'on voit

dans

dans les plumes du col d'un Pigeon, parce qu'elles ne se font pas selon les régles des refractions.

TROISIÉME DISCOURS.
DES COULEURS FIXES ET PERMANENTES.

CEs couleurs ne se font point par des refractions comme les couleurs changeantes, mais par le passage direct de la lumiére à travers de certains corps, soit en les traversant entiérement, soit en se réfléchissant sur quelques-unes de leurs parties internes après avoir un peu pénétré les superficielles : On peut le prouver par plusieurs expériences.

Quand un rayon solide du Soleil passe à travers un verre plat, coloré de rouge ou de bleu, il continuë à s'étendre en lignes droites, comme si le verre étoit sans couleur; car, si on le reçoit sur du papier blanc, il fera sa projection de même figure & grandeur que si le verre étoit ôté. Or, si les parties qui font les couleurs étoient comme de petits prismes ou de petits cylindres, ils écarteroient les diverses parties de la lumiére qui auroit passé à travers; ce qui est contre l'expérience.

Si on expose au Soleil un verre convexe coloré, il réünira ses rayons dans son foyer de même que s'il étoit sans couleur : ajoutez à cela que le bleu ne peut sortir par refraction, que le jaune & le rouge ne sortent aussi, puisque leurs refractions sont moins grandes que celles qui font le bleu; d'où il arriveroit que l'œil changeant un peu de situation, verroit du jaune & du rouge après avoir vû du bleu, ce qu'on ne remarque point, puisqu'on peut se mettre en plusieurs lieux différents, sans qu'un verre bleu ou une étoffe teinte en bleu, fasse paroître d'autres couleurs que du bleu. Que si l'on veut soutenir qu'il s'y fait des refractions, il faut croire qu'elles se redressent l'une l'autre, & que toutes ensembles font le même effet sensiblement, que si la lumiére passoit selon des lignes droites. A l'égard des verres colorez ou de l'eau colorée, on demeure d'accord qu'il s'y fait des refractions comme dans l'eau pure ou dans les verres sans couleur; mais ces refractions sont indépendantes des couleurs réelles : Et si on faisoit un prisme d'un verre rouge ou bleu, il ne laisseroit pas de faire des couleurs d'iris; mais elles seroient mélées de la couleur du verre.

La blancheur est la plus vive de toutes les couleurs, parce qu'elle se fait par une forte reflexion de la lumiére sur les surfaces de certains corps; ce qui se prouve par plusieurs raisons & expériences. La lumiére du Soleil se réfléchissant sur la surface convexe d'une goute d'eau, s'écarte beaucoup plus que quand elle se réfléchit sur une surface platte polie, & l'œil étant placé successivement en plusieurs lieux, verra successivement en plusieurs endroits de cette surface l'image du Soleil comme un petit rond tout blanc; cela est facile à démontrer par les régles

de

de l'Optique : la même chofe arrivera dans un petit miroir convexe. Or, s'il y a plufieurs petits miroirs convexes qui fe touchent , on verra en chacun un petit éclat de blancheur ; & s'ils font petits comme des grains de fable, on ne pourra diftinguer les petits intervalles obfcurs qui feront entre les points blancs, parce que les fibres de la Choroïde qui reçoivent ces petits intervalles , font agitées & ébranlées par celles où tombent les rayons refléchis qui font paroître les petits ronds de lumiére ; & par cette raifon, ces petits ronds paroiffent plus grands qu'ils ne font, & donnent tous enfemble l'apparence d'une furface blanche continuë, fi on en eft médiocrement éloigné.

On n'y voit point de couleurs , parce que la reflexion fur une furface polie convexe ou concave, ne donne point d'autres modifications à la lumiére que de l'écarter ou de la condenfer ; ce qui eft aifé à obferver dans la lumiére refléchie par des miroirs Sphériques, Convexes, ou Concaves.

De là il s'enfuit que les vapeurs ou petites parcelles d'eau qui compofent les nuées , les petites parcelles de la neige , la pouffiére de verre & la glace brifée en petites parcelles , doivent faire paroître de loin une blancheur continuë. Ceux qui font fur de hautes montagnes quand le Soleil luit, voyent les nuées qui font au deffous d'eux entre deux valons, auffi blanches que de la neige.

On peut encore juger que le papier & le linge ont une infinité de petites éminences convexes, & que chacune de ces éminences doit faire paroître un petit éclat de blancheur , & toutes enfemble une blancheur continuë.

On tirera les mêmes conféquences pour tous les corps qui paroiffent blancs.

Le noir eft plus oppofé à la blancheur que les autres couleurs.

Les corps paroiffent noirs quand leurs furfaces ne refléchiffent point de lumiére, ou qu'ils en refléchiffent très peu.

Coupez quelques-unes des lettres majufcules d'une feuille imprimée , en forte qu'il y ait des ouvertures vuides au lieu des lettres ; elles vous paroitront plus noires que les autres lettres , pourvû qu'il n'y ait rien de blanc qu'on puiffe voir à travers ces ouvertures.

Si l'on frotte avec de l'huile une partie des quarrez de papier d'un Chaffis, ceux qui feront frottez paroitront à ceux qui feront dans la chambre , beaucoup plus blancs que les autres , à caufe qu'il y entre beaucoup plus de lumiére ; mais ils paroitront comme noirs à ceux qui feront dehors , parce qu'il fe refléchira beaucoup moins de lumiére fur l'huile que fur les petites éminences du papier, qui font la blancheur. C'eft par la même raifon que les cuirs blancs étant frottez d'huile ou de graiffe , deviennent noirs.

De là il s'enfuit que les corps noirs doivent s'échauffer davantage au Soleil que les corps blancs , puis qu'il doit entrer plus de chaleur dans les corps où il entre plus de lumiére.

Les fumées terreſtres & groſſiéres qui ſortent des corps qui brûlent ou qui ſont fort échauffez , ſont noires , & noirciſſent les corps où elles s'attachent.

Pour expliquer cét effet, on peut prendre pour Hypothèſe , que les atomes ou petites parcelles des fumées ſont comme de petites pyramides longuettes & fort pointuës, ce qu'on peut conjecturer par la douleur que les yeux en ſouffrent ; & par conſéquent , un amas de ces petites parcelles doit paroître très-noir, à cauſe qu'il ne peut renvoyer au dehors par reflexion que très-peu de lumiére, ce qui ſe prouve ainſi.

A B C dans la figure 46e. repréſente une des parcelles qui compoſent le noir de fumée.   D E eſt un rayon tombant ſur la ſurface repréſentée par la ligne A B ; il ſe rompra comme en E F , & parce que ſon incidence ſur A C ſera trop oblique, il ſe refléchira entiérement en G ; l'incidence du rayon F G ſur A B ſera encore trop oblique, & il s'y refléchira entiérement ; & paſſant enfin au travers de B C , en H I, il rencontrera d'autres parcelles ſemblables , où il s'embaraſſera de même.   Il arrivera la même choſe aux autres rayons qui tomberont ſur les autres parcelles , & ainſi il ne paſſera point de lumiére viſible au delà de cette matiére , ce qui la rendra très-opâque.   Sa première reflexion ſera très-foible, parce qu'elle ne rencontrera que des pointes & non des ſurfaces convexes comme celles qui font la blancheur ; le reſte paſſera dans les intervalles & ne reviendra point aux yeux.   La matiére des ronds noirs qui paroiſſent dans les bouteilles de ſavon, peut avoir quelque raport à celle du noir de fumée , ſoit que celle des ronds noirs ait auſſi des pointes , ou que l'une & l'autre ayent une molleſſe qui l'empêche de repouſſer fortement la lumiére.   Mais , quelles que ſoient les véritables cauſes de la noirceur dans ces deux matiéres, il eſt très-certain que les fumées groſſiéres & terreſtres , comme celles qui viennent de la flamme du bois ou des graiſſes allumées , ſont noires & noirciſſent.

De là il s'enſuit que le charbon doit être noir , parce que la fumée du bois s'y attache.   Ce n'eſt pas à cauſe de ſes pores qu'il eſt noir, quoiqu'ils contribuent à la noirceur ; puiſque la cendre blanche qui reſte deſſus, quand il eſt preſque tout brûlé , eſt beaucoup plus poreuſe : & par conſéquent les pores ne ſont pas la ſeule cauſe de la noirceur.

Quand on fait brûler des os fort blancs, la fumée qui en ſort & qui s'y attache en partie, les rend noirs ; mais ſi on les tient dans le feu juſques à ce que toute la graiſſe ſoit évaporée, ils demeureront blancs après qu'ils ſeront éteints.

On pourra expliquer de même la noirceur qui paroît dans les autres corps.

Si on ſuppoſe que la couleur eſt une lumiére modifiée, on ne doit mettre ni le blanc ni le noir au rang des couleurs ; puiſque le noir eſt

un

un deffaut ou une foiblesse de lumiére, & le blanc, une lumiére refléchie sans modification.   Les Teinturiers ne mettent pas le blanc entre les couleurs; d'où vient qu'ils disent teindre les laines & les mettre en couleur.

Le rouge, le jaune, le bleu, & les autres couleurs qui procédent de la lumiére diversement modifiée, paroissent dans les corps dont les surfaces
refléchissent moins de lumiére que celles qui font la blancheur, & en
refléchissent plus que celles qui font la noirceur.

Il y a deux ordres différens dans les couleurs pour passer du blanc au
noir. L'un de ces ordres est, le blanc, le jaune, le rouge, le noir; & l'autre, le blanc, le bleu, le violet, & le noir. Les prismes de verre font
paroître ces deux ordres dans les refractions; car lorsqu'il y a du blanc
au milieu de la lumiére rompuë, on voit du côté de sa convexité, du
jaune & du rouge, & du côté de la concavité, du bleu & du violet,
comme il a été expliqué dans la première Partie de ce Traité.

Le plus & le moins d'une liqueur colorée fait de semblables changemens.   Le tournesol dissous dans un peu d'eau paroit noir dans une é-
paisseur de trois ou quatre lignes, étant mis sur du papier blanc; il paroît violet dans une épaisseur d'une ligne; il paroit bleu dans une é-
paisseur d'une demi ligne, & sans couleur dans une très petite épaisseur.
Il y a aussi des liqueurs qui paroissent noires dans une grande épaisseur,
rouges dans une médiocre, jaunes dans une de trois ou de quatre lignes,
& sans couleur dans une très-petite.

Les deux principes différens que les Chymistes appellent l'Acide &
l'Alcali, dont il a été parlé dans le premier Essai, font voir aussi ces
deux ordres.   L'Acide fait devenir rouges, le noir, le bleu, & le violet; il change le rouge en jaune, & le jaune en jaune très-pâle : Au contraire, l'Alcali change ordinairement le rouge en violet ou en rouge de pourpre, & le jaune en feuille morte. On en donnera plusieurs exemples dans
la suite.

Les Chymistes croyent que le Souphre est le seul principe des couleurs.   Mais il est évident que celles de l'Arc-en-ciel & celles que les
Prismes de verre font paroître, ne font produites par aucun souphre;
& à l'égard des couleurs fixes, il est très vrai-semblable qu'elles viennent des mélanges différens des différens principes des mixtes, & non
du souphre seul, puisque que la lumiére peut aussi bien se modifier en
passant par les sels & par les terres, qu'en passant par le souphre.

On peut croire qu'il y a des couleurs primitives dans quelques corps
simples, comme du bleu dans l'air; du jaune ou du rouge dans quelques terres, comme l'ochre, les bols, & l'argille: Le sable & les cendres, qui font des matiéres fort terrestres, étant fondus ensemble prennent une couleur qui tire sur le verd: Il semble qu'il y ait du verd dans
l'eau, & on peut le remarquer quand elle a beaucoup de profondeur, particuliérement sous un Pont ou sous quelque grand Bateau, où l'on ne

voit point par reflexion le bleu de l'air. On voit auffi du verd dans l'eau de la Mer.

Je compare ce qui fait les couleurs fixes dans les mixtes, à cette matiére délicate & impalpable qui paroît fur les raifins, fur les prunes, & fur quelques autres fruits quand ils font meurs; & qu'on ne voit plus quand on a paffé la main par deffus. Cette matiére peut être mélée parmi les parties folides des corps, fans changer ou altérer leurs configurations, & on peut auffi l'en tirer fans changer le tiffu de leurs parties folides.

Les Chymiftes en font voir plufieurs expériences; & c'eft une de leurs plus belles opérations de tirer la teinture des mixtes par le moyen de certaines liqueurs qu'ils appellent des diffolvants ou des menftruës, comme l'eau commune, l'efprit de vin, les eaux fortes, &c.

Il y a des couleurs ou teintures qui font très-fixes, comme la teinture jaune de l'or, la teinture bleuë du lapis lafuli; car quoiqu'on mette l'or en fufion, & qu'on faffe rougir le lapis lafuli dans un très-grand feu, la beauté de leurs couleurs ne diminuë point, & il eft impoffible ou très-difficile de les tirer par les diffolvans ordinaires. Mais la plupart des autres couleurs fe tirent & s'évaporent affez facilement.

Le corail rouge étant mis auprès d'un feu médiocre, laiffe évaporer toute fa teinture rouge en peu de tems; & étant mis en poudre dans du jus de citron, il devient dans un jour ou deux, blanc comme de la neige. J'ai vû des pierres affez groffes, de la couleur des Amethyftes, lefquelles étant mifes dans le feu, perdoient leur couleur en moins d'une heure.

Faites bouillir du bois de Brefil dans plufieurs eaux, la plupart de fa teinture rouge y paffera fans que fes fibres ni la fermeté de fes parties en reçoivent aucun changement fenfible; & les eaux qui en feront teintes, étant expofées quelque tems à l'air fe jauniront & perdront la vivacité de leur couleur rouge, par l'évaporation de leurs parties les plus fubtiles.

Je conçois donc que la matiére qui fait les couleurs en chaque corps, eft mélée parmi fes parties fermes & folides; qu'elle eft tranfparente; & que la lumiére l'ayant un peu pénétrée, rencontre les parties folides où elle fe refléchit, & paffant une feconde fois à travers cette matiére, elle porte aux yeux une couleur felon les modifications qu'elle a reçuës par ce double paffage.

Si le corps coloré eft tranfparent, la lumiére qui le traverfe s'y modifie de même, & porte au delà, l'apparence de la couleur.

On peut faire paffer cette matiére dans plufieurs corps de fuite. Les plumaffiers tirent la couleur des laines teintes en écarlate, & la font paffer dans leurs plumes fans qu'elle fouffre aucun déchet fenfible de beauté.

Les couleurs qu'on tire facilement & qui s'évaporent facilement, reçoi-

çoivent plusieurs changemens, à cause que quelques-uns des principes
qui composent leur matiére se dissipent ou qu'ils se desunissent un peu
les uns des autres; car il faut très-peu de différence dans l'union ou dans
la séparation des principes, pour faire une grande diversité dans les couleurs.

Il y a beaucoup de fleurs qui dans une seule feuille ont des couleurs
très-différentes qui se touchent immédiament, quoique chaque feuille
soit nourrie d'une même séve.

Il est vrai-semblable que cette différence procéde de ce que quelques-
unes de leurs fibres ont des pores plus petits que ceux des autres fibres,
& qu'ils ne laissent point passer quelques-uns des principes les plus grossiers de la matiére des couleurs; ou bien qu'étant diversement figurez,
ils leur donnent de nouvelles configurations.

Lors qu'on filtre du vin fort rouge, il perd presque toute sa couleur:
d'où il s'ensuit, qu'il y a plusieurs parcelles qui font sa rougeur, dont
les plus grossiéres ne peuvent passer par les pores du papier gris ou des
autres corps qui peuvent servir à filtrer les liqueurs.

Quand on regarde du sang à travers les microscopes qui grossissent
beaucoup, on y remarque de petites boulettes rouges qui nagent dans
une liqueur aqueuse: or, si en filtrant le sang ces boulettes ne passent
point, il n'y demeurera point de couleur.

La diversité des couleurs qu'on voit dans les poils des Animaux à
quatre piés, & dans les plumes des Oiseaux, peut proceder de semblables causes.

Le Porc-Epy a chacun de ses aiguillons distinguez alternativement
de blanc & de noir par le dehors; car le dedans est tout blanc: Il est
donc nécessaire que le même suc qui dans un endroit de l'aiguillon fait
du blanc, y soit disposé d'une autre sorte que dans l'endroit où il fait du
noir, par la différence des pores des fibres où ce suc se filtre.

La Beccasse de l'*Amérique* a toutes les plumes de ses aîles d'un rouge
très-vif, à la reserve des trois premiéres, qui ont leurs extrémitez très-
noires de la longueur d'environ un pouce; le noir joint immédiatement
le rouge, & cependant c'est la même liqueur qui passe par les tuyaux
de ces plumes pour les nourrir, & elle ne peut pas recevoir un changement considérable dans un espace imperceptible: il reste donc qu'il se
fasse quelque filtration différente dans l'endroit où commence le noir,
par des pores différens qui s'y rencontrent.

A l'égard des changemens de couleurs qui se font par les Acides &
par les Alcali, voici quelques expériences que j'en ai faites.

Si l'on verse dans la solution bleuë du Tournesol, un peu d'esprit de
sel ou de quelque autre esprit acide ou même du jus de Citron, elle deviendra d'un beau rouge; & si on y verse ensuite du Sel Lixiviel des
plantes brûlées, ou de l'huile de Tartre, ou de l'esprit de Sel Armoniac, qui sont des Alcali, elle reprendra une couleur bleuë ou violette.

Il faut ici remarquer que les rouges que font les différens acides dans la folution du tournefol, font plus ou moins éloignés du bleu : car quand l'acide eft foible, le rouge qu'il fait étant affoibli par beaucoup d'eau, reprend une couleur bleuë; mais fi l'acide eft fort comme celui de l'efprit de Sel, le rouge qu'il fait tire fur l'Orangé ou fur la couleur de feu, & étant affoibli par beaucoup d'eau, il devient jaune & ne retourne plus au bleu, fi on n'y remet des alcali. Si on mêle quelque alcali avec le fuc bleu des violettes, il deviendra verd, & fi on y met enfuite quelque acide, il deviendra rouge. Si l'on verfe quelque acide dans la décoction de bois de Brefil, laquelle eft fort rouge, elle deviendra jaune; & fi au lieu d'acide on y met de l'huile de Tartre ou un autre alcali, elle deviendra de couleur de pourpre. Si l'on mêle dans la décoction de gaude qui eft jaune, de l'efprit de Vitriol, ou de l'efprit de Sel ou du jus de Citron, elle perdra prefque toute fa couleur; mais fi au lieu d'un acide on y met de l'efprit d'urine ou de Sel Armoniac, elle prendra une couleur obfcure comme de feuille morte.

J'attribuë les effets des acides à la ténuité de leurs parties, qui ont la vertu de diffoudre les corps; & les effets des alcali à leur vertu de précipiter ce qui eft diffous, en fe joignant aux acides. Ces principes différens peuvent faire pour les couleurs des effets femblables & proportionnez à ceux qu'ils font fur les Métaux. On fait que les efprits de Salpêtre & de Vitriol diffolvent l'Argent en forte qu'il devient invifible, & que fi on y mêle enfuite de l'huile de Tartre, elle fe joint à ces efprits, & leur fait quitter l'argent qu'ils tenoient diffous, & par ce moyen fes parcelles imperceptibles fe raffemblent, & fe joignant plufieurs enfemble, elles deviennent pefantes & tombent au fond du vaiffeau. Il n'eft donc pas difficile de croire qu'un peu d'efprit de Vitriol ou de Salpêtre puiffe diffoudre la matiére des couleurs en des parcelles fi petites qu'elles deviennent invifibles, & qu'en y mêlant enfuite des alcali, qui fe joignent incontinent aux acides, les parcelles fe raffemblent & faffent paroître leur couleur. Les Chymiftes appellent cette action des alcali, précipitation, foit que les matiéres aillent promptement au fond de la liqueur, foit qu'elles fe raffemblent feulement en ceffant d'être diffoutes, comme font beaucoup de matiéres, du moins leurs parties les plus legéres. Vous pourrez faire les expériences fuivantes pour vous affurer de la diffolution des couleurs par les acides, & de leur précipitation par les alcali.

Mettez un morceau de bois d'Inde ou de Brefil dans du jus de Citron, & le retirez après l'y avoir laiffé trois ou quatre heures, le jus de Citron demeurera auffi clair qu'auparavant; verfez y trois ou quatre goutes d'huile de Tartre, vous verrez auffi-tôt une belle couleur rouge. L'efprit de Vin & l'Urine récente font de femblables diffolutions en tirant la teinture de ces Bois par quelque acide fubtil qu'ils ont, & ils la laiffent auffi précipiter & paroître dès qu'on y a mêlé de l'huile de

Tar-

Tartre : mais fi l'Urine a été gardée deux ou trois jours, fes efprits acides fe diffipent, & elle fait le même effet que l'eau commune, en tirant feulement la teinture fans la diffoudre.

Mêlez de l'efprit d'Alun dans l'encre faite avec du vitriol & de la décoction de noix de Galle , elle deviendra fans couleur comme de l'eau pure ; verfez y enfuite de la foude ou un autre alcali, elle reprendra fa noirceur. Pour connoître les caufes de ces effets , mettez de la limaille de fer dans du vinaigre, jufques à ce qu'il y paroiffe de la rouille, mêlez y de la poudre de noix de Galle, il fe fera du noir. Or, fi l'on fuppofe que le vitriol dont on fe fert pour faire de l'encre, contient quelque matiére ferrugineufe qu'il tient diffoute par fon efprit acide , & qu'elle puiffe fe précipiter par la noix de Galle, il fe fera du noir par leur mélange.

Il doit donc arriver que l'efprit d'Alun ou quelque autre acide verfé fur ce noir, diffoudra de nouveau la matiére ferrugineufe & la fera difparoître, & que la Soude ou la Chaux ou quelque autre Alcali la fera précipiter une feconde fois & fera paroître fa noirceur.

De là on voit la raifon pourquoi le jus de Citron ôte les taches d'encre du linge.

Il y des teintures qui fe diffipent & s'évaporent entiérement en même tems qu'elles font tirées par les acides.

Le jus de Citron tire la teinture du corail & le fait devenir blanc, mais il la fait évaporer en même tems, en forte que fi vous y mettez de l'huile de Tartre, elle ne fera paroître aucune couleur.

Il faut remarquer qu'il y a de certaines matiéres colorées fur lefquelles les acides différens n'agiffent pas de même. L'efprit de Vitriol & le jus de Citron font perdre la couleur jaune à la décoction de la Gaude; mais l'efprit de Salpêtre y fait un effet à peu près femblable à celui qu'y fait l'efprit d'Urine, qui eft de la rendre de couleur de feuille morte : & au contraire, l'efprit de Vitriol ne fait point perdre la couleur jaune au Saffran diffous dans l'eau commune, & l'efprit de Salpêtre la lui ôte. L'efprit de Vitriol ne change pas le bleu de l'Inde; mais l'efprit de Salpêtre le lui ôte prefque entiérement.

Les Alcali ne font pas auffi toujours de femblables changemens fur des couleurs femblables. La teinture bleuë de l'Iris & des Violettes devient verte par les Alcali, & le bleu du Tournefol demeure bleu; l'efprit d'Alun rougit le Tournefol, & ne rougit point le bleu de l'Inde. Et ainfi la régle des Acides & des Alcali fouffre quelques exceptions par des caufes inconnuës qui font dans les corps, lefquelles empêchent leurs effets ordinaires.

On peut expliquer le changement de la teinture bleuë des Violettes & de l'Iris en verd par les Alcali, en faifant remarquer que la couleur de ces fleurs paffe immédiatement du verd de la plante au violet, par quelques filtrations qui changent fort peu la difpofition de la féve :

d'où

d'où vient que si on mêle de l'eau dans ces sucs, elle paroît bleuë au commencement ; mais cinq ou six heures après, ce bleu se change de lui-même en verd.

On sait aussi que l'huile de Tartre a la vertu de jaunir : car si on en mêle dans du Sublimé dissous en eau commune, elle le précipite en jaune rougeâtre ; & les sels lixiviels des plantes brûlées donnent une couleur jaune à l'Eau, aussi bien qu'au Sublimé. Il est donc aisé de juger, que le jaune des sels lixiviels, qui sont apparemment un mélange de sel & de terre, mêlé avec le bleu de ces fleurs, lequel a déja une disposition à reprendre la couleur verte, le fait devenir verd en un instant ; ce qui n'arrive pas au bleu du Tournesol, parce qu'il ne provient pas du suc d'une fleur, mais de la graine d'une plante.

L'Alun ne change pas beaucoup les couleurs, il les éclaircit seulement par son acide ; mais il a une propriété merveilleuse pour les conserver, & en empêcher l'évaporation. Si vous mêlez un peu d'Alun pulverisé dans de l'eau mêlée avec du suc de Violettes, elle demeurera bleuë & ne se changera point en verd, & même, si elle étoit déja verte, elle reprendra sa couleur bleuë.

Mettez de la décoction de bois d'Inde qui est fort rouge, dans deux petites bouteilles, & mêlez dans l'une un peu de poudre d'alun ; celle-ci deviendra d'un très-beau rouge clair qu'elle conservera, & l'autre deviendra jaunâtre dans moins d'un jour, quoique les deux bouteilles soient fermées de même ; & si vous laissez à l'air une partie de cette décoction, elle deviendra noire comme de l'encre, dans le même espace de tems.

J'ai fait les mêmes expériences dans des décoctions jaunes, comme celles de la Gaude, du bois appellé Fustel, & de la racine appellée Terra merita ; & j'ai trouvé qu'un peu d'Alun éclaircissoit leur jaune & en conservoit la beauté, & que si on n'y mêloit rien, elles devenoient blancheâtres dans deux ou trois jours.

Il est vrai-semblable que l'Alun fait ces effets par sa stipticité ou vertu astringente, & qu'il lie la matiére délicate des couleurs & l'empêche de s'évaporer ; ce qu'on peut croire aisément, puisque la Colle fait un semblable effet par sa viscosité.

Faites bouillir du bois de Bresil avec de la Colle de peaux, le rouge en sera très-beau, & se conservera plusieurs années sans aucun changement ; au lieu qu'étant bouilli avec de l'eau seule, il devient jaunâtre & sans couleur dans un jour ou deux, étant exposé à l'air.

Par la même raison les fleurs conservent long-tems leurs couleurs, si on empêche l'évaporation de leurs parties subtiles.

Tenez les feuilles d'une Tulippe variée dans un livre fermé, elles conserveront fort long-tems leurs belles couleurs.

De toutes les expériences que j'ai rapportées dans ce troisiéme Discours, & de plusieurs autres que j'ai faites avec beaucoup d'exactitude,

j'ai

j'ai tiré quelques Régles générales, dont on pourra se servir pour expliquer assez bien les couleurs fixes.

Mais parce qu'il y a quelquefois des Régles générales ou loix de la nature qui empêchent les effets les unes des autres ; lors qu'on trouvera quelque effet différent des effets ordinaires, il faudra chercher quelques autres Régles qu'on puisse appliquer à cet effet, car alors il dépendra de deux ou trois causes, & on tâchera de l'expliquer par deux ou trois Régles.

RÉGLES GÉNÉRALES

POUR LES COULEURS FIXES.

PREMIÉRE RÉGLE.

L Es Couleurs fixes nous paroissent, lorsque la lumiére ayant passé par la matiére qui fait ces couleurs, vient ensuite à nos yeux avec assez de force.

APPLICATION.

L Es couleurs des Vitres des Eglises paroissent très-belles & très-vives à ceux qui les regardent du dedans au dehors ; mais elles paroissent très-foibles à ceux qui les regardent par le dehors.

Ces effets procédent de ce qu'il passe beaucoup de la lumiére forte qui vient du dehors, au travers des Vitres où elle se colore, & qu'il en passe très-peu du dedans au dehors. La reflexion qui se fait de la lumiére du dehors, qui a passé jusques à la seconde surface du verre coloré, est aussi très-foible, & elle s'affoiblit encore en repassant par l'épaisseur du verre & par la rencontre de l'autre surface ; & ainsi les couleurs paroissent très-peu en ce sens, & on a même de la peine à les bien distinguer les unes des autres.

Les Rubis, les Emeraudes, & les autres pierres précieuses qui ont de la couleur, la font paroître bien plus fortement par reflexion, que les Verres de même couleur, parce que la proportion de la refraction est plus grande dans les pierres précieuses, que dans le Verre. Or, si on suppose que cette proportion soit comme de 5 à 3 dans le Rubis, on trouvera par le calcul, que le rayon le plus oblique qui pourra passer du dedans d'un Rubis dans l'air, fera un angle d'incidence de 36^d. 53' ; & que si cet angle est de 36^d. 54', le rayon se réfléchira entiérement comme il le fait dans le verre, quand cet angle est de 41^d. 49', selon la 3e. Supposition de la 1e. Partie.

Qq

On

On peut donc tailler un Rubis d'une maniére que la plupart des rayons qui y entreront, se refléchiront entiérement sur les secondes surfaces, & prendront une vivacité de couleurs par le double passage qu'ils feront à travers la matiére colorée ; ce qui n'arrivera pas à un Verre coloré taillé de même, parce que sa refraction étant moins forte, il laissera passer beaucoup plus de rayons.

C'est par cette raison qu'on met des feuilles d'argent bruni, teintes d'un beau rouge, au dessous des Rubis, afin de faire repasser vers les yeux le reste de la lumiére qui les a traversez.

On fera un effet tout contraire, si on fait toucher les secondes surfaces d'un Rubis à de l'eau mise dans un sceau ou dans un vaisseau dont le fond n'ait point d'éclat ; car alors la vivacité de la couleur s'effacera presque entiérement.

La cause de cet effet est que la proportion de la refraction du Rubis à l'eau est fort petite, & est comme de 5 à 4 ; ce qui fait que la plupart de la lumiére passe de la pierre dans l'eau & ne revient point aux yeux.

On verra de semblables effets dans les Emeraudes & dans les Saphirs, & ils seront encore plus sensibles dans les Verres colorez, parce que la proportion de la refraction du Verre à l'eau n'est que de 9 à 8.

Que si on met des feuilles sous les Verres colorez comme sous les pierres précieuses, ils pourront paroître avec autant d'éclat, si leur couleur est aussi belle, à cause que la lumiére colorée repassera toute entiére aussi bien à travers le verre qu'à travers la pierre.

Si on met de la teinture bleuë ou rouge de l'épaisseur de deux ou trois lignes sur du papier blanc, elle paroitra noire, parce que la lumiére qui se sera affoiblie en traversant les parcelles de la matiére de la couleur dans cette épaisseur jusques au papier, ne pourra être assez forte après s'y être refléchie pour les traverser une seconde fois, & par cette raison la liqueur paroitra noire ; mais si son épaisseur n'est que d'une demi ligne ou d'un quart de ligne, la lumiére s'affoiblira fort peu par les deux passages, & portera aux yeux la couleur avec un bel éclat.

La même chose arrive aux Laines, aux Soiës, & aux Plumes teintes, parce que les premiéres surfaces de leurs petites fibres qui refléchissent la lumiére, ne sont couvertes que d'une très-petite épaisseur de la matiére colorée.

Lors qu'on regarde le Soleil à travers une fumée épaisse, il paroît rouge ; mais si on regarde cette fumée de près, ayant le dos tourné au Soleil, & qu'il y ait un fonds obscur au delà, elle paroitra bleuë : j'attribuë cet effet à une foible reflexion de la lumiére qui se fait sur quelques parcelles de la fumée, après en avoir traversé quelques-unes ; & cela se doit faire à peu près de même que quand la lumiére tombe sur un mélange de noir de fumée & de blanc de plomb, puis qu'elle passe aussi par une très-petite épaisseur de noir, avant que de se refléchir sur le

blanc,

blanc, & que paſſant une ſeconde fois à travers cette petite épaiſſeur noire, elle s'affoiblit en ſorte qu'elle paroît bleuë.

On peut expliquer par les mêmes raiſons, le bleu qui paroît dans la matiére délicate qui eſt ſur les Raiſins meurs.

Le bleu de l'air peut proceder d'une ſemblable cauſe à peu près, mais la lumiére doit traverſer un très-grand eſpace d'air, pour faire paroître cette couleur, à cauſe de la ténuité des parties qui la produiſent.

Le bleu qui paroît dans l'eau où l'on a mis tremper du bois néphrétique, vient encore d'une ſemblable cauſe. On y voit ordinairement trois ſortes de couleurs; le jaune, le rouge, & le bleu. Le jaune ou le rouge eſt la véritable couleur de cette eau : car ſi on en emplit une phiole de trois ou quatre pouces de diamétre, & qu'on regarde un objet fort éclairé à travers le col de la bouteille; l'eau qui y ſera, paroitra jaune, & le rouge paroitra dans les endroits où il y aura beaucoup d'épaiſſeur de cette eau. Mais il y a une autre matiére délicate qui fait le même effet que la fumée, c'eſt à dire que la lumiére l'ayant un peu pénétrée, & ſe refléchiſſant ſur quelques parcelles intérieures, elle porte aux yeux une couleur bleuë, pourvû qu'il y ait un fonds obſcur au delà de la bouteille; car ce bleu eſt ſi foible, que ſi on met quelque petit corps blanc dans le milieu de l'eau, la reflexion qui s'y fera, ſera jaune ou rouge ſelon le plus ou le moins d'épaiſſeur de l'eau qu'elle traverſera, & elle effacera entiérement le bleu en cet endroit; mais ſi peu que vous mettiez de cette liqueur ſur un verre plat, elle fera paroître du bleu ſi on voit de l'ombre au delà, & ce bleu ſera très-beau ſi le Soleil luit deſſus immédiatement.

Pour faire concevoir que cette matiére qui fait le bleu eſt très-délicate, mettez cinq ou ſix goutes d'eſprit d'Alun ou de quelque autre acide, ſur un peu de cette eau de bois néphrétique; on n'y verra plus de bleu, mais ſeulement du jaune ou du rouge, parce que la matiére du bois néphrétique qui fait ces couleurs, eſt plus difficile à diſſoudre que celle qui fait le bleu: mais ſi vous mettez enſuite dans la même eau un peu de ſoude ou d'huile de Tartre ou de quelque autre Alcali, la couleur bleuë ceſſera d'être diſſoute, & ſe verra comme auparavant.

On y voit du verd en de certaines poſitions des yeux & de la lumiére, par le mélange des rayons qui portent le bleu & le jaune.

Les couleurs différentes de verd & de rouge de pourpre qu'on voit alternativement dans les plumes du col d'un Pigeon, peuvent être obſervées avec un bon microſcope, qui fera voir, que chaque petit fil de chaque plume tranſverſale eſt compoſé de pluſieurs petits quarrez alternativement rouges & verds, & qu'il s'y peut faire un même effet que dans les taffetas changeants.

La pierre appellée Gyraſole fait voir les mêmes couleurs que le bois néphrétique : car ſi on regarde un objet fort éclairé à travers cette pierre, on verra du jaune ou du rouge ſelon l'épaiſſeur de la pierre;

Q q 2

mais

mais fi on la tourne du côté d'un fonds obfcur , on verra paroître du bleu , vers la furface la plus proche de l'œil , fi elle eft fuffifamment éclairée.

Si on met de l'eau dans le fond d'un Verre , & qu'ayant mis de l'huile de Chénevis au deffus de cette eau fans les mêler , on reçoive un petit rayon folide du Soleil fur cette huile dans un lieu obfcur ; la partie du rayon qui fera dans l'huile , paroitra rouge comme du corail , & même ce qui s'en refléchira par la rencontre de l'eau , paroitra auffi très-rouge ; mais ce qui paffera outre dans l'eau , n'aura plus de couleur.

On peut expliquer cette rougeur , en confidérant ce rayon folide comme le petit corps blanc qu'on met dans la phiole pleine d'eau néphrétique : car fi on fuppofe qu'il y a dans l'huile de Chénevis une matiére qui a du raport à celle qui fait le rouge dans cette eau , il s'enfuivra que le rayon paroîtra rouge , étant vû à travers l'épaiffeur de l'huile.

On ne verra point de rougeur dans l'eau qui eft au deffous de l'huile , parce que le rayon n'y trouve point de parcelles opáques pour le faire refléchir.

Un femblable rayon paroît jaune dans l'huile d'Olive & dans celle de Navette.

II. RÉGLE.

Les fucs de toutes les fleurs bleuës & violettes deviennent verds par les Alcali , & prennent un beau rouge par les Acides.

APPLICATION.

AYez des fleurs d'Iris , dont le violet foit fort enfoncé ; pilez les après en avoir ôté ce qu'il y a de jaune , & en tirez le fuc ; mettez-y un peu de chaux vive ; il deviendra verd en un moment : ce verd eft très-beau & on s'en fert pour peindre en miniature.

Pour le conferver long-tems il y faut mettre trois ou quatre fois autant d'Alun que de chaux , & le faire feicher au Soleil.

Si on ne met que de l'Alun dans ce fuc d'Iris , il fera d'un beau bleu qu'il confervera long-tems ; mais enfin il prendra une couleur de verd brun.

Si au lieu de chaux ou de quelque autre Alcali , on y met un efprit Acide , ce fuc deviendra rouge.

J'ai vû de femblables effets dans les fucs de Violettes & de plufieurs autres fleurs tant bleuës que violettes.

Que fi on verfe alternativement fur ces fucs , des Acides & des Alcali , on verra alternativement du rouge & du verd ; mais il fe fera une grande effervefcence à chaque changement.

Les

Les fleurs rouges tirant fur la couleur de pourpre font voir de femblables changemens à peu près.

Mais celles qui ont une couleur de feu, ne deviennent point vertes par les Alcali.

Si on fait bouillir des Rofes ou des Peaunes dans de l’eau commune, la décoction n’aura aucune couleur rouge & fera prefque comme de l’eau pure; mais fi on y mêle un peu d’acide, elle prendra un très-beau rouge.

Les Oeillets rouges-bruns bouillis de même, donnent une teinture de couleur noirâtre, & les feuilles deviennent vertes; ce qui eft une marque que la matiére de la couleur rouge s’introduit dans le verd de la fleur & l’efface. L’efprit de vitriol donne un très-beau rouge à cette teinture.

Ces derniéres liqueurs étant mêlées avec de l’huile de Tartre, deviennent verdâtres.

Les fleurs de Grenade bouillies donnent une teinture de rouge très-foible; l’efprit de vitriol lui donne une couleur tirant fur l’Orangé; mais les Alcali lui donnent une couleur de feuille morte.

Les teintures des Pavots des champs & des fleurs appellées Croix-de-Jérufalem, font voir de femblables effets à peu près.

La plupart de ces décoctions étant à l’air, laiffent évaporer dans peu de jours leur teinture rouge diffoute; car fi on met de l’efprit de vitriol dans la décoction des Rofes, après l’avoir gardée quelque tems à l’air, il ne la rougit plus.

Les bleus qui fe font de quelques graines, comme le Tournefol, rougiffent par les acides; mais ils ne verdiffent point par les Alcali, & ils reprennent feulement leur couleur naturelle.

L’Urine récente & l’Eau de vie rougiffent le Tournefol; d’où l’on peut juger que ces matiéres ont un efprit acide: celui de l’Urine s’évapore bien-tôt, car elle ne rougit plus le Tournefol, après avoir été gardée feulement un jour.

Les bleus qui viennent des herbes, comme celui du paftel, ne changent point par les Alcali, ni par la plupart des Acides.

III. RÉGLE.

Es teintures des bois rouges, comme le bois d’Inde & le bois de Brefil, deviennent jaunes par les Acides, & de couleur violette par les Alcali; mais les teintures des plantes jaunes, comme la Gaude, le bois de Fuftel, la racine appellée Terra merita, deviennent plus enfoncées par les Alcali, & perdent prefque toute leur couleur par les Acides.

Qq 3

AP-

A P P L I C A T I O N.

MEttez du bois d'Inde dans de l'Urine récente , elle tirera sa teinture rouge , mais elle la diſſoudra en même tems par ſon acide,
en ſorte qu'on ne verra que du jaune : Mêlez y de l'huile de Tartre ou
de la ſoude, la teinture paroitra, mais elle prendra une couleur violette, & ſi on y mêle beaucoup d'eau, la teinture deviendra bleuë.

Verſez du jus de Citron, ou du Vinaigre diſtilé, dans la décoction du
bois de Breſil, elle deviendra jaune ; mettez y enſuite de l'huile de Tartre, ce jaune ſe changera en violet.

Les eſprits de Sel & de Vitriol, l'Urine, & l'aigre de Souphre, ô-
tent la couleur à la teinture de gaude ; les eſprits d'Urine & de Sel armoniac la font devenir de couleur de feuille morte.

L'Alun éclaircit les couleurs des bois & des fruits par ſon acide, &
les empêche de s'évaporer par ſa ſtipticité & vertu aſtringente.

La toile de Soië étant devenuë jaune ſe blanchit par la fumée de
Souphre ; cet effet procéde de ſon eſprit acide, & non de ſa matiére inflammable.

.IV. R É G L E.

LEs végétations qui ſe font dans les lieux expoſez au grand air , ſont vertes ; & celles qui ſe font dans les lieux ſouterrains , ou ſous quelques cou-
vertures opâques , ſont blanches , ou jaunes.

A P P L I C A T I O N.

MEttez une pierre de taille ou quelque morceau de bois ſous une
goutiére, il s'y fera une végétation verte , un peu après la pluië ;
mais lorſque le bois ſe moiſit dans une cave, cette moiſiſſeure, qui eſt
auſſi une eſpéce de végétation, comme on le reconnoît par les microſcopes, eſt jaunâtre.

Quand le blé germe, ce qui eſt dans la terre eſt blanc ou jaune, &
ce qui eſt plus haut dans le grand air eſt verd, ce qui touche la terre
eſt ſouvent d'un rouge jaunâtre avant que d'être verd.

Si on couvre des plants de Melon qui commencent à ſortir de terre,
avec des pots d'une matiére opâque, ils demeureront jaunâtres, & les
premiéres feuilles ne groſſiront que fort peu ; mais ſi on les laiſſe à l'air,
ils deviendront verds dans moins d'un jour, & leurs premiéres feuilles
s'élargiront.

Ce dernier effet ſe verra de même, ſi on les couvre d'une cloche de
verre tranſparent, encore qu'ils n'ayent aucune communication avec le
grand air, pourvû que le Soleil les éclaire. Les cauſes de ces effets
dif-

différens font, que les deux lobes de leurs graines étant blancs d'eux-mêmes, ils ne peuvent devenir verds, s'ils ne reçoivent beaucoup d'eau
dans leurs fibres. Or quand le Soleil les claire, il les fait croître, & il
y monte beaucoup d'eau de la racine; & l'eau étant verte d'elle même,
& fe rendant opâque par un peu de mélange de la matiére de ces lobes,
elle fait paroître un beau verd. Mais quand ces lobes font à l'ombre,
ils attirent peu d'eau & confervent leur blancheur, ou bien ils deviennent feulement un peu jaunâtres.

Le jaune du germe du blé dans la terre fe peut expliquer de même.

Si l'on couvre des Chicorées vertes ou des Laituës avec un pot de
terre, elles deviendront jaunes; & fi on les lie, leurs feuilles intérieures qui font à couvert du Soleil, deviendront blanches ou jaunes. Mais
fi on les découvre, elles reprendront leur verd peu à peu.

On peut croire que ce n'eft pas affez qu'il y ait une très-grande quantité d'eau dans les plantes naiffantes, pour les faire paroître vertes : mais
qu'il eft encore néceffaire que la lumiére du Soleil donne pour cet effet
quelque difpofition particuliére à quelques parties des principes qui s'y
mêlent avec l'eau ; que cette difpofition fe change, quand les plantes
ne font plus éclairées par le Soleil; & qu'elle n'y eft pas encore, quand
elles commencent d'être expofées à fa lumiére.

V. RÉGLE.

*IL y a beaucoup de matiéres jaunes ou obfcures qui fe blanchiffent lors qu'on
les mouille & qu'on les fait feicher au Soleil alternativement ; & fi étant
blanches elles font long-tems à l'air fans être mouillées, elles deviennent jaunes.*

APPLICATION.

FAites fondre de la Cire jaune & la réduifez en petites lames & les é-
tendez fur de l'herbe au matin, pour y recevoir la rofée; mouillez
les auffi deux ou trois fois par jour, elles deviendront très-blanches en
moins de 15 jours.

Les Cheveux blonds deviennent blancs par ce moyen, & les noirs deviennent jaunes.

Les toiles cruës jaunâtres fe blanchiffent de même.

L'eau fait ces effets, parce qu'elle diffout un peu les teintures groffiéres qui font le jaune, & les enléve avec elle en s'évaporant : Elle difpofe auffi quelques petites parcelles intérieures, en fe mélant avec elles,
à faire de petites éminences à la furface de ces corps, lefquelles y font
paroître de la blancheur par la reflexion de la lumiére.

Que fi vous mettez de la toile blanche à l'air fans la mouiller, ces
petites éminences fe détruiront par l'évaporation de l'eau, & la toile
jaunira. Met-

Mettez auſſi une feuille de papier blanc à moitié dans un livre fermé; ce qui ſera à l'air deviendra jaune en peu de tems, & ce qui ſera caché conſervera ſa blancheur.

Les tiges des blés & de beaucoup d'autres plantes deviennent jaunes en Eté par les matiéres terreſtres & ſalines que l'eau y a amaſſées pendant le tems de la végétation; & ce jaune paroît bien, quand la racine ne pouſſe plus d'eau dans la tige, & qu'une grande partie de celle qui y étoit, eſt évaporée.

Les feuilles des arbres deviennent jaunes par la même raiſon, quand elles ne reçoivent plus l'eau de la ſéve.

Les Melons, les Concombres, les Poires, les Pommes & beaucoup d'autres fruits, deviennent jaunes quand ils ſont ſur le point d'être meurs; car alors les pores de leurs queuës, par où ils ſe ſont nourris, ſe ferment, & il n'y paſſe plus d'eau pour ſuccéder à celle qui s'évapore.

Les Cheveux deviennent blancs en la vieilleſſe, parce que leurs fibres ſont blanches d'elles-mêmes, & que la liqueur qui leur donne la couleur blonde ou la noire, ne peut plus paſſer entre les pores de ces fibres.

La fleur de Chévre-feuil eſt d'un rouge de pourpre dans ſon calice, & les feuilles ſont blanches: mais quand elle ſe ſeiche, tout en devient jaune; ſavoir la blancheur de la fleur, par les mêmes cauſes qui font que le Papier blanc ſe jaunit à l'air; & le rouge du calice, par l'évaporation des plus ſubtiles parties qui font ſa rougeur.

VI. RÉGLE.

Es matiéres terreſtres & ſulphurées deviennent rouges par une grande chaleur, & quelques-unes deviennent enfin noires.

APPLICATION.

A plupart des terres dont on fait la brique deviennent rouges dans un grand feu: & ſi on met de la brique au foyer du grand miroir de la Bibliothéque du Roi, l'endroit où la lumiére ſera réünie, bouillira par le mouvement des fumées groſſiéres qui en ſortent, & cet endroit étant refroidi, ſe trouvera vitrifié en Email noir; il paroît dans ce noir un mêlange de verd, qui peut venir de quelques grains imperceptibles de ſable, qui ſont mêlez dans la terre.

Le bol rouge, la ſanguine, l'ardoiſe, la pierre ponce, prennent une couleur noire, ſi on les expoſe de même au foyer de ce grand miroir.

Le ſucre mis auprès du feu, rougit quand il commence à ſe fondre, & devient noir peu à peu.

Le ſouphre & le mercure, mêlez enſemble, & pouſſez au feu juſques

ques à fe fublimer, font un beau rouge qu'on appelle Cinabre artificiel.

Le Cinabre minéral fe fait par les mêmes matiéres , lors qu'elles demeurent long-tems en digeftion dans les mines, à une médiocre chaleur.

Si on remuë du plomb fondu avec quelque inftrument de fer jufques à ce qu'il foit réduit en poudre, & qu'on mette cette poudre à un grand feu de reverbére , elle deviendra rouge ; c'eft ce qu'on appelle du Minium.

Les Ecreviffes ont une teinture noirâtre , elle devient rouge à un feu médiocre; mais fi on les approche d'un grand feu , les fumées qui fortent de leur matiére terreftre & fulphurée les fait devenir noires.

Le papier blanc étant approché du feu devient jaune par les premiéres fumées & par l'évaporation des parties aqueufes; il devient rougeàtre enfuite, & enfin noir un peu avant que le feu s'y mette. Par les mêmes raifons l'Yvoire étant mis proche d'un grand feu devient fucceffivement jaune, rouge, & noir; ce noir fert pour la peinture.

Le vitriol a une terre qui devient rouge par un très-grand feu.

Si on ferre une petite verge de fer , dans un étau entre deux petites plaques de bois pour la limer ; le frémiffement que fes parties recevront lors qu'on la limera vers une de fes extrémitez , l'échauffera , & elle changera de couleur à proportion que la chaleur s'augmentera. On verra dans ce fer en l'endroit limé , du jaune de paille , puis du jaune doré , & enfin du bleu mêlé de quelque peu de rouge ; les fumées qui en fortent par la chaleur lui donnent ces couleurs différentes : mais fi on le met rougir dans le feu, il fera noir quand il fera refroidi.

Les Pommes & les Poires rougiffent par la chaleur dans les endroits qui font les plus éclairez du Soleil.

Par la même raifon on voit beaucoup de fleurs rouges en Eté ; mais les premiéres fleurs du Printems font la plupart bleuës ou violettes.

REMARQUE.

Es fix Régles générales pourront fervir pour expliquer beaucoup d'autres effets touchant les couleurs , & même on pourra en appliquer quelquesunes à l'art de Teinture , & à l'art de colorier le verre. En voici quelques exemples.

On fe fert de l'Alun dans la teinture des Laines , des Soiës , & des Plumes , non feulement parce qu'il fait pénétrer les couleurs , mais parce qu'il les rend plus belles , & qu'il les conferve , fuivant ce qui a été dit en la troifiéme Régle.

Faites bouillir de la Cochenille dans de l'eau : mettez dans la moitié de la teinture rouge qui en fortira un peu d'alun en poudre, & ne mettez rien dans l'autre moitié; cette derniére fera noirâtre & fans aucune beauté dans deux jours , & l'autre fera d'une belle couleur de rofe ti-

rant un peu fur le violet , qu'elle confervera très-long-tems. La même chofe arrive à la graine d'Ecarlate.

La graine d'Ecarlate eft un petit fruit rouge qui vient fur un arbrif-
feau appellé *Kermes* , & la Cochenille eft un petit infecte des Indes , lequel eft grisâtre quand il eft fec.

Pour avoir une belle Ecarlate , on mêle avec la Cochenille ou avec
la graine d'Ecarlate quelques acides & même de l'eau forte pour donner de la vivacité à leurs couleurs rouges , & leur ôter le violet.

C'eft par cette raifon que pour teindre en Ecarlate on fe fert d'une
Chaudiére d'étain & non de cuivre , parce que l'eau forte tireroit une
couleur bleuë du Cuivre.

On fe fert de Paftel dans le noir , à caufe que fa couleur bleuë ne reçoit point de changement par les Acides , ni par les Alcali.

On n'employe point de bois de Brefil dans les bonnes teintures , parce que fon rouge s'évapore facilement , & que les Acides le changent
en jaune.

Si on verfe de l'Urine , ou du jus de Citron , ou de l'Efprit de vitriol , fur du ruban verd , il devient bleu ; ce changement vient de ce
que le verd étant compofé du jaune de la Gaude & du bleu de l'Inde ,
ces acides ôtent la couleur à la Gaude , fuivant la troifiéme Régle , &
ne font rien fur le bleu de l'Inde , & par conféquent il ne doit refter
que le bleu.

J'ai vû changer en un moment une plume verte en couleur de feuille morte , en la trempant dans de l'eau forte où il y avoit beaucoup
d'efprit de Salpêtre ; je jugeai que ce changement procedoit de ce que
cet efprit acide détruit le bleu de l'Inde , & change le jaune de la Gaude en feuille morte , comme il a été dit.

Il y a beaucoup de précautions à obferver dans les teintures , & pour
en faire voir les difficultez , je rapporterai ici la maniére de teindre les
plumes en Incarnadin d'Efpagne , dont j'ai vû le détail.

Les plumaffiers fe fervent pour cette teinture , d'une fleur jaunâtre
qu'on appelle du Saffran bâtard.

On met une certaine quantité de cette fleur toute féche dans un fac,
on la fait laver huit ou dix heures durant dans une eau courante pour
en ôter la teinture jaune , & on ceffe de la laver quand on voit paroître fa teinture rouge , qui eft la plus belle & la plus fixe : On preffe enfuite le fac avec les fleurs , & on retire le marc , qu'on met dans une baffine ; on y mêle de la foude d'Alicant , favoir deux onces de foude pour
deux livres de Saffran ; on les frotte & on les mêle enfemble jufques à
ce que toute la couleur foit obfcure & noirâtre , ce qui arrive à caufe
que la foude eft un Alcali ; on jette de l'eau un peu plus que tiéde dans
la baffine en quantité fuffifante , & on délaye bien tout le Saffran & la
Soude ; on jette enfuite le tout dans une chauffe pour le paffer , & on
preffe la chauffe jufques à ce que le Saffran foit prefque fec.

Cet-

Cette derniére eau, qu'on reçoit dans une baffine ou cuvette, n'eſt point d'une belle couleur. Enfin on la fait un peu chauffer & on y méle une chopine de jus de Citron en remuant avec un bâton : Alors l'acide de ce jus lui donne une belle & vive couleur d'Incarnadin d'Eſpagne ; on y trempe les plumes deux ou trois fois, & on prépare encore un ſemblable bain pour les y tremper pluſieurs fois, afin qu'elles ayent une ſuffiſante épaiſſeur de teinture ; ſi on laiſſoit refroidir le bain avant que d'y mettre les plumes, la teinture jauniroit.

A l'égard des couleurs qu'on donne au verre, on les tire des métaux & de quelques autres ſubſtances capables de ſoutenir la violence du feu.

Le beau verre ſe fait avec de la ſoude de Levant & du ſable blanc. Il y a des ſables meilleurs les uns que les autres ; On y méle un peu de Manganéze pour ôter la couleur verdâtre de la ſoude & du ſable fondus enſemble.

La Manganéze eſt un minéral qui étant préparé par la calcination eſt comme une poudre noirâtre. J'ai obſervé que ſi on en met un peu dans un verre à boire avec de l'eau, il ſe fait d'abord du verd ; & que ſi on y met davantage d'eau, le verd dure encore, mais il ſe change incontinent en rouge tirant ſur le violet : ce rouge ſe conſerve quelques jours ſi on y méle un peu d'Alun ; mais ſi on y méle un peu d'eau de vie, il devient jaune en moins de deux heures, & peu de tems après l'eau s'éclaircit & la Manganéze ſe précipite au fond du verre en poudre jaune ; j'en ai vû ſe précipiter de même en moins de trois heures ſans y avoir rien mêlé.

Ce minéral fait auſſi de différens effets étant mêlé avec le verre.

Si on en met beaucoup dans le padelin, c'eſt à dire dans le pot où l'on fait fondre la matiére du verre, le verre ſera d'un rouge de pourpre ; ſi on y en met médiocrement & qu'on l'y laiſſe aſſez long-tems, le deſſus de la matiére fonduë ſera un peu rougeâtre, le milieu ſera clair & ſans couleur, & le fond ſera d'un verd jaunâtre.

On peut croire que la matiére de la Manganéze qui ſe précipite en poudre jaune au fond de l'eau, eſt celle qui tombe vers le fond du padelin, & y fait la couleur jaunâtre ; que la matiére rouge qui s'évapore dans l'eau, s'envole auſſi du verre & emporte avec ſoi la couleur verdâtre de la ſoude & du ſable ; & que la foible teinte de rouge qui demeure dans la matiére qui eſt au haut du padelin, y eſt retenuë par la viſcoſité du verre, qui ne la laiſſe évaporer entiérement qu'après beaucoup de tems. Le Verre qui a cette foible teinte de rouge eſt très-propre pour faire les verres objectifs des lunettes d'approche.

On donne la couleur violette au verre, en y mêlant du Saphre avec de la Manganèze.

Le Saphre eſt un minéral grisâtre, qui étant préparé par la calcination devient bleu.

R r 2

On

On fait le Verre verd avec le cuivre calciné & la rouille de fer: on dit que la meilleure est celle qu'on tire des Anchres qui ont été long-tems dans la Mer.

On donne aussi une belle couleur verte au verre, en y mêlant du Minium ou Chaux rouge de Plomb, & du Cuivre calciné.

On fait le verre jaune avec de la rouille de fer; l'Argent calciné sert aussi à lui donner cette couleur, étant mêlé avec d'autres matiéres.

Le Sieur *Hubin* m'a dit avoir observé, que si on met de la limaille d'Epingles ou de Cuivre jaune dans le padelin avec le verre fondu, elle le fait devenir rouge; qu'elle le fait devenir verd, si on la fait calciner sept ou huit jours durant, avant que de l'y mettre; & qu'elle lui donne un beau bleu, si on l'a tenuë en calcination pendant trois semaines ou un mois.

On donne un beau bleu d'Aiguë marine au verre, en y mêlant du cuivre rouge calciné plusieurs fois, & y ajoutant un peu de Saphre calciné.

J'ai observé qu'ayant tenu une piéce de Cuivre rouge assez long-tems au foyer du grand miroir brulant de la Bibliothéque du Roi, le milieu qui avoit été fondu, étoit noirâtre: mais il y avoit un petit endroit à côté de ce noir, qui étoit d'un fort beau rouge; d'où j'ai jugé, que le cuivre peut servir à donner une couleur rouge au verre.

Le beau rouge-clair ne se peut faire sans quelque mélange d'or, à ce que disent les Jouailliers & les Orfévres; mais ils en cachent le secret.

M. *Trocut*, savant Médecin & très-expert dans les opérations de la Chymie, m'a fait voir du verre transparent & sans couleur qu'il disoit être imprégné d'une teinture d'or: Il en fit mettre en ma présence un petit morceau au feu de la lampe d'un Emailleur, où il devint en peu de tems d'un beau rouge transparent, ayant un éclat de Rubis: Il en mit aussi un petit morceau au foyer du grand miroir concave de la Bibliothéque du Roi; il s'y fondit bien-tôt & il s'en fit une goute ronde qui tomba; il y paroissoit en quelques endroits du rouge transparent, ce qui fit juger qu'elle seroit devenuë entiérement rouge, si elle fut demeurée plus long-tems exposée à cette grande chaleur.

On pourroit s'étonner de ce que les Métaux, qui sont des corps très-opaques, donnent au verre des couleurs transparentes.

Pour resoudre cette difficulté, il faut considérer que ces matiéres sont fort discontinuées dans le verre, & que les épaisseurs de leur parcelles sont si petites, qu'elles ne peuvent empêcher qu'une partie de la lumiére ne les traverse: Ainsi l'argent dissous en de très-petites parcelles dans de l'eau forte, n'empêche pas que toute la liqueur ne soit transparente.

Les couleurs que les Métaux donnent au verre, & même toutes les autres couleurs, n'ont qu'une médiocre transparence; de là vient que le verre coloré paroît noir quand il est très-épais. Dans les belles vitres

an-

.anciennes , les verres rouges n'ont de la couleur que jufques à environ
le tiers de leur épaiffeur, afin que la lumiére les puiffe pénétrer plus facilement.

M. *Trocut* m'a fait voir une petite pierre de Criftal de Roche taillée
à huit pans , dans toute laquelle il paroît une fort belle couleur de **Rubis d'Orient**, quoique la couleur rouge qu'il y a appliquée par le deffous, foit d'une épaiffeur imperceptible, le trenchant des vives arêtes
des degrez & faeettes n'en étant point alteré. Cette pierre qui en elle-même eft toute blanche, étant mife dans un Chaton avec une feuille
deffous de la même couleur, reffemble parfaitement au plus beau **Rubis d'Orient** qu'on puiffe trouver.

De là on voit manifeftement qu'un feul paffage de la lumiére à travers une très-petite épaiffeur de matiére colorée, fuffit pour faire paroître d'affez belles couleurs , & qu'elles font plus fortes & plus belles,
fi l'épaiffeur eft médiocre, ou fi l'épaiffeur étant très-petite, la lumiére la traverfe plufieurs fois.

QUATRIÉME DISCOURS.

DES APPARENCES DES COULEURS QUI PROCEDENT DES MODIFICATIONS INTERNES DES ORGANES DE LA VISION.

Lorfque pendant la nuit on ferre les yeux affez long-tems, on apperçoit plufieurs couleurs différentes ; car le preffement des nerfs de la
Choroïde y fait quelques modifications, & quelles que puiffent être
les modifications de ces nerfs, elles donnent des apparences de couleurs
ou de lumiéres : & même fans ferrer les yeux , on voit fouvent pendant la nuit , en les tenant fermez , quelques foibles apparences blancheâtres ou colorées, & non un noir parfait.

Il y a beaucoup de perfonnes qui voyent quelquefois ayant les yeux
fermez, une clarté brillante comme un éclair qui dure environ un demi quart d'heure. Elle peut venir d'une humeur acre qui picote quelque endroit des nerfs qui fervent à la vifion , foit dans la Choroïde,
foit dans la conduite du nerf optique ; fi l'on ouvre alors les yeux , il
paroît du noir vers l'endroit où l'on voit l'éclair ayant les yeux fermez;
fi on veut lire, on ne peut difcerner la plupart des lettres ; mais on ne
peut lire en aucune forte , quand on voit cette apparence vers le lieu
qu'on regarde directement. Il eft impoffible de favoir dans lequel des
yeux eft ce deffaut ; car encore qu'on les ferme alternativement, le
même deffaut de vifion paroît toujours , parce que cette apparence eft
fi forte, qu'elle détruit celle des objets, que l'autre œil devroit appercevoir.

R r 3

Cet-

Cette apparence de lumiére prend sur la fin des couleurs, & même elle change de place & diminuë de grandeur.

Lors qu'on a regardé des nuées fort éclairées, ou qu'on a lû long-tems dans un livre au Soleil, les yeux s'éblouïssent, en sorte qu'en regardant un objet médiocrement illuminé, on ne le voit pas bien.

Cet éblouïssement dure assez long-tems.

Si on ferme alors les yeux ou qu'on regarde du noir, il paroît du verd; mais si on regarde du blanc, il paroît rouge, en sorte qu'en regardant des fleurs blanches, on peut croire qu'elles sont rouges.

Ces couleurs se changent peu à peu en s'affoiblissant, & on voit quelquefois sur la fin, du verd bordé de rouge, en tenant les yeux fermez : si on regarde alors un grand objet blanc médiocrement illuminé, on y voit du rouge bordé de verd ; c'est à dire que le verd de l'impression restée, joint au blanc de l'impression présente, fait paroître du rouge, & que réciproquement le rouge de l'impression restée joint au blanc de l'impression présente, fait paroître du verd. Ces apparences durent assez long-tems, & on les peut observer à loisir.

Si en marchant vous regardez le Soleil à demi caché sous l'horizon, son image tombera en plusieurs endroits sur la Choroïde à cause du mouvement; & si ensuite vous regardez ailleurs, vous verrez trois ou quatre petites obscuritez, & en fermant les yeux il vous paroitra trois ou quatre demi-Soleils; mais si en peu de tems vous avez regardé le Soleil deux ou trois fois, vous verrez sept ou huit de ces demi-Soleils, dont quelques-uns seront blancs, & les autres verds ou rouges &c. Ces différentes couleurs procédent de l'affoiblissement successif des impressions.

Si on a regardé pendant dix ou douze secondes, la lumiére du Soleil réünie par un verre convexe sur du papier blanc ; le grand éclat du petit rond blanc qui est au foyer au milieu de l'ombre que fait le verre, & le médiocre éclat du reste du papier éclairé par le Soleil, continuent long-tems leurs impressions dans les organes de la vision ; & si on regarde alors quelque paroi blanche, médiocrement éclairée, on y verra un rond blanc, & un petit rond obscur au milieu. Cette apparence se fait, parce que l'endroit de la Choroïde, où la lumiére du Soleil réünie a fait une forte impression, ne peut être touchée par une clarté foible présente, ni même tout l'espace qui a reçû l'impression du papier blanc éclairé par le Soleil : Mais l'espace rond où a été reçuë la peinture de l'ombre du verre convexe, recevra l'impression toute entiére de l'objet présent, parce qu'il ne lui reste point d'impression sensible de la partie du papier qui étoit à l'ombre.

Si vous fermez & ouvrez les yeux l'un après l'autre alternativement, les objets ne vous paroitront pas toujours précisément de la même couleur, parce qu'il est presque impossible que les deux yeux soient toujours également exposez aux objets, & il en reste un peu plus d'impression dans l'un des yeux que dans l'autre ; ce qui doit faire paroî-

tre

tre de la différence, à l'égard de la couleur, dans un même objet qu'on regarde enfuite par l'un ou l'autre des yeux alternativement.

De là on peut juger que les couleurs ne paroiffent pas précifément de même à tous ceux qui les regardent.

Il y a une apparence furprenante que beaucoup de perfonnes m'ont dite avec admiration fans en favoir les caufes.

Cette apparence eft, que fi on regarde le matin, en ouvrant les yeux, un châffis fort éclairé, fans que le Soleil y luife immédiatement, & qu'on fe couvre les yeux enfuite après les avoir fermez ; on voit quelquefois l'apparence du châffis comme on l'a vûë, c'eft à dire que les quarrez paroiffent blancs, & que les traverfes de bois paroiffent obfcures ; & d'autrefois on voit le contraire, favoir que les traverfes paroiffent blanches & les quarrez obfcurs. Et il arrive prefque toujours que fi en continuant de tenir les yeux fermez, on les tourne une feconde fois du côté du châffis, les apparences des traverfes font blanches, & celles des quarrez font noires.

Voici comment j'explique ces apparences.

Si vous regardez tout à coup un châffis fort éclairé, & que vous refermiez bien-tôt vos yeux, en les tournant vers un lieu fort obfcur ; l'impreffion de ce que vous aurez vû, continuëra quelque tems, & par cette raifon il vous paroitra des quarrez blancs & des traverfes noires : mais peu à peu les parties de la Choroïde qui ont reçû l'impreffion des quarrez éclairez, communiqueront leurs mouvemens aux parties contiguës qui ont reçû la peinture des traverfes de bois, & les ayant enfin entiérement ébranlées à caufe de leur peu de largeur, elles leur donneront une impreffion fuffifante pour faire paroître de la blancheur, en forte que toute l'apparence du châffis fera blanche. Mais fi tenant toujours les yeux fermez, vous les tournez vers le châffis, ou vers quelque autre lieu fort éclairé ; la lumiére qui paffera alors à travers vos paupiéres, fera affez forte pour faire impreffion fur les endroits de la Choroïde où s'eft faite la peinture des traverfes du châffis, mais elle fera trop foible pour faire une impreffion fenfible fur les endroits qui ont reçû la lumiére des quarrez ; & par conféquent leurs apparences paroitront obfcures, & celles des traverfes paroitront blanches, étant aifé de juger que les impreffions que les parties ébranlées par la lumiére des quarrez blancs, ont communiquées aux petites parties qui ont reçû la peinture des traverfes noires, font bien plus foibles que celles qu'elles ont reçûës elles-mêmes par la lumiére immédiate : cette lumiére qui paffe à travers les paupiéres, peut auffi agir fur les endroits de la Choroïde qui font à côté de ceux où le châffis a été peint, & ainfi on verra par tout une apparence de blancheur, à la referve des quarrez qui paroitront noirs.

Que fi on regarde plus long-tems le même châffis, comme pendant quinze ou vingt fecondes, fixant toujours la vûë en un même point à

peu

peu près ; on verra d'abord en fermant & couvrant les yeux, une apparence de traverses blanches, & de quarrez d'un rouge obscur, parce que la continuation de la vûë de la forte lumiére des quarrez , émousse le sentiment des parties de la Choroïde où ils sont peints, & ébranle médiocrement les parties contiguës où sont peintes les traverses, d'où il arrive que l'on voit d'abord des traverses blanches & des quarrez d'un rouge obscur ; & si ensuite on tourne les yeux fermez vers le châssis, la lumiére qui passera à travers les paupiéres , fera voir encore des traverses blanches & des quarrez noirs par les mêmes raisons qui ont été dites.

Ces apparences ne paroitront pas précisément de même, si le châssis est éclairé immédiatement par le Soleil ; mais on pourra l'expliquer avec autant de facilité par de semblables raisonnemens.

Ceux qui passent d'un lieu très-éclairé en un lieu sombre & obscur, n'y peuvent discerner les objets, ni appercevoir leurs couleurs, jusques à ce que les ouvertures des prunelles soient suffisamment dilatées, & que les impressions qui sont demeurées dans les organes de la vision, soient presque entiérement effacées ; & ceux qui passent tout à coup d'un lieu fort sombre & obscur dans un autre très-éclairé, souffrent un éblouissement qui blesse la vûë, parce que les prunelles qui sont extrémement dilatées dans l'obscurité , ne peuvent étrecir assez promptement leurs ouvertures de la maniére qu'elles doivent l'être pour voir commodément les objets qui ont beaucoup d'éclat.

F I N.

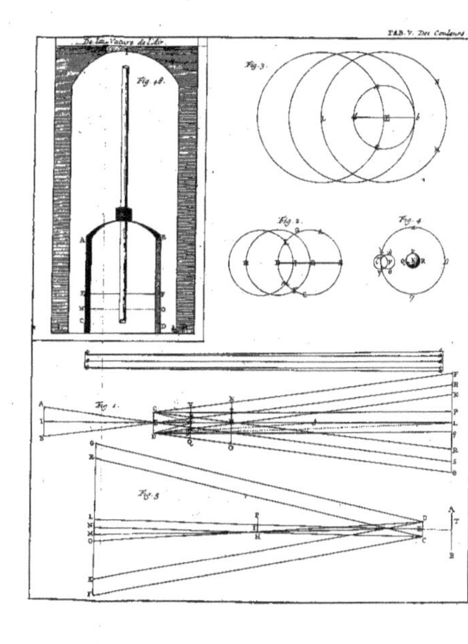

TAB. V. Des Couleurs
De la Nature de l'Air
Fig. 18.
Fig. 3.
Fig. 2.
Fig. 4.
Fig. 1.
Fig. 5.

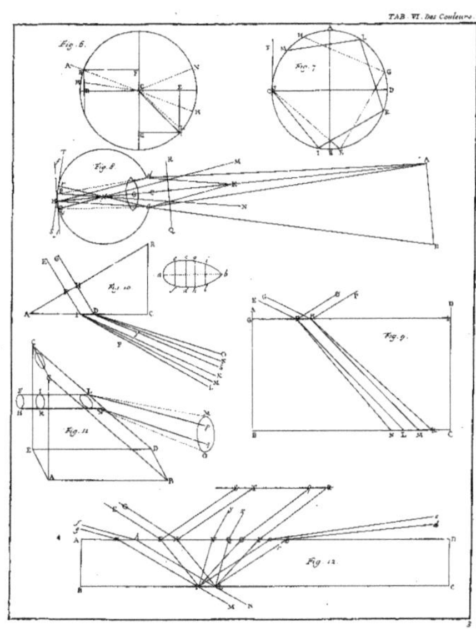
Fig. 6.
Fig. 7.
Fig. 8.
Fig. 10.
Fig. 9.
Fig. 11.
Fig. 12.

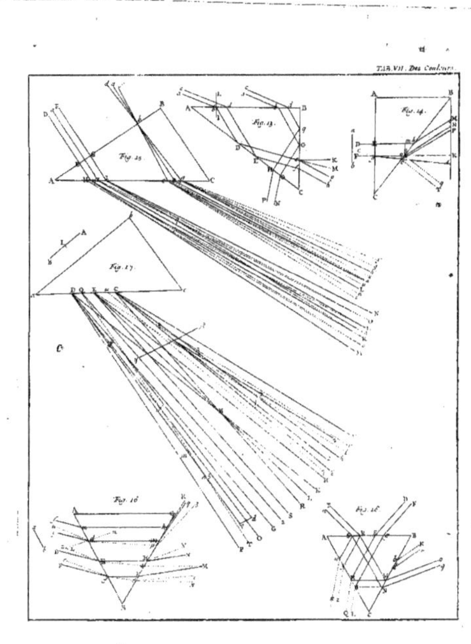

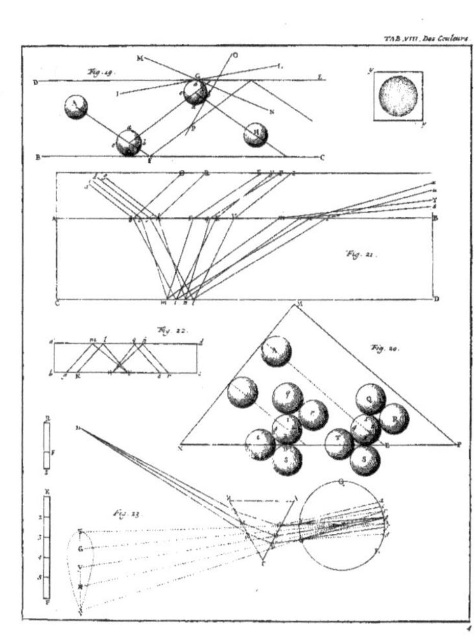

Fig. 19.
Fig. 21.
Fig. 22.
Fig. 20.
Fig. 23.

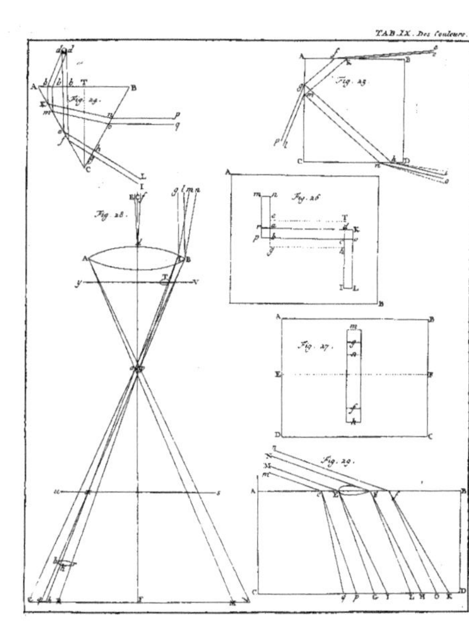
TAB. IX. Des Couleurs.
Fig. 24.
Fig. 25.
Fig. 26.
Fig. 27.
Fig. 28.
Fig. 29.

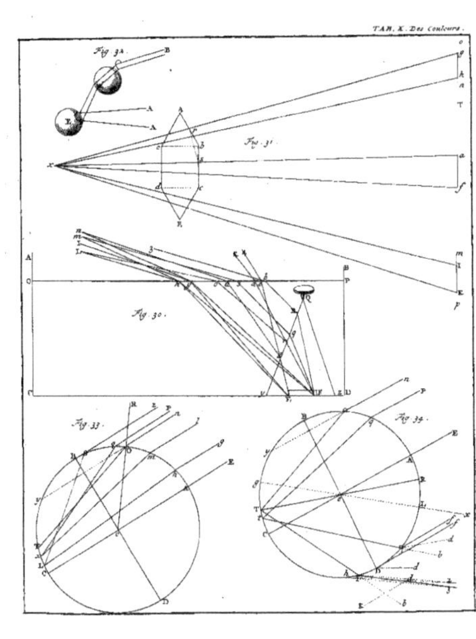
Fig. 32.
Fig. 31.
Fig. 30.
Fig. 33.
Fig. 34.

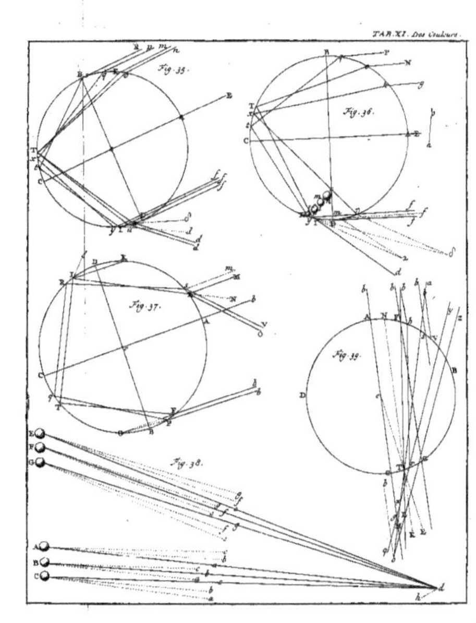

Fig. 35.
Fig. 36.
Fig. 37.
Fig. 38.
Fig. 39.

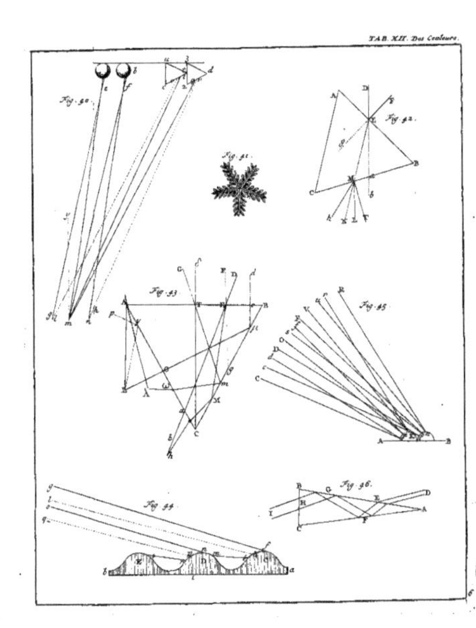

TRAITÉ
DU
MOUVEMENT
DES EAUX
ET DES AUTRES
CORPS FLUIDES;

DIVISÉ EN V. PARTIES:

Par feu M⸳ MARIOTTE,
de l'Académie Royale des Sciences ;

Mis en lumiére par les foins de M. DE LA HIRE,
Lecteur & Profeffeur du Roi pour les Mathémati-
ques, & de l'Académie Royale des Sciences ;

*Imprimé fur la plus nouvelle & la meilleure Edition , augmentée
& corrigée de nouveau.*

PRÉFACE.

Eux qui jusqu'à présent ont écrit des Hydrauliques, nous ont donné chacun en particulier des remarques très-curieuses sur la pesanteur, sur la vitesse, & sur plusieurs autres propriétez des eaux. Le Traité de l'Equilibre des liqueurs de M. Pascal est un des plus considérables, tant pour les belles découvertes qu'il a faites, que pour les propriétez singuliéres qu'il démontre d'une maniére si claire & si convaincante, que nous ne pouvons pas douter que ce grand Génie n'eût entiérement épuisé cette matiére s'il avoit examiné toutes les parties qui la composent.

Il y avoit plusieurs années que M. Mariotte s'appliquoit avec un soin extraordinaire à faire les expériences qui sont dans le Traité de M. Pascal, pour voir s'il n'auroit point négligé des circonstances particuliéres qui lui pussent donner lieu de remarquer quelque chose de nouveau. En effet, dans ses expériences il a fait plusieurs observations que l'on ne trouve point dans le petit livre de M. Pascal, ni dans les autres qui l'ont précédé; & il se trouva ensuite insensiblement engagé dans la partie de cet ouvrage qui à de plus grandes utilitez, comme la mesure, & ce que l'on appelle la dépense des eaux suivant les differentes hauteurs des reservoirs, & les différens ajutages; il passe ensuite aux précautions qu'on doit prendre pour conduire les eaux, & ayant enfin traité fort au long de la résistance des solides, il parle de la force que doivent avoir les tuyaux pour résister aux différentes charges de l'eau.

Il eût occasion de faire sur ces parties plusieurs expériences à Chantilly en présence de S. A. S. Monseigneur le Prince, où l'abondance de l'eau & la hauteur des réservoirs lui fournissoient tous les moyens nécessaires. Il en fit aussi plusieurs à l'Observatoire en présence de Messrs. de l'Académie, & les ayant mises en ordre, il en composa cet Ouvrage.

Dans les premiers jours de la maladie dont il mourut, il me pria de vouloir prendre le soin de l'impression de ce Traité, en me laissant la liberté d'y changer & d'y retrancher ce que je jugerois à propos: mais j'ai crû qu'il valoit mieux le donner au public

tel

tel qu'il l'a composé, que d'y apporter du mien. Cependant, si j'a-
vois entrepris d'y changer quelque chose, je ne l'aurois fait qu'en
suivant les sentimens de toute l'Académie, *dont il n'auroit pas*
manqué de prendre lui-même les avis sur les difficultez qu'il y au-
roit trouvées.

La moitié de cet Ouvrage étoit assez au net pour être imprimée;
mais le reste m'a donné beaucoup de peine à rassembler sur les mé-
moires qui m'en ont été mis entre les mains après sa mort.

J'ai tâché, autant qu'il m'a été possible, de n'y rien laisser
d'obscur ou d'embarassé dans les dernieres parties, & d'y suivre
exactement l'ordre qu'il s'étoit proposé: néanmoins je n'ai osé en-
treprendre d'éclaircir tous les endroits difficiles, de peur de m'écar-
ter de ses pensées, ou de me rendre peut-être moins intelligible
que lui.

J'avois aussi résolu d'ajouter à la fin de cet Ouvrage, des re-
marques que j'ai faites sur quelques endroits, qui auroient pú y
servir d'explication, ou de confirmation, & entr'autres la démon-
stration par les principes d'Archiméde du Probléme de Méchani-
que où la proportion ordinaire est renversée, avec quelques obser-
vations que j'ai faites sur l'origine des Fontaines, & sur l'éléva-
tions des vapeurs; mais j'ai jugé qu'il étoit plus à propos de les
donner séparément avec quelques autres Essais de Physique, *que*
d'augmenter ce Volume de mes pensées particulieres.

Je n'aurois pas differé si long-tems à faire imprimer cet Ouvra-
ge, si je n'en avois été détourné par des occupations d'une très-
grande importance, que Monseigneur de Louvois
m'a fait l'honneur de me donner. Il avoit consideré lui-même que
*la rivière d'*Eure *depuis sa source jusqu'à la rencontre qu'elle fait*
de la Seine *vers le Pont de l'Arche où remonte le flux de la Mer,*
ne parcouroit que 45 *lieües, & que des mêmes sources de cette*
rivière il y avoit quelques ruisseaux qui alloient avec une rapidité
*très-grande rencontrer la rivière d'*Huine, *& ensuite par la* Loi-
re jusqu'à la Mer à près de 80 *lieües de cette source commune;*
cette rapidité étant connuë d'ailleurs par plusieurs moulins qui vont
*par dessus: il jugea donc que la rivière d'*Eure *devoit avoir une*
pente très-considérable, & peu de tems après la mort de Monsieur
Mariotte, *il m'ordonna de niveler la hauteur de cette rivière à*
l'égard du Château de Versailles. *Quoique la distance entre*
ce Château, & l'endroit où l'on pouvoit prendre commodé-

S f 2

ment

ment la riviére, fût de plus de 20 lieuës, mes nivellemens faits
par différens chemins & réitérez plusieurs fois se sont trouvez parfaitement d'accord entr'eux, & m'ont fait voir que cette riviére
pouvoit être facilement conduite à la hauteur du Château de Versailles; qu'en la prenant à l'ongoin à 7 lieuës au dessus de Char-
tres, elle étoit 110 piés plus élevée que le rez de chaussée de la
plus haute partie de ce Château.

On doit sans doute préférer les eaux courantes, qui sont conduites dans des aqueducs, à celles qui sont élevées par des machines, puisqu'elles ne sont pas sujettes à être souvent interrompuës par
les reparations qu'il faut faire aux conduites, & d'ailleurs l'eau
pouvant venir facilement en très-grande abondance: mais comme
il y a plusieurs occasions où les machines sont d'une très-grande u-
tilité, & où l'on est même obligé de s'en servir pour l'élévation des
eaux; il auroit été à souhaiter que Monsieur Mariotte nous eût
laissé par écrit ses sentimens sur les différentes pompes & autres machines qui sont en usage, ou qui ont été seulement proposées pour cet
effet, avec un examen & un calcul de ce qu'elles fournissent chacune en particulier, & quel choix l'on en doit faire suivant les
différentes occasions. Il m'avoit souvent parlé de son dessein sur ce
sujet, qui devoit faire une des parties de ce Traité; mais je n'en
ai rien trouvé dans ses mémoires qui fût en état d'être donné au
public. Il avoit changé plusieurs fois l'ordre des parties de cét Ouvrage; mais enfin peu de jours avant sa mort, il m'en donna la
division suivante, qui m'a beaucoup servi, & principalement dans
les derniéres parties.

Ce Livre étant rempli d'un très grand nombre d'expériences,
& de plusieurs régles qui en sont déduites, avec quelques observations sur ces mêmes régles; j'ai crû qu'il étoit à propos d'y ajouter une table fort ample, afin de pouvoir trouver facilement les endroits où il est parlé de quelque matiére dont on peut avoir besoin
dans les occasions.

Tout ce Traité est divisé en V Parties.

La PREMIERE PARTIE contient trois Discours.

Le premier Discours traite de plusieurs propriétez des Corps
fluides.

Le second, de l'origine des Fontaines.

Le troisiéme, des causes des Vents.

La SECONDE PARTIE contient trois Discours.

Le

Le premier, *de l'Equilibre des corps fluïdes par la pesanteur.*

Le second, *de l'Equilibre des corps fluïdes par le ressort.*

Le troisiéme, *de l'Equilibre des corps fluïdes par le choc.*

La Troisié'me Partie *contient quatre Discours.*

Le premier, *des pouces & des lignes dont on mesure les eaux courantes & jaillissantes.*

Le second, *de la mesure des eaux jaillissantes, suivant les differentes hauteurs des reservoirs.*

Le troisiéme, *de la mesure des eaux jaillissantes par des ajutoirs de différentes ouvertures.*

Le quatriéme, *de la mesure des eaux courantes.*

La Quatrié'me Partie *contient deux Discours.*

Le premier, *de la hauteur des jets perpendiculaires.*

Le second, *de la hauteur des jets obliques.*

La Cinquié'me Partie *contient trois Discours.*

Le premier, *des tuyaux de conduite.*

Le second, *de la résistance des solides, de la force des solides, & de la force des tuyaux de conduite.*

Le troisiéme, *de la distribution des eaux.*

TRAITÉ
DU
MOUVEMENT
DES EAUX
ET DES AUTRES
CORPS FLUIDES.
PREMIÉRE PARTIE.
DE PLUSIEURS PROPRIETEZ DES CORPS FLUIDES, DE L'ORIGINE DES FONTAINES, ET DES CAUSES DES VENTS.

PREMIER DISCOURS.
De plusieurs propriétez des Corps Fluïdes.

'Air & la Flamme font des Corps Fluïdes. L'Eau, l'Huile, le Mercure, & les autres liqueurs, font des corps fluides & liquides. Tout liquide est fluïde ; mais tout fluïde n'est pas liquide. J'appelle liquide, ce qui étant en suffisante quantité coule & s'étend au dessous de l'air, jusques à ce que sa surface se soit mise de niveau : & parce que l'air & la flamme n'ont pas cette propriété, je ne les appelle pas liquides, mais seulement fluïdes. La dureté & fermeté est opposée à la fluïdité : ce qui est dur & ferme comme le fer & les pierres, se laisse traverser difficilement par les autres corps; & quand il a été traversé, ses parties séparées ne se rejoignent point : les corps fluïdes au contraire se laissent traverser aisément, mais ils réünissent aussi-tôt leur parties séparées ; & c'est en quoi consiste la fluïdité. Par cette raison, le sable très-menu peut être appellé fluïde, mais non liquide, parce qu'il ne coule pas sur un plan peu incliné, & que quand on en remplit un vaisseau, les parties supérieures ne se mettent pas de niveau d'elles-mêmes.   L'Eau

L'Eau est encore appellée humide par quelques Philosophes: mais c'est proprement ce qui est mouillé d'eau qu'on doit appeller humide; & en ce sens l'air est humide quand il est beaucoup rempli de vapeurs aqueuses. La sécheresse est opposée à l'humidité; & un linge qu'on appelle humide lors qu'il est mouillé, est appellé sec, quand l'eau dont il étoit mouillé est évaporée.

L'Eau reçoit successivement les consistances différentes de dureté & de liquidité : son état naturel est d'être glacée ; c'est-à-dire, que lors qu'aucune cause externe n'agit sur elle , elle demeure ferme & non liquide.

Elle devient coulante & liquide par une médiocre chaleur, & en même-tems quelques-unes de ses parties s'élèvent en vapeurs , c'est à dire, en plusieurs petites goutelettes séparées les unes des autres, & d'une telle petitesse qu'on ne peut les appercevoir chacunes à part. On en voit l'expérience quand on jette un charbon allumé dans de l'eau : car on voit d'abord une fumée épaisse s'en élever ; mais quand elle s'est beaucoup étenduë en s'élevant , & que ces petites parcelles se sont séparées les unes des autres, on n'en peut appercevoir aucune.

Les vapeurs quoiqu'épaisses sont quelquefois visibles & quelquefois invisibles, suivant que leur petites parcelles sont plus ou moins menuës, ou plus ou moins agitées. Lors qu'elles sont visibles & proches de la terre , on les appelle des brouillards ; & quand elles sont élevées en haut , on les appelle des nuées. Il s'éléve davantage de vapeurs à une grande chaleur qu'à une médiocre ; mais il ne laisse pas de s'en élever à une très-petite chaleur, car même il en sort de l'eau glacée. J'ai observé que deux livres de glace diminuoient de poids pendant un très-grand froid d'environ deux gros par jour ; d'où l'on peut inférer, que l'eau commençant à être glacée , conserve encore quelque peu de chaleur , de même que le plomb en conserve encore beaucoup lors qu'il commence à se durcir après avoir été fondu.

Il y a quelque parties étrangéres & hétérogénes dans l'eau, lesquelles se transforment en air, par une grande chaleur. On l'expérimente lors qu'on met un vaisseau plein d'eau sur le feu ; car on voit se former au fond du vaisseau , & ensuite s'élever au dessus de l'eau , plusieurs petites bulles d'air. On ne doit point croire qu'elles procédent de la flamme qui pourroit passer au travers du vaisseau , puisque l'huile ne pousse point de ces petites bulles d'air, lorsqu'on l'a laissée un peu de tems sur le feu pour faire évaporer ce qu'elle a de plus aqueux, encore même qu'on augmente le feu ensuite.

Il se forme aussi de semblables bulles dans l'eau lors qu'elle se géle : & parce que cette matiére hétérogéne , que j'appelle matiére aërienne , occupe plus de place quand elle est réduite en bulles d'air , elle fait effort pour s'étendre , & ne trouvant point d'issuë au travers de la glace , elle la fait rompre , & même les vaisseaux qui la contiennent,

nent, s'ils font plus étroits au deſſus que vers le milieu.

Pour expliquer d'où vient que cette matiére qui eſt dans l'eau tient plus de place quand elle ſe remet en air , on peut ſuppoſer que l'air eſt un amas d'une infinité de petits filamens entortillez & mêlez l'un dans l'autre comme de petits filamens de cotton. Or ſi l'on trempe dans un verre à demi plein d'eau un petit amas de cotton preſſé, il occupera au commencement une place ſelon ſa groſſeur, & il fera élever l'eau vers le deſſus du verre conſidérablement ; mais ſi l'on ſépare peu à peu les petits filamens du cotton, en ſorte que l'eau puiſſe ſe couler par tous leurs intervalles, alors la ſurface ſupérieure de l'eau redeſcendra à peu près à la même marque où elle étoit avant qu'on y eût mis le cotton.

Par cette expérience on connoitra, que l'air ſe peut inſinuer peu à peu dans l'eau, & y tenir beaucoup moins de place que lorſqu'il y eſt en petites bulles ; & que lorſqu'après avoir été mêlé & comme abſorbé dans l'eau, il ſe remet en petites bulles par le mouvement que la chaleur lui donne ou par quelques autres cauſes , il tient beaucoup plus de place qu'auparavant.

On connoit que l'air s'inſinuë dans l'eau, par l'expérience ſuivante. Faites bouillir de l'eau deux ou trois heures durant, & après qu'elle ſera refroidie, empliſſez en une petite bouteille de verre ; fermez ſon goulet avec le doigt & le trempez dans un verre plein d'eau, faiſant en ſorte qu'il y ait de l'air gros comme une noiſette au haut de la bouteille renverſée ; Vous remarquerez que dans 24 heures cet air diſparoitra. Remettez y de même une autre bulle d'air auſſi groſſe ; elle entrera encore peu à peu dans l'eau, mais il faudra plus de tems pour l'abſorber toute entiére : on y en pourra faire entrer encore pluſieurs autres de même groſſeur l'une après l'autre ; mais enfin quand l'eau en ſera ſuffiſamment imprégnée, il n'y en entrera plus , & une petite bulle d'air de deux lignes de diamétre ſe tiendra au deſſus de la bouteille plus de 15 jours ſans y entrer. Cet effet ſe remarque encore plus ſenſiblement dans l'eſprit de vin : Car ſi l'on en met dans la machine du vuide un verre à demi plein, il ſortira une très-grande quantité de cette matiére aërienne en groſſes bulles dès qu'on aura pompé une bonne partie de l'air enfermé dans le récipient , mais dans peu de tems il n'en ſortira plus : & ſi l'on emplit une petite bouteille de cet eſprit de vin dont la matiére aërienne ſera ſortie, & qu'on y laiſſe entrer de l'air gros comme le pouce pour le faire demeurer au haut de la bouteille après qu'on l'aura renverſée dans d'autre eſprit de vin, comme il a été dit ci-deſſus de l'eau bouillie, cet air s'inſinuëra dans l'eſprit de vin en moins de deux heures ; & ſi l'on y en remet une pareille quantité juſques à 2 ou 3 fois, il y entrera encore : mais ſi l'on met cette bouteille dans la même machine du vuide, cet air qui s'étoit comme diſſous, & mêlé inviſiblement dans l'eſprit de vin, en reſſortira en groſſes bulles, dès qu'on aura un peu pompé l'air du récipient : ce qui fait voir manifeſtement que

c'eſt

c’eſt du véritable air qui ſort de l’eau & de pluſieurs autres liqueurs quand on les fait geler, ou bouillir, ou qu’on diminuë par le moyen de la machine du vuide, le reſſort de l’air qui les preſſe ; ce que j’ai expliqué plus au long dans le Traité de la *Nature de l’Air*.

J’ai connu ce qui arrive à l’eau quand elle ſe géle, par les expériences ſuivantes.

J’ai mis pendant un très-grand froid dans un vaiſſeau cylindrique de ſept ou huit pouces de hauteur & de ſix pouces de largeur, de l’eau qui étoit déja aſſez froide, juſques à deux pouces près du bord, & je conſidérai attentivement tout le progrès de la gelée. Il ſe fit d’abord une petite congélation dans la ſurface ſupérieure de l’eau, de petites lames longuettes & crénelées ayant entre elles des intervalles non gelez, leſquels ſe gelérent auſſi peu à peu, à la reſerve d’un petit endroit vers le milieu qui n’étoit point encore gelé, quoique le reſte de la ſurface le fût déja de plus de deux lignes d’épaiſſeur : Je remarquai que dans le fond & contre les côtez du vaiſſeau il ſe faiſoit de petites bulles d’air dans la glace qui commençoit à s’y former ; quelques-unes s’élevoient en haut, & les autres demeuroient engagées dans la glace : ce qui me fit juger que ces petites bulles venant à occuper plus de place dans l’eau que quand leur matiére y étoit comme diſſoute, elle pouſſoit un peu d’eau par le trou qui étoit au deſſus, de la même maniére qu’un tonneau étant plein de vin nouveau il en ſort un peu par le trou du bondon quand le vin commence à s’échauffer ; & le peu d’eau qui ſortoit par ce petit trou ſe répandant ſur ce qui en étoit proche & qui étoit déja gelé, ſe geloit auſſi, & commençoit à y former une élévation de glace : & ce trou demeurant toujours ouvert par l’eau qui y paſſoit ſucceſſivement, étant pouſſée par les nouvelles bulles d’air qui ſe faiſoient dans la glace, laquelle continuoit à s’augmenter peu à peu vers les côtez du vaiſſeau & vers le fond ; j’obſervai que la ſurface ſupérieure de l’eau étoit déja gelée de plus d’un pouce d’épaiſſeur vers les bords du vaiſſeau, & de plus d’un pouce & demi à l’entour & proche le petit trou, avant que l’eau qui y étoit comme dans un petit canal fût gelée : mais enfin elle ſe gela, & alors le milieu de l’eau n’étant point encore gelé, & l’eau pouſſée par les nouvelles bulles qui continuoient à ſe former pendant deux ou trois heures, ne trouvant plus d’iſſuë par le petit trou, la glace ſe rompoit tout à coup vers le haut par l’effort de cet air enfermé. Je fis une ſeconde expérience, en laquelle, après que la glace eût environ deux pouces d’épaiſſeur, je fis chauffer les bords du vaiſſeau pour faire fondre l’extérieur de la glace, & je la tirai par ce moyen toute entiére hors du vaiſſeau, ſans que l’eau qui étoit encore au milieu de la glace ſe renverſât. Je mis cette glace à l’air pour achever de faire geler le reſte de l’eau, & trois ou quatre heures après elle ſe rompit, & je trouvai que dans le milieu il y avoit un vuide de la groſſeur d’un pouce & demi de diamétre, d’où étoit ſorti le

T t

reſte

reſte de l'eau qui n'étoit pas encore gelé & qui rempliſſoit cet eſpace.
Je fis une troiſiéme expérience, dans laquelle, après avoir tiré de la
même maniére la glace hors du vaiſſeau , je perçai avec une grande é-
pingle l'endroit du petit trou qui s'étoit gelé, & où la glace étoit plus
élevée d'un pouce qu'au reſte , par l'eau qui s'étoit répanduë près du
petit trou & s'y étoit gelée ; il ſe fit un petit jet d'eau par le trou qu'a-
voit fait l'épingle après que je l'eûs retirée, & l'eau ſe gela de nouveau
dans le trou. Je continuai à percer cet endroit de tems en tems juſques à ce que l'eau fût toute gelée. J'expoſai enſuite cette glace à l'air
froid pendant toute la nuit ſans qu'elle ſe rompît ; ce qui me fit connoître manifeſtement , que la rupture de la glace dans les expériences
précédentes procedoit de la force du reſſort des bulles d'air. Le milieu de cette glace étoit mêlé à peu près d'autant d'air que de glace, &
il y avoit bien moins de bulles à proportion vers l'extérieur de la glace.
Si l'on fait bouillir l'eau pour en faire ſortir la matiére aërienne avant
que de l'expoſer à la gelée, il ſe fera de la glace juſques à deux ou trois
pouces d'épaiſſeur , qui n'aura point de bulles viſibles , & ſera parfaitement tranſparente & propre à faire le même effet pour brûler au Soleil que les verres convexes : Voici la maniére de rendre cette glace
convexe. Ayez un petit vaiſſeau creux en demi ſphére , dont le diamétre ſoit d'un demi pié ; mettez y un fragment de cette glace tranſparente, & la mettez ſur un peu de feu pour en faire fondre l'extérieur ;
vous verſerez l'eau par inclination à meſure que l'extérieur de la glace
ſe fondra : retournez-la de l'autre côté & la faites fondre de même , juſques à ce qu'enfin elle ait pris une figure convexe des deux côtez, bien
polie & uniforme ; alors ſi le Soleil luit , elle ſera à peu près le même
effet pour brûler du papier noirci ou de la poudre à canon, comme ſi
c'étoit un verre convexe. Quelques-uns ont cru que l'eau bouillie ſe
geloit plus aiſément que l'autre : mais en ayant mis de l'une & de l'autre également dans deux verres égaux ,& ayant fait enſorte qu'elles fuſſent refroidies également avant que de les expoſer à la gelée ; je ne pûs
jamais remarquer qu'elles gelaſſent plutôt l'une que l'autre.

Dans les endroits des Riviéres où l'eau eſt dormante , il s'y amaſſe
de la bouë dont il ſort beaucoup d'air quand on marche deſſus, ou
qu'on y fourre un bâton ; ſoit que cet air s'y forme peu à peu de la
matiére aërienne qui ſe trouve dans l'eau de la Riviére , ſoit qu'il procéde de ce que l'eau deſcendant par de petits canaux au deſſous de ſon
lit, fait élever l'air qui s'y trouve, lequel rencontrant la bouë s'y arrête. Outre la matiére aërienne qui ſe trouve dans l'eau, il y en a u-
ne autre qui peut être appellée matiére fulminante, que j'ai reconnuë
par pluſieurs expériences, comme celle que je raporte ici. Mettez dans
un petit vaiſſeau de cuivre ou d'étain, une groſſe goute d'eau, & de
l'huile au deſſus juſqu'à un pouce de hauteur ; mettez une chandelle
allumée au deſſous du vaiſſeau à l'endroit où eſt la goute d'eau : vous
ver-

verrez qu'il en fortira de petites bulles d'air pendant un certain tems, & qu'enfuite il n'en fortira plus ou très-peu ; mais quand l'huile fera échauffée , il fe fera des fulminations dans la goute d'eau , qui feront fauter une partie de l'huile en haut, & pourront féparer la goute d'eau en deux ou trois parties.   Cet effort peut proceder de quelques parcelles de fels ou d'autres matiéres inconnuës diffoutes dans l'eau, lefquelles ayant atteint un certain degré de chaleur fe dilatent tout à coup comme fait l'Or fulminant.

L'analogie qui eft entre l'huile & l'eau , eft que l'huile s'affermit & fe géle par un grand froid, mais moins fortement que l'eau ; qu'elle devient coulante à une médiocre chaleur ; qu'une grande chaleur la fait élever en fumée & en exhalaifons femblables à peu près en confiftance aux vapeurs qui fortent de l'eau; & enfin, que ces fumées, du moins leurs plus fubtiles parties, fe changent en flamme par une très-grande chaleur.

L'Air, le Mercure, & l'Eau où il y a beaucoup de fel commun diffous, ne fe gélent pas, ni ne deviennent pas durs au froid, non plus que l'efprit de falpêtre, l'efprit de vitriol, & les autres eaux fortes; mais ces matiéres demeurent toujours liquides & coulantes : les eaux fortes s'élévent auffi en vapeurs par la chaleur.

Le Mercure, l'Eau, l'Huile, le Vin, l'Efprit de vin & les autres liqueurs, fe dilatent par la chaleur, & fe condenfent par un médiocre froid, fans qu'il paroiffe pourtant qu'aucun air y foit mêlé ou qu'il en forte aucunes bulles.   Mettez de l'huile dans une bouteille qui ait le goulet long & étroit, & la chauffez médiocrement; elle montera peu à peu dans le goulet, & en fe refroidiffant elle defcendra jufques à la pomme fans qu'il y paroiffe entrer ou fortir de l'air : & même fi la bouteille étant toute pleine d'huile médiocrement chaude, on la renverfe en la foutenant avec le doigt, & qu'on trempe le bout dans de l'eau froide jufques à la moitié du goulet, l'huile fe refroidiffant quittera le goulet qu'elle occupoit, & l'eau y montera; mais fi on chauffe de nouveau médiocrement la bouteille, l'huile redefcendera & chaffera l'eau fans qu'il paroiffe s'y former aucunes bulles d'air.   Cet effet eft très-fenfible dans l'efprit de vin dont on remplit les Thermométres de verre fcellez hermétiquement ; car quand il fait bien froid, l'efprit de vin defcend jufques à la pomme, & dans le grand chaud il monte jufques au haut du tuyau, quoiqu'il foit de plus de deux piés de hauteur.   J'ai vû des Thermométres pleins de mercure au lieu d'efprit de vin, qui faifoient à peu près le même effet.

Le mercure ne s'éléve en vapeurs qu'à une grande chaleur.   J'ai tenu pendant deux ans une petite bouteille où il y avoit environ une livre de mercure, dans un cabinet où le Soleil luifoit pendant l'Eté; j'y trouvai fenfiblement le même poids au bout de ce tems-là : mais fi on en met dans un affez grand feu, il s'éléve tout en vapeurs invifibles, lef-

T t 2

quelles

quelles étant reçûës dans un alambic, se remettent en mercure coulant & liquide comme avant leur évaporation.

On remarque dans l'eau une espéce de viscosité, qui attache ses parties l'une à l'autre, & à quelqu'autres corps, comme au bois & au verre bien net, en sorte qu'une goute d'eau assez grosse demeure suspenduë au verre & au bois sans tomber ; & lors qu'on en verse dans un verre bien net sans l'emplir entiérement, elle s'éléve joignant le verre au dessus de son niveau jusques à plus d'une ligne & demi : & quoiqu'on ne puisse bien dire en quoi consiste cette viscosité, il est constant que ces effets se font toujours; ainsi deux goutes d'eau séparées se joignent ensemble & ne font plus qu'une seule goute aussi-tôt qu'elles viennent à se toucher tant soit peu. La même chose arrive à deux goutes de mercure, à deux goutes d'huile posées doucement sur de l'eau en les approchant l'une de l'autre ; & même on voit que les petites bulles d'air qui sont au fond d'un plat plein d'eau quand il a été sur le feu, se joignent à celles qui leur sont voisines si on les pousse l'une contre l'autre avec une épingle ou autrement. J'ai vû une fois rouler le long d'une table de pierre polie, un peu de mercure de la grosseur d'un pouce : il rencontra un petit creux dans la table, où une petite partie du mercure entra, & le reste continuant de couler fut sur le point de se séparer du peu qui étoit dans le creux, ce qui les joignoit n'ayant plus qu'environ deux lignes de largeur ; mais cette viscosité qui lie ensemble les parties du mercure l'empêcha, & ce qui étoit passé se raprocha de la partie qui étoit dans le creux, & tout le mercure s'arrêta dessus & à l'entour. Pour expliquer en quelque façon cette viscosité, on pourroit dire que chacune de ces matiéres ont leur petites parties en perpétuel mouvement, & que celles de chaque espéce ont de certaines figures propres à s'acrocher & à se lier les unes aux autres, & qu'elles s'embarassent & s'acrochent nécessairement par leur mouvement dès que elles se touchent. Il y a une autre cause qu'on pourroit conjecturer; savoir, que l'air ayant une vertu de ressort réduiroit ces corps fluïdes au plus petit espace qu'ils peuvent occuper, qui est la figure sphérique : mais il pourroit aussi bien réduire en un globe seul une goute de mercure & une goute d'eau, & même cette cause n'auroit point de lieu dans la machine du vuide lorsqu'on a pompé l'air qui est dessous un récipient, car ce qui en reste n'a plus de ressort considérable; & cependant les goutes d'eau & celles de mercure se joignent ensemble & prennent une rondeur dans cet air extrémement rarefié de la même maniére que dans l'air commun. Dans ces doutes on pourra se contenter de prendre pour principe d'expérience, que les fluïdes de même nature sont disposez à se joindre ensemble aussi-tôt qu'ils se touchent; & l'on appellera cet effet, si l'on veut, mouvement d'union. Il y a aussi de certains corps où l'eau ne s'attache point ou très-difficilement, comme la graisse, les feuilles de choux non maniées, les plumes de

cignes

cignes & canars ; & elle s'y met en petites boules, ou fi elle y
eft en grande quantité elle fe met en rondeur aux extrémitez, le refte
demeurant de niveau.   Le mercure ne s'attache ni au verre ni au bois
ni à la pierre, & c'eft ce qui lui a donné le nom de vif-argent ; car
lorfqu'il eft en petite quantité il roule fur ces matiéres par fa pefanteur,
jufques à ce qu'il rencontre de petits creux qui le retiennent : mais il
s'attache facilement à l'étain, à l'or, & à quelques autres métaux, &
même il s'y imbibe de maniére qu'il en difcontinuë les parties & ne
compofe plus qu'un corps avec elles; c'eft ce que les Chimiftes appellent *amalgamer*.

SECOND DISCOURS.

De l'origine des Fontaines.

LEs vapeurs aqueufes qui s'élévent des mers, des riviéres, & des terres humides, étant arrivées à la moyenne région de l'air, & y ayant
formé des nuées, s'y refroidiffent; & elles ne peuvent pas monter plus
haut, parce qu'elles rencontrent un air moins condenfé que celui qui eft
proche de la terre, & cet air étant moins pefant qu'elles ne les fauroit
foutenir.   Ces vapeurs étant agitées par les vents fe rencontrent les u-
nes les autres & s'attachent enfemble, & de plufieurs petites goutes imperceptibles il s'en fait d'affez groffes qui commencent à pefer plus que
l'air qui eft au deffous, & en defcendant peu à peu elles en rencontrent
d'autres plus petites, d'où il arrive qu'elles fe groffiffent fucceffivement,
& par ce moyen elles deviennent enfin des goutes de pluïe. Celles qui
viennent des nuées fort hautes font les plus groffes, parce qu'elles ont
plus d'efpace pour fe groffir ; & *Ariflote* s'eft trompé quand il a foutenu
le contraire: la raifon qu'il en donne eft, que fi l'on jette un feau d'eau
par une fenêtre fort élevée, elle fe divife en de plus petites goutes que
fi l'on ne l'avoit pas jettée de fi haut: mais cette comparaifon eft trom-
peufe: car il eft bien vrai qu'une goute groffe comme le pouce, tombant plus vite par l'air qu'une fort petite, fe fépare facilement en deux
ou trois parties par le choc de l'air, principalement quand il fait un
grand vent ; & ainfi les plus groffes goutes ne font ordinairement que
d'environ trois lignes de largeur, & lorfque deux ou trois de ces goutes
fe joignent enfemble elles fe féparent incontinent après ; mais elles ne
peuvent arriver à cette groffeur de trois lignes de diamétre qu'après s'ê-
tre jointes plufieurs enfemble, & on voit tomber fouvent quand les
brouillards s'épaiffiffent, de très-petites goutes de pluïe qu'on ne peut
bien difcerner que quand il y a quelque objet noir par derriére.
    Puis donc que la pluïe en fon commencement eft tres menuë, il eft

Tt 3

évi-

évident qu'il faut qu'elle tombe de fort haut pour fe groffir ; & c'eft par cette raifon que les pluïes d'hiver font ordinairement fort menuës, parce que les nuës ne s'élévent alors qu'à une petite hauteur. J'ai obfervé que l'air étant couvert de groffes nuës & faifant une pluïe fort épaiffe avec de groffes goutes au bas d'une montagne fort haute , les goutes étoient moindres à mefure que je montois au haut de la montagne , & quand je fus prefque au plus haut la pluïe étoit très-menuë ; j'étois alors dans un brouillard qui m'avoit paru une nuée quand j'étois au bas de la montagne.

Une feule nuée pouffée par des vents impétueux peut donner de la pluïe fucceffivement par une efpace de plus de cinquante lieuës ; ce qu'on a remarqué fouvent par les dégâts que fait la grêle qui fe forme dans une feule nuée.

Les pluïes étant tombées pénétrent dans la terre par de petits canaux qu'elles y trouvent : ce qui fait que lorfqu'on creufe la terre un peu profondément on rencontre d'ordinaire de ces petits canaux, dont l'eau s'affemblant au fond de ce qu'on a creufé fait l'eau des puits. Mais l'eau des pluïes qui tombent fur les colines & fur les montagnes, ayant pénétré la furface de la terre, principalement quand elle eft legére & mêlée de cailloux & de racines d'arbres, rencontre fouvent de la terre glaife, ou des rochers continus le long defquels elle coule ne les pouvant pénétrer, jufques à ce qu'étant au bas de la montagne ou à une diftance confidérable du fommet , elle reffort à l'air & forme les fontaines : cet effet de la nature eft aifé à prouver. Car premiérement, l'eau des pluïes tombe toute l'année en affez grande abondance pour entretenir les fontaines & les riviéres, comme on le fera voit enfuite par le calcul : fecondement, on remarque tous les jours que les fontaines augmentent ou diminuënt à mefure qu'il pleut ou qu'il ne pleut pas, & s'il fe paffe deux mois entiers fans pleuvoir confidérablement, elles diminuënt la plupart de la moitié ; & fi la féchereffe continuë encore deux ou trois mois, la plupart tariffent & les autres diminuënt des $\frac{2}{3}$ ou des $\frac{3}{4}$; d'où l'on peut conclure , que s'il ceffoit un an entier de pleuvoir , il ne refteroit que fort peu de fontaines, dont la plupart feroient très-petites, ou qu'elles cefferoient toutes entiérement.

Les grandes riviéres, comme la *Seine*, diminuënt fouvent à la fin de l'Eté de plus des $\frac{4}{5}$ de la grandeur qu'elles ont après les grandes pluïes, quoique la féchereffe ne dure pas trois mois de fuite : & s'il y a quelques fontaines qui ne diminuënt que de la moitié ou du tiers, cela procéde de ce qu'elles ont de grands réfervoirs qu'elles ont creufé dans les rochers, en ayant emporté les terres & ne s'étant fait que de petites iffuës ; d'où vient qu'elles ne croiffent pas tant que les autres par les pluïes continuelles. Quelques Philofophes apportent une autre caufe de l'origine des Fontaines , favoir qu'il s'éléve des vapeurs du profond de la terre, lefquelles rencontrant des Rochers au haut des montagnes en forme

me de voûtes, s’y réduifent en eau comme dans le chapiteau d’un alambic, & que cette eau coule enfuite au pié ou dans le penchant des
montagnes.   Mais cette hypotéfe fe peut difficilement foutenir : car fi
A B C eft une voûte dans une montagne D E F, il eft manifefte que fi T A B.
les vapeurs fe réduifoient en eau dans le concave de cette furface A B C, XIII.
elle tomberoit perpendiculairement vers H G I & non vers L ou M, & Fig. 1.
par conféquent elle ne feroit jamais aucune fontaine : d’ailleurs, on nie
qu’il y ait beaucoup de telles cavernes dans les montagnes, & on ne
fçauroit les faire voir : que fi on dit qu’il y a de la terre à côté & au
deffous de A B C, on répondra que les vapeurs s’échaperont à côté
vers A & C & qu’il s’en refoudra fort peu en eau ; & parce qu’on voit
prefque toujours de la terre glaife où il y a des fontaines, il eft très
vrai-femblable que ces prétenduës eaux alambiquées ne pourroient
paffer au travers, & par conféquent que les fontaines ne peuvent pas
être produites par cette caufe.

Quelques Auteurs raportent que des Fontaines ont ceffé de couler
pour avoir donné jour à de grandes concavitez fouterraines, d’où il é-
toit forti une grande quantité de vapeurs qui fe refoudoient en eau dans
ces cavernes : on peut répondre à cela que ces hiftoires font fufpectes :
on ne nie pourtant pas qu’il n’y puiffe avoir de telles difpofitions dans
le haut d’une montagne, principalement dans celles qui font couvertes
de neige, que les vapeurs qui fe condenferoient par la rencontre d’un
grand lit de pierre comme dans un alambic, pourroient former quelque
petit filet d’eau qui fortiroit à côté ; mais cela eft très difficile à rencontrer, & on n’en pourroit tirer de conféquence pour les autres Fontaines.

On objecte encore que les pluïes de l’Eté, quoique très-grandes, n’entrent dans la terre que d’environ un demi pié, ce qu’on peut remarquer
dans les jardins & dans les terres labourées : je demeure d’accord de
l’expérience : mais je foutiens que dans les terres non cultivées & dans
les bois il y a plufieurs petits canaux qui font fort près de la furface,
dans lefquels l’eau de la pluïe entre ; & que ces canaux font continuez
jufques à une grande profondeur, comme on le voit dans les puits creu-
fez profondément ; & que quand il pleut dix ou douze jours de fuite,
à la fin le deffus des terres labourées s’humecte entièrement, & le refte
de l’eau paffe dans les petits canaux qui font au deffous, & qui n’ont
pas été rompus par le labourage.

On voit dans les caves de l’Obfervatoire Royal de *Paris* plufieurs
goutes d’eau qui tombent du haut des voûtes naturelles de pierre qui y
font. Mais il eft aifé de remarquer qu’elles ne procèdent pas des vapeurs ; car on les voit toujours couler par quelques fentes ou par quelques
petits trous du Rocher, les autres endroits demeurant fecs ou fort peu humides, & cela arrive après de grandes pluïes : il y a même un endroit où
eft la plus grande voûte, où il diftile en tout tems beaucoup de goutes
d’eau ;

d'eau; mais elles procédent d'un amas d'eau qui est directement au dessus.

Il y a des carriéres en plusieurs endroits dont le haut est en forme de voûte, & il n'y a que vingt ou trente piés de terre au dessus, où l'on peut remarquer que les petits égoûts d'eau qui s'y font, passent par de petites fentes entre les lits de pierre, & qu'ils procédent des pluïes, parce qu'ils ne paroissent qu'après de grandes pluïes, & qu'ils ne durent que quinze jours ou trois semaines après qu'il a cessé de pleuvoir; & on peut facilement juger que les autres écoulemens des fontaines se font de la même sorte.

L'Eté de l'Année 1681. fut très-sec en *France*, ce qui fit tarir la plupart des puits & des fontaines en beaucoup.d'endroits; & quoiqu'il fit un assez grand froid à la fin d'Octobre & au commencement de Novembre, les eaux continuérent à diminuer, ce qu'elles n'eussent pas fait s'il se fût formé de l'eau par les vapeurs élevées des lieux souterrains & condensées par le froid de la surface de la terre. Il y a un creux dans les Caves de l'Observatoire, où il y avoit toujours de l'eau depuis l'année 1668. jusques en 1681 : mais la sécheresse de cette année la fit dessécher entiérement, & il n'y en avoit pas encore une seule goute en Février 1682. quoiqu'il eût beaucoup plû pendant plusieurs jours au commencement de ce mois; & l'Eté suivant ayant été fort pluvieux, l'eau n'y revint pourtant point au mois de Septembre, ni même pendant les deux années suivantes.

Si l'on jette sur un terrein ferme & difficile à être pénétré par l'eau, une grande quantité de pierres, de sable & de plâtras mêlez de terre, jusques à dix ou douze piés de hauteur; il se fera une petite fontaine au lieu le plus bas qui coulera toujours, si ce terrain est de la grandeur d'un arpent ou de deux.

J'ai vû cet effet dans une place où l'on avoit amassé des plâtras de la hauteur d'environ trois piés : elle contenoit en surface un peu moins de 500 toises : il arrivoit que les eaux des pluïes qui tomboient sur cette place & sur les toits des maisons voisines, étoient retenuës par ces plâtras, & ne passoient que peu à peu à travers; & ne pouvant pénétrer le pavé & le terrain ferme qui étoit au dessous, elles se rendoient enfin vers un endroit le plus bas où il se faisoit un petit filet d'eau continuel.

Quelquefois les terres des montagnes sont disposées de telle sorte que les eaux qui y entrent peuvent ressortir à l'air & couler entre deux terres ou entre la terre & les rochers; & alors on ne peut les découvrir qu'en faisant des tranchées à mi-côte assez profondes, & il arrive souvent qu'on ramasse des eaux en raisonnable quantité par cette maniére, comme on l'a pratiqué en plusieurs endroits.

Il y a quelques Fontaines qui viennent du milieu des montagnes; & elles se font lors que les eaux des pluïes ayant trouvé passage par les terres sablonneuses & par les fentes des rochers jusques aux deux tiers ou aux trois quarts de l'intérieur de la montagne, il s'y trouve un fond

con-

continu de terre glaife très-dure, ou quelques lits de pierre continuë, où l'eau s'arrête & s'amaffe jufques à une hauteur confidérable, laquelle faifant effort de tous côtez par fa pefanteur, fait enfin quelques ouvertures vers le bas de la montagne par quelques fentes des rochers. Ces fortes de Fontaines durent plus que les autres pendant les grandes féchereffes, & peuvent être chargées de divers fels & d'autres matiéres qui s'y diffoudent.

On voit quelquefois des Fontaines bien élevées dans le haut des montagnes, & quelques-uns foutiennent qu'elles font au plus haut lieu. J'ai remarqué une de ces Fontaines dans une montagne à deux lieuës de *Dijon* : elle donne beaucoup d'eau : & quand on en eft fort près, on ne voit qu'environ quarante piés de hauteur de terrein au defious, dont la pente eft très-roide ; mais fi l'on regarde de loin cette montagne, on la voit s'étendre par une pente affez fenfible, jufques à plus de cinq cens toifes de longueur & deux cens de largeur. Or en cet efpace il tombe affez d'eau des pluïes pour entretenir cette fontaine, comme il fera prouvé enfuite.

Il y a des lacs au deffus de quelques montagnes qui donnent de petits ruiffeaux : cela peut arriver, parce qu'il y a des terres à l'entour du lac plus élevées que le niveau de l'eau & d'une grande étenduë. M. *Caffini* m'a dit avoir vû en *Italie* un affez grand lac au deffus d'une haute montagne où il y avoit deçà & delà des élévations de terre de plus d'une demi lieuë de longueur, qui étoient fouvent couvertes de neiges, dont les écoulemens avec celui des eaux des pluïes pouvoient aifément entretenir le lac, qui doit avoir un terrein très-ferme au deffous, ou des rochers continus ; il y fait ordinairement très-froid, c'eft pourquoi cette eau ne s'exhale pas confidérablement.

Il y a une Fontaine au *Mont-Valérien*, à deux lieuës de *Paris*, à peu près de même. Le terrein qui la produit a environ cent toifes de longueur, & cinquante de largeur : elle eft auprès d'une maifon, environ au tiers de la hauteur de la montagne. Il y a encore plufieurs autres endroits du même côté, dans defquels on trouve de l'eau : & on y fait de petites fontaines coulantes, en creufant la terre de fept ou huit piés de hauteur ; car fi après avoir trouvé l'eau on continuë l'ouverture horifontalement tirant vers le bas jufques à ce qu'on ait gagné la hauteur du terrein, on aura une petite fontaine qui ne tarira que rarement. Il y a de l'autre côté de la même montagne, tout au plus bas, une affez belle Fontaine qui ne tarit point. Il y en a auffi trois ou quatre à *Mont-Martre* : la plus élevée eft environ à 50 piés au deffous du haut de la montagne : le terrein qui produit la plus grande, n'a qu'environ 300 toifes de longueur & 100 de largeur ; elle ne donne auffi que très-peu d'eau, même après les grandes pluïes : les deux autres n'en donnent pas chacune le quart de la grande, & ne coulent qu'après de très-grandes pluïes.

La

La ville de *Langres* est située à l'extrémité d'une éminence fort élevée, laquelle continuë dans la même hauteur jusques à une lieuë de longueur avec une médiocre largeur. Il y a une autre montagne vis-à-vis,
de même hauteur & longueur à peu près, & de plus d'un quart de
lieuë de largeur. Entre ces deux montagnes il y a un grand valon, où
coule un assez grand ruisseau ou petite riviére qui procéde de plusieurs
fontaines qui ne sont pas beaucoup éloignées du sommet de ces montagnes: & il est aisé de juger qu'elles sont produites par les eaux des pluies qui tombent sur les plaines qui sont au haut, & qui ont un terrein
fort spacieux ; il en vient davantage de celle qui a le plus d'étenduë en
largeur.

Toutes les autres Fontaines sont à peu près semblables à celle-là , &
doivent avoir des hauteurs considérables au dessus de leur sortie. Il y
a une campagne à six lieuës de *Paris*, entre la valée de *Palaizeau* & celle de *Marcoussi*, qui a plus de deux lieuës de longueur & une de largeur, où
l'on voit des marres en quelques endroits, qui ne sont surmontez que de cinq
ou six piés par les lieux les plus élevez : mais le terrein y est très-dur à deux
où trois piés de profondeur, particuliérement proche le Château de
Bauregard, où il y a trois ou 4 de ces mares ; & ce terrein est tellement impénétrable à l'eau , que pour y faire une conduite d'eau , on
s'est contenté de creuser un petit fossé à deux ou trois piés de profondeur, & le remplir de pierres sans mettre aucun ciment au fond.

On pourroit objecter qu'il ne tombe pas assez d'eau en toute l'année
pour fournir aux grandes riviéres qui se déchargent dans la mer.

Pour resoudre cette difficulté, je me sers d'une expérience qui a été
faite à ma priére il y a sept ou huit ans à *Dijon* par un très-habile homme & très-exact dans ses expériences. Il avoit mis vers le haut de sa
maison un vaisseau quarré qui avoit environ deux piés de diamétre, au
fond duquel il y avoit un tuyau qui portoit l'eau de la pluïë qui y tomboit, dans un vaisseau cylindrique, où il étoit facile de la mesurer toutes
les fois qu'il pleuvoit : Car quand l'eau étoit dans ce vaisseau cylindrique, il s'en exhaloit fort peu pendant cinq ou six jours. Le vaisseau
de deux piés étoit soutenu par une barre de fer qui s'avançoit de plus
de six piés au delà de la fenêtre où elle étoit posée & arrêtée, afin qu'il
ne reçût que l'eau de la pluïë qui tomboit immédiatement dans la largeur de son ouverture , & qu'il n'y entrât que celle qui y devoit tomber selon la proportion de sa surface supérieure. Le résultat de ces expériences fut , qu'en une année il pouvoit ordinairement tomber des
eaux de la pluïë jusques à la hauteur d'environ dix-sept pouces. L'Auteur du livre intitulé l'*Origine des Fontaines* , assure avoir fait une semblable expérience pendant trois années, & que l'une portant l'autre il
étoit tombé de l'eau de la pluïë en un an jusques à 19 pouces 2 lignes ;
de hauteur.

Je prens moins que ces observations , & je suppose qu'en un an il
tom-

tombe feulement de l’eau de la pluïe juiques à 15 pouces de hauteur : fur ce pié là une toife recevroit en un an 45 piés cubes d’eau ; & fuppofant qu’une lieuë contienne de longueur 2300 toifes, une lieuë quarrée contiendroit 5290000 toifes fuperficielles, qui muiltipliées par 45 donnent 238050000 piés cubes.

Les fources les plus éloignées de la *Seine* font à 60 lieuës de *Paris* à peu près : favoir, celles de la riviére d’*Armanfon* & des autres riviéres qui entrent dans les riviéres d’*Yonne* & de la *Seine*, à les prendre depuis les fources les plus proches de la *Loire* auprès de la *Charité* ; & celles qui entrent dans la *Marne*, depuis celles qui font les plus proches de la *Meufe* au delà de *Bar-le-Duc*. La diftance de ces fources les plus éloignées l’une de l’autre eft de près de 60 lieuës. Que fi l’on coupe la riviére de *Seine* par une ligne perpendiculaire qui paffe à cinq ou fix lieuës de *Paris*, du côté de *Corbeil* ; on trouve des fources vers les extrémitez de cette ligne, qui font diftantes l’une de l’autre d’environ 45 lieuës. Je fuppofe donc, que la continence de toure cette étenduë de païs eft de 60 lieuës de longueur revétuë, & de 50 lieuës de largeur, qui font 3000 lieuës fuperficielles, dont le produit par 238050000 eft 714150000000 : d’où l’on voit que les terres qui fourniffent l’eau de la *Seine* à *Paris*, reçoivent des pluïes 714150000000 piés cubes d’eau en un an.

La *Seine* au deffus du Pont-Royal lorfqu’elle touche les deux quais fans couvrir que très-peu l’extrémité du terrein de part & d’autre, a 400 piés de largeur & cinq piés de profondeur moyenne : elle eft alors dans fa moyenne grandeur : fa viteffe au haut de l’eau eft telle qu’elle fait environ 150 piés en une minute : elle en fait 250 quand les eaux font en leur plus grande hauteur ; car un bâton qui eft emporté par le milieu du courant, va auffi vîte qu’un homme qui marche bien fort, lequel peut faire 15000 piés en une heure, & par conféquent 250 en une minute, c’eft-à-dire environ 4 piés en une feconde. Mais parce que le fond de l’eau ne va pas fi vîte que le milieu, ni le milieu que la furface fupérieure, comme il fera prouvé enfuite ; on peut prendre pour viteffe moyenne 100 piés en une minute.

Le produit de 400 piés de largeur par 5 piés de hauteur moyenne eft 2000 : car elle a 8 ou 10 piés en des endroits, & fix, ou trois, ou deux, en d’autres : & le produit de 200 par 10 piés, fait 2000000 piés cubes ; & par conféquent il paffe par une fection du lit de la riviére de *Seine* au deffus du Pont-Royal, 200 mille piés cubes en une minute, & 120000000 en une heure, & en 24 heures 288000000, & en un an 105120000000, qui n’eft pas la 6ᵉ. partie de l’eau qui tombe en un an par les pluïes & les neiges, favoir 714150000000 piés cubes. Il eft donc manifefte, que quand le tiers de l’eau des pluïes s’éléveroit en vapeurs incontinent après être tombée, & que la moitié du refte demeureroit dans les terres fuperficielles pour les tenir mouillées comme on les voit ordinairement, & dans les lieux fouterrains au

V v 2

defdeſſous des grandes plaines , qu'il n'y auroit que le reſte qui s'écoulât par de petits conduits pour faire les fontaines au deſſous ou au penchant des montagnes ; il y en auroit aſſez pour produire ces fontaines, & les riviéres telles qu'on les voit. Si on prend 18 pouces au lieu de 15 dans le calcul ci-deſſus, on trouvera au lieu de 714150000000, 856980000000 piés cubes, qui donneront huit fois plus d'eau que la *Seine* n'en fournit.

Pour calculer l'eau de la plus grande Fontaine de *Mont-Martre* , il faut multiplier 300 toiſes de longueur par 100 de largeur ; le produit eſt 30000 toiſes, qui donneront, à 54 piés cubes par toiſe , 1620000 piés cubes à peu près en un an. Or le terrein de cette montagne eſt ſablonneux juſques à 2 ou 3 piés de profondeur, & le deſſous eſt une terre glaiſe ; une partie de l'eau des grandes pluïes coule d'abord au bas de la montagne ; une partie du reſte demeure dans le ſable proche de la ſurface ; le reſte coule entre le ſable & la glaiſe , & ſi l'on ſuppoſe que ce ne ſoit que la quatriéme partie du total, qui eſt de 56700000 pintes en un an, ou 155341 en un jour, ce qui fait 6472 pintes en une heure, & 107 en une minute, ce quart ſeroit environ 26 pintes par minute que devroit donner cette fontaine, & c'eſt ce qu'elle donne à fort peu près, lorſqu'elle eſt plus que médiocre.

TROISIÉME DISCOURS.

De l'Origine & des cauſes des Vents.

L'Origine des Vents eſt beaucoup plus difficile à découvrir que celle des fontaines, parce que chaque fontaine ayant le commencement de ſa production, & l'iſſuë de ſa ſource en une ſeule montagne, un ſeul homme en peut obſerver toutes les plus conſidérables circonſtances : mais un même vent s'étendant bien ſouvent par l'eſpace de plus de 100 lieuës , il faut néceſſairement pluſieurs obſervateurs en même-tems , pour ſavoir où il commence & où il finit, & quel eſpace il coupe en largeur.

J'ai entrepris pluſieurs fois d'avoir des correſpondances pour ces obſervations dans des étenduës de ſept ou huit cens lieuës en pluſieurs endroits de l'*Europe* en même tems ; comme depuis *Paris* juſqu'à *Varſovie* & vers les extrémitez de l'*Italie* & l'*Eſpagne*, & depuis *Londres* juſqu'à *Conſtantinople*, de cent lieuës en cent lieuës : mais, quoique pluſieurs curieux à qui j'en avois parlé ou écrit, me l'euſſent promis , & que de mon côté je fiſſe exactement le miennes à *Paris* & ailleurs ; je n'en ai pû avoir que fort peu de correſpondantes , dont je parlerai dans la ſuite.

Ariſtote & quelques autres Philoſophes ont crû que les vents procédent des exhalaiſons ou fumées élevées de la terre, lorſqu'elles ſe refléchiſ-

chiffent après être montées perpendiculairement jufques à la moyenne
région de l'air. Cette opinion a fort peu de vrai-femblance : car les
exhalaifons s'élévent fort lentement; & par conféquent leur reflexion
ne peut donner qu'un foible mouvement à l'air, & ne peut produire
qu'un vent très-médiocre, qui ne régneroit ordinairement que dans la
moyenne région de l'air, & ne defcendroit pas jufques à la furface de
la terre. Il eft vrai que s'il s'éléve en quelque lieu particulier une extraordinaire quantité d'exhalaifons & de vapeurs, elles pourroient occuper affez de place dans l'air pour en repouffer une partie en circonférence; mais ce mouvement d'air feul feroit trop foible pour produire
un vent confidérable, & qui eût une viteffe égale à celle de la plupart
de vents. Il s'enfuivroit auffi, fi cette opinion étoit véritable, qu'il
ne viendroit point de vents de la Mer Océane vers les côtes de *France* &
d'*Efpagne*, puifqu'il ne s'éléve point d'exhalaifons des eaux de la Mer
ou très-peu, mais feulement des vapeurs aqueufes; & cependant il s'y
fait fouvent des vents d'Occident très-violens.

Monfieur *Defcartes*, qui a voulu rendre raifon de toutes chofes, a
crû que les nuées qui étoient fur le point de fe refoudre en pluië, pouvoient produire les vents en tombant d'enhaut les unes fur les autres.
Mais il n'a pas confidéré qu'il n'y a point de nuée fi épaiffe qui n'ait
beaucoup d'air dans les intervalles des vapeurs qui la compofent, & que
par cette raifon l'air qui eft entre deux nuées peut paffer facilement au
travers à mefure qu'elles s'aprochent l'une de l'autre, ou qu'elles tombent de haut en bas vers la terre: ajoutez à cela, que les nuées fupé-
rieures defcendent fi lentement fur les inférieures, qu'il eft impoffible
qu'elles donnent une grande viteffe à l'air qui eft entre-deux, & il ne
peut jamais en réfulter un mouvement d'air d'un feul côté qui puiffe é-
tre porté par une efpace tant foit peu confidérable. La raifon qu'ap-
porte cet Auteur pour prouver que ces nuées fort élevées produifent les
tempêtes, favoir que plus les corps pefans tombent de haut, plus leur
chûte eft impétueufe, eft un pur fophifme : car cela n'arrive qu'aux
corps fort pefans comme les pierres & les métaux; mais à l'égard des
nuées qui commencent à defcendre quand elles font fur le point de fe
rendre en petites goutes de pluiës, la plus grande viteffe qu'elles puiffent acquérir en defcendant, eft de faire cinq ou fix piés en l'efpace
d'une feconde, & ces petites goutes peuvent acquérir cette viteffe en
venant feulement de cinquante piés de haut. Ce même Auteur a encore tâché d'expliquer les vents par les dilatations inégales des vapeurs,
& a foutenu que les vapeurs fe dilatant mille fois plus que l'air à proportion, elles doivent être les caufes des Vents, donnant pour exemple le vent des Eölipiles. Mais tous ces raifonnemens font fondez fur
de fauffes fuppofitions: car il n'eft point vrai que l'eau étant extrêmement échauffée ne produife que des vapeurs, car elle produit auffi
beaucoup d'air & d'autres matiéres encore plus rarefiées, comme il a

V v 3

été

été expliqué ci-devant; & c'eſt ce qui fait le vent des Eölipiles, & non pas les vapeurs aqueuſes que ces matiéres rarefiées font ſortir avec elles. Car les vapeurs, qui ne ſont autre choſe que de petites parcelles d'eau que la chaleur fait ſéparer du reſte de l'eau, ne ſe changènt point en air, & n'occupent pas davantage d'eſpace pour être plus rarefiées, puiſque cette dilatation n'eſt à parler proprement qu'une ſéparation de ces petites parcelles; de la même maniére que lorſqu'on jette en l'air une poignée de cendres ou de pouſſiére dans une chambre, les petites parcelles de la cendre étant éparſes, n'occupent pas plus de place dans la chambre que lorſqu'elles étoient dans la main, & ne pouſſent pas l'air au dehors pour ſe faire faire place : Et s'il étoit vrai que les vapeurs qui compoſent une nuée fiſſent naitre des vents, la nuée demeureroit immobile & pouſſeroit des vents de toutes parts autour d'elle, ce qui eſt contraire aux obſervations; car on voit par expérience que les vents pouſſent & emportent les nuées d'un ſeul côté, & qu'ils occupent beaucoup plus d'eſpace en largeur que les plus groſſes nuées. J'obſervai un jour étant au haut de la plate-forme de l'Obſervatoire, qu'il venoit une groſſe nuée du côté du Couchant, dont on voyoit tomber une pluïë fort épaiſſe : cette pluïë tomboit à 300 pas de l'Obſervatoire, qu'on ne ſentoit encore aucun vent conſidérable ſur la plate-forme : Je deſcendis avec ceux qui étoient avec moi pour éviter l'orage, qui dura ſept ou huit minutes, & lorſqu'il fut fini, je vis la nuée qui étoit paſſée, & qui étoit déja fort éloignée; mais il ne faiſoit plus de vent conſidérable ſur la plate-forme : ce qui me fit connoitre manifeſtement, que c'étoit le vent qui avoit cauſé cette pluïë, & que la nuée d'où tomboit la pluïë n'avoit pas produit le vent qui la pouſſoit; ce que j'explique en la maniére ſuivante.

Lorſqu'il s'excite par quelque cauſe que ce ſoit un vent aſſez grand en une partie de l'air proche de la terre, il chaſſe devant lui les vapeurs qu'il rencontre, & les amaſſe les unes contre les autres en peu de tems; car s'il ſouffle avec une viteſſe à faire 20 ou 25 piés par ſeconde, il peut paſſer 6 ou 7 lieuës en une heure, & former une nuée de plus d'une lieuë de longueur, comme étoit celle dont je viens de parler : & enfin lorſque les petites parcelles d'eau qui compoſent les vapeurs ſont très-preſſées par le vent, il s'en forme des goutes de pluïë, comme il a été expliqué ci-devant. D'où il s'enſuit que c'eſt le vent qui fait les nuées & les pluïës, & que les nuées ne font point le vent.

Voici quelques conjectures qui me paroiſſent fort vrai-ſemblables ſur les véritables cauſes des vents, leſquelles j'ai fondées ſur pluſieurs obſervations que j'ai faites ou fait faire, ou que j'ai tirées de pluſieurs Relations de Voyages de mer.

Je ſuppoſe que quelque viteſſe qui puiſſe être donnée à un eſpace d'air de la groſſeur d'une nuée, il ne peut continuer un mouvement ſenſible au travers du reſte de l'air immobile que juſques à un quart de lieuë au plus; ce qui eſt aiſé à prouver par expérience en pouſſant le

vent

vent d’un soufflet d’une extrémité d’une chambre vers l’autre.

Je suppose encore qu’il s’élève plus de vapeurs des eaux des mers que des terres, & plus de fumées salpétreuses & sulphurées des terres découvertes, que de celles qui sont sous les eaux.

Cela étant supposé, je dis qu’il y a trois causes principales des vents, & quelques autres causes particulières & moins importantes. Les trois principales & générales sont:

1°. Le mouvement de la terre de l’Occident à l’Orient, ou, si l’on n’admet point cette hypotèse, celui du Ciel de l’Orient à l’Occident:

2°. Les vicissitudes des raréfactions de l’air par la chaleur du Soleil, & de ses condensations lorsque le Soleil cesse de l’échauffer:

3°. Les vicissitudes des élévations de la Lune vers son apogée, & de ses descentes vers son périgée.

Les causes particulières les plus considérables sont:

1°. Quelques élévations extraordinaires d’exhalaisons & de vapeurs de la terre en certains lieux:

2°. La chûte des grosses pluïes, ou de quelques grêles grosses & épaisses:

3°. Les éruptions de quantité d’exhalaisons sulphurées & salpétreuses dans les tremblemens de terre:

4°. Les soudaines fontes des neiges dans les hautes montagnes.

Ces causes particulières fortifient les causes principales, ou diminuënt & empêchent leurs efforts selon la diversité des lieux & des tems, par plusieurs combinaisons. Les éruptions des exhalaisons peuvent être fort irrégulières dans les périodes des tems, & dans leur quantité & leur force, comme on voit des irrégularitez dans les périodes des tremblemens de terre, & dans la variation de l’aiguille aimantée ; & l’on peut rapporter les unes & les autres à quelques grands changemens qui se font de tems en tems dans l’intérieur de la terre. L’on voit aussi que les montagnes ardentes ne font pas leurs éruptions embrasées en des intervalles de tems limitez & périodiques.

Par ces causes tant générales que particulières, on peut expliquer tous les vents, comme on le verra dans la suite.

Il est manifeste, que si la terre se meut autour de son centre d’Occident en Orient, la surface va beaucoup plus vîte sous la ligne équinoxiale, qu’au 30 ou 40. degré de latitude de part & d’autre ; & que cette surface entraine avec soi l’air qui en est proche, mais avec un peu moins de vitesse : ce qui doit faire paroître un mouvement d’air d’Orient en Occident à ceux qui sont sous l’Equateur, jusques à une latitude de plus de vingt degrez de part & d’autre, puisque ce mouvement étant plus vîte que celui de l’air qui la suit, ils doivent sentir le choc de l’air qu’ils rencontrent successivement. Et c’est de là que peuvent proceder ces vents qu’on appelle Alizez, qui régnent presque toujours entre les deux Tropiques ; mais qui ont cette différence, que lorsque le Soleil est au

Tro-

Tropique du Cancer, il se fait ordinairement un vent d'*Est-Nord-Est*, ou de *Nord-Est*, & que quand il est vers le Tropique du Capricorne, ce vent est ordinairement *Sud-Est*, ce qu'on explique aisément par la seconde cause, savoir la rarefaction de l'air excité par la chaleur du Soleil : Car lorsqu'il est dans les signes du Capicorne & du Sagittaire, il échauffe beaucoup l'air & les terres qui sont au dessous : d'où il arrive que cet air étant extrêmement dilaté, & celui qui est sous les signes opposez s'étant condensé en même tems par le froid de l'hiver qui y régne alors ; il se fait nécessairement un mouvement d'air du Midi vers le Septentrion, lequel se joignant au mouvement qui va d'Orient en Occident, il doit faire un vent composé des deux, savoir un *Sud-Est*, ou *Est-Sud-Est* : Et au contraire quand le Soleil est dans le Tropique du Cancer, il doit se faire un mouvement d'air du Septentrion vers l'autre Pole, qui se joignant au même mouvement de l'Orient à l'Occident, fait le vent de *Nord-Est*, ou d'*Est-Nord-Est*.

Les Relations de quelques Pilotes portent, que les vents d'Occident régnent ordinairement dans la Mer Océane, depuis le 27e. degré jusques au 40e : J'explique ces vents en la maniére suivante, prenant le 33e. degré de latitude pour exemple.

L'air qui est entre les deux Tropiques va un peu moins vite vers l'Orient que la terre qui est au dessous, puisqu'on n'y sent qu'un vent médiocre, qui ne fait pas ordinairement plus de huit ou dix piés en une seconde ; au lieu que la surface de la terre qui est sous l'Equateur, fait dans le même tems environ 1423 piés : mais la surface de la terre au 33. degré de latitude, ne fait que 1195 piés ; & par conséquent si l'air qui est en ce paralléle alloit aussi vite que celui qui est sous l'Equateur, il iroit plus vite que cette surface d'environ 228 piés par seconde. Or si l'air du 33. degré n'avoit son mouvement que de la terre qui est au dessous qui l'entraine, on y sentiroit un vent d'Orient, dont la vitesse seroit d'environ 8 ou 10 piés par seconde. Mais parce que l'air qui est depuis l'Equateur jusques au 10e. degré, entraine celui qui est à côté toujours en diminuant jusques au 33e. degré ; il peut arriver que cette diminution s'y réduise à 20 piés par seconde, de manière qu'étant jointe à la diminution de 10 piés par seconde en un sens contraire qui se feroit s'il n'y avoit point d'autre cause, l'air y sera poussé à faire 10 piés par seconde, plus que la surface de la terre vers l'Orient, & qu'on y sentira un vent d'Occident, aussi grand que les vents Alizez le sont entre les deux Tropiques. Ajoutez à cela, que les vents Alizez rencontrant les côtes de l'*Amérique* courbées en demi lune depuis la *Cayenne* jusques au Golphe de *Mexique*, peuvent se refléchir contre leurs hautes montagnes, & aider à produire ces vents d'Occident, & augmenter leur vitesse ; & ces vents seroient perpetuels s'ils n'étoient empéchez quelquefois par une ou plusieurs des autres causes dont on a parlé ci-devant.

Il

Il y a beaucoup d'endroits entre les deux Tropiques où il se fait des vents extraordinaires qui viennent des terres vers la mer sur l'entrée de la nuit, & de la mer contre les côtes depuis que le Soleil est levé jusques vers midi : on explique ces vents en la maniére suivante.

Supposons une grande Ile qui soit au 15ᵉ. ou au 20ᵉ. degré de latitude, où les vents Alizez peuvent être foibles : le Soleil échauffant les terres de cette Ile depuis midi jusques à 4 ou 5 heures du soir, & en même tems la mer qui en est proche; il ne se fait point de mouvement d'air sensible par cette cause : mais immédiatement après le Soleil couché, l'air de la mer se condense beaucoup en se refroidissant, & les terres de l'Ile conservant long-tems leur chaleur, l'air qui est au dessus ne se condense que peu à peu, & beaucoup moins au commencement que celui de la mer; d'où il doit arriver qu'il se fera un vent par le mouvement de l'air de l'Ile qui coule pour remplir la place de celui qui s'est beaucoup condensé au dessus de la mer voisine. Mais au moment que le Soleil se léve, les terres de l'Ile étant refroidies par la longueur de la nuit, & l'air s'y étant beaucoup condensé, il se doit faire un reflux de l'air qui s'étoit avancé vers la mer, assez grand pour produire un petit vent venant de la mer contre les côtes.

Les vicissitudes des vents, ou leur flux & reflux, se remarquent encore selon quelques Relations, le long de la Mer *Méditerranée* en de certaines saisons de l'année; car elles assurent qu'il s'y fait un vent d'Orient le matin, & un vent d'Occident le soir. Le premier peut proceder de la dilatation de l'air qui se fait vers les Païs qui sont Orientaux à cette mer, savoir la *Natolie*, *l'Arabie*, &c. où le Soleil est déja fort élevé, quand il se léve à l'égard du milieu de la *Méditerranée*; & cette dilatation peut faire sentir un vent d'Orient vers les Iles de *Malte* & de *Sicile* : mais deux ou trois heures après midi le vent d'Occident s'y doit faire sentir jusques bien avant dans la nuit, à cause de la dilatation de l'air par la chaleur du Soleil, qui échauffe alors fortement les terres qui sont au delà de cette Mer en *Espagne* & en *Affrique*, & cesse d'échauffer celles qui sont vers l'Orient; d'où il arrive nécessairement qu'il se fait un reflux d'air de l'Occident vers l'Orient dans le milieu de la *Méditerranée*.

Dans le commencement de Novembre il se fait dans l'*Ile de France*, dans la *Bourgogne*, & dans la *Champagne*, des vents du *Sud* qui aménent de grandes pluïes; parce qu'alors les terres vers le Pole Septentrional ne voyent plus le Soleil, & l'air s'y condense beaucoup par un froid excessif : d'où il arrive que les terres de l'*Affrique* étant alors beaucoup échauffées, y poussent leur air plusieurs jours durant, & y en font amasser au delà de l'équilibre, dont il reflue & fait un vent de *Nord-Est* assez doux à cause du vent du Midi qui y a porté un air chaud, lequel venant à refluër donne un beau tems & peu froid 3 ou 4 jours de suite; & c'est ce qu'on appelle l'*Eté de la Saint Denis* ou *de la Saint Martin*.

X x   On

On peut aifément comprendre que lorfque le Soleil luit à plomb fur un grand efpace de terre, l'air qui eft au deffus s'échauffe beaucoup, & s'étend de toutes parts en circonférence ; & que l'air s'y refroidiffant de toutes parts en circonférence, par l'abfence du Soleil, il y doit venir un reflux d'air. Ce flux & reflux de l'air fe voit bien fouvent en petit. Monfieur *Huggens* me dit un jour qu'il avoit obfervé que fa chambre étant bien fermée, fon Barométre qui étoit un de ceux qui font baiffer leur liqueur par la plus grande pefanteur de l'air, & dont les changemens de hauteur font fort fenfibles, s'étoit baiffé & hauffé alternativement plufieurs fois en un quart-d'heure. J'en attribuai la caufe à quelque vent qui s'étoit rabatu dans la cheminée de fa chambre, lequel y ayant preffé l'air, lui avoit donné une plus grande force de reffort qui avoit fait defcendre la liqueur de fon Barométre ; & cet air condenfé ayant enfuite la liberté de s'étendre par la ceffation de la caufe, repaffoit par la cheminée, & fon reffort étant diminué la liqueur du Barométre remontoit ; & parce que le mouvement acquis par l'air qui remontoit par le tuyau de la cheminée en faifoit fortir beaucoup plus que felon la proportion de l'équilibre, il fe faifoit de nouveau une defcente de l'air par le même tuyau, qui mettoit encore la condenfation de l'air de la chambre au delà de l'équilibre, & faifoit defcendre la liqueur du Barométre, & ainfi de fuite, en diminuant peu à peu jufques à une entiére réduction à l'équilibre.

J'ai vû un femblable effet dans un fourneau où l'on faifoit de la chaux; il étoit comme une petite chambre voûtée où il y avoit dans le milieu une fenêtre quarrée d'un pié & demi de largeur, par laquelle on jettoit le bois pour entretenir le feu. Il arrivoit que le feu étant grand, l'air enfermé fe dilatoit extrémement, & qu'il fortoit en partie par la fenêtre avec beaucoup de viteffe : & le feu s'étant alors diminué par le défaut de l'air, la chaleur de l'air enfermé diminuoit, & devenant par conféquent moins rarefié, il en rentroit néceffairement par la fenêtre en forme de vent qui fouffloit le feu & le ralumoit; ce qui faifoit dilater l'air de nouveau par une augmentation de chaleur, & le faifoit reffortir encore par la fenêtre. Cette viciffitude faifoit une efpéce de refpiration femblable à celle des animaux. Ceux qui faifoient ce travail me dirent que la même chofe fe faifoit dans tous leurs fourneaux à chaux, & ils me firent remarquer que les papillons & les autres animaux qui volent la nuit vers la lueur du feu, étant à un pié ou deux de la fenêtre étoient entrainez dans le fourneau par l'air qui y rentroit avec une grande viteffe après en être forti. Le tems de chaque refpiration étoit trois ou quatre fois plus long que celui de la refpiration des animaux.

J'ai remarqué par plufieurs obfervations, qu'à *Paris* & dans le voifinage, les vents font en 15 jours à peu près une révolution entiére, foufflant fucceffivement de toutes les parties de l'horifon ; & qu'aux nouvelles & pleines-lunes le vent eft prefque toujours *Nord* & *Nord-Eft*:

C'eft-

C'est-à-dire, que s'il se fait un vent de *Nord* à la nouvelle Lune, il passe à *l'Est* dans trois ou quatre jours , & ensuite au *Sud*, puis à *l'Ouest*,
& se remet au *Nord* vers la pleine-Lune, d'où il repasse successivement
vers *l'Est*, le *Sud* & *l'Ouest*, revient à la nouvelle lune au *Nord* ou au
Nord-Est. Quelques-uns de ces vents tournent quelquefois un peu en
arriére , comme de *l'Ouest* au *Sud-Ouest*, & du *Nord-Est* au *Nord*; &
alors ces vents durent sept ou huit jours: mais il ne font presque jamais
un tour entier. Il arrive aussi quelquefois que le vent passe de *l'Ouest*
au *Nord-Est* , & de *l'Est* au *Sud-Ouest* , sans que les vents d'entre-deux
se fassent remarquer.

On peut expliquer ces révolutions de vents par la troisiéme cause
principale, en la maniére suivante.

Il est très-vrai-semblable que la Lune se levant à son apogée doit entrainer beaucoup d'air après elle, si l'on suppose qu'elle nage dans l'air,
& que son diamétre soit de 5 à 6 cens lieuës , comme les Astronomes
l'assurent: car en s'élevant elle doit entrainer l'air qui lui est proche,
celui-ci l'air qui est dessous , jusqu'aux terres qui font sous la Zone
Torride ; & par cette raison , l'air qui est proche des Poles de part &
d'autre y doit couler pour conserver l'équilibre du ressort, ce qui doit
produire le *Nord* vers le milieu de la Zone Tempérée Septentrionale,
lequel se joignant avec le vent *d'Est* , qui est produit par la même cause
premiére, savoir par le mouvement de la terre, compose le *Nord-Est*,
qui régne à *Paris* ordinairement dans les nouvelles lunes.

Il se doit faire encore un petit vent de *Nord* par le grand mouvement de l'air entrainé par la terre , depuis la Ligne Equinoctiale jusques au 50 ou 60e. degré. J'ai expérimenté que faisant tourner bien
vîte une boule de plomb de deux pouces de diamétre proche d'un seau
plein d'eau , il s'élevoit vers la boule de petites saletez qui étoient au
fond du seau : & ayant suspendu une boule de 8 pouces de diamétre,
& la faisant tourner médiocrement vîte , il se faisoit un grand mouvement d'air à côté, & un autre fort petit de bas en haut vers le pole
de la boule ; ce que je connoissois par de petits duvets posez sur le
haut d'un petit bâton perpendiculaire, distant de deux ou trois pouces
de la boule, lesquels se mouvoient comme pour se lever vers elle : mais
ce vent étoit très-foible. D'où l'on peut juger que l'air vers les Poles
se meut contre la terre, & peut s'étendre jusques au 50e. degré, &
puis incontinent après que cette cause a cessé, & avant que le reflux de
l'air élevé par la Lune revienne vers les Poles , le mouvement de la
terre d'Occident en Orient peut faire paroître un vent *d'Est* seul, qui
d'ordinaire ne dure qu'un jour ou deux : car la lune revenant à son périgée, pousse réciproquement l'air vers les Poles ; & il se fait au commencement un *Sud-Est* par la combinaison de ce mouvement d'air vers
les Poles, & de celui qui vient de l'Orient. Le Sud prédomine ensuite jusques à ce que le grand mouvement des vents d'Occident qui ré-

X x 2

gnent

gnent jufques au 40e. degré, comme il a été dit, & qui peuvent quelquefois s'étendre à huit ou dix degrez plus loin, s'avançant un peu
vers les climats Septentrionaux, & fe mélant avec les vents du *Sud*,
faffent le *Sud-Ouëft* ; & le reflux du *Sud* étant ceffé, le feul vent *d'Ouëft*
peut régner jufques à ce que le reflux de l'air, que le Sud avoit pouffé
vers le *Nord*, joint à celui qui eft entrainé per l'élévation fuivante de
la Lune vers fon apogée, & par le petit mouvement dont il a été parlé, faffe le *Nord* & le *Nord-Eft*, comme à la nouvelle lune. Cette pé-
riode & viciffitude des vents arrive deux fois à chaque mois lunaire.
Je l'ai obfervé pendant plufieurs années ; & quoiqu'il y arrive quelques
irrégularitez par les combinaifons des caufes particuliéres, j'ai prefque
toujours trouvé que le *Nord-Eft* régnoit aux nouvelles & pleines lunes, & le *Sud* & l'*Ouëft* aux quadratures : mais on doit remarquer que
comme dans les Riviéres où le flux de la mer eft pouffé bien haut, le
reflux commence à fe faire vers leurs embouchures pendant que le flux
monte encore aux endroits les plus éloignez ; ainfi le *Nord* ou le *Nord-*
Eft ne foufflent pas à *Paris* en même tems que la Lune eft à fon apogée,
& que ce n'eft qu'après qu'elle s'eft beaucoup raprochée de la terre. Il
eft encore aifé de juger, que lorfque la Lune eft vers le Tropique du
Capricorne dans fa plus grande latitude auftrale, l'air qu'elle éléve a-
lors ou qu'elle repouffe, met beaucoup plus de tems à faire fentir fon
mouvement vers les Païs Septentrionaux, que lorfqu'elle eft à fa plus
grande proximité du Pole Boréal, & même que le mouvement peut
être trop foible pour s'étendre jufques vers le 50e. degré de latitude Septentrionale. J'ai obfervé quelquefois à *Paris*, que le vent ayant été
Nord-Eft 7 ou 8 jours de fuite, & que les vents du *Sud* devant fou-
fler à leur tour, le *Nord-Eft* régnoit encore par bas : mais il y avoit
des nuées fort élevées qui étoient pouffées en même tems par le Sud,
mais fort foiblement ; ce qui me fit juger que vers le 40e. degré de latitude le *Sud* & le *Sud-Ouëft* pouvoient être alors affez grands pour y
régner feuls. Il doit arriver auffi que les élévations inégales de la Lune
feront des différences confidérables à l'égard de ces vents, tant pour
leurs forces, que pour les jours où ils doivent régner. Il eft même néceffaire qu'il arrive beaucoup d'irrégularitez dans ces vents par le mélange des caufes particuliéres dont il a été parlé ; mais ces vents doivent être moins irréguliers dans les lieux où il y a peu de montagnes,
comme dans l'Ile de *France* & dans la *Champagne*, que dans les lieux
fort montagneux.

Le mouvement des vents n'eft jamais uniforme, non plus que le courant des riviéres, & il s'y fait de la même maniére des vagues & des
tournoyemens qu'on appelle des tourbillons qui ont de différentes viteffes. On obferve dans les grands orages, que dans une largeur d'un quart
de lieuë où la plupart des arbres ont été abatus, il y a des intervalles
où il n'y en a point d'abatus, parce que le vent y a été moins violent.

On

On remarque auſſi que tous les vents ſoufflent à repriſes & par bouffées;
ce qu’on reconnoit même par le ſon des cloches, qu’on entend s’affoiblir
ou s’augmenter dans de petits intervalles de tems. En voici les cauſes.
Suppoſons qu’un grand vent ayant beaucoup de largeur rencontre vers
G des maiſons & de petites éminences, qui le faſſent réfléchir en quel- TAB.
ques endroits, & faire des vagues non paralléles, comme A, B, C, D; XIII.
il eſt évident que le reſſort qu’elles feront par leur rencontre en B, fera Fig. 2.
aller plus vîte la vague B D, & que celle qui eſt dans la direction G B
choquera enſuite bien plus foiblement l’oreille en B. La même choſe
doit arriver en tous les autres endroits du vent.

Il arrive quelquefois que lorſqu’un grand vent en rencontre à côté un
autre plus foible, ſoit qu’il lui ſoit oppoſé ou non, il emporte l’air qui
lui eſt le plus proche, & le fait tourner en rond avec une grande viteſſe; & ce tournoyement d’air, qu’on appelle un tourbillon, s’avance a-
vec le vent le plus fort, & enléve tout ce qu’il enveloppe qui n’a pas beaucoup de peſanteur, comme la pouſſiére, les feuilles ſéches, & même
des tas de foin tout entiers, qui vont quelquefois tomber à plus d’un
quart de lieuë de diſtance. Ces tourbillons enlévent auſſi quelquefois
une grande quantité de l’eau de la Mer, qui paroit à ceux qui la voyent
de loin, comme une grande colomne d’eau.

On voit un exemple de ces vents qui vont à côté l’un de l’autre en
un ſens contraire, dans de certaines cheminées lorſqu’on y fait un grand
feu, la chambre demeurant fermée : car l’air rarefié & la flamme qui
s’élévent font ſuivre une partie de l’air de la chambre ; & celui qui reſte étant trop dilaté par ce moyen, il faut néceſſairement qu’il en revienne de haut en bas par la cheminée, lequel raméne une partie de la
fumée, & la répand par la chambre ; & ordinairement la fumée & l’air
rarefié montent d’un côté, & l’air peſant deſcend par l’autre avec u-
ne partie de la fumée, ce qu’on évite en laiſſant la porte ou une fenêtre à demi ouverte : car l’air qui y entre ſuit le mouvement de la fumée
par la cheminée, & remplit ſuffiſamment la chambre ; & s’il y avoit ſeulement un trou d’un pouce de diamétre dans la fenêtre ou dans la porte
pour laiſſer entrer l’air du dehors, il s’y feroit un vent ſi grand qu’il étein-
droit les chandelles qu’on y expoſeroit.

Lorſque le vent rencontre un obſtacle comme une grande muraille,
il change ſa direction, & ſe rabat au delà de cet obſtacle, comme on
le voit dans la figure 3ᵉ. de la Table XIII, en laquelle A B repréſente TAB.
la muraille, & les lignes C A, G H, I L, F B, la direction du vent XIII.
étant libre. Or il eſt évident que l’air ſe met en reſſort entre A & B, Fig. 3.
& que ne pouvant s’étendre vers embas, il s’étend du côté de C A,
comme juſques à D E ; & l’air qui eſt vers R ayant peu de mouvement,
celui qui eſt en D E M, y eſt pouſſé par celui qui eſt plus haut de M en N,
comme on le voit arriver à l’eau, au delà des piles des ponts, où elle eſt
fort rapide.

X x 3

De

De là il s'enfuit, que si du côté que vient le vent il y a une muraille plus haute qu'une cheminée, la fumée en fort difficilement, parce que le vent rabat en tourbillon après avoir paffé la muraille, & entre avec force dans le tuyau de la cheminée ; & quand même le mur feroit de niveau avec la cheminée, & un peu éloigné, il feroit à peu près un femblable effet, comme on le peut juger par la figure 4ᵉ, en laquelle A B marque la direction du vent, B C eft le mur oppofé à cette direction, D E font deux tuyaux de cheminée à même hauteur que le mur. Le vent qui rencontre le mur eft repouffé comme en F G, & n'entre point dans la cheminée D ; au contraire il entraîne avec violence la fumée qui en fort : mais le vent fupérieur A B qui conferve fa violence le rencontrant en G, le fait aller en tourbillon, & lui donne le mouvement en rond G H E, & par conféquent il fe rabat dans la cheminée E, & empêche la fumée d'en fortir. Que fi le vent frape obliquement la muraille qui eft au devant des cheminées, la fumée montera affez librement : car la partie du vent A B fe refléchira par le côté, & ne s'élévera point ou fort peu ; & par conféquent il ne fera point de tourbillon confidérable qui rabatte les fumées.

La diverfité des vents qui régnent en même tems en différens endroits, procéde de plufieurs caufes.

La première eft, que les vents vont toujours par un grand cercle ; d'où il eft aifé de juger, que fi un même vent *d'Ouëft* ou *Sud-Ouëft* faifoit le tour de la terre, il paroitroit fort différent dans les lieux fort éloignez les uns des autres.

La feconde caufe eft, qu'un grand vent foufflant en un endroit entraine l'air qui eft deçà & delà en le pouffant un peu à côté, comme l'on voit que dans les riviéres, lorfque le milieu va très vîte, il pouffe des vagues un peu obliquement vers les rivages.

La troifiéme caufe eft, lorfque dans deux endroits de la terre éloignez l'un de l'autre d'environ 100 lieuës, il fe fait une grande élévation de vapeurs & d'exhalaifons qui pouffent l'air en circonférence, foit en même tems, foit dans l'intervalle de quelques heures, il s'étend néceffairement deux vents contraires de l'un de ces lieux vers l'autre, lefquels s'étant rencontrez refluent des directions oppofées.

La quatriéme caufe eft la rencontre des hautes montagnes, qui font refléchir les vents, & leur font fuivre leurs directions. On en voit un exemple dans le Lac de *Genéve*, qui s'étend entre deux rangs de hautes montagnes par l'efpace de douze grandes lieuës depuis *Genéve* jufques à *Lauzane :* car il n'y régne prefques jamais que deux vents, qui fe fuccédent l'un à l'autre, & vont felon la direction du Lac ; qui pourroient même aller l'un contre l'autre vers le milieu du Lac, s'il faifoit un vent à *Genéve* qui fût un peu oblique à la direction des montagnes, & un autre à *Lauzane* qui fût oblique en un autre fens, comme fi E F, I H font les vents, A B C D les montagnes, car E F fe refléchiffant en F G,

&

& I H en H L , ces vents feroient contraires vers M N.

La même chofe arrive au port d'*Ambleteufe* proche de *Calais*, où l'*Ouëſt-Sud-Ouëſt* fouffle environ les trois quarts de l'année, à caufe que les côtes d'*Angleterre* & celles de *France*, qui leur font oppofées en cet endroit, ont cette direction ; & à dix lieuës de là il peut faire un vent de *Sud-Eſt* ou de *Nord*.

J'ai fait faire des obfervations près de la verrerie de *Cherbourg*, lefquelles m'ont fait connoître qu'il n'y régne que deux vents oppofez qui fe fuccédent alternativement, favoir le N E & S O; ce qui arrive par la même caufe des directions de quelques montagnes.

Monfieur *Varin*, qui a fait des obfervations en l'Ile de la *Gorée* proche le *Cap-Verd*, m'a affuré que le vent de *Nord-Ouëſt* y régne fouvent au lieu des vents d'Orient ; ce qui procéde de ce qu'il y a de hautes montagnes à une lieuë de diſtance de cette Ile du côté du *Nord-Ouëſt*, qui refléchiſſant vers elle, les vents Alizez, *Eſt* ou S E, y font fentir un *Nord-Ouëſt* lorfque ces mêmes vents Alizez fe font fentir en même tems à dix lieuës au delà de cette Ile en pleine mer. J'ai encore appris par plufieurs Relations, que quand des vaiſſeaux paſſent le long des côtes de *Génes*, où il y a de très-hautes montagnes, dont quelques-unes ont entre elles de longues vallées, qui ont leur direction vers la mer; on fent un vent confidérable qui vient des terres vers les vaiſſeaux quand ils font vis-à-vis de quelqu'une de ces vallées.

J'ai connu encore de grandes diverfitez de vents en même tems par les obfervations faites à *Varfovie* en *Pologne* par M. *Defnoyers*, & à *Abordon* en *Ecoſſe* par M. *Gregori*, en les comparant à celles que je faifois à *Paris* en même tems : car fouvent les vents y font différents de ceux de *Paris* de la huitiéme partie de la Bouſſole; comme fi le vent eſt S O à *Paris*, il fera *Ouëſt* à *Abordon*. Les vents font quelquefois oppofez à *Paris* & à *Varfovie*; le vent étant un jour *Sud-Ouëſt* à *Paris*, il étoit *Nord-Eſt* à *Varfovie*; ces Villes font fituées à peu près O S O, & *Eſt-Nord-Eſt* à l'égard l'une de l'autre : d'où il s'enfuit que ces vents s'étoient prefque rencontrez directement en quelque endroit de l'*Allemagne* proche de la *Pologne* ou de la *France*. J'ai encore remarqué cette oppofition de vent en un même endroit en faifant voyage, par le moyen de beaucoup de neige qui étoit tombée la nuit ; car on voyoit qu'elle avoit été pouſſée dans l'efpace d'une lieuë par un *Sud-Eſt*, que dans la lieuë fuivante il y avoit eu un calme, & que dans les trois ou quatre lieuës fuivantes, la neige avoit été pouſſée par un *Nord-Ouëſt*, ce que je connoiſſois aifément aux tiges & aux groſſes branches des arbres qui n'avoient de la neige que du côté d'où le vent étoit venu.

J'ai remarqué encore un femblable effet par des obfervations faites en même tems à *Paris*, à *Loches*, & au Mont de *Marfan* en *Guyenne*; car un *Sud-Sud-Ouëſt* ayant régné trois jours de fuite en ces trois lieux qui font dans la direction à peu près de S S O au *Nord-Nord-Eſt*, il fe fit

un

un *Nord-Nord-Eſt* à *Paris*, le S S O régnant encore à *Loches* & au Mont de *Marſan* : le lendemain le *Nord-Nord-Eſt* étoit à *Loches* & à *Paris*, & S S O au Mont de *Marſan*; & enfin le troiſiéme jour, le *Nord-Nord-Eſt* ſouffloit en ces trois Villes: d'où je connus manifeſtement que les vents ſe repouſſent quelquefois les uns les autres, & que le plus fort emporte celui qui lui eſt oppoſé. Dans les mêmes obſervations correſpondantes, j'ai remarqué qu'un vent *d'Ouëſt* violent ayant régné à *Loches*, il y faiſoit en même tems à *Paris* un *Ouëſt-Sud-Ouëſt*, & un *Ouëſt-Nord-Eſt* au Mont de *Marſan*; ce qui ſe rapporte à la ſeconde cauſe de la diverſité des vents.

J'ai reconnu ſouvent une grande diverſité de vents en même tems dans un même lieu, lorſqu'il y avoit deux ou trois étages de nuées; ce qui ſe peut expliquer en ſuppoſant que les nuées élevées ſont ordinairement pouſſées par les vents de Midi, & que les plus baſſes ſont pouſſées par le Nord: car quand cela arrive en même tems, les nuées du premier & du deuxiéme étage doivent aller en un ſens contraire, & cela n'empêche pas que des nuées beaucoup plus élevées ne puiſſent être pouſſées par un vent d'Orient qui régne toujours quand il n'eſt point empêché par d'autres cauſes, ou par un vent *d'Ouëſt* produit par la troiſiéme cauſe principale, ou par quelqu'autre cauſe particuliére.

Pour bien remarquer cette diverſité de mouvement des nuées, il faut regarder la pointe de quelque clocher, ou quelque autre objet fixe fort élevé, afin de pouvoit comparer les divers mouvemens des nuées ſupérieures & inférieures, car autrement on pourroit croire que deux nuées différemment éloignées de la terre, iroient ſelon des directions oppoſées, quoiqu'elles fuſſent portées du même côté; parce que les ſupérieures paroiſſent aller plus lentement que celles qui ſont au deſſous quoiqu'elles aillent auſſi vîte, & cette apparence de retardement pourroit faire juger qu'elles iroient en un ſens oppoſé. On peut ſuppoſer que le vent d'Orient n'eſt proprement qu'une apparence de vent, puiſque le mouvement de l'air va du même côté que la ſurface de la terre.

Cette contrariété de vents en un même lieu dans différentes élévations de l'air, peut proceder de ce qu'un grand vent qui eſt porté le long d'une valée, & qui par conſéquent a peu de largeur & d'élévation, en peut rencontrer un autre qui occupe dans l'air un eſpace beaucoup plus grand; & alors le vent inférieur peut forcer une partie de l'autre, ſavoir celle qui eſt proche de la terre, lui laiſſant ſon cours libre dans le haut de l'air où ſont les nuées élevées: mais quand deux vents contraires ſont également forts & de même largeur & hauteur, ils s'arrêtent l'un l'autre & font un calme à l'endroit de leur rencontre, & y ayant amaſſé beaucoup d'air ils le preſſent & le mettent en reſſort; d'où il arrive que cet air, pour ſe mettre en liberté, refluë de part & d'autre, & fait deux autres vents contraires qui ont leur origine en cet endroit.

S'il

S'il fait un vent de *Sud* en hiver qui vienne de loin , il peut pousser des nuées fort élevées, parce que soufflant en ligne droite selon une tangente , il s'éloigne de la terre de plus en plus en s'avançant ; & enfin ayant beaucoup condensé l'air supérieur, le ressort de cet air peut faire un vent de *Nord* proche de la terre qui poussera de la pluië ou de la neige, ce que j'ai vû arriver plusieur fois. On pourra expliquer de même tous les vents qui régnent par toute la terre par ces différentes causes, tant générales que particuliéres.

A l'égard des orages & des grandes tempêtes, il est difficile de les expliquer par des causes ordinaires. On remarque que lorsqu'en Eté il fait des pluiës épaisses & à grosses goutes, elles sont toujours accompagnées d'un vent très-violent qui les précéde de quelques secondes, & que sa violence cesse aussi-tôt que la nuée est passée. J'explique ces orages, dont quelques-uns sont capables de renverser des arbres & enlever les toits des maisons, en la maniére suivante.

Lorsque deux vents assez larges inclinez l'un à l'autre de 15 ou de 16 degrez viennent de loin, & qu'ayant ramassé & poussé devant eux toutes les vapeurs qu'ils rencontrent, & en ayant formé chacun une nuée épaisse ils viennent à se rencontrer ; ils condensent l'air dans le lieu de leur rencontre , & le mettent en un grand ressort , & selon les régles de la percussion ils le font aller plus vite d'un tiers à peu près que chacun d'eux. Supposant donc que ces vents aillent d'une vitesse à faire 24 piés en une seconde, qui est la vitesse ordinaire des vents incommodes & contre lesquels on a peine d'aller ; le vent composé des deux ira avec une vitesse à faire 32 piés en une seconde, & la nuée épaisse qu'ils poussent étant élevée d'une demi lieuë ou d'un quart de lieuë, les goutes de pluië qui s'y forment sont grosses d'environ trois lignes de diamétre & acquiérent leur vitesse compléte à pouvoir faire 32 piés par seconde après 100 piés de descente , comme il a été expliqué à la fin du *Traité de la Percussion*. Chaque goute entraîne en tombant depuis la hauteur de la nuée deux ou trois fois autant d'air qu'elle est grosse ; ce qui se prouve par l'expérience d'une petite balle de plomb qu'on laisse tomber dans un seau d'eau : car dès qu'elle a touché le fond il s'en éléve deux ou trois bulles d'air aussi grosses qu'elle, lesquelles ne peuvent proceder que de l'air qui la suit jusques au fond de l'eau. Or l'on sait que dans beaucoup de lieux on se sert de certains soufflets pour faire fondre la mine de fer dans les fourneaux par la seule chûte de l'eau , ce qui se fait ainsi. On a un tuyau de bois ou de fer blanc de 14 ou 15 piés de hauteur & d'un pié de diamétre, qui est soudé dans une médiocre cuve renversée , dont le bas est posé sur un terrein , en sorte que pour peu d'eau qui y tombe , elle ferme les ouvertures & l'air n'y peut plus passer : On laisse au haut du tuyau une ouverture de trois ou quatre pouces de diamétre , dans laquelle on met un entonnoir , dont le goulet est de la même grosseur ; & on y fait tomber de 15, 20, óu 30 piés de

Y y

hau-

hauteur, l'eau de quelque fontaine, dont la largeur en tombant eſt à peu près égale à l'ouverture de l'entonnoir, en ſorte qu'il ne peut s'y amaſſer de l'eau que de 5 ou 6 pouces de hauteur : Cette eau tombant entraine avec elle beaucoup d'air, qui la ſuit juſques au deſſous de l'entonnoir, & même juſques au fond de la cuve ; lequel ne peut reſortir par l'entonnoir à cauſe de la peſanteur de l'eau qui continuë de tomber, & de la viteſſe de ſon mouvement : On met à côté de la cuve un tuyau qui va en étréciſſant juſques auprès du trou du fond du fourneau, où le charbon doit être ſoufflé, & l'air preſſé & enfermé dans la cuve, ne pouvant ſortir par enhaut à cauſe de la chûte impétueuſe de l'eau qui occupe le trou de l'entonnoir, ni par embas à cauſe de l'eau qui s'y amaſſe, & qui s'élève d'un pié ou de deux par deſſus les fentes qui reſtent entre la terre du fond & les douves de la cuve ; il eſt contraint de ſortir avec une très-grande force par le bout du canal, de maniére qu'il fait le même effet pour ſoufller le charbon, que les plus grands ſoufflets de cuir dont l'on ſe ſert ailleurs. Il doit donc arriver que l'eau qui tombe de la nuée en groſſes goutes & en grande abondance, entrainant beaucoup d'air, comme il a été prouvé ; cet air ne peut remonter quand il eſt proche de la terre, à cauſe des autres goutes qui tombent avec impétuoſité : il ne peut auſſi s'étendre vers le derriére de la nuée, parce qu'il eſt ſoutenu par le grand vent qui la chaſſe ; ni même par les côtez ou fort peu, parce que le même vent preſſe la nuée par les deux côtez. Il reſte donc que tout ſon effort ſe faſſe vers le devant de la pluië, & que cet effort joint à celui du vent qui emporte la nuée ſoit environ deux fois plus vîte que le vent qui la pouſſe, & que ce vent augmenté faſſe plus de 60 piés en une ſeconde ; alors il peut renverſer des arbres, comme on le prouvera enſuite. Il ne peut précéder la pluië que d'environ trois ou quatre cens pas pour l'ordinaire, par la raiſon qui a été dite, qu'un eſpace d'air de telle viteſſe qu'il ſoit pouſſé, ne peut continuer ſon mouvement bien loin en ligne droite ſi la cauſe de l'impulſion ceſſe. Je me ſuis confirmé dans cette hypothèſe en voyant d'une lieuë de diſtance une nuée épaiſſe d'où il tomboit de la pluië : car du côté d'où venoit le vent les goutes tomboient preſque toutes droites : mais dans le milieu & juſques aux premiéres goutes, elles faiſoient un angle de plus

TAB.
XIII.
Fig. 6. de 45 degrez comme en la Figure 6e, à laquelle A B eſt la nuée, B D le côté d'où vient le vent, & G H les goutes les plus avancées.

La même choſe doit arriver par la grêle ; & même ſi elle étoit fort épaiſſe, & les grains fort gros, ils entraineroient davantage l'air du haut en bas, & feroient une tempête encore plus impétueuſe, dont la viteſſe pourroit être de 75 piés par ſeconde. Les grands vents qui ſe font ſans pluië peuvent proceder de la combinaiſon de trois ou quatre cauſes, & ils viennent ordinairement du *Sud-Sud-Ouëſt*. Il peut donc arriver qu'en même tems, il s'éléve une très-grande quantité de vapeurs & d'exhalaiſons dans l'*Afrique* ; qu'il y faſſe très-chaud trois ou quatre

tre jours de fuite; que les terres Septentrionales fe refroidiffent; & que la Lune defcendant vers fon périgée de fon plus haut apogée, il fe faffe un reflux de l'air qui a été porté par un *Nord-Eft* : ces quatre caufes enfemble feront un vent affez impétueux qui régnera fucceffivement depuis l'*Afrique* jufques en *Angleterre*.

J'obfervai un jour une grande tempête à *Paris* venant du *Sud*, & j'apris enfuite par des Relations affurées, que deux ou trois jours auparavant il s'étoit fait un furieux orage vers les côtes d'*Alger* : cette Ville eft à peu près dans le même Méridien que *Paris* ; fi ce vent faifoit 30 piés par feconde, il pouvoit arriver en deux jours d'*Alger* à *Paris*. Pour expliquer les ouragans qu'on fent prefque tous les ans dans quelques-unes des Iles *Antilles*, il faut avoir recours à quelques autres caufes: 1°. parce que ces tempêtes font beaucoup plus violentes, & font plus de 100 piés en une feconde; 2°. qu'elles ne durent que fept ou huit heures; 3°. quelles ne fe font guerres fouvent ailleurs, que dans quelques-unes de ces Iles; 4°. qu'elles commencent ordinairement par un *Nord-Ouëft*, qui fe change fucceffivement en d'autres vents, favoir l'*Ouëft*, le *Sud-Ouëft*, le *Sud*, le *Sud-Eft*, le *Nord-Eft*, & le *Nord* ; 5°. qu'on trouve dans les mers voifines de ces Iles quantité de poiffons morts, & qu'on y fent des tremblemens de terre: De toutes lefquelles circonftances on peut conjecturer, que de la terre qui eft au fond de ces mers, il fe fait des éruptions d'exhalaifons falpétreufes & fulphurées en plufieurs endroits fucceffivement qui ne peuvent être remarquées, parce que les vaiffeaux qui fe trouveroient en ces endroits feroient fubmergez : & il peut arriver que les premiéres éruptions s'étant faites du côté des terres du continent de l'*Amerique*, le vent qu'elle excitent du *Nord-Ouëft* peut fe refléchir contre les côtes de la *Cayenne* & celles qui en font voifines; & s'y faifant en même tems de nouvelles éruptions, les premiéres ayant ceffé, le vent doit augmenter & venir du côté de l'*Ouëft*, comme l'affurent ceux qui en ont fenti les effets; & ces éruptions de feux & d'exhalaifons falpétreufes & fulphurées doivent faire mourir quantité de poiffons aux endroits où elle s'élévent. Ceux qui auront vû plufieurs de ces ouragans, & qui en auront remarqué beaucoup d'autres circonftances, pourront les expliquer avec plus de certitude.

SECONDE PARTIE.
DE L'ÉQUILIBRE
DES
CORPS FLUIDES.

PREMIER DISCOURS.

De l'Equilibre des Corps Fluïdes par la pesanteur.

Pour bien expliquer l'équilibre des Corps fluïdes entre eux ou avec les autres Corps, on peut se servir des Régles suivantes.

I. RÉGLE.

UN Corps ne résiste à être élevé de bas en haut, que selon qu'on l'éloigne du centre de la terre, & on peut mouvoir un Corps très-pesant avec une très-petite force, si on ne lui fait point changer de distance à l'égard de ce même centre.

L'expérience s'en fait en cette sorte.

Ayez un grand baquet plein d'eau dans un lieu fermé où il ne fasse point de vent: faites nager sur la surface de l'eau, le vaisseau G grand & pesant, & y attachez un très-petit fil de soïe H I, & le tirez en sorte qu'il ne se rompe pas, c'est-à-dire avec très-peu de force ; le vaisseau G suivra le filet : & quoiqu'il se fasse de petites vagues dans l'eau du baquet, & qu'il faille un peu de force pour la diviser; cela n'empêchera pas que le vaisseau n'aille assez vîte quand il sera proche du point D, si on accélére peu à peu son mouvement. Il est vrai que si on vouloit donner d'abord une vitesse considérable au vaisseau G, on romproit le filet, & même une corde assez forte, presque de même que si elle étoit attachée à un corps inébranlable; parce qu'un corps fort pesant ne peut recevoir un grand mouvement tout à coup, que par une très-grande force.

On confirmera encore cette vérité, si on suspend un très-grand poids à une longue corde en un lieu ouvert ; car le moindre vent lui donnera du mouvement, quoiqu'il ne puisse se mouvoir sans s'éloigner un peu plus du centre de la terre que quand il est en repos.   De là on voit la raison pourquoi il est facile de soutenir une boule comme D très-pesan-

te

te fur un plan fort incliné , comme A B : car étant trainée ou pouffée
depuis A jufques à B , elle ne s'éléve à l'égard du centre de la terre,
que de la ligne B C, qu'on fuppofe perpendiculaire à la ligne horizontale A C; au lieu que fi on l'avoit élevée perpendiculairement en même tems jufques à une hauteur égale à A B , elle auroit agi par toute
fa pefanteur , & il auroit fallu une force beaucoup plus grande pour
l'élever.

II. RÉGLE.

*S I deux Corps fans reffort de même matiére fe choquant horizontalement
& directement ont leurs quantitez de mouvement égales , c'eft-à-dire fi
leurs viteffes font réciproques à leurs groffeurs , au moment du choc ils feront
équilibre : on fuppofe que les corps d'une même matiére ont leurs poids proportionnez aux quantitez de leurs matiéres.*

Suivant cette Régle , fi un poids de deux livres allant avec une viteffe de quatre degrez en rencontre directement & horizontalement un
autre de quatre livres qui ait deux degrez de viteffe , ils s'arrêteront
l'un l'autre , & feront équilibre : Mais fi le premier de deux livres va
fix fois plus vîte qu'un autre de dix livres , il l'emportera ; car le produit de 2 par 6, qui eft douze, eft plus grand que le produit de 10 par
l'unité; On fuppofe que ces poids s'attachent enfemble en fe rencontrant.   De là on prouve facilement le Principe de Méchanique, qui a
été mal prouvé par *Archiméde* , par *Galilée* , & par plufieurs Auteurs;
favoir, que lorfqu'en une balance les poids font réciproques à leurs diftances du centre de la balance, ils font équilibre.   Car foit la balance TAB.
B A C; A le centre du mouvement ; A C quadruple de A B; le poids XIII.
B quadruple du poids C.   Je dis que l'un des poids n'emportera pas Fig. 9.
l'autre : Car que le poids B, s'il eft poffible , emporte l'autre : Or il
ne peut fe mouvoir avec quelque viteffe que ce foit par l'arc B D en
defcendant, qu'il ne faffe aller le poids C 4 fois plus vîte par l'arc C E,
puis que le demi diamétre A C eft quadruple du demi diamétre A B, &
alors les quantitez de mouvement de ces deux corps feroient égales, &
une quantité de mouvement en auroit forcé une qui lui feroit égale; ce
qui eft impoffible , puifqu'elles doivent faire équilibre par cette feconde Régle.   Par la même raifon le poids C ne pourra defcendre : Mais
fi on l'éloigne un peu plus du point A, il defcendra; car alors il pourra donner à l'autre poids une moindre quantité de mouvement que celle qu'il prendra , & par conféquent il le forcera.   Et c'eft une chofe
affez étrange que le poids B étant de trente livres & le bras A B d'un
pié, on ne pourra foutenir ce poids en mettant la main deffous, & qu'on
foutiendra facilement le poids d'une livre à 31 piés du point A, fi le
poids B eft ôté ; car il n'aura que le poids d'une livre quand même on
le mettroit à 100 piés de diftance du point A : & cependant fi l'on met

  en

en même tems le petit poids à 31 piés de diſtance du point A, & le gros à un pié, le petit emportera le grand ; ce qui ne peut arriver que parce qu'il eſt diſpoſé à donner en deſcendant une moindre quantité de mouvement au poids B que celle qu'il prend, & qu'ils agiſſent tous deux de toute la force de leurs poids par la premiére Régle, parce qu'ils ont une même direction vers le centre de la terre.

III. RÉGLE.

Lorſque deux poids n'ont pas la même direction vers le centre de la terre, & qu'ils ſont diſpoſez en ſorte que l'un ne puiſſe ſe mouvoir, qu'il ne faſ-ſe mouvoir l'autre auſſi vite ; il ne faut pas eſtimer la force de chacun par ſa ſimple quantité de mouvement, mais par une quantité de mouvement reſpecti-ve, qui ſe trouve en multipliant chaque poids par ſa viteſſe à l'égard de ſon approche ou de ſon recul du centre de la terre.

EXPLICATION.

TAB.
XIII.
Fig. 10. A eſt un poids ſuſpendu à la poulie B par E B A, qui ſoutient auſſi la boule C D par le moyen de deux cordelettes attachées à l'Eſſieu de la boule, & au point E de la corde A B E. H G eſt une ligne Horizon-tale. H F eſt perpendiculaire. E B eſt paralléle au plan incliné. G F repréſenté par la ligne G F. Il eſt manifeſte que la boule eſt diſpoſée à aller auſſi vîte que le poids A, ſoit que le poids A deſcende, ou que la boule en deſcendant le faſſe monter ; mais lorſqu'elle aura parcouru l'eſpace F G en deſcendant obliquement, elle ne ſe ſera approchée du centre de la terre que de la diſtance F H : on conſidére tous les points de la ligne H G de deux ou trois piés de longueur, comme s'ils étoient également diſtans du centre de la terre à cauſe que la différence en eſt inſenſible. Afin donc de ſavoir les forces de ces poids ou leurs quanti-tez reſpectives de mouvement, il faut multiplier le poids de la boule C D par la longueur F H, & celui de la boule A par une longueur égale à F G, puiſque cette derniére boule fait autant de chemin en montant ou en deſcendant que la boule C D, & qu'elle va directement vers le centre de la terre. Or ſi F G eſt triple de F H, & que le poids de C D ſoit triple du poids A ; on verra qu'il ſe fera équilibre entre ces poids, ce qui procéde des cauſes expliquées dans les deux premiéres Régles. Que ſi l'on ajoute quelque petit poids ou au poids A, ou au poids B, il deſcendra & fera monter l'autre faiſant abſtraction du frottement de la poulie & de l'eſſieu. On expliquera de même les équilibres qui doi-vent arriver quand le plan F G ſera plus ou moins incliné, en y appli-TAB.
XIII.
Fig. 11. quant les mêmes régles, leſquelles on pourra appeller Principes d'expé-rience ou loix de la nature.

Que ſi les poids comme A & B en la figure 11e. ſont ſur des plans dif-

différemment inclinez, comme C D, C F; D F étant supposée horizontale & C G perpendiculaire à D F, il faudra pour faire l'équilibre que le poids B soit au poids A comme la ligne C F à la ligne C D, & on le prouvera par les mêmes régles.   Car si F H est prise égale à C D & qu'on tire H I parallele à C G, il est manifeste que pendant que le poids B iroit de F en H, le poids A iroit de C en D.   Donc C G feroit la mesure de la vitesse du poids A à l'égard du centre de la terre, & H I celle du poids B allant de F en H en même tems.   Mais comme F C à F H, ainsi C G à H I; & par la troisiéme Régle le poids B doit être au poids A, comme C G à H I, c'est-à-dire comme F C à C D pour faire l'équilibre.   Et par conséquent ces poids ainsi disposez s'arrêteront l'un l'autre.

La même chose arrivera à des poids attachez aux extrémitez des rayons d'une roüe: c'est-à-dire, qu'afin que le poids A situé à l'extré-   T A B. mité du rayon K A fasse équilibre avec le poids B, la ligne A K étant   XIII. horizontale & la ligne B K élevée de soixante degrez sur A K F; il   Fig. 12. faut que le poids B soit double du poids A.   Car la ligne B F étant tirée perpendiculaire au rayon K B jusques à ce qu'elle rencontre la ligne A K G F, le plan B F sera élevé de 30 degrez, & la perpendiculaire B G ne sera plus que la moitié de B F.   Donc le mouvement du poids B vers F se faisant au commencement selon la tangente B F, ne s'avancera vers le centre de la terre que de l'espace B G, moitié de B F: au lieu que le poids A aura sa direction selon la tangente M A H, perpendiculaire à A K F, laquelle s'éloigne directement de ce centre; & par conséquent il sera disposé à aller deux fois plus vîte à l'égard de ce même centre que le poids B.   Mais comme F B, à B G, ainsi le rayon K B ou A K, à K G.   Donc le poids B fera le même effet à l'égard du poids A, que s'il étoit en G; c'est-à-dire que si A K est la mesure de la vitesse du poids A, K G sera la mesure de la vitesse du poids B. Mais A K est double de K G, comme F B est de B G.   Donc le poids A sera réciproquement au poids B comme K G à K A, & par la 2 & 3e. Régle ces poids ainsi disposez feront équilibre, & l'un ne forcera pas l'autre.

La même chose arrivera à des puissances qui étant attachées aux extrémitez des rayons égaux d'une roüe tireront obliquement ou directement.   Car soit au point L dans la ligne B G continuée directement en L une puissance tirant par la corde L B attachée en B selon la direction B L; & une autre puissance en M, tirant selon la tangente A M par la corde A M attachée au point A.   Si ces puissances font égales, elles ne feront point équilibre : mais la puissance en M forcera l'autre, & pour faire équilibre il faudra que la puissance en L soit à la puissance en M comme la ligne A K à la ligne K G; ce qui procéde de ce que la puissance en L ne fait point venir à soi directement le point B, mais il va selon la tangente B F au commencement du mouvement, & qu'en

mê-

même tems la puiſſance en M va directement ſelon la tangente H A M.
Or ſi l'on ſuppoſe B N indéfiniment petite dans la tangente B F, &
que N Q ſoit perpendiculaire à B L, il eſt évident que le point B é-
tant en N, le point L ſera venu en P, ſi N P eſt parallele & égale à B L; &
L R & Q N étant parallèles à A F, R P ſera égale à B Q, & L P à B N.
Or la puiſſance attachée au point M ſe ſera avancée ſelon la direction d'effort A M d'une ligne égale à B N ou L P, & la puiſſance en L ne ſe ſera
avancée en même tems ſelon la direction d'effort B L ou N P, que de
la ligne R P qui n'eſt que la moitié de B N ou L P, comme B G n'eſt
que la moitié de B F. Donc il faudra pour faire équilibre entre les deux
puiſſances, que celle qui eſt au point L ſoit double de celle qui eſt au
point A, celle-ci tirant ſelon la tangente H A M, & l'autre ſelon la
direction B L qui fait un angle de 30 degrez avec le rayon K B, de
même qu'il faut que le poids B ſoit double du poids en A, afin qu'il
faſſent équilibre.

De ces trois Principes d'expérience on tire une Régle générale pour
toutes les forces mouvantes. Cette Régle ou Principe univerſel eſt
telle.

PRINCIPE UNIVERSEL DE LA ME'CHANIQUE.

*Lorſque deux poids ou deux autres puiſſances ſont diſpoſées enſorte que l'u-
ne ne puiſſe ſe mouvoir qu'elle ne faſſe mouvoir l'autre, ſi l'eſpace que
doit parcourir un des poids ſelon ſa direction propre & naturelle eſt à l'eſpace
que doit parcourir l'autre en même tems ſelon ſa direction propre & naturelle,
réciproquement comme ce dernier poids eſt au premier; il ſe fera équilibre entre les deux poids : mais ſi l'un des poids eſt en plus grande raiſon à l'autre,
il le forcera.*

On peut prouver par ce Principe un effet ſurprenant qu'on ne peut
pas prouver facilement par d'autres hypothéſes: ſavoir, que s'il y a pluſieurs bras égaux attachez à un même eſſieu A, comme A B, A C,
& qu'on mette un poids E ſur le bras A B & un autre b ſur le bras A C
au point F, en ſorte que les diſtances A E, A F ſoient égales, le poids
en F étant rond & non attaché au point F, de maniére qu'il puiſſe rouler de F en C, mais qu'il en ſoit empêché par une glace de verre G C g
très-polie ſituée perpendiculairement; alors pour faire l'équilibre il faudra que le poids E ſoit beaucoup plus grand que le poids b, ſavoir en la
raiſon de A E à A H; ſi H F eſt une ligne perpendiculaire à B A G K,
ce qui eſt le contraire de ce qui arrive quand le poids F eſt attaché au
plan incliné A F C, car il faut alors pour l'équilibre que le poids F ſoit
plus grand que le poids E en la même raiſon de E A à A H, comme il a
été expliqué dans la Figure précédente.

Pour prouver ce paradoxe, ſoit tiré la ligne f b e horizontale paſſant
par le centre de la boule b; il eſt évident que le point e eſt plus haut
que

que le point d'appui F, & que *b e* eſt un peu plus grande que le demi
diamétre *b f*. Mais pour faire cette démonſtration, on ſuppoſe le triangle F *h d* indéfiniment petit & le point F joint au point *c*, & que la
perpendiculaire F *h* paſſe par ce point. Or la boule *b* en deſcendant fera tourner en rond le point C par l'arc C *d* ; & ſi *d g* eſt égale au diamétre de la boule, le même bras ſera en la ſituation A *h d* lorſque le diamétre de cette boule ſera arrivé en *d g*, & le point d'appui F aura décrit l'arc F *h* en même tems que le centre de la boule ſera deſcendu par
un eſpace égal à *e d*. Mais, ſi à cauſe de la petiteſſe de l'arc on prend
l'arc F *h* pour ſa tangente, on aura le triangle F *h d* ſemblable au triangle A H F, & *d* F ſera à F *h* comme F A ou E A à A H. Et parce
que le poids E ne s'éléve qu'à proportion de la ligne F *h*, l'eſpace paſſé par la boule en deſcendant directement depuis le point F juſques à *d*
ſera à l'eſpace paſſé en même tems par le poids E en remontant directement, comme A E à A H. Donc le poids E pour faire l'équilibre
doit être au poids *b* comme E A à A H par le Principe univerſel. Et parce que la boule tombe encore d'un peu plus haut que le point F, ſavoir
du point *e* ; il s'enſuit que les poids étant ſelon cette raiſon, le poids *b* deſcendra, & fera élever le poids E, ce que j'ai trouvé conforme à l'expérience : car ayant diſpoſé le bras A C enſorte qu'il faiſoit un angle de 60
degrez avec le bras horiſontal A H K , j'obſervai que le poids *b* étant
double du poids E , il faiſoit équilibre avec lui quand je l'avois arrêté
pour l'empêcher de rouler ; mais l'ayant laiſſé libre après avoir mis une
glace de miroir repréſentée par C G pour l'empêcher de rouler à côté,
il fallut mettre le poids double en E & le ſimple en *b* pour faire l'équilibre, & même ajouter un petit poids en E. On prouvera par les mêmes raiſons, que ſi l'angle K A C étoit de 45 degrez, il faudroit pour
faire l'équilibre, que le poids E fût le plus grand en la raiſon de la diagonale d'un quarré à ſon côté. On ne conſidére point ici que le centre de la boule F eſt un peu à côté du point d'appui.

Ces choſes étant ſuppoſées, on peut expliquer aſſez bien les équilibres des corps fluïdes.

Le plus léger, c'eſt-à-dire le moins peſant , des corps fluïdes eſt la
flamme : mais parce qu'elle s'éléve dans l'air, & qu'elle ne ſe tient pas
étenduë ſur quelques autres corps ; elle ne peut faire d'équilibre par
ſon poids, mais ſeulement par ſon choc & par ſon reſſort.

L'air, qui s'étend au deſſus de la terre & de l'eau, peut faire équilibre par ſon poids, par ſon choc, & par ſon reſſort, avec les autres corps
fluïdes plus groſſiers, & même avec les corps fermes & durs. On prouve la peſanteur de l'air par les effets du Barométre : c'eſt un tuyau é-
troit de verre , de deux piés & demi ou de 3 piés de longueur, ſcellé
hermétiquement par un bout ; on l'emplit de Mercure ſans y laiſſer aucun air, & l'on ferme l'autre bout avec le doigt ; & après avoir tourné
en haut le bout ſcellé, on trempe le doigt dans d'autre Mercure mis dans

un

un vaiſſeau; on ôte le doigt qui ſoutenoit le Mercure du tuyau, & a-
lors il en tombe une partie dans le vaiſſeau, & après quelques balancemens il s'arrête enfin dans le tuyau à la hauteur de 27 ou 28 pouces;
car ſelon les changemens des vents & de l'air, il monte quelquefois à
28 pouces & demi, & d'autres fois ſeulement à 26 & demi, & ordinairement il s'arrête à *Paris* à 27 pouces & demi environ.

Or cette élévation de Mercure ne peut être bien expliquée, qu'en
ſuppoſant que la colomne d'air de même largeur que le diamétre intérieur du tuyau péſe autant que les 27 ou 28 pouces de Mercure élevez
dans le tuyau, en prenant cette colomne depuis la ſurface du Mercure
qui eſt dans le vaiſſeau, juſques à l'extrémité de la plus haute région de
l'air: Car ſi l'on porte le Barométre au haut d'une montagne ou d'une
tour fort élevée, on voit diminuer peu à peu la hauteur du Mercure,
& ſe réduire à 24 ou 25 pouces, comme étant alors chargé d'une moindre quantité d'air; & ſi l'on deſcend dans des caves ou dans des mines
fort profondes, il ſe hauſſe peu à peu à meſure qu'on deſcend, comme
étant ſucceſſivement chargé d'une plus grande quantité d'air.

On peut encore connoître le poids de l'air & l'équilibre qu'il fait a-
vec l'eau par les mêmes Régles, en ſuppoſant qu'un pouce de Mercure
péſe autant à peu près que 13 pouces d'eau, comme je l'ai connu par
des expériences que j'en ai faites: Car 28 pouces de Mercure péſeront
autant à peu près que 383 pouces d'eau, qui font un peu moins que 32
piés: d'où il s'enſuit, que lorſque le poids de l'air fera monter le Mercure à 28 pouces quelques lignes, il fera monter l'eau dans un tuyau de
35 ou 40 piés juſques à 32 piés; & que lorſqu'il ne s'éléve qu'à 27 pouces ½, l'eau ne doit s'élever qu'à 31 piés à peu près; ce qui s'eſt trouvé aſſez conforme à quelques expériences que j'en ai faites à l'Obſervatoire en la maniére ſuivante. Je fis faire à Monſieur *Hubin* Emailleur,
un tuyau de verre de 40 piés de hauteur, qu'il ajuſta dans du bois
creuſé afin qu'il ne ſe rompît pas en le maniant: il étoit de 5 ou 6 piéces, qu'il ſouda dans la grande Sale de l'Obſervatoire; & on éleva l'un
des bouts juſques au haut de la plate-forme par l'ouverture qui y eſt,
qui répond perpendiculairement au noyau creux du degré de la cave:
on le deſcendit enſuite peu à peu juſques dans ce noyau, & on l'arrêta
en le liant en pluſieurs endroits à la rempe de fer: enſuite ayant été
rempli d'eau après avoir fermé le bout d'embas, on appliqua au haut
un bouchon de verre qui fermoit exactement le tuyau, & on y mit encore une veſſie pour le mieux ſceller: on emplit auſſi d'eau un petit
vaiſſeau qui étoit au deſſous de l'autre bout juſques à ce qu'il trempât
dans l'eau, & après qu'il fut débouché, l'eau tombant deſcendit juſques à 12 piés environ, mais il en ſortit tant de bulles d'air qu'on ne
pût remarquer où elle étoit remontée; enfin elle demeura à la hauteur
de 29 piés, à cauſe du reſſort de l'air des bulles qui étoient ſorties de
l'eau & montées au haut du tuyau. Deux jours après on y remit de
l'eau

l'eau qui avoit été bouillie un peu auparavant pour en faire fortir la
matiére aërienne; on fit l'expérience de même, & l'eau après quelques
balancemens s'arrêta à 29 piés 4 pouces environ; on la vit monter peu à
peu plus haut & s'arrêter à 30 piés 2 pouces, fans que les autres Barométres euffent changé. J'en attribuai la caufe à ce que l'eau qu'on y
avoit remife étoit mêlée d'un peu de bouë, & par conféquent pefoit
plus que l'eau nette; mais cette bouë defcendit en peu de tems au fond
du petit vaiffeau, & par ce moyen l'eau devenant peu à peu plus legére elle montoit peu à peu plus haut. Deux jours après j'obfervai que
les Barométres communs étant à 27 pouces 9 lignes, l'eau de ce grand
tuyau étoit montée à 30 piés 8 pouces; elle feroit montée un peu plus
haut, s'il ne s'y fût pas élevé quelques bulles d'air qui la firent baiffer:
le Barométre commun étant à 28 pouces, elle monta encore plus haut,
& defcendit enfuite quand le Barométre commun revint au deffous de
28 pouces. D'où je connus que les Barométres d'eau ont des changemens proportionnez à ceux de Mercure, & qu'on peut prendre 32 piés
d'eau pour la plus grande hauteur à peu près de ces Barométres, lorfque l'eau dont ils fon remplis eft de celles qui font les moins pefantes
& que la matiére aërienne en eft fortie.

Pour la facilité du calcul on fuppofe ici que le poids de l'Atmofphére fait précifément équilibre avec 32 piés d'eau douce, & que le Mercure péfe 14 fois davantage précifément.

On prouve encore le poids de l'air par une expérience affez curieufe. On prend une bouteille de verre A B, à laquelle on fait une ouver- T A B.
ture de deux ou 3 lignes comme en C: on met dans le col G un tuyau XIV.
de verre D E d'environ deux lignes de diamétre, & on l'y foude avec Fig.14.15.
un mélange de cire & de térébentine ou avec de la poix, en forte que
l'air ne puiffe paffer entre-deux : enfuite on remplit la bouteille d'eau
par l'ouverture C en la couchant, & même le tuyau E D en tenant
fermé le bout D: & lors qu'on pofe la bouteille en fa fituation perpendiculaire, l'eau qui eft dans le tuyau defcend jufques en E, & il en fort
autant par l'ouverture C, fi l'extrémité E du tuyau eft à la même hauteur que le milieu de l'ouverture C: que fi le tuyau s'étend au deffous
de l'ouverture comme jufques en I, l'eau ceffera de couler, le tuyau
étant vuide jufques à E, & la bouteille demeurera pleine d'eau jufques
à la foudure vers G: que fi le bout du tuyau eft un peu plus haut que
le deffus de l'ouverture C comme en L, & qu'il ait deux ou trois lignes de largeur; alors on verra fortir de l'air par ce bout ouvert & remonter au haut de la bouteille, & l'eau fortir en même tems par l'ouverture C jufques à ce qu'il n'y en ait plus au deffus du point C. Ces
effets s'expliquent en la maniére fuivante.

Le poids de l'air extérieur fait effort vers l'ouverture C, pour repouffer l'eau qui fait effort par fon poids pour fortir, & l'air qui eft au
deffus du tuyau E D fait auffi un effort & agit par fon poids fur l'eau

qui y eſt contenuë; & ſe joignant au poids de cette eau, il doit forcer
le poids de l'air qui agit vers C, ce qui fait que l'eau du tuyau deſcend
juſques en E, & alors l'air fait effort d'un coté en E, & de l'autre en
C, & ſoutiennent conjointement l'eau de la bouteille depuis E & C
juſques à A H, & elles la ſoutiendroient quand même la hauteur C H ſeroit de trente piés le bout du tuyau étant au deſſous du bas de l'ouverture C. Mais lorſque le tuyau ne deſcend que juſques en L, alors l'eau
depuis L juſques en E jointe au poids de l'air qui péſe ſur L, force
l'air en C, & l'eau coule par C pendant que l'air deſcend de D en L
& entre goute à goute dans l'eau par le bout ouvert L, & s'éléve au
deſſus de la ſurface de l'eau qui eſt au deſſous du col de la bouteille. Si
l'on penche la bouteille en ſorte que le point L & le milieu de l'ouverture C ſoient en une même ligne horizontale, on verra la moitié d'une
goute d'air qui paſſera au deſſous du point L, mais qui ne ſe ſéparera
pas du reſte, ſi l'on ne rehauſſe un peu le bout L.

Lorſqu'on a laiſſé entrer de l'air dans la bouteille en ſorte que la ſurface de l'eau ſoit en N O, & qu'on échauffe cet air avec la main pour
le faire dilater, on fait ſortir quelques goutes d'eau par C quoique le
bout du tuyau ſoit au deſſous de cette ouverture, & l'eau deſcendra
comme juſques en $p\ q$: mais ſi on laiſſe refroidir cet air, on verra pendant quelque tems entrer des goutes d'air par C, à cauſe que l'air qui é-
toit deſcendu juſques en P Q ſe remet dans ſa premiére étenduë depuis
N O juſques à A H; & n'y ayant point d'eau pour remplir l'eſpace
N O P Q, il faut que l'air y vienne du dehors par l'ouverture C.

L'eau n'a point de reſſort ſenſible, & elle ne fait équilibre avec les
autres matiéres, que par ſon ſeul poids ou par ſon choc. Le premier
équilibre qu'on y peut remarquer à l'égard de l'air, eſt qu'étant réduite à de très-petites goutes, elle devient plus legére que l'air, & s'éléve en vapeur, comme il a été dit ci-devant. On ne peut dire quelle
petiteſſe doit avoir une petite parcelle d'eau pour faire équilibre avec
l'air proche de la terre, parce que celles qui ſont un peu plus legéres
que cet air ou un peu plus peſantes, ſont inviſibles ſéparément. On peut
encore difficilement trouver la cauſe de ce qu'elles s'élévent : car ce
n'eſt pas le mélange de l'air, puiſqu'elles péſeroient encore plus que
l'air pur; ce n'eſt pas la chaleur, parce qu'on voit des eaux très-froides jetter des vapeurs. On pourroit penſer qu'il y a de très-petits pores dans l'air, où il n'y a aucune matiére peſante, dans leſquels les très-
petites parcelles d'eau ſe peuvent inſinuer & y monter, & celles qui
ſont un peu plus groſſes n'y pourroient paſſer. Ces petites parcelles font
enfin équilibre avec l'air, à une diſtance d'une lieuë ou de deux de la
terre; & elles y demeurent long-tems ſuſpenduës, juſqu'à ce que pluſieurs s'étant jointes enſemble, deviennent plus peſantes; & ſi l'air devenoit très rarefié elles pourroient tomber.

On en voit l'expérience dans les machines pneumatiques; car lorſqu'on

qu'on a pompé une partie de l'air, on voit troubler le récipient par la
chûte des vapeurs, qui ne pouvant plus être soutenuës dans l'air à cause de la trop grande rarefaction, tombent en petites goutelettes sur le
verre qui les environne. Dans les endroits où il se fait de grandes chûtes d'eau, on y voit s'élever perpétuellement des vapeurs, qui ne sont autre chose que les parcelles de l'eau brisées par le choc; & quand une
bouteille de savon vient à se rompre, une partie de l'eau dont elle est
composée, tombe, & le reste qui se reduit en des goutelettes trop petites, s'éléve comme des vapeurs.

I. RÉGLE
Pour l'équilibre de l'eau par son poids.

L'*Eau étant dans un vaisseau ou dans plusieurs qui se communiquent, a toujours ses parties supérieures en même niveau; c'est-à-dire, en égale distance du centre de la terre.*

EXPLICATION.

SOit le tuyau recoubé A B C d'égale grosseur, dans lequel on verse TAB.
de l'eau par le bout A : elle montera aussi haut dans l'autre branche XIV.
du tuyau; c'est-à-dire que si D E est une ligne horizontale, & que l'eau Fig. 16.
dans la branche A G monte jusques en D, elle sera dans l'autre jusques
en E, quand on aura cessé de verser, & que l'eau demeurera en repos.

Car premiérement, si les branches sont d'égale largeur & également
inclinées à l'horizon, tout étant égal de part & d'autre, l'eau ne pourra pas demeurer dans les hauteurs inégales A & F, parce que le poids
de l'eau A G sera plus grand que celui de l'eau H F; & par conséquent,
en descendant il pourra prendre une plus grande quantité de mouvement qu'il n'en donnera à l'autre en montant, puisque leurs vitesses seront égales & leurs directions semblables. Donc par le Principe uni-
versel, l'eau ne pourra s'arrêter si elle n'est à une même hauteur dans
ces deux branches. Que si l'on ferme avec le doigt le bout C avant
que de verser de l'eau par le bout A, & qu'on emplisse d'eau la branche A G jusques à A; l'autre demeurera vuide, & il n'y montera point
d'eau ou très-peu à cause de l'air qui l'occupe, si la branche A G n'est
que de deux ou trois piés de hauteur: alors si on léve le doigt, l'eau
de la branche A G descendra, & une partie passera dans l'autre branche, & s'élévera comme jusques en E, pendant que de l'autre part elle descendra comme jusqu'en N; & derechef elle montera comme jusqu'en D, & descendra jusques en M; & enfin, après plusieurs balancemens elle s'arrêtera de part & d'autre à une même hauteur comme I F.

Z z 3

Lors-

Lorsqu'en cette expérience l'eau commence à descendre de la branche A pour passer dans l'autre, elle accélére son mouvement, jusques à ce qu'elle soit en égale hauteur dans les deux branches, comme en I & F où doit être l'équilibre, & diminuë ensuite de vitesse peu à peu, jusques à ce qu'elle soit aux points N & E ; elle redescendra de même en accélérant depuis la hauteur E jusqu'à ce qu'elle ait passé le même niveau I F, & diminuëra son mouvement jusqu'à ce que l'une des hauteurs soit en D, & l'autre en M ; & ces balancemens continuëront jusqu'à ce que l'eau soit arrêtée en I & F, de la même maniére que le plomb d'une pendule accélére son mouvement jusques au point de repos, qu'il le diminuë en remontant, & qu'il s'arrête enfin après plusieurs balancemens.

TAB.
XIV.
Fig. 17.La même chose arrivera dans un vaisseau A B C D, où il y aura de l'eau jusqu'en E F. Car si l'on y verse de l'eau vers F, ensorte qu'elle s'éléve comme jusques en G ; elle ne demeurera point en cet état, lorsqu'on cessera de verser de l'eau nouvelle : car le poids de l'eau G K H C, étant plus grand que celui de l'eau K I L H, L H & H C étant supposées égales ; il forcera cette derniére par les mêmes raisons, & fera élever l'eau vers I K, & en même tems la surface supérieure G K étant en pente, l'eau coulera de G vers I ; & par les mêmes raisons l'eau E B L I s'élévera aussi : & enfin après plusieurs mouvemens la surface supérieure de l'eau se mettra de niveau. De là on pourra expliquer ce TAB.
XIV.
Fig. 18.qui arrive dans une eau dormante L M, lorsqu'on y jette une pierre comme en N : car la pierre faisant élever autour de soi l'eau en une vague circulaire, dont O & P représentent l'élévation, elle ne pourra demeurer en cette position ; mais la partie O coulera vers L, & en coulant elle poussera & élévera l'eau voisine R, qui poussera & élévera la suivante, de maniére qu'il semblera que la même eau élevée en O, s'avance jusques en L.

La même chose arrivera à la partie élevée P, & par ce moyen il se fera une vague circulaire qui s'éloignera du point N en s'élargissant toujours jusques aux rivages L & M, s'ils ne sont pas trop éloignez ; & en s'y réfléchissant, il se fera une vague circulaire nouvelle, qui s'avancera de part & d'autre vers N, & s'agrandira toujours en circonférence en diminuant de hauteur, jusques à ce que toute l'eau supérieure se soit mise de niveau.

TAB.
XIV.
Fig. 19.Soient maintenant les deux branches inégales en largeur, comme en la figure A B C D ; l'eau se mettra encore à même hauteur, comme E F dans les deux branches, & l'eau E B ne forcera point l'eau C F. Car soit la baze B G qu'on suppose quarrée, seize fois plus grande que la baze C ; & s'il est possible, que l'eau descende de E jusqu'en I, & qu'elle monte de l'autre part jusqu'en D : celle qui sera descenduë de E en I, sera égale à celle qui est en F D ; & les deux petits cylindres F D & E I auront leurs hauteurs réciproques à leurs bazes. Donc comme

me

me 16 à 1, ainfi la hauteur F D à E I. Or le cylindre E B étant 16 fois plus grand que le cylindre C F, il péfera 16 fois davantage. Mais l’efpace paffé en même tems par le petit cylindre, fera auffi 16 fois plus grand que l’efpace paffé par le grand cylindre, & leurs directions font les mêmes étant perpendiculaires : Donc leurs viteffes auroient été reciproques à leurs poids, & ils auroient eu une égale quantité de mouvement, ce qui eft impoffible ; car par le Principe Univerfel ces cylindres d’eau doivent faire équilibre, & l’un ne peut pas faire mouvoir l’autre, puifqu’ils font difpofez à prendre une égale quantité de mouvement felon la même direction.

Que fi l’on verfe de l’eau dans ce tuyau étroit jufques en D, elle ne pourra s’y arrêter que lorfque l’autre branche fera pleine jufques à A. Car foit la hauteur F D d’un pouce & fa baze un pouce, & F C 10 pouces ; donc toute l’eau C D fera d’onze pouces cubes, & l’eau B E 160 pouces cubes. Si donc toute l’eau C D defcend d’un pouce, l’eau E B montera de $\frac{1}{16}$ de pouce, favoir de la hauteur E L ; & l’efpace E L fera la mefure de la viteffe de l’eau B E, comme D F eft celle de l’eau C D. Or 160 multipliez par $\frac{1}{16}$ donne 10 de quantité de mouvement, & 11 multiplié par 1 donne 11 : Donc la quantité de mouvement de l’eau D C fera plus grande que celle de l’eau B E, ou ce qui eft la même chofe, la viteffe de l’eau de la petite branche aura plus grande raifon à la viteffe de l’eau de la grande branche, que le poids de cette derniére au poids de l’autre ; & par le Principe Univerfel l’eau du petit tuyau defcendra. On tirera les mêmes conféquences pour les autres hauteurs inégales jufqu’à ce que les deux furfaces des eaux de ces branches foient de niveau, & elles ne s’arrêteront point qu’elles ne foient à même hauteur.

On peut encore confidérer l’eau en A G, comme fi elle étoit divifée felon fa longueur en feize petites colomnes quarrées, chacune égale à la petite colomne quarrée C D : & parce qu’aucune de ces petites colomnes ne peut monter plus haut ni defcendre plus bas que les autres, on doit juger de même de la petite colomne C D, quoiqu’elle ne leur foit pas contiguë.

De là il s’enfuit, que fi on met un corps flotant fur l’eau de la branche A B, & que le poids de ce corps foit égal à celui de l’eau qui occuperoit la hauteur A E après qu’on l’auroit ôté ; l’eau de la petite branche demeurera toujours à la hauteur C D, & il fe fera équilibre entre l’eau C D & l’eau B E jointe au poids du corps flotant, par les mêmes raifons ci-deffus.

Lorfque la petite branche eft très-menuë, comme d’une demi ligne, ou d’un tiers de ligne, l’eau y monte plus haut qu’en l’autre branche d’un pouce ou de deux : ce qui arrive auffi quand on trempe dans l’eau un tuyau de verre, dont le diamétre eft moindre qu’un quart de ligne; car elle s’y éléve à la même hauteur d’un pouce ou de deux par deffus

le

le refte de la furface de l'eau, & toute cette eau qui s'éléve au deffus du niveau dans les tuyáux très-menus ou dans ceux qui le font médio-crement, comme d'une ligne ou d'une demi-ligne, eft égale fenfible-ment à une groffe goute d'eau qui étant attachée à quelques corps, de-meure fufpenduë fans tomber.

On voit le même effet dans l'expérience de la bouteille ci-deffus: car fi le tuyau eft très-étroit, comme d'une demi-ligne, l'eau n'y def-cendra que jufques vers L environ un pouce au deffus de E, & alors cette caufe particuliére d'adhéfion réfifte à l'effort de l'air qui eft fur l'eau dans le tuyau ; & plus le tuyau eft étroit, plus le point L fera élevé.

Quelques-uns attribuënt la caufe de cet effet au poids de l'air, qui a-git pleinement fur l'eau du tuyau large, & ne peut bien agir fur celle du tuyau étroit. Mais on doit rejetter cette caufe. Car fi l'on plonge un femblable tuyau dans du Mercure, il n'y monte pas fi haut que le niveau du refte du Mercure, & toutefois le poids de l'air y doit agir de même qu'à l'égard de l'eau : & même fi l'on trempe dans l'eau un de ces tuyaux étroits qui n'ait qu'un demi pouce de hauteur, l'eau y monte jufques au haut, quoiqu'alors l'air n'ait point de peine à s'y in-finuer : joint à cela que fi ce tuyau eft gros ou qu'il ait été laiffé long-tems fans être mouillé, il contracte un certain enduit où l'eau ne s'at-tache point ; & alors l'eau ne s'y éléve pas au deffus du niveau, quoi-que la caufe du défaut du poids de l'air demeure la même fans change-mens. Il faut donc expliquer cet effet par les mêmes caufes qui font élever l'eau qui eft dans un vaiffeau de bois vers les bords jufques à plus d'une ligne & demi de hauteur avec une petite concavité, & qui font joindre deux goutes d'eau l'une à l'autre quand elles fe touchent; def-quelles caufes on a parlé dans le premier Difcours affez au long.

On voit un effet furprenant de l'équilibre dans l'expérience fuivante. Ayez un tonneau de bois large de deux ou trois piés A B C D, plein d'eau, enfoncé par les deux bouts: Faites une ouverture au fond d'en-haut comme en E, pour y mettre un tuyau d'un pouce de largeur, fi bien joint avec de la poix & de la filaffe ou avec quelqu'autre matiére, que l'air n'y puiffe entrer, & que ce tuyau étroit, favoir E F, ait 12 ou 15 piés de hauteur: Empliffez d'eau le tonneau par quelques trous qu'on fera au fond fupérieur, & pofez fur le fond fept ou huit cens li-vres de poids, qui le feront courber en concavité comme A M D: Si l'on met une marque blanche au dehors du tuyau, comme au point H, & à côté un peu plus haut une régle I L, plantée dans le mur voifin, & affermie de maniére qu'elle demeure immobile; en verfant de l'eau enfuite peu à peu dans le tuyau étroit E F, vous verrez que quand il fera plein, le fond A M D fe fera élevé avec les poids de 800 livres dont il eft chargé, non feulement à fon premier état A E D, mais même qu'il aura pris une courbure convexe, & que fon élévation dans le

mi-

TAB.
XIV.
Fig. 20.

milieu fera autant élevée par deſſus le point E, que le point M étoit
au deſſous auparavant; ce que l'on connoitra parce qu'on verra élever
la marque blanche H, & paſſer peu à peu plus haut que la régle I L,
dont on pourra meſurer la différence.   Que ſi le tuyau eſt encore plus
haut, l'élévation des poids ſera encore plus grande : d'où l'on juge que
le peu d'eau qui eſt dans le tuyau, a autant de force pour élever ce grand
poids & courber le fonds du tonneau en convexité, que ſi ce tuyau é-
toit de même largeur que le tonneau.   Cet effet ſe prouvera par les
mêmes raiſons ci-deſſus touchant l'eau de la petite branche C D, qui
fait élever l'eau de la branche B A, lorſqu'elle n'eſt que juſques à E,
quand même elle péſeroit 1000 fois davantage : Car la viteſſe que prendra l'eau du petit tuyau F E en deſcendant, ſera à celle du fond A D
avec ſes poids en s'élévant, comme la ſurface de ce fond eſt à la ſurface de ce tuyau; c'eſt-à-dire, que ſi le tuyau a un pouce de diamètre &
le fond 30 pouces, la ſurface du fond ſera 900 fois plus grande que celle du haut de l'eau du tuyau : Donc ſi l'eau du tuyau deſcend d'un
pouce, celle qui touche le fond ſupérieur du muid ne s'élévera que
de $\frac{1}{900}$ de pouce; & par conſéquent, ſi l'eau du tuyau péſe une livre,
elle fera équilibre avec 900 livres : Donc elle fera élever les 800 livres
qui ſont ſur le fond avec le peu d'eau qui paſſera au deſſus de A E D;
mais il faut ſuppoſer que le fond s'éléve tout entier en même tems pour
la juſteſſe du calcul & du raiſonnement.

Lorſque dans un ſyphon l'une des branches eſt inclinée, & l'autre
perpendiculaire, étant toutes deux à peu près de même largeur, l'eau
s'y mettra auſſi de niveau.   Car ſoit le ſyphon A B C poſé en ſorte que TAB.
la branche A B ſoit perpendiculaire, & que C B ſoit en un plan incli- XIV.
né : il eſt manifeſte que le poids de l'eau qui ſera en D B, ſera au poids Fig. 21.
de celle qui ſera en E B, comme la grandeur D B eſt à la grandeur E B.
Mais ſi E D eſt une ligne horizontale, la force totale de l'eau E B pour
deſcendre ſera à celle qu'elle auroit ſi elle tomboit perpendiculairement, comme la longueur E B eſt à la longueur D B.   Donc elle fera équilibre à l'eau D B, dont la direction eſt perpendiculaire ſuivant
le Principe univerſel : Car les eſpaces paſſez en même tems par les eaux
de ces deux branches ſelon leurs directions naturelles vers le centre de la
terre, ſeront en raiſon réciproque de leurs poids, c'eſt-à-dire de E B à
D B, & par conſéquent l'eau E B ne forcera point l'eau B D. Le frottement plus grand dans la longue branche peut faire quelques differen-
ces, & donner un peu plus de peine pour faire mouvoir l'eau par le
plan incliné E B; mais quand l'une ou l'autre des branches ſeroit plus
groſſe, cela n'empêcheroit point l'équilibre par les mêmes raiſons qui
ont été dites ci-deſſus.

Lorſque dans les ſyphons qui ont une branche beaucoup plus groſſe TAB.
que l'autre, comme en la figure 22e, on ferme le bout de la petite XIV.
branche avec le doigt; & que la grande étant enſuite remplie d'eau, Fig. 22

A a a

on

on léve le doigt tout à coup: le premier mouvement de toute l'eau A B eft retardé par la difficulté de l'iffuë en G ; mais le mouvement par F C, eft beaucoup plus vîte en fon commencement, que quand les deux branches font d'égale largeur. D'où il arrive que, fi l'on met un peu d'eau dans la branche F C, jufques à ce qu'elle remplifle le tuyau de jonction BC; & fi après avoir fermé le bout F avec le pouce, on remplit l'autre partie A B jufques à la ligne horizontale E D, & qu'on léve enfuite le pouce tout à coup; l'eau montera plus haut que D comme jufques en F. Ce qui arrive parce que l'eau de la grande branche defcendant, quoique lentement, fait monter très-vite l'eau dans la petite branche; & que toute l'eau fe mouvant pour arriver à l'équilibre, elle fe meut encore après y être arrivée par la viteffe acquife comme dans le fyphon uniforme; ce qui fait que l'eau de la grande branche defcend encore, & fait monter l'autre comme jufques à 3 ou 4 pouces au deffus de D, d'où elle redefcend, & après quelques balancemens elle s'arrête enfin à la même hauteur dans les deux branches au deffous de E F : & quand le tuyau A B feroit tout plein avant que d'ôter le pouce, l'eau ne laifferoit pas de jallir deux ou trois pouces plus haut que F, fi la branche A B eft beaucoup plus large que la branche C D; car alors la defcente & la montée dans cette branche large fera fort petite & prefque infenfible. Voici les expériences qui en ont été faites.

 On a pris un bacquet de fer blanc A B C D avec le tuyau E F de 4 pouces de largeur, où étoit foudé le tuyau recourbé de verre F G H; on empliffoit le bacquet & le tuyau E F après avoir mis le pouce en H pour empêcher l'air de fortir du tuyau G H; & quand on ôtoit le pouce, l'eau jailliffoit jufques en I environ trois pouces plus haut que la furface de l'eau D A; mais lorfque le tuyau de verre alloit jufques à 5 ou 6 pouces plus haut que A D, l'eau y montoit à environ 4 pouces plus haut que H, d'où elle redefcendoit, & enfin fe mettoit dans l'équilibre. On a fait la même expérience dans un tuyau L E F d'égale largeur par tout, G H demeurant toujours plus étroit que L E F; & l'eau jailliffoit plus haut que le point H, de même que quand le bacquet A D étoit au deffus de E F. Or en ces cas l'eau commence à monter affez vîte par G, & monte encore un peu plus vîte quand l'eau L E a acquis du mouvement. Mais cette viteffe par G H commence à diminuer quand l'eau des deux branches eft arrivée à l'équilibre, c'eft-à-dire à la hauteur où elle doit demeurer dans les deux branches, comme à celle de la ligne horizontale K M. Que fi l'on met des liqueurs différentes dans les deux tuyaux, les plus legéres demeureront élevées dans les tuyaux plus haut que les autres felon les proportions réciproques de leurs pefanteurs, dont voici les régles.

RE-

RE'GLE DE L'E'QUILIBRE DES LIQUEURS DIFFEREN-
TES PAR LA PESANTEUR.

ON confidére ici deux fortes de pefanteurs des corps : l'une qui procéde de la maſſe du corps, comme un pié cube de bois péfe plus qu'un pouce cube de même matiére : l'autre procéde de la denſité des matiéres ou de quelque autre cauſe par laquelle un corps péfe plus qu'un autre de pareil volume, comme un pouce cube d'or péfe plus qu'un pouce cube de fer. Nous appellerons pefanteur ſpécifique cette derniére pefanteur : ainſi la pefanteur ſpécifique de l'eau eft plus grande que celle de l'huile : on ne confidére point ici le poids de l'air dans lequel on péfe les corps, quoiqu'à la rigueur on y doit avoir égard.

Soit donc dans le ſyphon A B C de l'eau en équilibre à la hauteur D E ; qu'on verfe tout doucement de l'huile dans la branche C B juſques à ce quelle foit à la hauteur C ; il arrivera que l'eau defcendra au deſſous de E, & s'élévera au deſſus de D en l'autre branche : foit la defcente E F, & D G l'élévation, & foit tiré F H horizontale ; alors l'huile F C fera à l'eau H G réciproquement comme la pefanteur ſpécifique de l'eau eft à celle de l'huile, car l'eau F B fera équilibre avec l'eau B H : Donc l'huile F C fera équilibre avec l'eau H G : Or il eft néceſſaire pour faire que le tout demeure en cet état, que les parties H & F foient également preſſées felon le Principe ci-deſſus : Donc la quantité d'huile F C péfera autant fur F que l'eau H G fur H. La même chofe arrivera au mercure & à l'eau : Car, ſi on met dans le ſyphon A B C du mercure juſques à la hauteur D E, & qu'on verfe doucement de l'eau par C, inclinant un peu le ſyphon au commencement afin que l'eau ne fe mêle point avec le mercure, & que l'eau foit élevée juſqu'en C, & le mercure juſqu'en I : l'eau defcendra comme juſques à la ligne horizontale K L ; & alors l'eau K C avec le mercure K B, fera équilibre avec le mercure B I : Et comme la pefanteur ſpécifique du mercure eft à celle de l'eau, ainſi réciproquement la hauteur K C fera à la hauteur L I ; & par ce moyen il fera facile de déterminer les pefanteurs ſpécifiques des liqueurs à l'égard l'une de l'autre, car ſi le mercure péfe quatorze fois plus que l'eau, K C fera quatorze fois plus grande que L I.

Ayant confidéré l'équilibre des différentes liqueurs entr'elles, on peut confidérer celui des corps fermes qui nagent fur l'eau, comme le bois, la cire, &c. En voici les régles.

TAB.
XIV.
Fig. 24.

RE'GLES DE L'E'QUILIBRE DES CORPS FERMES DONT LA PESANTEUR SPE'CIFIQUE EST MOINDRE QUE CELLE DE L'EAU.

I. RE'GLE.

TOut corps ferme plus pefant que l'air & plus leger que l'eau y étant mis, s'y enfoncera un peu & fera élever l'eau, & toute fa partie enfoncée fera au refte comme fa pefanteur fpécifique à celle de l'eau.

TAB.
XIV.
Fig. 25.

Soit dans la figure 25e. B C D E de l'eau dont la furface fupérieure foit B C, contenuë dans quelque vaiffeau: & foit A F G H un corps cubique plus leger fpécifiquement que l'eau, & plus pefant que l'air; je dis qu'il ne demeurera pas fur la fuperficie de l'eau. Car la colomne quarrée d'eau K R L I feroit plus preffée qu'une colomne égale B E I K, puifque le poids du corps A H y feroit de plus. Donc le poids defcendra, & entrera dans l'eau, mais il ne s'y cachera pas entiérement, parce qu'alors la colomne K R I L compofée de ce corps & d'eau, feroit plus legére qu'une égale colomne d'eau B E I K. Soit donc fon enfoncement jufques en K R, & que l'eau qui l'environne fe foit élevée jufques en B C, qui fera plus haute qu'elle n'étoit auparavant à caufe que la portion K G H R du corps occupe la place d'une partie qui eft obligée de s'élever: je dis que l'eau contenuë en K G H R, dont le corps occupe la place, fera d'un poids égal au poids de tout le corps, c'eft-à-dire que fi une quantité d'eau égale en volume à K G H R péfe autant dans l'air que le corps entier A F G H, il demeurera dans cette fituation; & la portion K R G H de ce corps fera au total, comme la pefanteur fpécifique de tout ce corps fera à celle de l'eau.

Ainfi, fi le corps A F G H eft à l'eau en pefanteur fpécifique comme 3 à 4, la partie A F K R qui paffera au deffus de l'eau fera le quart de toute fa hauteur. Car s'il pefoit 12 livres dans l'air, autant d'eau péferoit 16 livres; & par conféquent la partie K R G H péferoit 12 livres fi elle étoit d'eau: elle ne péfera donc que 9 livres; & la partie au deffus de l'eau A F K R fera de 3 livres; & le tout pefera 12 livres, comme l'efpace d'eau occupé par la partie du poids qui y entre qui fera 16 livres dans la même raifon de 3 à 4: & par la première Régle le poids demeurera en cet état dans l'eau. Et parce que le liége eft 4 fois moins pefant que l'eau, fi l'on met dans de l'eau B C E D un cylindre de liége A F G H, il defcendra; & fi la fuperficie de l'eau eft double de celle de la baze du cylindre, l'eau ne s'élevera que de la huitiéme partie de la hauteur du cylindre, & le cylindre ne defcendra dans l'eau que de fon quart, enforte que la partie qui reftera hors de l'eau fera les 3 quarts de tout le cylindre.

L'eau s'attache quelquefois aux corps legers, & s'éléve un peu en

con-

concavité contre la partie au deſſus de K, & quelquefois il ſe fait un petit enfoncement au deſſous, comme il a été expliqué ci devant, ce qui pourroit faire quelque difficulté ; mais ce peu d'eau qui s'élévera au deſſus du reſte de la ſurface de l'eau n'y pourra faire qu'un très-petit changement, & on ne le conſidére point ici.

Cette propriété de l'eau de s'attacher ou de ne pas s'attacher à de certains corps, fait quelquefois paroître des effets aſſez ſurprenants. En voici des exemples.

A B C eſt un verre à demi plein d'eau, dont la ſurface ſupérieure eſt D E. S'il y a une petite bulle d'écume pleine d'air comme F, ou une petite balle creuſe de verre pleine d'air plus legére que l'eau, ou quelques autres corps ſemblables; elle ira vers les bords E ou D, & s'y tiendra comme collée : mais au contraire, ſi le verre eſt tout plein d'eau comme en A C, alors la petite balle K ne pourra approcher du bord; ſi on l'y pouſſe, elle reviendra vers le milieu en K. Mais il y a d'autres petits corps legers qui font des effets tout contraires. Prenez une petite balle de cire non mouillée, & la poſez doucement ſur l'eau en F, quand le verre n'eſt pas plein, elle fuira les bords ; & ſi on la met en K vers le milieu quand le verre eſt plein, elle ira ſe précipiter vers C juſques à ce qu'elle touche le bord du verre. On peut expliquer ces effets en cette ſorte.

A B eſt la ſurface de l'eau quand le verre n'eſt pas plein. C D eſt le bord du verre où l'eau fait une petite élévation comme e f g. E eſt la boule de cire, qui étant graſſe & poſée doucement ſur l'eau y fait un petit creux H I K, à cauſe que l'eau ne s'y attache pas; & la balle entre au deſſous de la ſurface de l'eau A H K B juſques à ce que la partie qui eſt au deſſous avec l'air qui eſt compris au deſſous de la ligne horizontale ponctuée péſe autant que l'eau qui y étoit contenuë dans l'eſpace compris de cette ligne ponctuée H K & de la ligne courbe H I K. Or ſi l'on fait avancer cette balle juſques vers g, lorſque le point K de l'extrémité de la concavité H I K veut s'approcher plus près du bord du verre que le point g, alors l'eau qui eſt en e f n'étant plus ſoutenuë par celle qui eſt au point g, deſcend, & repouſſe la boule juſques à ce que le point K ſoit joint au point g la courbure e f g demeurant en ſon premier état.

Mais ſi ce verre eſt tout plein & que l'eau paſſe par deſſus les bords ſans ſe renverſer, comme il ſe peut faire aiſément, & comme on le voit en la figure 28e. où l'eau fait une convexité depuis L juſques au bord du verre B; alors quand la boule E ſe ſera avancée juſques à ce que la ſection H I K rencontre la convexité L B, comme en p, ce point p ſera plus bas que le point H de l'autre côté de la balle; & par ce moyen la balle ſe trouvera dans un penchant qui ſera encore plus grand quand la même ſection s'approchera plus près de B, & cette pente deviendra toujours plus roide juſques à ce que la balle touche le ver-

re au point B, comme on le voit en la même figure de l'autre côté
du verre.

T A B.
XIV.
Fig. 29.Par ces même raisons, lorsque deux de ces balles sont mises assez
près l'une de l'autre, elles se joignent. Car soit la ligne A C D E F B
le niveau de la surface de l'eau; C *a e* E, D *e b* F, les deux creux que
font les balles ; & le point *e* l'intersection des creux : il est évident que
le point *e* sera plus bas que le niveau de l'eau A C F B, & que par conséquent il y aura une pente de part & d'autre ; ce qui fera que les balles couleront jusques à ce qu'elles se rencontrent, comme on le voit en
cette même figure. Que si l'une des balles est mouillée, en sorte que
l'eau s'y puisse attacher, elles se repousseront l'une l'autre ; ce qui se
T A B.
XIV.
Fig. 30.prouve de même: car dans la balle mouillée B en la figure 30, il se fait
une élévation de l'eau comme C B & B D, & dans l'autre E un creux
comme F G H; & si on les pousse l'une contre l'autre, l'eau s'élévera
davantage vers C entre les deux balles & en une plus grande quantité,
ce qui fera que les balles seront repoussées en arrière l'une de l'autre.

Que si les deux balles de la figure précédente sont mouillées, elles
s'approcheront à cause de la concavité qui reste entr'elles ; & elles se
joindront par la même cause que deux goutes d'eau se joignent & ne
T A B.
XIV.
Fig. 31.font plus qu'une seule goute. Car les deux élévations d'eau B C, C D,
dans la figure 31e, sont comme deux demi goutes qui doivent se join-
dre en se touchant tant soit peu.

C'est par la même raison que deux balles mouillées se joignent &
qu'elles s'approchent des bords du verre quand il n'est pas plein; car
il s'y fait une semblable élévation d'eau : & quand il est plein & que
l'eau passe plus haut que les bords, la balle mouillée en est repoussée de
la même manière qu'elle est repoussée par une balle non mouillée; car
T A B.
XV.
Fig. 32.s'approchant du bord du verre C, la petite élévation d'eau A B fait
hausser plus haut celle qui est entre B & C, & alors toute l'élévation
est plus forte que la seule D F qui n'est que concave ; & par conséquent
la boule sera repoussée du côté de D, ce qui est conforme à l'expérience.

Cette difficulté qu'a l'eau de s'attacher à la cire, fait que quelquefois des corps plus pesans que l'eau ne coulent pas au fond; comme si
T A B.
XV.
Fig. 33.le petit cylindre E K est de bouïs ou de quelque autre bois plus pesant
que l'eau, & qu'il soit frotté de suif, ou enduit de quelque vernix qui
empêche l'eau de s'y attacher, il demeurera suspendu & fera un enfoncement dans l'eau comme F G H K I L M. Car, l'espace d'air G F L M
qui est au dessous du niveau A F M B, n'ayant point de poids, le fond
O P ne sera pas plus chargé que C O qui lui est égal, & même on
peut pousser un peu avec le doigt en embas le petit cylindre, sans qu'il
aille au fond ; pourvû que les courbures F G, M L, soient moindres
qu'une ligne & demi : car pouvant être de 2 lignes sans que l'eau coule sur G L, il y aura plus d'air au dessus; & dès qu'on ôtera le doigt,

ic

le cylindre remontera , non pas à caufe que l'air le retire à foi , mais parce que les colomnes d'eau qui font à côté, dont les bafes font égales à P O, péfent plus & font remonter le cylindre G L. On peut mettre par ces mêmes raifons une petite aiguille fur de l'eau calme fans qu'elle enfonce, fi elle eft un peu graffe & feiche ; mais dès qu'elle fera mouil- lée , l'eau s'y attachera , & il ne s'y fera point d'enfoncement où l'air fe puiffe loger , & elle ira au fond.

On peut s'étonner pourquoi la glace va au deffus de l'eau ; car il fem- ble qu'étant plus froide que l'eau coulante elle doit être plus condenfée & par conféquent plus pefante. Mais il faut remarquer que la glace eft toujours mêlée de quelques bulles d'air , comme il a été expliqué dans la première Partie ; & c'eft ce mélange qui la rend plus legére : & en- core qu'en quelques endroits de la glace ce mélange ne foit pas vifible à caufe de la petiteffe des parcelles d'air , on peut croire qu'il y en a toujours quelque peu, & que ce peu étant joint à la glace, dont la con- denfation à l'égard de l'eau n'eft pas fort confidérable , peut faire un compofé moins pefant que l'eau.

La même chofe arrive au plomb, à la graiffe , à la cire, & à quel- ques autres matiéres femblables ; car ces matiéres étant fonduës fou- tiennent les parties qui ne le font pas encore , ce qui procéde de ce qu'il fe fait toujours quelques intervalles vuides entre les parties de ces corps quand ils commencent à fe durcir. Si l'on coupe une balle de plomb par le milieu, on y trouve vers le centre un vuide confidérable. La graiffe en fe congélant devient opâque à caufe des petits intervalles vuides qui s'y font , qui empêchent la lumiére de continuer en ligne droite par les diverfes refractions & reflexions qu'elle y fouffre.

Application de cette Régle.

S I l'on enferme un vaiffeau vuide A B C D dans l'eau F E I L con- tenuë dans quelque vaiffeau G L I H, tenant ce vaiffeau vuide en- forte qu'il foit droit , & qu'il ne puiffe pas fe renverfer ; il faut autant de force pour en tenir une partie arrêtée à une certaine profondeur au deffous de la furface de l'eau E F, comme celle qu'il faudroit pour fou- tenir en l'air un poids M qui étant mis dans le fond du vaiffeau A B C D le pourroit tenir en cette fituation , lequel poids avec celui du vaiffeau vuide doit être égal au poids de l'eau qui occuperoit l'efpace N O D C, comme il a été expliqué ci-devant.

On peut appliquer cet effet à la glace qui fe forme dans les riviéres autour des pilotis qui foutiennent les Ponts, pour juger fi , la riviére ve- nant à s'enfler, la glace qui eft attachée aux pilotis les peut foulever & renverfer le Pont. Car fuppofant que la glace ait un pié d'épaiffeur, & qu'elle péfe avec l'air dont elle eft remplie moins d'un douziéme que l'eau ; on fera aifément le calcul pour favoir quelle pefanteur peut l'em-

T A B.
X V.
Fig. 34

pécher

pêcher de s'élever au deſſus de l'eau : comme ſi elle a 400 piés de ſurface , ce ſera 400 piés cubes , dont chacun ne péſera que 64 livres au
lieu des 70 pour le pié cube d'eau ; & le produit de 6 différence de 64
à 70, étant multiplié par 400 eſt 2400 livres. Or ſi le poids des pilotis du Pont eſt plus grand que 2400, la glace n'arrachera pas les pilotis ; car il y aura encore de plus la réſiſtance que font les pilotis par
leur frottement contre le terrein ferme où ils ſont engagez, pour être
arrachez.

TAB.
XV.
Fig. 35.

    Si la glace n'étoit que du côté d'enhaut, & qu'elle fût extrémement
longue comme A B, elle pourroit ſervir de levier, comme on le voit
en la figure, en faiſant ſon appui ſur le dernier pilotis C D pour arracher les pilotis E F & G H; mais il ne faudroit prendre la portion de
ſa force que depuis la moitié de la diſtance A B, à cauſe que chaque partie de la glace A B n'agit que ſelon ſa diſtance juſques au point d'appui
D. Que s'il y a auſſi de la glace de l'autre côté & de la même longueur, alors elle employera tout ſon effort. Mais, comme ordinairement les Ponts ont beaucoup de peſanteur, ils ſont plutôt emportez
par le choc continuel des grands glaçons qui peu à peu les ébranlent,
& les déracinent en les heurtant par en haut, que par le ſoulévement
de la glace qui n'y peut pas faire un grand effort.

    Si l'on met un corps fort leger dans des liqueurs différentes en pe-
ſanteur ſpécifique, la partie enfoncée dans l'une ſera à la partie enfoncée dans l'autre, comme la peſanteur ſpécifique de l'une eſt à la peſanteur ſpécifique de l'autre.

    Par ces mêmes raiſons les Vaiſſeaux & les Bateaux chargez de mar-
chandiſes doivent s'enfoncer dans l'eau juſques à ce que l'eau dont ils
occupent la place au deſſous du niveau, péſe autant que le Vaiſſeau a-
vec tout ce qui eſt dedans : D'où il eſt arrivé quelquefois que des Vaiſſeaux entrant de la mer dans des riviéres couloient à fond ; parce que
l'eau douce étant plus legére que celle de la mer, l'eſpace de l'eau douce égal à celui qu'occupoit le Vaiſſeau entier étoit moins peſant que le
poids du Vaiſſeau, & que dans la mer ce poids du Vaiſſeau étoit moins
peſant.

II. RÉGLE.

*L Es corps plus legers que l'eau étant retenus par force au fond de l'eau,
& étant enſuite laiſſez en liberté, s'élévent au deſſus de l'eau en la maniére ſuivante.*

TAB.
XV.
Fig. 36.

    A B C D eſt l'eau contenuë dans le Vaiſſeau ; E F G H eſt le corps
dont la peſanteur ſpécifique eſt moindre que celle de l'eau: Or la colomne K I G H péſe moins qu'une colomne d'eau de même volume
I H B D, & par conſéquent l'eau proche du point H, entre H & D,
eſt plus chargée que celle qui eſt entre G & H, & par conſéquent elle
s'in-

s'infinuëra & coulera fous le corps G H & le pouffera en haut. Les autres parties de l'eau qui font au fond à la même profondeur que le deffous de ce corps, feront le même effet pour le pouffer en haut; & comme il rencontrera plus haut de femblables difpofitions, il fera toujours élevé jufques à ce qu'une partie foit au deffus de l'eau; & parce qu'il s'élévera avec viteffe, il paffera un peu plus haut que l'endroit où il doit s'arrêter; mais il redefcendra un peu plus bas que cet endroit, & enfin après quelques autres balancemens il s'arrêtera dans le lieu de fon équilibre felon les Régles précédentes.

Que s'il y avoit un trou dans le fond du Vaiffeau, comme L, par où l'eau coulât, le corps F H ne s'éléveroit point: car la même eau qui devroit pouffer ce corps en haut, defcend par l'ouverture, & l'entraine de fon côté par fa vifcofité; & étant preffé par deffus par la colomne d'eau K E I F, il demeurera toujours au fond de l'eau jufques à ce qu'elle foit toute écoulée.

Il eft évident par ce qui a été dit ci-deffus, que fi A B C D eft un Vaiffeau plein d'eau ayant une ouverture en E, l'eau qui eft a côté comme en F, étant preffée par toute l'eau fupérieure, fera preffée vers l'ouverture avec plus de force que celle qui eft au deffus perpendiculairement, comme en I. Si le point G eft plus éloigné du point E que le point F, on en verra l'expérience en y laiffant tomber un petit morceau de papier tortillé & mouillé, ou quelqu'autre petit corps un peu plus pefant que l'eau, comme des fragmens de fcieures de bois: Car dès qu'on ôtera le doigt qui foutenoit l'eau en E, l'eau coulant fera fuivie du papier en F: ce qui fera connoître que les parties de l'eau proche de ce petit corps, y font pouffées de même que les autres parties qui font les plus proches de l'ouverture, & qui font comprifes dans une demi Sphére comme Q H I L N; celles qui feront les plus proches comme en M ou F, iront fuccéder à celles qui coulent plus vîte que les plus éloignées, comme H ou L, & beaucoup plus que celles qui font comme en G ou plus haut en O. On en fera l'expérience en laiffant tomber de petites parcelles de quelques matiéres dans l'eau avant que d'ôter le doigt: Car on verra que celles qui feront en H ou L, & qui tomboient perpendiculairement, feront détournées pour aller par les rayons de la demi Sphére H E & L E avec une plus grande viteffe que de femblables petits corps qui feront en O ou en G. La même chofe arrivera fi l'ouverture eft comme en P au lieu d'être en E: Car les petits corps qui feront dans la demi Sphére K R S, y couleront dès qu'on aura ôté le doigt; c'eft par cette raifon que fi on perce un tonneau de vin à un doigt au deffus de la lie, & que le trou foit affez grand, les parties de la lie les plus proches monteront pour y paffer & rendront le vin trouble. Lorfque les ouvertures E ou P font fort petites, la demi Sphére ne s'étend pas fi loin que quand elles font grandes.

TAB.
XIV.
Fig. 37.

B b b   III. RE-

III. RÉGLE.

Es corps dont la pesanteur spécifique est plus grande que celle de l'eau, tomberont au fond.

EXPLICATION.

TAB.
XV.
Fig. 38.

SOit A le corps plus pesant que l'eau : il descendra de la même maniére dans l'eau que dans l'air, sinon qu'il descendra moins vîte : l'eau B qui sera immédiatement au dessous, sera poussée en bas par ce corps, qui choquant l'autre plus bas la poussera à côté vers C & D en circonférence, & toute l'eau du Vaisseau sera mise en mouvement ; & quand le corps sera descendu comme en B il se fera d'autres tourbillons pour remplir la place qu'il quittera jusques à ce qu'il touche le fond.

IV. RÉGLE.

Es corps dont la pesanteur spécifique est plus grande que celle de l'eau, perdent dans l'eau autant de leurs poids qu'en a l'eau dont ils occupent la place.

EXPLICATION.

TAB.
XV.
Fig. 39.

SUspendez le corps A B dans l'eau par la corde C D : supposé qu'on en ait ôté intérieurement la partie E , ensorte que le reste pése autant que l'eau qui rempliroit tout l'espace A B si ce corps étoit ôté ; il est évident qu'il fera alors équilibre avec autant d'eau située à côté, & par conséquent qu'il ne péseroit rien sur la corde C D, non plus que si on la trempoit dans l'eau sans le corps : Donc si l'on entend que la partie E y soit remise, tout le corps ne pésera sur C D qu'autant que pése la partie E ; d'où il s'ensuit ce qui avoit été proposé. De là on peut trouver le moyen d'examiner la pesanteur spécifique de tous les corps qui pésent plus que l'eau, tant à l'égard de l'eau que des autres corps. Car soit par exemple le corps A B d'or ; il faudra le péser dans l'eau avec une balance l'attachant à l'un des bassins par une cordelette & mettant un poids d'égale pesanteur dans l'autre bassin ; on le laissera tremper ensuite entiérement dans l'eau, & s'il faut ôter $\frac{1}{18}$ du poids qui lui faisoit équilibre dans l'air pour continuër l'équilibre lorsqu'il est dans l'eau, on connoitra que la pesanteur spécifique de l'or est à celle de l'eau comme 18 à 1 ; & si le corps est de plomb & qu'il faille ôter $\frac{1}{11}$ du poids qui lui faisoit équilibre dans l'eau , on connoitra que la pesanteur spécifique de l'eau à l'égard du plomb est comme 1 à 11, & ensuite que celle de l'or à l'égard du plomb est comme 18 à 11. De là
on

on pourra connoître si une piéce d'or est fausse sans l'altérer : car si dans une semblable expérience elle perd dans l'eau $\frac{1}{12}$ ou $\frac{1}{14}$ de son poids, on jugera qu'il y a d'autres métaux mêlez en assez grande quantité, comme le tiers ou la moitié, & qu'elle est fausse ; mais si elle ne perdoit que $\frac{1}{17}$, on pourroit la prendre pour bonne, parce qu'il y auroit très-peu de mélange. Que si l'on suspend dans un seau avec une corde un grand corps cylindrique de verre ou de métail, ensorte qu'il le remplisse à peu près sans toucher le bord ni le fond, & qu'on y verse de l'eau pour remplir les vuides jusques à la hauteur du corps cylindrique ; alors celui qui supportoit le seau facilement avant qu'on y eût mis l'eau, aura de la peine à le supporter, car il pésera autant que s'il étoit plein jusques à la hauteur de ce corps après qu'il seroit ôté ; & celui qui soutenoit la corde sera déchargé d'autant de poids que seroit le poids de l'eau dont le corps cylindrique occupe la place : la raison est, qu'alors ce corps suivroit les mêmes régles que les corps qui sont soutenus dans l'eau, dont le poids diminuë du poids d'un pareil volume d'eau que celui qu'ils occupent ; & par conséquent celui qui soutiendroit la corde se sentiroit déchargé d'un poids égal au poids de l'eau d'un pareil volume que le corps cylindrique, & l'autre qui auroit la main sous ce seau, outre le poids du seau soutiendroit autant de poids que celui dont l'autre se sentiroit déchargé, & encore celui du peu d'eau qu'on y auroit versée.

Quelquefois les corps plus legers que l'eau vont au fond par une cause assez facile à expliquer : en voici une expérience. Ayez un verre cylindrique de 7 ou 8 pouces de hauteur & de trois ou quatre de largeur, comme A B C D, qui ait une ouverture E au milieu du fond, TAB. d'environ 3 lignes : emplissez le verre d'eau tenant le doigt sous E, & XV. mettez au dessus de l'eau une petite balle de cire F qui puisse passer par Fig. 40. l'ouverture E : & lors que l'eau sera calme & arrêtée, ôtez le doigt & laissez couler l'eau ; la cire descendra de même que la surface de l'eau, & passera par E avec la derniére eau. Mais si vous donnez un grand mouvement circulaire à l'eau, soit en la versant de travers contre les bords du verre ou autrement, lorsque vous ôterez le doigt de l'ouverture, vous verrez descendre la balle incontinent après que l'eau aura commencé à couler, & faire un vuide dans le milieu de l'eau où l'air s'insinuë comme depuis H jusqu'à E ; & ce vuide ne se remplit point que toute l'eau ne soit écoulée, & l'on voit toujours comme une colomne d'air torse depuis le haut de l'eau jusques à l'ouverture E.

Cet effet s'explique en cette maniére. L'eau qui est dans la demi Sphére C I L M D est poussée vers E, lorsque l'eau est calme & sans mouvement considérable, comme il a été prouvé ; & elle succéde à celle qui sort avant que celle qui est vers H y soit descenduë : Mais lorsque l'eau a un grand mouvement circulaire, les parties laterales vers M & I ou r & $\int$ ne peuvent arriver vers E qu'après 4 ou 5 tours en spi-

ra-

rale, & même elles font portées vers les bords du verre à caufe qu'elles font pouffées felon les tangentes des cercles qu'elles décrivent : d'où il arrive que la colomne entiére F E y tombe d'abord & y paffe toute a- vec la petite balle de cire qui eft au deffus ; & parce que l'eau qui eft à côté de cette colomne qui s'eft écoulée, ne peut pas remplir fa place affez vîte à caufe de fon mouvement circulaire qui n'y a pas fa direction, il eft néceffaire que l'air fupérieur par fon poids & fon reffort s'y infi- nuë, & y demeure toujours jufques à la fin de l'écoulement.

Il arrive quelquefois que la petite balle n'eft pas directement fur la colomne, & alors elle eft portée un peu à côté entre deux eaux ; mê- me fi elle revient vers le milieu, la colomne d'air la repouffe par fon reffort jufques vers les bords du verre : Mais enfin elle entre dans la co- lomne vuide & paffe enfuite par l'ouverture en tournoyant très-vîte a- vant que la moitié de l'eau foit écoulée.

C'eft par les mêmes raifons que, s'il y a une grande ouverture fous le fond d'une eau profonde foit d'une riviére ou de la Mer, par où l'eau s'écoule vers des lieux éloignez plus bas, comme on dit que la mer *Ca-ffpienne* s'écoule dans le *Pont Euxin*, l'eau entraine les Vaiffeaux qui paf- fent par deffus ce gouffre : Car l'eau y tombant de biais prend toujours fon mouvement tournoyant, & fait le même effet à l'égard des Vaiffeaux qui paffent par deffus, que l'eau tournant dans le verre A B C D à l'é- gard de la balle de cire. On dit auffi qu'il y a dans quelque Mer pro- che de la *Suéde* un femblable tournoyement d'eau où les Vaiffeaux s'a- baiffent, & qu'on en a vû quelquefois les débris en un endroit d'une Mer voifine qui eft plus baffe. Il eft aifé de juger que l'eau employe plus de tems à s'écouler par l'ouverture E quand elle tourne en rond, que quand elle ne tourne point, puifqu'au premier cas l'air occupe une partie de cette ouverture.

SECOND DISCOURS.

De l'Equilibre des corps fluides par le reffort.

L'Air & la Flamme agiffent par leur reffort pour faire équilibre avec les autres corps. Le reffort de l'air fe manifefte par plufieurs expé- riences ; foit dans les Barométres, où il fe dilate beaucoup ; foit dans les arquebufes à vent, où il fe condenfe extrêmement : mais il eft très-dif- ficile de bien expliquer ces dilatations & ces condenfations. Pour en donner quelque idée, on peut confidérer toute l'étenduë de l'air de bas en haut, comme un grand amas d'éponges ou de balles de cotton, dont les plus hautes auroient leur étenduë naturelle : mais celles du def- fous étant preffées par le poids des fupérieures fe réduiroient à une très- petite épaiffeur, & elles reprendroient leur premiére dilatation, lorfqu'el-

qu'elles feroient déchargées du poids des autres. Suivant cette hypo-
thêfe on peut dire que l'air d'ici bas fait équilibre par fon reffort avec
le poids de tout le refte de l'air dont il eft chargé : enforte que fi cet
air fupérieur devenoit plus pefant ou qu'on y en mît davantage, l'air
inférieur fe condenferoit un peu plus qu'il n'eft; & fi le fupérieur devenoit moins pefant ou s'il avoit moins d'étendue, l'inférieur fe dilateroit davantage.   On peut comparer auffi le reffort de l'air à un reffort
d'acier qui fe preffe & fe ferre davantage quand on le charge d'un plus
grand poids, & qui fe reléve & s'étend quand on ôte une partie du
poids : & comme on peut dire qu'un reffort d'acier étant preffé & reduit à une certaine figure par un poids, fait équilibre dans cet état a-
vec ce poids; on peut dire de même que l'air d'ici bas condenfé comme il eft, fait équilibre par fon reffort avec tout le poids de l'Atmofphére.

Plufieurs expériences font voir que la condenfation de l'air fe fait felon la proportion des poids dont il eft chargé : En voici une affez facile.   Prenez un tuyau de verre recourbé A B C, fermé au bout C, &
ouvert à l'autre : verfez y un peu de mercure jufques à la hauteur horizontale D E, afin que l'air enfermé C E ne foit ni moins ni plus dilaté
que celui qui eft dans l'autre branche; car fi le vif-argent étoit un peu
plus haut dans une des branches que dans l'autre, l'air y feroit moins
preffé.   Il faut que la hauteur E C foit médiocre, comme de 12 pouces, telle qu'on l'a fuppofée en cette figure; & l'autre D A, tant grande qu'on pourra.   Le mercure étant donc de part & d'autre à la même
hauteur vers D & E, & n'y ayant plus de communication de l'air E C
avec celui de D A; verfez par le bout A avec un petit entonnoir de
verre, du mercure nouveau, prenant garde de ne point faire entrer
d'air dans l'efpace C E: vous remarquerez, que le mercure montera
peu à peu vers C, & condenfera l'air qui étoit en C E; & que fi E F
eft de fix pouces, F G étant une ligne horizontale, le mercure fera
monté dans l'autre branche jufques en H , fi ce point eft diftant de 28
pouces du point G, & que les baromètres foient alors à la hauteur de
28 pouces dans le lieu de l'obfervation; car s'ils n'étoient qu'à 27 &
demi, auffi G H ne feroit que de 27 pouces & demi.   Or en cet état
l'air en F C eft preffé par le poids de l'Atmofphére qu'on fuppofe égal
à celui de 28 pouces de mercure, & encore des 28 pouces qui font en
l'efpace G H; & par conféquent il eft chargé d'un poids double de celui dont eft chargé l'air, qui eft dans le lieu où fe fait l'expérience,
& qui eft femblable à celui qui étoit en E C avant qu'il fût condenfé
par le poids du mercure G H.   On verra donc manifeftement dans cette expérience, que l'air E C aura fuivi en fa condenfation la proportion
des poids.   On trouvera la même proportion dans les autres expériences en faifant le calcul en cette forte.   Il faut prendre pour premier terme la fomme du poids de l'Atmofphére & du mercure qui fera monté

T A B.
X V.
Fig. 41.

B b b 3   plus

plus haut que le bas de l'air dans la branche E C ; pour second terme,
le poids de l'Atmosphére, c'est-à-dire 28 pouces de mercure ; pour
troisiéme, la distance E C ; & le quatriéme proportionnel sera l'espace
ou hauteur où se réduira l'air enfermé dans le tuyau E C : comme si
l'air étoit seulement reduit à l'espace I C de 8 pouces, on trouveroit
que le mercure seroit en l'autre tuyau seulement 14 pouces plus haut
que la ligne horizontale I L. Or ces 14 pouces avec les 28 de l'Atmosphére sont 42 : il faut donc dire suivant cette régle, comme 42
pouces est à 28 pouces, ainsi l'étenduë de l'air E C est à l'étenduë I C.
Que si on vouloit reduire ce même air en l'espace M C de 3 pouces,
qui est le quart de E C ; il faudroit mettre 84 pouces de mercure dans
la branche D A au dessus de la ligne horizontale M N, & on trouveroit cette proportion par le calcul suivant : Comme M C 3 pouces est
à M E 9 pouces, ainsi 28 pouces poids de l'Atmosphére, est à 84 : car
en changeant, 84 sera à 28 comme 9 à 3 ; & en composant, 84 plus
28, c'est-à-dire 112, sera à 28 comme 9 plus 3, c'est-à-dire E C 12,
à 3. Et si l'on veut savoir quelle hauteur de tuyau il faudroit pour
reduire cet air en l'espace O C d'un pouce, il faut dire, comme O C
un pouce, est à O E 11 pouces, ainsi 28 pouces de mercure poids de
l'Atmosphére, à 308 ; & 308 sera la hauteur verticale qu'il faut donner au mercure au dessus du point O ou P : par où l'on connoîtra que
pour faire cette expérience il faut que la branche D A soit plus haute
que 308 pouces, c'est-à-dire qu'il faut qu'elle soit d'environ 320 pouces afin qu'il reste un espace au dessus du mercure pour empêcher qu'il
ne verse.

T A B.
XV.
Fig. 42.
La même chose arrivera si la branche E C est beaucoup plus large
ou beaucoup moindre que la branche D A. Car si l'on y verse du mercure jusques à ce qu'il monte à la hauteur G F, G H hauteur du mercure dans l'autre branche sera de 28 pouces : car comme le mercure
D G fait l'équilibre avec le mercure E F, quoiqu'en beaucoup plus
grande quantité, comme il a été prouvé ci-devant à l'égard de l'eau,
aussi le ressort de l'air en F C fera équilibre avec le mercure G H, puisqu'il le soutiendroit si G H étoit de même largeur que F C ; & par
conséquent il fait autant d'effet que si la branche E C étoit aussi haute
que l'autre, & qu'il y eût du mercure jusques à la même hauteur H :
j'en ai fait les expériences suivantes. Ayant fait verser du mercure jusques à L, qui étoit le tiers de E C, il s'en trouva 14 pouces moins $\frac{1}{4}$
au dessus de I L dans l'autre branche ; & il s'y en trouva 27 pouces $\frac{1}{2}$
au dessus de G F, quand l'espace E F moitié de E C en fut plein ; & y
en ayant fait mettre jusques à 44 pouces $\frac{1}{2}$ au dessus de N M, M C se
trouva de trois parties $\frac{2}{3}$ un peu plus de telles parties que E C en contenoit 10, ce qui fait toujours la même proportion, car les barométres étoient alors à 27 pouces $\frac{1}{2}$: Par de semblables raisons si la branche
E C étoit beaucoup plus étroite que l'autre, l'air qui y seroit enfermé,
fe-

feroit de femblables équilibres par fon reffort avec le mercure de l'autre branche. On verra les mêmes proportions lorfque l'air fera plus raréfié que celui du lieu où fe fait l'expérience ; ce qu'on éprouvera en cette forte.

Ayez un Barométre A B de telle grandeur que vous voudrez, comme par exemple de 38 pouces ; faites y une marque à un point comme Z, à un pouce au deffus du bout ouvert B, afin que ce bout étant plongé dans le mercure du petit vaiffeau C D E jufques à cette marque, il refte 37 pouces au deffus. Empliffez le tuyau de mercure & y laiffez 9 pouces d'air, afin que quand le tuyau fera renverfé comme on le voit en la figure, & foutenu avec le doigt, il y ait 9 pouces d'air au haut du tuyau. Alors fi vous trempez le doigt avec le bout du tuyau dans le mercure du petit vaiffeau, & que vous ôtiez enfuite le doigt, le mercure defcendra & s'arrêtera après quelques balancemens à 21 pouces : ce qui doit arriver pour conferver la proportion des poids & des condenfations expliquées ci-devant : & on peut le prouver en cette forte.

TAB.
XV.
Fig. 45.

DÉMONSTRATION.

SOit le tuyau A B de 38 pouces ; Z B d'un pouce ; A H de l'air enfermé au deffus du mercure H B de telle étenduë qu'on voudra, foutenu avec le doigt en B. Je dis premiérement, que fi on ôte le doigt, le mercure defcendra : car d'autant que l'air A H eft condenfé de la même maniére que celui du lieu où fe fait l'expérience, il doit faire par fon reffort équilibre avec tout le poids de l'Atmofphére, comme il a été éprouvé ; & étant joint avec le poids du mercure en Z H, ces deux puiffances enfemble furpafferont le poids de l'Atmofphére, & il faudra de néceffité que l'air A H fe dilate, & qu'une partie du mercure defcende : Mais il ne defcendra pas entiérement ; car s'il defcendoit entiérement, l'air A H fe dilateroit beaucoup, & en cet état il ne pourroit plus faire équilibre avec le poids de l'Atmofphére : d'où il fuit qu'une partie du mercure doit demeurer dans le tuyau. Je dis encore, que fi A H eft de 9 pouces, qu'il fe dilatera & repouffera le mercure, en forte qu'il demeurera élevé de 16 pouces au deffus de la furface fupérieure du mercure F Z G : Soit cette élévation Z L : Or alors il y aura équilibre entre le poids de toute la colomne d'air de l'Atmofphére, & le reffort de l'air dilaté A L joint au poids des 16 pouces de mercure Z L ; & parce que le complément de 16 à 28 eft 12, l'air dilaté A L fera équilibre par fon reffort au poids de 12 pouces de mercure qui reftent pour le poids de l'Atmofphére au delà des 16 pouces : Mais comme 28 à 12, ainfi A L de 21 pouces eft à 9 : D'où il fuit que le mercure doit demeurer à 16 pouces d'élévation au deffus de la marque Z, lorfqu'on laiffe 9 pouces d'air dans le tuyau au deffus du mercure, à caufe que l'air fe condenfe à proportion des poids dont il eft

char-

chargé.   Que fi le mercure dans une autre expérience fe mettoit à 21 pouces, on pourra juger fuivant la même Régle, que puifque ces 21 pouces de mercure font équilibre avec les ¼ du poids de l'air, le quart reftant qui doit valoir 7 pouces, fera foutenu par le reffort de l'air raréfié qui eft renfermé dans le tuyau, felon la diftinction de l'Equilibre des refforts : Or 28 pouces de mercure poids entier de l'Atmofphére eft à 7 pouces, comme 16 pouces d'air dilaté eft à 4 pouces d'air ; d'où l'on jugera qu'il faut laiffer 4 pouces d'air dans le tuyau au deffus du mercure, afin qu'il fe mette à 21 pouces, & que l'air fe dilate à 16 pouces. Que fi on veut reduire le mercure à 14 pouces qui eft la moitié du poids de l'Atmofphére dans le même tuyau au deffus de la marque Z, il faut confidérer qu'il reftera 23 pouces jufques à A, & que l'air dilaté de 25 pouces doit faire équilibre par fon reffort à la moitié reftante du poids de l'Atmofphére.   Il faudra donc dire, que comme 28 eft à 14 fuplément de 14 à 28, ainfi 23 d'air dilaté qui remplit le tuyau au deffus des 14 pouces, eft à 11½ : ce qui fera connoître qu'il faut laiffer 11 pouces & demi d'air ou deffus du mercure dans le tuyau de 38 pouces avec l'expérience ; & il paroîtra manifeftement que le reffort de l'air enfermé ne faifant alors équilibre qu'avec la moitié du poids de l'air de l'Atmofphére, puifque les 14 pouces de mercure font équilibre avec le refte, il fe fera raréfié en proportion double. Et par toutes ces expériences on pourra juger en fe fervant de la Régle expliquée ci-devant, quelle quantité d'air il faudra laiffer dans un tuyau grand ou petit, afin que le mercure s'y mette à telle hauteur qu'on voudra : Car quand le tuyau feroit feulement de fix pouces au deffus de la marque Z, on trouvera les mêmes proportions en faifant le calcul de même : comme par exemple, fi 2 pouces eft la hauteur donnée du mercure, & qu'on ait trouvé que comme 28 eft à 26 complément de 2 à 28, ainfi l'efpace de l'air dilaté au deffus des deux pouces de mercure eft à 3⅞ ; 3 pouces ⅞ fera la quantité d'air qu'il faudra laiffer dans le tuyau, afin que le mercure fe mette à deux pouces de hauteur dans un tuyau de 7 pouces, plongé d'un pouce dans le mercure du vaiffeau.

Que fi la quantité de l'air enfermé dans le tuyau étoit donnée, & qu'on voulût favoir à quelle hauteur demeureroit le mercure après l'expérience, on pourra fe fervir du calcul algébrique, en y appliquant les mêmes régles, comme je l'ai enfeigné dans l'*Effai de Logique*, & dans le Traité de la *Nature de l'air*.

On trouvera de femblables équilibres du reffort de l'air dans les tuyaux pleins d'eau & d'air, en fuppofant que le plus grand poids de l'Atmofphére eft égal au poids de 31 piés d'eau ; ce qu'on a trouvé par expérience : Car le Baromètre étant à 27 pouces 8 lignes, le Baromètre d'eau étoit à 31 piés 1 pouce ; & étant à 28 pouces, l'autre étoit à 31 piés 4 pouces ; & s'il eût été à 28 pouces 7 lignes, comme il s'y met quelquefois, l'eau auroit été à 32 piés.   Si le tuyau eft de 40 piés, &

qu'on

qu'on veuille reduire l'eau à 16 piés, il faudra mettre 12 piés d'air au deſſus de l'eau; car l'air ſe dilatant au double & occupant 24 piés, il fera équilibre par ſon reſſort avec la moitié du poids de l'Atmoſphére, & les 16 piés d'eau qui reſtent, feront équilibre avec l'autre moitié. On ſuppoſe qu'une petite partie du tuyau étant plongée dans l'eau où on le trempe, pour faire l'expérience de même que celle du mercure, il en reſte 40 piés au deſſus.

De là on voit manifeſtement, que ſi on plonge dans de l'eau fort profonde une bouteille renverſée pleine d'air, ayant des poids autour de ſon goulet ſuffiſants pour la faire aller au fond, lorſqu'on la deſcendra peu à peu, l'eau y entrera & montera peu à peu dans le goulet; & que quand elle ſera deſcenduë à 32 piés de profondeur, l'eau qui y entrera, reduira l'air à la moitié de l'étenduë qu'il avoit dans la bouteille avant que de la plonger, ce que j'ai expliqué plus amplement dans l'Eſſai de la *Nature de l'air*.

On voit encore l'erreur de ceux qui croyent que dans une pompe on peut faire monter l'eau juſques à 32 piés en l'attirant avec un piſton, puiſque ſelon le jeu du piſton on ne peut l'élever qu'à une certaine hauteur déterminée. Car, ſoit par exemple un corps ou tuyau de pompe uniforme de 20 piés, ayant au deſſus de 20 piés un piſton de même largeur, & qui ne puiſſe être élevé & baiſſé que de l'eſpace d'un pié; je dis que s'il y a une ſoupape au bas de la pompe, & qu'on faſſe jouër le piſton, l'eau ne pourra pas s'élever juſques à 12 piés. Car, qu'elle ſoit élevée s'il eſt poſſible à 11 piés, ou qu'on verſe ſur la ſoupape de l'eau juſques à 11 piés de hauteur, & qu'on raccommode le piſton; il reſtera 9 piés d'air juſques au piſton; & cet air qui ſe rarefiera en élevant le piſton d'un pié, ne pourra être rarefié que comme 9 à 10; & parce que 21 complément de 11 piés à 32, qui eſt le poids de l'Atmoſphére, eſt à 32, comme 9 à 13½, il faudroit pour ſoutenir l'eau à 11 piés, que le piſton s'élevât à 4 piés ½ pour faire l'équilibre entre le poids de l'Atmoſphére, & le reſſort diminué de l'air enfermé joint au poids des 11 piés d'eau, comme il a été expliqué ci-devant: D'où il s'enſuit que par l'élévation du piſton à un pié ſeulement, la ſoupape ne s'ouvrira point & l'eau ne montera pas plus haut que les 11 piés.

Pour donner des régles de ces élévations d'eau dans les pompes, on ſe ſervira du calcul algébrique en cette maniére. On appellera A la hauteur où doit monter l'eau dans le tuyau de pompe par le jeu du piſton, faiſant abſtraction du poids de la ſoupape. Soit le tuyau de pompe au deſſus de la ſurface de l'eau qu'on veut élever de 12 piés, & ſuppoſé qu'on la veuille élever juſques à ces 12 piés par un ſeul coup de piſton, on fera cette analogie: Comme 20 complément de 12 piés à 32, eſt à 32, ainſi 12 piés d'air ordinaire à un 4e. proportionnel; ce 4e. proportionnel ſera 19½, ce qui fera voir qu'il faudroit que le tuyau de pompe fût aſſez grand pour élever le piſton juſques à 19 piés; au

C c c

deſ-

deſſus de douze piés pour faire monter l'eau juſques à 12 piés par un ſeul coup de piſton. Mais ſi le jeu du piſton étoit limité à 2 piés, on dira: Comme 32—A eſt à 32, ainſi 12—A eſt à 14—A; le premier terme eſt le complément de la hauteur inconnuë où montera l'eau, à 32 piés d'eau qui eſt le poids de l'Atmoſphére; le 3e. terme eſt les 12 piés moins cette hauteur; & le 4e. eſt les 2 piés où le piſton s'éléve joint aux 12 piés moins la même hauteur: Or le produit de 14—A par 32—A eſt 448—46 A+A A, & le produit des deux termes du milieu eſt 384—32 A; l'équation étant réduite il y aura égalité entre A A & 14 A—64; & parce qu'on ne peut ôter de 49 quarré de 7 moitié des racines, 64, c'eſt une marque qu'en continuant de pomper on fera monter à pluſieurs fois l'eau juſques au piſton; & pour ſavoir combien elle montera au premier coup, il faut ſuppoſer que le piſton ſoit élevé de deux piés: il y aura donc un tuyau uniforme de 14 piés. Et ſuivant ce qui a été dit dans l'Eſſai de *Logique* & le Traité de la *Nature de l'air*, on fera ce calcul: L'air enfermé étoit de 12 piés; 12 piés+A eſt à A, comme 32 à 2—A; l'équation étant reduite, on trouvera que A A ſera égal à 24—42 A, & enfin que la valeur de la racine ſera un peu moins de $\frac{4}{7}$, laquelle ôtée de 2 reſtera $1\frac{3}{7}$ un peu plus; & par conſéquent l'eau ne montera par le premier coup de piſton, qu'à un pié $\frac{3}{7}$ un peu plus.

Si on avoit ſuppoſé le jeu du piſton d'un pié, on ſauroit par le même calcul juſques où l'eau s'éléveroit par le premier coup de piſton. Et ſi l'on veut ſavoir juſques où elle peut s'élever après pluſieurs coups, il faut dire, Comme 32—A eſt à 32, ainſi 12—A eſt à 13—A; l'équation étant reduite on trouvera 13 A 32 égal à A A: le quarré de $6\frac{1}{2}$ moitié des racines eſt $42\frac{1}{4}$, dont ôtant 32 reſte $10\frac{1}{4}$, dont la racine eſt 3 & $\frac{1}{24}$ un peu moins; ôtez-la de $6\frac{1}{2}$, reſte 3 & $\frac{7}{24}$; ajoutez-la à $6\frac{1}{2}$, ce ſera $9\frac{17}{24}$, & ces nombres $3\frac{7}{24}$ & $\frac{17}{24}$ ſeroient les 2 racines: Ce qui fera voir que jamais l'eau ne peut monter quand le tuyau eſt vuide, qu'à trois piés & $\frac{7}{24}$ un peu plus, encore qu'on faſſe jouër le piſton tant qu'on voudra; mais que ſi l'on avoit rempli le tuyau juſques à 9 piés $\frac{18}{24}$, on achéveroit de faire monter l'eau juſques à 12 piés par pluſieurs coups de piſton.

Suppoſons maintenant que le tuyau juſques au piſton ſoit 14 piés, & que le jeu du piſton ſoit de 2 piés; 32—A ſera à 32 comme 14—A à 16—A. Pour trouver facilement l'équation, il faut multiplier 32 par deux, différence de 14 & de 16: le produit eſt 64 pour le nombre abſolu, & 16 A ſera le nombre des racines, & A A ſera égal à 16 A—64; le quarré de la moitié des racines eſt 64, dont ôtant 64, reſte zero, dont la racine eſt zero, qui ôté & ajouté à 8, fait toujours 8: Ce qui marque qu'il n'y a qu'une racine & que l'eau ne peut monter qu'à 8 piés; mais que ſi peu qu'on faſſe jouër le piſton plus haut que les deux piés, l'eau montera juſques à 14 piés. L'analogie eſt facile:

car

car le pifton étant monté à 2 piés, le tuyau fera de 16 piés, & l'eau étant à huit piés, il reftera 6 piés d'air : mais 32 eft à 24 complément de 8 piés à 32, comme huit piés d'air dilaté à 6 piés d'air commun : donc l'eau ne montera pas plus haut que les 8 piés fi le pifton ne joue que de 2 piés.

De là on voit que pour faire monter de l'eau par afpiration à une hauteur confidérable comme de 20 piés, il faut diminuer le tuyau de pompe de largeur & donner un jeu fuffifant au pifton. Car fuppofé que la furface du pifton foit 4 fois plus large que la bafe du tuyau, un pié d'élévation du pifton en vaudra 4 fi le pifton n'étoit pas plus large : fi donc le jeu eft d'un pié & demi, ce fera de même que fi on l'élevoit à 6 piés étant de même largeur. Or les 4 termes de l'équation étant de 32—A, 32, 20—A, 26—A ; il y aura 6 fois 32 favoir 192 pour un terme de l'équation, & l'autre 26 A, fuivant ce qui vient d'être dit : ce fera donc A A égal à 26 A moins 192 ; le quarré de la moitié des racines eft 169 moindre que 192 ; & par conféquent en pompant long-tems, on fera monter l'eau jufques à 20 piés.

Si dans l'exemple ci-deffus on prend les 8 piés pour le plus haut terme de l'eau : quand le tuyau eft de 14 piés & le jeu du pifton 2 piés, il eft aifé de prouver que fi l'on fuppofe 9 piés d'eau fur la foupape, elle achévera de monter par le jeu du pifton à 2 piés ; car il reftera 5 piés d'air. Or il y a moindre raifon de 5 à 7 que de 27 complément de 5 à 32, à 32 ; & par conféquent l'eau montera plus haut que les 9 piés. La proportion fera toujours plus inégale en prenant 10 piés ou 11 piés, & fi l'on prend 7 piés au lieu de 8 piés, l'eau montera encore, car il reftera 7 piés d'air : Or 25 complément de 7 à 32 eft à 32 comme 7 à $8\frac{24}{25}$: Donc fi le pifton va jufques à 2 piés il fera monter l'eau plus haut que les 7 piés. Elle montera encore plus aifément fi on n'en verfe que jufques à 6 piés : Car il y aura 8 piés d'air : Or 26 complément eft à 32 comme 8 à $9\frac{22}{26}$: Donc fi au lieu de $9\frac{22}{26}$ qui fait l'équilibre, le pifton va jufques à 10 piés, il fera encore mieux monter l'eau que quand elle étoit à 7 piés, & encore mieux quand elle fera à 5 piés &c. Si on vouloit favoir quel jeu de pifton feroit néceffaire pour faire monter l'eau à 30 piés, il faut prendre un nombre un peu plus grand que la moitié de 30, comme 16, où fera à peu près la plus grande difficulté d'élever l'eau : le complément eft 16 : le refte de l'air eft 14 : comme feize à 32 ainfi 14 à 28 : il faudra donc que le pifton s'éléve de 14 piés, ou que fi le tuyau a 2 pouces de diamétre, celui du pifton foit de 7 pouces ½ ; car le quarré de 7½ eft 56¼ qui eft un peu plus que 14 fois 4 quarré de 2 pouces, & alors il fuffira que le jeu du pifton foit d'un pié : mais comme à 18 piés l'élévation eft encore plus difficile, il faudra 8 pouces de diamétre au pifton afin que fon jeu étant d'un pié, il éléve l'eau plus haut que les 18 piés. On explique facilement par la même force du reffort de l'air l'expérience fuivante, qui eft affez curieufe.

Ccc 2

A-

Ayez un tuyau A G fermé par enbas, large d'environ 12 ou 15 lignes, mais un peu plus étroit vers A, afin qu'on le puisse fermer exactement avec le pouce; emplissez-le d'eau, & y mettez quelque petite figure de verre ou de cuivre, creuse au dedans, & percée comme en
D d'un petit trou à mettre une épingle afin que l'air & l'eau y puissent
entrer, & que sa pesanteur à l'égard de l'eau soit si bien proportionnée,
que si on ajoute un petit poids elle aille au fond, & que si on l'ôte elle
nage au dedans comme de la cire. Appliquez le doit sur le bout ouvert
A & le pressez bien fort, la petite figure descendra jusques en B ou
plus bas & jusques au fond; relevez le pouce, elle remontera ; & si é-
tant remontée comme en E ou C, on remet le pouce, elle recommen-
cera à descendre. La cause de ces effets est, que lorsqu'on presse l'eau
avec le pouce on presse aussi l'air qui est dans la figure, & on le condense quoiqu'on ne condense pas l'eau : & par conséquent on fait entrer un peu d'eau dans la figure par le petit trou D, ce qui fait que
sa pesanteur spécifique est alors plus grande que celle de l'eau, & elle
descend: Mais lorsqu'on léve le pouce, l'air enfermé repousse l'eau par
ce même trou par la vertu de son ressort qui est mis en liberté, & reprenant sa dilatation, la figure avec l'eau & l'air enfermé, reprend sa
première disposition & remonte. Que si on léve le pouce bien vîte,
une petite partie de l'air sortira soudainement avec l'eau par le petit
trou; & l'un & l'autre fera par son choc contre l'eau du tuyau, pirouëtter la figure. Il arrive quelquefois qu'il sort trop d'air de la figure, & qu'étant au fond elle ne peut remonter quoiqu'on ait levé le
pouce: alors il faut plonger le pouce bien avant dans le tuyau & le retirer ensorte qu'il remplisse le canal exactement, afin qu'il n'y entre
point d'air extérieur en la place du pouce; & il arrivera que l'air de la
figure étant alors beaucoup moins pressé, se dilate beaucoup plus qu'à
l'ordinaire, & fait sortir plus d'eau par la petite figure, ce qui la rendra plus legére & la fera monter en haut, pourvû qu'on tienne toujours
le pouce dans le tuyau sans l'ôter entiérement. Quelquefois le poids de
la figure & de l'air qui y est enfermé, est si bien proportionné à la pesanteur spécifique de l'eau, qu'en mettant le pouce en A, la figure
descend comme jusques en F, & en relevant le pouce elle remonte.
Mais si on la fait descendre comme jusques en B & qu'on léve le pouce, elle achéve de descendre : ce qui procéde de ce que le poids de
l'eau A C ne presse pas assez l'air de la petite figure pour y faire entrer
de l'eau suffisante pour la rendre d'une pesanteur spécifique égale à celle de l'eau, & que le poids de l'eau A B presse assez l'air pour cet effet; ce qui la fait descendre jusques au fond, où le poids de l'eau étant
encore plus grand, fait condenser l'air de la petite figure plus qu'auparavant, & y fait entrer un peu plus d'eau, d'où il arrive qu'on a plus
de peine à la faire remonter. De là on voit l'erreur de ceux qui croyent
que l'eau & l'air ne pésent rien sur les corps qui sont au dessus, & le

ju-

jugent ainfi parce que nous ne fentons point le poids de l’air. Mais il faut confidérer que nôtre corps eft difpofé naturellement pour la preffion de l’air telle qu’elle eft ici-bas; c’eft pourquoi nous n’en fouffrons aucune incommodité. Mais fi nous étions tranfportez en un air deux fois plus rarefié, la matiére aërienne qui feroit dans nôtre fang & dans les autres parties de notre corps qui font fort chaudes, fe remettroit en air, & feroit des bouillonnemens qui enfleroient notre corps & nous feroient très-incommodes : On en voit l’expérience quand on enferme un oifeau dans la machine du vuide ; car quand on a reduit l’air à une dilatation double ou triple de celle qu’il a près de la terre, l’oifeau meurt en peu de tems, à caufe que fon fang chaud n’étant plus preffé par le reffort ordinaire de l’air, jette quantité de bulles de même que l’eau chaude qu’on y enferme en même tems. Que fi au contraire on étoit dans un air qui fût doublement condenfé, on en fouffriroit beaucoup, quoiqu’on eût de la peine à reffentir fon preffement; parce que fi d’un côté il preffoit la poitrine pour empêcher la refpiration, d’autre côté l’air qui y entreroit par la refpiration ayant un reffort empêcheroit l’action de l’air externe : D’où il s’enfuit, que ceux qui vont 7 ou 8 piés fous l’eau, n’en doivent reffentir aucun poids fenfible, parce qu’elle les preffe également de tous côtez, & que le poids de l’Atmofphére étant égal au poids de 32 piés d’eau, ces huit piés ajoutez n’augmentent la preffion que d’environ $\frac{1}{4}$, ce qui ne peut être bien fenfible. Quelques-uns objectent contre ces raifonnemens & ces effets du reffort de l’air, que lorfqu’on fe fert d’un tuyau percé par les deux bouts pour faire les expériences de l’air enfermé au deffus du mercure, & que quelqu’un ferme le bout fupérieur du tuyau avec le doigt pour empêcher la communication de l’air avec celui qui eft enfermé ; il arrive que lorfqu’on fait l’expérience, il femble à celui qui ferme le bout fupérieur, que fon doigt foit comme fucé & attiré par le mercure qui defcend, & même il en reçoit de la douleur comme d’un pincement : D’où ils concluënt que l’air dilaté dans le tuyau ne fait pas effort pour foutenir une partie de l’air de l’Atmofphére, puifqu’il appuyeroit contre ce doigt & le repousseroit plutôt que de l’attirer. Pour fatisfaire à cette difficulté, il faut confidérer que lorfqu’on enferme quelques corps, comme une pomme ridée, dans les machines du vuide, & qu’on a pompé une grande partie de l’air qui y étoit enfermé, ces corps s’enflent & fe dilatent ; & que fi on y avoit enfermé la moitié du doigt par le moyen d’une veffie coupée par les deux bouts ou par quelqu’autre moyen, cette partie du doigt s’enfleroit extrémement & on y fentiroit beaucoup de douleur : d’où il fuit que la partie du doigt qui ferme le bout fupérieur du tuyau du Barométre, étant contiguë à de l’air beaucoup dilaté, & le refte étant preffé par tout le poids de l’Atmofphére, cette petite partie doit s’enfler & faire une grande convexité vers l’intérieur du tuyau, ce qui ne fe peut faire fans douleur; & plus l’air fe-

C c c 3

ra rarefié dans le tuyau , plus cette enflure & cette douleur fera fenfible ; & le foible repouffement de cet air rarefié ne fera pas fuffifant
pour empêcher cette enflure du bout du doigt, puifque le refte qui eft
dans l'air libre fera beaucoup plus preffé.

On peut encore objecter , que quand il y a 28 pouces de mercure
fufpendu dans le tuyau, fi on le fouléve fans le mettre hors du mercure, le vaiffeau en fent un poids égal à celui du mercure enfermé , ce
qui ne devroit point être s'il faifoit équilibre avec le poids de l'Atmofphére.   On répond à cette difficulté, en difant que l'air fupérieur qui
eft au deffus du tuyau n'a point alors d'autre air qui lui faffe équilibre ;
car celui qui devroit le foutenir au deffous du tuyau foutient le mercure qui y eft : donc on doit foutenir tout le poids de l'air fupérieur qui
péfe 28 pouces de mercure ; & fi le tuyau n'étoit que de quatorze pouces & que le mercure y demeurât jufques au haut , alors on ne fentiroit que quatorze pouces de mercure de poids , parce que l'air qui s'appuye fur le mercure du petit vaiffeau foutiendroit ces 14 pouces , &
feroit encore effort de 14 pouces vers le haut du tuyau intérieurement:
ainfi il feroit équilibre avec la moitié du poids fupérieur de l'air , & la
main foutiendroit le refte.

La flamme peut faire auffi équilibre par fon reffort avec les autres
corps: Mais comme il n'y a que la flamme de la poudre à canon qui
puiffe fouffrir d'être comprimée fans s'éteindre , & que cette flamme
dure très-peu de tems, il eft difficile de faire des expériences de fon
équilibre ; & la force de fon reffort eft fi grande, qu'on n'a pû encore
trouver de poids fi grand qu'elle ne furmonte, puifqu'elle peut renverfer des Baftions entiers & même des Montagnes.

Pour entendre comme fe fait un fi grand effort, on peut fuppofer
qu'il y ait une certaine quantité de poudre allumée qui rempliffe un
tuyau affez large fitué perpendiculairement, & qu'un grand poids dont
la largeur occupe & remplit précifément celle du tuyau en preffant la
flamme de cette poudre, la faffe refferrer jufques à ce qu'étant reduite
à un petit efpace il fe faffe équilibre entre ce poids & le reffort de la
flamme , fans qu'elle s'éteigne ; ce qu'on peut concevoir fe faire pendant l'efpace d'une feconde : & en cet état le reffort de cette flamme
feroit équilibre avec le poids , enforte que fi le poids étoit augmenté,
cette même flamme fe reduiroit à un plus petit efpace fuppofé qu'elle
ne s'éteignît point ; & fon reffort, qui feroit alors plus fort, feroit encore équilibre avec ce plus grand poids.   Or fi on conçoit qu'en ce
moment il s'allume quelque quantité de nouvelle poudre, le reffort de
la flamme fera augmenté , & le poids ne pouvant plus faire équilibre
fera pouffé en haut, & étant une fois en mouvement la continuation
de l'extenfion du reffort de la flamme qui fe dévelopera & s'étendra de
plus en plus , accélérera fon mouvement de plus en plus , & enfin le
pouffera jufques bien haut dans l'air.

Cela

Cela fuppofé il eft aifé de concevoir que fi l'on met 10 ou 12 milliers de poudre dans une mine, & que toute cette poudre étant allumée puiffe occuper une efpace de 200 piés de hauteur & de 100 piés de largeur, il arrivera qu'il s'en allumera au commencement une petite quantité qui ne fera pas fuffifante pour enlever tout le Baftion : Mais parce que cette flamme a la propriété de ne point s'étouffer pour être preffée, il s'en allumera 30 ou 40 fois davantage que ce qu'en pourroit tenir la chambre de la mine fi elle étoit découverte ; & alors fi fon reffort eft affez fort, elle commencera à élever la terre qui eft au deffus, laquelle étant une fois en mouvement & le refte de la poudre continuant à s'enflâmer & rempliffant l'efpace que la terre a quitté en commençant à s'élever, en forte que fon reffort foit encore plus fort que le poids de la terre qui eft déja en mouvement ; elle accélérera fa viteffe de plus en plus, & pouffera enfin le Baftion en haut & à côté, ou du moins une partie, jufqu'à ce que toute la flamme ait acquis l'étenduë qui lui eft naturelle dans l'air libre.

Un peu de poudre fait de femblables effets dans les canons : car elle s'allume fucceffivement, quoiqu'en très-peu de tems, fans pouffer le boulet, jufques à ce que le reffort de la flamme preffée furmonte la réfiftance du boulet ; & lorfqu'elle a commencé à l'émouvoir, le refte de la poudre qui s'allume promptement, augmente fon reffort & accélére la viteffe du boulet jufques à le pouffer à 7 ou 800 toifes.

De là on voit qu'un canon de 20 piés doit porter fon boulet plus loin qu'un de 10 piés, parce que la poudre a plus de tems pour s'allumer & augmenter fon reffort pendant que le boulet parcourt ces efpaces.

On voit auffi que fi un gros de poudre allumée a la force d'ébranler un boulet qui ne foit pas bien joint au canon, il ne fera pas pouffé fi loin que s'il étoit bien bouré & preffé avec du liége ou autre chofe qui l'empêchât d'être mis en mouvement jufques à ce qu'il y cût 2 ou 3 gros de poudre allumée : car en ce dernier cas le commencement de fon mouvement feroit plus vîte & fon accélération plus grande.

Par la même raifon la poudre étant bien fine & facile à être enflammée pouffera le boulet plus loin que fi elle eft groffiére, parce qu'il s'en allume davantage pendant que le boulet eft dans le canon.

TROISIÉME DISCOURS.

De l'Equilibre des corps Fluides par le choc.

LA flamme peut faire équilibre par fon choc avec des poids : On peut en mefurer la force, fi en la faifant fortir par un tuyau affez large on la fait choquer contre les aîles d'une rouë fituée horizontalement,

ment, pourvû que ces aîles foient toutes fituées obliquement en un
même fens comme celles des moulins à vent. On fe fert en plufieurs
lieux de la flamme qui monte dans les cheminées, pour faire tourner
quelques petites machines auprès du feu : plus le feu eft grand, plus
le mouvement de la flamme eft vîte; mais ce mouvement ne peut être
augmenté beaucoup par l'art, & fon choc n'a pas beaucoup de force.
Une fufée volante s'éléve par le choc de fa flamme contre l'air; mais
fi elle péfe trop, elle ne peut s'élever: ainfi on peut mefurer fon équilibre. La flamme du tonnerre, qui va fort vîte, fait des efforts très-
confidérables; car elle renverfe des Tours & des Rochers. La viteffe
de la flamme augmente auffi la force de brûler, comme on le remarque fouvent dans les incendies quand le vent eft très-grand. On en
voit auffi des effets très-fenfibles quand les Emailleurs foufflent le feu
de leurs lampes contre du verre ou contre les métaux pour les fondre.
Mais parce que la flamme ne fe gouverne pas facilement pour demeurer dans une même viteffe ou dans une même largeur, & qu'il coûte-
roit trop pour l'entretenir, on s'en fert très-rarement dans les machines; c'eft pourquoi il n'eft point néceffaire d'examiner ici fa force, ni
de la comparer avec celles des autres corps fluïdes.

L'air & l'eau font employez dans les machines pour les faire mouvoir
par leur choc. On peut connoître l'équilibre qu'ils font entre eux &
avec les corps fermes qu'ils choquent, par les Régles fuivantes.

I. RÉGLE.

Es jets d'eau ne choquent pas par l'effort de toutes leurs parties comme
les corps fermes.

EXPLICATION.

TAB.
XV.
Fig. 45. AB eft un jet d'eau fortant du cylindre CD, & EF eft un cylindre
de bois. Il eft manifefte que les parties qui compofent EF, étant liées
& unies enfemble, elles font toutes enfemble leur effort en choquant
un corps par l'extrémité F. Mais un jet d'eau comme AB, étant porté
felon la direction A d B, ne peut agir que par fes premiéres parties : Car
l'eau étant fluïde & comme compofée d'une infinité de petits corpufcules qui gliffent les uns fur les autres, comme feroient de très-petits
grains de fable; il n'y a que les premiers vers B, qui puiffent faire le
premier effort fur les corps qu'ils rencontrent, & ils fe refléchiffent ou
s'écartent avant que les autres qui font comme en d ayent choqué à leur
tour. Pour bien entendre ceci, il faut confidérer que la viteffe qu'a
l'eau à la fortie d'une petite ouverture faite au bas d'un tuyau fort large, eft bien différente de la viteffe de celle qui fort par un tuyau d'é-
gale largeur par tout; d'autant qu'en ce dernier cas elle commence à
for-

fortir avec une viteſſe très-petite & pareille à celle d'un cylindre de glace qu'on laiſſeroit tomber : Car ſoit un tuyau uniformément large A B,
plein d'eau ſoutenuë en B avec le doigt ; il eſt évident que la même viteſſe que prend l'eau B à la ſortie, eſt égale à celle en A, & que tout le
cylindre d'eau tombe tout d'une piéce, comme s'il étoit ſolide : & par
conſéquent il ſuit les mêmes régles à l'égard de la viteſſe de la chûte,
qu'un cylindre de glace de même volume ; à ſavoir, que commençant
par une viteſſe très-petite, elle s'augmenteroit en deſcendant ſelon les
nombres impairs 1. 3. 5. 7. &c. c'eſt à dire que ſi en un quart de ſeconde elle deſcendoit d'un pié, le quart ſuivant elle deſcendroit de trois
piés, dans le troiſiéme de cinq piés, &c. D'où il s'enſuit, que l'eau
qui étoit en A, étant arrivée en B, ſortira bien plus vîte que celle qui
ſort la premiére.

Galilée a parlé bien au long de l'accélération de la viteſſe des corps
qui tombent dans l'air libre : Voici comme je la conçois. S'il y a quelque corps très-leger qui choque un corps 100 fois plus peſant, il lui
donnera la 100e. partie de ſa viteſſe, & le choquant une 2e. fois, il lui
en donnera encore une autre 100e : enſorte que ſi le corps choquant a-
voit 101 degrez de viteſſe, le corps choqué en prendra un degré au
premier choc, & ſa quantité de mouvement ſera 100 ; & étant choqué
une ſeconde fois avec la même viteſſe de 101 degrez par le corps leger,
il en recevra un nouveau degré de viteſſe, lequel joint au premier ſera
deux degrez ; le 3e. choc lui ajoutera encore un degré, & ainſi de ſuite, comme il a été prouvé dans le Traité du Choc des corps. La même
choſe arrivera ſi quelque puiſſance foible tire à ſoi un corps très-peſant,
le tirant par repriſes. Or, ſoit que les corps ſoient tirez, ou pouſſez
par une matiére fluïde très-legére, il doit arriver que ſi au premier moment de ſon effort il paſſe une ligne par une viteſſe uniforme, au 2e.
choc & au 2e. moment il en paſſera 2, au 3e. moment 3, &c.

Or ſi l'on prend pluſieurs nombres de ſuite, commençant à l'unité,
comme 1. 2. 3. 4. &c. juſques à 20, & qu'on compte 20 momens ; la
ſomme de cette progreſſion ſera 210 : & ſi on compte 40 momens, ſelon la même progreſſion juſques à 40 ; la ſomme de ces derniers nombres ſera 820, qui eſt quadruple à peu près de 210 ſomme des 20 premiers nombres : mais à l'infini cette derniére ſomme ſera quadruple de
la premiére préciſément, parce que la proportion du défaut diminuë
toujours ; ce que Galilée a auſſi conclu dans ſon Traité de l'accélération
du mouvement des corps qui tombent. Mais ſi le mouvement ſe fait
au travers d'un corps fluïde fort peſant, l'accélération ſera bien-tôt arrêtée, & le corps tombant reduit à une viteſſe uniforme ; comme auſſi
ſi c'eſt un corps fort leger qui tombe par l'air libre, ainſi qu'il a été
prouvé dans le Traité de la Percuſſion.

On peut juger encore de la lenteur de la ſortie des premiéres goutes
d'eau, lors que les tuyaux ſont uniformément larges, par l'expérien-

Ddd

ce fuivante. Ayez un tuyau recourbé de 2 ou 3 piés de hauteur comme C D G d'égale largeur par tout; verfez de l'eau par C, jufques à ce qu'elle coule par G; fermez le bout G, & achevez d'emplir le tuyau jufques à C; mettez enfuite l'autre doigt fur ce bout, & ouvrez le bout G; l'eau ne coulera point fi le tuyau n'a que 3 ou 4 lignes de largeur: levez le doigt qui ferme le bout C, & le remettez très-promptement, l'eau ne jaillira par G qu'à 4 ou 5 lignes de hauteur : au lieu que fi le tuyau C D eft beaucoup plus large que l'ouverture G, par exemple s'il a 9 lignes de largeur, & l'extrémité 2 ou 3 lignes; & que vous ouvriez & refermiez avec la même promptitude la petite ouverture en G; les goutes d'eau qui fortiront par G, jailliront jufques à fort près de la hauteur C. Vous connoîtrez encore la même lenteur de l'eau a fa premiére fortie du tuyau, comme A B en la figure 51. 52, & fon accélération, fi vous empliffez d'eau ce tuyau, & fi la foutenant avec un doigt, vous foutenez auffi une petite pierre avec un autre doigt de la même main : car en tirant la main tout-à coup vous verrez defcendre la pierre & le bas de l'eau avec une même viteffe jufques à 12 ou 15 piés.

On fait encore une expérience fort curieufe pour la preuve de cette Régle, en la maniére qui s'enfuit.

Ayez un long tuyau de 8 ou 10 piés de hauteur, comme M N en la figure 50e, le plus poli & le plus égal en dedans qu'on pourra, plein d'eau, laquelle on foutiendra avec le doigt, & on la laiffera couler tout-à-coup fur l'extrémité de la régle Q R près du point R, laquelle régle fervant de balance doit être horizontale & appuyée par l'autre bout fur un foutien comme O V, & le point R doit être éloigné feulement de 5 ou 6 lignes de la baze du tuyau par où l'eau coule, c'eft-à-dire une ligne de plus que l'épaiffeur du doigt qui foutient l'eau ; alors, fi à l'autre extrémité Q il y a un poids Q plus petit d'un quart ou d'un cinquiéme, que le poids de toute l'eau du cylindre, ce poids Q ne s'élévera point au commencement de la chute de l'eau quoiqu'il femble que toute l'eau péfe fur R, mais feulement lorfque le tuyau fera prefque vuide: Ce qui fait voir que ce font feulement les premiéres parties de l'eau qui font l'impreffion, & que lorfqu'elles fortent très-lentement, comme elles font au commencement de leur chute, elles ne peuvent élever qu'un poids bien moindre que le poids de tout le cylindre; mais que lorfqu'elles ont acquis une grande viteffe en tombant depuis la hauteur M, celles qui reftent, élévent par leur grand choc, ce que les premiéres ne pouvoient élever par leur petit choc au commencement de leur chute. Que fi on éléve le même tuyau deux ou trois piés au deffus de R, & qu'on y laiffe de l'eau au fond feulement d'un pouce de hauteur; fi le tuyau a fept ou huit lignes de largeur, elle fera moins d'impreffion en tombant fur R pour élever un poids en Q, qu'une boulette de cire ou de bois moins pefante de la moitié tombant de pareille

reille hauteur : ce qui fait voir que la boulette fait fon impreffion par toutes fes parties, & l'eau d'un pouce de hauteur feulement par les plus proches de fa première furface qui choque la balance, & qui font un peu aidées par les plus éloignées qui coulent à côté. Car quoique l'eau n'agiffe pas en choquant par toutes fes parties, & qu'il foit difficile de déterminer jufques à quelle hauteur de l'eau on les doit prendre ; il eft pourtant très-vrai-femblable, que les premiéres qui tombent, agiffent le plus, & celles qui font un peu plus haut jufques à deux ou 3 lignes, un peu moins, & même jufques à 5 ou 6 lignes, comme il arriveroit à 5 ou 6 petits grains de fable contigus, A E F D B TAB. tombant fur la régle G H d'une certaine hauteur, n'étant pas tous en XVI. la même ligne perpendiculaire : les deux D & B ne laifferoient pas de Fig. 48. contribuer un peu au choc du premier, quoiqu'ils ne le fiffent pas de tout leur poids & de toute leur viteffe, n'étant pas dans la même ligne de direction ; les plus hauts A E F y contribuënt auffi un peu, & feroient que la régle feroit choquée plus fortement que s'il n'y avoit que les feuls B & D.

· Or, l'eau étant compofée d'une infinité de petits corpufcules contigus beaucoup plus petits que de très-petits grains de fable, qui roulent & qui gliffent facilement les uns contre les autres ; un petit cylindre d'eau comme G H choquera un peu plus fort qu'un moindre L H, puifqu'il y aura plus de petits corpufcules pofez directement les uns fur les autres en la hauteur G H, qu'en la moindre L H. (Voyez vis-à-vis de *Fig.* 48.)

II. RÉGLE.

L'*Eau qui jaillit au deffous d'un réfervoir par quelque ouverture ronde, fait équilibre par fon choc avec un poids égal au poids du cylindre d'eau qui a pour bafe cette ouverture, & pour hauteur celle qui eft depuis le centre de l'ouverture jufques à la hauteur de la furface fupérieure de l'eau.*

On démontre cette Propofition, & en même tems la force du choc TAB. de l'air en cette forte. A B C D eft un cylindre creux, dont les deux XVI. bafes A D & B C font de bois, & le refte de cuir, foutenu & étendu Fig. 49. par plufieurs cerceaux de bois ou de fil de fer F E, H I, L M, en forte qu'on puiffe faire abaiffer la bafe A D fort près de la bafe B C qu'on fuppofe inébranlable. N eft une ouverture faite dans la bafe B C, par où l'air enfermé dans le cylindre peut fortir. Ce cylindre eft chargé d'un poids P pofé fur la furface A D, & l'on ajufte au deffous de ce cylindre une balance comme celle de la figure 50e marquée 1, enforte que la régle Q R étant fituée horizontalement, le point R qui eft proche de fon extrémité, foit fort près de l'ouverture N, & directement au deffous de fon centre. Cela étant, je dis que fi l'on met un poids Q fur l'autre extrémité de la balance, dont l'effieu C D eft fuppofé tourner facilement fur les points C & D, & que l'air que le poids P en def-

D d d 2

cendant

cendant fait fortir avec violence par l'ouverture N, choquant l'extrémité de la balance vers R, faffe équilibre avec le poids Q fuppofé également diftant de l'effieu C D; ce poids fera au poids P en même raifon que la furface de l'ouverture N eft à la furface entiére de la bafe
B C : Car fi par le moyen d'un foufflet dont le tuyau ait fon ouverture
égale à l'ouverture N, on pouffe de l'air contre cette ouverture avec
une force égale à celle de l'air que le poids P fait fortir; il fe fera équilibre entre ces deux forces, & le poids P ne defcendra point parce qu'il
ne fortira point d'air par l'ouverture; & alors l'air pouffé par le foufflet
rempliffant cette ouverture foutiendra fa part du poids P, comme les
autres parties de la bafe B C foutiennent le refte de ce poids; & la partie que l'air pouffé foutiendra, fera au poids entier P dans la proportion
de l'ouverture N à la largeur entiére de la bafe B C : Donc réciproquement l'air fortant par cette ouverture après qu'on aura ôté le foufflet,
fera équilibre par fon choc avec un poids qui fera au poids P comme
l'ouverture N eft à la bafe B C. Que fi l'on ferme l'ouverture N, &
qu'on en ouvre une autre de même largeur tout auprès de la bafe A D,
comme au point K; l'air en fortira avec la même viteffe que par l'ouverture N, fi la bafe A D eft chargée du même poids P, & fera équilibre avec un même poids par fon choc.

Que fi le cylindre eft chargé fucceffivement de divers poids pour
faire defcendre plus ou moins vîte la furface A D, l'air qui fortira par
l'ouverture N, fera équilibre par fon choc avec des poids qui feront
l'un à l'autre en même raifon que les poids qui chargent fucceffivement
la bafe A D : La raifon eft, que la proportion du grand poids P au petit qui fait équilibre, eft toujours la même que celle de la bafe B C à
l'ouverture N; d'où il s'enfuit, que les petits poids feront l'un à l'autre
en même proportion que les grands poids qu'on mettra de fuite fur la
furface A D. Que fi l'on emplit d'eau le même cylindre, le jet qui fe
fera par l'ouverture K par l'effort du poids P, fera le même effet que
l'air; c'eft à dire qu'il fera équilibre par fon choc avec un poids qui
fera au poids P comme l'ouverture K à toute la bafe B C : parce qu'a-
lors le poids de l'eau enfermée ne contribuëra rien de fenfible à la force
du jet, puifqu'elle eft prefque toute au deffous; & que fi un jet d'eau
de même largeur & de même viteffe choquoit directement en K celui
qui fort par cette ouverture, il l'arrêteroit & feroit équilibre avec lui,
& foutiendroit une partie du poids P felon la proportion de l'ouverture K à la furface B C. D'où il s'enfuit un paradoxe affez furprenant,
favoir, que l'air & l'eau qui fortent fucceffivement par la même ouverture K, quelque poids qu'on mette fur la bafe A D, élévent les mêmes
poids par leur choc, quoique l'eau foit d'une matiére beaucoup plus
denfe & plus pefante que celle de l'air : Mais il arrive auffi en récompenfe que l'air fort beaucoup plus vîte que l'eau; car on a trouvé par
plufieurs expériences, que quand le cylindre eft plein d'air, il fe vuide

de en un tems environ 24 fois moindre que quand il eſt plcin d'eau.

Par exemple, ſi l'air ſe vuide en 2 ſecondes, l'eau ne ſe vuidera qu'en 48 ſecondes ; d'où l'on peut conclure, qu'afin qu'un jet d'air faſſe le même effet par ſon choc qu'un jet d'eau de pareille largeur, il faut que ſa viteſſe ſoit environ 24 fois plus grande que celle de l'eau.

Or le même effet doit arriver, ſi A B C D eſt un vaiſſeau cylindrique plein d'eau, & découvert par le haut : Car l'eau qui doit jaillir par l'ouverture N, étant arrêtée par un autre jet qui la rencontre directement au point N, ce jet ſoutiendra une partie de l'eau de tout le cylindre, ſavoir le cylindre qui a pour baſe l'ouverture N, & le reſte de la baſe ſoutiendra le reſte de l'eau : Donc ce jet étant ôté, ie jet qui ſortira par l'ouverture N, fera équilibre par ſon choc à un poids qui ſera égal au poids de ce petit cylindre qui a pour baſe l'ouverture N & la hauteur égale à A B, ſi le cylindre A B C D eſt tout rempli.

III. RÉGLE.

Es jets d'eau égaux en largeur, qui ſortent par de petites ouvertures faites au bas de pluſieurs tuyaux pleins d'eau de différentes hauteurs, font équilibre avec des poids qui ſont l'un à l'autre en raiſon des hauteurs des tuyaux.

EXPLICATION.

Oit un grand tuyau C B & un plus petit C D, percez aux points E & F d'ouvertures égales. Il a été montré ci-devant, que l'eau jailliſſant par l'ouverture E fera équilibre avec un poids égal au poids du cylindre d'eau E G, & que le jet qui ſort par F fera équilibre avec un poids égal au poids du cylindre d'eau F H. Or ces petits cylindres ayant des baſes égales par l'hypothéſe, auront leurs poids en raiſon de de leurs hauteurs : D'où il s'enſuit que les poids avec leſquels ces jets feront équilibre, feront entr'eux comme les hauteurs A B, C D. Par conſéquent il eſt évident que la premiére viteſſe d'un jet en ſortant doit être telle que la premiére goute d'eau qui ſort ſoit diſpoſée à s'élever auſſi haut que la ſurface ſupérieure de l'eau : Car, ſuppoſé que l'eau fût dans le large cylindre A B C D en A D, & qu'il y eût un cylindre de glace de la largeur de l'ouverture F, qui n'allât que depuis F juſques en G, & qui fût ſuſpendu depuis ce point directement ſur l'ouverture F à une demi ligne ou environ de diſtance, & qu'on laiſsât aller l'eau tout-à-coup ; elle feroit monter plus haut par ſon choc le cylindre F G, puiſqu'elle peut faire équilibre avec un cylindre de même largeur & de la hauteur F E : Donc ſi l'eau ne jailliſſoit que juſques en G depuis le point F, elle ne pourroit demeurer à cette élévation, puiſque la force de l'eau ſuivante la pouſſeroit plus haut, ſi elle étoit ferme comme un

TAB. XV. Fig. 49.

TAB. XVI. Fig. 50. marquée 2.

cylin-

cylindre de glace; d'où l'on peut juger que la première goute s'éléveroit jufques à A E fans la réfiftance de l'air & quelques autres empêchemens : joint à cela que l'eau qui fort par F, fe portant en haut pour faire
l'équilibre avec l'eau A D, la première goute qui s'éléve doit avoir la
force de monter jufques à la hauteur de l'eau fupérieure du réfervoir, fi
on fait abftraction de la réfiftance de l'air; comme on l'a expliqué dans
le premier Difcours, où l'on a fait voir qu'en s'élevant à l'équilibre, elle jaillit même plus haut que l'eau fupérieure par la viteffe acquife par
le grand mouvement que le jet prend pour s'élever à la hauteur de l'eau
fupérieure.

Ayant rempli d'eau le réfervoir A B C D de 16 pouces de hauteur
au deffus de l'ouverture du jet en F, jufques à ce qu'elle pafsât par deffus les bords environ d'une ligne; (car, comme il a été dit, elle ne
coule point par deffus les bords qu'elle ne foit environ à une ligne &
demi ou deux lignes au deffus, particuliérement fi les bords du réfer-
voit font frottez de graiffe) on a mis par deffus une régle O L en fituation horizontale, qui étoit par conféquent environ une ligne plus
baffe que la furface fupérieure de l'eau ; & l'on a remarqué que laiffant
jaillir l'eau un peu obliquement par l'ouverture F, & entretenant le tuyau A B C D toujours plein à une ligne au deffus du bas de la régle, le
haut du jet alloit jufqu'à la régle, ce qu'on connoiffoit par un peu d'eau
qui s'y attachoit, qui auroit eu encore affez de force pour s'élever un
peu plus haut comme d'un quart de ligne : Mais lorfque l'eau n'étoit
qu'à fleur du réfervoir & ne paffoit point les bords, il ne s'attachoit
point d'eau à la régle , parce que l'air réfiftoit un peu à la force
du jet.

Que fi le tuyau étoit de deux piés de hauteur, il s'en falloit un peu
moins de deux lignes que le jet n'allât jufques à la régle : Mais lorfque
le réfervoir étoit de moindre hauteur, comme de 7 ou 8 pouces, &
que les ouvertures étoient de 3 ou 4 lignes de diamétre; les jets s'élevoient toujours fenfiblement auffi haut que la furface de l'eau, parce
que le peu d'air qu'ils avoient à paffer ne pouvoit diminuer fenfiblement leur force.

Or par la doctrine de *Galilée* , une goute d'eau qui s'eft élevée à une
hauteur de 2 ou 3 piés, lorfqu'en retombant elle eft parvenuë au même point d'où elle avoit commencé à s'élever , elle doit reprendre à
ce point la même viteffe qui l'avoit fait élever. D'où il s'enfuit qu'on
peut prendre pour une régle ou loi de la nature, que l'eau qui jaillit au
bas d'un réfervoir par une petite ouverture, a la même viteffe qu'une groffe
fe goute d'eau auroit acquife en tombant depuis la hauteur de la furfa-
de l'eau du réfervoir jufques à l'ouverture de l'ajuftoir , faifant abftraction de la réfiftance de l'air.

CON-

CONSÉQUENCE.

IL s'enfuit que les viteffes de l'eau qui fort au deffous des réfervoirs qui font de hauteurs inégales, font l'une à l'autre en raifon fous-doublée de ces hauteurs : car puifque la viteffe de chaque jet les doit faire élever à la hauteur de leur réfervoir, & que par ce que *Galilée* a démontré, les corps qui fe meuvent avec des viteffes différentes, s'élèvent à des hauteurs qui font l'une à l'autre en raifon doublée de ces viteffes; il s'enfuit que les viteffes font l'une à l'autre en raifon fous-doublée des hauteurs.

IV. RÉGLE.

LEs jets d'eau d'égale largeur qui ont des viteffes inégales, foutiennent par leur choc des poids qui font l'un à l'autre en raifon doublée de ces viteffes.

EXPLICATION.

D'Autant que l'eau peut être confidérée comme compofée d'une infinité de petites parcelles imperceptibles, il doit arriver que lorfqu'elles vont deux fois plus vîte, il y en a deux fois autant qui choquent en même tems ; & par cette raifon le jet qui va deux fois plus vîte qu'un autre, fait deux fois autant d'effort par la feule quantité des petits corps qui choquent ; & parce qu'il va deux fois plus vîte, il fait encore deux fois autant d'effort par fon mouvement ; & par conféquent les deux efforts enfemble doivent faire un effet quadruple, & de même à l'égard des autres proportions. On prouve encore cette Régle en cette maniére. A B eft un cylindre quatre fois plus haut que le cylindre C D; l'ouverture E eft égale à l'ouverture F; les deux cylindres font pleins d'eau. Or d'autant que le jet fortant par E doit foutenir un poids égal au poids du petit cylindre d'eau G E, & que le jet par F doit foutenir un poids égal au poids du petit cylindre H F, & que le petit cylindre G E eft quadruple du petit cylindre H F; il s'enfuit que les poids élevez feront comme 4 à 1. Mais par la conféquence de la Régle précédente, la viteffe du jet par F eft à celle du jet par E en raifon fous-doublée de la hauteur F H à la hauteur E G, & par conféquent elle fera comme 1 à 2. Donc une viteffe double d'un jet de même largeur foutiendra un poids quadruple, & ainfi à l'égard des autres proportions. De là il s'enfuit, qu'un jet d'air qui va 24 fois plus vîte qu'un autre, foutiendra un poids 576 fois plus grand, puifque 576 eft le quarré de 24 ; & parce qu'un jet d'eau qui va 24 fois moins vîte, foutient le même poids, on peut juger que l'air eft 576 fois plus raréfié que l'eau, puifqu'allant avec même viteffe, le jet d'eau

TAB. XV. Fig. 46.

fousoutient un poids 576 fois plus grand.

On peut connoître par expérience la force du choc de l'air avec la machine de la figure 51. 52. aussi bien qu'avec celle de la 2e. Régle. A B C D est un vaisseau cylindrique de fer blanc, bien soudé, ouvert en C D, & renversé dans un autre cylindre E F G H, au fond duquel il y a un petit tuyau bien soudé L I, qui entre dans le cylindre renversé & passe un peu au dessus de l'eau N K qui est dans le cylindre E H. On charge successivement de plusieurs poids différens la base supérieure A B pour faire descendre ce cylindre, & en même tems faire sortir l'air avec violence par le tuyau I L, au bas duquel on ajuste une balance comme celle de la figure 50, chargée à un des bouts de différens poids pour éprouver la force du choc de cet air. Les expériences se trouveront conformes à la démonstration ci-dessus, savoir que si l'on souffle de l'air avec un soufflet dans le tuyau L I, de telle force qu'il empêche le poids M & le cylindre A D de descendre, alors cet air poussé fait le même effet que si on mettoit le pouce au point L pour empêcher l'air de sortir. Et comme en cet état le pouce porteroit sa part du poids M joint à celui du cylindre A D ; & le reste seroit soutenu par le reste de la base G H ; & que cette partie seroit à tout le poids soutenu en raison de la base G H à la hauteur de C D, à l'ouverture L, ensorte que si tout le poids étoit de cent livres, & que la base G H fût 100 fois plus grande que l'ouverture L, l'air soufflé dans le tuyau soutiendroit la 100e. partie de tout le poids: Donc réciproquement si on ôtoit le soufflet, l'air qui sortira avec la même vitesse que le vent du soufflet qui l'empêchoit de sortir, fera équilibre avec un poids égal à cette 100e. partie.

Il suit de ces raisonnemens, que si deux cylindres pleins d'air de même hauteur ayant leurs bases inégales, sont chargez par des poids é-

tant disposez comme le cylindre A B C D, & ayant les ouvertures égales par où l'air doit sortir ; les poids que l'air sortant élévera, seront l'un à l'autre en raison réciproque de leurs bases. Car soient ces deux cylindres A B C D, *a b c d*, mis chacun dans un autre cylindre plein d'eau, comme il vient d'être expliqué; & soient égaux les deux poids M & *m* posez sur les cylindres inégaux ; & les poids élevez soient P & *p*, savoir P par M, & *p* par *m*. D'autant que la base G H est à l'ouverture L comme le poids M au poids P élevé par l'air qui sort par L, & que l'ouverture *l* égale à L est à la base *h g* comme le poids *p* élevé par l'air qui sort par *l* au poids M ou *m*; en raison égale la proportion étant troublée, la base G H sera à la base *h g* comme le poids *p* au poids P. Que si les poids qui chargent les cylindres, sont proportionnez à leurs bases, ils éléveront des poids égaux par le choc de l'air qu'ils feront sortir par des ouvertures égales: comme si la base G H est 24 & la base *g h* 12, & que le poids M soit 12 livres & le poids *m* 6 livres; l'ouverture L étant 4, de même que *l*, les poids

P &

P. & *p* feront chacun de 2 livres, dont la preuve eft facile.

CONSÉQUENCE

De la premiére démonftration.

IL s'enfuit que le tems de l'écoulement de l'air du grand cylindre fera au tems de l'écoulement de l'air du petit cylindre, lorfqu'ils feront chargez de poids égaux, en la raifon compofée de celle de la bafe G H à celle de la bafe *g h*, & de la fous-doublée de la même bafe G H à la même bafe *g h*. Car fi les viteffes étoient égales, ces tems feroient entr'eux comme les bafes. Mais les poids élevez étant en raifon réciproque des bafes, & les viteffes étant par la troifiéme régle en raifon fous-doublée des poids élevez, les viteffes feront réciproquement en raifon fous-doublée des bafes, c'eft-à-dire que la viteffe par *l* fera à la viteffe par L en raifon fous-doublée de la bafe G H à la bafe *g h* : & par conféquent le tems de l'écoulement de l'air du grand cylindre fera au tems de l'écoulement de l'air du petit cylindre en la raifon compofée de celle de la bafe G H à la bafe *g h*, & de la fous-doublée des mêmes bafes l'une à l'autre ; ce qui s'eft trouvé conforme à l'expérience. Car un cylindre de 8 pouces 7 lignes de diamétre de bafe, & un autre de 5 pouces 6 lignes étant chargez chacun de 44 onces, le grand s'eft vuidé en 47 demi fecondes, & le petit en 12. Or les bafes G H & *g h* font entr'elles comme les quarrez de leurs diamétres G H & *g h*; & 74 pouces, qui eft à peu près le quarré de G H de 8 pouces 7 lignes, eft à 30, qui eft à peu près le quarré de *g h* de 5 pouces 6 lignes, comme 47 à 19 à peu près ; & comme 74 à 47 moyenne proportionnelle entre 74 & 30, ainfi 19 à 12 : d'où l'on voit que 47 eft à 12 en la raifon compofée de celle de la bafe G H à celle de la bafe *g h*, & de la raifon fous-doublée de la même bafe G H à la même bafe *g h*.

V. RÉGLE.

LEs jets d'eau de même viteffe & de différentes ouvertures foutiennent des poids par leur choc qui font l'un à l'autre en raifon doublée des diamétres des ouvertures.

Soient deux furfaces A B, C D, percées de deux ouvertures E & F ; & que les deux jets d'eau E N, F M, paffent par ces ouvertures. Il eft évident que la furface de l'ouverture E eft à la furface de l'ouverture F en raifon doublée du diamétre G H au diamétre K L : & les viteffes étant fuppofées égales, fi le diamétre G H eft double du diamétre K L, il y aura 4 fois autant de petits corpufcules d'eau pour choquer, dans la bafe G H que dans la bafe K L ; ils feront donc un effet quadruple ; & fi les furfaces des jets font réciproques aux hau-

TAB.
XVI.
Fig. 53.

E e e

teurs

teurs des réfervoirs, ils feront équilibre avec des points égaux.

Pour favoir la force des eaux coulantes lorfqu'elles choquent des aîles de moulin ou de quelque autre machine , il faut favoir leur viteffe & la comparer à celle des eaux qui jailliffent au bas d'un réfervoir. Il eft encore néceffaire de favoir la pefanteur fpécifique de l'eau à l'égard des autres corps. Voici les obfervations que j'en ai faites.

On a fait faire un vaiffeau du cuivre quarré en tous fens, d'un demi pié de hauteur & de largeur dans œuvre, lequel par conféquent conte-noit la 8ᵉ. partie d'un pié cube; on le mit dans le baffin d'une balance, & de l'autre côté fon poids au jufte; on l'emplit d'eau enfuite avec un très-grand foin , par une petit ouverture faite vers un angle de la plati-ne de deffus : On a trouvé par plufieurs expériences que cette eau pe-foit 8 livres ¼, & par conféquent que le pié cube d'eau devoit pefer 70 livres. Le muid de *Paris* contient 8 piés cubes : en chaque pié cube 36 pintes ; quand elles font mefurées au jufte & que l'eau ne paffe pas les bords , mais quand elle paffe les bords le plus qu'il fe peut fans verfer, il ne contient que 35 pintes : chacune de ces dernieres pintes péfe 2 li-vres, & les autres 2 livres moins 7 gros : Le muid de *Paris* contient 288 pintes de ces dernières, & 280 des autres. De là on connoît qu'un cylindre d'eau dont la bafe a un pié de diamétre & un pié de hauteur, ne péfe que 55 livres, parce que la proportion du cercle au quarré qui lui eft circonfcrit, eft à peu près comme 11 à 14 : Or comme 14 à 11, ainfi 70 livres font à 55 livres : de là on fait qu'un cylindre d'un pié de hauteur & d'un pouce de bafe péfe 6 onces un gros à fort peu près ; car la 144ᵉ. partie de 55 livres eft 6 onces & ⅓, & un gros eft ½ ; fur quoi on a fait les expériences fuivantes.

Ayant attaché un petit batteau à un autre fort grand, qui étoit im-mobile dans le milieu du cours de la riviére où elle étoit fort rapide, on méfuroit le long du petit bateau une diftance de 15 piés felon fa lon-gueur : on jettoit enfuite un petit morceau de bois, ou quelque brin d'herbe à deux ou trois piés du petit bateau, vis-à-vis l'endroit où é-toit la première marque des 15 piés ; & l'on comptoit par les batemens d'une pendule à demi fecondes, en combien de tems il paffoit jufques à l'autre marque : fi c'étoit en dix demi fecondes, on concluoit qu'en cet endroit l'eau de la riviére alloit d'une viteffe à faire 3 piés en une feconde. Enfuite on fe fervit d'un tourniquet où il y avoit deux régles qui traverfoient l'effieu, en forte que les plans où elles étoient fe cou-poient à angles droits. On avoit élevé vers l'extrémité de l'une de ces régles un petit ais quarré, de fix pouces de largeur , fort délié, qu'on faifoit tremper perpendiculairement dans l'eau courante jufques à ce qu'elle pafsât 2 ou 3 pouces au deffus ; & en même tems on mettoit à l'extrémité de l'autre régle qui étoit en une fituation horizontale, un poids à pareille diftance de l'effieu que le milieu de l'ais, & on l'aug-mentoit ou diminuoit jufques à ce qu'il fit équilibre avec le choc de

l'eau

l'eau contre le petit ais ou palette.   On fit plusieurs de ces expériences à l'endroit où l'eau étoit la plus rapide, & en d'autres endroits où elle alloit moins vîte; & l'on trouvoit toujours à fort peu près les mêmes proportions correspondantes à la force de l'eau qui sort du bas d'un tuyau de 12 piés de hauteur: Voici la maniére d'en faire le calcul.

Ayant trouvé que l'eau la plus rapide faisoit 3 piés $\frac{1}{4}$ en une seconde, & qu'elle soutenoit alors par le choc de la pallette 3 livres $\frac{3}{4}$, on disoit: Le jet du bas d'un réservoir qui a 12 piés de hauteur, a une vitesse, à sa sortie, pour faire 24 piés en une seconde selon la doctrine de *Galilée*, & qui a été expliquée ci-devant; cette vitesse est donc environ 7 fois & $\frac{1}{2}$ plus grande que celle de la riviére: Le quarré de 7$\frac{1}{2}$ est 56$\frac{1}{4}$, & par conséquent, si ce jet est de même largeur que la pallette, il doit soutenir un poids environ 56 fois plus grand: Or 12 piés cubes d'eau pésent 840 livres, dont le quart est 210 livres, qu'on prend à cause que la pallette n'est que d'un demi pié, & qu'une colomne d'eau dont la base a un demi pié quarré & 12 piés de hauteur, pése 210 livres; & si l'on divise 210 par 56, le quotient sera environ 3 livres $\frac{3}{4}$, qui est le poids qui a été trouvé dans l'expérience.

J'ai trouvé de même la force de l'eau coulante dans plusieurs autres endroits de la riviére, & même dans l'Aqueduc d'*Arcueil*. Je fis une expérience au bord de la riviére, où l'eau courante faisoit un pié & $\frac{1}{4}$ en une seconde, & elle faisoit équilibre avec 9 onces de poids: pour la comparer à la vitesse de 3 piés $\frac{1}{4}$, il faut prendre le quarré de 1$\frac{1}{4}$ qui est $\frac{25}{16}$ contenu environ 6 fois $\frac{3}{4}$ dans le quarré de 3$\frac{1}{4}$ qui est 10$\frac{9}{16}$; car le produit de 6$\frac{3}{4}$ par $\frac{25}{16}$ est 9 & $\frac{99}{64}$, qui valent un peu plus de 60 onces, qui font 3 livres $\frac{3}{4}$.

Les rouës des moulins qui sont sur la *Seine* à *Paris* entre le Pont-Neuf & le Pont-au-Change, n'ont à leurs extrémitez que la moitié de la vitesse de l'eau courante qui les choque ; ce qui revient à la même chose que lorsqu'un poids en mouvement en rencontre un autre immobile de même pesanteur & qu'il s'y attache, car étant joints ensembles, ils n'ont incontinent après le choc que la moitié de la vitesse de celui qui a choqué: Et ainsi on peut supposer que la résistance du frottement de l'essieu de la rouë, de celui de la meule & du grain qu'elle brise, joint au poids de la rouë & de ses pallettes, vaut autant à peu près que la résistance d'un poids égal à celui de l'eau qui choque ; & par conséquent elles doivent retarder de moitié à peu près la vitesse de l'eau qui les choque. On remarque la même proportion dans la rouë de la pompe de la Samaritaine.

Il faut ici considérer que l'eau d'une riviére ne va pas également vîte à sa surface, & dans les autres parties; car l'eau proche du fond est beaucoup retardée par la rencontre des pierres, des herbes, & des autres inégalitez.

Voici les expériences que j'ai faites de ces vitesses différentes.

                    J'ai

J'ai mis dans une petite riviére coulante uniformément des boules de cire attâchées à un fil d'un pié de longueur: l'une étoit chargée de petites pierres dans le milieu pour rendre sa pesanteur spécifique un peu plus grande que celle de l'eau, en sorte que quand les 2 boules étoient dans l'eau, la plus pesante faisoit bander le fil & enfoncer la plus legére plus qu'elle n'auroit fait toute seule, & par ce moyen sa partie supérieure étoit presque à fleur d'eau afin que le vent n'eût point de prise sur elle. J'ai toujours remarqué que la boule d'embas demeuroit en arriére, principalement aux endroits où il y avoit quelques herbes au fond de l'eau près desquelles la boule inférieure passoit; car cette riviére n'avoit qu'environ 3 piés de profondeur. Mais lorsqu'on mettoit ces mêmes boules en un endroit où l'eau rencontrant quelque obstacle s'élevoit un peu & ensuite prenoit un cours plus rapide, comme on le remarque sous les Ponts; la boule inférieure devançoit la supérieure: ce qui faisoit voir que l'eau du milieu alloit alors plus vîte que celle de la surface; & cela procéde de ce que l'eau s'élevant un peu plus haut par l'obstacle, elle acquiert une plus grande vitesse en coulant par une pente plus roide, & ce mouvement violent fait qu'elle se plonge & passe

TAB.
XVI.
Fig. 54.
au dessous de celle de la surface: Comme si A B C D est le cours de l'eau supérieure, & que par un obstacle vers B elle s'éléve jusques à la ligne ponctuée E F, elle coulera plus vîte par la pente roide E F C; & par la vitesse qu'elle aura acquise en C, elle continuëra sa direction au dessous de C D, comme en G H; & par conséquent elle ira plus vîte en G & H qu'en I & D: Et c'est delà que procéde que dans les médiocres riviéres il y a toujours de grandes fosses un peu au dessous des Ponts; on en voit l'expérience en tous les Ponts de la chaussée de *Nogent* sur *Seine:* car l'eau qui s'est élevée par la rencontre des piles du Pont, prend une plus grande vitesse & passe avec violence au dessous de la supérieure jusques au fond, où elle emporte le sable & l'entraine un peu plus bas où il s'amasse. Mais lorsque l'eau est en son lit & en sa course ordinaire & médiocre, la supérieure doit aller plus vîte

TAB.
XVI.
Fig. 55.
que celle qui est un pié au dessous : car soit A B une ligne horizontale & C B la pente du fond de la riviére, D E l'eau qui est à un demi pié de la supérieure F G, l'une & l'autre parallelle à C B : Or parce que l'eau est visqueuse & que ses parties contiguës sont un peu liées ensemble, l'eau D E emportera celle qui est immédiatement au dessus avec sa même vitesse à fort peu près; & ensuite celle qui est en F G, qui se mouvant aussi d'elle-même à cause de sa pente, va un peu plus vîte que l'eau D E: ce qu'on pourra mieux comprendre si l'on suppose que F L soit un ais nageant sur l'eau, & dont le dessus soit en une pente parallelle à C B, ayant une balle fort ronde au dessus; car cet ais emporté par l'eau emporteroit la balle, qui rouleroit d'elle-même le long de l'ais jusques en G, & par conséquent sa vitesse seroit plus grande que celle de l'ais.

J'ai

J'ai encore remarqué souvent des herbes que l'eau emmenoit, & je voyois manifestement, que celles qui étoient entre deux eaux près du fond, plus avancées que celles qui étoient près de la surface, étoient bien-tôt passées & laissées en arriére par les supérieures ; & si je jettois dans le même courant une poignée de grosses scieures de bois qui alloient au fond plutôt les unes que les autres, je voyois toujours les supérieures préceder les autres par ordre à proportion qu'elles étoient plus ou moins éloignées du fond : Desquelles expériences il paroit, que dans les riviéres qui coulent librement, l'eau supérieure va plus vîte que celle du milieu, & celle du milieu plus vîte que celle qui est proche du fond ; & que dans celles qui sont contraintes de passer en un lieu étroit, étant retenuës des deux côtez, celle du milieu va plus vîte que celle de la surface s'il n'y a que trois ou quatre piés de profondeur.

Voici comme on peut calculer la force des roües des moulins de la *Seine*.

Je suppose qu'il y a deux roües à un seul essieu, qu'elles ont 5 piés de demi diamétre, & que les ais qu'on appelle des aubes qui servent de pallettes, ont deux piés de hauteur dans l'eau & 5 piés de longueur. Je suppose aussi que la vitesse de l'eau qui choque les pallettes, est de 4 piés par seconde, ce qui est assez ordinaire : car elle s'éléve un peu par la rencontre du bateau qui porte le moulin, & par conséquent elle va, vis-à-vis du milieu du bateau, plus vîte que si elle n'avoit pas été arrê-tée. Or comme il a été dit ci-devant, un réservoir de 12 piés de hauteur faisant jaillir au dessous de 12 piés un jet quarré de demi pié de largeur, peut soutenir 210 livres ; sa vitesse qui est de 24 piés par seconde est 6 fois plus grande que celle qui choque les roües du moulin. Donc cette eau qui choque une palette de demi pié ne doit soutenir que la 36e. partie de 210 livres, par la premier Régle ; donc elle soutiendra 5 livres & ⅚. Le pié quarré soutiendra le quadruple, savoir 23 livres ⅓. Et parce que les pallettes d'une roüe ont 10 piés superficiels, elles supporteront 233 livres ⅓. L'autre roüe aura la même force. Donc les deux soutiendront 466 livres ⅔ mises en une régle horizontale à la même distance de l'axe, que le milieu des pallettes à 4 piés.

La force du choc du vent contre les ailes d'un moulin à vent se trou-ve en cette sorte.

Ayez un tourniquet cylindrique semblable à celui dont il est parlé dans les expériences précédentes. A B dans la figure 56e. représente son axe. G H est une régle horizontale qui traverse l'axe du cylindre à angles droits. I L est une autre régle posée perpendiculairement sur G H. M N O P est encore une régle perpendiculaire posée obliquement sous un angle de 45 degrez, à l'égard de la régle G R. Or si l'on suppose un jet d'eau qui choque directement la régle I L vers le point Q, & qui fasse tourner le cylindre selon l'ordre des lettres *a b c d,* il agira de toute sa force pour soutenir le poids R. Mais si un autre jet

TAB.
XVI.
Fig. 56.

E e e 3

d'eau

d'eau égal choque directement la régle M O au point S, que l'on suppose autant éloigné de l'axe que le point Q; il ne pourra soutenir le poids R, parce que sa direction ne sera pas paralléle à la direction de l'extrémité de la régle I L; & il ne pourra soutenir qu'un poids qui sera au poids R, comme le côté d'un quarré à sa diagonale: Et si le même jet est parallele à l'axe A B, & qu'il choque au même point S; il faudra encore diminuer le poids R dans la même proportion pour faire l'équilibre, parce que ce jet choquera obliquement cette régle sous un angle de 45 degrez, & alors le poids R n'aura plus que la moitié de son poids: car si A B C D est un quarré, la 1e. raison sera comme de A C à A B, & la seconde comme de A B à A E moitié de A C, comme il a été expliqué plus au long dans le Traité de la *Percussion*, à la fin de la 13e. Proposition de la 2e. Partie. Or le vent qui choque les aîles d'un moulin à vent, les choque obliquement; & s'il rencontroit chaque aîle sous un angle de 45 degrez, il ne lui resteroit de sa force que selon la proportion de la diagonale d'un quarré à son côté par cette seule cause. Mais si cette aîle qui est oblique à l'axe, l'étoit selon le même angle, cette seconde cause diminuëroit encore la force du vent selon la même proportion, comme il a été dit du jet d'eau; & la diminution totale par ces deux causes seroit de la moitié de la force du vent quand il choque directement cette réglè, comme I L dans la figure 56e. disposée à se mouvoir au commencement selon sa direction, de maniére que si sa force totale étoit 80, elle seroit reduite à 40 par ces deux causes. Mais à cause que l'aîle dont l'obliquité est de 45 degrez, reçoit une moindre largeur de vent que quand elle est opposée directement, il reçoit encore une 3e. diminution selon la même raison de A C à A B, & la diminution totale sera comme A C à E F, ou à peu près comme 80 à 28 ¼. Que si l'obliquité de l'aîle est N O, & que l'angle de A B & N O soit de 60 degrez; alors la 1e. cause seule diminuera de moitié la force du vent & la reduira de 80 à 40, & les deux autres ensemble la reduiront de 40 à 31 à peu près: d'où l'on jugera qu'il vaut mieux que les aîles des moulins à vent ayent cette obliquité, que celle de 45.

Pour savoir la force d'un vent qui choqueroit directement la voile d'un Vaisseau, il faut savoir la vitesse du vent: On la trouve en lui laissant emporter une plume très-legére de duvet depuis un endroit stable, & comptant le tems qu'elle met à parcourir un certain espace comme de 30 ou de 40 piés. Or supposant que le vent fasse 24 piés en une seconde, comme il fait quand il est assez violent à l'ordinaire, mais pourtant bien moins que dans les grandes tempêtes & ouragans, il ira aussi vîte qu'un jet d'eau qui sort d'une ouverture à 12 piés au dessous d'un réservoir; & parce que le vent doit aller 24 fois plus vîte que l'eau pour faire le même effet, il ne fera pas plus que l'eau de pareille largeur qui ne fait qu'un pié en une seconde, ou que le jet qui en fait 24, si la largeur

geur du vent eſt 24 fois plus grande en diamétre, ou 576 fois en ſurface. Or un jet d'eau de demi pié en quarré venant d'un réſervoir de 12
piés de hauteur, peut ſoutenir, comme il a été dit ci-devant, un poids
égal au poids d'une colomne quarrée d'eau qui a pour baſe un quarré
d'un demi pié, & pour hauteur 12 piés ; & d'autant qu'un demi pié
cube péſe 8 livres ¼, ſi on double cette hauteur ce ſera 17 livres ½ pour
une colomne quarrée d'un pié de hauteur & d'un demi pié de largeur ;
& ſi elle eſt de 11 piés de hauteur, ce ſera 210 livres, qui ſeront ſoutenuës par un jet d'un demi pié en quarré. Afin donc que le vent qui va
auſſi vîte, ſoutienne le même poids de 210 livres, il faut que la voile
qu'il choque ſoit 24 fois plus large & plus longue qu'un demi pié, c'eſt-
à-dire qu'il faut qu'elle ait 12 piés tant de largeur que de longueur, ou
6 piés de largeur & 24 piés de hauteur ; & alors le vent qui fera 24 piés
en une ſeconde, ſoutiendra 210 livres poſées ſur une régle horizontale
attachée au même axe que la voile quarrée de 12 piés, dans la même
diſtance de l'axe, que le milieu de la longueur de la voile qui doit être
en une ſituation perpendiculaire : Mais ſi le vent ne fait que 12 piés
en une ſeconde, il ne ſupportera que 52 livres ½, qui eſt le quart de
210 livres.

Si l'on en veut faire l'expérience en petit, il faut ſe ſervir du tour- TAB.
niquet de la figure 56, & prendre une voile d'un pié de largeur & de XVI.
Fig. 56.
hauteur, qui ayant ſa ſurface d'un pié ne ſupportera que la 144ᵉ. partie
de 52 livres ½, ſavoir 5 onces ½, ſi ce poids eſt à la même diſtance de
l'axe que le milieu de cette petite voile ; mais il faudra choiſir le vent
qui pourra faire 12 piés par ſeconde.

Par cette maniére on calculera aiſément les différentes forces des eaux
& des vents par leur choc.

Pour comparer la force des moulins à vent à celle des moulins de la
Seine dont j'ai parlé, je ſuppoſe que chacune des 4 aîles ait 30 piés de
hauteur & 6 piés de largeur ; ce ſont 180 piés. Si le vent ne fait que
12 piés en une ſeconde, il ſoutient 5 onces ⅔ de livre en choquant une
aîle d'un pié de ſurface. S'il en choque une de 180 piés en ſurface, il
ſoutiendra 66 livres à peu près : Mais il en faut ôter les ⅛ à cauſe de la
triple obliquité du choc, comme il a été prouvé : Si l'obliquité eſt de
30 degrez, il reſtera donc 29 livres, & les 4 aîles ſoutiendront 100 livres : Mais la diſtance de l'eſſieu au milieu de l'aîle eſt de 20 piés, &
celle du milieu des pallettes juſques à leur axe n'eſt que de 4 piés : Donc
par cette cauſe les moulins à vent augmenteront leur force du quintuple, & ſi la rouë dentée de chacun eſt de 2 piés de diamétre, la force
du moulin à vent ſera de 10 fois 100, & celle des moulins à eau de 2
fois 466 livres, quand le vent fait 12 piés par ſeconde, & le courant
de l'eau 4 piés. On fera de ſemblables calculs pour les moindres ou
plus grandes viteſſes d'eau & de vents, & pour les plus grandes ou
moindres aîles.

Quel-

Quelques-uns ont entrepris de faire des moulins horizontaux qui tournaſſent à tous vents; j'en ai vû de trois ſortes.

TAB.
XVI.
Fig. 58.

Les premiers avoient leurs aîles concaves & convexes ſelon un angle de 45 degrez, comme on le voit en la figure 58. A B eſt le haut du concave, & C D le haut de convexe. Le vent ſoufflant contre les deux n'agira pas de même. Car il gliſſera de part & d'autre depuis l'arête C D, le long des plans C L, & C N & n'agira que comme 8 à 5⅓; Au lieu que rencontrant le concave & ne pouvant gliſſer, il agira par toute ſa force, comme s'il y avoit une toile tenduë ſur E Q H F, & ainſi il agira de toute la force de ſon choc & comme de 8 : Et y ayant 6 aîles ſemblables, il y en auroit toujours 3 qui recevroient un peu moins d'un tiers plus d'impulſion que les trois autres, ce qui feroit néceſſairement tourner les rouës, mais avec peu de force, en ſorte qu'elles ne pourroient tourner qu'à vuide; ou bien il les faudroit démeſurément grandes, & elles ne pourroient ſe ſoutenir & ſeroient en danger d'être emportées par un vent impétueux. Pour les perfectionner il faudroit que l'angle E A Q fût de 30 degrez, & alors la proportion de la force du vent ſeroit dans le concave à l'égard du convexe, comme de 4 à 1, comme il a été expliqué dans les régles de la chûte des corps à la fin du Traité de la *Percuſſion*. On pourroit encore faire les faces C N, C L, & B E, B Q, mobiles, afin qu'elles ſe ſerraſſent un peu en l'aîle C D, & qu'elles s'ouvriſſent en l'autre; ce qui augmenteroit encore la proportion : il faudroit auſſi mettre ces 6 aîles deux à deux l'une ſur l'autre, afin qu'elles reçuſſent mieux le vent; & alors ces moulins pourroient faire à peu près le même effet que ceux dont on a parlé.

La ſeconde manière avoit la largeur de ſes aîles en une ſituation verticale; mais la toile qui les revêtoit étoit dans des châſſis mobiles, qui d'un côté s'appuyoient entiérement contre les extrémitez des bois ou perches qui les environnoient quand le vent ſouffloit contre; & ainſi elles en recevoient tout l'effort : mais de l'autre côté elles cédoient au vent, tournant ſur des pivôts & n'ayant point d'arrêt; & par ce moyen une partie du vent paſſoit entre les ouvertures qu'il faiſoit, ce qui donnoit beaucoup moins de force que de l'autre côté; & la rouë tournoit néceſſairement, mais elle tournoit foiblement, même à vuide; & lorſque des moulins à vent ordinaires tournoient par un vent médiocre, celui-ci ne tournoit point ou tournoit très-lentement, à cauſe qu'il ne reſtoit pas un quart de force de plus dans le côté où le vent choquoit entiérement, que de l'autre; ce qui procédoit de ce que les bois & les traverſes en recevoient autant d'un côté que d'autre, & les châſſis, du côté qu'ils s'ouvroient, ne laiſſoient pas de tomber un peu par leurs poids, & d'être rencontrez par le vent qui les ſoutenoit, ne s'élevant jamais à la hauteur horizontale : Mais ils s'ouvroient ſeulement à demi, un peu plus ou moins; c'eſt pourquoi ils étoient inutiles la plupart du tems, & ne pouvoient moudre qu'à des vents violents.   La

La troifiéme maniére étoit de faire couvrir la moitié du nombre des aîles par une demi circonférence cylindrique de fer blanc ou d'autre matiére legére, qui étoit dirigée droit au vent par une grande girouëtte fort éloignée du centre de la machine; & par ce moyen il y en avoit feulement trois d'un côté qui recevoient l'impreffion du vent fans être empêchées par les 3 de l'autre côté: Mais on ne pouvoit faire en grand cette machine, à caufe de l'énorme grandeur qu'il eût fallu donner à la demi circonférence cylindrique & qui l'eût mife au hazard d'être emportée par un vent médiocrement violent.

J'ai vû auffi un modéle des moulins à vent horizontaux, qui font, à ce qu'on dit, en ufage dans la *Chine*. Ils font faits comme une lanterne. Il y a plufieurs aîles, qui tournent fur des pivots vers le centre & le point oppofé vers le haut, & ils rencontrent des chevilles qui les arrêtent en de certaines fituations pour recevoir le vent le plus directement qu'il fe peut; & quand ces aîles ont fait un demi tour par la révolution de la machine, elles tournent & vont au vent comme les girouëttes, & n'en reçoivent que très-peu d'impreffion pour ne pas nuire à celles qui font de l'autre côté où le vent les rencontre directement ou à peu près; & enfin il n'y en a point de l'autre côté qui ne reçoive le vent très-obliquement, & par ce moyen le vent agit toujours prefque deux fois plus d'un côté que d'autre, ce qui fait faire un effet fuffifant à toute la machine, dont l'effieu eft planté dans le milieu de la meule qui eft au deffous: c'eft pourquoi il n'eft pas néceffaire d'y appliquer des rouës & des lanternes comme aux autres moulins, par le frottement defquelles la force eft diminuée.

On peut par la même méthode ci-deffus, calculer la viteffe du vent qui eft néceffaire pour renverfer des arbres ou des piliers qui feroient pofez de bout fans rien foutenir. En voici des exemples.

Soit un quadre de bois A B C D comme ceux d'un chaffis de papier, d'un pié de largeur, dont le poids foit d'une livre un quart ou 20 onces avec fon papier collé, expofé directement au vent & pofé perpendiculairement fur un plan horizontal, & ayant les quatre petits bâtons quarrez d'un pouce de largeur. Donc un vent de 12 piés par feconde, en le choquant foutiendra 6 onces à peu près, comme il a été montré ci-deffus. Et parce qu'il n'a d'épaiffeur que 12 lignes, la demi épaiffeur où eft fon centre de gravité ne fera que de 6 lignes; car on ne confidére point le poids du papier. Et parce que la diftance de fon centre de pefanteur jufques à l'appui eft 6 pouces, le vent agira en levier comme 6 pouces à 6 lignes, ou comme 12 à 1; & E F étant l'axe du mouvement, la proportion de la force du vent contre le poids du quadre de 20 onces fera comme 72 onces, produit de 6 onces par 12, à 20 onces. Il faut donc un moindre vent pour faire équilibre. Et fi on le prend de 6 piés par feconde, il n'aura que le quart de 72 onces, favoir 18 onces; & fi 36 quarré de 6 donne 18, 40 donnera

20 onces; la racine quarrée de 40 est un peu plus de 6 $\frac{1}{7}$. Il faudra donc un vent qui fasse 6 piés $\frac{1}{7}$ en une seconde pour renverser ce quadre de chassis : J'en ai fait l'expérience au haut de l'Observatoire & dans la Samaritaine.

On calculera de même la force qu'il faut pour rompre une branche d'arbre de demi pié d'épaisseur, ayant 15 piés de tige & 30 piés de branches rameaux & feuilles. Ce sera 900 piés superficiels que le vent choquera. La résistance absoluë du bas de la branche pour être rompuë, la tirant de haut en bas, sera de 207360 : Car la résistance absoluë d'un bâton de 3 lignes a été trouvée de 350 livres. A B est la tige de la branche, D F E B le tour de ses branches & feuilles, & C le centre. La distance A C est 30 piés. La proportion de 30 piés au tiers de l'épaisseur vers A, qui n'est que de 2 pouces, est de 180 à 1. Divisant 207360 par 180, le quotient sera de 1152. Il faudra donc la valeur de 1152 livres pour rompre la branche en A. Il y a 900 piés de superficie dans les feuilles & rameaux de l'arbre, & parce que 2 piés superficiels choquez par un vent de 12 piés par seconde soutiennent $\frac{3}{4}$ de livre, ils soutiendront 450 fois $\frac{3}{4}$, c'est-à-dire 337 livres à peu près, qui est un nombre beaucoup moindre que 1152. Soit donc comme 337 à 1152 ainsi 144 quarré de 12 est à 492 $\frac{84}{337}$, dont la racine quarrée est 22 $\frac{1}{4}$ à peu près. Il faudroit donc que le vent fit 22 piés $\frac{1}{4}$ en une seconde pour rompre une telle branche d'arbre.

Le choc du vent contre les voiles d'un Vaisseau pour le faire pencher ou pour le renverser, suit les mêmes régles & celles de l'équilibre : Car, si l'on pose sur le Vaisseau A B C, dont le centre de pesanteur est dans la ligne D B, un poids au point C, il se panchera, & le centre de gravité commun sera en la ligne *b* D; ce qui sera dans l'eau fera équilibre à soi-même, & le poids C au reste du Vaisseau E A qui sera de l'autre part au dessus de l'eau. Or la voile D étant choquée, fait le même effet qu'un grand poids; & on peut comparer leurs efforts comme ci-devant, selon que le vent sera grand & que la voile sera élevée au dessus du Vaisseau; & en se servant de la maniére ci-devant expliquée, on pourra connoître quelle vitesse de vent peut renverser un Vaisseau, si l'on sait le poids du Vaisseau & de ce qui est dedans, sa largeur, la grandeur de ses voiles, l'obliquité ou la direction du choc en comparant sa force à celle d'un poids comme C : mais il faut considérer que le Vaisseau ne tourne pas par le vent, comme s'il y avoit un essieu au point B qui tournât sur 2 pivots immobiles, & qu'il ne se renverse pas si aisément qu'il feroit : mais aussi en roulant il peut prendre une continuation de mouvement, qui étant jointe à une grande & soudaine bouffée de vent, le peut porter beaucoup au delà de l'équilibre & le renverser.

Lors qu'on n'a qu'une certaine quantité d'eau pour employer à quelque choc, on peut augmenter sa force en la faisant jaillir au dessous d'une plus grande hauteur.　　　　　　　　　　　　　A B

A B eſt le deſſus d'une riviére retenuë. C D eſt une ouverture d'un T A B.
pié quarré par où l'eau doit ſortir. Soit E le milieu de l'ouverture, & XVII.
la hauteur B E de 3 piés.   Il a été demontré que le choc de l'eau par Fig. 62.
C D ſoutiendra le poids d'un ſolide d'eau ayant pour baſe le quarré de
C D, & la hauteur E B de 3 piés ; ce poids ſera donc de trois fois 70
livres ou de 210 livres.   Soit maintenant l'eau retenuë en ſorte que ſa
hauteur ſoit de 12 piés juſques en F, qui eſt le milieu de l'ouverture
quarrée G H ; le jet par F ira deux fois plus vîte que par E. Si l'on fait
donc, que comme la diagonale d'un quarré eſt à ſon côté, ainſi C D
ſoit à G H ; la ſurface de cette ouverture ſera la moitié de celle de
C D ; & il y paſſera autant d'eau en même tems, parce qu'elle ira deux
fois plus vîte ; & le poids qu'elle ſoutiendra par ſon choc ſera égal au
poids du ſolide qui aura pour baſe le quarré de G H & pour hauteur
F B.   Mais ce dernier ſolide ayant ſa hauteur quadruple du premier,
& ſa baſe ſeulement moindre de la moitié, il péſera deux fois autant ;
& le jet par G H ſoutiendra un poids double de celui qui eſt ſoutenu
par le jet C D : D'où l'on voit que pour faire tourner un moulin qui
manqueroit d'eau , & n'en auroit que la moitié de l'ordinaire, en lui
donnant une profondeur quadruple ; la même eau le feroit tourner, &
feroit autant d'effet que s'il avoit deux fois autant d'eau.

TROISIÉME PARTIE.
DE LA MESURE
DES
EAUX COURANTES
ET JAILLISSANTES.

PREMIER DISCOURS.

*Des Pouces, & Lignes d'eau, dont on exprime la me-
ſure des eaux courantes & jailliſſantes.*

Es Fonteniers méſurent la quantité d'eau que donnent les
Fontaines , par les pouces & les lignes circulaires , que
contiennent ſuperficiellement les ouvertures qu'elles rempliſſent en coulant très-lentement : Mais ils n'ont pas bien
déterminé quelle eſt la quantité d'eau que donnent ces

F ff 2

pou-

pouces & lignes circulaires en un certain tems , ni quelle doit être l'é-
lévation de l'eau par deſſus ces ouvertures pour fournir cet écoulement ; ce qui eſt pourtant néceſſaire pour ſavoir ce que c'eſt qu'un
pouce d'eau : Car ſi l'eau ſe tenoit à 6 lignes par deſſus une ouverture circulaire d'un pouce, elle donneroit beaucoup plus d'eau par ce
pouce, que ſi elle ne le ſurpaſſoit que d'une ligne ; parce que , comme il a été montré ci-devant dans la deuxiéme Partie , une plus grande hauteur d'eau fait aller les jets plus vîte, & les écoulemens des eaux
par une même ouverture ſe font ſelon la proportion des viteſſes qu'elles
ont en ſortant ; ce qui ſe prouve en cette ſorte.

TAB.
XVII.
Fig. 63.   A B eſt un bacquet plein d'eau. C E D B eſt un des côtez du bacquet, où il y une ouverture I. G H eſt un cylindre de bois ou de
glace, qui paſſe par ce trou avec une viteſſe uniforme.

    Or ſi l'on ſuppoſe qu'en une ſeconde il s'avance de l'eſpace G H, il
eſt manifeſte qu'en ce tems il paſſera entiérement & préciſément l'ouverture I, s'il commence à y entrer par le bout H ; & que s'il va deux
fois plus lentement, il lui faudra employer deux ſecondes pour la paſſer
entiérement ; & par conſéquent il n'en paſſera que la moitié en une ſeconde, & de même à l'égard des autres proportions.

    On peut tirer la même conſéquence à l'égard des jets d'eau : ſavoir,
qu'il paſſera deux fois autant d'eau en même tems par l'ouverture I,
quand elle va deux fois plus vîte ; & que ſi en une minute elle donne
10 pintes en paſſant par cette ouverture avec une certaine viteſſe, elle
en donnera 30 dans le même tems ſi elle va trois fois plus vîte.

    Cela étant ſuppoſé , il eſt évident que s'il y a deux ouvertures ron-
des égales en un réſervoir, l'une à un pié au deſſous de la ſurface ſupérieure de l'eau, & l'autre à 4 piés ; il ſortira par cette derniére deux
fois autant d'eau en même tems, puis qu'il a été prouvé que l'eau ſortira par cette derniére deux fois plus vîte que par l'autre.

    De là on voit que pour déterminer la quantité d'eau qui doit paſſer
par l'ouverture d'un pouce, ſituée perpendiculairement, il faut néceſſairement déterminer a quelle hauteur doit être la ſurface de l'eau qui
fournit l'écoulement au deſſus du pouce circulaire.

    Voici quelques expériences qui ont été faites pour déterminer cette
hauteur, & la quantité d'eau qui en ſort en un certain tems.

PREMIÉRE EXPÉRIENCE.

TAB.
XVII.
Fig. 64.   ON s'eſt ſervi d'un bacquet de fer blanc M B, long de deux piés &
large de 10 pouces, percé en C d'une ouverture quarrée d'environ
16 lignes de largeur , où l'on avoit appliqué une petite platine de cuivre percée très-exactement d'une figure circulaire d'un pouce de diamétre. Ce bacquet étant ſitué de maniére que cette ouverture d'un
pouce étoit verticale, on l'empliſſoit d'eau juſques par deſſus l'ouverture,

ture, la fermant avec la main ; & on y laiſſoit couler de l'eau d'un muid
F G qui en étoit fort proche, en telle quantité, que paſſant toute par
l'ouverture circulaire C, la ſurface ſupérieure de l'eau du baquet demeuroit toujours environ à une ligne plus haut que l'ouverture.

Pour faire cette expérience bien juſte, on avoit fait une ouverture à
côté dans le bacquet, comme en L, un peu plus élevé que l'ouverture
circulaire C, pour ſervir de décharge à l'eau ſurabondante, dont on diminuoit la hauteur comme on vouloit, par le moyen d'une petite platine de fer blanc qu'on y appliquoit avec une matiére fort viſqueuſe faite de cire & de thérebentine. On avoit auſſi appliqué une autre petite lame de fer blanc M à deux pouces à côté de l'ouverture C, & à u-
ne ligne plus haut moins ¼ : elle étoit paralléle à l'eau du bacquet, en
ſorte que quand l'eau s'étendoit un peu par deſſus, comme d'un quart
de ligne d'épaiſſeur, on étoit aſſeuré que la ſurface ſupérieure étoit à
fort peu près plus haute d'une ligne que le haut de l'ouverture C ; &
ſans cette invention il ſeroit fort difficile de s'en aſſeurer, parce que
l'eau fait ordinairement une petite élévation concave d'environ deux lignes de hauteur le long des corps qu'elle touche quand ils en ſont hu-
mectés, ce qui empêche de pouvoir bien remarquer la hauteur de la
ſurface de l'eau à l'égard de l'ouverture C. Il y avoit auſſi dans le bacquet une traverſe D E pour recevoir le choc de l'eau qui tomboit du
muid dans le réſervoir, afin qu'elle ne fit point de vagues ; & cette
traverſe étoit diſtante d'environ 3 pouces du fond du bacquet, & étoit
percée de pluſieurs trous afin que l'eau y paſsât librement. Cela étant
bien diſpoſé, on fermoit l'ouverture avec la main ou autrement, & on
empliſſoit le bacquet juſques à ce que l'eau paſsât 3 ou 4 lignes par deſſus la petite lame M, & enſuite on laiſſoit couler l'eau en même tems
par l'ouverture & par le muid ; & ſi l'eau du bacquet demeuroit à cette hauteur de 3 ou 4 lignes, ou qu'elle montât encore plus haut, on
baiſſoit un peu le déchargeoir L, juſques à ce que l'on vît demeurer
très-peu d'eau ſur la petite lame M, comme d'un quart de ligne d'é-
paiſſeur, & qu'elle demeurât ſenſiblement en cet état un peu de tems.
Alors on pouſſoit tout à coup un vaiſſeau N pour recevoir l'eau qui
couloit par l'ouverture circulaire C, & après l'y avoir laiſſé 30 ſecondes préciſément, on le tiroit tout à coup, & on meſuroit enſuite la
quantité d'eau qui étoit dedans.

Pour marquer le tems de l'écoulement, on ſe ſervoit d'un pendule
de fil très-délié, chargé à ſon extrémité d'une balle de plomb de 8 lignes de diamétre. La longueur du fil étoit de 3 piés & 8 lignes juſques
au centre de la balle depuis le point de ſuſpenſion. Ce pendule employoit une ſeconde à chaque battement, & on s'en aſſeuroit en le
comparant à une pendule ou horloge très-juſte qui marquoit les ſecondes. On a réitéré pluſieurs fois la même expérience, & on a trouvé
qu'il paſſoit en 60 ſecondes par cette ouverture d'un pouce, lors que ſa

F ff 3

ſurfurface fupérieure de l'eau du bacquet étoit 7 lignes plus haute que le centre de l'ouverture, environ 13 pintes ⅛ mefure de *Paris*, chaque pinte pefant deux livres moins 7 gros.

Dans les Païs proche de la Ligne le pendule doit être plus court, à caufe que le mouvement de la furface de la terre en ces endroits eft plus grand qu'en *France*. Mᴿ. *Richer* & Mᴵ. *Varin* en ont fait des obfervations; le premier à la *Cayenne*, où il l'a trouvé plus court de 1 ligne ¼; & l'autre en l'Ile de *Gorée* proche le *Cap-Verd*, où il le falloit feulement de trois piés 6 lignes ⅘: On démontre cet effet en cette forte.

TAB. XVII. Fig. 65.

A B C repréfente un méridien paffant par les poles B, C; ▲ E F eft la ligne équinoxiale; G H M N eft le parallelle de *Paris*. Si l'on fuppofe le mouvement de la terre d'Occident en Orient, une pierre qui feroit en A, s'écarteroit de la terre par une tangente; & parce que le point A iroit auffi vîte, fi le mouvement vers le centre K ne furmontoit pas ce mouvement, elle s'éloigneroit de la terre felon la ligne A I: Mais ce mouvement vers le centre étant plus fort, la pierre ne s'éléve pas; mais elle ne laiffe pas de perdre une partie de fa tendance au mouvement vers K. La même chofe arrivera à une pierre qui fera au point G, mais fa tendance au mouvement par la tangente fera beaucoup moins forte, parce que le point A fe meut beaucoup plus vîte que le point G: Donc il retardera moins une pierre qui tombe de G vers K centre de la terre, & même la fituation oblique du petit cercle G M à l'égard de la ligne G K, peut encore un peu diminuer de ce retardement vers le centre: car G L ligne oblique à K G, étant égale à G O, le point L fera moins éloigné de K que le point O; par ces deux caufes la pierre étant lâchée en I, defcendra moins vîte vers A, que la pierre en L ne defcendra vers G: donc le mouvement du poids d'un pendule fera plus lent vers A que vers G, & par conféquent pour les faire ifocrones, il faut que le fil du pendule foit plus court vers A que vers G.

Il eft manifefte qu'on ne peut trouver précifément la même quantité d'eau dans toutes les expériences, & qu'on y trouvera toujours quelque petite différence par plufieurs caufes: favoir, qu'il eft difficile de commencer à compter les fecondes au même moment que l'eau commence à couler; qu'on ne peut retirer le vaiffeau précifément quand la 30ᵉ. feconde finit; que l'ouverture par où l'eau coule, n'eft pas parfaitement perpendiculaire, ou qu'elle n'eft pas exactement d'un pouce; ou que le fil du pendule fe peut un peu allonger ou accourcir pendant l'expérience; ou enfin que la hauteur de l'eau eft un peu plus ou un peu moins haute qu'une ligne à l'endroit de la petite lame M; toutes lefquelles chofes empêchent l'exactitude précife: mais entre le plus & le moins on a trouvé cette mefure de 13 pintes ⅛. Si on veut favoir l'eau que donnent des ouvertures circulaires plus petites, comme de 6 lignes de diamétre ou de 4 lignes; il les faut placer en forte que leurs

cen-

centres foient à 7 lignes au deffous de la furface de l'eau du bacquet :
Car fi le plus haut de chaque ouverture étoit placé à une ligne de diftance de la furface, elles donneroient beaucoup moins d'eau que felon
la proportion de leurs grandeurs ; mais fi on les difpofe en forte que le
centre de leurs ouvertures foit à même diftance de la fuperficie de
l'eau, elles donneront de l'eau à peu près felon la proportion.   Voici
les expériences qui en ont été faites.

II. EXPÉRIENCE.

ON a fait couler plufiers fois l'eau du même bacquet par une ouverture de 6 lignes, dont le centre étoit toujours à 7 lignes de diftance de la furface de l'eau pendant l'écoulement ; & on a trouvé entre le plus & le moins 15 demi feptiers en une minute, quoique la furface de cette ouverture ne foit que le quart de celle d'un pouce circulaire, & que felon cette proportion il n'en dût fortir pendant une minute que le quart de 13 pintes ⅜ felon la 4e. Régle de l'équilibre par le
choc.   Cette différence procéde de plufieurs caufes.

1°. Qu'encore que l'eau du bacquet foit à une ligne de hauteur par
deffus l'ouverture d'un pouce, elle n'y refte joignant cette ouverture
que d'environ un tiers de ligne pendant fon écoulement ; ce que l'on
connoît aifément par une particuliére reflexion de lumiére qui fe fait
en cet endroit où l'eau fe baiffe plus que dans le refte du bacquet : &
ce baiffement fe fait à caufe que l'eau qui fuccéde à celle qui coule,
doit venir des parties voifines, comme il a été expliqué ci-devant, &
qu'y en ayant trop peu par le haut proche le trou, il faut qu'elle s'ab-
baiffe prefque toute pour paffer ; ce qui diminuë de la force de la preffion de l'eau, & retarde la viteffe de l'écoulement.

2°. Que venant peu d'eau par en haut, il faut en récompenfe qu'il
en vienne de bien loin pour fuccéder à celle qui coule, ce qui retarde
encore fa viteffe : Mais la même chofe n'arrive pas au trou de 6 lignes,
parce que ne devant donner que le quart autant d'eau que le pouce, &
fon ouverture étant furmontée de 4 lignes d'épaiffeur d'eau, il ne s'y
fait point d'enfoncement fenfible ; & par conféquent l'eau eft preffée
par ces 4 lignes entiéres, outre que l'eau qui doit fuccéder à celle qui
coule, ne vient pas de fi loin que quand l'ouverture eft d'un pouce ;
& afin que le deffus de l'eau qui eft directement au deffus de l'ouverture d'un pouce, fût 7 lignes plus haut que fon centre, il faudroit que
dans le refte du bacquet elle fût à 8 lignes de hauteur à peu près.

Il y a encore une autre caufe, qui eft, que les viteffes des écoulemens étant en raifon fous-doublée des hauteurs des eaux, ainfi qu'il a
été dit ; s'il y a un bacquet comme AB, percé au fond d'une ouver- TAB.
ture horizontale, comme *abcd*, & d'une autre verticale *efgh*, égales XV.
entr'elles ; & que l'eau foit élevée dans le bacquet à la hauteur préci- Fig. 66.

fe

se *e f*; il ne doit sortir par cette ouverture verticale que les ⅔ d'autant d'eau qu'il en sortira par celle qui est au fond du bacquet en même tems, si on entretient l'eau à la hauteur *e f*; ce qui se prouve en certe sorte.

L'eau qui sort par le bas de l'ouverture verticale *e h*, a sa vitesse à l'égard de celle qui sort par L I en raison sous-doublée de la hauteur *e g* à la hauteur *e* L, & de même à l'égard de toutes les divisions horizontales qu'on peut faire dans le quarré *e f g h*, à inégales distances ; d'où il suit, que si la vitesse de l'eau de la 1e. division vers le haut est 1 ou R. 1, celle de la 2e. sera R. 2 , celle de la 3e. R. 3 &c. ce qui est dans la même proportion que les ordonnées d'une parabole. Soit donc A C D une parabole, dont la base C D soit celle du rectangle C D P Q ; & soit divisé l'axe A B en plusieurs parties égales par les lignes E F, G H, I L, M N &c. paralléles à B D : ces lignes seront les ordonnées. Or par la propriété de cette figure les quarrés des ordonnées sont entr'eux comme les segmens de l'axe qui leur correspondent, A E, A G, A I, A M, &c. & ces segmens sont entr'eux comme les nombres de suite 1, 2, 3, 4, &c. Donc ces quarrés seront aussi entr'eux comme 1, 2, 3, 4, &c. & par conséquent les lignes O E F, R G H, S I L, T M N, seront entr'elles comme R. 1, R. 2, R. 3, R. 4, &c. Or si on prend toutes les ordonnées qu'on peut tirer parallelles à B D infinies en nombre pour la parabole, elles seront aux lignes infinies qui composent le rectangle C D A, comme la parabole est au rectangle. Mais le triangle C A D, qui est la moitié du rectangle P Q C D, est les ⅔ de la parabole, comme il a été prouvé par *Archiméde*. Donc si le triangle est 3, le rectangle sera 6 , & la parabole 4 ; donc elle est les ⅔ du rectangle.

Ceux qui ne savent pas les propriétez de la parabole, pourront connoître par le calcul cette vérité à peu près , en prenant la suite de ces ordonnées en nombres, en tirant leurs racines quarrées, par le dixme, comme en la table suivante , où le premier rang vaut les nombres entiers, le second les dixiémes, le troisiéme les centiémes, &c.

TAB.
XVII.
Fig. 67.

Vaut.	Nomb.	Dix.	Cent.	Mil.
R. 1	1.			
R. 2	1.	4.	1.	4.
R. 3	1.	7.	3.	2.
R. 4	2.			
R. 5	2.	2.	3.	6.
R. 6	2.	4.	4.	9.
R. 7	2.	6.	4.	5.
R. 8	2.	8.	2.	8.
R. 9	3.			
R. 10	3.	1.	6.	2.

R. 11

Vaut.	*Nomb.*	*Dix.*	*Cent.*	*Mil.*
R. 11	3.	3.	1.	6.
R. 12	3.	4.	6.	2.
R. 13	3.	6.	0.	5.
R. 14	3.	7.	4.	3.
R. 15	3.	8.	7.	2.
R. 16	4.			
R. 17	4.	1.	2.	3.
R. 18	4.	2.	4.	2.
R. 19	4.	3.	5.	8.
R. 20	4.	4.	7.	2.
R. 21	4.	5.	8.	2.
R. 22	4.	6.	9.	1.
R. 23	4.	7.	9.	2.
R. 24	4.	8.	9.	9.

Or si l'on ne prend la somme que des 12 premiers nombres, elle est un peu plus grande que 29; & 12 fois le douziéme nombre, savoir $3, \frac{4}{10}, \frac{6}{100}, \frac{2}{1000}$, donne un produit un peu plus grand que $41\frac{1}{2}$; & par conséquent cette somme, qui est la parabole, est plus grande que les $\frac{2}{3}$ de ce produit qui est le rectangle. Mais si on prend celle des 24 nombres, on trouvera un peu plus de 79 pour la parabole; & le produit du dernier $4, \frac{8}{10}, \frac{9}{100}, \frac{9}{1000}$, par 24, est un peu plus que 117, dont les $\frac{2}{3}$ font 78; & ainsi la somme de ces 24 nombres ne différe des $\frac{2}{3}$ de ce produit que de l'unité à peu près, & on en approche plus que quand on ne prend que les 12 premiers nombres; & si l'on continuë à augmenter la table par un plus grand nombre de divisions, la différence de cette somme & de ce produit diminuëra toujours, & l'on pourra juger qu'elle arriveroit enfin au $\frac{2}{3}$ précisément.

On voit aussi, que si on prend les 6 nombres du milieu des 12, ils surpasseront ensemble la somme des 3 premiers & des 3 derniers; & que la somme des 6 premiers & des 6 derniers des 24, sera moindre que la somme des 12 du milieu: ce qui doit arriver nécessairement; & on en fait la démonstration en cette sorte.

Les extrêmes des quarrez des nombres qui sont en progression Arithmétique, sont plus grands que ceux des nombres du milieu: comme, les quarrez de 2 & de 8, qui font 68, sont plus grands que 52 somme des quarrez de 4 & de 6; & l'excès est 16, produit du quarré de la différence par le nombre de la progression. Or, puis que les quarrez des ordonnées de la parabole sont en progression Arithmétique, & que les extrêmes ensemble sont égaux à ceux du milieu; il s'ensuit que leurs racines ne sont pas en progression Arithmétique, & que les premiéres & les dernieres ensemble sont moindres que celle du milieu: car si elles étoient égales, ces quarrez extrêmes seroient plus grands.

Ggg

Et

Et parce que les écoulemens des eaux suivent leurs viteſſes , il s'enſuit
que s'il y a 8 diviſions au quarré A B C D, les 4 du milieu qui ſont le
rectangle E F G H, donñeront plus d'eau que les 4 extrêmes, qui ſont
les deux rectangles A H, F D; & que L M N O, qui eſt la moitié de
ce rectangle & le quart du grand quarré, donnera plus du quart de toute l'eau que donne le grand quarré.

T A B.
XVII.
Fig. 68.

Il arrive donc par cette cauſe & par celle de la difficulté de l'écoulement , qu'une ouverture quarrée de 6 lignes ayant l'eau 4 lignes au
deſſus, donne plus que le quart de celle que donne un pouce quarré
ſurmonté ſeulement d'une ligne d'eau proche l'ouverture. Il eſt vrai
qu'il y a un peu moins de frottement à proportion contre les bords du
grand trou, que du petit, ce qui donne un peu d'avantage au grand :
Mais les autres choſes étant plus conſidérables, il doit toujours ſortir
plus d'eau à proportion par les moindres trous juſques à 2 lignes de diamétre , que par les plus grands ; ce que j'ai trouvé conforme aux expériences.

La même choſe doit arriver à peu près, & par les mêmes cauſes,
aux ouvertures circulaires. C'eſt à dire, que ſi l'on prend dans le grand
cercle A B C D, le petit intérieur & concentrique E F, dont le diamétre E F ſoit égal à la moitié de A C, & par conſéquent la ſurface égale
au quart de celle du grand cercle ; il paſſera par cette ouverture un
peu plus du quart de celle qui paſſera par l'ouverture entiére A B C D :
ce qu'on a trouvé conforme à toutes les expériences dans les petites é-
lévations de l'eau au deſſus des ouvertures; le grand cercle ayant donné toujours à peu près 13 pintes en une minute , & le petit 15 demi
ſeptiers, comme il a été dit.

T A B.
XVII.
Fig. 69.

Il arrive encore, que ſi la petite ouverture par où paſſe l'eau eſt ſituée horizontalement au fond du bacquet, en ſorte que l'eau coule
perpendiculairement de haut en bas, il en coulera plus en même tems,
que ſi dans un autre bacquet l'ouverture étoit verticale, & le jet horizontal, quoique la ſurface de l'eau fût autant élevée par deſſus le centre de cette derniére, que par deſſus l'autre ; ce qui procéde de ce que
l'eau ſortant de haut en bas, elle accélére ſa viteſſe, & à cauſe de ſa
viſcoſité elle entraîne plus vîte les parties qui lui ſont contiguës & même celles qui ſont proches de l'ouverture au dedans du réſervoir. Et
il en ſortira encore moins d'une pareille ouverture, ſi elle eſt diſpoſée à
faire jaillir l'eau perpendiculairement de bas en haut par l'ouverture C,
parce que l'eau va plus vîte en D qu'en E , & ainſi celle du deſſous eſt
toujours un peu retardée.

T A B.
XVII.
Fig. 70.

On a trouvé par pluſieurs expériences, que s'il ſortoit 15 pintes en
un certain tems par un jet de 4 lignes d'ouverture qui couloit de haut
en bas, il n'en ſortoit que 14 à peu près lors qu'on le faiſoit jaillir perpendiculairement de bas en haut, quoique ſurmonté d'une pareille hauteur d'eau ; & cela arrive particulièrement dans les médiocres hauteurs
des

des réfervoirs : car s'ils font de 20 ou 30 piés, la différence eft bien moins fenfible, à caufe que l'eau fort fi vîte de haut en bas en fon commencement, qu'il ne fe fait point d'accélération confidérable dans l'eau du jet qui eft au deffous de l'ouverture ; parce que une goute d'eau tombant, n'acquiert guére plus de viteffe que celle de l'eau qui fort par un trou quand la furface de l'eau du réfervoir eft à 30 piés au deffus, comme il a été expliqué à la fin du *Traité du Choc des corps*.

Par toutes ces raifons & ces expériences, on voit qu'il eft difficile de déterminer ce que c'eft qu'un pouce d'eau : & parce que les dépenfes des jets d'eau fe font ordinairement par de grandes hauteurs de réfervoirs & par de médiocres ouvertures d'ajutages, on doit plutôt fe régler par les expériences des médiocres ouvertures, comme de 6 lignes ou de 4 lignes, que par celles d'un pouce entier. J'ai pris un milieu entre les expériences de ces ouvertures différentes, tant pour la facilité du calcul, que pour avoir une mefure certaine, & ôter toute difficulté.

J'appelle ici un pouce d'eau, l'eau qui coulant pendant l'efpace d'une minute donne 14 pintes mefure de *Paris*, de celles qui paffent un peu les bords, & qui péfent deux livres chacune. L'ouverture d'un pouce donnera cette quantité fi l'eau eft une ligne au deffus de l'ouverture ; mais il faudra qu'elle foit deux lignes plus haut dans le refte du bacquet, afin qu'elle foit précifément une ligne plus haut au deffus de l'ouverture. Pour les ouvertures de 6 lignes & au deffous, il fuffira que l'eau du bacquet foit 7 lignes au deffus des centres.

Cette mefure ainfi déterminée eft très-commode pour le calcul, parce que dans l'efpace d'une heure le pouce donnera 3 muids de *Paris*, & en 24 heures 72 muids. Ceux qui ignorent la mefure de *Paris*, & qui connoiffent la livre, pourront faire aifément ces calculs : au lieu que fi l'on prenoit pour le pouce 13 pintes & $\frac{1}{8}$ de celles qui péfent 2 livres moins 7 gros, il ne donneroit que 66 muids plus $\frac{53}{72}$ en 24 heures, & ces fractions donneroient beaucoup de peine, quand on voudroit connoître les différentes dépenfes d'eau par des différens ajutages mis au deffous de différentes hauteurs de réfervoirs. Pour confirmer cette régle, on a fait l'expérience fuivante.

III. EXPÉRIENCE.

ON a pris un vaiffeau quarré en tout fens, contenant un pié cube jufques au 12e. pouce ; mais la derniére divifion étoit de deux lignes au deffous du haut du vaiffeau. On y fit couler de l'eau par le moyen d'un bacquet, où il y avoit une ouverture d'un pouce circulaire, comme on l'a décrit ci-devant : la petite lame M (Fig. 64.) étoit 2 lignes $\frac{1}{4}$ plus haut que le deffus de l'ouverture, en forte que joignant le deffus de cette ouverture, la furface de l'eau demeuroit une ligne plus haut, quand elle étoit 2 lignes plus haut dans le refte du bacquet. Ce pié

                  cube

cube fut rempli jufques au 12ᵉ. pouce inclus par l'eau coulante, dans l'efpace de deux minutes & demi: d'où il s'enfuit, que l'ouverture circulaire ainfi difpofée donna 14 pintes, ou 28 livres d'eau, en une minute, puifqu'elle donna 35 pintes en 2 minutes & demi.

On faura facilement par ce moyen les pouces d'eau que donne une médiocre fontaine, ou un ruiffeau coulant: Car il ne faut qu'en recevoir l'eau dans quelque vaiffeau, ou dans quelque lieu qu'on puiffe méfurer & qui tienne l'eau, en comptant quel nombre on voudra de minutes ou de fecondes: par exemple, fi l'on a reçû dans le vaiffeau 7 pintes en 30 fecondes, on dira que cette eau coulante eft d'un pouce; fi elle a donné 21 pintes, on dira qu'elle eft de 3 pouces; & ainfi dans les autres proportions.

SECOND DISCOURS.

De la mefure des eaux jailliffantes felon les différentes hauteurs des réfervoirs.

IL a été prouvé que les quantitez d'eau qui fortent par des ouvertures égales faites au deffous des réfervoirs de différentes hauteurs, font entr'elles en raifon fous-doublée des hauteurs; mais pour confirmer cette régle par les expériences, j'en ai fait plufieurs avec une grande exactitude, dont voici les principales.

I. EXPERIENCE

Pour la dépenfe des eaux jailliffantes au deffous de différentes hauteurs de réfervoirs.

UNe ouverture de 6 lignes ayant fon centre à 39 lignes au deffous de la furface de l'eau du bacquet, a donné en une minute 8 pintes ⅔ de celles qui ne péfent que 2 livres moins 7 gros; l'eau couloit horizontalement, comme en l'expérience ci-deffus, où la même ouverture avoit fon centre 7 lignes au deffous de la furface de l'eau du bacquet, & donnoit 15 demi feptiers en une minute. Pour comparer ces deux expériences felon la régle, il faut prendre le nombre moyen proportionnel entre 7 & 39, qui eft 16½ à près; & aux trois nombres, 7, 16½, & 15, trouver le 4ᵉ. proportionnel, qui eft 35½ à peu près : 35 demi feptiers ⅔ font 8 pintes ⅔, & par conféquent ces dépenfes d'eau ont été felon la raifon fous-doublée des hauteurs des réfervoirs.

II. EX-

II. EXPÉRIENCE.

UN tuyau ayant fa hauteur de 16 pouces a donné par une ouvertu-re de 3 lignes un peu foibles, appliquée au fond par où l'eau cou-loit perpendiculairement, 2 pintes & demi & environ 2 cuillerées, en 30 fecondes, entretenant toujours l'eau à cette hauteur de 16 pouces. On a mis au fond d'un autre tuyau la même plaque où étoit cette ou-verture de 3 lignes : ce deuxiéme tuyau avoit la hauteur de fon eau à 64 pouces, qui eft une hauteur quatruple de la premiére de 16 pouces; & par conféquent il devoit donner le double de deux pintes ½ & 2 cueil-lerées, en entretenant toujours l'eau à cette hauteur de 64 pouces, ce qu'on a prouvé par expérience ; car il eft forti de ce tuyau 5 pintes & environ 4 ou 5 cueillerées d'eau dans le même tems de 30 fecondes. Cette expérience a été faite avec grand foin & réitérée jufqu'à trois fois. On en a fait encore quelques autres pour les eaux qui jailliffent de bas en haut jufques à 5 ou 6 piés de hauteur, & on a toujours trouvé la même raifon fous-doublée des hauteurs des réfervoirs. On pourra donc prendre pour véritable la Régle fuivante.

RÉGLE

Pour la mefure des eaux jailliffantes.

LEs jets d'eau qui fortent par des ouvertures égales au deffous de dif-férentes élévations de réfervoirs, dépenfent de l'eau à l'égard l'un de l'autre, felon la raifon fous-doublée des hauteurs des furfaces fupé-rieures de l'eau des réfervoirs.   Pour pouvoir trouver aifément par le calcul toutes les quantitez d'eau que donnent les réfervoirs, de quelques hauteurs qu'ils foient, j'ai choifi une hauteur médiocre à laquelle on peut rapporter aifément toutes les autres: cette hauteur eft 13 piés, & j'ai trouvé par plufieurs expériences très-exactes qu'une ouverture ron-de de 3 lignes de diamétre étant à 13 piés au deffous de la furface fu-périeure de l'eau d'un large tuyau, donnoit un pouce, c'eft à dire qu'il en fortoit pendant le tems d'une minute 14 pintes mefure de *Paris*, de celles qui péfent 2 livres, & dont les 35 font le pié cube.

Les expériences ont été faites en cette maniére.   Le tuyau étoit re-courbé par embas, & avoit un réfervoir C, qui tenoit environ 20 pin-tes: le trou de 3 lignes étoit au point G ; fon diamétre étoit tel que les deux pointes d'un compas dont l'ouverture étoit de 3 lignes juftes, entroient dedans précifément fans s'appuyer fur les bords & fans laiffer d'intervalle vuide : D E G F eft une ligne horizontale où étoit l'ou-verture G: Il y avoit 13 piés depuis D jufques à C où étoit la furface de l'eau dans le réfervoir : On avoit mefuré 24 pintes dans trois vaif-

T A B. XVII. Fig. 72.

G g g 3

fcaux,

feaux, & l'on s'accordoit à les verfer de maniére que l'eau demeuroit toujours à une marque B faite à côté du réfervoir à la hauteur C ; & lors qu'en verfant l'eau baiffoit de quelque ligne, on en verfoit un peu plus vîte jufques à ce qu'elle pafsât la marque d'autant de lignes à peu près. On tenoit l'ouverture G fermée avec le pouce, & l'on mettoit en mouvement le pendule à fecondes : Celui qui tenoit l'ouverture fermée commençoit à l'ouvrir au commencement d'une feconde, & comptoit les fecondes de fuite en difant o, 1, 2, 3, &c : Ceux qui verfoient l'eau prenoient garde, que lors qu'on commençoit à compter, l'eau fût précifément à la hauteur de la marque, & ils achevoient de verfer leurs 14 pintes entre o, & la 60e. feconde. Je fis cette expérience d'une autre maniére, pour éviter le doute de l'inégalité de l'eau qu'on verfoit : On mit 7 pintes dans le réfervoir depuis une marque comme H jufques à une autre comme L en égale diftance du point B ; on tenoit l'ouverture fermée jufques à ce qu'on commençât à compter les fecondes, & on obfervoit que le haut de l'eau étoit au point L.

Il eft aifé de juger que pendant cet écoulement il fortoit fenfiblement autant d'eau que fi elle fût toujours demeurée à la hauteur médiocre B de 13 piés, parce que fi elle alloit plus vîte étant en L, elle alloit auffi moins vîte étant en H dans la même proportion.

Les expériences que j'ai faites à de grandes hauteurs comme 35 piés, donnoient environ un 17e. ou un 18e. moins que felon la raifon fous-doublée de 13 piés à ces hauteurs ; & celles que j'ai faites à des hauteurs de 6 ou 7 piés, donnoient un peu plus : ce qui procéde du frottement plus grand ou moindre contre les bords de l'ouverture de 3 lignes, & de la moindre ou plus grande réfiftance de l'air : mais comme ces différences font peu confidérables, on peut faire les calculs précifément felon la régle de la raifon fous-doublée. Voici une table des quantitez d'eau que donnent les réfervoirs de différentes hauteurs jufques à 52 piés par un ajutoir de 3 lignes de diamétre.

Table des dépenfes d'eau à différentes élévations de réfervoirs fur trois lignes de diamétre d'ajutoir pendant une minute.

Hauteurs des Réfervoirs.	Dépenfe d'eau.
6 piés	9 pintes $\frac{1}{2}$.
9 piés	11 pintes $\frac{2}{3}$.
13 piés	14 pintes.
18 piés	16 pintes $\frac{1}{2}$.
25 piés	19 pintes $\frac{1}{3}$.
30 piés	21 pintes $\frac{1}{3}$.
40 piés	24 pintes $\frac{1}{2}$.
52 piés	28 pintes.

Voi-

Voici comme on en fait les calculs. Soit 2 piés la hauteur du réfervoir; le produit de 2 par 13 eſt 26, dont la racine eſt 5 $\frac{1}{10}$ à peu près; comme 13 à 5 $\frac{1}{10}$, ainſi 14 pintes à 5 $\frac{1}{2}$ à peu près : d'où l'on conclut qu'un réfervoir de 2 piés de hauteur par 3 lignes, donnera 5 pintes & $\frac{1}{2}$ en une minute.

Si la hauteur étoit 45 piés, on prendroit la racine quarrée de 585 produit de 13 par 45; cette racine eſt 24 $\frac{3}{10}$ à peu près; donc comme 13 à 24 $\frac{3}{10}$ ainſi 14 à 26 à peu près : d'où l'on connoîtroit qu'un réfervoir de 45 piés donneroit 26 pintes en une minute par une ouverture de 3 lignes.

Lors qu'on applique un long tuyau étroit, à un large réfervoir, & que ce tuyau eſt perpendiculaire, il donne plus d'eau que ſi le tuyau n'y étoit pas, & qu'il y eût feulement au bas du réfervoir une ouverture égale à l'ouverture du tuyau. Voici quelques expériences que j'en ai faites.

ABCD eſt un réfervoir d'un pié de largeur & de hauteur. On met TAB. XVII. Fig. 72. à l'ouverture E un tuyau de verre de 3 piés, large de 3 lignes en haut & de 3 lignes $\frac{1}{2}$ en bas vers F. S'il n'y eût eu qu'un trou de 3 lignes en E fans tuyau, il eût donné en 60 fecondes un peu moins de 4 pintes felon les Régles ci-deſſus; & s'il eût été large également par tout comme AB, la hauteur GE étant de 4 piés & l'ouverture E étant de 3 lignes, il eût donné environ 8 pintes $\frac{1}{2}$ par les mêmes régles : mais le tuyau y étant, il n'a donné environ que felon la moyenne proportionnelle entre 4 pintes & 8 pintes $\frac{1}{2}$. La caufe de ce qu'il donne plus que par 3 lignes en F, procéde de l'accélération qui fe fait de l'eau coulante par le tuyau qui augmenteroit felon les nombres impairs, s'il n'y avoit que le tuyau; mais elle eſt retenuë par celle qui eſt dans le réfervoir qui diminuë cette accélération, parce qu'elle ne peut s'en féparer; mais auſſi celle du tuyau fait fuivre plus vîte celle qui eſt dans le réfervoir, qu'elle ne feroit, ſi le tuyau n'y étoit pas ajuté, & par ce moyen il fe fait une viteſſe moyenne d'écoulement qui change felon la longueur & la largeur des petits tuyaux.

J'ai remarqué dans ces expériences, que le tuyau étant inégalement large aux deux extrémitez comme en celui-ci, qui étoit de 3 lignes à un bout, & de 3 $\frac{1}{2}$ à un autre, il donnoit toujours la même quantité quelque bout qu'on mît dans le trou E; ce qui procedoit de ce que toute l'eau fe vuidoit toujours en même tems, demeurant tout rempli d'un bout à l'autre.

J'ai fait une autre expérience femblable. On avoit foudé un tuyau de 6 piés de longueur & d'un pouce de largeur à l'ouverture E d'un pié cube, qui ayant été rempli d'eau avec le tuyau s'eſt vuidé en 37 fecondes; & ayant coupé le tuyau par le milieu H, il fe vuida en 45; & le coupant par le haut E, il fe vuida en 95 : d'où l'on voit que la longueur du tuyau donne plus d'accélération.

Un

Un autre bacquet dont l'eau étoit à 4 pouces au deſſus du trou E de
4 lignes où eſt le tuyau EF, a donné, lorſqu'il étoit de 2 piés de hauteur, 12 meſures ½ de celles dont il n'eût donné que 8½ par la hauteur
de 4 pouces; & ſi le bacquet eût été juſques à F, il en eût donné juſques à 18½: ainſi c'eſt un moyen proportionnel qui procéde de l'accélération de l'eau qui remplit toujours le tuyau, & fait deſcendre plus
vîte l'eau par E, mais non pas ſi vîte que ſi le bacquet avoit 28 pouces
de hauteur : on a trouvé ces 8½, le même tuyau n'ayant qu'un pouce de
hauteur, parce qu'il ſe faiſoit peu d'accélération.   Un autre tuyau de
4 piés fit preſque le même effet; il avoit 4 lignes à un bout & 4½ à l'autre; on le mit au trou E ſelon les deux poſitions; & il donna la même
quantité d'eau, ſinon qu'il ſembloit que les 4 lignes étant en E & les
4½ en F, il en ſortit 3 ou 4 cueillerées davantage.

Mais ayant appliqué un tuyau étroit de 2 piés & demi de longueur
& ¼ de lignes d'ouverture, il n'en eſt pas ſorti ⅓ davantage, quand le
tuyau étoit de ſa longueur, que quand il étoit ſeulement d'un pouce;
ce qui procéde du frottement le long du tuyau étroit qui empêche
l'eau d'accélérer ſa viteſſe en tombant.

T A B.
XVII.
Fig. 72.
73.

TROISIÉME DISCOURS.

De la meſure des eaux jailliſſantes par des ajutoirs de différentes ouvertures.

ON a vu dans le 3ᵉ. Diſcours de la 2ᵉ. Partie, que les eaux qui
jailliſſoient avec des viteſſes égales par de différentes ouvertures,
faiſoient équilibre par leur choc avec des poids qui étoient l'un à l'autre en raiſon doublée des diamétres des ouvertures. On doit dire la même choſe à l'égard de la dépenſe de l'eau qui ſort par des ajutoirs différens au deſſous des réſervoirs d'égales hauteurs, ſavoir qu'ils dépenſent
de l'eau ſelon la raiſon doublée des diamétres des ouvertures : on en fait
la démonſtration en cette ſorte.

DÉMONSTRATION.

T A B.
XVII.
Fig. 74.

A B eſt un plan percé d'une ouverture ronde *e f*.   C D eſt un autre
plan percé d'une autre ouverture *g h* plus petite.   I L eſt un cylindre
paſſant entiérement par l'ouverture *e f* en un certain tems, comme de
2 ſecondes ſelon une viteſſe uniforme.   M N un autre cylindre de même longueur, mais dont la baſe eſt plus petite, laquelle paſſe auſſi entiérement par l'ouverture *g h* dans le même tems de deux ſecondes.   Il
eſt manifeſte que ſi le diamétre *e f* du cylindre I L, qui eſt le même

que

que celui de l'ouverture, eſt double du diamétre *g h*; le grand cylindre
ſera quadruple de l'autre, puis qu'ils ſont l'un à l'autre comme leurs baſes, dont chacune eſt ſuppoſée égale à l'ouverture par où ils paſſent.
Or puis qu'ils vont de même viteſſe, quand la moitié du grand cylindre ſera paſſée, la moitié du petit le ſera auſſi, & ce qui ſera paſſé de
l'un & de l'autre ſera toujours dans la même proportion de 4 à 1. Donc
ſi on ſuppoſe que ces cylindres ſoient des jets d'eau qui aillent de même viteſſe, il paſſera toujours en même tems 4 fois autant d'eau par la
grande ouverture que par la petite, qui eſt la raiſon doublée des diamétres des ouvertures, & de même à l'égard des autres proportions. Pour
confirmer cette régle, on a fait les expériences ſuivantes.

I. EXPÉRIENCE.

UN réſervoir ayant 12 piés 4 pouces d'élévation, a donné par une
ouverture de 3 lignes bien méſurées 14 pintes en 61 ſeconde $\frac{1}{2}$, en
l'entretenant plein; & par un trou de 6 lignes bien meſurées, il a donné la même quantité en 15 ſecondes $\frac{1}{2}$: c'eſt à peu près ſelon la proportion doublée des diamétres; car il en eût donné 56 pintes $\frac{1}{2}$ environ
dans le tems de 62 ſecondes.

II. EXPÉRIENCE.

UN réſervoir de 24 piés 5 pouces de hauteur a donné par la même
ouverture de 3 lignes 14 pintes en 44 ſecondes $\frac{1}{2}$, & une autre fois
en 45; & l'ouverture de 6 lignes les a données en 11 & $\frac{1}{4}$ à peu près;
& ayant reïteré l'expérience, elle les a données en 11 ſecondes préciſément.   Par ces deux expériences & par pluſieurs autres ſemblables
qu'on a faites dans de médiocres hauteurs depuis 5 piés juſques à 27,
on a trouvé que les différentes ouvertures donnoient toujours de l'eau
ſenſiblement & à fort peu près ſelon les proportions de leurs ſurfaces,
& qu'on peut ſuivre cette régle.

RÉGLE

Pour la dépenſe des eaux jailliſſantes.

LEs jets d'eau par différentes ouvertures miſes au deſſous de réſervoirs
d'égales hauteurs, donnent de l'eau ſelon la raiſon des ouvertures,
ou ſelon la raiſon doublée des diamétres des ouvertures.

Table des dépenses d'eau pendant une minute par différens ajutoirs ronds,
l'eau du réservoir étant à 13 piés de hauteur.

Diamétres.	Dépenses.
Par l'ajutoir de 1 ligne	1 pinte & $\frac{10}{11}$.
par 2 lignes	6 pintes $\frac{2}{5}$.
par 3 lignes	14 pintes.
par 4 lignes	25 pintes à peu près.
par 5 lignes	39 pintes.
par 6 lignes	56 pintes.
par 7 lignes	76 $\frac{1}{4}$.
par 8 lignes	110 $\frac{2}{3}$.
par 9 lignes	126.
par 12 lignes	224 pintes.

Si l'on veut se servir du calcul des pouces, on trouvera que l'ouverture de 3 lignes donnera un pouce, celle de 6 lignes 4 pouces, & celle de 12 lignes 16 pouces.

Il y a quelquefois des causes qui empêchent l'exactitude de ces régles, de maniére que fort souvent les grandes ouvertures donnent un peu plus à proportion que les plus petites, & quelquefois elles donnent moins. De même les plus grandes hauteurs donnent quelquefois un peu plus que selon la raison sous-doublée, & quelquefois elles donnent un peu moins. J'en ai fait les expériences suivantes.

III. EXPÉRIENCE.

JE pris un tuyau de demi pié de diamétre & d'environ 6 piés de hauteur, ayant un tambour ou réservoir au haut qui contenoit environ 12 pintes; je mis au fond la même plaque percée d'une ouverture de 12 lignes qui avoit servi aux premiéres expériences, & un autre de 4 lignes dans le même fond; l'ouverture de 12 lignes étoit distante d'environ un pouce du bord de la base, & celle de 4 lignes aussi à un pouce; on mettoit un grand bacquet au dessous où il y avoit une séparation qui le divisoit inégalement, on l'ajustoit en sorte que l'eau qui couloit par les 4 lignes entroit en la petite séparation, & celle qui couloit par le pouce dans l'autre; le tuyau étant plein, on laissoit couler en même tems les 2 ouvertures, & on retiroit le bacquet tout à coup, en sorte que les 2 ouvertures cessoient d'y couler sensiblement en un même moment: on a toujours trouvé que le grand trou, qui selon la 2e. régle devoit donner 9 fois autant que le petit, n'en donnoit que 8 fois autant, & 8 fois & quelque peu davantage dans d'autres expériences. La cause de cet effet est la même que celle dont on a parlé ci-devant, savoir que l'eau ne coule pas si facilement par la grande ouverture que

par

par la petite: Car la grande devant donner 9 fois autant d'eau, il faut
que celle qui doit fucceder à celle qui coule, vienne de près d'un pié
de circonférence, & la diftance d'un côté du tuyau n'étoit que d'un
pouce, & la plus éloignée feulément de 4 pouces; ce qui retardoit l'é-
coulement, l'eau fupérieure ne pouvant venir auffi vîte qu'il eût été néceffaire: au lieu que dans la petite ouverture il fuffifoit d'une diftance
d'un pouce de tous côtez pour fournir affez vîte à l'écoulement: & cette
différence faifoit ce 9e. de différence dans les quantitez des eaux écou-
lées, comme dans l'expérience du pouce dont le centre étoit plus bas
que la furface de l'eau de 7 lignes qui ne donnoit que 13 pintes $\frac{3}{8}$, au
lieu que le trou de 6 lignes donnoit le quart de 15 pintes, fon centre é-
tant à la même diftance de 7 lignes de la furface fupérieure de l'eau.

IV. EXPÉRIENCE.

POur ôter cette difficulté de l'écoulement, on fit plufieurs expériences dans un tonneau, dont le fond étoit affez large pour placer l'ouverture de 12 lignes à un pié du bord le plus proche, & on mit la petite ouverture à plus d'un pié de diftance de la grande. L'expérience
ayant été faite avec le même bacquet où il y avoit une féparation, on
trouva toujours que la grande ouverture donnoit moins que 9 fois plus
que la petite; car il s'en manquoit quelquefois $\frac{1}{18}$, quelquefois $\frac{1}{20}$, c'eft
à dire que fi la petite avoit donné chopine, la grande donnoit 8 chopi-
nes & demi ou 8 chopines & $\frac{3}{7}$. On mefura exactement de nouveau les
2 ouvertures, & on trouva que celle de 12 lignes étoit tant foit peu plus
forte à proportion que celle de 4 lignes; du moins on étoit affeuré qu'elle n'étoit pas plus foible, & par conféquent que le défaut de la quantité d'eau qu'elle devoit donner, ne procedoit pas de cette caufe. Dans
les expériences qu'on fait féparément avec des ouvertures différentes,
les grandes ouvertures donnent ordinairement plus à proportion que les
petites: il y a trois caufes qui peuvent contribuer à cet effet.

La première, qu'il y a plus de frottement à proportion dans les petites ouvertures que dans les grandes: car les circonférences des ouvertures différentes ne font l'une à l'autre que felon la raifon des diamétres,
au lieu que les eaux qu'elles donnent font en raifon doublée des mêmes
diamétres. Or fi l'on fuppofe que l'eau par fa vifcofité s'attache un peu
aux bords des ouvertures, il faudra retrancher par cette raifon une petite partie de la largeur des diamétres. Par exemple, à une ouverture
de 3 lignes on peut retrancher $\frac{1}{15}$ de ligne: c'eft pourquoi à une ouverture de 6 lignes, quoique le quarré de 6 foit quadruple du quarré de 3,
& que les ouvertures rondes foient entr'elles comme les quarrez, dont
les côtez font égaux aux diamétres des cercles, néanmoins la circonférence de l'ouverture qui a 6 lignes de diamétre, fera feulement double
de celle qui a trois lignes; c'eft pourquoi il ne faudra retrancher qu'un
H h h 2

cin-

cinquiéme ou deux dixiémes pour cet empêchement. D'où l'on voit que les jets de plus grande ouverture ne font pas fi fort retardez & empêchez que les petits, & donnent plus d'eau à proportion de leurs diamétres.

La feconde caufe eft qu'un petit filet d'eau trouve plus de réfiftance dans l'air à fa fortie, qu'un gros jet, comme il arrive aux petites balles de plomb qui ne vont pas fi loin que les groffes, quoiqu'elles fortent d'un même moufquet en même tems.

La troifiéme caufe eft le choc plus grand de l'eau qu'on verfe pour entretenir l'écoulement des plus grandes ouvertures. Car pour entrenir un réfervoir plein, dont l'eau ne fort que par 4 lignes, il fuffit de verfer l'eau tout doucement avec un petit vaiffeau: mais lorfque le jet eft de 12 lignes de largeur, il faut verfer l'eau à plein feau, & avec une grande viteffe; ce qui donne une impulfion à l'eau qui la fait aller plus vîte que s'il n'y avoit que le feul poids qui la poufsât: On en a fait l'expérience en mettant horizontalement une ouverture d'un pouce de hauteur & de 4 de longueur: car elle donne en 36 fecondes$\frac{1}{2}$ une quantité d'eau qu'elle ne devoit donner que dans le quart de 154 fecondes, favoir en 38$\frac{1}{2}$, ce qui procedoit de ce qu'on verfoit avec grande force l'eau pour entretenir celle qui fortoit, & même quand on n'entretiendroit pas les refervoirs pleins, l'eau defcend bien plus vîte par un tuyau de 3 ou 4 pouces de largeur quand le jet eft gros, que quand il eft petit; ce qui augmente néceffairement la viteffe de la fortie. Ces trois caufes jointes enfemble font quelquefois un peu plus fortes que la feule difficulté de l'écoulement, & quelquefois elles ne font que l'égaler, lorfqu'on fait les expériences féparément par de différentes ouvertures.

Voici quelques expériences que j'en ai faites avec une ouverture de 3 lignes & une de 6 lignes.

I. EXPÉRIENCE.

L'Ouverture de 3 lignes ayant fon réfervoir à 5 piés & demi de hauteur, a donné 14 pintes de 2 livres de poids en 93 fecondes; & l'ouverture de 6 lignes les a données en 23 fecondes au lieu de 23$\frac{1}{4}$.

II. EXPÉRIENCE.

UN réfervoir étant à 24 piés & un peu plus, a donné par l'ouverture de 3 lignes 14 pintes en 44 fecondes & demi; & par 6 lignes, en 11 fecondes en entretenant la hauteur de l'eau dans le réfervoir.

III. EX-

III. EXPÉRIENCE.

DE la hauteur de 12 piés ½ le trou de 3 lignes a donné 14 pintes médiocres en 61 secondes ½, en l'entretenant plein; & par le trou de 6 lignes, il les a données en 15½.

IV. EXPÉRIENCE.

ON mit une marque dans le tambour ou réservoir qui étoit au haut du tuyau plus haut que celle qui marquoit les 12 piés 4 pouces, & un autre plus bas en égale distance, afin que laissant écouler l'eau depuis la marque supérieure jusques à l'inférieure, cela fit le même effet que si on l'avoit entretenu plein à 12 piés 4 pouces: il entroit 13 pintes ½ dans le réservoir depuis la marque inférieure jusques à la supérieure; elles s'écoulérent par 3 lignes en 58 secondes, & par 6 lignes en 15 au lieu de 14½.

V. EXPÉRIENCE.

LE réservoir étant à 24 piés 3 pouces, & à la marque du milieu, a donné par les 3 lignes 14 pintes en 44 secondes ½, & par les 6 lignes en 12 & ½ à peu près; & en laissant écouler les 13 pintes ¼ depuis la marque supérieure, il s'est employé 42 secondes par les 3 lignes, & 10½ par les 6 lignes: cette derniere expérience rend les proportions égales aussi-bien que la 2ᵉ.

On a trouvé à peu près de même en un réservoir de 35 piés.

Par ces différentes expériences on voit que l'on peut suivre la 2ᵉ. régle sans craindre aucune erreur considérable, & que les causes contrariées font toujours une compensation assez juste quand on fait les expériences.

A l'égard de la raison sous-doublée des hauteurs de réservoirs, il y a deux causes qui la diminuënt, & deux qui l'augmentent.

Celles qui la diminuënt, font, que l'air résiste plus à proportion à une grande vitesse qu'à une petite, & que le frottement est plus grand contre les bords de l'ajutage.

Celles qui l'augmentent, font les mêmes qui font quelquefois que les grandes ouvertures donnent plus d'eau à proportion que les petites: savoir, qu'il faut verser l'eau avec plus de force, pour entretenir les réservoirs pleins dans une grande hauteur que dans une petite, & que l'eau descend plus vîte quand on la laisse écouler.

Ces causes se compensent assez justement l'une par l'autre: mais il arrive plus ordinairement qu'il y a un peu moins qu'à la raison sous-doublée dans les grandes hauteurs: mais quand on fait les expériences dans

un

un même fond de réservoir en même tems, les grandes ouvertures donnent toujours moins à proportion que les plus petites.

TAB.
XVIII.
Fig. 75. *Toricelli* a démontré dans un petit Traité qu'il a fait du Mouvement des Eaux, que s'il y a un réservoir A B C D percé au fond en E d'une petite ouverture comme de 4 à 5 lignes, & que l'eau étant jusques à la ligne A B, elle puisse s'écouler en 10 minutes sans y rien ajouter; elle passera des espaces inégaux en descendant dans des tems égaux, en sorte que si l'on divise la ligne B C en 100 parties égales, elle descendra pendant la premiére minute de 19 de ces parties, pendant la 2e. de 17, pendant la 3e. de 15 &c. & ainsi de suite selon les nombres impairs jusqu'à l'unité, tellement que la derniere partie se vuidera en la derniére des 10 minutes. La raison de cet effet est fondée sur la premiére Régle expliquée ci-dessus, que les vitesses des eaux coulantes sont en raison sous-doublée des hauteurs, & par conséquent qu'elles sont entr'elles comme les ordonnées d'une parabole A B C, commmençant par la plus grande A B, & finissant au point C; ce qui fait que les espaces passez en même tems par la surface de l'eau A B sont comme les nombres impairs de suite commençant par le plus grand.

De là on tire une conséquence, que si on mésure la quantité d'eau qui est contenuë dans le réservoir jusques à la ligne A B, & qu'elle s'écoule en 10 minutes; il en sortira deux fois autant dans le même tems, si on entretient toujours le réservoir plein jusques à la hauteur A B: ce qui procéde de ce que si une goute d'eau étoit tombée dans un certain tems depuis B jusques à C, & qu'elle continuât sa vitesse acquise au point C sans l'augmenter ni diminuër, elle passeroit dans le même tems un espace double de B C. Or l'eau qui sort au commencement par l'ouver E, a une vitesse égale à celle que la goute tombant auroit acquise au point C, & toute l'eau qui sort a toujours la même vitesse si ce réservoir demeure plein; c'est pourquoi il en sortira deux fois autant dans les 10 minutes, qu'il en sort en la laissant écouler sans y rien ajouter, & dans 5 minutes autant qu'il en contient.

TAB.
XVIII.
Fig. 76.
77. Mais la même chose n'arrive pas quand ce tuyau n'est que d'un demi pié de largeur & de 2 ou 3 piés de hauteur, comme le tuyau A B C D, ayant l'ouverture K de 6 lignes: car la vitesse de l'eau qui descend pendant l'écoulement, donne une impulsion à celle qui sort, laquelle jointe au poids de l'eau, la fait aller plus vîte qu'elle ne fait quand elle descend très-lentement, ce tuyau étant fort large. J'ai trouvé plusieurs fois que si l'eau s'écouloit entiérement d'un tel réservoir en 4 minutes, qu'il s'en manquoit ½ quand on l'entretenoit plein, qu'il n'en sortît autant pendant 2 minutes; & si ce tuyau contenoit 24 pintes & qu'elles s'écoulassent en 4 minutes, il n'en sortoit que 20 pintes en l'entretenant plein pendant l'espace de 2 minutes, & pour en donner 24, il falloit 2 minutes & 24 secondes: ce defaut provient aussi de ce que le jet est plus retardé par le frottement & par la résistance de l'air à propor-

por-

portion quand il est vîte, que quand il est foible, comme on l'a expliqué ci-devant, & ainsi il est toujours également retardé par ces deux
causes, quand le tuyau est entretenu plein ; mais il l'est bien moins
quand l'eau n'est qu'à la hauteur L M, encore moins quand elle est
descenduë jusqu'à F G. Il est vrai que s'il se fait un tournoyement dans
l'eau, comme il arrive souvent, alors l'écoulement sera retardé & pourra recompenser l'effet de l'accélération : ce tournoyement se fait lors que
le trou n'est pas dans un même plan, & que l'eau coulante sort un peu
de travers en un endroit.

Dans la derniére expérience que j'ai faite sur cette matiére, l'eau a-
voit 10 pouces de hauteur au dessus d'une ouverture de 4 lignes qui é-
toit coulée sur le fond intérieur du seau : on avoit posé à côté de l'ouverture à la même hauteur un bâton où l'on avoit pris 10 pouces qu'on
avoit divisez en 36 parties ; la première auprès de l'ouverture avoit une
de ces parties, la seconde 3, la troisiéme 5, la quatriéme 7, la cinquiéme 9, & la sixiéme 11 : la première division d'enhaut s'écoula en 39
secondes ; les 2 suivantes de même ; la 4e n'employoit environ que 36
secondes, & chacune des deux autres encore moins, quoique l'eau fit
alors un tournoyement, ce qui arrivoit par l'accélération de la vitesse
de l'eau, quand elle étoit sortie de l'ouverture. La même proportion
s'observe encore bien moins quand l'ouverture est fort grande à proportion de la hauteur, comme si elle a son diamétre égal à la 4e. ou 5e. partie de celui de la base du cylindre A B C D : car l'eau coulera en grande abondance, & par conséquent elle accélérera beaucoup sa vitesse en
descendant, & choquera si fort celle qui sort, qu'encore qu'alors son
poids soit moindre que lorsqu'elle étoit en A B, cette impulsion surpas-
sera ce défaut, & il sortira plus d'eau par l'ouverture K quand la surface supérieure sera arrivée en H I ou L M, que quand elle étoit en A B.
Cette vérité se connoîtra aisément, si l'on considére que lorsque le tuyau
est tout ouvert, l'eau supérieure descend en des tems égaux selon les
nombres impairs de suite 11, 9, 7, 5, 3, 1, &c ; & que lorsque le tuyau
est fort large, & l'ouverture fort petite, elle descend selon les nombres 7, 9, 7, 5, 3. Et il suit nécessairement qu'on peut proportionner
les hauteurs, les largeurs, & les ouvertures du tuyau, de telle sorte
qu'il se fera un temperament de vitesse tel qu'on voudra dans les écoulemens, c'est à dire qu'on pourra faire passer les 2 moitiés en deux tems
égaux, & que la 3e. partie vers le bas se vuidera en un tems 3 fois moindre que le reste, & ainsi des autres parties : mais lorsque l'eau sera beaucoup descenduë comme en F G, elle n'accélérera plus, mais elle diminuëra toujours de vitesse ; car alors la pression sera diminuée de plus de
moitié, & l'accélération cessera nécessairement de beaucoup, & alors
elle ira toujours en diminuant jusques à la fin. On a expérimenté dans
un tuyau de verre de 5 piés de hauteur, de 10 lignes de largeur, &
de 2 lignes d'ouverture, divisé en 5 parties, que la premiére se passoit

en

en 7 mesures de tems, la 2ᵉ. en 6, la 3ᵉ. en 6, & la 4ᵉ. en 7, à peu près, & le reste toujours en diminuant : d'où il s'ensuit, que dans un tel tuyau il y a deux endroits différens, l'un vers le haut, & l'autre vers le milieu du tuyau, où l'eau descend avec la même vitesse. On voit de là qu'il est impossible que l'eau descende uniformément tout le long des vaisseaux cylindriques quels que soient les largeurs & les hauteurs, & les ouvertures ou ajutages : Car si le poids qu'elle a en H I joint à l'impulsion de sa vitesse, la fait sortir avec une certaine vitesse par K, l'impulsion de la même vitesse, si elle la conservoit, joint au poids qu'elle a en L M, qui sera la moindre, la fera sortir moins vîte ; & par conséquent l'eau supérieure descendra moins vîte en L M qu'en H I ; d'où il s'ensuit, que si dès le commencement l'eau supérieure diminuë de vitesse, elle diminuëra toujours jusques à la fin.

De là on pourra juger en combien de tems un muid ou autre vaisseau pourra se vuider en le laissant écouler par une certaine ouverture.
TAB.
XVIII.
Fig. 78. Car, soit A B C D un muid de *Paris*, posé debout, ayant une ouverture de 4 lignes en E. La hauteur ordinaire du vin entre les fonds, qui est de 30 pouces ou 2 piés & demi, par 13 piés, fait 32 ½, dont la racine est 5 & $\frac{12}{17}$ à fort peu près ; & comme 13 à 5 $\frac{12}{17}$, ainsi 14 à 6¼ à fort peu près. Donc, si l'ouverture E étoit de 3 lignes, il en sortiroit, le muid étant entretenu plein, 6 pintes & ⅛ en une minute ; mais étant de 4 lignes, les surfaces de ces ouvertures sont comme 9 à 16 : Donc comme 9 à 16 ainsi 6¼ à 10 $\frac{11}{27}$, c'est-à-dire à 11 un peu moins. Et si 11 pintes me viennent d'une minute, quel tems me donneront 280 ? on trouvera environ 25 minutes & demi en entretenant toujours le vaisseau plein d'eau. Donc, par ce qui été dit ci-dessus, il faudra le double de ce tems, savoir 51 minutes pour le laisser écouler. Puisque l'ouverture sera très-petite à proportion de la largeur, les renflemens A G D & B F C n'apporteront point de différence considérable à ce calcul.

Il est bon de resoudre ici un Problême assez curieux, que *Toricelli* n'a pas entrepris de resoudre, quoiqu'il l'ait proposé. Ce Problême est de trouver un vaisseau de telle figure qu'étant percé au fond d'une petite ouverture, l'eau supérieure passe en descendant des hauteurs égales en des tems égaux.
TAB.
XVIII.
Fig. 79. Si dans la figure conoïdale B L est à B N, comme le quarré quarré de L M est au quarré quarré de N O ; & B N à B H, comme le quarré quarré de N O au quarré quarré de H K, & ainsi de suite : l'eau descendra depuis A D C uniformément jusques à l'ouverture, qui est en B. Car, soit B P la moyenne proportionnelle entre B D & B H. D'autant que les quarrez quarrez de K H & de D C sont entr'eux comme les hauteurs B H, B D ; les quarrez de H K, D C, feront en raison sous-doublée de B H à B D, ou comme les hauteurs B P, B D. Mais la vitesse de l'eau qui sort en B par la charge de la hauteur B D est à la vitesse de celle qui sort par la charge de la hau-

hauteur B H en raison sous-doublée de B D à B H, c'est-à-dire, comme B D à B P. Donc la vitesse de l'eau descendante de H, est à la vitesse de l'eau descendante de D, comme le quarré de H K au quarré de D C. Mais la surface circulaire de l'eau en H est à la surface circulaire de l'eau en D, comme le quarré de H K au quarré de D C. Donc elles couleront & descendront aussi vîte l'une que l'autre. Et si la surface A D C s'écoule en une seconde, la surface G H K s'écoulera aussi en une seconde, puisque les quantitez sont comme les vitesses. La même chose arrivera aux autres surfaces en E, en F &c. Mais il faut que l'ouverture en B soit très-petite, afin qu'il ne se fasse point d'accélération considérable, & que l'eau ne sorte par l'ouverture B sensiblement, que selon la proportion de son poids. Un tel vaisseau peut servir de Clepsidre ou Horloge d'eau.

EXPLICATION EN NOMBRES.

SOit D B 16 & B I l'unité : le quarré quarré de I R sera l'unité si le quarré quarré de D C est 16, & par conséquent D C sera 2 si I R est 1. Soit B H moyenne proportionnelle entre B I & B D, qui sera par conséquent 4 : la vitesse par le poids D B est 16 : mais le cercle ou la surface I R sera 1, & le cercle D C sera 4 : donc ces quantitez feront comme leurs vitesses, & par conséquent dans le même tems les surfaces, ou les cercles D C & I R, s'écouleront ; & s'il faut une seconde de tems pour écouler la surface I R, il en coulera le quadruple en même tems par une vitesse quadruple, c'est-à-dire, la surface D C, puisqu'elle est quadruple de l'autre. La même proportion se trouvera dans toutes les autres surfaces, qui composent toute l'eau, ou dans les solides qui ont une épaisseur indéfiniment petite. On suppose dans toutes ces expériences qu'il ne se fasse point de tournoyement dans l'eau, ni de petit creux, comme dans les entonnoirs qui se vuident.

RÉGLE.

S'Il y a deux tuyaux A B & C D d'égale hauteur, & de largeur iné- TAB.
gale, quelle que soit cette inégalité ; & que l'eau sorte de leurs fonds XVIII.
par des ouvertures égales ; il ne sortira pas davantage d'eau du tuyau é- Fig. 80.
troit que du large en même tems en les entretenant pleins, pourvû que le tuyau le moins large ait son diamétre environ 4 fois aussi grand que l'ouverture par où sort l'eau, & que l'eau n'ait point de mouvement circulaire dans les tuyaux : Car l'eau sortant par les ouvertures égales, élévera des poids égaux par ce qui a été dit ci-dessus ; elle ira donc aussi vîte en l'un qu'en l'autre, & par conséquent il en sortira aussi autant d'eau en même tems.

S'il y a donc un réservoir de 100 piés de diamétre, & un d'un pié, qui foient d'égale hauteur ; & percés au fond ou à côté d'ouvertures égales à même hauteur des furfaces de l'eau, il en fortira autant de l'un que de l'autre en même tems.

On fait ici une queftion, favoir, fi l'on a deux tuyaux d'un pouce de largeur, & inégaux en hauteur, par exemple l'un de 5 piés, & l'autre de 10, & qu'on les empliffe d'eau, s'ils donneront autant d'eau l'un que l'autre en même tems. On répond qu'ils en donnent fenfiblement autant l'un que l'autre, parce que l'eau dans tous les deux tombe également vîte, comme deux cylindres inégaux de même matiére dans le commencement de leur chûte ; parce que l'air réfifte très-peu à l'un & à l'autre, & ils s'accélérent fenfiblement de même felon les nombres impairs : donc s'il fort 6 piés d'eau en un certain tems de l'un, il en fortira autant de l'autre. Que fi l'on retreffit le grand tuyau jufques à 4 lignes à fa bafe, il donnera plus d'eau dans le premier quart de feconde, qui s'il étoit tout ouvert : en voici le calcul.

Le produit de 13 par 52 eft 676, dont la racine eft 26 ; comme 13 à 26, ainfi 14 pintes à 28 : donc en une minute ce trou donnera 28 pintes, ou 56 livres ; & par une ouverture de 4 lignes, 99 livres ½ ; & en une feconde, environ 26 onces & demi ; & en un quart de feconde, 6 onces ½ : mais en un quart de feconde le cylindre d'eau ne defcend que de trois quart de pié, qui fur une largeur d'un pouce ne vaut qu'un peu plus de 4 onces ; donc en un quart de feconde il eft forti du grand cylindre 2 onces ½ plus d'eau par l'ouverture de 4 lignes, que du petit cylindre tout ouvert.

QUATRIÉME DISCOURS.

De la mefure des eaux courantes dans un Aqueduc, ou dans une riviére.

POur méfurer les eaux courantes dans la conduite d'un Aqueduc, ou celles d'une riviére, qu'on ne peut pas recevoir dans un vaiffeau, on fe fervira de la méthode fuivante.

On mettra fur l'eau une boule de cire chargée d'un peu de matiére plus pefante, en forte qu'il ne paffe que fort peu de la cire au deffus de la furface de l'eau de peur du vent ; & après avoir méfuré une longueur de 15 ou 20 piés de l'Aqueduc, on reconnoîtra avec un pendule à demi fecondes en combien de tems la boule de cire emportée par le cours de l'eau paffera cette diftance. Enfuite on multipliera la largeur de l'Aqueduc par la hauteur de l'eau, & le produit, par l'efpace qu'aura parcouru la cire ; le dernier produit, qui eft folide, marquera toute l'eau qui aura paffé pendant le tems qu'on aura remarqué, par une fection de

l'A-

l'Aqueduc.   Pour faire cette opération avec juſteſſe, il faut que le lit
de l'Aqueduc ait la même pente que la ſuperficie de l'eau qui y paſſe,
& de plus l'on ſuppoſe que l'eau coule également vite au fond, au deſſus, aux côtez.

EXEMPLE.

ON ſuppoſe un Aqueduc qui ait deux piés de largeur, & que l'eau
y ſoit haute d'un pié, & qu'en 20 ſecondes de tems la cire ait fait
30 piés; ce ſera un pié & demi par ſeconde. Mais, parce que l'eau va
plus lentement au fond qu'au deſſus, il ne faut prendre que 20 piés; ce
ſera donc un pié par ſeconde: le produit d'un pié de hauteur par deux
piés de largeur eſt 2, qui multiplié par 20 de longueur, donne 40 piés
cubes, ou 40 fois 35 pintes d'eau, qui font 1400 pintes en 20 ſecondes: & ſi 20 ſecondes donnent 1400, 60 ſecondes en donneront trois
fois autant, ſavoir 4200 pintes: & diviſant 4200 par 14, qui eſt le
nombre des pintes qu'un pouce d'eau donne en une minute ou en 60
ſecondes, on trouvera le quotient de 300, qui ſera le nombre des pouces que donnera l'eau de l'Aqueduc.

On calculera facilement par cette maniére le nombre des pouces que
donne la riviére de *Seine*: Car puis-qu'il paſſe par deſſous le Pont rouge en une minute 200000 piés cubes d'eau, ſi on multiplie 35, qui eſt
le nombre des pintes que contient un pié cube, par 200000, on aura
7000000 pintes, qui étant diviſées par 14 donnent 500000, qui eſt le
nombre des pouces que donne la riviére de *Seine* quand elle eſt dans ſa
médiocre hauteur.

Si l'on veut calculer de grandes ouvertures, comme une toiſe quarrée, il faut conſidérer la hauteur de la ſurface de l'eau au deſſus du milieu de la toiſe; ſoit par exemple 5 piés, il y aura donc 8 piés juſques
au milieu de la toiſe.   Le produit de 8 par 13 eſt 104, dont la racine
quarrée eſt 10 & ½ à peu près; comme 13 à 10½, ainſi 14 à 11 à fort
peu près; & parce qu'un pouce rond eſt 16 fois plus grand qu'un rond
de 3 lignes, un pouce ſurmonté de 8 piés donnera 16 fois 11 pintes,
ou 176 pintes, qui diviſées par 14 donnent 12 pouces ½ pour un pouce
de diamétre d'ouverture.   Une ouverture ronde d'un pié de diamétre
donne 144 fois davantage; le produit de 12 ½ par 144 eſt 1810; le pié
rond donnera donc 1810 pouces.   La toiſe ronde contient 36 fois un
rond d'un pié; le produit de 36 par 1810 eſt 65160; comme 11 à 14
ainſi 65160 à 82930: Donc la toiſe quarrée ſurmontée de 5 piés donnera 82930 pouces.

De là on connoitra que ſi l'on avoit retenu la riviére de *Seine* quand
elle eſt dans ſa grandeur un peu plus que médiocre, & qu'elle s'élevât
juſques à 8 piés au deſſus d'une ouverture quarrée de 10 piés & de 18
piés de largeur, elle y paſſeroit toute: car il y auroit juſques au centre

Iii 2

du cercle qui auroit 10 piés de diamétre , 13 piés depuis la furface de l'eau retenuë , & elle donneroit par 3 lignes de diamétre d'ouverture un pouce ; par un pouce de diamétre elle donneroit 16 pouces ; par un pié 144 fois 16 pouces, qui font 2304 pouces ; & multipliant ce nombre par 100 quarré de 10 piés , qui eft la largeur de l'ouverture , on auroit 230400 ; & felon la proportion du cercle au quarré circonfcrit , qui eft de 11 à 14, on trouveroit 293236 pouccs quarrez à peu près ; & y ajoutant 8 piés en longueur , on auroit plus de 500000 pouces, qui eft ce que donne la riviére de *Seine* étant médiocre , comme il a été dit ci-devant ; & par conféquent elle pafferoit toute par une ouverture quarrée qui auroit 18 piés de largeur & 10 de hauteur.

Si l'eau coule par un Aqueduc , ou par un Canal de riviére , felon une petite pente uniforme , elle acquerra dans un médiocre efpace une viteffe qu'elle n'augmentera plus : car le frottement des bords & du fond du Canal , & le renverfement des parties de l'eau du deffus au deffous , & la réfiftance de l'air aux petites vagues qui font en la furface , lui font perdre une partie de fa viteffe , & par conféquent elle ne peut accélérer fon mouvement que jufques à une certaine viteffe qu'elle acquiert en peu de tems : d'où il s'enfuit , que fi une riviére a coulé par un affez long efpace dans une certaine pente , & qu'elle coule enfuite par une pente moins roide , c'eft à dire par un plan moins incliné , elle diminuëra de viteffe ; car puifqu'elle aura acquis dans la première pente toute la viteffe qu'elle y peut avoir, qu'elle n'auroit pû acquerir dans une moindre, il s'enfuit qu'elle diminuëra de viteffe peu à peu dans cette pente qui eft moindre , jufques à ce qu'elle foit réduite à la viteffe qu'elle y peut acquerir.

QUATRIÉME PARTIE.

DE LA

HAUTEUR DES JETS.

PREMIER DISCOURS.

De la hauteur des Jets perpendiculaires.

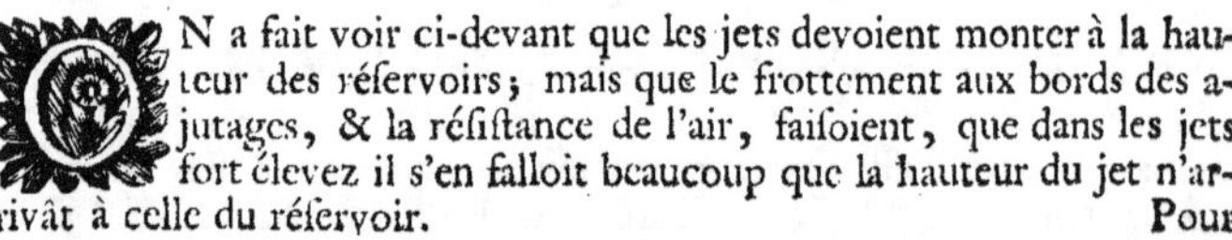
N a fait voir ci-devant que les jets devoient monter à la hauteur des réfervoirs ; mais que le frottement aux bords des ajutages , & la réfiftance de l'air , faifoient , que dans les jets fort élevez il s'en falloit beaucoup que la hauteur du jet n'arrivât à celle du réfervoir.

Pour

Pour bien expliquer les régles qu'on doit fuivre pour calculer les hauteurs des jets, felon les hauteurs de l'eau des réfervoirs, il faut confidérer les régles fuivantes.

PREMIÉRE RÉGLE.

L Ors que les tuyaux qui fournissent l'eau font suffisamment larges, plus l'ajutage est large plus il pousse loin son jet.

On en fait facilement l'expérience, fi l'on a un muid debout plein d'eau, & qu'on le perce à côté vers le fond inférieur de 5 ou 6 ouvertures différentes à même hauteur horizontale, comme d'une ligne, de 2 lignes, de 4 lignes, de 6 lignes, de 10, de 12 &c. Car on verra toujours que la plus large ouverture pouffera l'eau plus loin, pourvû que les ouvertures foient à même diftance de la fuperficie de l'eau. La même chofe arrivera dans des tuyaux de 3 ou 4 pouces de largeur, pourvû que l'ouverture n'excéde pas un pouce de diamétre.

La caufe de cet effet eft affez aifée à expliquer, fi l'on confidére ce qui doit arriver à des boules de bois de différens calibres. Car puifqu'elles font l'une à l'autre en raifon triplée de leurs diamétres, leurs poids feront auffi en même raifon, comme auffi leur force pour furmonter la réfiftance de l'air : & par conféquent fi l'on jette avec la même viteffe une boule de deux lignes de diamétre, & une autre de 4, cette derniére ira plus loin. On en voit l'expérience lorfqu'on met dans une même arme à feu de la poudre de plomb, de la dragée, & des balles; car quoiqu'elles fortent avec la même viteffe, les dragées vont beaucoup plus loin que la poudre de plomb, & les balles beaucoup plus loin que les dragées; & par la même raifon un boulet de Canon ira plus loin qu'une petite balle de même métail pouffée de même force. Il eft vrai que fi le réfervoir n'eft qu'à 2 ou 3 piés, un jet par 8 lignes ne fera pas fenfiblement différent d'un jet par 10 ou 12 lignes, & un par 4 lignes ira fenfiblement auffi haut qu'un de 6 lignes : mais la différence fera très-confidérable aux jets de 30, 50, & 60 piés de hauteur, & au delà.

II. RÉGLE.

L Es jets diminuënt de la hauteur du réfervoir felon la raifon doublée des hauteurs où ils s'élévent.

Soit A B C un réfervoir ou tuyau jailliffant par l'ajutage D, & foit T A B. la hauteur de l'eau dans le tuyau fucceffivement A & E : Je dis que fi XVIII. la ligne E H eft le défaut du petit jet jufques à E, & G A le défaut du Fig. 31 grand jet jufques à A, A G fera à E H en raifon doublée de D H à D G.

Car foit fuppofé que le poids de l'air foit au poids de l'eau comme 1 à 600, ou pour la facilité du calcul comme 1 à 60, & qu'une feule

goute ou parcelle d'air soit rencontrée tout auprés de la sortie de l'aju-
tège par la première goute d'eau du jet, & qu'ensuite elle monte librement comme dans le vuide. Il est évident par ce qui a été démontré
dans les Régles des mouvemens des corps qui se choquent, que la goute d'eau perdra $\frac{1}{61}$ de sa vitesse, si cette vitesse est exprimée par 61.
Soit donc D E 61, & D H 60, & que la goute soit retardée de $\frac{1}{61}$ à
savoir E H. Soit maintenant la hauteur D A, la vitesse de la goute
sera à sa première vitesse en raison sous-doublée de D E à D A, & cette goute par la rencontre d'une petite parcelle d'air perdra encore la
61e. partie de sa vitesse, & perdra une partie proportionnelle à H E selon la raison de D E à D A. Soit A L cette diminution, D E sera à
D H, comme D A à D L. Mais comme on a supposé une parcelle d'air
pour l'espace D E, il y aura autant de parcelles d'air par l'espace D A,
à proportion que D A ou D G est plus grand que D E ou D H; & chaque parcelle diminuant sensiblement la hauteur de la goute d'eau dans
la même proportion, ce sera une seconde raison égale à la première;
& par conséquent A L étant à A G comme D E à D A, ou H E à A L,
A G sera le défaut de hauteur de l'élévation de la goute d'eau; mais
parce qu'il y a plusieurs parcelles d'air entre D & E, chacune desquelles retarde le mouvement de la goute dans les mêmes proportions, le
mouvement de la goute dans l'espace D E sera beaucoup plus retardé
que par la rencontre d'une seule parcelle comme on l'a supposé. Mais
on peut considérer tous ces espaces d'air comme si ce n'étoit qu'une
seule parcelle, & l'espace de l'air D A est aussi dans la même proportion que D A à D E, & par conséquent il faut ajouter une seconde raison égale à la première : d'où il s'ensuit que si A L est à A G en raison
doublée de D E à D A, G A sera le défaut du jet au dessous de la hauteur de l'eau du réservoir D A, si E H est celui de la hauteur D E; ce
qu'il falloit prouver.

E X E M P L E.

SOit D A quadruple de D E, la vitesse du jet de l'eau pressée par D A
sera double de celle du jet de l'eau pressée par D E. Si l'on prend
donc comme ci-dessus la hauteur D E pour 61, la hauteur D H sera 60:
& comme la vitesse du grand jet est double, & qu'il doit s'élever à une
hauteur quadruple, il perdra par la rencontre d'autant d'air qu'il y en
a en D E, 4 fois autant de hauteur que H E; c'est à dire qu'au lieu
que le jet devoit s'élever à D A 244, il ne s'élèvera qu'à D L 240.
Mais l'espace E A étant divisé en 3 parties égales, chacune sera égale à
D E, & si la première fait perdre la hauteur A L, la deuxiéme en fera perdre autant en la même proportion que les différentes parties de
D E en font perdre au premier jet: car en quelque partie du jet que ce
soit, la vitesse du grand est toujours double de celle du petit; car il y

a

a toujours un espace quadruple de celui de l'autre à passer ; il perdra donc encore outre la première partie trois autres égales L M, M N, N G : & A L étant posée 4, A G sera 16 ; & par conséquent le défaut A G sera au défaut E H en raison doublée de D E à D A, & si E H est d'un pouce, G A sera de 16 pouces.

Le frottement change un peu ces mesures, & la complication des espaces de l'air qui résiste : car dans les grands jets il s'en faudra beaucoup que l'espace de l'air passé soit en la raison des hauteurs des réservoirs, ce qui doit un peu diminuer du défaut, & c'est la hauteur des jets qu'il faut considérer ; & ainsi si H D est 60, D G sera 240, le petit réservoir étant à 61 piés, & le grand étant à 256 piés.

Sur cette supposition il sera facile de calculer les hauteurs des jets à toutes les hauteurs des réservoirs une seule étant connuë, comme celle d'un réservoir de 5 piés, laquelle, comme il a été trouvé par plusieurs expériences, manque d'un pouce. Si donc on prend qu'un jet de 5 piés, dont l'eau qui le fournit n'est point serrée & coule facilement dans les tuyaux, doit avoir la surface de l'eau supérieure de son réservoir à 5 piés un pouce, un jet de 10 piés aura la hauteur de son réservoir à 10 piés 4 pouces ; celui de 15 piés à 15 piés 9 pouces, celui de 20 piés à 20 piés 16 pouces, & ainsi de suite selon les quarrez de suite. On ne fait point le calcul en diminuant les hauteurs des réservoirs : car si l'on avoit pris un réservoir de 100 piés, il en faudroit diminuer 400 pouces, c'est à dire 33 piés ⅓ ; un de 200 piés auroit de diminution environ 133 piés ; & un de 400 piés le quadruple de 133 piés, savoir 532, & par conséquent il ne jailliroit point du tout ; ce qui est impossible : car les jets jusques à cette hauteur doivent toujours augmenter : mais il faut prendre que le jet de 200 piés de hauteur aura son réservoir à 333 piés, & un jet de 400 piés à 932 piés.

Pour toutes les différentes hauteurs on se servira de la Table suivante.

Hauteur du Jet.	*Hauteur du Reservoir.*	
5. piés.	5. piés.	1. pouce.
10.	10.	4.
15.	15.	9.
20.	20.	16.
25.	25.	25.
30.	30.	36. ou 33. piés.
35.	35.	49.
40.	40.	64.
45.	45.	81.
50.	50.	100.
55.	55.	121.
60.	60.	144. ou 72. piés.
65.	65.	169.

Hau-

Hauteur du Jet.	Hauteur du Réservoir.	
70. piés.	70. piés.	196. pouces.
75.	75.	225.
80.	80.	256.
85.	85.	289.
90.	90.	324 ou 117. piés.
95.	95.	361.
100.	100.	400.

Ainſi le jet de 30 piés aura 33 piés de réſervoir; celui de 60 piés 72 piés; celui de 90 piés 117 piés; celui de 100 piés 133 piés ⅔; celui de 120 piés 168 piés: il ne faut point de table plus longue, car il n'eſt pas ordinaire de faire une hauteur de réſervoir de 168 piés; & un jet de 120 piés ſe diſſiperoit par ſa violence en petites goutes imperceptibles, comme celles d'un brouillard; les tuyaux pourroient ſe rompre; & lorſque les tuyaux ſont étroits, ou que le trou du robinet qu'on tourne pour faire paſſer l'eau, eſt beaucoup plus étroit que le reſte du tuyau, les petits jets défaillent beaucoup plus que ſelon ces méſures; & alors il ſort beaucoup moins d'eau qu'à proportion des hauteurs des réſervoirs.

On calculera alors la dépenſe de l'eau ſelon les hauteurs des réſervoirs, auſquelles conviennent les hauteurs des jets; comme ſi un réſervoir de de 30 piés ne donne un jet que de 20 piés par le défaut de l'empêchement de ſa conduite ou d'autres choſes, alors il faudra calculer la dépenſe de l'eau, comme ſi le réſervoir étoit à 21 piés 4 pouces avec une largeur de conduite ſuffiſante.

Pour connoître les diminutions des hauteurs plus que ſelon la régle quand les trous ſont petits, j'ai fait les expériences ſuivantes.

Le jet par une ligne à un tuyau de 4 piés & demi manquoit de près de 6 pouces.

A un tuyau de 14 piés il manquoit de 3 piés.

A un de 27 il manquoit d'environ 8 piés: ce qui montre que les jets étroits ne jailliſſent pas à leur véritable hauteur.

Pour connoître ſans calcul la hauteur des jets avant même que d'en faire aucune expérience, il faut avoir une balle de plomb & une de bois, chacune de 5 lignes de diamétre, & les jetter avec même force en haut: ſi celle de plomb s'élève à 27 piés, & celle de bois à 24 piés½, ce ſera une marque qu'un réſervoir de 27 piés ne fera ſon jet que de 24 piés ½ par un trou de 5 lignes; car encore que la balle de bois ſoit plus legére que l'eau, le plomb eſt auſſi un peu retardé par l'air: & ſi l'on jette le même plomb avec une petite balle de bois d'une ligne, & que le plomb aille à 14 piés, & la petite balle à 11; ce ſera une marque qu'un jet par une ligne à un réſervoir de 14 piés ne montera qu'à 11 piés.

Pour confirmer cette régle on a fait les autres expériences ſuivantes.

On

On a pris un tuyau de 3 pouces de largeur, au haut duquel on avoit foudé un tambour d'un pié de diamétre. La figure du tuyau étoit comme en la figure A B C D; la partie d'en bas étoit recourbée. On mit le réfervoir A B à différentes hauteurs pour faire différentes expériences. TAB. XVIII. Fig. 82.

L'eau du réfervoir étant à 24 piés 5 pouces plus haut que l'ouverture D, le jet eft monté à 22 piés 10 pouces; l'ouverture de l'ajutage étoit de 6 lignes; le quarré de 22 $\frac{5}{6}$ eft 521 $\frac{13}{36}$. C'eft pourquoi nous faifons que comme 25 quarré de 5, eft 521 $\frac{13}{36}$, ainfi 1 pouce de hauteur de réfervoir par deffus 5 piés, eft un peu moins de 21 pouces, qui doivent être ajoutez aux 22 piés 10 pouces pour avoir la hauteur du réfervoir fuivant les méfures de la Table précédente; ce qui fait 24 piés & près de 7 pouces, ce qui s'accorde affez bien avec l'expérience.

Le jet de 4 lignes à la même hauteur de réfervoir n'eft monté qu'à 22 piés 8 pouces $\frac{1}{2}$, & n'a été plus bas que d'un pouce ou 1 pouce & demi, que celui dont l'ajutage étoit de 6 lignes: mais celui de 3 lignes a été plus bas que celui de 6 lignes de près de 8 pouces, & n'a été qu'à 22 piés 2 pouces.

Un réfervoir de 12 piés $\frac{1}{3}$ a fait fauter le jet de 6 lignes à 12 piés; c'eft un peu plus que felon la régle.

Un autre réfervoir à 5 piés $\frac{1}{2}$ de hauteur dans une conduite fort large, les ajutages étant de 3 lignes, de 4 lignes, & de 6 lignes, les jets ont jailli à peu près à 25 lignes au deffous de la furface de l'eau du réfervoir, & celui de 3 lignes ne differoit de celui de 6 lignes que d'une ligne à peu près. Par le calcul le quarré de 5$\frac{1}{2}$ eft 30$\frac{1}{4}$, & par la régle 25 piés eft à 1 pouce, comme 30$\frac{1}{4}$ à 1$\frac{1}{5}$ un peu plus, ce qui donneroit la hauteur du réfervoir feulement moindre d'une demi-ligne, que par l'expérience, ce qu'il n'eft pas poffible d'obferver.

Les petits jets dans les petites hauteurs perdent fort peu par le choc de l'air, & ne font guéres moins hauts que ceux de 6 lignes, pourvû que les tuyaux foient fuffifamment larges : le furplus de la longueur n'augmente point la hauteur du jet, ni la quantité de l'écoulement, ou de la dépenfe de l'eau lors qu'on entretient les tuyaux pleins; car le jet qui peut foutenir l'eau qui doit fortir, eft toujours d'égale force, & fupporte des poids felon la grandeur de l'ouverture de l'ajutage.

Le réfervoir étant de 26 piés 1 pouce, le trou de 6 lignes a jailli à 24 piés 2 ou 3 pouces; & par la régle, le quarré de 24 $\frac{1}{4}$ étant 588 $\frac{1}{16}$, comme 25 eft à 588 $\frac{1}{16}$, ainfi 1 pouce à 23 pouces $\frac{1}{2}$ à peu près, qui doivent être ajoutez à 24 piés 2 pouces pour faire la hauteur du réfervoir, qui fera donc de 26 piés 1 pouce $\frac{1}{2}$, comme l'expérience le fait voir.

La même hauteur de réfervoir avec un ajutage de 10 lignes a fait jaillir le jet à 23 piés 9 pouces, & par un ajutage de 3 lignes il a jailli

K k k

à 22 piés. Dans la premiére de ces expériences le défaut de la hauteur procéde de ce que l'ajutage étoit trop large pour une conduite de 3 pouces, & que l'eau y allant fort vîte avoit beaucoup de frottement; & dans la seconde c'étoit la petitesse du jet, qui ayant beaucoup d'air à traverser étoit considérablement retardé, & sa hauteur diminuée, comme il a été expliqué en la premiére & seconde considération.

L'eau du réservoir étant à 35 piés de hauteur moins un demi-pouce, par un ajutage de 6 lignes, le jet est allé à 31 piés 8 ou 9 pouces; & par la régle, le quarré de 31 piés $\frac{1}{2}$ étant 1002 à peu près, 25 est à 1002, comme 1 à 40 pouces à peu près, c'est à dire 3 piés 4 pouces, qui étant ajoutez à 31 piés 8 pouces, font 35 piés: ainsi cette expérience est conforme à la régle.

Pour le même réservoir l'ajutage de 3 lignes a jailli à 28 piés; celui de 4 lignes jusques à 30 piés; & un de 15 lignes à 27 piés seulement: par les mêmes raisons qui ont été dites; savoir qu'en cette derniére expérience la conduite du tuyau n'étoit pas assez large pour la grosseur du jet & pour la dépense de l'eau; & dans les deux premiéres, que la hauteur étant grande, l'air résistoit trop au petit jet de 3 & 4 lignes.

J'ai fait encore des expériences avec un réservoir de 50 piés de hauteur, & les jets ont suivi les même régles: l'ajutage de 6 ou 7 lignes faisoit les jets les plus hauts.

Lors qu'il y a un large réservoir, comme d'un pié, au haut d'un tuyau de 50 ou 60 piés de hauteur, & de 3 pouces de largeur; il arrive que lors qu'on laisse aller un jet de 9 ou 10 lignes, il ne monte pas si haut qu'il devroit faire suivant cette hauteur de réservoir: car l'eau du réservoir ne peut pas venir assez vîte des côtez qui sont éloignez du trou, pour entrer dans le tuyau; & il s'y fait ordinairement une espéce d'entonnoir en tournoyant à cause de la trop grande dépense de l'eau qui se fait par l'ajutage joint au frottement dans le tuyau, comme il a été expliqué ci-devant. De là il arrive un effet assez surprenant, qui est que lorsque le jet est allé d'abord à une hauteur comme de 45 piés, il diminuë, & ne va qu'à 44 piés, & ensuite il remonte à 46, ou à 47, ce qui arrive dès que l'air peut entrer par l'ouverture du tambour: car alors, outre l'accélération de l'eau qui va plus vîte, la hauteur du jet se fait selon la hauteur de l'eau depuis le fond du tambour, & elle n'est plus retenuë par l'eau supérieure; cette raison est confirmée par l'expérience suivante.

TAB. XVIII. Fig. 83. On fit faire un réservoir de 6 piés de hauteur comme A B C D, & à un pié au dessous plus haut on souda une platine en dedans, représentée par E F, percée d'une ouverture de 8 lignes de diamétre en G. On y versoit de l'eau jusques à ce qu'elle commençât à couler par l'ajutage D, & l'on fermoit cette ouverture achevant de remplir le réservoir. Pour avoir plutôt fait, il faut faire un petit trou au dessous de F comme me en K, afin que l'eau entrant dans le réfervoir par l'ouverture G, l'air puiffe en fortir facilement, & le fermer enfuite quand le tuyau fera plein jufques à E F pour pouvoir achever de remplir le réfervoir jufques en A B. Ce réfervoir étant plein, on laiffoit couler l'ouverture D, & le jet montoit au commencement comme jufques en I, & diminuoit peu à peu jufques à ce que l'eau fût au deffous de la platine; alors l'eau s'élevoit jufques vers K.

La caufe de cet effet eft la même que celle du plus grand écoulement de l'eau, lors qu'on met un tuyau étroit à l'ouverture d'un large réfervoir: car alors l'eau coule par le cylindre d'eau G L M D, de même que fi c'étoit un tuyau, le refte de l'eau n'ayant point de mouvement confidérable à caufe de la platine: mais lorfque l'eau eft au deffous de G, & que l'air commence à y paffer, toute l'eau E F M eft libre pour agir fur D, & il doit jaillir jufques près de F. L'effet fera encore plus merveilleux fi le trou D eft de 6 ou 7 lignes, & le trou G de 3 ou 4; car le jet n'ira pas d'abord plus haut qu'en N, & décroîtra comme jufques en O, & l'eau étant au deffous de G, il remontera jufque près de F.

De même s'il y a un fyphon, comme A B D C, qui faffe couler l'eau d'un feau E F dont la furface eft I K, par B H D C, elle jaillira par un petit trou comme jufques en H; & fi le fyphon étoit moins long, le jet s'éléveroit moins haut depuis fon ouverture en C: mais lors qu'il n'y aura plus d'eau dans le feau au deffus de A, le tuyau fe vuidera depuis A jufque vers B, & lorfque le haut de l'eau fera en B, elle jaillira jufques en I fi le fiphon eft de 5 ou 6 lignes de largeur, & l'ouverture C petite comme de deux lignes, parce qu'alors la viteffe fe fait par la hauteur C B, & au commencement elle ne fe faifoit que par la hauteur C K, & diminuoit toujours jufques à ce que l'eau du feau fût au deffous de A.

Il femble que c'eft le poids de l'eau qui fait faire au jet l'élévation pour fe reduire à l'équilibre, & que fi l'on preffoit l'eau qui eft proche de l'ajutage par un poids égal à celui de l'eau du tuyau, le jet iroit auffi haut: Voici une expérience que j'en ai faite pour le prouver.

. A B C eft un tuyau de verre d'un pouce & demi de largeur, & fa hauteur D-A eft d'un pié; l'ajutage ou l'ouverture C eft de 2 lignes: on verfe du mercure par A jufques à ce que le fond E F en foit rempli: on met enfuite de l'eau doucement en l'efpace C F; après, on ferme l'ouverture C avec le pouce, & l'on achéve de remplir de mercure le tuyau jufques en A. Lorfqu'on léve le pouce de deffus l'ouverture C, l'eau C F s'éléve jufques à 12 ou 13 piés à peu près. La caufe de cette grande élévation eft la pefanteur fpécifique du poids du mercure, qui eft à celle de l'eau comme 14 à 1. Par conféquent un pié de mercure en D A péfera autant que 14 piés d'eau, qui feroient dans un plus grand tuyau, & feront le même effort pour faire jaillir l'eau par C. Et

T A B.
XVIII.
Fig. 84.

T A B.
XVIII.
Fig. 85.

K k k 2 par-

parce qu'un réfervoir de 14 piés fait jaillir l'eau à 13 piés environ, un pié de mercure doit faire le même effet. Il n'importe pas que le tuyau foit large ou étroit, pourvû qu'il foit proportionné à l'ouverture C.

Il s'enfuivra de femblables effets par des poids pofez fur une feringue, au lieu du poids de l'eau ou du vif argent.

TAB. XVIII. Fig. 86.   Soit par exemple ABCD une feringue de 3 pouces de largeur, ayant à fa fortie une ouverture de 4 lignes en E; le pifton eft FG, qui a une platine HI au deffous de fon manche, auquel elle eft attachée afin que la feringue puiffe fe foutenir droite, le pifton étant dedans; il y a de l'eau depuis le haut du pifton L jufqu'en E. MN, OP, font deux bâtons attachez au corps de la feringue, d'où l'on fufpend deux poids égaux Q & R avec deux cordes de part & d'autre de la feringue: Je dis que fi ces deux poids péfent 20 livres, le jet jaillira par E auffi haut, que fi un réfervoir, qui auroit communication avec l'ouverture E, & dont le tuyau qui renfermeroit l'eau, feroit égal en groffeur au corps de la feringue ABCD, étoit affez haut pour contenir de l'eau pefant 20 livres. Or le tuyau étant large de 3 pouces, il aura 9 pouces de furface, dont chacun péfe 6 onces & ⅓; c'eft donc 55 onces, ou 3 livres 7 onces fur chaque pié de hauteur; & fi le réfervoir étoit de 6 piés, ce feroit 20 livres 10 onces: donc le jet iroit environ à 6 piés, fuppofant que le frottement du pifton ne fût que de la valeur de 10 onces: ainfi fi les deux poids étoient de 40 livres, ils feroient jaillir l'eau à 12 piés à peu près; & s'ils étoient de 100 livres, elle jailliroit comme fi le tuyau étoit de 30 piés de hauteur.

TAB. XVIII. Fig. 87.   Mais fi l'on fait un tambour de cuivre GKPH, dont la platine fupérieure foit bien épaiffe pour foutenir un grand effort, & qu'on y mette un cylindre creux IL; le tambour étant rempli d'eau jufqu'à MN, qu'il y ait une ouverture O pour y feringuer de l'air par le moyen d'une foupape qui fera en dedans; ayant fermé le trou Z lorfque l'air fera condenfé 4 fois, fon effort fera égal à 4 fois 32 piés d'eau; & fi le tambour étoit d'un pié de diamétre, chaque pié d'eau de hauteur péferoit 55 livres; ce feroit donc 128 fois 55 livres, ou 7040 livres; il faudroit donc la force de 7040 livres pour condenfer l'air 4 fois: mais fi l'ouverture O étoit d'un quart de pouce, & la bafe HP d'un pié, la proportion feroit comme 1 à 2304, & la force de 4 livres feroit entrer de l'air jufques à 4 fois ce nombre, c'eft à dire jufques à porter le poids de 9216 livres; il porteroit donc autant de poids que celui de 128 piés d'eau, & par conféquent lorfqu'on ouvriroit l'ouverture Z, le jet iroit à près de 100 piés.

Que fi le tambour étoit plus large, l'air qui feroit entre MN & GK, ne feroit pas plus difficile à condenfer par l'ouverture O, comme il a été prouvé dans le *Traité de la Percuffion*; & il ne laifferoit pas de faire le même effort pour jaillir jufques à 128 piés de hauteur, qu'un tuyau de toute la largeur plein d'eau.

J'ai

J'ai fait encore l'expérience suivante. J'ai pris deux seringues inégales, l'une avoit 2 pouces $\frac{1}{4}$ de diamétre, & l'autre 3 $\frac{1}{4}$: Dans celle de 2 pouces $\frac{1}{4}$, cinq livres de poids faisoient descendre le piston à vuide; & ayant empli toute la seringue, & poussant le piston avec une force qui valoit à peu près 12 livres, j'ai fait élever l'eau par un trou de 8 lignes à 4 piés à peu près: Or un pié de hauteur du tuyau de la seringue vaut à peu près 32 onces ou 2 livres, & 4 piés valent environ 8 livres: Si donc l'effort étoit de 13 livres, ôtant 5 livres pour le frottement du piston, il restoit 8 livres pour le poids équivalent de l'eau d'un réservoir de 4 piés de haut un peu plus, & de 2 pouces & $\frac{1}{4}$ de diamétre: l'autre seringue donna les mêmes choses à proportion.

Si l'on pousse le piston ABKI dans son corps de pompe CDFE, qui soit retressi plus haut, comme on le voit en la figure I H, le grand frottement de l'eau le long du tuyau étroit, GIH, arréte considérablement la force de l'impulsion pour y faire passer l'eau contenuë en ABEF; & elle y passeroit mieux si cette conduite n'alloit que jusques en I, & beaucoup mieux si la conduite étoit plus large que le corps de pompe où le piston jouë comme LMNO: ce qu'il faudra considérer quand on éléve de l'eau par des pompes à de grandes hauteurs. TAB. XVIII. Fig. 88.

Enfin on peut pousser un jet bien haut selon la méthode suivante. Ayez un vaisseau ABC cylindrique, de cuivre, rond par le haut, de deux piés de hauteur & de 8 pouces de largeur, posé & attaché ferme sur un plan de bois ou de fer &c. Ayez à côté une seringue ou corps de pompe DEF avec son piston NQ, & une soupape au bas, comme on fait ordinairement dans les pompes; & que le piston en descendant avec la force d'un homme ou de deux, fasse par compression entrer l'eau dans le vaisseau par le tuyau GH garni de sa soupape en H, comme il a été enseigné au commencement de ce Traité. • Mettez à côté du cylindre creux ou vaisseau un autre tuyau IL recourbé vers le haut, où il y ait un ajutage de 12 lignes à son extrémité L; si l'on ajuste encore aux deux côtez du vaisseau deux autres pompes semblables à celle-ci, on y pourra faire entrer une très grande quantité d'eau. Les pistons pourront être attachez à des extrémitez de levier comme N pour avoir plus de force, étant attaché à l'appui en O. Lorsqu'on fera jouër les pistons par le moyen des leviers, l'eau entrera dans le vaisseau ABC, & passera au commencement dans le tuyau IL avec une médiocre force; mais en continuant, on poussera tant d'eau, qu'elle ne pourra pas sortir toute par l'ajutage L: alors elle s'élévera comme jusques en P, & condensera l'air enfermé dans le haut du vaisseau; & si l'on pousse encore l'eau avec plus de force, elle montera plus haut, comme en R, condensant l'air de plus en plus; & quand il le sera 8 fois plus qu'à l'ordinaire, il pressera l'eau RSHI pour la faire sortir par IL, comme s'il y avoit 7 fois 32 piés d'eau au dessus de HI, c'est TAB. XIX. Fig. 89.

Kkk 3

à

à dire 224 piés, ce qui feroit un jet d'eau par l'ajutage L de plus de 120 piés de hauteur. Mais il faut que les trois pompes puissent fournir assez d'eau; car l'ajutage L de 12 lignes en dépensera plus de 64 pouces.

TAB.
XIX.
Fig. 90.

L'air se condensant à proportion des poids dont il est chargé, si l'on fait une machine A B composée d'un coffre E F G H plein d'eau jusques à la ligne I L un peu au dessous de E F, & un tuyau M N, qui soit bien soudé en M & en O avec les deux platines EF, GH, qui font le dessus & le dessous du coffre, afin que l'air n'y entre point; le coffre E G servira de réservoir. Il faut qu'il y ait encore un autre coffre égal au premier, comme C D T K, plein d'air, auquel le tuyau M N soit bien soudé. Lorsqu'on versera de l'eau par M, elle descendra par N jusques à K T; & étant montée jusques en P Q, l'air contenu dans l'espace Q P C D, & dans le tuyau X Y bien soudé aux deux coffres, ne pourra pas sortir par A, & se condensera peu à peu jusques à ce qu'il se fasse équilibre entre le poids de l'eau en M N, & le ressort de l'air enfermé. Par exemple, si l'eau s'est élevée jusques en R S, l'air contenu en l'espace C D S R, dans le tuyau X Y, & dans l'espace E I F L, sera condensé par le poids de l'eau M S, & pressera l'eau I H G L: alors si l'on ouvre l'ajutage A, dont le tuyau descend près de H G vers V, l'eau jaillira de la hauteur A Z égale à la hauteur M S, parce que l'air pressé par la hauteur de l'eau M S, fait le même effort sur l'eau I G, que si le tuyau M S plein d'eau étoit au dessus de l'eau I L; & l'eau qui tombera du jet passant par M, rentrera dans le coffre inferieur; & par ce moyen le jet durera jusques à ce que toute l'eau qui est depuis l'extrémité V du tuyau A V jusques à l'extrémité Y du tuyau X Y, soit sortie en jaillissant. Cette machine porte le nom de *Heron*; il l'a décrite dans son Traité intitulé *de spiralibus*, suivant la traduction de *Commandin.*

On peut faire jaillir cette eau beaucoup plus haut en augmentant la hauteur du tuyau M N.

La beauté des jets d'eau consiste en leur uniformité & transparence au sortir de l'ajutage sans s'écarter que bien peu au plus haut du jet. On a cherché plusieurs maniéres pour faire les ajutages, dont il y en a qu'on doit préférer aux autres pour plusieurs raisons. Les plus mauvais sont ceux qui sont en cylindre: car ils arrêtent beaucoup la hauteur du jet; les coniques l'arrêtent moins. Mais la meilleure maniére c'est de percer la platine horizontale qui ferme l'extrémité du tuyau de la conduite, d'une ouverture lisse & polie; prenant garde que la platine soit parfaitement plane, polie, & uniforme. Voici quelques ex-

TAB.
XIX.
Fig. 91.

périences que j'en ai faites. Ayant un tuyau de fer blanc A B C de 15 piés de hauteur, & l'ayant percé en D d'un trou de 3 lignes; le jet étoit parfaitement beau, & alloit à 14 piés: mais le tuyau ayant été fait plus haut jusques à 27 piés, & y ayant fait une ouverture de 6 li-

gnes;

gnes; le jet n'alla qu'à 12 piés en s'écartant beaucoup, & se séparant en plusieurs goutes, ce qui procedoit de ce que l'eau qui entretenoit le jet, étoit poussée de travers avec force, comme on le voit en la figure 92e. qui représente une portion du tuyau B C. Car l'eau E D & TAB.
F D qui vient par les côtez, a une grande vitesse de travers, qui la XIX.
porte en D L & en D M; & G D est portée en D N, & H D en D O, Fig. 92.
ce qui écarte le jet, parce que le peu d'eau qui vient directement de
P en D, ne suffit pas pour redresser le jet.

Pour éviter ce défaut je fis mettre en D un ajutage d'un pouce de
longueur, & d'un pouce de largeur, comme on voit dans la figure 93e, TAB.
où B C D représente la partie B C D de la 91e. figure: on perça d'une XIX.
ouverture de 6 lignes le petit tuyau montant D Q en Q; alors le jet Fig. 93.
fut plus beau, & s'éleva à 3 ou 4 piés plus haut.

Je fis faire ensuite l'extrémité de la conduite selon la figure courbe T A B.
I L M N O P dans la 94e. figure; & dans la platine Q P, je fis mettre XIX.
un ajutage semblable à la figure 95: il étoit un peu en cône; mais il y Fig. 94.
avoit une platine intérieure représentée par E Q, qui laissoit une ou- TAB.
verture d'un pouce au milieu; & la platine supérieure A I B étoit per- XIX.
cée en I au milieu d'une ouverture de 6 lignes, ce qui étoit fait afin Fig 95.
qu'il n'y eût point de frottement qu'au bord de la platine E Q en dedans, car il n'y en pouvoit avoir que très-peu en E A & B Q. Mais
cela réüssit très-mal: car le jet alla moins haut, & s'écarta plus qu'il
n'avoit fait par un simple ajutage en cône, ce qui pouvoit venir des
mouvemens différens de l'eau, qui ayant passé par Q E, choquoit avec
violence la platine A B à côté de son ouverture, & se refléchissant elle
empêchoit le reste de l'eau de sortir droit. Enfin je fis mettre une platine bien polie en P Q dans la 94e. figure percée d'une ouverture de 6
lignes bien ronde & polie: alors le jet fut très-beau, & s'éleva à 32
piés, le réservoir étant à 35 piés 5 pouces, au lieu que les autres jets
ne s'élevoient qu'à 27 ou 28 piés; ce qui arrive parce que l'eau prend
la direction de son mouvement depuis R, & qu'il en vient peu latera-
lement des côtez Y & Z, qui ne laissent pas de contribuer à la direction du jet, la platine étant très-polie, & tout étant égal de part &
d'autre, & arrétant également le mouvement lateral l'une de l'autre:
Or le jet par cet ajutage s'élevoit jusques à 22 piés sans se séparer sinon
en retombant, & s'arrétoit fort peu au haut quand il alloit à 32 piés,
& beaucoup moins que par les autres ajutages. J'ai vû une platine percée d'un trou de 4 lignes & de 6 ou 7 petits alentour, qui faisoient u-
ne espéce de gerbe dont tous les jets étoient très-beaux & transparens,
& celui du milieu s'élevoit à 18 piés.

Les jets s'élargissent nécessairement à mesure qu'ils s'élévent, dont
la raison est, qu'ils diminuent peu à peu de vitesse, & parce que c'est
la même eau qui par sa viscosité se tient unie sans se séparer, il faut
qu'elle occupe plus de place à l'endroit où elle va moins vîte selon la
proportion de la vitesse à la vitesse. Par

Par la même raison l'eau qui s'écoule par un trou de 5 ou 6 lignes, lorsqu'elle n'est dans le réservoir qu'à la hauteur de 3 ou 4 pouces, va toujours en s'étrécissant jusques à se reduire en goutes quand le filet d'eau est devenu trop petit : car il ne doit y avoir qu'une même quantité d'eau dans tous les espaces qu'elle parcourt en tombant, lesquels en des tems égaux sont entr'eux comme les nombres impairs de suite ; d'où l'on voit que le filet de l'eau deviendroit à la fin plus délié qu'un cheveu : mais avant que d'en venir jusqu'à ce point, elle se sépare & se divise en goutes, qui accélérent toujours leur mouvement jusques à ce qu'elles ayant acquis leur plus grande vitesse.

Il ne faut pas régler la dépense de l'eau par la hauteur des jets, mais par la vitesse de sa sortie par l'ajutage. Or dans les ajutages d'une ligne, les jets ne vont pas si haut à la même hauteur de réservoir que ceux de 5 ou 6 lignes, & cependant il donnent de l'eau sensiblement dans la proportion de leurs ouvertures, comme l'on a vû. Pour connoître les causes de ces effets différens, il faut considérer, que les petits globes sont aux grands en raison triplée de leurs diamétres : mais ils sont retardez dans leur mouvement par l'air selon les surfaces de leurs grands cercles, & ils forcent cette résistance de l'air selon les différences de leurs poids, comme il a été expliqué ci-devant. D'où il arrive que si l'on tire un mousquet chargé de balles & de menuës dragées de plomb, les balles iront bien plus loin que les menuës dragées, quoiqu'elles sortent du mousquet avec les mêmes vitesses comme nous l'avons expliqué. La même chose se doit entendre des petits ajutages & des grands, qui ont une même hauteur de réservoir : Car quoiqu'à la sortie des ajutages ils aillent à fort peu près aussi vîte l'un que l'autre, lorsqu'ils passent beaucoup d'air, les petits jets sont retardez depuis leur sortie jusques à leur plus grande hauteur beaucoup plus à proportion que les gros jets : & par conséquent les gros iront beaucoup plus haut que les petits ; mais ils ne donneront pas plus d'eau à proportion, ou du moins guéres plus, puis-qu'elle ne doit s'estimer que par la vitesse qu'ont les jets à leur première sortie de l'ajutage, qui est à fort peu près égale dans les petits ajutages & dans les grands.

Lorsqu'on a un jet d'eau entretenu par une quantité suffisante d'eau, & qu'on perce le tuyau de la conduite par une ouverture égale à celle de l'ajutage pour se servir de l'eau qui en sort, on trouvera la diminution du premier jet en cette sorte.

TAB. XIX. Fig. 96. Soit A B C D un réservoir à 13 piés de hauteur par dessus l'ajutage H de 6 lignes d'ouverture ; le jet doit être d'environ 12 piés ½, si la conduite est de 3 pouces de largeur. On fait un trou en I de 6 lignes, d'où sort l'eau I L ; le jet H M dépense 4 pouces d'eau par les régles qui ont été données ; & parce qu'il en doit sortir autant à fort peu prés par le trou I, la conduite est trop étroite pour donner la même hauteur à deux jets égaux à H M ; c'est pourquoi aussi-tôt qu'on laissera

cou-

couler l'eau I L, le jet H M diminuëra un peu : & à caufe que les deux trous H & I donnent 8 pouces à peu près, & que l'eau N O, qui fournit l'eau au réfervoir, n'eft que de 4 pouces par fuppofition; le réfervoir fe vuidera peu à peu s'il eft bien fpacieux, & fort vîte s'il ne contient qu'un demi muid ou 100 pintes. Il faut donc que l'eau defcende dans le tuyau jufques à ce que le jet H M ne donne que 2 pouces : car alors le trou I donnant auffi 2 pouces, toute l'eau N O fera employée. Or 13 piés eft à fa moitié 6 ½, comme 6 ½ à 3 ¼. Donc la hauteur de l'eau étant P Q de 3 piés ¼ au deffus de H, le jet ne pourra être que de 3 piés 2 pouces quelques lignes felon les régles ci-deffus: & par conféquent on verra décroître le jet H M jufques à ce qu'il n'ait plus que 3 piés 2 pouces quelques lignes, & l'eau N O entretiendra la hauteur de l'eau à la hauteur Q P.

Que fi l'on referme le trou I, le jet par H commencera à croître jufques à ce qu'il aille en H M, & à même tems l'eau de la conduite s'élévéra au deffus de P jufques à ce qu'elle foit dans le réfervoir A H à fa premiére hauteur. On fe réglera de même dans les autres cas femblables.

Si les hauteurs des réfervoirs étoient extrémement grandes, les jets fe diffiperoient par la rencontre & par le choc violent de l'air, & au lieu d'aller plus haut que les jets de quelques réfervoirs moins hauts, ils iroient beaucoup moins haut.

J'en ai fait les expériences fuivantes.

On mit dans une arbalête un petit tuyau d'un pouce de largeur & de 8 pouces de longueur, attaché fortement dans la coche de la corde de l'arbalête; & l'ayant bandée, on la leva perpendiculairement, & on emplit d'eau le petit tuyau : l'eau étant pouffée par la force de l'arbalête fortit, & rencontrant l'air avec violence s'écarta beaucoup : ceux qui étoient à côté ne virent pas monter le jet; mais ils virent tomber plufieurs petites goutes à plus de 20 piés à la ronde de celui qui tenoit l'arbalête, léquel affura avoir vû monter l'eau jufques à 30 piés environ : or cette viteffe convenoit à un réfervoir de plus de 600 piés, & le jet devoit être de 300 piés felon les régles.

AUTRE EXPÉRIENCE.

J'Ai fait charger plufieurs fois un piftolet de 4 pouces de hauteur d'eau au lieu de balles, & tirant cette eau de 20 piés contre une porte en élevant le piftolet felon un angle de 45 degrez à peu près pour empêcher l'eau de tomber, il n'y en alla pas une goute. Je le fis tirer une feconde fois de 10 piés, & il arriva la même chofe; & quand celui qui avoit tiré s'avançoit, & levoit le vifage en haut, il fentoit tomber de petites goutes. Enfin on le tira de 7 piés contre un papier mis au haut d'une porte; alors le papier fut tout mouillé, & l'on trouva que l'eau s'étoit écartée jufques à 2 piés de diamétre : &l'ayant tiré encore une autre fois de 8 piés de diftance, le papier ne fut pas mouillé. Si l'on calcule cette eau comme un cylindre de 5 lignes de largeur & de 4 pouces de hauteur, & qu'on divife le produit par une furface de 2 piés de largeur, on trouvera que fon épaiffeur ne fera qu'environ $\frac{1}{75}$ de ligne; car le folide du quarré de 5 par 48 eft 1200, & le folide du quarré de 288 lignes par $\frac{1}{75}$ eft un peu moindre que 1200 lignes cubiques, & le cylindre étroit eft de 943 lignes cubiques, & celui de deux piés de diamétre pour fa bafe eft de 931 : il arrive donc que l'eau étant reduite encore à une plus petite épaiffeur comme quand on la tire de 10 piés de diftance, elle fe fépare en petites goutes, dont quelques-unes s'élévent en vapeurs, & les autres retombent; mais elles font imperceptibles.

On voit le même effet quand une bouteille de favon fe rompt : car les particules de fon eaù, qui font trop menuës, s'élévent en vapeurs vifibles, & le refte tombe. Un filet d'eau par un trou d'une demi ligne au deffous de 100 piés de hauteur, rencontrant la main en jailliffant de travers, fe mettoit auffi en vapeurs.

On pourroit objecter que fi l'on tiroit de l'eau dans un canon, qui eût un pié de calibre, l'eau iroit plus loin que 10 piés; on en demeure d'accord : mais elle n'ira pas à 100 piés, comme on peut le prouver, & l'expérimenter.

Or cette viteffe eft fi grande qu'aucun réfervoir acceffible n'en peut donner une pareille. Car puifque la première viteffe de l'eau qui en fortiroit, feroit 1000 piés en une feconde, comme fait le fon; fuppofons que le réfervoir foit à 10000 piés de hauteur, & que la viteffe d'un globe d'eau d'un pié faffe en tombant 13 piés en une feconde, elle fera 26 piés horizontalement: le produit de 13 par 10000 eft 130000, dont la racine quarrée eft environ 360 : comme 13 à 360, ainfi une feconde à 28 à peu près. Si l'on fuppofe donc qu'un globe d'eau d'un pié accélére félon les nombres impairs de fuite, ce qu'il ne fait pourtant que jufques à une médiocre diftance; il tombera de 10000 piés en 28 fecondes, & fera 20000 piés horizontalement par une viteffe uniforme égale à la viteffe acquife en 28 fecondes, & en une feconde environ 714 piés, qui eft une viteffe moindre que la viteffeproduite par la poudre à canon dans le canon. Mais comme il n'y a point de lieu acceffible de 10000 piés de hauteur, on ne peut voir l'effet de ces jets d'eau; outre que cette hauteur de 10000 piés donneroit par 1 pié d'ouverture 64512 pouces à peu près, qui feroient une riviére trop confidérable pour être fur une fi grande hauteur.

Il faut donc croire que les plus grands jets ne doivent pas aller à 300 piés: car le réfervoir étant à 600 piés, il faudroit qu'il fût d'environ 6 pouces de diamétre, & la conduite devroit être de 20 pouces de largeur, & il donneroit 16128 pouces, qui eft encore une trop grande

quan-

quantité d'eau ; & ainfi il faut fe reduire à 100 piés de hauteur, & à 12 ou 15 lignes d'ajutage : car quand même il iroit à 150 piés , il ne paroîtroit guére plus haut à la vûë quand on en feroit à 20 piés de diftance.

SECOND DISCOURS.

De la hauteur des Jets obliques, & de leurs amplitudes.

LEs jets qui jailliffent horizontalement, ou obliquement comme dans la figure fuivante, décrivent une ligne courbe, qui eft une Parabole, ou une demi-Parabole, dont *Torricelli* a donné la démonftration après *Galilée :* mais il faut faire abftraction de la réfiftance de l'air. Toutefois, fi les jets font foibles, la ligne courbe fera fenfiblement Parabolique, à caufe que l'air réfifte à une petite viteffe, & que l'accélération de viteffe de la goûte qui tombe, ou la diminution de celle qui jaillit, fe fait fenfiblement felon les nombres impairs. Et même dans les viteffes médiocres des jets, leur courbure approche fort de la Parabole; parce que fi d'un côté la direction horizontale eft retardée peu à peu, & ne va pas d'un mouvement uniforme, auffi l'accélération ne va pas à la fin de la chûte felon les nombres impairs, mais elle retarde par la réfiftance de l'air , comme on l'a expliqué ci-devant , & ainfi l'un des défauts recompenfe l'autre , comme on le voit en la figure 97, où la véritable Parabole eft A B C, fi en 3 petits intervalles de tems égaux le mobile parcourt horizontalement les 3 efpaces égaux A E, E G, G D, & qu'il parcoure en defcendant A I au premier tems; I M, qui contient trois fois A I, au fecond tems; & au troifiéme M N, qui contient 5 fois A I. Mais fi le choc de l'air fait que le mobile n'aille qu'en H au lieu d'aller en D, en ces trois tems auffi le choc de l'air l'empêchera de defcendre dans les tems jufques en N, & il n'ira qu'environ en K : & tirant la paralléle K L, qui coupera H F en L un peu au dedans de la courbe A B C ; la ligne courbe A O L , qui fera décrite par ce mouvement retardé en proportion (ce qui n'eft pourtant pas vrai dans la rigueur) fera une autre Parabole intérieure à la premiére A B C.   De cette proprieté des corps qui font mûs dans l'air, nous déduifons les Problêmes fuivans.

TAB.
XIX.
Fig. 97.

PROBLEME.

ETant donnée la hauteur médiocre d'un réfervoir, & le jet étant oblique, trouver où il touchera le plan horizontal.

Lll 2

Soit

Soit A B le tuyau du réfervoir; C l'ajutage; C D une ligne paralléle à A B; D E C un demi-cercle, dont H eft le centre. *Galilée* &
Torricelli ont démontré, que fi la direction du jet au fortir de l'ajutage eft par la ligne C E qui faffe l'angle D C E avec la perpendiculaire D C de 45 degrez, ayant continué H E perpendiculaire à D C jufques en F, en forte que E F foit égale au demi-diamétre du cercle H E;
le point F fera le fommet de la Parabole C F G décrite par le jet, comme on le voit en la figure; C E fera la tangente de cette parabole au
point C; & C G l'amplitude de la parabole double de H F ou C D.

Que l'on donne une autre direction au jet, comme C L, il faut
abaiffer la perpendiculaire L M fur C D; & M L N étant double de
M L, le point N fera le fommet de la Parabole que décrira ce jet, dont
C R fera l'amplitude égale à deux fois M N: & de même à l'égard de
toutes les autres directions. D'où il fuit, que fi l'angle L C E eft égal
à l'angle E C O, le jet par la direction C O ira auffi loin que le jet par
la direction C L; & Q O P étant égale & paralléle à M L N, P fera
le fommet de la Parabole de ce jet; & qu'elles fe rencontreront toutes
deux dans la ligne horizontale C G au point R, puis que leur amplitude C R, quadruple de M L ou double de M N, fera commune à
toutes deux.

Les jets des bombes pleines de poudre fuivent les mêmes régles.
D'où il s'enfuit, que fi l'on a trouvé par expérience qu'une bombe,
dont la direction eft élevée de 45 degrez, va jufques à 500 toifes de longueur, elle ira perpendiculairement jufques à 250 toifes: car fi C G eft
500 toifes, & que la bombe ait décrit la Parabole C F G, elle ne s'élévera qu'à la hauteur C D, laquelle eft le diamétre du demi-cercle, qui
par conféquent fera 250 toifes moitié de l'amplitude C G de la Parabole
C F G. Mais il faut confidérer que la réfiftance de l'air change un peu
ces mefures: car s'il y a plus d'air à paffer par C F G, que par C D, la
bombe ira un peu plus près du point D à proportion que du point G;
& par la même raifon, fi la direction de la bombe étoit C L, & qu'elle tombât au point R, elle iroit un peu plus loin par la direction C O,
parce qu'il y a plus d'air à paffer dans la Parabole C N R que dans la
Parabole C P R. Voici les expériences que j'en ai faites avec de l'eau,
qui doit être plus retardée par l'air, qu'une balle de fer, ou qu'une
bombe.

Dans la figure précédente fuppofons A B C un tuyau de 6 piés de
hauteur depuis la furface de l'eau à la hauteur de D dans le réfervoir
jufqu'à l'ajutage C; la direction du jet C F G étoit de 45 degrez fur
l'horizon; & par ce que l'on vient de dire, C G qui étoit l'amplitude
de la Parabole, devoit être de 10 piés: mais le jet s'écartoit vers la fin,
& celui qui approchoit le plus près de 10 piés, étoit de 9 piés 10 pouces; & par conféquent ce jet ne manquoit que de $\frac{2}{120}$, c'eft à dire deux
fur 120. Mais ayant fait des expériences fur de plus grandes hauteurs,

le

le jet diminuoit plus de fon amplitude à proportion par la plus grande
réfiftance de l'air, & cette diminution fe doit faire à proportion de celle des hauteurs des jets: & ainfi il faudra prendre le double de la hauteur perpendiculaire des jets pour favoir l'amplitude du jet Parabolique
à l'élévation de 45 degrez.

Les jets de vif-argent font de même, mais leur extrémité s'écarte
plus qu'aux jets d'eau, dont la caufe eft que le mercure fupérieur B F
gliffe fur l'inférieur C E D par fa rencontre, & au contraire le mercure qui eft vers E defcend par fa pefanteur, & par le choc de celui qui
eft plus haut: c'eft ce qui fait que les goutes de vif-argent font fort féparées les unes des autres entre D & F, & de haut en bas; mais elles
ne s'écartent point en largeur. Et fi l'on met l'œil dans le plan de la
direction du jet, il ne paroitra que comme un filet de la même largeur
par tout, laquelle il a à la fortie de l'ajutage, parce que ne s'écartant
point à la fortie, les goutes les plus proches de l'œil couvrent toutes les
autres qui font au deffous dans toute l'étenduë du jet.

Pour prouver par expérience que les matiéres les plus pefantes font
leurs Paraboles plus grandes, j'ai fufpendu une balle d'acier à un fil de
42 pouces ou 3 piés ½ de longueur, & l'ayant élevée par un arc de 50
degrez, je la laiffai aller; elle revint, après être montée de l'autre côté, à 49 degrez 45 minutes: l'arc des 15 minutes qui manquoient, é-
toit de la largeur de 6 lignes, & par conféquent il ne perdoit qu'une ligne & demi à peu près en tombant jufques au point de repos. Je mis
enfuite une boulette de cire de même groffeur chargée d'un petit poids,
en forte que fa pefanteur fpécifique étoit comme celle de l'eau; & l'a-
yant élevée à 50 degrez, elle revint à 4 pouces près au 2e. battement:
elle perdoit donc 8 fois autant par la réfiftance de l'air, que celle d'a-
cier; ce qui eft à peu près felon les proportions de la pefanteur fpécifique de l'eau à l'acier.

Lorfqu'en un tuyau les ouvertures font plus hautes les unes que les
autres, & que les jets font horizontaux, on peut favoir la longueur
des jets fur un plan horizontal par les mêmes régles en cette maniére.

Soit A B C D un vaiffeau cylindrique, ou d'une autre forme, percé
en F & en G, l'eau étant toujours entretenuë à la hauteur de A B; H I
eft un plan horizontal; & l'on veut favoir où les jets F & G tomberont
fur le plan H I. On fuppofe que le côté du tuyau B F G H, où font
percés les trous F & G, eft à plomb: fur la ligne B H pour diamétre
ayant décrit le demi-cercle B L K H, foient menées les perpendiculaires
F L & G K à la ligne B H jufques au demi-cercle en L & K; & ayant
fait H I double de G K, & H M double de F L, les jets décriront les
demi-paraboles G I & F M, comme il a été dit ci-devant. D'où il
s'enfuit, que fi N eft le centre du demi-cercle, le jet qui jaillira par N
ira le plus loin de tous, puifque la ligne N O qui eft le demi-diamétre
eft la plus grande de toutes les ordonnées comme G K, F L. Et fi

TAB.
XIX.
Fig. 99.

TAB.
XX.
Fig. 100.

                                   l'on

l'on prend des hauteurs égales au deffus & au deffous de N, les jets tomberont au même point fur la ligne horizontale H I.

Si l'on veut favoir, dans un vaiffeau ou dans un réfervoir A B C D, à quelle hauteur y eft l'eau, il y faut percer un trou en quelque endroit comme en G, & ayant marqué quelque point I où paffe le jet, foit tirée la ligne I H de niveau par le point I, & par le point G la ligne G H perpendiculaire à I H. Ayant coupé H I en deux également, dont l'une des moitiez foit G K, foit trouvée la ligne G B troifiéme proportionnelle continuë après G H & G K; cette ligne G B eft la hauteur de l'eau dans le réfervoir au deffus de l'ouverture G: ce qui n'eft que la converfe de la précédente Propofition, comme il eft aifé de voir, fi l'on fuppofe que la hauteur du réfervoir foit H B au deffus du plan horizontal H I, & l'ouverture du jet foit en G; car felon les Elémens de Géométrie, à caufe du demi-cercle, les trois lignes G H, G K, & G B, font en proportion continuë, ce qui convient à ce que *Galilée* a démontré dans fa 5e. proportion du mouvement des corps pouffez & jettez, où il dit que les moitiez des amplitudes des Paraboles des jets font moyennes proportionnelles entre la hauteur de la demi Parabole, & la hauteur de la liqueur depuis l'ouverture du jet.

CINQUIÉME PARTIE.

DE LA

CONDUITE DES EAUX

ET DE LA

RESISTANCE DES TUYAUX.

PREMIER DISCOURS.
Des Tuyaux de conduite.

Lorfque la conduite de l'eau qui fournit les jets paffe par un long tuyau fort étroit, la viteffe de l'eau y eft arrêtée par le frottement; ce dont on a fait l'expérience en cette forte.

A B C D eft un tuyau de 6 pouces de diamétre & de 6 piés de hauteur; le tuyau C E a 3 pouces de largeur, & le tuyau G F un pouce. On avoit fait aux

points

points H, I, L, trois ouvertures; celle qui étoit en H avoit 2 lignes; celle en I 4 lignes; & la derniére en L en avoit 8.   Dans l'autre branche F G les ouvertures K, N, M, étoient difposées de même felon la groffeur des ouvertures à l'égard de la proximité du tuyau A B C D. Le tuyau A D étant plein, on laiffoit aller fucceffivement les 3 ouvertures H, I, L: les autres demeurant toujours fermées, le jet par L s'élevoit le plus haut; celui par I enfuite; & celui par H jailliffoit le moins haut des trois.   De l'autre côté, la grande ouverture M jailliffoit le moins haut, celle en N un peu plus haut, & la petite K la plus haute des trois.   La raifon de ces effets ne fera pas difficile à connoître, fi l'on confidére, qu'il fort beaucoup d'eau par les ouvertures L & M, & que pour l'entretenir il faut que l'eau aille beaucoup plus vîte par le tuyau étroit que par le large; ce qui y caufe un frottement confidérable, qui retarde la viteffe de l'eau, & l'empêche de couler affez vîte pour fournir l'ajutage.   Mais dans les ouvertures H & K, comme la viteffe par les tuyaux eft 16 fois moindre que quand l'eau fort par L & M, le frottement dans le tuyau étroit eft peu confidérable, & ne retarde pas fenfiblement le jet K plus que le jet H, & ils montent à peu près auffi-haut l'un que l'autre: il s'enfuit auffi que fi l'on diminuë les deux trous I & N, par exemple chacun d'une ligne, alors le jet par I montera moins haut qu'il ne faifoit, & celui par N plus haut; parce qu'il y aura moins de frottement dans le Canal F G qui furpaffe le défaut de la réfiftance de l'air, & dans le Canal C E cette diminution de frottement ne fera pas confidérable, mais la réfiftance de l'air le fera un peu plus qu'au jet de 4 lignes: c'eft ce qui a trompé plufieurs perfonnes qui ont fait leurs expériences dans des tuyaux étroits, comme F G, & ils ont conclu, auffi-bien que la plupart des Fonteniers, que l'eau alloit plus haut par des ajutages étroits, que par des larges; ce qui eft contre la raifon & l'expérience, finon quand la conduite eft trop étroite.

Il arrive la même chofe quand les ajutages font longs de 6 à 7 pouces, ou même de 2 à 3 : Car le jet fera plus haut par une fimple ouverture dans la platine qui fera d'une ligne ou d'une demi ligne d'épaiffeur. L'on en fera l'expérience facilement, fi l'on a un tuyau de 6 ou 7 pouces de largeur A B C D, & que dans le tuyau E F fuffifamment large on ait fait des ouvertures égales en G & en H; la première ayant un ajutage G I, & l'autre n'ayant que l'épaiffeur du métail : Car l'on verra que le jet par H ira beaucoup plus haut que par G I, & que plus on diminuëra la hauteur de G I, plus fon jet approchera de celui par H. D'où il fuit que les ajutages longs que l'on met ordinairement à la gueule des Dauphins dans les Fontaines, font fort défectueux, & quand même l'ajutage feroit un peu en cône, le jet ne laiffe pas d'en être retardé : En voici une expérience : un tuyau de verre d'un pié de hauteur & d'un pouce de largeur, ayant fon ouverture de deux lignes & demi n'a fauté qu'à 10 pouces & ½ quand il y avoit un petit cône; mais

l'ayant

T A B.
XX.
Fig. 101.

l'ayant fait fans cône, il a fauté jufques à 11 pouces & ½.

Pour régler la largeur des tuyaux de conduite des eaux felon la hauteur des réfervoirs & la grandeur des ajutages, j'ai fait les obfervations fuivantes.

Il y a à *Chantilly* une conduite de tuyau faite avec des piéces de bois de chêne percées ; les ouvertures font de 5 pouces de diamétre. La hauteur de l'eau du réfervoir eft à 18 piés ; & la conduite en pente jufques à un Canal horizontal, eft de près de 104 toifes. Le Canal ayant été mis à fec, on perça un des corps par le deffus, & on y mit un ajutage de 10 lignes ; l'eau étant retenuë par en bas, le jet alla jufques à 15 piés : ainfi il y avoit quelque petit empêchement dans la longue conduite & dans l'ajutage ; car fuivant les régles il devoit jaillir jufques à 17 piés à peu près. On mit un autre ajutage à 80 toifes plus bas dans la même conduite qu'on fit jaillir tout feul, & il n'alla qu'à 14 piés à peu près, ce que l'on peut attribuer au défaut de l'ajutage qui étoit plus mal fait que l'autre. On laiffa aller enfuite les deux ajutages ênfemble, & le jet d'enhaut n'alla qu'à 12 piés, & l'autre qu'à 11 ; ce qui fit connoitre qu'une conduite de 5 pouces de largeur n'eft pas fuffifante pour un ajutage de 14 ou 15 lignes à cette hauteur de réfervoir, ou pour deux de 10 lignes chacun. On referma les trous, & on laiffa jaillir le jet ordinaire, qui eft à côté du Canal & élevé de 2 ou 3 piés plus haut à la même diftance du réfervoir que le dernier trou ; le réfervoir n'avoit que 16 piés de hauteur à peu près au deffus de l'ajutage, qui étoit en cône, & de 12 lignes de diamétre ; il jailliffoit d'environ 14 piés, au lieu de 15 piés un peu plus felon les régles, ce qui provenoit fans doute de l'ajutage fait en cône, comme il a été démontré.

J'ai fait d'autres expériences avec le même tuyau de 50 piés, dont il a été parlé avec fon tambour au deffus, qui avoit un pié. On y attacha en bas une conduite horizontale de même largeur de 3 pouces, & de 40 piés de longueur, & l'on mit à l'extrémité un ajutage de 6 lignes, & le jet jaillit auffi haut que quand il n'étoit qu'à un pié de tuyau montant : le jet fit auffi les mêmes effets, à favoir qu'après avoir jailli d'abord à une certaine hauteur, il diminua peu à peu d'environ un pié ; & l'eau étant arrivée au bas du tambour, le jet s'éleva de nouveau, & alla un peu plus haut qu'au commencement : & ainfi une conduite horizontale de 40 piés de longueur, & de 3 pouces de largeur, ne diminua point un jet de 6 lignes d'ajutage.

On a trouvé auffi par expérience qu'un ajutage de 7 lignes n'a point jailli moins haut que celui de 6 lignes à 35 piés de réfervoir avec une conduite de 3 pouces, & ainfi que le tuyau de 3 pouces pouvoit avoir 52 piés de hauteur pour un ajutage de 6 lignes : On peut donc prendre pour fondement, qu'un réfervoir de 52 piés doit avoir un tuyau de conduite de 3 pouces de diamétre quand l'ajutage eft de 6 lignes, &

que

que le jet montera à toute la hauteur qu'il doit avoir.

Pour comparer la largeur de cette conduite à celle que doivent a-voir les réfervoirs, & les largeurs des ajutages, on fera cette régle de proportion.

Comme le nombre des pouces que donnent les jets, eſt au nombre des pouces d'un autre jet;
ainſi le quarré du diamétre de la conduite du premier, eſt au quarré du diamétre du tuyau de conduite de l'autre.

Cette régle eſt fondée ſur ce qu'il faut que la viteſſe de l'eau cou-lante ſoit égale dans les deux conduites, afin qu'il n'y ait pas plus de frottement en l'une qu'en l'autre. Or ſi le nombre des pouces eſt qua-druple, il faut que la ſurface du diamétre de la conduite ſoit quatre fois plus grande, afin que la viteſſe dans les tuyaux ſoit égale.

Suivant cette régle, ſi l'on veut ſavoir quelle largeur de conduite il faut donner pour avoir un jet de 100 piés par 12 lignes d'ajutage, il faut prendre 52 piés de hauteur, qui par un ajutage de 6 lignes ayant le tuyau de conduite de 3 pouces de diamétre, donne 8 pouces: & par-ce que, ſuivant la table des hauteurs des jets, le réſervoir de 100 piés de jet doit être à 133 piés $\frac{1}{3}$; on dira que comme 52 eſt à 133, ainſi 64 quarré de 8 eſt à 170: & la racine quarrée de 170 étant 13 à peu près, l'on voit que le réſervoir de 133 piés par 6 lignes donnera 13 pouces, & par 12 lignes d'ajutage 52 pouces d'eau: donc comme 8 à 52, ainſi 9 quarré de 3, qui eſt le diamétre de la conduite, doit être à 58 $\frac{1}{2}$ dont la racine quarrée eſt 7 $\frac{1}{2}$ à peu près, qui ſera le diamétre de la conduite que l'on cherche; mais pour plus grande ſureté on peut lui donner 8 pouces.

Lorſque les ajutages ſont inégaux, & les hauteurs des réſervoirs égales, il n'y a qu'à faire les diamétres des conduites en même raiſon entr'elles, que les diamétres des ajutages: car alors les frottemens ſeront égaux, & l'eau ira plus vîte dans l'un des tuyaux qu'en l'autre; en voici un exemple.

Un tuyau de 13 piés de hauteur donne 1.pouce par 3 lignes : donc par 6 lignes il donnera 4 pouces ; & par conſéquent ſi la conduite de-meure de même largeur, l'eau ira 4 fois plus vîte, & auroit quatre fois autant de frottement: il faut donc pour la faire aller auſſi vîte, que le quarré du diamétre de ſa conduite ſoit quatre fois plus grand ; & pour lors la racine de ce quarré ſera à la racine de l'autre comme 6 à 3.

Il arrive un effet aſſez ſurprenant dans la conduite de quelques tuyaux de *Chantilly*. Ces tuyaux, qui ſont de bois, pouſſez & mis l'un dans l'autre, paſſent par un petit étang, & enſuite par un long Canal; d'où il arrive que ſi l'on ferme tout à coup l'entrée du réſervoir, & que l'eau ne coule plus dans le tuyau de conduite, ce jet de 14 piés ne ceſſe pas tout-à-fait, mais il continuë à jaillir à plus de deux piés ſans diſconti-nuation. Suppoſant que l'entrée du réſervoir fût bien fermée, l'on pourroit attribuer cet effet à ce que, l'eau s'écoulant avec grande vi-

M m m

teſſe,

teſſe, le poids de celle de l'étang & du Canal fait un peu entr'ouvrir les corps des tuyaux qui entrent l'un dans l'autre, & il ſe fait une petite aſpiration d'eau, de même qu'il ſe fait une expiration d'air aſſez ſenſible quand ce tuyau de conduite étant vuide, on y fait entrer tout-à-coup l'eau du réſervoir: car alors l'air étant preſſé force les tuyaux, & fait un peu de jour entre ceux qui ſont emboitez l'un dans l'autre. Or l'aſpiration qui ſe fait d'un peu d'eau de l'étang & du Canal, eſt aſſez grande pour fournir ce jet de 2 piés.

Il arrive encore au même jet un autre effet extraordinaire, qui eſt, que ſi l'on met la main ſur l'ajutage, & qu'on l'y tienne pendant 10 ou 12 ſecondes, l'eau ne jaillit point d'abord qu'on ôte la main, & commence peu à peu à s'élever à 3 pouces, puis à 1 pié, & enfin à 2 ſucceſſivement dans un tems conſidérable. J'ai vû le même effet dans une eau qui couloit horizontalement par un tuyau de cuivre: car l'ayant fermé avec la main dans la penſée que cette eau étant retenuë un peu de tems, elle feroit un plus grand effort, & jailliroit plus loin, je fus ſurpris qu'il ne coula pas preſque d'eau d'abord; mais enfin peu à peu elle reprit ſa force ordinaire. Voici comme j'explique cet effet.

Dans le Canal de *Chantilly*, qui a une pente très-petite juſques à 80 toiſes du jet, l'eau y couleroit très-lentement ſi elle n'étoit pouſſée par l'eau ſupérieure dont la pente eſt plus roide. Or ſi l'on ſuppoſe que A B C D ſoit la pente roide, & que le Canal ne ſoit qu'à demi-plein, comme depuis C D juſques à F G; l'eau y coulera aſſez vîte & pouſſera avec la même impreſſion celle qui eſt en G H D E; & par le mouvement qu'elle aura acquis dans ce chemin, elle ſera portée aſſez vîte juſqu'à l'entrée de l'ajutage I L qu'elle remplira entiérement; & étant choquée par celle qui ſuccéde, elle s'élévera juſques à 2 piés: mais lorſqu'on la retient, on arrête ſon mouvement, & même elle refluë vers B G D en s'élevant vers le haut du tuyau proche de C; ce qui fait que cette eau étant dans ſon mouvement, & ſa moindre hauteur en B étant moindre que la hauteur du point L, elle ne peut faire d'effort pour couler ou pour jaillir, qu'après que le mouvement commence à ſe faire enſuite du premier écoulement qui eſt très-lent.

Il faut éviter de faire les tuyaux de conduite coudez à angles droits: car l'eau dans ſon mouvement heurtant contre la partie du tuyau qui lui eſt oppoſée, le met en danger de crever, & elle eſt retardée conſidérablement par cette rencontre.

Si l'on veut que l'eau jailliſſante conſerve ſa force par pluſieurs années, il faut tenir les conduites un peu plus larges que ſelon le calcul qui en a été fait: car il s'y amaſſe de la bouë & des ordures qui retardent un peu l'écoulement; & même il y a des eaux qui emportent avec elles des atomes pierreux, qui venant à s'attacher enſemble, forment des pierres qui bouchent la conduite. J'en ai fait l'obſervation dans l'Aqueduc d'*Arcueil*, & l'on voit proche de l'Obſerva-

toi-

toire dans le grand regard où se fait la séparation des eaux, un bassin qui a un gros jet au milieu d'un demi-pié de hauteur : la circonférence de ce bassin est de cuivre, où l'on a fait plusieurs ouvertures circulaires d'un pouce de diamétre pour faire connoître la quantité d'eau qu'il y a dans l'Aqueduc : mais peu à peu il s'est amassé dans ces ouvertures une matiére pierreuse, qui les a enfin bouchées entiérement sans que l'eau y puisse plus passer ; ce qui est assez surprenant, car il semble que l'eau coulante devroit emporter les ordures qui s'y pourroient amasser. Cela se fait de la même maniére qu'il s'amasse de la neige à côté ou sur les branches des buissons quand il fait brouillard pendant un grand froid : Car le vent portant de petites parcelles ou atomes de vapeurs glacées, les introduit dans quelques pores de ces branches ; & les premiéres retiennent & accrochent celles qui suivent ; & enfin il s'y en fait un amas de 2 ou 3 pouces de hauteur. De même l'eau chariant de petits atomes de pierre dont elle se charge en passant par les terres, en fiche quelques-uns dans les pores du métail, & un autre qui suit se joint au premier selon sa disposition & sa figure. Il en passe beaucoup qui ne s'y attachent pas : mais par une suite d'années il s'y en amasse enfin assez pour boucher entiérement les ouvertures, comme si c'étoit une seule pierre assez dure, en sorte que l'on est obligé tous les 50 ans environ de relever tous les tuyaux & de les refaire à neuf.

Lorsque la conduite de l'eau dans un tuyau large se subdivise en plusieurs conduites pour faire plusieurs jets, il faut considérer tous les pouces d'eau que doivent donner ensemble tous ces jets pour déterminer la largeur du grand tuyau de conduite, & il les faut reduire ensuite par le calcul à une seule ouverture de jet.

EXEMPLE.

LA principale conduite d'une eau se divise en six tuyaux, dont il y en a deux qui ont chacun 3 lignes de diamétre d'ajutage, deux autres qui en ont chacun 5, un qui en a 6, & un autre qui en à 8 ; la hauteur du réservoir est supposée à 52 piés. Donc, si les conduites sont suffisamment larges, & qu'il y ait assez d'eau dans le réservoir pour fournir à toute la dépense ; les ajutages de 3 lignes donneront 2 pouces chacun selon les régles & les tables qu'on a données ci-dessus ; ceux de 5 lignes donneront chacun 5 pouces $\frac{5}{9}$; celui de 6 lignes donnera 8 pouces ; & celui de 8 lignes donnera 14 pouces & $\frac{2}{9}$: la somme de la dépense d'eau de tous ces jets sera donc de 37 pouces $\frac{2}{9}$. C'est pourquoi, suivant la régle précédente, pour 52 piés de hauteur de réservoir le diamétre de l'ajutage doit être au diamétre du tuyau de conduite comme 6 lignes à 3 pouces, ou bien comme 1 à 6 qui est la même raison.

Mais comme dans cet exemple, nous n'avons que la dépense de l'eau qui est de 37 pouces & $\frac{2}{9}$ à la hauteur de 52 piés de réservoir ; il faut
Mmm 2

cher-

chercher quel feroit le diamétre de l'ajutage qui fourniroit cetté quantité d'eau, ce qui fe fait par la régle de la mefure des eaux jailliffantes de la feconde Partie; & l'on trouve 13 lignes à très-peu près. On fera donc comme 1 eft à 6, ainfi 13 à 78 lignes de diamétre du tuyau de conduite de toute l'eau, ou bien 6 pouces ½ : & chacune des conduites pour 3 lignes de diamétre d'ajutage auront 1 pouce ½ de largeur; car par la régle précédente les diamétres des tuyaux de conduite font entr'eux en même raifon que les diamétres des ajutages, la hauteur du réfervoir étant la même: chacune de celles qui portent des ajutages de 5 lignes auront 2 pouces ½ : pour celle de l'ajutage de 6 lignes, elle aura 3 pouces de diamétre; & celle de 8 lignes aura 4 pouces. Et fi l'eau du réfervoir peut donner ou fournir 37 pouces, ces jets iront continuellement. On remarquera que le jet de 8 lignes d'ajutage ira le plus haut de tous : & pour favoir fa hauteur, on trouvera dans la table de la 2ᵉ. Régle du premier Difcours de la quatriéme Partie, qu'un jet de 50 piés doit avoir pour la hauteur de fon réfervoir 58 piés 4 pouces; c'eft pourquoi le jet eft entre 45 & 50 piés, & fort proche de 45 : & fi l'on fait le calcul par la régle pour le jet de 46 piés de hauteur, on trouvera 52 piés ½ pouce pour la hauteur du réfervoir; d'où l'on peut conclure que le jet n'arrivera pas tout à fait à 46 piés, quoique le réfervoir foit de 52 piés de hauteur.

SECOND DISCOURS.

De la force des Tuyaux de conduite, & de l'épaiffeur qu'ils doivent avoir fuivant leur matiére & la hauteur des réfervoirs.

LOrfque les réfervoirs font fort élevez ou qu'on fait une conduite d'eau depuis quelque lieu fort haut, les tuyaux de conduite font fouvent en danger de fe rompre, principalement fi la conduite fe fait par des valées profondes; & çe feroit une chofe très fâcheufe, fi après avoir fait beaucoup de dépenfe, quelques tuyaux venoient à crever, foit par le défaut de la foudure ou de la foibleffe des tuyaux: il faut auffi éviter d'employer trop de plomb ou de cuivre, pour donner de grandes épaiffeurs aux tuyaux lorfque des épaiffeurs médiocres fuffifent; voici ce qu'on pourra obferver fur cette matiére.

Les corps folides & fermes réfiftent à être rompus par les petits liens & embarras de leurs particules qui font entrelacées les unes dans les autres: il y a des matiéres faciles à rompre, comme la glace; & d'autres qui fe rompent difficilement, comme le fer, le marbre &c.

On appelle la réfiftance abfoluë d'un folide à être rompu, lorfqu'on

le

le tire pour le déchirer ou rompre: ainfi fi l'on fufpend un cylindre de
bois A B par des cordes à une poutre par le moyen d'une groffe tête A, TAB.
& qu'on attache vers fa bafe B des cordes qui fufpendent un poids C XX.
de 1000 livres, qui puiffe rompre ce cylindre vers D ou plus haut ou Fig. 104.
plus bas en détachant & féparant fes parties entrelacées ; on dira que fa
réfiftance abfoluë eft de 1000 livres. Par la même maniére on faura
la réfiftance abfoluë d'une petite bande de papier, fi l'on fait deux anneaux aux extrémitez en repliant les bouts & les collant à la bande, &
paffant dans ces anneaux vers I & L deux bâtons G H, M N : car TAB.
ayant fufpendu au bâton M N le poids O par les cordelettes K & Z, XX.
fi cette bandelette fe rompt comme en P par ce poids précifément lorf- Fig. 105.
qu'il fera de 4 livres, on dira que la réfiftance abfoluë de cette bandelette eft de 4 livres.

Galilée a fait un Traité de la réfiftance des folides, où il donne la
même définition de la réfiftance abfoluë, & il explique à fa maniére la
force que doit avoir un poids lorfqu'il eft fufpendu à l'extrémité d'un
folide fiché dans un mur : Comme fi le mur eft A B & le folide C D E F, TAB.
& que le poids G foit fufpendu en F par la corde F G, il dit que la XX.
longueur F D eft comme le bras d'un levier, & que l'épaiffeur C D eft Fig. 106.
comme le contre-levier, en forte que fi on vouloit féparer une partie
qui eft en C & que fa réfiftance abfoluë fût de 10 livres, il faudroit
que le poids G fût feulement de 2 livres, fi la longueur F D étoit 5
fois plus grande que D C : Mais en confidérant une autre partie comme I également diftante de C & D, il ne faudroit qu'une livre en G,
parce que le levier F D feroit alors 10 fois plus grand que le contre-levier D I : Et parce qu'il fuppofe que la rupture fe fait en même tems
dans toutes les parties de C D, dont les unes font entre D & I & les
autres entre I & C, il prétend qu'il faut confidérer l'augmentation de
la force du poids felon la raifon de F D à la moyenne diftance D I ; ce
qui pourtant répugne à plufieurs expériences que j'ai faites avec des folides de bois & de verre, où j'ai trouvé qu'il falloit prendre la raifon
de F D à une ligne moindre que D I, comme le quart de D C ou le
tiers &c. & non de F D à la moitié de D C. Pour trouver cette proportion & refuter celle de *Galilée*, je fais les raifonnemens qui fuivent.

Je fuppofe premiérement, que le bois, le fer, & les autres corps
folides ont des fibres & des parties rameufes entrelacées les unes dans
les autres, & qui ne peuvent fe féparer que par une certaine force, &
qu'elles font toutes enfemble la fermeté & réfiftance de ces corps à être
rompus quand on les tire perpendiculairement de haut en bas felon leur
longueur:

2. Que ces parties peuvent s'étendre plus ou moins par de différens
poids : & qu'enfin il y a une extenfion qu'elles ne peuvent fouffrir fans
fe rompre, en forte que s'il faut qu'un folide de bois foit étendu de
deux lignes pour être rompu, & qu'un poids de 500 livres puiffe faire

Mmm 3

cet-

cette extenſion ; un poids de 125 livres ne le fera étendre que d'environ une demi ligne ; un de 250 livres, que d'environ une ligne &c;
& qu'ainſi chaque extenſion fera équilibre avec un certain poids.

TAB.
XX.
Fig. 107.

Cela étant ſuppoſé, ſoit conſidérée la balance A C B tournant ſur
l'appui C, chargée à ſon extrémité B, d'un poids F faiſant équilibre
avec les 3 poids égaux, G, H, I. La diſtance B C eſt à C E comme
12 à 1. C D eſt double de C E, & C A double de C D. Or ſi le
poids G eſt de 12 livres, il faudra un poids en F de 4 livres pour le
ſoutenir, puiſque la diſtance B C eſt triple de C A ; il ne faudra que
2 livres en F pour ſoutenir le poids H, & une livre ſeulement pour
ſoutenir le poids I : & par ce moyen un poids de 7 livres en F fera é-
quilibre avec ces 3 poids chacun de 12 livres en G, H, & I. Si donc
on ajoute un petit poids en F, les 3 poids s'éléveront ; & quoiqu'ils
s'élévent inégalement, chacun agira par une peſanteur de 12 livres ſelon leur diſtance du poids C: mais il n'en eſt pas de même des parties
d'un ſolide qui ſe rompt tranſverſalement, & pour le faire voir,

TAB.
XX.
Fig. 108.

Suppoſons que F C ſoit de 12 piés, C A de quatre, C E de 2, &
C B d'un pié; & que le ſolide A D C N ſoit joint au ſolide A C P Q inébranlable, par les 3 cordelettes égales & également fortes D I, G L,
H M, un peu tenduës, qui paſſent au travers des petits trous dans le
ſolide A C P Q, & noüées par deſſus l'autre, comme on le voit en la
figure. Soit encore ſuppoſé qu'afin que chaque cordelette ſoit prête à
ſe rompre, il faille qu'elle ſoit étenduë de 2 lignes plus qu'elle n'eſt ;
& qu'un poids R ſuſpendu en F de 4 livres, puiſſe être aſſez fort pour
reduire la cordelette I D à cette extenſion de 2 lignes ; & qu'y ajoutant
un très-petit poids, elle doive ſe rompre. Il eſt évident qu'il faudra
deux livres en R pour étendre de 2 lignes la cordelette L G étant ſeule, & une livre ſeulement pour étendre de même la cordelette H M,
ſi le centre du mouvement eſt en C: Mais parce que lorſque la cordelette D I eſt étenduë de 2 lignes, la cordelette G L n'eſt étenduë que
d'une ligne, & la cordelette H M d'une demi ligne, quand on les tire
toutes enſemble ; il s'enſuit par la 2e. Suppoſition, qu'un poids d'environ une livre fera alors équilibre avec la tenſion de la cordelette G L
qui n'eſt que d'une ligne, & qu'il ne faudra que 4 onces pour faire é-
quilibre avec la tenſion de la cordelette H M, quoique la réſiſtance totale de cette derniére ſoit d'une livre ; & par conſéquent pour reduire
les trois cordelettes en cet état, il ſuffira que le poids R ſoit de 5 livres ¼, & que ſi on y ajoute un très-petit poids, la cordelette D I ſe
rompra & preſque en un même moment les deux autres, parce qu'elles réſiſtent beaucoup moins que les trois enſemble.

TAB.
XX.
Fig. 109.

Appliquons maintenant ces raiſonnemens au ſolide A B C D fiché
perpendiculairement dans le mur E A D O, & ſuppoſons que ſi on le
tiroit de haut en bas perpendiculairement, il fallut 600 livres pour le
rompre : je dis que ſi A D eſt diviſé en trois parties égales par les points
G & H,

G & H, & que C D foit à D H comme 60 à l'unité, il fuffira que le poids L foit de 10 livres pour rompre le folide ; au lieu que felon *Galilée* il faudroit qu'il fût de 15 livres, puifque C D eft à D I moitié de D A comme 60 à un & demi ou 40 à l'unité, & que 600 eft le produit de 15 par 40.

Pour prouver cette Propofition, fuppofons, comme il a été expliqué ci-devant, que la fibre vers A fe doive étendre de 16 parties très-petites pour être rompuë, & qu'il faille une pareille extenfion pour rompre les fibres vers G, I, & H. Il eft évident que ces derniéres ne réfifteront pas de toute leur force pour empêcher la rupture de la fibre vers A, & que fi elles réfiftent à proportion de leur diftance au point D, & s'il faut 16 livres en L pour rompre la fibre en A, il en faudroit feulement 12 pour rompre la fibre en G, 8 pour rompre la fibre en I, & 4 pour rompre la fibre en H.   Mais parce que quand la fibre en A fe rompt, la fibre en G ne fera étenduë que de 12 parties, celle en I que de 8, & celle en H que de 4, cela fait encore une autre raifon femblable au lieu de 12 livres pour rompre la fibre vers G, il ne faudra que 9 livres favoir les ¾ de 12, & 4 livres pour rompre la fibre vers H. Or 12 eft moyen proportionnel entre 16 & 9, & 4 entre 16 & 1 : & par conféquent ces nombres 1, 4, 9, 16, étant quarrez ; fi l'on conçoit que la longueur A D foit divifée à l'infini, les réfiftances de toutes les fibres feront en la proportion des quarrez de fuite depuis l'unité.   Mais fi on prend tels nombres de quarrez qu'on voudra de fuite commençant à l'unité, trois fois leur fomme moins le nombre triangulaire, qui correfpond au dernier terme de la Progreffion, fera égal au produit du plus grand quarré par le nombre de la Progreffion commençant à zero ; & ce nombre trianglaire excédant fera à ce dernier produit felon la Progreffion à l'infini ½ ¼ ⅛ 1/16 &c. Donc cet excès à l'infini fera comme rien, & par conféquent tous les quarrez à l'infini ne feront enfemble que le tiers d'autant de quarrez égaux au plus grand y en ajoutant un pour le premier terme zero de la Progreffion, de même que fi l'on prend une Progreffion de fuite, 0, 1, 2, 3, 4, 5, 6. &c. la fomme de tous ces nombres eft la moitié du produit du plus grand par le nombre des termes de la Progreffion.

Pour prouver par induction cette propriété des quarrez de fuite, prenons l'unité, qui eft le premier quarré ; le triple de l'unité eft 3 ; l'unité multipliée par les nombres des termes de la Progreffion, 0, 1, eft 2, qui eft moindre que 3 du premier nombre triangulaire 1 qui eft ½ du nombre 2 ; 1 & 4 enfemble font 5 ; trois fois 5 eft 15 ; le produit par la Progreffion 0, 1, 2 eft 12 moindre que 15 de 3 qui eft le fecond nombre triangulaire & qui eft ¼ de 12 ; 55 eft la fomme des 5 premiers quarrez ; 3 fois 55 eft 165 ; le plus grand quarré 25 multiplié par les 6 termes de la Progreffion, 0, 1, 2, 3, 4, 5, eft 150 moindre que 165 de 15 qui eft 1/10 de 150.

Pour

Pour ſavoir ſi l'expérience ſeroit conforme à ce raiſonnement , je fis tourner au Tour deux morceaux de bois fort ſec. L'un d'eux, repréſenté par A B, avoit à ſes extrémités deux petites boules, & le reſte C D étoit uniformément épais de trois lignes. L'autre E F étoit en toute ſa longueur épais de 3 lignes. Je mis le bout de ce dernier juſques au point G dans un petit trou fait dans une poutre, & il le rempliſſoit exactement ; & j'attachai à l'autre bout un poids de ſix livres en F. La diſtance G F étoit de 4 pouces ou 48 lignes, & par conſéquent elle étoit 48 fois plus grande que le tiers de l'épaiſſeur du bâton .cylindrique G F, puiſque ce tiers n'étoit que d'une ligne; & ſelon *Galilée* la proportion du poids étoit augmentée 32 fois : mais le bâton ſe courba un peu, & la diſtance ne fut plus que comme 30 à 1 à peu près, & le poids I de ſix livres ſuſpendu au point F fit rompre le bâton au point G : Or ſi la force de ce poids n'eût été augmentée que de 30 fois, il ne devoit faire qu'un effort de 180 livres, qui eſt le produit de 30 par 6. Je ſuſpendis enſuite le bâton A B par quatre cordelettes attachées à une petite corde qui faiſoit deux tours autour du col D & étoit retenuë par la boule B D , & j'accommodai de même quatre autres cordelettes à la boule C A pour ſuſpendre un poids de 180 livres qui devoit rompre le bâton A B., le tirant en bas perpendiculairement , ſi la régle de *Galilée* eût été véritable ; mais il ne ſe rompit pas. L'expérience ſe fit en préſence de Mrs de *Carcavy*, de *Roberval* , & *Huygens.* Je fis ajouter des poids de 10 ou 12 livres les uns après les autres ; & enfin quand il y en eût en tout environ 330 livres , il ſe rompit au point H. Or ſi l'on prend la proportion de 47 à 1 (qui eſt le tiers de l'épaiſſeur) à cauſe que le bâton ſe courba un peu avant que de ſe rompre , le produit de 47 par 6 eſt 282 au lieu de 330. Mais il y a apparence que ſi on y eût ſeulement mis 300 livres , & qu'on les y eût laiſſées quelque tems comme on laiſſa les 6 livres en I; il ſe fût rompu de même. Mais enfin la proportion fût beaucoup plus grande que de 30 à 1, & il ne manqua qu'environ ½ qu'elle ne fût comme 47 à 1 ; ce qui pût arriver à cauſe que le bâton G F étoit peut-être plus foible vers le point G ou un peu plus épais. On recommença l'expérience en laiſſant une grande épaiſſeur aux deux bouts du bâton E F; laiſſant ſeulement deux pouces de G vers F afin que cette partie ſe courbât fort peu. Je me ſervis enſuite de quelques canons de verre ſolide de ⅓ de ligne d'épaiſſeur , & je trouvois toujours à peu près qu'il falloit prendre la proportion de la longueur du cylindre de verre au tiers de ſon épaiſſeur : & dans une expérience où, ſelon *Galilée*, il n'eût fallu que 30 livres pour rompre la petite verge de verre ſituée perpendiculairement de haut en bas, il y en fallut ſuſpendre 50; le Sieur *Hubin* ajuſtoit de petites boules de verre aux deux bouts du cylindre pour le ſuſpendre.

On peut objecter que dans le bois ou le verre ou les métaux, il n'y

a

a rien qui s'étende avant la fraction. Je demeure d'accord que l'extenfion du verre n'eft pas fenfible : Mais celle des métaux fe reconnoît
aifément, en ce que les cordes de claveffin, de quelque métail qu'elles
foient, s'étendent fenfiblement : d'où il s'enfuit qu'un cylindre d'un
pouce d'épaiffeur doit s'étendre auffi, mais il faudroit un poids de plus
de 2000 livres pour l'étendre fenfiblement ; car puis qu'une boule de
verre & d'acier s'enfonce par le choc, & fe remet en fa premiére figure, elle peut auffi s'étendre. Si on laiffe tomber un cylindre de bois
fec d'un pouce d'épaiffeur fur une pierre platte, il rebondit, & par
conféquent il a reffort, & fes parties fouffrent extenfion & preffement :
& parce que l'expérience fait voir qu'un petit bâton qu'on plie pour le
rompre, fe refferrant vers la concavité de fa courbure, s'étend néceffairement vers la convexité avant que de fe rompre ; de là on peut conclure qu'il faut un effort pour faire la compreffion vers la concavité.

Cela étant fuppofé, fi A B C D eft un bâton quarré fiché dans un T A B,
mur, on peut concevoir que depuis D jufqu'à I, qui eft la moitié de XX.
l'épaiffeur A D, les parties fe preffent par le poids L ; celles qui font Fig. 111.
proches de D, davantage que celles vers I ; & que depuis I jufques à
A elles s'étendent, comme il a été expliqué ; & l'on pourra appliquer
le même raifonnement des cordelettes à la partie I A: d'où il s'enfuivra
que comme la longueur I F eft au tiers de l'épaiffeur I A, ainfi fera
augmentée la force du poids L pour rompre le folide. Et comme il
faut plus de force pour preffer les parties vers D que vers H, fi on fuppofe que cette force diminuë felon la fuite des nombres jufques à l'unité ; il faudra encore la même proportion de la longueur I F au tiers de
la largeur D I pour faire ce preffement. Et comme il eft très-vrai-femblable que ces preffemens réfiftent autant que les extenfions, & qu'il
faut un même poids pour les faire ; ces extenfions & ces compreffions
partageront la force du poids L : Ajoutant le tiers de l'épaiffeur I A au
tiers de l'épaiffeur I D, le tout fera égal au tiers de toute l'épaiffeur A D;
d'où il s'en fuivra la même chofe que fi toutes les parties s'étendoient.
Donc pour reduire l'extenfion vers le point A à la rupture, il faut que le
poids L foit un peu plus de 10 livres pour rompre le folide A B C D,
fi la longueur C D eft au tiers de l'épaiffeur A D, comme 1 à 30, &
qu'il faille un peu plus de 300 livres pour le rompre en le tirant de bas
en haut : car la même chofe doit arriver pour l'effort du poids, que fi
les parties entre I D s'étendoient comme les fupérieures.

J'ai expérimenté, avec le Sieur *Hubin*, qu'un fil de verre d'un quart
de ligne d'épaiffeur & long de 4 piés, s'étendoit de ⅛ de ligne fans
fe rompre, & en le laiffant retourner de lui même, il reprenoit fa premiére extenfion. On en fit étendre trois de même groffeur, qui fe
rompirent étant étendus jufqu'à une ligne & demi. Pour le connoître,
il y avoit aux deux bouts de chaque fil une boule de verre de 2 ou 3 lignes : On engageoit une de ces boules entre deux clous à crochet en-

N n n

fon-

foncez vers l'extrémité d'une table jufques à leur moitié, enforte qu'en les pouffant très-fort, on ne les faifoit point branler fenfiblement; & par conféquent le gros bout du filet, étant bien engagé par le bas des clous, ne fe pouvoit approcher vers l'autre bout de la table: Il y avoit 3 petits trous d'épingle pour faire difcerner l'allongement: Le fil portoit fur la table en fa longueur; mais en le tirant médiocrement il n'y portoit plus: Le gros bout qu'on tiroit, touchoit la table; on remarquoit qu'il touchoit par fon extrémité le premier trou d'épingle en le tirant avec la main médiocrement; & en le tirant plus fort, il alloit jufqu'au 2e. trou; & en le tirant encore plus, il alloit jufques au 3°; & en relâchant un peu de l'effort, il revenoit au 2e. ou au 1r. trou. Pour bien faire il eût fallu qu'un des bouts eût été pouffé à force en tournant dans un trou d'un morceau de fer, & que l'autre eût été attaché à 2 ou trois petites cordelettes, qui étant jointes enfemble n'en euffent fait qu'une, qu'on auroit entortillée autour d'une cheville d'un luth ou d'un autre inftrument pour étendre le filet en tournant peu à peu. On auroit fait des marques pour reconnoître l'allongement, & même on pourroit faire fonner le fil de verre comme une corde d'épinette.

Cela étant fuppofé, voici les expériences que j'ai faites pour la réfiftance des folides: ces régles peuvent beaucoup fervir aux Architectes pour les poutres, pour les faillies &c.

Un canon de verre de $\frac{1}{7}$ de ligne d'épaiffeur s'eft rompu par fon propre poids à 6 piés de faillie.

Un cylindre de marbre noir de 5 lignes de diamétre a foutenu horizontalement 190 livres, c'eft-à-dire 10 $\frac{1}{2}$ à 48 lignes de diftance. Le quarré de $\frac{5}{7}$ eft $\frac{25}{7}$: fon produit par un pié de longueur ou 144 lignes eft $\frac{3600}{7}$ ou 400 lignes, dont 6 piés péferont 2400 lignes cubiques. Comme 14 à 11, ainfi 2400 à 1886 lignes; & parce qu'un pouce cubique ou 1728 lignes péfent 2 onces 1 gros, 2886 lignes péferoient environ 2 onces 3 gros.

La moitié de la longueur de 6 piés eft 36 pouces ou 432 lignes. Comme le tiers de $\frac{1}{7}$ de lignes, favoir $\frac{1}{7}$, eft à 432, ainfi 2 onces $\frac{3}{7}$ à 1814, qui divifez par 16 onces donnent 113 livres 6 onces, qui feroit le poids que fupporteroit perpendiculairement ce cylindre de verre de $\frac{5}{7}$ de ligne.

Une verge de verre d'une ligne $\frac{1}{4}$ d'épaiffeur & longue de 11 pouces, étant pofée fur deux régles diftantes de 9 pouces l'une de l'autre & larges & épaiffes d'un pouce, & étant chargée à fon milieu d'une livre $\frac{1}{4}$ mife dans un godet de fer blanc fufpendu par une cordelette, s'eft rompuë dans le milieu. Une femblable verge pofée de même, mais ferrée par fes deux bouts entre les deux régles, & deux petits morceaux de bois plats de même largeur que les régles, s'eft rompuë par trois livres & une once, fufpenduës à fon milieu: la rupture s'eft faite aux deux bouts joignant les régles, & même l'un des bouts a été rompu à 3 lignes

gnes en dedans plus loin que l'appui. Ainſi on peut prendre pour régle, que les deux extrémitez proches de l'appui ſe rompent en ce dernier cas ; par conſéquent il faut deux fois autant de force que quand les extrémitez ſont libres & qu'elle ſe rompt au milieu.

Une ſemblable verge poſée en ſon milieu ſur le trenchant d'un couteau, (on avoit mis de la cire d'Eſpagne vers les bouts pour empêcher de couler les cordelettes qui ſoutenoient les poids & pour marquer leur diſtance qui étoit de 9 pouces) il n'a fallu qu'une livre & demi & environ 3 onces pour la rompre, c'eſt-à-dire qu'on avoit mis dans deux godets ces poids, ſavoir en chacun une livre moins 2 onces & demi : elle s'eſt rompuë à trois lignes du couteau ; il y avoit une marque blanche pour marquer le milieu de la verge.

Une lame d'épée poſée par le bout dans un trou obliquement de bas en haut a ſupporté 68 livres ; & une petite lame de fer blanc en a ſupporté 80.

Il eſt manifeſte que ſi un ſolide A B ſe rompt par un poids L ſuſpen-TAB. du à ſon milieu E, étant appuyé par les extrémitez ſur les 2 régles G XXI. & F, il doit ſe rompre de même, ſi l'appui eſt en E & les deux puiſſan-Fig. 112. ces en A & B égales entr'elles & enſemble à la force du poids L, puiſque c'eſt toujours le même effort qui ſe fait en E. *Galilée* a démontré que le même poids qui rompt en E, rompra le ſolide de même épaiſſeur fiché dans un mur juſques au point A, ſi ſa longueur eſt égale à A E : D'où il s'enſuit ce que j'ai trouvé par expérience, ſavoir qu'un verre plat A B de 12 pouces de longueur poſé & appuyé par ſes extrémitez & portant à faux de 9 pouces, s'étant rompu par le poids d'une livre 10 onces & 5 gros, s'eſt rompu par 3 livres 5 onces 4 gros, lorſque ſes extrémitez furent ſerrées entre les appuis & des bois plats par des cordelettes, parce qu'alors ils doivent ſe rompre en A & B joignant les appuis ; & parce que les deux réſiſtoient par leurs deux extrémitez deux fois autant que le ſeul E A en ſon extrémité A, il y fallut mettre le double de poids en L.

Le même Auteur a encore démontré, que ſi les appuis ſont en double diſtance, la moitié du poids qui étoit en E ſuffira pour rompre le ſolide : dont la raiſon eſt, que le levier devient 2 fois plus long, & le poids par conſéquent a 2 fois plus de force, le contre-levier ne changeant point. Mais ſi le ſolide eſt 2 fois plus épais, il faudra quadrupler le poids, parce que d'un côté il y a 2 fois plus de parties à détacher, & auſſi la force du levier diminuë de moitié ; ce qui fait que le poids doit être quadruple, & généralement les poids doivent être en raiſon doublée des épaiſſeurs.

De là on reſout un Théorême fort ſurprenant, ſavoir : que ſi on a un quarré plat, de bois ou de verre ou d'autre matiére fragile, poſé ſur un quadre, en ſorte que ſes extrémitez y ſoient ſerrées fortement comme on ſerre les quarrez de verre ſur un quadre de châſſis ; le même

N n n 2

poids

poids diftribué dans toute fon étenduë qui le rompra, rompra tout autre quarré de même épaiffeur de quelque largeur qu'il foit.

DÉMONSTRATION.

TAB.
XXI.
Fig. 113.

A B C D eft le quadre qui tient ferré le quarré de verre. E F eft
un autre quadre plus petit, tenant ferré un autre quarré de verre de même épaiffeur: je dis qu'il foutiendra un même poids diftribué. Car foit
une petite bande Q H pofée fur le petit quarré, & pour la facilité de
la démonftration foit la bande I L en l'autre quadre double en longueur
de Q H, & de même largeur & épaiffeur. Il eft évident par ce qu'en
a démontré *Galilée*, que fi on met un poids au milieu de Q H précifément fuffifant pour le rompre, la moitié de ce poids pofé au milieu
de I L, la rompra. Mais fi on double la largeur de I L, & que la
bande foit M N K S, il faudra le poids entier pour le rompre : car le
levier demeurera le même, mais il y aura 2 fois autant de parties à détacher; & fi l'on diftribuë le 1.ᵉ poids le long de Q H, il le faudra doubler pour rompre la bande Q H, comme il a été prouvé par le même
Auteur. Donc il faudra auffi doubler le poids pour rompre M S double de I L. Mais fi l'on ajoute en croix une autre bande O P dans le petit quadre, il faudra doubler le poids, ce que j'ai confirmé par expérience: car une fimple bande s'étant rompuë par 2 livres & demi un peu
moins, étant en croix il fallut 4 livres 11 onces un peu plus, qui eft un
peu moins que le double; ce qui peut proceder de ce que le quarré du
milieu n'étoit pas doublé. Si donc on met une autre bande en croix G R
de même largeur que I N, elle portera le même poids que la croix
P O Q H ; & fi on continuë de faire plus larges ces croix felon les mêmes proportions, celle de la grande fupportera toujours un même poids
diftribué; & enfin on peut continuer jufques à ce qu'il ne refte que quatre quarrez très-petits aux angles de chaque quadre. D'où l'on doit
conclure, que fi on achéve ces deux quadres, le même effet fuivra toujours & de même dans toutes les autres proportions: car fi le quarré
du milieu du petit fait que la croix ne porte pas un poids double de celui que porte la bande, auffi le quarré du grand fera le même effet.

Ces régles fervent pour les folides dont les matiéres font fragiles,
comme le bois fec, le verre, le marbre, l'acier &c.

Mais pour les matiéres fouples & pliantes qui fe rompent par la feule
traction, comme le papier, le fer blanc, les cordes, &c ; il faut d'autres régles, dont voici les principales.

RE-

RÉGLE

Pour les solides qui sont souples.

LEs bandes de papier, de fer blanc, & d'autre matiére semblable se rompent également, soit qu'elles soient longues ou courtes.

EXPLICATION.

B C est une bande de papier, colée; ou de fer blanc, cloüée sur les T A B. deux appuis E G, F H; & n'étant point portée dans la longueur C B. XXI. On met un petit bâton I L au milieu sur la bande, & on y attache aux Fig. 114. extrémitez qui passent un peu au delà du papier, des cordelettes pour porter le poids P; car si l'on mettoit une cordelette sur la bande de papier, elle la plisseroit ou la couperoit.   La bande étant de papier de 6 lignes de largeur s'est rompuë par le poids de 4 livres.

Une semblable bande se rompoit de même lorsque les appuis étoient moins éloignez de moitié : & lorsqu'étant entortillée par les extrémitez autour de 2 petits cylindres G H, M N, on attachoit un T A B. poids au cylindre d'en bas par le moyen de 2 cordelettes, comme on XXI. le voit en cette figure; la bande se rompoit aussi par un poids de 4 li- Fig. 115. vres.

Quelques-uns objectent que les cordes K Z portent une partie du poids, & que sa pesanteur n'est pas employée à rompre la bande I L. Mais il est évident que la bande porte tout ce qui est au dessous d'elle, soit que les cordes s'étendent ou non : & pour le prouver, j'ai fait l'expérience suivante.

Un fil de cuivre tourné en vis, soutenu par la main en A, & ayant T A B. le poids C suspendu au bout B, s'étendoit d'une certaine maniére par XXI. ce poids plus ou moins selon qu'il étoit plus ou moins pesant: mais Fig. 116. toutes les distances des spires étoient parfaitement égales, & lorsqu'on tenoit à la main l'endroit D, les distances demeuroient les mêmes sans aucun changement; ce qui faisoit connoître manifestement que l'extension des spires supérieures, lorsque la suspension étoit en A, n'amoindrissoit de rien la force du poids à l'égard des spires inférieures. La même chose arrive à une corde longue qui supporte un poids: car toutes les parties en souffrent la même extension sans que les supérieures diminuënt l'extension des inférieures, ni les inférieures celle des supérieures; & une longue corde & une courte supportent toujours le même poids, si ce n'est qu'il arrive que dans un longue corde il se peut trouver quelque défaut où elle se rompra plutôt qu'en une moindre.

La même chose arrive à des bandes de fer blanc : car en une longue il y aura peut-être un défaut qui ne sera pas en une courte ; & si l'on en avoit pris la partie qui ne s'eſt pas rompuë, elle ſupporteroit un plus grand poids , parce que le défaut en feroit ôté. J'en ai fait pluſieurs expériences.

Une bande de fer blanc de 3 lignes ½ de largeur a ſupporté 100 livres ſans ſe rompre, & s'eſt rompuë par 130 ou 128 ; & étant tirée de bas en haut, elle ne s'eſt pas rompuë à 120 livres , mais elle s'eſt rompuë à 123 par un endroit où il y avoit quelque paille : on jugera qu'elle auroit ſupporté davantage ſi on l'eût tirée bien droit & qu'il n'y eût point eu de défaut.

Une bande de fer blanc de 4 lignes ½ de largeur portant à faux de 5 pouces dans le petit quadre , ne s'eſt point rompuë par 180 livres ; on n'a pas achevé de la rompre en y mettant d'autres poids.

Une bande de papier de 6 lignes de largeur étant collée par ſes 2 extrémitez ſur 2 traverſes oppoſées d'un quadre de chaſſis de 5 pouces dans œuvre, s'eſt rompuë par 4 livres 3 quarts , & il a fallu ajouter 4 onces pour en rompre une égale tirée de haut en bas. Deux autres auſſi de 6 lignes ſe ſont rompuës par 4 livres en les tenant ¼ de minute avec le poids auſſi-bien dans le grand quadre que dans le petit.

Une autre bande de papier de la même force, de 6 lignes ½ de large, s'eſt rompuë par 4 livres : elle étoit poſée ſur le même chaſſis de même en l'un qu'en l'autre : il y avoit 3 cordes qui portoient un petit godet, & une autre corde paſſant par deſſous, qui étoit ſoutenuë plus haut par un petit bâton : on mettoit dans le godet peu à peu des poids juſques à ce que la bande ſe rompît. On a collé du papier dans le grand quadre de 9 pouces dans œuvre & dans le petit de 5 pouces dans œuvre de même que quand on fait des chaſſis : on a poſé au milieu du grand papier un rond de cuir de 3 pouces 4 lignes , & ſur le milieu de ce cuir un poids de plomb de 4 livres qui n'avoit que 2 pouces & demi de largeur par ſa baſe qui poſoit ſur le cuir ; on entaſſa pluſieurs poids ſur ce premier, & le papier ne ſe rompit qu'à 42 livres.

L'autre papier ſur le petit quadre ſe rompit à 34 livres, mais ſon petit cuir n'avoit qu'un pouce ¼ de largeur , ſur lequel on mit le même premier poids.

Pour comparer ces expériences entr'elles & avec les bandes de papier, la largeur du cuir qui poſoit dans le grand chaſſis étant de 3 pouces, & la baſe du poids de 2 pouces ½ ainſi le cuir ne portoit pas bien ferme à ſes bords, & l'on peut prendre que la largeur de la bande qu'occupoit le diamétre étoit 5 fois plus grande que celle de la bande de 6 lignes qui avoit ſupporté quatre livres, & prenant une autre bande en croix C D de même largeur, ſi la première A B ſoutenoit 20 livres pour être quintuple de 4 livres, les deux en ſoutenoient 40, les 2 livres de plus étoient ſoutenuës par les 4 bandes diagonales, E R , G F, qui ſouffrent fort peu par les raiſons qui ont été dites ci-deſſus, à l'égard des cordelettes, parce qu'elles ſont plus longues que les autres , & ne

s'é-

T A B. XXI. Fig. 117.

s'étendent pas de toute l'étenduë propre à les faire rompre. Dans le petit chassis la bande A B n'étoit que 3 fois ½ plus large que la bande de 6 lignes ; elle devoit donc soutenir 14 livres , & les deux en croix 28 livres : les 6 livres restantes étoient pour les 4 bandes diagonales : & quoique ce soit plus à proportion que dans le grand , cela arrive par l'inégalité de la matiére qui a sa résistance absoluë moindre en un endroit qu'en un autre. Que si les bases des poids eussent été égales dans les deux quarrez de papier, ils eussent dû porter le même poids ; la rupture se fit en tous les deux, entre le poids & le quadre de bois.

Après avoir fait plusieurs expériences semblables , j'en ai fait plusieurs sur des tuyaux pleins d'eau. Je fis faire un tuyau de 50 piés, dont il a été parlé ci-dessus ; & l'ayant soudé dans le tambour cylindrique d'un pié fermé de tous les côtez, on posa le tambour sur 3 appuis à ses extrémitez. Les bases étoient des platines de cuivre d'une ligne d'épaisseur , & le tour étoit de fer blanc. Le tuyau, montant de 3 pouces de largeur , étoit soudé dans un trou fait au milieu de la platine supérieure ; & la surface cylindrique de fer blanc étoit soudée avec les platines en cette maniére.

A B représente le diamétre de la platine supérieure ; les petits quarrés C & D, l'épaisseur d'un fil de fer qui régnoit tout autour du fer blanc qui faisoit la caisse , joignant la platine , & servoit à l'y mieux souder. E F est le tuyau de fer blanc de 50 piés de hauteur. La platine inférieure étoit soudée de même avec la caisse de fer blanc que la supérieure. On fit emplir d'eau le tambour & le tuyau : Quand elle fut tout au haut, les platines se courbérent en convexité par le poids de l'eau : & comme elles agissoient en levier dont l'extrémité étoit G , & le contre-levier la largeur de la soudure, sur l'extrémité du fer blanc & sur la largeur du fil de fer ; la soudure se détacha par cet effort , les parties les plus proches de G se séparant les premiéres : l'espace désoudé fut de 4 pouces, par où toute l'eau s'écoula ; on la résouda de nouveau , & la platine d'en bas se désouda aussi dans l'expérience. Je fis refaire un autre tambour, où le fer blanc, étant rabatu sur les platines, les enfermoit en dedans & y étoit bien soudé: On augmenta ensuite le tuyau montant E F , jusques à ce qu'il eût 100 piés de hauteur, & il demeura plein d'eau assez long-tems avant que de se rompre: Mais enfin une des soudures de la caisse s'entrouvrit par le bas comme depuis S jusques à R , & se déchira de travers depuis R jusques à T : Les platines s'étoient courbées de plus d'un pouce ; mais leur soudure avec le fer blanc ne se rompit point , parce qu'agissant en levier comme en la premiére expérience , même plus fortement à cause du plus grand effort d'eau , la partie soudée du fer blanc s'élevoit avec elle , & par ce moyen ne se pouvoit désouder. On avoit tenu long-tems ce tuyau plein jusques à 80 & 90 piés ; mais rien ne se rompit : & parce que l'eau de 100 piés agissoit sur cette caisse de fer blanc comme si le

T A B.
XXI.
Fig. 118.

tuyau

tuyau eût été d'un pié de large jufques à cette hauteur, comme il a été prouvé dans le Difcours de l'équilibre ; on peut tenir pour certain qu'un tuyau de fer blanc de 80 piés, & d'un pié de largeur, ne fe rompra point étant plein d'eau.

Je fis enfuite mettre un tambour de plomb au lieu du tambour de fer blanc : fon épaiffeur étoit de 2 lignes & demi : il avoit un pié de largeur & 18 pouces de hauteur ; mais il étoit renflé comme un baril jufques à la rencontre des platines de plomb plates, de 8 pouces de largeur, & de la même épaiffeur de 2 lignes & demi. Les foudures avançoient d'un demi pouce fur les platines, & fur ce qui avoit été rabatu qui joignoit les platines, en forte qu'elles avoient un pouce de largeur & plus ; elles étoient hautes de plus de 8 lignes. On emplit d'eau le tuyau de 100 piés de hauteur, & les deux platines fe courbérent en rond de plus d'un pouce $\frac{1}{2}$: mais rien ne fe rompit ; car la foudure s'éleva auffi avec le refte, & l'épaiffeur du plomb étoit trop grande. Il y a du plomb poreux qui auroit laiffé paffer quelques petits filets d'eau, comme j'en ai vû une fois l'expérience en un tambour d'un pié & demi, & de l'épaiffeur de deux lignes, quoique le tuyau montant ne fut que de 15 piés. Enfin pour achever l'expérience, je fis ratiffer avec un couteau, & limer le tambour dans fon milieu d'environ 6 pouces de hauteur & 4 pouces de large : & quand fon épaiffeur fut reduite à une ligne un peu moins dans le milieu de ce qui étoit limé, alors le plomb s'enfla en cet endroit, & il s'y fit une fente de trois pouces de hauteur par où toute l'eau s'écoula. On peut donc en feureté fe fervir d'un tuyau de 100 piés, large de 12 pouces, & d'épaiffeur de 2 lignes, ou même une ligne & demi fi le plomb eft bon. Voici comme on peut expliquer la réfiftance du tambour de fer blanc. Il le faut confidérer comme une bande de fer blanc d'un pié de largeur qui doit fe rompre en fe déchirant. Or cette bande eft 24 fois plus large que celle de 3 lignes qui fupportoit 120 livres ; elle doit donc fupporter 445 fois davantage à peu près, & parce que l'eau du tuyau pefoit alors 5500 livres : car il la faut confidérer comme fi elle étoit de la largeur d'un poids jufques au haut de 100 piés : & un pié cylindrique d'eau péfe 55 livres, qui multipliées par 100 donnent 5500 : 45 fois 120 fait 5400, & par conféquent le rapport eft affez jufte : & fi la foudure eût été bonne par tout, le tambour auroit encore pû porter 100 livres ou 2 piés d'eau plus haut. Il faut confidérer qu'il ne faut pas faire état de ce que le poids eft diftribué par tout quoique ce foit en déchirant. Si l'on veut favoir la proportion de la réfiftance des autres tuyaux, voici les Régles qu'on peut fuivre ; on fuppofe que les platines font affez fortes.

I. RE'-

I. RÉGLE.

SI la hauteur du réfervoir eft double, il y aura deux fois autant de poids d'eau, & par conféquent il faudra deux fois autant d'épaiffeur de métail dans le tuyau afin qu'il y ait deux fois autant de parties à féparer. Si le diamétre du tuyau eft 2 fois plus large, il faudra 2 fois plus d'épaiffeur : car les mêmes parties du fer blanc ne feront pas plus chargées , & elles font feulement doubles.

II. RÉGLE.

SI les platines font les moins fortes , & que la rupture s'y doive faire en les fuppofant de fer de fonte, ou d'une autre matiére aigre & caffante ; lorfque les tuyaux auront 4 fois autant de hauteur , il faudra doubler feulement l'épaiffeur du métail, comme il a été prouvé ci-devant : car alors la platine fe rompt en levier, & le contre-levier devient deux fois plus grand, & il y a deux fois autant de parties à féparer. La même chofe arrivera fi le diamétre eft double : car il y aura 4 fois autant de poids; il faudra donc doubler feulement l'épaiffeur.   D'ailleurs ces platines différentes peuvent fupporter le même poids; mais le poids étant quadruple , il faut doubler l'épaiffeur : & fi la hauteur & la largeur du tuyau font enfemble plus grandes, il faudra faire le calcul de la hauteur & enfuite celui de la largeur, comme en l'exemple ci-deffus; il faudra doubler l'épaiffeur par la hauteur quadruple, & doubler celle-ci par la furface quadruple de la bafe, dont il faudra quadrupler l'épaiffeur de la platine : mais quand c'eft du fer blanc ou du cuivre fort fouple, fi le réfervoir eft 4 fois plus haut, il aura 4 fois plus de poids; il faudra donc 4 fois plus d'épaiffeur; & fi le diamétre eft double , il y aura encore 4 fois plus de poids, & il faudra encore quadrupler l'épaiffeur, ce qui fera 16 épaiffeurs : ainfi fi une demi-ligne d'épaiffeur de cuivre peut fupporter 60 piés de hauteur & 4 pouces de largeur de tuyau , fi la hauteur eft 240 piés, & la largeur de 8 pouces, il faudra 8 lignes d'épaiffeur de cuivre.

Il vaut toujours mieux faire les tuyaux un peu plus épais que felon le calcul : car il arrive fouvent qu'il y a des défauts dans la matiére.   On a vû des conduites de fer de fonte de 4 pouces de diamétre & de 3 lignes d'épaiffeur, où il fe trouvoit beaucoup de tuyaux de ceux qu'on joint enfemble pour compofer la conduite, qui fe rompoient, parce qu'en les jettant il s'y étoit fait des vuides, & la matiére étoit défectucufe en ces endroits : on a vû auffi fuinter de l'eau par leurs pores au commencement ; mais enfin les pores fe fermoient par les petites faletez que l'eau charrie, & ils étoient de bon fervice dans la fuite.

Ooo　　　　TROI-

TROISIÉME DISCOURS.
De la distribution des Eaux.

POur partager l'eau en divers jets, & savoir combien on en donnera à chacun, ce qui peut aussi servir à la distribution qu'on fait à plusieurs particuliers de l'eau d'une source; il faut avoir une jauge dont les ouvertures soient quarrées, & non rondes.

TAB.
XXI.
Fig. 119. Comme A B est le haut du vaisseau qui sert de jauge, & C D la hauteur de l'eau; il faudra placer les trous quarrez environ deux lignes au dessous de la surface C D selon une ligne droite horizontale E N. Or si l'on a divisé cette jauge en plusieurs quarrez d'un pouce en tous sens, comme E F P H &c. ils donneront plus d'un pouce : car si les circulaires donnent 14 pintes en une minute, les quarrez en donneront une quantité qui sera à 14 comme 14 à 11, laquelle proportion de 14 à 11 est à peu près celle du quarré au cercle qui a même largeur. Si donc un pouce rond donne 14 pintes en une minute, un pouce quarré donnera un peu moins de 18 pintes : car 11 est à 14, comme 14 à 17$\frac{7}{11}$. Il faudra donc diviser E F en 14 parties égales; & si E R contient 11 de ces parties, le quarré long E R S H sera à fort peu près égal à un pouce circulaire, & il donnera un pouce, c'est-à-dire 14 pintes, en une minute, si l'eau du baquet qui sert de jauge demeure à la hauteur C D. On fera plusieurs ouvertures de suite égales à F R S H sous la même ligne E N, comme R L T S, L M V T, &c; & si l'on veut donner un demi pouce, il faudra diviser un de ces quarrez longs, comme O Q I G par la moitié par la ligne X Y; & chaque moitié donnera un demi pouce, c'est-à-dire 7 pintes, en une minute; & en toutes les autres divisions de même, en prenant le tiers comme I K Z Q, ou le quart &c. Il y aura encore cet avantage, que si les eaux qui fournissent l'écoulement diminuënt, & qu'en coulant elles ne remplissent que le tiers ou la moitié ou les deux tiers de la hauteur des ouvertures de la jauge, tous les particuliers perdront à proportion, ce qu'on ne peut faire quand les trous sont ronds; & s'il y a un peu plus de frottement à proportion dans les petites ouvertures que dans les grandes, cela sera recompensé en ce que l'eau succéde mieux à un petit écoulement qu'à un grand : Si on veut donner 3 ou 4 pouces, on prendra 3 ou 4 ouvertures entières, égales chacunes à E R S H, comme E H V M pour trois : mais il faudra un peu séparer les ouvertures, quand on ne donne qu'un pouce à chaque particulier; car leurs eaux se confondroient s'il n'y avoit que 2 ou 3 lignes entre elles : il faut que l'entrée de chaque tuyau soit assez large pour recevoir l'eau de chaque division.

Voici comme on peut distribuer une source dans une Ville à plusieurs particuliers.

Je

Je fuppofe que la fontaine donne 40 pouces d'eau en Eté, & 50 pouces en Hiver, & 45 dans les autres tems: il faut faire plufieurs réfervoirs, comme F G H I, où l'eau fe décharge.

Dans le prémier, qui fera le plus grand, on laiffera élever l'eau jufqu'à une hauteur comme A B, où l'on fera un paffage à l'eau pour couler plus loin; & on fera les trous par où l'on veut faire la premiére diftribution, comme en C, D, E, un pié au deffous de A B: ces trois trous pourront être affez grands enfemble pour laiffer paffer 20 pouces, & les 25 pouces reftans pafferont par deffus A B. Il eft évident que quand l'eau fera la plus forte, l'élévation de l'eau courante fera plus grande au deffus de A B; & quand elle fera moins forte, qu'elle fera moindre, mais ce ne fera que d'un pouce au plus: tellement que quand l'eau qui entre dans le réfervoir, fera de 50 pouces, il en paffera environ 20 pouces & demi, par les 3 ouvertures; & qu'il n'en paffera que 19 & demi à peu près, quand elle ne donnera que 40 pouces. On fera de même à l'égard de l'eau qui paffera par deffus A B, & de celle qui paffera par les trous; & on leur fera de petits réfervoirs en d'autres quartiers de la Ville, où l'on diftribuëra aux particuliers les 25 pouces & les 20 pouces, obfervant toujours de faire les trous 12 pouces ou du moins 10 pouces au deffous de A B. Enfin il arrivera que dans les grandes eaux il reftera 5 ou 6 pouces d'eau, qu'on donnera au public en quelque endroit peu fréquenté pour quelques ufages, & cette eau ne durera que pendant les grandes eaux, ce qu'on obfervera auffi dans les autres conduites comme C, D, E. Car il y aura toujours quelques reftes qui feront au profit de la Ville, foit pour faire des viviers ou autres amas d'eau qui fe confervent long-tems, fans qu'il y en entre de nouvelle, & qui fe répareront de tems en tems: le refte fera également diftribué fur le pié de 45 pouces, finon qu'ils auront quelquefois un peu moins, quelquefois un peu plus.

Frontinus, Auteur Romain, a parlé de ces conduites d'eau d'une autre maniére. Il appelle *Quinaria* ce que nous appellons Pouce; mais fon *Quinaria* étoit un peu plus petit. Il femble que la façon d'appliquer ce qu'il appelle *Calice*, au bas duquel il y avoit un petit tuyau de la grandeur de fon *Quinaria*, ne pouvoit pas être jufte; & il vaut mieux conduire jufqu'à un quartier de la Ville 10 pouces, s'il ne faut que dix pouces aux particuliers qui y font, & les faire décharger dans un réfervoir long, où l'on appliquera une jauge comme ci-deffus, donnant un pouce ou un demi pouce, fuivant l'acquifition: & quand il y a des particuliers qui n'en veulent qu'une ligne, qui eft la 144e. partie d'un pouce, ou deux lignes qui eft la 72e. du pouce; alors il faudra faire la jauge autrement que celle ci-deffus. En un petit réfervoir féparé où l'on fera paffer l'eau de 5 lignes par deffus les ouvertures, & ayant fait un trou quarré de quatre lignes de largeur, on en ôtera ¼ de la largeur, laiffant la hauteur de 4 lignes qui donnera la neuviéme partie d'un pou-

TAB.
XXI.
Fig. 120.

O o o 2

ce,

ce, c'eft-à-dire 16 lignes; la moitié de cette largeur donnera 8 lignes, & le quart 4 lignes: ou bien on fera paffer l'eau 6 lignes & demi par deffus une ouverture d'une ligne en quarré, dont on ôtera $\frac{1}{14}$, afin de faire la valeur d'une ligne ronde précife, qui donnera $\frac{1}{14}$ de 14 pintes en une minute, & 144 pintes en 24 heures de celles dont il faut 36 pour un pié cube: fi on double la largeur, ce fera 2 lignes, qui donneront un muid en 24 heures, & douze pintes en une heure, & 3 pintes en un quart-d'heure; & pour être plus affeuré qu'on ne donne pas plus ou moins que deux lignes, il faudra compter le tems dans lequel cette ouverture emplit un demi feptier, & fi c'eft en 75 fecondes, la mefure fera jufte: il faudra conduire ce peu d'eau dans des Canaux d'un pouce au moins, car ils pourroient fe boucher s'ils étoient plus petits; & même de 10 ans en 10 ans il faudra prendre garde fi les jauges ne s'empliffent pas de quelque matiére pierreufe qui diminuë les ouvertures, & en ce cas on les refera de nouveau.

Lorfque les tuyaux de conduite ne font pas affez larges, il s'y amaffe dans les endroits les plus bas un limon très-fin, que les eaux les plus claires charient très-fouvent avec elles, qui venant à fe durcir, bouche entiérement le tuyau: c'eft pourquoi il feroit à propos dans ces endroits les plus bas d'y faire des ouvertures de tems en tems pour y faire couler l'eau avec violence, qui entraînera avec elle ce limon, pourvû qu'il ne foit pas encore pétrifié.

Il arrive encore que fi l'on eft obligé de faire paffer un tuyau par deffus quelque éminence, il faut faire fouder à la partie la plus élevée du tuyau de conduite un autre petit tuyau que l'on appelle une ventoufe: ce tuyau a un robinet à une médiocre hauteur par deffus le tuyau de conduite; on l'ouvre de tems en tems pour faire fortir l'air, qui étant entraîné avec l'eau s'amaffe dans la partie fupérieure du tuyau, & qui étant comprimé par l'eau qui le preffe, s'échappe par bouillons, & donne des coups fi violens contre le tuyau de conduite, qu'il y fait très-fouvent des ouvertures, s'il n'eft pas affez fort pour réfifter, & enfin il le caffe s'il eft d'une matiére fragile.

F I N.

TABLE

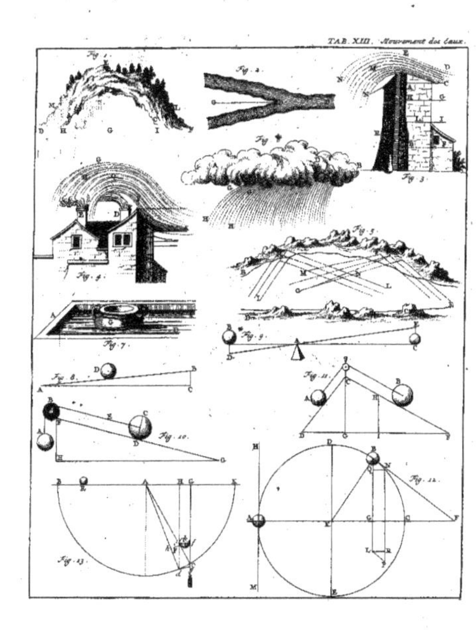

TAB. XIII. Mouvement des eaux.
Fig. 1.
Fig. 2.
Fig. 3.
Fig. 4.
Fig. 5.
Fig. 6.
Fig. 7.
Fig. 8.
Fig. 9.
Fig. 10.
Fig. 11.
Fig. 12.
Fig. 13.

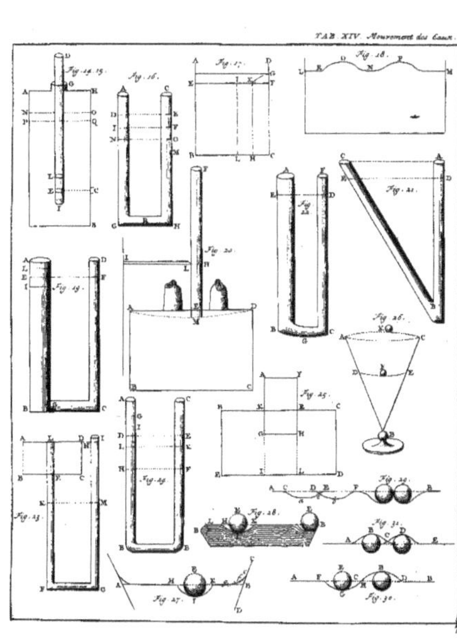

TAB. XIV. Mouvement des eaux.

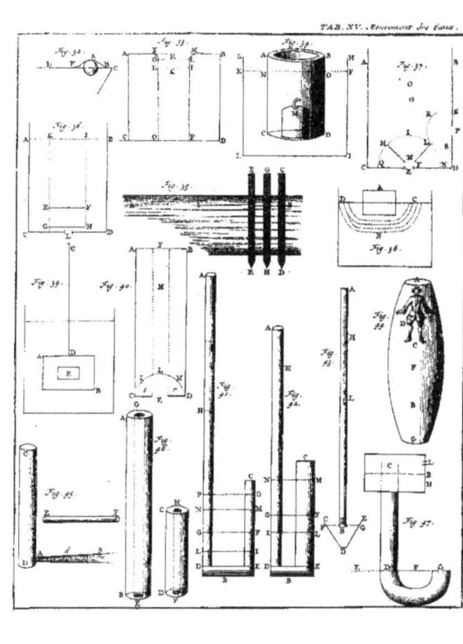

TAB. XV. Mouvement des Eaux.
Fig. 32.
Fig. 33.
Fig. 34.
Fig. 35.
Fig. 36.
Fig. 37.
Fig. 38.
Fig. 39.
Fig. 40.
Fig. 41.
Fig. 42.
Fig. 43.
Fig. 44.
Fig. 45.
Fig. 46.
Fig. 47.

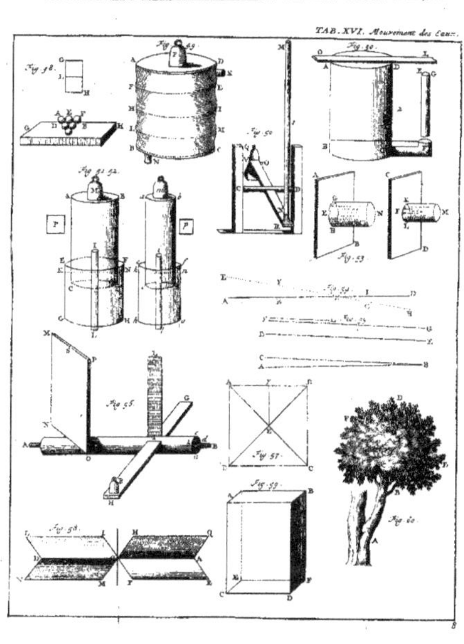

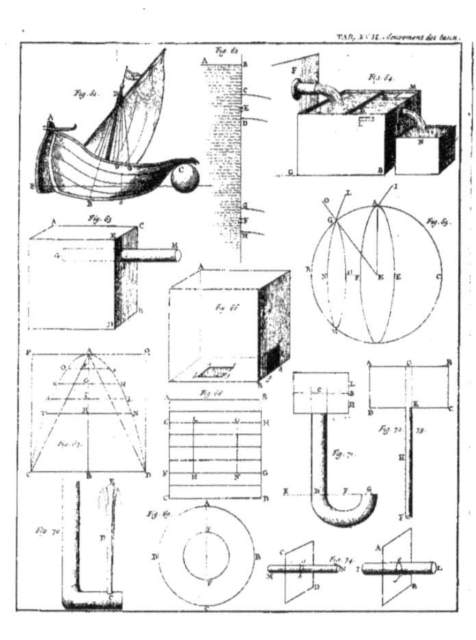

TAB. XVII. Mouvement des eaux.

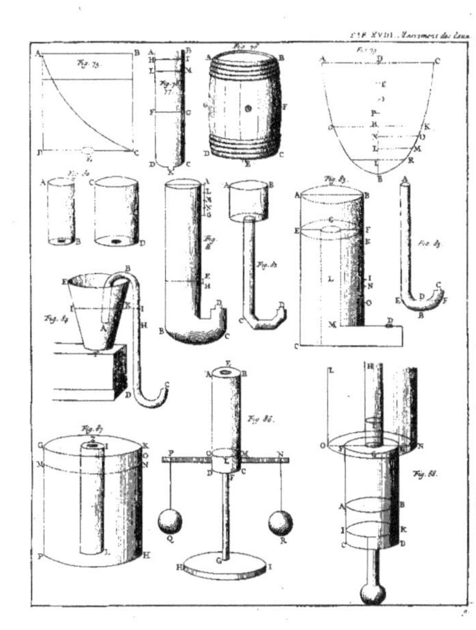

PL. XVIII. Mouvement des Eaux.
Fig. 75.
Fig. 76.
Fig. 77.
Fig. 78.
Fig. 79.
Fig. 80.
Fig. 81.
Fig. 82.
Fig. 83.
Fig. 84.
Fig. 85.
Fig. 86.
Fig. 87.
Fig. 88.

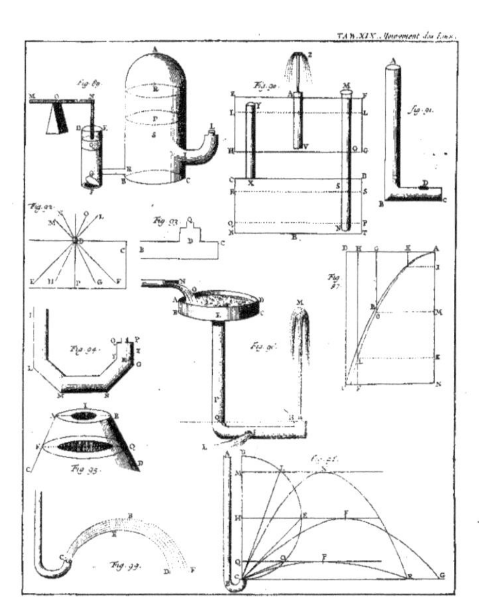

TAB. XIV. Mouvement des Eaux.

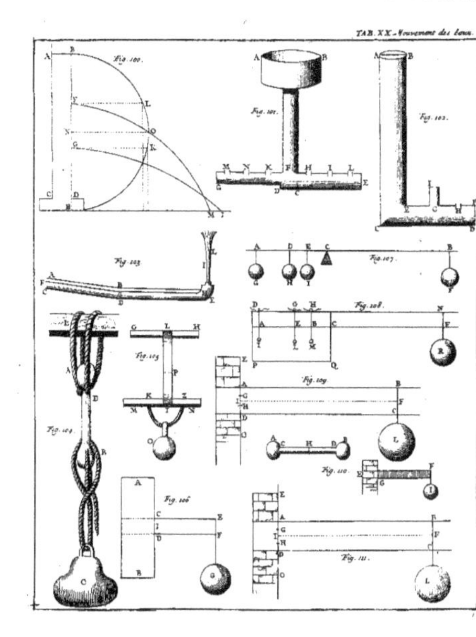

TAB. XX. Mouvement des Eaux.
Fig. 100.
Fig. 101.
Fig. 102.
Fig. 103.
Fig. 104.
Fig. 105.
Fig. 106.
Fig. 107.
Fig. 108.
Fig. 109.
Fig. 110.
Fig. 111.

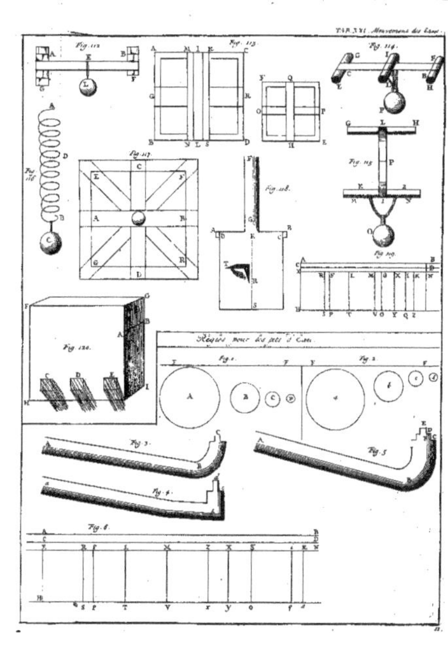

TAB. XVI. Mouvemens des Eaux.
Fig. 112
Fig. 113
Fig. 114
Fig. 115
Fig. 116
Fig. 117
Fig. 118
Fig. 119
Fig. 120
Règles pour les jets d'Eau.
Fig. 1
Fig. 2
Fig. 3
Fig. 4
Fig. 5
Fig. 6

TABLE
DES
PRINCIPALES MATIÉRES
CONTENUES DANS CE TRAITÉ.

PREMIÉRE PARTIE.

De plusieurs propriétez des corps fluïdes, de l'origine des fontaines, & des causes des vents.

SE-

TROISIÉME PARTIE.

De la mesure des eaux courantes & jaillissantes.

I. DISCOURS.

II. DISCOURS.

QUATRIÉME PARTIE.

De la hauteur des jets.

Ex-

CINQUIÉME PARTIE.

De la conduite des eaux, & de la résistance des tuyaux.

F I N.

RÉGLES
POUR LES
JETS D'EAU.
Par Mr. MARIOTTE,
de l'Académie Royale des Sciences.

AVERTISSEMENT.

CEs *Régles des Jets d'eau de* M^r. Mariotte *font tirées en par-*
tie de fon Traité du Mouvement des Eaux, *& étoient un*
Extrait pour l'ufage, avec quelques remarques particuliéres qu'il
avoit faites dans le deffein de les préfenter à M^r. de Louvois,
comme on le voit à la fin de la Préface du Recueil de Divers Ouvrages de Mathématique & de Phyfique *par* M^{rs}. de L'Academie Royale des Sciences *imprimé à Paris* 1693. *in folio.*
C'eft fur l'Edition qu'on en trouve dans ledit Recueil, où on les
avoit jugé dignes d'étre inférées, que je les ai fait imprimer ici,
pour donner un volume complet de tout ce qui a paru de notre
Auteur.

RÉGLES
POUR LES
JETS D'EAU.

DE LA DEPENSE DE L'EAU QUI SE FAIT PAR DIF-FERENS AJUTAGES, SELON LES DIVERSES ELEVATIONS DES RESERVOIRS.

N pié cube d'eau péfe 70 livres, & contient 36 pintes méfure de *Paris* lorfqu'elles font mefurées jufte: Mais, fi l'eau paffe les bords de la mefure, comme il fe peut faire fans qu'elle fe répande, la pinte d'eau péfera alors 2 livres, & 35 feront le pié cube. Le Muid de *Paris* contient 280 de ces derniéres pintes, & 288 des autres.

Un pouce d'eau eft l'eau qui coule par une ouverture circulaire d'un pouce de diamétre pofée verticalement en un des côtez d'un baquet, lorfque la furface de l'eau qui fournit à l'écoulement, demeure toujours au deffus de l'ouverture à la diftance d'une ligne, c'eft à dire à 7 lignes au deffus de fon centre, fans s'élever plus haut, ni s'abaiffer au deffous. Il paffe en une minute de tems par cette ouverture 28 livres d'eau en 14 pintes pefant chacune deux livres.

Il eft vrai qu'à l'endroit de l'ouverture & immédiatement au deffus, l'eau eft plus baffe qu'au refte du baquet, où elle doit être élevée d'une ligne plus haut ; car fi elle n'étoit qu'à la même hauteur, l'extrémité de la furface de l'eau ne pafferoit pas le bord fupérieur de l'ouverture en coulant, & elle ne donneroit alors en une minute qu'environ 13 pintes & ⅓.

Si l'on veut favoir ce que donnent des ouvertures circulaires plus petites, comme d'un demi pouce de diamétre, ou d'un quart de pouce ; il les faut placer enforte que leurs centres foient à 7 lignes de la furface de l'eau qui eft au deffus du trou d'un pouce, laquelle eft marquée par la ligne F F, comme on le voit dans la 1e. figure, où les centres A B C D des différentes ouvertures font tous dans une ligne parallele à F F, & non pas comme dans la feconde, où leurs bords fupérieurs font à égales diftances de la même ligne F F. Or, fi l'ouverture B eft de 6 lignes de diamétre, fa furface ne fera que le quart de celle d'un pouce, & elle ne devroit donner que le quart de 14 pintes dans

TAB. XXI. Fig. 1. 2.

le même tems d'une minute ; & cependant elle donne le quart de 15 pintes, quoique toute la furface de l'eau du baquet ne foit pas plus haute qu'une ligne au deffus de l'ouverture d'un pouce, ce qui provient de plufieurs caufes qui font expliquées dans mon Traité du *Mouvement des eaux*. La principale eft, que l'eau ne baiffe pas fenfiblement au deffus de ces petits trous, & qu'elle y eft de même qu'au refte de la furface : au lieu qu'à l'ouverture d'un pouce, pour faire que le centre foit à 7 lignes au deffous il faut que le refte de la fuperficie de l'eau foit environ à 8 lignes au deffus de ce centre ; car il faut 4 fois autant d'eau pour fournir à l'écoulement de l'ouverture de 12 lignes, qu'à celle de 6 lignes. D'où il arrive que l'eau qui doit fucceder à celle qui paffe par la grande ouverture, vient de plus loin, & par conféquent elle ne fuccéde pas avec tant de facilité, & même il n'y en a qu'à une ligne au deffus, au lieu qu'il y en a quatre lignes au deffus de la petite ouverture, ce qui facilite la fucceffion de fon écoulement. D'ailleurs, les expériences exactes de ces écoulemens font très-difficiles à faire, & l'on fe peut tromper dans la grandeur des ouvertures, dans la hauteur de l'eau du réfervoir, & dans le tems de l'écoulement. De plus, les jets d'eau qui jailliffent horizontalement donnent un peu plus d'eau que ceux qui vont de bas en haut, & un peu moins que ceux qui coulent de haut en bas.

Pour bien déterminer un pouce d'eau, & faciliter les différens calculs felon les différentes ouvertures & difpofitions des ajutages, on peut fuppofer qu'un pouce d'eau donne 14 pintes ou 28 livres d'eau en une minute : & c'eft fur ce pié que j'ai fait les calculs fuivans.

Si on a un pendule de 3 piés 8 lignes & demi depuis le point de fufpenfion jufques au centre de la petite balle, il fera une feconde à chaque battement, & une minute en 60 battemens.

Si l'on veut favoir fans jauge ce que donne d'eau une médiocre fontaine, il en faut recevoir l'eau dans quelque grand vaiffeau ; & fi en une demi minute ou 30 fecondes elle donne 7 pintes, on dira qu'elle donne un pouce d'eau ; fi elle donne 21 pintes, qu'elle en donne 3 pouces, &c.

Suivant cette détermination, un pouce d'eau donnera 3 muids de *Paris* en une heure, & 72 en 24 heures. Une ligne eft la 144e. partie d'un pouce, & elle donne un demi muid en 24 heures ; deux ouvertures d'une ligne donneront un muid ; & une ouverture de 3 lignes de diamétre, qui font 9 lignes fuperficielles, donnera 4 muids & demi en 24 heures.

On a trouvé par plufieurs expériences, qu'un réfervoir ayant 13 piés de hauteur au deffus de l'ouverture d'un ajutage de 3 lignes, donnoit un pouce d'eau, c'eft à dire 14 pintes, en une minute, jailliffant de bas en haut. C'eft ce qu'on prendra pour fondement de la dépenfe des autres jets d'eau.

Lorf-

Lorſque les réſervoirs ſont à même hauteur, & les ajutages différens, ils dépenſent de l'eau ſelon la proportion des ouvertures par où l'eau ſort, ou des quarrez de leurs diamétres. Ainſi, ſi un réſervoir de 12 piés a un ajutage de 6 lignes de diamétre, il donnera 4 pouces; & ſi ſon ouverture eſt d'un pouce de diamétre, le jet de bas en haut donnera 16 pouces, pourvû que les tuyaux qui portent l'eau, ſoient d'une largeur ſuffiſante, ſelon les régles qui ſeront données ci-après. Pour calculer ces dépenſes d'eau, il faut prendre le quarré de 3, qui eſt 9; & ſi l'ajutage nouveau a 5 lignes de diamétre, il faut faire cette régle de trois: ſi 9, quarré de 3, donne 14 pintes, combien 25, quarré de 5? On trouvera que le 4e. nombre ſera 38 $\frac{8}{9}$, & ainſi des autres ajutages. En voici une Table.

Table des dépenſes d'eau pendant une minute par différens ajutages ronds, l'eau du réſervoir étant à 12 piés de hauteur.

Par l'ajutage d'une ligne de diamétre	1 pinte $\frac{1}{2}$. & $\frac{1}{18}$.
Par 2 lignes	6 pintes $\frac{2}{9}$.
Par 3 lignes	14 pintes.
Par 4 lignes	25 pintes à peu près.
Par 5 lignes	39 pintes à peu près.
Par 6 lignes	56 pintes.
Par 7 lignes	76 pintes $\frac{1}{4}$.
Par 8 lignes	110 pintes $\frac{2}{3}$.
Par 9 lignes	126 pintes.

Si on diviſe ces nombres par 14, le quotient donnera les pouces d'eau: ainſi 126 pintes diviſées par 14 font 9 pouces. On peut obje-éter, que dans quelques expériences, les grandes ouvertures donnent plus d'eau à proportion que les petites; mais cela arrive par des cauſes étrangéres, & bien ſouvent les grandes ouvertures donnent moins à proportion. Voici les expériences que j'en ai faites. J'ai pris un tuyau de 6 piés de hauteur, & de 6 pouces de diamétre, au fond duquel j'aju-ſtai une ouverture de 4 lignes, & une de 12: étant tout plein, on laiſſa aller en même tems les deux ajutages juſques à ce que le tuyau fut vuide à demi; on recevoit en deux vaiſſeaux différens l'eau qui couloit par les deux ouvertures; & au lieu que la grande devoit donner 9 fois autant que la petite, elle n'en donnoit que 8 à peu près.

Lorſque les hauteurs des eaux des réſervoirs ſont différentes, les plus hautes donnent plus que les moins hautes, ſelon la raiſon ſous-doublée des hauteurs, c'eſt à dire comme la moindre hauteur à la moyenne proportionnelle entre elle & la plus grande.

Suivant cette régle, ſi la ſurface de l'eau du réſervoir le moins haut eſt de 3 piés d'élévation, & l'ajutage de 3 lignes, il faut prendre 6 qui eſt le nombre moyen proportionel entre 3 & 12; & parce que 6 eſt à

3 com-

3 comme 14 pintes à 7, on jugera que le réservoir de 3 piés d'élévation donnera un demi pouce, c'est à dire 7 pintes, en une minute
par une ouverture de 3 lignes. Si la hauteur étoit de 4 piés, il faut
prendre 48, produit de 4 par 12, dont la racine est 7 à peu près : &
comme 12 à 7, ainsi 14 à 8 $\frac{1}{3}$; ce qui fera connoître que ce jet d'eau
donnera 8 pintes & $\frac{1}{3}$ en une minute à fort peu près.

*Table des dépenses d'eau à différentes élévations de réservoirs, sur 3 li-
gnes d'ajutages en une minute.*

A 6 piés	10 pintes un peu moins.
A 8	11$\frac{1}{2}$ un peu moins.
A 9	12$\frac{1}{8}$ un peu moins.
A 10	12$\frac{5}{8}$ un peu moins.
A 12	14.
A 15	15$\frac{2}{3}$ un peu moins.
A 18	17$\frac{1}{6}$.
A 20	18$\frac{1}{12}$.
A 25	20$\frac{1}{8}$.
A 30	22$\frac{1}{8}$.
A 35	24 un peu moins.
A 40	25$\frac{2}{3}$.
A 45	27$\frac{1}{8}$.
A 48	2 pouces ou 28 pintes.

Lorsque les réservoirs ont plus de 50 piés de hauteur, les ajutages
de trois lignes sont trop étroits; & la dépense de l'eau devient sensiblement moindre que selon la proportion sous-doublée de 12 à 60 ou à 80
&c. tant à cause du plus grand frottement à proportion, que de la plus
grande résistance de l'air.

Lorsque par le défaut de largeur suffisante des tuyaux de la conduite,
ou par d'autres empêchemens, l'eau ne jaillit pas si haut qu'elle devroit; il faut calculer la dépense de l'eau selon la hauteur du réservoir
qui convient au jet, selon la table suivante : Comme, si un réservoir de
45 piés ne faisoit son jet qu'à 20 piés, il faudra faire le calcul de la dépense de l'eau, comme si le réservoir étoit à 21 piés 4 pouces. Les a-
jutages d'une ligne & demi ne vont pas si haut que ceux de 4 ou 5 lignes, à une hauteur de réservoir de 8, 10, ou 12 piés, &c. mais il ne
faut pas laisser de calculer la dépense d'eau suivant la hauteur des réservoirs, quand la conduite de l'eau est libre. Quelquefois, en faisant des
expériences, on trouve que les tuyaux étant fort inégaux, les plus
grands donnent de l'eau en plus grande raison que la sous-doublée. Mais
cela procéde de ce que pour entretenir un jet qui dépense beaucoup
d'eau, il faut verser l'eau avec une grande vitesse, ce qui choque l'eau
du réservoir, & lui donne une impulsion qui fait aller plus vite l'eau à

la

la sortie de l'ajutage qu'elle ne feroit par le seul poids.

DE LA HAUTEUR DES JETS.

LA résistance de l'air empêche que les jets ne s'élévent jusqu'à la hauteur des réservoirs ; & plus il y a d'air à traverser plus la différence est considérable. Voici une régle qu'on peut suivre pour savoir la diminution des jets jusqu'à la hauteur du réservoir.

Ayez une balle de plomb d'un pouce de diamétre ou environ, & une balle de bois ayant son diamétre à peu près comme celui de l'ouverture, & dont la pesanteur soit fort peu moindre que celle de l'eau, en sorte que nageant par dessus elle soit presque toute cachée : jettez les avec une même force en haut, de maniére que la balle de plomb aille jusqu'à la hauteur du Réservoir, ou fort près ; remarquez jusqu'où ira la balle de bois, ce sera la hauteur du jet à peu près.

L'autre régle par le calcul est que les différences des hauteurs des réservoirs & des hauteurs des jets augmentent en raison doublée de leur hauteur, c'est à dire, en la proportion des quarrez de leur hauteur : comme, si le premier jet est de 5 piés & que son réservoir soit plus haut d'un pouce, un jet de 10 piés aura son réservoir plus haut de 4 pouces; car 5 est à 10 comme 1 à 2, & le quarré de 2 est 4: donc, comme 1 est à 4, ainsi 1 pouce à 4 pouces. On suppose que les tuyaux soient suffisamment larges selon les régles qui en seront données.

Table des différentes hauteurs des jets.

Hauteurs des Jets.	Hauteurs des Réservoirs.	
5 piés	5 piés	1 pouce.
10	10	4
15	15	9
20	21	4
25	22	1
30	33	0
35	39	1
40	45	4
45	51	9
50	58	4
55	65	1
60	72	0
65	79	1
70	86	4
75	93	9
80	101	4
85	109	1

Hauteurs des jets.	Hauteurs des Réservoirs.	
90 piés	117 piés	0 pouce
95	125	1
100	135	4

Le frottement contre les bords des ajutages diminuë un peu de cette proportion dans les grandes hauteurs : c'est pourquoi il est nécessaire qu'à ces grandes hauteurs les ajutages soient d'une ouverture de 10 ou 12 lignes , car s'ils étoient de deux ou 3 lignes , ils iroient beaucoup moins haut que selon cette table ; outre que l'air résiste beaucoup plus à un petit corps qu'à un plus grand, comme on en voit l'exemple dans les armes à feu , qui poussent bien plus loin une grosse balle qu'une très-petite, comme de la menuë dragée ou de la poudre de plomb. Si un tuyau élevé de 136 piés éléve son jet à 100 piés , l'ajutage étant de 12 lignes ; on ne doit pas tirer la même conséquence, qu'un tuyau de 344 piés , par un même ajutage , éléve son jet à 200 piés , quoique la hauteur de 344 piés excéde 200 piés, de 144 quadruple de 36 piés : dans la vitesse de ces jets l'air résiste si fortement, que l'eau se reduit par le choc en parcelles imperceptibles qui ne peuvent aller bien haut. J'ai expérimenté qu'il faut aussi que les tuyaux ayent une largeur considérable jusques à l'ajutage, & d'autant plus grande que l'ajutage est plus large. Voici les régles de ces grandeurs.

Un réservoir de 5 piés, ayant un ajutage de 6 lignes , doit avoir le tuyau le plus proche de l'ajutage , environ de 2 pouces. La meilleure figure pour la conduite des tuyaux jusques à l'ajutage doit être semblable à la troisiéme figure A B C : C'est à dire, que la courbure en B ne doit pas être en angles droits, comme en la 4ᵉ. figure *a b c d :* & dans les médiocres hauteurs jusques à 10 ou 12 piés , il ne faut point de tuyau long à la sortie , comme *c d,* car le frottement retarderoit le jet tres-considérablement ; mais il suffit de l'épaisseur du métail comme en la premiére figure. Si le réservoir est de 21 piés 4 pouces de hauteur, & l'ouverture de l'ajutage de 6 lignes , le jet n'ira pas à 20 piés, si le tuyau de la conduite n'est que de 2 pouces, parce que le frottement sera trop grand dans le tuyau étroit, où l'eau coulera deux fois plus vite que lorsque le réservoir n'est qu'à 5 piés de hauteur, & par conséquent il faut le tenir plus large, afin que l'eau y aille à peu près de même vitesse : il faut donc au lieu de 2 pouces, qu'il ait 2 pouces ¼ à peu près ; parce que les vitesses étant en raison sous-doublée des hauteurs, la vitesse de ce dernier jet sera double de l'autre, & par conséquent le quarré du diamétre de la largeur de son tuyau doit être double de l'autre à peu près. C'est sur cette régle qu'est fondée la table suivante.

TAB.
XXI.
Fig. 3. 4.

Table

Table des Largeurs des tuyaux & des différens ajutages selon la hauteur des réservoirs.

Hauteur des Réservoirs.	Largeur des Ajutages.		Largeur des tuyaux.
A 5 piés	3, ou 4, ou 5, ou 6 lignes.		22 lignes.
A 10	4 5 6 lignes		25 lignes.
A 15	5 6 lignes		2 pouces $\frac{1}{4}$.
A 20	6 lignes		2 p. $\frac{1}{2}$.
A 25	6		2 p. $\frac{3}{4}$.
A 30	6		3 p.
A 40	7 8 lignes		4 p. $\frac{1}{4}$.
A 50	8 10 lignes		5 p. $\frac{1}{2}$.
A 60	10 12 lignes		5 $\frac{3}{4}$ ou 6 pouces.
A 80	12 14 lignes		6 p. $\frac{1}{2}$ ou 7.
A 100	12 14 15		7 p. ou 8.

Si le jet de l'eau a 12 lignes d'ajutage , & que le réservoir soit à 84 piés de hauteur ; le jet sera de 65 piés à peu près. Si les moindres tuyaux près de l'ajutage sont de 7 ou 8 pouces , il donnera 40 pouces à peu près ; & par un ajutage de 14 lignes il donnera 54 pouces , qui font 3888 muids en 24 heures : & si le réservoir a 50 piés en quarré , il faudra qu'il ait environ 13 piés de hauteur , afin qu'il puisse fournir le jet 24 heures ; & pour l'entretenir seulement 12 heures , il suffira qu'il ait 50 piés en quarré & 10 piés de hauteur pour contenir 1944 muids. Si les jets d'eau ne vont pas continuellement , & qu'on mette des robinets dans les tuyaux de la conduite , pour arrêter le cours de l'eau quand on veut , il faut que leurs ouvertures soient à peu près de la largeur des tuyaux ; car si elles étoient beaucoup plus petites , elles diminueroient la hauteur du jet par le frottement. On peut tenir les tuyaux plus larges en ces endroits , & ajuster les robinets en sorte que leurs ouvertures soient aussi larges que le reste des tuyaux.

Lorsque les réservoirs sont fort élevez , & les tuyaux du bas larges de 5 ou 6 pouces , ils sont en danger de se rompre par le poids de l'eau ; & plus ils sont étroits , moins ils se rompent , si les tuyaux sont de même épaisseur. Voici les régles que l'on peut suivre. Supposé qu'un réservoir de 30 piés ne rompe ou ne dessoude point un tuyau de cuivre d'un quart de ligne d'épaisseur , & qu'étant de moindre épaisseur , comme d'un cinquième de ligne , il le puisse rompre : Lors qu'on élargira les tuyaux sans hausser le réservoir , il faut augmenter l'épaisseur selon la raison des diamétres : car d'un côté , le poids de l'eau est en raison doublée des diamétres ; c'est pourquoi , si le diamétre est double , le poids de l'eau sera quadruple , & la circonférence soudée sera double ; ce qui rend la résistance double. Donc il ne reste que la simple

raison

raifon des diamétres, fi on fuppofe que l'eau par fon poids faffe féparer & détacher les parties du métail & de la foudure, comme les parties d'un bâton qu'on tireroit perpendiculairement : Ainfi, fi le tuyau eft de 6 pouces fur 30 piés de hauteur, il faut que le métail du tuyau ait une demi ligne d'épaiffeur ; s'il eft d'un pié de largeur, il lui faudra donner une ligne.

Lorfque les réfervoirs font plus hauts, les largeurs des tuyaux demeurant les mêmes, il faut augmenter l'épaiffeur du métail à proportion des hauteurs : ainfi, à un réfervoir de 60 piés, le tuyau étant de 3 pouces de largeur, le même doit avoir une demi ligne d'épaiffeur ; & à un de 120 piés, il doit avoir une ligne.

Si les tuyaux font plus hauts & plus larges, il faut confidérer les deux proportions. Ainfi, fi le tuyau a 60 piés de hauteur, & que fa largeur foit de 8 pouces, il faudra prendre une demi ligne à caufe de la hauteur de 60 piés ; & à l'égard de la largeur, il faut faire cette régle de trois : comme trois pouces font à 8 pouces, ainfi une demi ligne à $\frac{4}{3}$; ce qui fera voir que le métail devra alors avoir une ligne & un tiers d'épaiffeur.

Si on fuppofe que les foudures foient plus difficiles à féparer, que les parties du métail, on peut confidérer la platine de la figure troifiéme, où eft l'ajutage comme la plus foible partie, & comme devant fe rompre en fon milieu ou proche des bords de la foudure : Et parce qu'une régle de bois appuyée par les deux bouts peut foutenir dans fon milieu un poids double de celui qu'elle foutiendroit fi elle étoit deux fois plus longue ; & que fi le poids eft diftribué le long d'une régle en plufieurs petites parties égales, elle en peut foutenir, fans fe rompre, deux fois autant que fi tout le poids étoit au milieu : il s'enfuit que fi la platine étoit quarrée, & qu'elle pût être chargée d'une eau de 20 piés de hauteur fans qu'elle fe rompit ; elle ne pourroit foutenir que la moitié du même poids, fi elle étoit deux fois auffi longue fans augmenter fa largeur : mais alors elle feroit chargée de deux fois autant d'eau, & par conféquent elle n'en pourroit foutenir que le quart : donc, felon la doctrine de *Galilée*, il faudroit doubler fon épaiffeur pour la rendre affez forte. La même chofe arriveroit fi elle étoit quarrée ; car d'un côté, le poids de l'eau feroit doublé, mais fa réfiftance feroit auffi doublée : & étant ronde, elle réfifteroit auffi à proportion.

Donc, aux tuyaux dont les diamétres font différens, & les hauteurs égales, il faut augmenter l'épaiffeur du métail de la platine où eft l'ajutage felon la raifon des diamétres, fi la platine eft la plus foible partie.

Lorfque les conduites des eaux font fort longues, comme de 1000 toifes, le long frottement diminuë la hauteur des jets & la dépenfe de l'eau, principalement fi les tuyaux font trop étroits. Voici les régles qu'on peut fuivre.

Si vous avez un réfervoir de 80 piés, & de l'eau fuffifante pour faire

six

ſix jets de 9 lignes chacun, il faudra prendre le quarré de 9, qui eſt 81 : ſon produit par 6 donne 486, dont la racine quarrée eſt environ 22 : ce qui fait connoître que les ſix jets de 9 lignes de diamétre donnent autant qu'un ſeul de 22 lignes. Et parce qu'un jet de 22 lignes de diamétre donne beaucoup plus que celui d'un pouce ; ſavoir, en la proportion de 484 à 144, quarrez de 22 & de 12 : il faut auſſi que la largeur du tuyau ſoit en la même proportion à l'égard des 7 pouces qui conviennent à la hauteur de 80 piés. Donc, comme 12 à 22, ainſi 7 à 12⅚ à peu près : ce qui fera voir que le grand tuyau juſques aux diſtributions, doit avoir 13 pouces de largeur, & chaque tuyau des ſix diſtributions 7 pouces; & en ce cas le jet ira à plus de 60 piés, & ſi on donne 14 pouces de largeur au grand tuyau, le jet ira à 65 piés, nonobſtant le long chemin de la conduite. On fera les autres calculs ſuivant ces régles.

Dans les jets fort hauts & fort gros, il faut diſpoſer les derniers tuyaux & leurs ajutages à peu près ſelon la figure 5ᵉ. A B C D : Car, ſuppoſé T A B. XXI. Fig. 5. que le tuyau A B C ait 7 pouces de largeur, il faudra le retreſſir de moitié, & donner à F D 3 ou 4 pouces de hauteur, & faire un ſecond retréciſſement juſques à la largeur de l'ajutage : & ſi ſon ouverture eſt d'un pouce de largeur, & qu'il doive jaillir à 50 ou 60 piés, il ſuffira que la hauteur de l'ajutage ſoit de 6 lignes à angles droits pour diriger le jet; & s'il n'alloit qu'à 50 piés, il ſuffiroit qu'il fut de 3 ou 4 lignes : car plus D E ſera haut, plus la hauteur du jet diminuera & plus l'ajutage ſera poli, plus le jet ſera beau.

Pour partager l'eau en divers jets & ſavoir combien on en donnera à chacun, ce qui peut auſſi ſervir à la diſtribution qu'on fait à pluſieurs particuliers, de l'eau d'une ſource ; il faut avoir une jauge, dont les ouvertures ſoient quarrées & non rondes : Comme, ſi A B en la fiT A B. XXI. Fig. 6. gure 6ᵉ. eſt le haut du vaiſſeau qui ſert de jauge, & C D la hauteur de l'eau; il faudra placer les trous quarrez environ deux lignes au deſſous de la ſurface C D, ſelon une ligne droite horizontale E N. Or ſi on la diviſe en pluſiers quarrez d'un pouce de hauteur, comme E F P H, ils donneront plus d'un pouce : car, ſi les circulaires donnent 14 pintes en une minute, les quarrez en donneront une quantité qui ſera à 14 comme 14 à 11, laquelle proportion de 14 à 11 eſt à peu près celle du quarré au cercle qui a même largeur. Si donc un pouce rond donne 14 pintes en une minute, un pouce quarré donnera un peu moins de 18 pintes; car 11 eſt à 14 comme 14 pintes à 17 $\frac{9}{11}$. Il faudra donc diviſer E F en 14 parties égales; & ſi E R contient 11 de ces parties, le quarré long E R S H ſera à fort peu près égal à un pouce circulaire, & il donnera un pouce, c'eſt à dire 14 pintes, en une minute, ſi l'eau du baquet qui ſert de jauge demeure à la hauteur C D. On fera pluſieurs figures de ſuite égales à E R S H ſous la même ligne, comme R L T S, L M V T, &c. Si on veut donner un demi pouce, il faudra diviſer

Qqq 3

un

un de fes quarrez longs, comme *zrog*, par la moitié par la ligne XY; & elle donnera un demi pouce, c'eſt à dire 7 pintes en une minute, & en toutes les autres diviſions de même, en prenant le tiers comme *ikaq*, ou le quart, &c. Il y aura encore cet avantage, que ſi les eaux qui fourniſſent l'écoulement diminuent, & qu'en coulant elles ne rempliſſent que le tiers, ou la moitié, ou les deux tiers de la hauteur des ouvertures de la jauge, tous les particuliers perdront à proportion, ce qu'on ne peut faire quand les trous ſont ronds; & s'il y a un peu plus de frottement, à proportion, dans les petites ouvertures que dans les grandes, cela ſera récompenſé, en ce que l'eau ſuccéde mieux à un petit écoulement qu'à un grand. Si on veut donner 3 ou 4 pouces, on prendra 3 ou 4 ouvertures entiéres, égales chacune à ERSH, comme EMVH, pour 3 pouces.

Ces Régles peuvent ſervir à toutes les autres difficultez qu'on pourra avoir touchant les jets d'eau. Comme, ſi on a un réſervoir ou une ſource élevée de 40 piés au deſſus de l'ajutage qui puiſſe fournir 20 pouces, & qu'on la veuille toute employer en un ſeul jet, il faudra regarder la Table, & on trouvera qu'un ajutage de 3 lignes, ayant ſon réſervoir à 40 piés, donne 25 pintes ⅔ en une minute : Enſuite on fera cette régle de trois, ſi 25 pintes ⅔ me viennent de 9 quarré de 3, que me donneront 280 pintes que 20 pouces donnent en une minute ? on trouvera 98 $\frac{2}{11}$ pour le quotient, dont la racine quarrée eſt 10 à peu près; ce qui fera connoître que l'ajutage doit être de 10 lignes de diamétre à fort peu près, & que ce jet, qui s'élévera environ à 35 piés, employera les 20 pouces coulant continuellement. Mais, ſi on ſe contente que le jet aille ſeulement le jour 12 heures de ſuite, on pourra laiſſer remplir pendant la nuit un grand réſervoir qui contienne 720 muids, & on aura aſſez d'eau pour un jet de 14 lignes, ou pour deux d'environ 10 lignes, chacun pour 12 heures de ſuite.

F I N.

www.ingramcontent.com/pod-product-compliance
Lightning Source LLC
Chambersburg PA
CBHW051805150726
47998CB00001B/35